Münsterische Beiträge zur Rechts- und Staatswissenschaft

Herausgegeben
von der Rechts- und Staatswissenschaftlichen Fakultät
der Westfälischen Wilhelms-Universität in Münster

24

1977

Walter de Gruyter · Berlin · New York

Sozialdemokratie und Zivilrechtskodifikation

Berichterstattung und Kritik
der sozialdemokratischen Partei und Presse
während der Entstehung
des Bürgerlichen Gesetzbuchs

Eingeleitet, erläutert und herausgegeben
von
Thomas Vormbaum

1977

Walter de Gruyter · Berlin · New York

Gedruckt mit Unterstützung der
Friedrich-Ebert-Stiftung

CIP-Kurztitelaufnahme der Deutschen Bibliothek

Sozialdemokratie und Zivilrechtskodifikation :
Berichterstattung u. Kritik d. sozialdemokrat.
Partei u. Presse während d. Entstehung d. Bürgerl.
Gesetzbuchs / eingel., erl. u. hrsg. von Thomas
Vormbaum. — 1. Aufl. — Berlin, New York : de
Gruyter, 1977.
(Münsterische Beiträge zur Rechts- und Staats-
wissenschaft ; H. 24)
ISBN 3-11-007376-5
NE: Vormbaum, Thomas [Hrsg.]

Druck: W. Hildebrand, 1000 Berlin 65. — Bindearbeiten: Wübben & Co., 1000 Berlin 42.
Printed in Germany.

V O R W O R T

Über die Zielsetzung der hier vorgelegten Quellensammlung gibt das 6.Kapitel der Einführung Auskunft. - Ich danke Herrn Prof. Dr. Gmür, Münster, für seine freundliche Unterstützung bei der Publikation, dem Fachbereich Rechtswissenschaft der Universität Münster für die Aufnahme der Quellensammlung in ihre Schriftenreihe, der Friedrich-Ebert-Stiftung, Bonn-Bad Godesberg, für die Gewährung eines Druckkostenzuschusses. Mein Dank gilt ferner den Bediensteten der von mir benutzten Archive und Bibliotheken in Amsterdam, Bonn-Bad Godesberg und Heidelberg.

Münster i.W., Mai 1977

Dr. Thomas Vormbaum

I N H A L T S V E R Z E I C H N I S

A B K Ü R Z U N G S V E R Z E I C H N I S

a.A.	am Anfang;anderer Ansicht
a.a.O.	am angegebenen Ort
Abg.	Abgeordneter
ABGB	Allgemeines Bürgerliches Gesetzbuch
Abs.	Absatz
ADB	Allgemeine Deutsche Biographie.Auf Veranlassung Seiner Majestät,des Königs von Preußen,herausgegeben durch die historische Commission bei der königlichen Akademie der Wissenschaften. Leipzig 1875 ff.
a.E.	am Ende
a.F.	alte Fassung
ALR	Allgemeines Landrecht
Anl.	Anlage
Anl.Bd	Anlagenband
Anm.	Anmerkung
Arg.	Das Argument.Zeitschrift für Philosophie und Sozialwissenschaften.
Art.	Artikel
AT	Allgemeiner Teil
Bd,Bde	Band,Bände
BERICHT	s.Q.Verz. B III 4 f
bes.	besonders
BGB	Bürgerliches Gesetzbuch
BGBl.	Bundesgesetzblatt (Bundesrepublik Deutschland ab 1949)
	Bundesgesetzblatt des Deutschen Bundes (17.Januar bis 2.Mai 1871)
BLS	Franz OSTERROTH,Biographisches Lexikon des Sozialismus. Bd I: Verstorbene Persönlichkeiten. Hannover 1960.
BVerfGE	Entscheidungen des Bundesverfassungsgerichts
Cod.Max	Codex Maximilianeus Bavaricus Civilis
DBJ	Deutsches Biographisches Jahrbuch,hrsg.vom Verbande der deutschen Akademien. Berlin und Leipzig 1925 ff.

DENKSCHRIFT	s.Q.Verz. B III 4 b
DGD	Die großen Deutschen. Deutsche Biographie, hrsg. von Hermann HEIMPEL, Theodor HEUSS, Benno REIFENBERG. Berlin 1956 ff.
d.h.	das heißt
DJT	Deutscher Juristentag; Verhandlungen des Deutschen Juristentages
DJZ	Deutsche Juristenzeitung
DRUCKSACHE	s.Q.Verz. A V 5
DuR	Demokratie und Recht
E I	1.Entwurf des BGB
E I EG	1.Entwurf des Einführungsgesetzes zum BGB
E II	2.Entwurf des BGB
E II EG	2.Entwurf des Einführungsgesetzes zum BGB
EGBGB	Einführungsgesetz zum BGB
EheRG	s. Q.Verz. B IV 10
Einl.	Einleitung
erg.	ergänze
Fschr.	Festschrift
Fschr. OLG Köln	Recht und Rechtspflege in den Rheinlanden. Festschrift um 150jährigen Bestehen des Oberlandesgerichts Köln. Hrsg. und bearbeitet von Josef WOLFRAM und Adolf KLEIN. Köln 1969.
Fußn.	Fußnote
GBl.	Gesetzblatt
GdA	Geschichte der deutschen Arbeiterbewegung. Hrsg. vom Institut für Marxismus-Leninismus beim Zentralkomitee der SED. 8 Bde. Berlin (DDR) 1966.
GeschO	Geschäftsordnung
GewO	Gewerbeordnung
GG	Grundgesetz
Gruchot	Beiträge zur Erläuterung des preußischen Rechts durch Theorie und Praxis. Hrsg. von J.A. GRUCHOT. 1857 ff. (ab 1872: Beiträge zur Erläuterung des deutschen Rechts).
HDG	GEBHARDT, Handbuch der deutschen Geschichte. 9.Auflage. Hrsg. von Herbert GRUNDMANN. 4 Bde, Stuttgart 1970 ff.
HdSW	Handwörterbuch der Sozialwissenschaften, zugleich Neuauflage des Handwörterbuch der Staatswissenschaften. Hrsg. von Erwin v. BECKERATH u.a. Stuttgart, Tübingen, Göttingen 1956.
Hrsg.; hrsg.	Herausgeber; herausgegeben
HZ	Historische Zeitschrift
Ibd.	Ibidem

i.d.F.	in der Fassung
i.e.	im einzelnen
IISG	Internationaal Instituut voor Sociale Geschiedenis
insb.	insbesondere
i.ü.	im übrigen
JZ	Juristenzeitung
Kgr.	Königreich
KJ	Kritische Justiz
Koll.ArbR.	Kollektives Arbeitsrecht.Quellentexte zur Geschichte des Arbeitsrechts in Deutschland. Hrsg. von Thomas BLANKE,Rainer ERD,Ulrich MÜKKENBERGER,Ulrich STASCHEIT. 2 Bde,Reinbek b. Hamburg 1975.
LASSALLE,ed. BERNSTEIN	Ferdinand Lassalle,Gesammelte Reden und Schriften. Hrsg.und eingeleitet von Eduard BERNSTEIN. Vollständige Ausgabe in 12 Bden,Berlin 1919-1920.
LASSALLE,ed.BLUM	Ferdinand Lassalles Gesamtwerke.Einzige Ausgabe. Hrsg.von Erich BLUM. Leipzig 1899 ff.
LdS	s. ALBRECHT u.a. (Lit.Verz.)
Leg.Per.	Legislaturperiode
LS	Leitsatz
l.Sp.	linke Spalte
Lit.Verz.	Literaturverzeichnis
MEW	Karl MARX.Friedrich ENGELS, Werke.Hrsg. vom Institut für Marxismus-Leninismus beim Zentralkomitee der SED. Berlin (DDR) 1956 ff.
MitbestG	s.Q.Verz. B IV 9
MOTIVE	s.Q.Verz. B III 3 f
m.w.N.	mit weiteren Nachweisen
NDB	Neue Deutsche Biographie. Hrsg.von der Historischen Kommission bei der Bayerischen Akademie der Wissenschaften. Berlin 1953 ff.
n.F.	neue Fassung
N.F.	Neue Folge
NichtehelG	s.Q.Verz. B IV 8
NJW	Neue Juristische Wochenschrift
NZ	Neue Zeit.Revue des geistigen und öffentlichen Lebens,redigirt von Karl KAUTSKY
OLG	Oberlandesgericht
PrGS	Preußische Gesetz-Sammlung
PrJb	Jahrbücher für die preußische Gesetzgebung,Rechts-

	wissenschaft und Rechtsverwaltung. Im Auftrage des königlichen Justizministeriums hrsg. von K.A.v.KAMPTZ. 1814 ff.
Programme	Programme der deutschen Sozialdemokratie. Hrsg. vom Bundessekretariat der Jungsozialisten. Hannover 1963.
PROT.BGB I (V)	s.Q.Verz. A V 1
PROT.BGB I	s.Q.Verz. A V 2
PROT.BGB II A	s.Q.Verz. A V 4
PROT.BGB II B	s.Q.Verz. B III 3 g
PROTOKOLL PT	s.Q.Verz. B I 6
PrPrR	Preußisches Privatrecht
Q.Verz.	Quellenverzeichnis
RG	Reichsgericht
RGBl.	Reichsgesetzblatt
RGZ	Entscheidungen des Reichsgerichts in Zivilsachen
RN	Randnummer
r.Sp.	rechte Spalte
RT	Reichstag
s.;S.	siehe;Seite;Satz
sächs BGB	sächsisches Bürgerliches Gesetzbuch von 1863
s.d.	siehe dort
Seuff.Arch.	J.A.SEUFFERT's Entscheidungen der obersten Gerichte in den deutschen Staaten. 1847 ff.
s.o.	siehe oben
Sp.	Spalte
STEN.BER.preußHDA	Stenographische Berichte des preußischen Hauses der Abgeordneten
STEN.BER.preußHH	Stenographische Berichte des preußischen Herrenhauses
STEN.BER.RT	Stenographische Berichte über die Verhandlungen des Deutschen Reichstags
STEN.BER.RTNDB	Stenographische Berichte über die Verhandlungen des Reichstags des Norddeutschen Bundes
StuR	Staat und Recht
s.u.	siehe unten
TE	Teilentwurf
TE EG SchuR	s.Q.Verz. B III 3 d
TE EG SchuR Begr.	s.Q.Verz. B III 3 d
TE FamR	s.Q.Verz. B III 3 b
TE SchuR	s.Q.Verz. B III 3 a

TRG	Tijdschrift voor rechtsgeschiedenis.Revue d' histoire de droit
u.	und;unten
u.a.	unter anderem;und andere
Verh.	Verhandlungen
VERZEICHNIS	s.Q.Verz. B I 5
Vgl.	vergleiche
VO	Verordnung
VORKOMMISSION	s.Q.Verz. B III 2 b
WRV	Weimarer Reichsverfassung
z.B.	zum Beispiel
ZGB	Schweizerisches Zivilgesetzbuch
ZGL	Deutsches Zeitgenossenlexikon.Biographisches Handbuch deutscher Männer und Frauen der Gegenwart. Leipzig 1905.
Ziff.	Ziffer
ZRP	Zeitschrift für Rechtspolitik
ZStW	Zeitschrift für die gesamte Strafrechtswissenschaft

E I N F Ü H R U N G

1. Vorbemerkung

Zwei Fragenkreise der Rechtsgeschichte, zumal der deutschen Rechtsgeschichte, haben sich in den vergangenen Jahren aus der Randlage des Interesses gelöst und sind stärker in das Blickfeld der rechtsgeschichtlichen Forschung gerückt, wo sie - wenn der Anschein nicht trügt - auch noch längere Zeit verharren werden:

Zum ersten ist das erwachte Interesse an der Entstehungsgeschichte des Bürgerlichen Gesetzbuches zu registrieren[1]. Angesichts der Bedeutung, die dieses Gesetzeswerk bis heute für die Rechtsanwendung wie für die rechtswissenschaftliche Lehre, Forschung und Dogmatik besitzt, nimmt es zunächst Wunder, daß seine Entstehungsgeschichte jahrzehntelang aus dem Gesichtskreis der Forschung praktisch ausgeblendet war. Rechtsgeschichtliche wie rechtsdogmatische Lehrbücher und Abhandlungen beschränkten sich auf mehr oder minder tabellarische Darstellungen in meist kurzen Kapiteln[2] und - dies muß einschränkend hinzugefügt werden - auf bedeutsame geistesgeschichtliche Einordnungsversuche des fertigen Gesetzeswerkes[3]. Eine detaillierte Darstellung, welche die Entstehungsgeschichte des BGB insgesamt oder einzelner seiner Rechtsinstitute zum Mittelpunkt ihres Forschungsinteresses gemacht hätte, fehlte lange Jahrzehnte hindurch. Die Ursachen für dieses langjährige Desinteresse lassen sich bei näherem Hinsehen verhältnismäßig schnell ausmachen: Mit der Verabschiedung und dem Inkrafttreten des Gesetzes hatte eine mit immensen

---

1) Zu den inzwischen erschienenen Abhandlungen zur Entstehungsgeschichte des BGB s. Fußn.8-11.
2) S. statt vieler ENNECCERUS-NIPPERDEY, Allg.Teil S.44 ff.
3) Zu nennen ist vor allem die Abhandlung von WIEACKER, Sozialmodell (s.Lit.-Verz.); dazu noch unten Fußn.15; ferner - vor allem rechtsvergleichend - GMÜR, ZGB und BGB passim.

Forschungs-, Sichtungs- und Aufbereitungsarbeiten an rechtshistorischem, rechtsdogmatischem und Gesetzgebungsmaterial sowie mit schier endlosen rechtsdogmatischen, rechtspolitischen und allgemeinpolitischen Diskussionen ausgefüllte fünfundzwanzigjährige Entwicklung ihr Ende gefunden. Das Ergebnis dieser Mühen, das fertige Gesetzeswerk, hatte - wie konnte es anders sein - zahlreiche alte und neue Streitfragen aufgeworfen, deren juristische und politische Lösungen gefunden werden mußten[4]. Diese Lösungsversuche am bestehenden Gesetzesmaterial absorbierten weitgehend das Interesse der Rechtswissenschaftler, aus deren Reihen sich wiederum traditionsgemäß die Rechtshistoriker rekrutieren.

Gewiß auch hatte der in Frage stehende Stoff in den Augen der Rechtshistoriker noch nicht seine durch Altehrwürdigkeit bestimmte "Forschungswürdigkeit" erlangt, welche es geboten erscheinen lassen konnte, sich ihm mit detaillierten Untersuchungen zu nähern - er war eben noch zu wenig "Vergangenheit", zu wenig "Geschichte". Andererseits bewirkte die bis heute herrschende[5] Doktrin von der objektiven Gesetzesauslegung[6], welche grundsätzlich nur den objektiven Gesetzes-

4) Es sei stellvertretend an die jahrzehntelangen Bemühungen um die allmähliche Korrektur der verfehlten Regelung der Rechtsstellung der nichtrechtsfähigen Vereine erinnert. Gerade hier allerdings fand der kritische Rückgriff auf die Überlegungen, welche den Gesetzgeber bei seiner Entscheidung geleitet hatten, noch am häufigsten statt; s. dazu i.e. KÖGLER, Vereinsrecht S.12o ff., VORMBAUM, Rechtsfähigkeit S.2o3 ff.

5) Sie wird in ständiger Rechtsprechung - trotz mitunter entgegenstehender Praxis - von den obersten Bundesgerichten und vom Bundesverfassungsgericht vertreten; s.z.B. BVerfGE 1/312; 8/3o7; 1o/244; 11/129 ff.

6) Zum Meinungsstand in der Literatur s. vor allem die ausführliche Übersicht bei LARENZ, Methodenlehre S.297; kritisch für den Bereich des Verfassungsrechts vor allem ABENDROTH, Grundgesetz S.15: "Der Wille des Gesetzgebers und der Wille des Gesetzes sind bei der Interpretation des Grundgesetzes grundsätzlich identisch, die ratio legis ist nichts anderes als die ratio legislatoris... die ratio legislatoris ... kann nur im Zusammenhang der politisch-sozialen Realität ihrer Entstehungszeit, des durch sie erkennbaren wirklichen politischen Sinnes der Äußerungen und Formulierungen der am Gesetzgebungsprozeß beteiligten Repräsentanten von politischen Kräften wirklich begriffen werden."

wortlaut, nicht jedoch den tatsächlichen Willen des historischen Gesetzgebers als Ansatzpunkt für die Exegese des Gesetzes akzeptiert, daß die Entstehungsgeschichte des auszulegenden Textes vom Augenblick seines Inkrafttretens an "Vergangenheit" wurde und damit für den Rechtsdogmatiker ihr Interesse verlor.

Soweit die Entstehungsgeschichte von Gesetzesvorschriften als Bestätigung einer gefundenen Gesetzesauslegung akzeptiert wird, konnte, was das BGB anging, der Hinweis auf die Motive der 1. Gesetzgebungskommission und auf die (gedruckten) Protokolle der 2. Kommission, gegebenenfalls auch auf die Materialien der Gesetzgebungsorgane, diesen Zweck auf bequeme Weise erfüllen.

Für die Rechtshistoriker zu "jung", für die Rechtsdogmatiker und- praktiker zu "alt" fristete so die Entstehungsgeschichte des BGB ein zwischen den abgesteckten Interessen- und Forschungsgebieten eingeklemmtes Kümmerdasein.

Die allgemeine Unlust, sich mit der Entstehungsgeschichte der geltenden Zivilrechtskodifikation zu befassen, mag durch die wechselvollen politischen Entwicklungen verstärkt worden sein, welche sich seit dem Zeitpunkt ihres Inkrafttretens unterschiedlich stark auf ihre äußere Gestalt und ihren Inhalt auswirkten. Die häufigen Gesetzesänderungen, welche oft gerade die brisanten und streitigen Bestimmungen des BGB betrafen, ließen das Interesse an der Entstehung der ursprünglichen Gesetzesfassung noch mehr verblassen.

Erst mit der verdienstvollen Arbeit von SCHUBERT[7] wurde 1965 das Interesse der rechtshistorischen Forschung wieder auf die Entstehungsgeschichte des BGB gelenkt.

Als besonders glücklich erwies sich, daß SCHUBERT nicht allein die Entwicklung zweier sachenrechtlicher Rechtsinstitute darstellte, sondern seiner Untersuchung einen allgemeinen Teil vorausschickte, welcher die allgemeine Entstehungsgeschichte des BGB neu aufarbeitete, insbesondere die über die gedruckten Texte hinausgehenden Materialien zusammenstellte und manches bis dahin fraglos übernommene und tradierte Detail der Entstehungsgeschichte des BGB korrigierte[8]. Vor allem auf die von SCHUBERT wieder ins Blickfeld gerückten nichtgedruckten Arbeitsunterlagen der Gesetzgebungskommissionen konnten und können die späteren Untersuchungen sich

---

7) SCHUBERT, Entstehung (s.Lit.Verz.).
8) S.z.B. SCHUBERT a.a.O. S.18, Fußn.91; S.34, Fußn.170; S.45, Fußn. 226; S.55, Fußn.283.

stützen, welche sich die Erforschung der Entstehungsgeschichte weiterer einzelner Rechtsinstitute des BGB zum Ziel gesetzt haben. Bislang konnten die Rechtsgebiete

- Besitz und Eigentumsübertragung[9],
- Gesetzliche Erbfolge und Pflichtteilsrecht[10]
- Leistungsstörungen bei gegenseitigen Verträgen[11],
- Allgemeines Deliktsrecht[12]
- Entstehung rechtsfähiger Vereine[13]

aufgearbeitet werden.

Die Mehrzahl der seit der Veröffentlichung von SCHUBERT erschienenen weiteren Untersuchungen zur Entstehungsgeschichte des BGB hatte es mit Rechtsinstituten zu tun, deren Konfliktstoff in erster Linie auf rechtsdogmatischem Gebiet lag. Ein deutliches Indiz hierfür ist, daß die Untersuchungen von SCHUBERT, MERTENS und HOFFMANN-BURCHARDI die parlamentarischen Beratungen so gut wie überhaupt nicht in ihre Forschungen einzubeziehen brauchten, da mit dem Abschluß der Arbeiten der zweiten Kommission die betreffenden Rechtsinstitute ihrer endgültigen Regelung zugeführt waren, ohne daß sie noch lange Debatten in den Gesetzgebungsgremien ausgelöst hätten. Bereits die Untersuchungen über die Entstehung der vereinsrechtlichen Vorschriften haben jedoch gezeigt, daß das BGB mit dem Abschluß der Kommissionsberatungen durchaus noch nicht in allen Punkten seine endgültige Gestalt gefunden hatte, vielmehr hinreichend politischer Zündstoff übriggeblieben war, der mehr als einmal den Erfolg des gesamten Gesetzeswerkes gefährdete[14].

Hier nun ist der eingangs vermerkte zweite Fragenkreis angesprochen, welcher die rechtswissenschaftliche Diskussion seit einigen Jahren mehr als früher beschäftigt und den die rechtsgeschichtliche Forschung ebensowenig ignorieren kann, wie es andere Sparten der Jurisprudenz können: die politische

---

9) SCHUBERT a.a.O. S.58 ff. (Besonderer Teil der Abhandlung).

10) MERTENS, Entstehung (s.Lit.Verz.).

11) HOFFMANN-BURCHARDI, Grundlagen (s.Lit.Verz.).

12) WESTHOFF, Entstehung (s.Lit.Verz.).

13) Hiermit befaßt sich die Abhandlung von KÖGLER, Vereinsrecht (s.Lit.Verz.) und ein Teil der Abhandlung von VORMBAUM, Rechtsfähigkeit (s.Lit.Verz.). - Eine Dissertation von Joh.Peter SCHÄFER über die Entstehung der Eheschliessungs- und Ehescheidungsvorschriften des BGB steht kurz vor dem Abschluß.

14) s. KÖGLER, Vereinsrecht passim, bes. S.11-42 und S.107 ff.; VORMBAUM, Rechtsfähigkeit S.125-131 und S.183 ff.

Dimension des Rechts ist in die Diskussion geraten[15]), und zwar auch in die politische Diskussion selbst[16]). Es ist dies eine Teilerscheinung jener allgemeinen Entwicklung, die in den letzten Jahren der wissenschaftlichen Forschung die Frage nach ihren sozialen und politischen Bezügen gestellt hat - auch solchen Wissenschaftsrichtungen, die sich bis dahin traditionell als unpolitisch selbst verstanden hatten. Hier wie anderswo führten die Diskussionen auch zu einer neuen Betonung historischer Forschung, da politische wie auch rechtliche Strukturen und Ereignisse nur unter Berücksichtigung der Vergangenheit mit Fug interpretiert werden können. Namentlich die Sozialgeschichte erfreut sich seither eines neuen Aufschwungs, welcher seinerseits nicht ohne Auswirkungen auf die rechtsgeschichtliche Forschung bleiben konnte. Dies gilt besonders für die Rechtsgeschichte des ausgehenden 19.Jahrhunderts, denn im Zeichen der Mitwirkung von Parlamenten an der Rechtssetzung schlugen sich soziale Veränderungen über kurz oder lang in Gesetzgebungswerken nieder, so daß die Querverbindungen besonders augenfällig werden.

---

15) Selbstverständlich ist diese Seite rechtswissenschaftlicher und insbesondere auch rechtshistorischer Problematik niemals gänzlich aus dem Blick der Forschung geraten. Aber einerseits entsprach die Intensität ihrer Erforschung bei weitem nicht ihrem sachlichen Gewicht,zum anderen fanden die vorhandenen Analysen in der rechtshistorischen Forschung nicht immer die ihnen gebührende Aufmerksamkeit. Daß die glänzenden Analysen von WIEACKER über "das Sozialmodell der klassischen Privatrechtsgesetzbücher...", "das bürgerliche Recht im Wandel der Gesellschaftsordnungen" und "Pandektenwissenschaft und Industrielle Revolution" erst in jüngster Zeit durch eine Neuausgabe einem breiteren Leserkreis zugänglich gemacht worden sind (WIEACKER, Industriegesellschaft; s.Lit.Verz.), ist für die bisherige Forschungspraxis ebenso kennzeichnend wie für deren jüngste Veränderungen. - s.auch KÖGLER, Vereinsrecht S.9; WIETHÖLTER ZRP 2/S.155 ff.

16) Hingewiesen sei auf die in den letzten Jahren neu begründeten Zeitschriften zur Rechtspolitik (ZRP, KJ, DuR u.a.) sowie auf die heftigen Diskussionen um die inhaltliche Reform der Juristenausbildung (dazu einerseits RINKEN u.a., Der neue Jurist (s.Lit.Verz.) und andererseits SCHELSKY JZ 1974/S.411, 414 ff.).

Die das sozialpolitische wie das rechtspolitische Geschehen des letzten Drittels des 19. Jahrhunderts beherrschende Erscheinung war zweifellos der Gegensatz zwischen den Vertretern der überkommenen Staats- und Gesellschaftsordnung[17] und der organisierten Arbeiterschaft, letztere zusammengefaßt in den zwei großen Organisationen der Gewerkschaftsbewegung und der Sozialdemokratischen Partei. Die Frage nach der Einstellung der Sozialdemokratie - sie soll hier in erster Linie interessieren - zum Recht und Zivilrecht im allgemeinen, zum Bürgerlichen Gesetzbuch im besonderen, mußte sich somit der rechtsgeschichtlichen Forschung, soweit sie sich mit diesem Zeitraum befaßt, aufdrängen. Dennoch beschränken sich die Kenntnisse über die Rolle der SPD bei der Entstehung des Bürgerlichen Gesetzbuches bislang praktisch auf die bekannte Tatsache, daß diese Partei bei der Schlußabstimmung über das Gesetz geschlossen gegen dessen Verabschiedung stimmte. Daß weiter reichende Erkenntnisse nur spärlich vorhanden sind, dürfte kaum an mangelndem Interesse der Autoren der bisherigen Untersuchungen liegen, sondern vielmehr darin begründet sein, daß die erforderlichen Quellen nur spärlich vorhanden und mitunter schwer erreichbar sind. Diesen Mangel zu beheben beabsichtigt die hier vorgelegte Quellensammlung, deren Auswahl und Zielsetzung im einzelnen noch dargelegt werden wird[18]. Zuvor sei jedoch noch ein Überblick über den derzeitigen Stand der Forschungen zur Entstehungsgeschichte des BGB und über die Rolle der Sozialdemokratischen Partei im zweiten Kaiserreich, ihre theoretischen Vorstellungen und ihr Verhalten bei der Entstehung des BGB gegeben.

---

17) S. dazu KÖGLER, Vereinsrecht S.11-42; VORMBAUM, Rechtsfähigkeit S.125 ff. - s.ferner die im 3.und 4.Kapitel dieser Einführung gegebenen Literaturhinweise.
18) S. das 6. und 7. Kapitel dieser Einführung.

2. Das Bürgerliche Gesetzbuch

Die äußere Entstehungsgeschichte des Bürgerlichen Gesetzbuches ist seit der erwähnten Darstellung von SCHUBERT leicht zugänglich; es mag daher eine geraffte,um einige Einzelheiten ergänzte Zwischenbilanz der bisherigen Forschungsergebnisse ausreichen:[1)]

Nachdem der Bundesrat in seiner Sitzung vom 4.Dezember 1873 endlich der wiederholt vorgebrachten Forderung des Reichstags nachgegeben hatte, die Gesetzgebungskompetenz des Reiches auf das gesamte Zivilrecht auszudehnen[2)], wurde zunächst 1874 eine "Vorkommission" aus 5 Juristen vom Bundesrat beauftragt, gutachtliche Vorschläge über Plan und Methode der zu erstellenden Zivilrechtskodifikation auszuarbeiten. Diese Vorschläge, welche bereits wenige Monate später unterbreitet wurden, hieß der Bundesrat noch im selben Jahre gut[3)] und setzte auf Vorschlag seines Justizausschusses eine Kommission aus 11 Juristen - 6 Richter, 3 Ministerialbeamte, 2 Professoren des Rechts - unter dem Vorsitz des Präsidenten des Reichsoberhandelsgerichts PAPE[4)] mit dem Auftrag ein, den Entwurf eines

1) S. ausführlich SCHUBERT, Entstehung S.11-55. - Eine kritische Darstellung der Gesetzgebungsprozedur aus der Sicht der damaligen Sozialdemokratie findet sich in Nr. 1 der Quellensammlung.
Da die Darstellung von SCHUBERT den Schwerpunkt auf die vorparlamentarischen Beratungen legt, wird im folgenden das Gewicht mehr auf die Darstellung der Diskussionen im Reichstag gelegt werden.

2) Durch Änderung des Art. 4, Ziff.13 der Reichsverfassung. - Der Reichstag des Norddeutschen Bundes und derjenige des Deutschen Reiches hatten diese Forderung, veranlaßt durch die unermüdliche Aktivität der nationalliberalen Abgeordneten LASKER und MIQUEL, in den Jahren 1869, 1871, 1872 und 1873 erhoben; s.i.e. SCHUBERT, Entstehung S.11-13.

3) SCHUBERT, Entstehung S.3; Inhaltsangabe und Würdigung der Vorschläge a.a.O. S.14-18. Der Wortlaut des Gutachtens sowie die Stellungnahme des Justizausschusses des Bundesrats ist vollständig wiedergegeben bei RASSOW, Gruchot 21/S.175-195 und S.195-219.

4) Über PAPE s. SCHUBERT, Entstehung S.19 f.;a.a.O.S.18-22 auch Angaben über die weiteren Mitglieder der 1.Kommission.

Bürgerlichen Gesetzbuches auszuarbeiten. Fünf Mitglieder der Kommission wurden als Redaktoren mit der Erarbeitung von Teilentwürfen zu den ins Auge gefaßten 5 Büchern der Kodifikation betraut: der badische Ministerialdirektor GEBHARD[5] mit dem Allgemeinen Teil, der württembergische Richter am Obertribunal und spätere Senatspräsident am Oberlandesgericht v.KÜBEL[6] mit dem Obligationenrecht, der Berliner Obertribunals-,später Kammergerichtsrat JOHOW mit dem Sachenrecht[7], der Oberappellationsgerichtsrat PLANCK aus Celle mit dem Familienrecht[8] und der bayerische Ministerialrat und spätere Oberlandesgerichtspräsident von SCHMITT mit dem Erbrecht[9].

Während der Erstellung der Teilentwürfe durch die Redaktoren, welche mehr als 5 Jahre in Anspruch nahm[1o], hielt die

5) Über GEBHARD s. die Darstellung bei KÖGLER, Vereinsrecht S.54 ff. und bei VORMBAUM, Rechtsfähigkeit S.131 f.

6) Über v. KÜBEL (1819-1884) s. WESTHOFF, Entstehung S. 5 ff.- KÜBEL erkrankte schon kurz nach Aufnahme der Arbeit am Teilentwurf des Schuldrechts schwer und konnte diesen vor seinem Tode nicht mehr vollenden. Es wurden daher anstelle der nicht vollendeten Abschnitte des Schuldrecht-Teilentwurfs vereinbarungsgemäß die entsprechenden Teile des Dresdener Entwurfs von 1866, an welchem allerdings v.KÜBEL sehr maßgeblich mitgearbeitet hatte,den späteren Beratungen zugrunde gelegt; zum ganzen s.SCHUBERT,Entstehung S.3o; HOFFMANN-BURCHARDI, Grundlagen S.45;HEDEMANN, Dresdener Entwurf S.41-43; WESTHOFF,Entstehung S.7 ff.

7) Über JOHOW (1823-19o4) ist nicht viel bekannt. Über die Arbeit JOHOWs und seiner Hilfsarbeiter am Teilentwurf des Sachenrechts s. die Darstellung bei SCHUBERT, Entstehung S.25-29, wo diesem Vorgang ein eigenes Kapitel gewidmet ist.

8) Über PLANCK s. die Biographie von FRENSDORFF (s.Lit.Verz.) sowie die geraffte Darstellung bei SCHUBERT,Entstehung S.2o/21.

9) Über v.SCHMITT sowie über die Entstehung des Teilentwurfs des Erbrechts unterrichtet eingehend das Kapitel über "die Entstehung des 5.Buches des BGB" bei MERTENS, Entstehung S.3-22.

1o)Außer dem Schuldrechts-Teilentwurf (s.bereits Fußn.6) war auch der Teilentwurf des Allgemeinen Teils bis zum Beginn der Hauptberatungen noch nicht vollständig erstellt. GEBHARD begründete dies mit langwieriger Erkrankung. Dennoch gelang ihm, wenn auch mit Verspätung, noch die Vollendung dieses Teilentwurfs; näher SCHUBERT, Entstehung S.25, 3o; VORMBAUM, Rechtsfähigkeit S.135.

Kommission lediglich einmal jährlich im Herbst, meist im Oktober, einige Sitzungen ab, um über die maßgeblichen Gesichtspunkte sowie über die Prinzipien, die die einzelnen Teilentwürfe beherrschen sollten, Entscheidungen der Gesamtkommission herbeizuführen[11]. Im Oktober 1881 begannen dann die Hauptberatungen der Kommission[12], die sich insgesamt bis 1889 hinzogen[13]. Der 1.Entwurf selbst und das Einführungsgesetz wurden bereits 1888 veröffentlicht und fanden in der juristischen Fachwelt ein lebhaftes, allerdings im allgemeinen überwiegend, in einigen Punkten sogar einhellig negatives Echo,

---

11) Die nicht gedruckten, lediglich metallographiert vervielfältigten Protokolle der "Vorberatungen" sind anscheinend nicht sehr zahlreich erhalten. Die aufgrund der bisherigen Untersuchungen bekannt gewordenen Exemplare befinden sich in der Bibliothek des OLG CELLE und im Magazin des Juristischen Seminars der Universität HEIDELBERG (s.Q. Verz.) Das zuletzt genannte Exemplar ist Bestandteil des juristischen Nachlasses des Redaktors GEBHARD. Seine Wiederauffindung ist den Nachforschungen von KÖGLER zu verdanken (s.KÖGLER,Vereinsrecht S.9). Der Nachlaß umfaßt sämtliche gedruckten und metallographierten Materialien zum BGB und ist darüber hinaus durch die zahlreichen handschriftlichen Anmerkungen von GEBHARD eine Informationsquelle von unschätzbarem Wert für die weitere Erforschung der Entstehungsgeschichte des BGB. Soweit für die nachfolgenden Ausführungen und für die Anmerkungen zu den Quellen ungedruckte Materialien herangezogen werden mußten, ist auf das jeweilige Exemplar dieses Nachlasses zurückgegriffen worden.

12) Über den allgemeinen Verlauf und die Prozedur dieser Beratungen s.SCHUBERT, Entstehung S.3o-35. - Auch die Protokolle der Hauptberatungen der 1.Kommission - sie umfassen 28 Bände mit weit über 14ooo Seiten - sind nicht gedruckt veröffentlicht, sondern nur metallographiert vervielfältigt worden. Die aufgrund der bisherigen Untersuchungen bekannt gewordenen Exemplare befinden sich im Nachlaß GEBHARD (s.vorige Fußn.), in der Staats- und Universitätsbibliothek in HAMBURG sowie in der Universitätsbibliothek in GÖTTINGEN. - Über den Wert der gedruckt herausgegebenen "Motive" zum 1. Entwurf s. SCHUBERT, Entstehung S.34/35.

13) Die Beratungen des 1. Entwurfs selber waren bereits im September 1887 abgeschlossen. Anschließend wurde der Entwurf revidiert und außerdem der Entwurf eines Einführungsgesetzes, einer Grundbuchordnung sowie eines Zwangsversteigerungsgesetzes durchberaten; s.SCHUBERT, Entstehung S. 34.

während die nichtjuristische Öffentlichkeit von ihm nur verhältnismäßig wenig Notiz nahm[14].

Da die große Mehrzahl der Kritiker darin übereinstimmte,daß der Entwurf zwar eine brauchbare Grundlage für das angestrebte Gesetzbuch abgeben könne[15], daß er jedoch noch einer gründlichen Überarbeitung bedürfe, wurde vom Bundesrat - in Übereinstimmung mit einer bereits von der Vorkommission 1874 ausgesprochenen Empfehlung - die Umarbeitung des Entwurfs durch eine neue Kommission beschlossen[16]. Diese Kommission setzte sich nicht wie die erste Kommission ausschließlich aus Juristen zusammen, sondern nahm auch Vertreter aus Wirtschaft und Politik, darunter auch einige nach Parteigesichtspunkten ausgewählte Reichstagsabgeordnete, als nichtständige Mitglieder in ihre Reihen auf[17]. Allerdings lag der maßgebliche Einfluß bei den Vertretern der Ministerialbürokratie, welche sieben der elf ständigen Kommissionsmitglieder stellte[18]. Die Reichstagsabgeordneten waren Mitglieder der Nationalliberalen Partei, der Konservativen Partei, des Zentrums, der Freisinnigen Volkspartei und der Reichspartei[19]. Die unterschiedlichsten Berufe waren vor allem durch die nichtständigen Mitglieder in der Kommission repräsentiert, jedoch fehlte ein Re-

---

14) Auch die Kenntnisse über die kritischen Stellungnahmen zum 1.Entwurf des BGB sind durch die Untersuchungen der letzten Jahre stark erweitert worden. Alle Einzeldarstellungen haben ihnen eingehende Schilderungen gewidmet; s. die Darstellung bei SCHUBERT, Entstehung S.35 ff.,73 ff., 118 ff., 155 ff. sowie die Aufstellung im Quellenverzeichnis ibd. S. XIV ff.; ferner entsprechend MERTENS, Entstehung S.16 ff. und S.16o ff.; HOFFMANN-BURCHARDI, Grundlagen S.47 ff, 15o ff. und S. XV ff.; KOGLER, Vereinsrecht S.61 ff. und S.139 ff.; VORMBAUM, Rechtsfähigkeit S.142 ff. und S.222 ff. - Die vom Reichsjustizamt gesammelten und veröffentlichten "ZUSAMMENSTELLUNGEN" (s.Q.Verz.) enthalten lückenlos und wortgetreu nur die Äußerungen der Bundesregierungen; unter den kritischen Stellungnahmen aus der Öffentlichkeit konnten sie dagegen nur eine Auswahl treffen und auch diese nicht wörtlich, sondern nur inhaltlich wiedergeben.

15) SCHUBERT, Entstehung S.36.

16) SCHUBERT, Entstehung S.45.

17) SCHUBERT, Entstehung S.46.

18) SCHUBERT, Entstehung S.47.

19) S. die Angaben bei SCHUBERT a.a.O. sowie Nr. 6, Anm.8-15.

präsentant der Sozialdemokratie oder der Gewerkschaften wie überhaupt ein Vertreter der Arbeiterschaft - ein Umstand, der die spätere skeptische Einstellung der Sozialdemokratie gegenüber dem Gesetzentwurf nicht unwesentlich vorgeprägt hat[20].

Zur Vorstrukturierung der Arbeit der 2.Kommission trat im Reichsjustizamt eine "Vorkommission" zusammen, welche in enger Abstimmung mit den Bundesregierungen, vor allem mit dem preussischen Staatsministerium, zumindest die hauptsächlichen Probleme des geplanten Gesetzbuches unter Zugrundelegung des 1. Entwurfes durchberiet[21]. Ihr gehörten auch einige Mitglieder der 2.Kommission selbst an, so vor allem PLANCK und GEBHARD[22]. Ob überhaupt und gegebenenfalls in welchem Umfang die übrigen Mitglieder der 2. Kommission vom Inhalt der Beratungen dieser Vorkommission, deren Beratungsergebnisse in Form von Anträgen - meistens von PLANCK - in die 2. Kommission eingebracht wurden, Kenntnis erlangten, ist noch nicht bekannt. Dadurch, daß die Vorkommission in enger Fühlungnahme mit den politischen Instanzen arbeitete und somit ziemlich genaue Kenntnisse über das in den umstrittenen Punkten politisch Durchsetzbare erlangte, hatten ihre Beratungsergebnisse vermutlich stets gute Aussichten, von der offiziellen 2. Kommission übernommen zu werden. Während dies für die äußerst umstrittenen

---

20) S. die diesbezüglichen Stellungnahmen von Sozialdemokraten in Nr. 2o, nach Anm. 15 und Nr. 67, bei Anm.2o.

21) Die Tätigkeit dieser "Vorkommission" ist bis vor kurzem überhaupt nicht bekannt gewesen. Erst durch die Aufarbeitung der Akten des Badischen Generallandesarchivs (s.die Quellenverzeichnisse bei KÖGLER, Vereinsrecht S.135,und VORMBAUM, Rechtsfähigkeit S.2o9) und durch die Wiederentdeckung des GEBHARD-Nachlasses wurden die Existenz und einige Umstände der Arbeit dieser Kommission bekannt. Einzelheiten dieses Komplexes bedürfen noch näherer Untersuchung. Es steht jedoch fest, daß die Vorkommission u.a. einen vollständigen Entwurf eines Allgemeinen Teils - selbstverständlich auf der Grundlage des 1.Entwurfes - ausgearbeitet hat und daß z.B. die in der Vorkommission gefaßten Beschlüsse zum Vereinsrecht die späteren Beratungen der 2. Kommission sehr stark beeinflußt haben; s. dazu KÖGLER, Vereinsrecht S.78 f.,VORMBAUM, Rechtsfähigkeit S.156 ff.

22) S. KÖGLER a.a.O. S.79; VORMBAUM a.a.O. S.16o f.

Probleme des Vereinsrechts belegt ist[23], bedarf die Frage für andere Problemkreise des Gesetzbuches allerdings noch eingehender Untersuchung.

Nicht zuletzt wegen der bereits vorliegenden umfangreichen Arbeitsunterlagen - der 1.Entwurf und die in Antragsform gekleideten Beratungsergebnisse der "Vorkommission" - konnte die 2. Kommission den gesamten Stoff in etwas mehr als vier Jahren (April 1891 - Juni 1895), also in erheblich kürzerer Zeit als die 1.Kommission, bewältigen[24]. Anschließend beriet sie noch das Einführungsgesetz und die wegen der Einführung des BGB notwendig werdenden Änderungen und Ergänzungen der ZPO und der KO. Der Entwurf des Einführungsgesetzes enthielt ebenso wie sein Vorgänger in erster Linie das Internationale Privatrecht, die Übergangsvorschriften, die Regelung des Verhältnisses des BGB zu anderen Reichsgesetzen und die Bestimmungen über das Verhältnis des BGB zu den Landesgesetzen. In dem zuletzt genannten Abschnitt fand sich jene "Verlustliste des deutschen Einheitsgedankens"[25], welche in nicht weniger als 97 Gesetzesartikeln zahlreiche Materien des Privatrechts von der Geltung des neuen Gesetzbuches ausnahm und der Hoheit der Landesgesetze beließ bzw. überwies. Diese Liste gehörte aus noch darzulegenden Gründen[26] zu den von den Sozialdemokraten besonders heftig angegriffenen Teilen des BGB und des Einführungsgesetzes.

Anders als die Arbeiten der 1.Kommission wurden die Beratungsergebnisse der 2. Kommission wöchentlich im Reichsanzeiger mitgeteilt und die Entwürfe der einzelnen Bücher jeweils nach ihrer Fertigstellung ebenfalls veröffentlicht, so daß für die interessierte Öffentlichkeit Gelegenheit bestand, die Beratungen ziemlich genau mitzuverfolgen[27].

Der neue Entwurf wurde nach abschließender redaktioneller

---

23) S. KÖGLER und VORMBAUM jeweils a.a.O.
24) Zu den (nur geringen) Kenntnissen, die wir über das Ausmaß der Mitarbeit der nichtständigen Kommissionsmitglieder besitzen, s.SCHUBERT, Entstehung S.5o f.
25) Zu diesem vielgebrauchten Schlagwort s.SCHUBERT, Entstehung S.175, Fußn.877, sowie die Rede des freisinnigen Abgeordneten KAUFFMANN in der 1.Lesung des BGB im Reichstag (STEN.BER.RT.,IX.Leg.Per.,IV.Session 1895/97, 31.Sitzung v.4.Februar 1896 = Bd 1,S.728 ff.,731.
26) S.u.S.LXXXII.
27) S.SCHUBERT, Entstehung S.51.

Überarbeitung dem Reichskanzler im Oktober 1895 überreicht[28]. Dieser leitete ihn unverzüglich an den Bundesrat weiter[29]. Der Bundesrat beriet den Entwurf in verhältnismäßig kurzer Zeit in seinem Justizausschuß und nahm in einigen Punkten noch Änderungen vor[30], ohne jedoch die Gesamtkonzeption anzutasten[31].

In dieser überarbeiteten Fassung wurde der 2. Entwurf im Januar 1896 zusammen mit einer im Reichsjustizamt angefertigten DENKSCHRIFT[32] dem Reichstag zugeleitet[33].

Eine Zeit lang hatte die Reichsregierung wohl gehofft, man könne eine en-bloc-Annahme des BGB durch den Reichstag erreichen[34]; aber schon bei den Vorbesprechungen der Fraktions-

---

28) SCHUBERT, Entstehung S.49. - Zuvor war der Entwurf von der Redaktionskommission der 2.Kommission durchgesehen worden. Zur Unterscheidung von dem bereits während der Kommissionsberatungen in mehreren Etappen veröffentlichten Entwurf (s.bei Fußn.27) nennt SCHUBERT die dem Reichskanzler überreichte Fassung des 2.Entwurfs den "revidierten 2.Entwurf" oder "Entwurf IIa" (a.a.O. S.49). Die später durch die Abänderungen seitens des Bundesrates zustandegekommene Fassung, welche dem Reichstag vorgelegt wurde, nennt SCHUBERT den "3.Entwurf" (a.a.O. S.52). Ob sich diese Bezeichnungen durchsetzen werden, bleibt abzuwarten. In den folgenden Ausführungen sowie in den Anmerkungen zu den Quellen werden die umständlicheren, aber unmißverständlichen Bezeichnungen "E II idF der Bundesratsvorlage" und "E II idF der Reichstagsvorlage" verwendet.

29) SCHUBERT, Entstehung S.52.

3o) Diese betrafen in erster Linie das Vereinsrecht; s. dazu eingehend KÖGLER, Vereinsrecht S.1o7 ff., VORMBAUM, Rechtsfähigkeit S.174.

31) SCHUBERT, Entstehung S.52.

32) S. Q.Verz. - Die DENKSCHRIFT ist vor allem deshalb ein wichtiges rechtshistorisches Dokument, weil sie in ihrer Anlage II einen detaillierten Überblick über die Geltungsbereiche der damals in Deutschland bestehenden Rechte auf dem Gebiet des Bürgerlichen Rechts gibt, wie er in solcher Ausführlichkeit sonst kaum zu finden ist.

33) S.Q.Verz.

34) S.dazu Nr. 2, nach Anm. 2; Nr. 14, nach Anm.2; ferner die Rede des Abgeordneten RINTELEN während der 1.Lesung des BGB im Reichstag (STEN.BER.RT. IX.Leg.Per.,IV Session 1895/97, 3o.Sitzung v.3.Februar 1896 = Bd 1, S.71o ff., 711).

vorstände der im Reichstag vertretenen Parteien über die geschäftsordnungsmäßige Behandlung der Vorlage zeigte sich, daß die große Mehrheit des Reichstages nicht gewillt war, ein solches Gesetzeswerk ungeprüft passieren zu lassen[34a]. Die Bereitschaft hierzu war wohl nur bei den Nationalliberalen vorhanden[35], während fast alle anderen größeren Reichstagsfraktionen sich von einer eingehenden Durchberatung der Vorlage noch Verbesserungen des Gesetzestextes in ihrem Sinne erhofften [36]. Unklarheit herrschte allerdings noch über die Art und Weise sowie über das erforderliche zeitliche Ausmaß der Beratungen. Diese Frage beschäftigte nahezu alle Redner in der ersten Lesung des Gesetzes im Reichstag. Von freikonservativer Seite, als deren Sprecher in dieser Frage Freiherr von STUMM-HALBERG[37] auftrat[38], wurde der Vorschlag gemacht, die weitere Beratung zunächst einer inoffiziellen "freien" Kommission zu überlassen, welcher Vertrauensmänner der Parteien hätten angehören sollen und von deren Beratungen höchstwahrscheinlich vor allem die Sozialdemokraten ausgeschlossen geblieben wären[39]. Gegen die Einrichtung einer

---

34a) S. in Nr. 3 den Hinweis, daß sich STADTHAGEN (SPD) und der konservative Abgeordnete v.BUCHKA über die Notwendigkeit einer parlamentarischen Beratung der Vorlage einig waren.

35) Der nationalliberale Abgeordnete v.CUNY bei der 1.Lesung des BGB: "Ich stehe nicht an, zu erklären: was meine Partei weitaus am liebsten gesehen hätte, das wäre die Annahme dieser Vorlage des bürgerlichen Gesetzbuches en bloc. ... Wo es gilt, große Ziele zu erreichen, da darf man auch vor großen Mitteln nicht zurückschrecken und am wenigsten durch das Geschrei im Lande sich abhalten lassen"; s.STEN. BER.RT.a.a.O. (Fußn.34) S.705 ff.,717.

36) S.z.B. die Reden der Abgeordneten RINTELEN (Zentrum)(a.a. O. S.711), v. BUCHKA (Konservative Partei) (a.a.O.S.722), KAUFFMANN (Freisinnige Volkspartei) (a.a.O.S.728), FÖRSTER (Deutsch-soziale Reformpartei [Antisemiten]) (a.a.O.S.768).

37) Über STUMM-HALBERG s.Nr. 3,Anm.2.

38) S. seine Rede in: STEN.BER.RT.a.a.O. 32. Sitzung vom 5. Februar 1896 = Bd 1, S.759 ff.

39) A.a.O.S.759: "Ich und meine politischen Freunde haben ... vorgeschlagen, daß ... die Fraktionen zusammentreten, daß sie zunächst sich darüber klar werden, welches Minimum sie in Bezug auf die Änderung der Gesetzesvorlage durchsetzen wollen. Nachdem das beschlossen ist, dann werden Delegierte gewählt, diese treten in einer freien Kommission zusammen, hier kann man jeden beliebigen Gegenstand ausschliessen oder einschließen, und diejenigen Personen, die das Zustandekommen des Gesetzes überhaupt nicht wollen, bleiben natürlich von der freien Kommission fern ...".

solchen politischen "Grauzone" wandten sich jedoch die Vertreter fast aller großen Reichstagsfraktionen[40].

Der Vorschlag STUMMs enthielt allerdings unter dem Gesichtspunkt einer möglichst zügigen Beratung der Vorlage eine zutreffende Überlegung: Normalerweise verpflichtete die Geschäftsordnung des Reichstages, welche grundsätzlich auch für die vom Reichstag offiziell eingesetzten Kommissionen galt, dazu, jede Vorlage Punkt für Punkt durchzuberaten. Diese Regel hätte auch bei der Beratung des BGB dazu genötigt, jeden einzelnen Paragraphen zumindest aufzurufen und festzustellen, ob Abänderungsanträge dazu vorlagen. Dieses Verfahren wäre nicht nur äußerst langwierig gewesen, sondern hätte auch etwaigen Obstruktionsversuchen Vorschub leisten können. Eine inoffizielle Kommission, wie sie STUMM und seinen Parteifreunden vorschwebte, wäre an derartige zeitraubende Vorschriften nicht gebunden gewesen. Um den genannten Schwierigkeiten vorzubeugen, beschloß der Reichstag ein ungewöhnliches Verfahren:

Es wurde zwar einerseits entsprechend den geltenden Geschäftsordnungsvorschriften und parlamentarischen Gepflogenheiten eine offizielle Reichstagskommission, in der die Fraktionen entsprechend ihrer Stärke im Plenum des Reichstages vertreten waren, eingesetzt; dieser Kommission wurde jedoch die Befugnis gegeben, einzelne Komplexe der Vorlage ohne Eintritt in die Sachberatungen en bloc unverändert anzunehmen[41]. Von dieser Ermächtigung hat die dann konstituierte Reichstagskommission[42] allerdings in keinem einzigen Falle Gebrauch gemacht[43]. Sie beriet den gesamten Entwurf in zwei Lesungen und insgesamt 53 Sitzungen[44] durch. Schwerpunkte ihrer Beratungen waren das Vereinsrecht, das Dienstvertragsrecht, das Amtshaftungsrecht, das Familienrecht (insb. das Eheschließungs- und Ehescheidungsrecht) sowie das Wildschadensrecht. Zu allen diesen Komplexen sowie zu zahlreichen weiteren Fragenkreisen hatten die Sozialdemokraten weitgehende Änderungsanträge gestellt, die jedoch in den meisten Fällen erfolglos blieben. Auf massiven Druck der Reichsregierung hin kam es vor allem in den Fragen des Vereinsrechts und des Eherechts zu einem "Kompromiß-Paket"

---

40) S. z.B. Abg.FÖRSTER (Reformpartei)(STEN.BER.RT.a.a.O. S.762) und ENNECCERUS (Nationalliberale)(a.a.O.,33. Sitzung v.6.Februar 1896 - Bd 2,S.775).

41) Auf Antrag des konservativen Abgeordneten v. BUCHKA (s. STEN.BER.RT.a.a.O.S.722) und des freisinnigen Abgeordneten SCHRÖDER (a.a.O. S.723).

42) Über deren Mitglieder s.BERICHT S.7;ferner Nr. 11,insb. Anm.5.

43) S.BERICHT S.7.

zwischen den Nationalliberalen und dem Zentrum[45]. In dem für die Sozialdemokratie wichtigsten Problembereich - dem Dienstvertragsrecht - gelang es zwar den sozialdemokratischen Kommissionsmitgliedern FROHME und STADTHAGEN[46] in einigen nicht unwichtigen Fragen, die Zustimmung vor allem des Zentrums zu ihren Vorschlägen zu erlangen; gerade ihre Hauptforderung jedoch - die Einbeziehung des Gesindes in die reichseinheitlichen Regelungen des Gesetzbuches - blieb unerfüllt, weil die (nach heutigem politischen Sprachgebrauch als Linksliberale einzuordnenden) Freisinnigen[47], deren Stimmen in dieser Frage ausschlaggebend waren, gegen den entsprechenden Antrag der Sozialdemokraten stimmten[48]. Uneingeschränkten Erfolg hatten die beiden sozialdemokratischen Kommissionsmitglieder innerhalb der besonders brisanten Fragenkreise nur beim Wildschadensrecht; die Kommission beschloß auf ihren Antrag hin,auch den von Hasen angerichteten Schaden in die Schadensersatzregelungen aufzunehmen [49].

Die Reichstagskommission ließ das Gesamtkonzept des Entwurfes unangetastet. Ihre Beratungen fanden während eines ungewöhnlich kurzen Zeitraumes statt[5o]. Damit kam die Kommission einem Wunsch der Reichsregierung und des Bundesrates entgegen, die parlamentarische Prozedur möglichst abzukürzen. Von der Sache her gab es für dieses Drängen zwar keinen ersichtlichen Grund, da mit dem Inkrafttreten des Gesetzes ohnehin nicht vor dem 1.Januar 19oo gerechnet wurde; es bestand jedoch allem Anschein nach bei der Reichsregierung und beim Bundesrat die ernsthafte Befürchtung, daß zu sehr ins Einzelne gehende Be-

---

44) Ibd.- Auch hinsichtlich der Beratungen der Reichstagskommission enthält der Nachlaß GEBHARD eine Rarität: er beherbergt die Drucksachen dieser Kommission mit den dort eingebrachten Abänderungs-Anträgen. Es handelt sich, soweit ersichtlich, um die einzigen bislang bekanntgewordenen Exemplare dieser Drucksachen (S.Q.Verz. A V 5).

45) S. dazu Nr. 6o, nach Anm.2; Nr. 61. Für das Vereinsrecht ferner VORMBAUM, Rechtsfähigkeit S.189.

46) Zur Person beider Abgeordneter s. Nr. 6, Anm.2 und Nr. 9, Anm.2.

47) Zu den freisinnigen Parteien s.Nr. 4, Anm. 6 m.w.N.

48) S.Nr.29, bei Anm.5; Nr. 77, bei Anm.8; Nr. 8o, Anm.5.

49) S.Nr. 34, bei Anm.23; BERICHT S.6o.

5o) 7.Februar 1896 bis 11.Juni 1896, mit einer Pause von ca. 2 Wochen (s.die Angaben in Nr. 54 und Nr. 55).

ratungen die Gesamtkonzeption des Gesetzbuches in Frage stellen und damit das gesamte Vorhaben nach über zwanzigjähriger Vorarbeit noch in Gefahr bringen könnten. Dagegen forderten mehrere Parteien, unter ihnen die Sozialdemokraten, es solle nach den Beratungen der Reichstagskommission eine mehrmonatige Beratungspause bis zum Herbst eingelegt werden, um die Kritik noch einmal zu ihrem Recht kommen zu lassen[51].

Von seiten der Reichsregierung wurde auf diejenigen Parteien, welche prinzipiell die möglichst baldige Verabschiedung des BGB wünschten, dadurch Druck ausgeübt, daß mit der Schliessung des Reichstages, d.h. der Beendigung der laufenden Session (nicht: der Legislaturperiode) gedroht wurde, falls das Gesetzbuch nicht schnellstmöglich verabschiedet würde[52].Dies hätte nach der Geschäftsordnung des Reichstages bedeutet,daß

---

51) Als sich jedoch diese Forderung als nicht durchsetzbar erwies, erklärten die Sozialdemokraten ausdrücklich, sie beabsichtigten nicht, das Zustandekommen des Gesetzes prinzipiell zu verhindern, sie würden jedoch erwarten, daß der Reichstag bei der Beratung einer derartig wichtigen Frage beschlußfähig sei und würden daher notfalls die Beschlußfähigkeit des öfteren überprüfen lassen (s. Nr.64). Für die Absetzung des Bürgerlichen Gesetzbuches von der Tagesordnung und für die Vertagung der 2.Lesung bis zum Herbst sprachen sich zu Beginn der 2.Lesung neben den Sozialdemokraten auch die Mehrheit der Konservativen Partei und die Freisinnigen aus. - Die Haltung der Sozialdemokraten in dieser Frage war während der Dauer der Beratungen unterschiedlich. Die sozialdemokratischen Vertreter in der Reichstagskommission hatten sich jedenfalls noch am Ende der 1.Lesung dieser Kommission für zügige Fortsetzung der Kommissionsberatungen eingesetzt und des weiteren erklärt, sie würden sich auch einer unmittelbar anschließenden zweiten Plenarberatung nicht widersetzen (s.Nr.54). Allerdings ist zu berücksichtigen, daß auch der Ältestenrat des Reichstages noch am 7.Mai 1896 einstimmig (!) der Auffassung war, es solle nach Abschluß der Kommissionsberatungen eine Beratungspause bis zum Herbst eintreten (s.Nr.46). Selbst die Reichsregierung scheint ihren Standpunkt, den sie dann im Plenum mit solchem Nachdruck vertrat, erst spät gefaßt zu haben, denn am 2.Mai 1896 war sie noch nicht in der Lage, eine Stellungnahme in dieser Frage abzugeben (s.Nr.43).

52) S.STEN.BER.RT. IX.Leg.Per.IV.Session, 1o9.Sitzung vom 19. Juni 1896 = Bd 4, S.2718, 2723 f. (Reden des Staatssekretärs v. BÖTTICHER).

- anders als bei bloßer Vertagung - sämtliche noch nicht erledigten Vorlagen, mithin auch das BGB, in der darauffolgenden Session von vorne hätten behandelt werden müssen[53]. Da die meisten Parteien des Reichstages dieses Risiko nicht eingehen mochten, wurde das riesige Gesetzeswerk in nur 8 Sitzungen in zweiter Lesung im Plenum des Reichstages durchberaten[54]. Anschließend erfolgte in zwei Sitzungen die dritte Lesung[54a].

Wiederholt war die Beschlußfähigkeit des Hauses fraglich. Sie konnte in einem Falle nur durch einen Geschäftsordnungstrick angenommen werden, als sie von der (antisemitischen) deutschsozialen Reformpartei, die die Obstruktion der Beratungen bereits während der Kommissionsberatungen angekündigt hatte, offiziell bezweifelt wurde[55].

Der Reichstag folgte in nahezu allen Punkten den Vorschlägen der Reichstagskommission. Eine ausgedehnte Debatte rief allerdings noch die Wildschadensersatz-Problematik hervor; sie beschäftigte den Reichstag einen vollen Sitzungstag lang. Die Konservativen, die sich - abgesehen von STUMM-HALBERG - in den Beratungen der Reichstagskommission weder durch die Anzahl noch durch das sachliche Gewicht ihrer Diskussionsbeiträge hervorgetan hatten, entfachten wegen des von der Reichstagskommission in das Gesetz aufgenommenen Hasenschadens eine stundenlange Debatte. Daß sie schließlich mit ihrer Forderung nach der Entfernung dieser Bestimmung Erfolg hatten, verdankten sie dem Zentrum, welches angesichts des Widerstandes der Konservativen und des angekündigten Widerstandes des Bundesrates gegen die Einbeziehung der Hasen in die Wildschadensersatz-Regelung seine Bereitschaft erklärte, in dieser Frage mit den Konservativen zu gehen, um nicht an einem verhältnismäßig geringfügigen Streitpunkt das gesamte Gesetzbuch scheitern zu lassen[56]. Ebenso wie in der Reichstagskommission

---

53) Ibd. S. zu den diesbezüglichen parlamentarischen Regeln auch PIKART, Parteien a.a.O.S.271.

54) S.STEN.BER.RT.a.a.O. 1o9.Sitzung v. 19.Juni 1896 bis 116. Sitzung vom 27.Juni 1896 = Bd 4, S.2717 -3o36.

54a)STEN.BER.RT.a.a.O. 117. und 118.Sitzung v. 3o.Juni und 1.Juli 1896 = Bd 4, S.3o39 - 31o6.

55) STEN.BER.RT.a.a.O., 1o9 Sitzung v.19.Juni 1896 = Bd 4, S.2734; ferner Nr. 65. - Die schlechte Besetzung des Reichstages war allerdings weniger auf das Desinteresse am Bürgerlichen Gesetzbuch als vielmehr auf die sommerliche Hitze zurückzuführen. Darüber hinaus gehörte die

hatten die Sozialdemokraten auch in der 2. und 3. Plenarberatung des Reichstags eine Fülle von Abänderungs-Anträgen eingebracht, die jedoch fast ausnahmslos der Ablehnung verfielen[57].

Nachdem bereits in einer Reihe von Einzelfragen namentliche Abstimmung beantragt und durchgeführt worden war, wurde schließlich auch über das gesamte Gesetzbuch am 1.Juli 1896 namentlich abgestimmt. Mit 222:48 Stimmen wurde es bei 18 Enthaltungen angenommen[58]. Gegen die Vorlage stimmten neben 3 Konservativen und 3 Hannoveranern sämtliche 42 anwesenden sozialdemokratischen Abgeordneten[59]. Die ablehnende Haltung der Sozialdemokraten war in der Generaldebatte zu Beginn der dritten Lesung vom Abgeordneten STADTHAGEN vor allem mit der Weigerung der Mehrheit, das Gesinde in die Regelungen des Dienstvertragsrechts einzubeziehen, begründet worden[60].

Am 14.Juli 1896 stimmte der Bundesrat dem Gesetzbuch zu, am 18.August wurde es vom Kaiser unterzeichnet und am 24. August desselben Jahres im Reichsgesetzblatt verkündet.

---

schwache Besetzung des Reichstages bis zu der 1906 eingeführten Diätenregelung (s.dazu MATTHIAS/PIKART,Reichstagsfraktion S.XCI ff.) zu den Alltäglichkeiten, da viele Abgeordnete - vor allem die weiter entfernt wohnenden - sich die längere Abwesenheit von ihrer Berufstätigkeit nicht leisten konnten. So kam es z.B., daß vor allem der süddeutsche Bereich bis 1906 wegen Nichtanwesenheit seiner Abgeordneten ständig unterrepräsentiert war (s.a.a.O. S. XCVIII ff.).Zu dem erwähnten Geschäftsordnungstrick s.S.320.

56) S.Erklärung des Zentrums-Abgeordneten LIEBER in: STEN.BER. RT. a.a.O., 112. Sitzung vom 23.Juni 1896 = Bd 4, S.2839; ferner Nr. 70.

57) S.STEN.BER.RT. a.a.O., Aktenstücke Nr.465 und 471: Insgesamt 94 Abänderungsanträge, die unter dem Namen des SPD-Abgeordneten AUER - als des in der alphabetischen Reihenfolge Ersten der Fraktion - eingebracht wurden; mißverständlich und daher hier zu korrigieren die Formulierung bei VORMBAUM, Rechtsfähigkeit S.190 u.: Es handelte sich bei den Abänderungsanträgen um solche, die von allen Fraktionsmitgliedern unterschrieben waren.

58) STEN.BER.RT. a.a.O. 118. Sitzung vom 1.Juli 1896 = Bd 4, S.3104-3106.

59) S.a.a.O. die Liste der namentlichen Abstimmung; ferner SCHUBERT, Entstehung S.55. - Der Stimme enthielten sich die 7 Antisemitischen Abgeordneten (Deutsch-soziale Reformpartei), 2 Konservative, 9 Fraktionslose (davon 7 aus dem Wahlkreis Hannover, s.SCHUBERT a.a.O.).

60) STEN.BER.RT.a.a.O., 117.Sitzung vom 30.Juni 1896,S.3045 ff.; Auszug aus dieser Rede s.Nr. 80.

Am 1.Januar 19oo trat es in Kraft.

Um die Einstellung der Sozialdemokratie zu dem Zivilrechtsentwurf und ihre letztendliche Ablehnung des Gesetzbuches würdigen zu können, gilt es

a) zunächst wenigstens in groben Zügen den historisch-politischen Rahmen des Wirkens dieser Partei nachzuzeichnen (dazu unten 3.),
b) vor diesem Hintergrund ihre politischen, vor allem ihre rechtspolitischen Traditionen und Positionen erklärlich zu machen (dazu unten 3.), und
c) zu versuchen, die Haltung der SPD zum BGB mit diesen Positionen in Beziehung zu setzen (dazu unten 5.).

3. Sozialdemokratie und Kaiserreich

Die Geschichte der deutschen Sozialdemokratie im ausgehenden 19. Jahrhundert ist untrennbar verbunden mit derjenigen des zweiten deutschen Kaiserreiches, und wenn es in dieser Zeit - jenseits der vordergründigen Ereignisse - charakteristische Unterschiede zwischen Deutschland und den anderen Industrienationen gab, so prägten diese Besonderheiten auch das Verhältnis des deutschen Staats-, Rechts- und Sozialgefüges zur Sozialdemokratie und die politische Taktik und Strategie der Sozialdemokratie jenem gegenüber.[1)] Trotz bitterer gegenseitiger Feindschaft zwischen den tragenden Kräften des Kaiserreiches und den Sozialdemokraten war die Sozialdemokratie in ihrer konkreten deutschen Gestalt eben doch ein Kind gerade dieses Reiches. Nur aus der besonderen Entwicklung Deutschlands und der eigenartigen Stellung des Hohenzollernreiches heraus sind Besonderheiten in der Entwicklung der deutschen Sozialdemokratie verständlich.

Deutschland bzw. die Deutschen als "Verspätete Nation" zu bezeichnen[2)], heißt nicht nur eine Redensart formulieren, die

---

1) S.z.B. SCHIEDER, Radikalismus a.a.O. S.2o f.; STEINBERG, Ideologie und Taktik a.a.O. S.58 f.; GROH, Sozialdemokratie a.a.O. S.64.

2) So der Titel des Werkes von PLESSNER, Nation (s.Lit.Verz.). PLESSNER versucht in seiner geistes- und sozialgeschichtlichen Analyse den Nachweis zu erbringen, daß die Wurzeln des deutschen Dilemma des 19. und 2o.Jahrhunderts vornehmlich in Versäumnissen des 17.Jahrhunderts zu suchen sind, also im Zeitalter der entstehenden Nationalstaaten und vor allem der beginnenden Aufklärung, zu welcher aus den verschiedensten Gründen die deutsche geistige Tradition kein rechtes Verhältnis gewann: "Seit dem 17.Jahrhundert beginnt Deutschland sich dem Westen zu entfremden. Es hat kaum Anteil an der Ausbildung des neuzeitlichen, auf das natürliche Recht der Menschen gegründeten Staats- und Völkerrechts. Die Idee eines Staates, der die Freiheit der Bürger schützt und um des Schutzes der Freiheit willen Rechtsstaat ist, hat wohl auch deutsche Vorkämpfer, findet aber in Deutschland nur begrenzte Aufnahme"; PLESSNER a.a.O. S.46.

sich zu ihrer Berechtigung leicht auf das Gründungsdatum des Reiches berufen könnte; die Phasenverschiebung in der Erlangung der nationalstaatlichen Einheit kann nicht als isolierter Umstand betrachtet werden, ohne daß das aus sozialökonomischen und geistesgeschichtlichen Elementen zusammengesetzte historische Gefüge in unzulässiger Weise vernachlässigt würde, in welchem dieses äußerlich besonders augenfällige verfassungspolitische Datum seinen Platz hat.

Will man Besonderheiten nicht schon im Mittelalter suchen, so sind Auffälligkeiten der deutschen Verhältnisse doch zu Beginn der Neuzeit unverkennbar. Die Entdeckung Amerikas und die darauf folgenden ungeahnten Erweiterungen des Welthandels (vor allem bei Edelmetallen, Gewürzen, Luxusartikeln) rückten Deutschland endgültig geographisch an die Peripherie des weltpolitischen Geschehens[3]. Die kurz darauf eingetretene Glaubensspaltung war kaum zufällig als durchgehendes, Jahrhunderte lang ungelöstes politisches Problem eigentlich nur in Deutschland von Belang. Die ohnehin schon seit dem Mittelalter zurückhängende Entwicklung zu nationalstaatlicher Einheit erhielt in Deutschland keine ausreichenden wirtschaftlichen Impulse und wurde durch die konfessionelle Uneinheitlichkeit noch weiter zurückgehalten. Einmal in Teilstaaten organisatorisch verfestigt (nicht zuletzt durch das protestantische Landeskirchentum), gewann der Partikularismus Eigengewicht und vermochte sich heraufkommenden wirtschaftlichen und geistesgeschichtlichen Neuentwicklungen länger als anderswo ent-

---

3) S. dazu MOTTEK, Wirtschaftsgeschichte Bd 2, S.253; s. auch Golo MANN, Geschichte S.35: "Deutschland, das bisher alle großen Erfahrungen Europas mitgemacht hatte, Romanisierung und Christentum, Feudalismus und Kreuzzüge, Klöster und Universitäten, Städte und Bürgerstand, Renaissance und Reformation, machte nun die größte aller Erfahrungen nicht mehr mit: die beginnende Europäisierung der Welt. Seine Schiffe pflügten weder den Atlantischen noch den Indischen Ozean. Sein Handel schrumpfte, seine Städte verarmten, sein Bürgertum verknöcherte".

gegenzustemmen und diese Entwicklungen seinerseits zu prägen[4]. Die bürgerlich-kapitalistische Wirtschafts- und die liberale Gesellschafts- und Staatsordnung, in England seit dem 17. Jahrhundert herangewachsen, in Frankreich durch revolutionäre Umwälzungen zum Durchbruch gekommen, konnten ihre Lebensbedingungen - freier Warenaustausch ohne engmaschige Zollschranken und Staatsgrenzen und ohne Beschränkungen der persönlichen Handlungsfähigkeit - in Deutschland nur mit starker Verspätung finden und nahmen hier ein spezifisches Gepräge an. Waren die wirtschaftlichen Veränderungen in Westeuropa, zumal in Frankreich, Hand in Hand gegangen mit der Durchsetzung der Forderungen nach Volkssouveränität, rechtlicher Gleichheit, Meinungs-, Vertrags-, Vereins-, Versammlungs-, Koalitions- und Gewerbefreiheit, so gelang es in Deutschland den Trägern und Vertretern feudaler und legitimistischer Herrschaftsinteressen, denen der Partikularismus besonders günstige Entfaltungsmöglichkeiten bot, die maßgeblichen Schaltstellen der Staatsmacht in Händen zu behalten und zahlreiche altständische und feudale Institutionen zu konservieren[5].

---

4) Hierzu noch einmal PLESSNER, Nation S.76: "Renaissance und Reformation, die Entstehung des Nationalstaates und des Parlamentarismus, der rationalen Naturrechtslehre und der Naturwissenschaft sind die Voraussetzungen [der Ideen von 1789]. Der Anteil des lutherischen Deutschlands an der Verwirklichung dieser Prinzipien ist jedoch für Deutschland selbst erst spät zur Auswirkung gelangt, gehemmt durch das protestantische Landeskirchen- und Staatskirchentum. Dieses verstärkte den Schwebezustand zwischen katholischem Kaisertum und Territorialherrschaften und isolierte das Reich gegen Westeuropa, da die innere Unausgeglichenheit der Entwicklung bürgerlicher Freiheit stärkere Widerstände bot, als sie ein Staat mit eindeutiger Macht- und Glaubensverteilung hätte aufbringen können. So erfuhren die Ideen der Aufklärung ... im Laufe des 17. und 18. Jahrhunderts eine Ablenkung ins Geistige und kamen damit unter den Einfluß der lutherischen Religiosität. Eine französisch formulierte Bewegung ... weckte in lutherischem Milieu von kleinstaatlichem Gepräge keine tieferen Sympathien."- Zu den Auswirkungen des Partikularismus auf die wirtschaftliche Entwicklung s. MOTTEK, Wirtschaftsgeschichte Bd 1, S.253 ff; Bd 2, S.56 ff.; TREUE, HDG Bd 3, S.5o2 ff.

5) FISCHER, Verhältnis a.a.O. S.289: "Es ist für die deutsche Geschichte von entscheidender Bedeutung gewesen, daß hier nicht wie in Frankreich das ganze Geflecht älterer Sozialformen in einem einzigen revolutionären Akt aufgehoben, sondern nur langsam über mehr als ein Jahrhundert hinweg

Selbst der elementare Vorgang der Industriellen Revolution, der vor allem in England zu einer Umwälzung der Lebensverhältnisse in nie zuvor gesehenem Maße führte, konnte in Deutschland erst mit erheblicher Verspätung seine Wirkung entfalten[6]. Immerhin bewirkte er im Laufe des 19. Jahrhunderts auch hier, daß das Bürgertum, besonders das industrielle Großbürgertum, wenigstens seine wirtschaftlichen Forderungen allmählich durchsetzen konnte, vor allem, als nach Gründung des deutschen Zollvereins die innerdeutschen Zollgrenzen weitgehend gefallen waren. Auch das Scheitern der Revolution von 1848/49 tat dieser Entwicklung keinen Abbruch, vielmehr förderte es noch die Tendenz im Besitzbürgertum, sich intensiv der wirtschaftlichen Interessenverfolgung zuzuwenden und seine alten politischen Zielsetzungen, zum Teil die politische Betätigung überhaupt, zu vernachlässigen[7] - dies um so mehr, als in den Fünfzigerjahren des Jahrhunderts die industrielle Entwicklung auch in Deutschland einem ersten Höhepunkt entgegenstrebte[8].

---

abgebaut wurde. Wenn es in dieser Entwicklung auch einzelne kräftige Schübe gab..., so bleibt das hervorstechende Kennzeichen in Deutschland doch das Überleben älterer, 'feudaler' Elemente bis in unser Jahrhundert".

6) S.z.B. ENGELSING, Wirtschaftsgeschichte S.159 ff.; MOTTEK, Wirtschaftsgeschichte S.76 ff.; BÖHME, Prolegomena S.9 ff.

7) S. PIKART, Parteien a.a.O. S.260: "Die liberale Partei verwandelte sich, die Besitzbürger resignierten gegenüber der Politik, oder - zum Beispiel die Industriellen - verstanden verfassungspolitische Probleme nur noch unvollkommen, weil es nicht ihre Probleme waren, denn Handel und Industrie konnten sich nach Herstellung der Zolleinheit, der Reichsgründung und der Vereinheitlichung des Rechts frei und unbehindert von verfassungsrechtlichen Schranken entwickeln, so daß sie in 'ihr' Zeitalter unter gänzlich anderen Bedingungen hineinwuchsen als die politischen Parteien". - KÖLLMANN, Arbeiterschaft a.a.O. S.430: "Das liberale Bürgertum, in der Revolution von 1848/49 geschlagen und für das nächste Jahrzehnt zurückgedrängt, entfaltete seine Initiative auf wirtschaftlichem Gebiet".

8) S. dazu MOTTEK, Wirtschaftsgeschichte Bd 2, S.119 ff.; ENGELSING, Wirtschaftsgeschichte S.143 ff.

Die Hoffnungen auf allmähliche Erfüllung wenigstens eines Teils der liberalen und demokratischen Forderungen wurden im größten deutschen Staat - Preußen - durch die Niederlage der Liberalen im Verfassungskonflikt von 1863 jäh zunichte gemacht[9]. Die schlimmste Demütigung für das liberale Bürgertum erfolgte paradoxerweise durch die Erreichung eines seiner wichtigsten politischen Ziele: der deutschen Einigung. "BISMARCKs Politik dem deutschen Liberalismus gegenüber war insofern 'unfair', als er vollendete, was die Liberalen vollendet wissen wollten, wobei er ihnen weder die Chance noch die Mittel gab, es selbst zu versuchen. Der Liberalismus hatte für Jahre einen praktischen und auch bewunderten Führer gefunden, der selbst kein Liberaler war"[10].

Hatten somit die besonderen Verhältnisse in Deutschland - vor allem die fortdauernde Stärke der monarchisch-spätfeudalistisch ausgerichteten Aristokratenschicht und ihres Militär- und Beamtenapparates - sich staatspolitisch gegen die Forderungen des liberalen Bürgertums weitgehend behauptet, während diesem gleichzeitig die wirtschaftliche Emanzipation hatte zugestanden werden müssen, so wurde andererseits der Elan des Bürgertums zur Verfolgung der alten politischen Ziele ungefähr seit der Jahrhundertmitte dadurch gedämpft, daß das politische Kräftefeld inzwischen um einen Faktor vermehrt worden war, dessen Existenz in der folgenden Zeit stets im Blickfeld der politisch Handelnden blieb und die politischen Entscheidungen der Führung des Kaiserreichs ständig beeinflußte: die organisierte Arbeiterbewegung. Der stürmische Aufschwung der deutschen Wirtschaft in der Jahrhundertmitte hatte auch den Bedarf an Arbeitskräften nachhaltig ansteigen lassen. Befriedigt wurde dieser Bedarf zunächst durch das immense Bevölkerungswachstum, ferner vor allem durch die

---

9) S. zum preußischen Verfassungskonflikt ausführlich HUBER, Verfassungsgeschichte Bd 3, S.305 ff. - Nach dem österreichisch-preußischen Krieg von 1866 erteilte das neugewählte preußische Abgeordnetenhaus BISMARCK wegen seiner Haltung im Verfassungskonflikt Indemnität (s.i.e. HUBER a.a.O. S.348 ff.). In der Folgezeit "liberalisierten" sich dann das Ministerium und die Politik BISMARCKs (s.a.a.O. S.373 ff.)

infolge der Bauernbefreiung "freigesetzten" ländlichen Existenzen, durch Kleinhandwerker, welche dem durch die Gewerbefreiheit gestiegenen Konkurrenzdruck nicht mehr hatten standhalten können, durch ausländische, insbesondere polnische Arbeitskräfte[11], sowie schließlich durch die bereits vor der Industrialisierung vorhanden gewesenen Taglöhner und Bettler[12]. Lange Jahre hindurch sahen die Angehörigen dieser sich aus so heterogenen Elementen neu herausbildenden Arbeiterklasse, soweit sie angesichts ihrer meist katastrophalen Lebensbedingungen überhaupt Zeit und Kraft zu politischer Reflexion und Betätigung fanden, ihre politischen Ziele ausschließlich in der Verwirklichung der alten bürgerlich-demokratischen Forderungen, vor allem derjenigen nach Vereins-, Versammlungs-, Koalitions- und Meinungsfreiheit. Noch in der Revolution von 1848/49 agierten ihre politischen Protagonisten überwiegend als linker Flügel des revolutionären Bürgertums[13], übten allerdings schon damals im Verein mit den radikalen Vertretern des Kleinbürgertums solchen Einfluß aus, daß die Kompromißbereitschaft großer Teile des industriellen Besitzbürgertums gegenüber den alten Mächten stark gefördert wurde - hier liegt einer der Gründe für den halbherzigen Charakter und für das letztendliche Scheitern dieser so wahrhaft deutschen Revolution[14].

1o) PIKART, Parteien a.a.O. S.261; s. auch VONDUNG, Lage a.a.O. S.29: "Das Deutsche Reich [wurde] über die Köpfe des Bürgertums hinweg gegründet".

11) S.i.e. MOTTEK, Wirtschaftsgeschichte Bd 2, S.5 ff., 18 ff., 43 ff., 221 ff.; KÖLLMANN, Arbeiterschaft a.a.O. S.43o ff.; DERS., Sozialpolitik a.a.O. S.411.

12) Zu diesem größten Quellfluß des modernen Proletariats vgl. den Aufsatz von CONZE, "Vom 'Pöbel' zum Proletariat" (s.Lit. Verz.) - Über die Herkunft der Unternehmer in dieser Zeit s. KOCKA, Unternehmer S.42 ff.; MATTHIAS, Unternehmer a.a.O. S.86 ff.; ZORN, Unternehmertum a.a.O. S.25 ff.

13) S. VALENTIN, Revolution Bd 2, S.555.

14) S. ROSENBERG, Weltwirtschaftskrise S.15: "Gelähmt durch die Furcht vor sozialistischen Erhebungen, vor der 'roten Republik' und der 'sozialen Anarchie', ist das Bürgertum erschrocken zurückgewichen, hat es die revolutionäre Einheitsfront durchbrochen, die Bauern den Gutsbesitzern ausgeliefert, das Proletariat seinem Schicksal überlassen und bei den alten Autoritäten und Herrschaftsschichten Schutz gesucht gegen die von unten nachdrängenden Klassen und damit der Gegenrevolutin zum Sieg verholfen. Wurde ihm

In der Zeit der Reaktion verfolgt, unterdrückt und zerstreut und zum großen Teil wieder - bzw. immer noch - in die bürgerlich-demokratische Bewegung eingereiht, wurde die Arbeiterbewegung sich erst allmählich ihrer eigenständigen Rolle bewußt; in den Sechzigerjahren vollzog sich dann der Loslösungsprozeß der Arbeiterbewegung von der liberalen Fortschrittspartei, die "Trennung der proletarischen von der bürgerlichen Demokratie"[15]. Das Signal zur ersten organisatorischen Verfestigung zahlreicher zersplitterter Arbeiterorganisationen setzte Ferdinand LASSALLE mit seinem "Offenen Antwortschreiben"(1863)[16], dem bald darauf die Gründung des "Allgemeinen Deutschen Arbeitervereins" (ADAV) folgte. Der ADAV, dessen erster Vorsitzender LASSALLE bis zu seinem Tode (1864) war, begann in der Folgezeit die Agitation für die in dem "Antwortschreiben" genannten Ziele, vor allem für das allgemeine, gleiche und geheime Wahlrecht und für staatliche Hilfe zur Errichtung von Produktivassoziationen[17] - eine Agitation, die ihre Spitze auch und vor allem gegen die Liberalen richtete[18]. 1869 konstituierte sich daneben in Eisenach die

auch so die politische Macht wieder aus den Händen gerissen, so wurde es doch dafür entschädigt durch die Förderung seiner materiellen Interessen und durch die Vertagung der sozialen Frage". - Dazu, daß gerade diese Erfahrung der 48er Revolution den Selbstbewußtwerdungsprozeß des Proletariats enorm gefördert hat, s. VALENTIN, Revolution Bd 2, S.555, und JESSEN, Revolution S.12.

15) So der Titel der nach wie vor klassischen Darstellung dieses Vorgangs durch Gustav MAYER (Trennung a.a.O., insb. S.113 ff.).

16) LASSALLE, Antwortschreiben a.a.O. (s.Lit.Verz.).

17) LASSALLE, Antwortschreiben a.a.O. S.188; s.dazu auch MEHRING, Geschichte Bd 1, S.77 ff.; ferner FÜLBERTH, Sozialdemokratie a.a.O. S.2o f.

18) Zu dieser "taktischen Wendung" LASSALLEs s. MEHRING, Geschichte Bd 2, S.89 ff.; FÜLBERTH, Sozialdemokratie a.a. O. S.22 f. - Zur theoretischen Begründung dieser antiliberalen Agitation LASSALLEs s. noch unten S.LXVII- Die Agitation traf sich mit der in den Sechzigerjahren antiliberalen Politik BISMARCKs; LASSALLE mochte somit die Hoffnung hegen, durch eine Annäherung an BISMARCK und an die Konservativen die gewünschten Staatshilfen für die Produktivassoziationen der Arbeiterschaft (s.u.S.LXVII) zu erlangen. So ist die Aufnahme brieflicher und mündlicher Korrespondenz mit BISMARCK zu verstehen, die LASSALLE von marxistischer Seite verübelt wurde (Die Tatsache der

"Sozialdemokratische Arbeiterpartei" (SDAP) mit ähnlichen, zunächst eher noch gemäßigteren Forderungen als denen des ADAV, sie radikalisierte sich jedoch in der Folgezeit, erhob z.B. 187o die Forderung nach der Überführung von Grund und Boden in Gemeineigentum[19)] und bekannte sich 1871 durch einen ihrer beiden Reichstagsabgeordneten - August BEBEL - zu den Zielen der soeben niedergeschlagenen Pariser Kommune[2o)].

Nach einigen Jahren des Nebeneinander und z.T. auch des Gegeneinander[21)] vereinigten sich ADAV und SDAP auf dem Gothaer Einigungsparteitag von 1875 zur "Sozialistischen Arbeiterpartei Deutschlands" (später "Sozialdemokratische Partei Deutschlands"). Die neue Partei gewann starken Zulauf und vergrößerte, von einigen Rückschlägen abgesehen, die Zahl ihrer Reichstagsmandate ständig[22)].

Korrespondenz wurde 1878 bekannt; der Briefwechsel selbst wurde 1928 wiederentdeckt und von Gustav MAYER veröffentlicht [s.Q.Verz.]. Danach steht fest, daß die Initiative zu den Gesprächen von BISMARCK ausgegangen ist [a.a.O. S.13], und zwar bereits 1862, also vor der Veröffentlichung des "Offenen Antwortschreibens" und der Gründung des ADAV). BISMARCK scheint in der Tat eine Zeit lang ernsthaft einen gemeinsamen Kampf gegen das liberale Bürgertum mit Hilfe der Arbeiterbewegung erwogen zu haben. In diesem Zusammenhang ist die Einführung des allgemeinen, gleichen Wahlrechts im Norddeutschen Bund und später im Reich sowie die (beschränkte) Aufhebung des Koalitionsverbots (1869) zu sehen (s. dazu das Schreiben BISMARCKs von 1865 [Q.Verz. B I2]). Es wird sogar berichtet, BISMARCK habe zeitweilig überlegt, Karl MARX als Korrespondenten für sein Hausblatt, die "Norddeutsche Allgemeine" zu gewinnen; s. dazu DÄUBLER, Arbeitsrecht S.38, unter Hinweis auf BEBEL, Leben Bd I, S.62 ff. - Nach der Versöhnung BISMARCKs mit den Liberalen wurde diese Politik wieder aufgegeben. Im Laufe der Siebzigerjahre setzte der verschärfte Kampf gegen die Arbeiterbewegung bis hin zum Sozialistengesetz (s. u.bei Fußn.33ff.) ein.

19) S.GdA Bd 1, S.582; FÜLBERTH, Sozialdemokratie a.a.O. S.26.

2o) S.STEN.BER.RT. I.Leg.Per.,I.Session (1871), 43. Sitzung vom 25.Mai 1871 = Bd 2, S.921; Auszug in: GdA Bd 1,S.593 f.; s.auch FÜLBERTH, Sozialdemokratie a.a.O. S.27;ECKERT, Arbeiterbewegung a.a.O. S.43.

21) S. dazu u.a. ECKERT, Arbeiterbewegung S.47.

22) S. die Zahlen bei MATTHIAS/PIKART, Reichstagsfraktion S. XV; zu den Landtags- und Gemeinderatsmandaten der Partei s. die Angaben bei RITTER, Arbeiterbewegung S.232 f. und Q.Verz.A VI. Weitere Nachweise bei MATTHIAS/PIKART a.a.O. S.XIII, Fußn.1. - Das Bild der Arbeiterbewegung und ihrer ideologischen und zahlenmäßigen Entwicklung wird allerdings erst vollständig, wenn man - was hier aus Platz-

Die Bereitschaft der liberalen Politiker zur Verfolgung ihrer traditionellen Freiheitsforderungen wurde durch diesen Aufschwung der Sozialdemokratie noch weiter gedämpft. Halbherzig wurde man vor allem dort, wo die Erfüllung solcher Forderungen der Arbeiterbewegung zugute kommen konnte (wie beim Vereins-, Versammlungs- und Koalitionsrecht), und dort, wo sie mit dem weiteren Ausbau der deutschen Einigung in Kollision geraten konnte (wie es in manchen Punkten bei den Beratungen des BGB der Fall sein sollte[23]). Waren somit die eigentlichen Sachwalter bürgerlicher Freiheitsrechte zur Verfolgung dieser Rechte nur noch zögernd bereit, so fiel diese Aufgabe zwangsläufig der Sozialdemokratie als derjenigen politischen Gruppierung zu, welche an ihrer Durchsetzung schon deshalb größtes Interesse hatte, weil diese Rechte notwendige Voraussetzung für den Kampf und die Erfüllung der weiter gehenden Forderungen der Arbeiterbewegung waren.

So wirkten sich die speziellen Versäumnisse der deutschen Entwicklung auch auf Programmatik und politische Strategie der Sozialdemokratie aus: sie "wurde im Hohenzollernstaat immer mehr zur Wortführerin für jene Gruppe demokratischer Forderungen aus den Revolutionsjahren, an denen das Interesse der linksliberalen Parteien unter dem Einfluß mannigfacher Einwirkungen zeitweise oder dauernd erkaltete"[24], die Verhältnisse erlegten ihr eine "Doppelfunktion als Partei des Proletariats und als oppositionelle Volkspartei"[25] auf. Diese Doppelrolle war für die innere Festigkeit der Partei und für die Einheitlichkeit ihres Auftretens nicht ohne Risiken. Zwar gehörten

gründen nicht möglich ist - die Rolle der Freien Gewerkschaften mit einbezieht. Ihr Mitgliederwachstum war stärker als dasjenige der SPD (s. die Angaben bei FRICKE, Dokumente S.2o9ff. s. ferner GROH, Sozialdemokratie a.a.O. S.72). Ideologisch stellten sie den stärksten reformistischen Faktor innerhalb der Arbeiterbewegung dar. Der tägliche mühsame und auf die Dauer von gewissen Einzelerfolgen begleitete Kampf um Erhöhung der Reallöhne und Verbesserungen der Arbeitsbedingungen stärkte die Hoffnung auf die Reformierbarkeit der bestehenden Staats- und Gesellschaftsordnung; s. zur Rolle der Gewerkschaften RITTER, Arbeiterbewegung S.1o7 ff.

23) S.o.S. XL u.ö. und u.S. LXXXVI.

24) MAYER, Trennung a.a.O. S.114 f.; s.auch ECKERT, Arbeiterbewegung S.43.

25) BRANDIS, Sozialdemokratie S.72; s.auch MATTHIAS/PIKART, Reichstagsfraktion S.XXIX sowie PIKART, Parteien a.a.O.S.26o.

beide Zielsetzungen bereits zum traditionellen Aufgabenbereich der politischen Arbeiterbewegung, insb. die lassaleanische Richtung konnte zwanglos an diese Traditionen anknüpfen[26]; die Doppelrolle verhinderte jedoch häufig genug eine einheitliche und schlüssige Argumentation und bereitete vor allem in der parlamentarischen Arbeit manche Schwierigkeiten: war die Sozialdemokratie bei der Verfolgung liberaler Freiheitsrechte vor allem auf taktische Bündnisse mit den Liberalen angewiesen, so konnte sie bei der Erstrebung sozialer Verbesserungen für die Arbeiterbevölkerung mitunter eher an die paternalistisch-fürsorglerischen Traditionen vor allem der preußischen Konservativen appellieren[27] - dies vor allem auch deshalb, weil die Erkämpfung solcher Rechte nicht so sehr mit den Interessen der überwiegend agrarischen Konservativen, viel eher mit denjenigen des Besitzbürgertums kollidierte; überdies war den Spitzen vor allem des preußischen Staates an der Gesundheit der Fabrikarbeiterschaft auch aus Gründen militärischer Wehrhaftigkeit gelegen[28].

Die der Partei auferlegte Mehrspurigkeit des politischen Vorgehens stärkte darüber hinaus die unterschiedlichen Flügel[29] und zwang so mit der Zeit auch im Innern der Partei zum Taktieren. Zunächst allerdings war der Druck von außen so stark, daß es der Parteiführung verhältnismäßig leicht wurde, die Partei zu einer disziplinierten Einheit zusammenzuschweißen, wie sie in der damaligen Zeit der Honoratiorenparteien allenfalls noch das Zentrum darstellte[30]: Gegen

26) S. dazu noch S. LXVI ff.
27) S.z.B. WIEACKER, Sozialmodell a.a.O. S.2o f.; ROSENBERG, Rittergutsbesitzer a.a.O. S.29.
28) Diese Überlegungen hatten bereits in der ersten Jahrhunderthälfte bei der sog."Fabrikgesetzgebung" Pate gestanden; z.B. KÖLLMANN, Sozialpolitik a.a.O. S.413; GREBING, Arbeiterbewegung S.121;
29) Eine sichtbare Flügelbildung in der Partei erfolgte erst im ersten Jahrzehnt des neuen Jahrhunderts. Zu dieser Zeit bildeten sich deutlich drei große Richtungen in der Partei heraus: der linke revolutionäre Flügel um Rosa LUXEMBURG und Karl LIEBKNECHT, der rechte reformistische, auf lassalleanische und revisionistische (s.S.LXIX)sich stützende Flügel, zu welchem vor allem BERNSTEIN, zahlreiche süddeutsche Mitglieder,namentlich Landtagsabgeordnete und Gewerkschaftsfunktionäre,zählten, sowie der in

Ende der Siebzigerjahre des 19.Jahrhunderts bahnte sich eine Umgruppierung der politischen Kräfte des Kaiserreiches an; eine langfristige weltweite wirtschaftliche Depression[30a], die etwa 1873 einsetzte und sich fast bis zum Ende des Jahrhunderts hinzog, führte auch in Deutschland zu verlangsamtem Wirtschaftswachstum, zu Preisverfall und zu geringeren Gewinnspannen der Unternehmen, im Agrarsektor sogar zu einer ausgesprochenen Krise.

Die deutsche Großindustrie verlor in dieser Lage ihr Interesse an den freihändlerischen Grundsätzen des wirtschaftlichen

---

der Parteiführung vorherrschende zentristische Flügel, der zwar verbal an der marxistischen Lehre (die bis 1921 offizielle Parteilehre blieb) festhielt, in der Praxis jedoch ebenfalls den reformpolitischen Kurs verfolgte.

30) Das Zentrum ist neben den Gewerkschaften (s.o.Fußn. 22) die zweite große Organisation, welche hier aus Raumgründen nicht in der gebührenden Breite einbezogen werden kann. Auch das Zentrum hat selbstverständlich - im Verein mit der katholischen Kirche - auf die Innenpolitik des Kaiserreiches maßgeblichen Einfluß ausgeübt, besonders in der Zeit des Kulturkampfes. Immerhin läßt sich sagen, daß die Reichsführung spätestens seit der Mitte der Siebzigerjahre die Sozialdemokratie, verglichen mit der katholischen Partei, als die größere Gefahr betrachtete und nicht zuletzt im Hinblick auf die kommenden Auseinandersetzungen mit der Arbeiterpartei den Kulturkampf abbrach (BORN,HDG Bd 3, S.221,293). In den Achtzigerjahren "wurde das Zentrum zu einem politischen Faktor, der BISMARCK in mancher Hinsicht gar nicht unangenehm war. Das Zentrum und die katholische Kirche trugen dazu bei, breite Schichten städtischer, besonders proletarischer Bevölkerung politisch zu binden, die sonst in den Reihen der Sozialdemokraten oder Linksliberalen gestanden hätten" (A.ROSENBERG, Entstehung S.24). In den Neunzigerjahren beschleunigten "Person und Politik Kaiser Wilhelms II. die Aussöhnung (sc.des Zentrums) mit der Reichswirklichkeit" (MORSEY, Katholiken a.a.O. S.275). - Bei den Beratungen des BGB im Reichstag fiel dem Zentrum als der stärksten Reichstagsfraktion eine Schlüsselstellung zu. Nähere Ausführungen dazu wird die bereits oben S. XXVI Fußn. 13 angekündigte Abhandlung von H.SCHÄFER enthalten.

30a) Zu diesem wirtschaftsgeschichtlichen Periodisierungsbegriff, der keineswegs mit "Rezession" gleichzusetzen ist, sowie allgemein zur wirtschaftspolitischen "Großwetterlage" des ausgehenden 19.Jahrhunderts s. neben der Standarddarstellung von ROSENBERG, Depression a.a.O. (s.Lit. Verz.) noch WEHLER, Kaiserreich S.41 ff.; KOCKA, Unternehmer S.88 ff.

Liberalismus, welche seit der Reichsgründung die deutsche Wirtschaftspolitik bestimmt hatten und vom größten Teil der liberalen Politiker nach wie vor unterstützt wurden. Angesichts der nur geringen Aufnahmefähigkeit ausländischer Absatzmärkte und des starken Druckes der ausländischen Konkurrenz auf den Inlandsmarkt verlangten die Großindustriellen vom Staat die Ergreifung schutzzöllnerischer Maßnahmen. Hier begegneten sich ihre Forderungen mit denjenigen der Großagrarier, die wegen des starken Preisdruckes (vor allem durch amerikanischen Weizen) in Schwierigkeiten geraten waren. Diese Interessenübereinstimmung zwischen "der industriellen Elite des Bürgertums mit der ostelbischen Agrararistokratie Preußens"[31]) führte 1879 zu einer Schwenkung der deutschen Wirtschaftspolitik, zum Übergang von der Freihandels- zur Schutzzollpolitik[31a]). Das Zusammengehen zwischen den beiden mächtigsten Interessengruppen des Reiches, welches seine Entsprechung im gesellschaftlichen Bereich fand und gerade dort schon seit langem herangewachsen war[32]), war mit einer Verschärfung des Vorgehens der staatlichen Instanzen gegen die Sozialdemokratie verbunden. Zwei Attentatsversuche auf Kaiser WILHELM I., mit denen die Sozialdemokraten durchaus nicht in Verbindung gebracht werden konnten, hatten BISMARCK 1878 den Vorwand

---

31) SCHIEDER, Radikalismus a.a.O. S.21.

31a) So wie seinerzeit das Bündnis BISMARCKs mit den Liberalen seinen Ausdruck in der "Liberalisierung" des Ministeriums gefunden hatte (s.Fußn.9), so kündigte sich die neuerliche Schwenkung der BISMARCKschen Innenpolitik in personellen Veränderungen an: Bereits 1876 verzichtete der Präsident des Reichskanzleramtes, Rudolf v. DELBRÜCK, wegen der sich abzeichnenden Abkehr BISMARCKs von der Freihandelspolitik auf sein Amt; s.HUBER, Verfassungsgeschichte Bd 3, S.835.

32) Die Sozialgeschichtsschreibung hat für die allmähliche gesellschaftliche Verflechtung der Aristokratie mit dem Großbürgertum die Bezeichnung "Feudalisierung des Großbürgertums" geprägt (s.z.B. ROSENBERG, Rittergutsbesitzer a.a.O. S.29; BORN, Strukturwandel a.a.O. S.458; WEHLER, Kaiserreich S.129; VONDUNG, Lage a.a.O. S.29). Charakteristisch für diesen Vorgang ist die Annahme aristokratischer Lebensformen, vor allem im Wohnstil, das Bemühen um die Verleihung von Orden und Titeln und - das höchste Ziel - die Nobilitierung (BORN a.a.O.); im Bildungsbürgertum verschaffte die Mitgliedschaft in schlagenden studentischen Korporationen und der Reserveoffizierstitel das Gefühl, zur Elite zu gehören (s.z.B. WEHLER und VONDUNG a.a.O.).

geliefert, den Reichstag aufzulösen und eine gefügige Reichstagsmehrheit zu erlangen, mit deren Hilfe er dann ein bis dahin mehrfach am Widerstand der Liberalen gescheitertes "Gesetz gegen die gemeingefährlichen Bestrebungen der Sozialdemokratie", das Sozialistengesetz, im Reichstag hatte durchsetzen können[33]. Es verbot Vereine, Versammlungen und Druckschriften, "welche durch sozialdemokratische, sozialistische und kommunistische Bestrebungen den Umsturz der bestehenden Staats- und Gesellschaftsordnung bezweck(t)en"[34] und bedrohte alle beteiligten Personen mit Strafe. Allerdings zeigte es sich, daß dieses den rechtsstaatlichen Grundsätzen widersprechende Ausnahmegesetz[35] auf die Dauer nicht geeignet

33) Zu den Zusammenhängen vgl.i.e. BORN, HDG Bd 3, S.293 ff.; HUBER, Verfassungsgeschichte Bd 4, S.1153 ff.; MEHRING, Geschichte Bd 2, S.492 ff.; SCHIPPEL, Handbuch S.1/26 ff.- Durch die Wahlen nach der Reichstagsauflösung 1878 war die Zahl der nationalliberalen Reichstagsmandate von 128 auf 99 zurückgegangen; auch die Mandatszahlen der anderen Gegner des Ausnahmegesetzes waren gesunken; dagegen hatten die beiden konservativen Parteien die Anzahl ihrer Mandate von insgesamt 78 auf insgesamt 116 erhöhen können (s. HOHORST/KOCKA/RITTER, Arbeitsbuch S.173). Da die Nationalliberalen unmittelbar nach dem zweiten Attentat ihre Zustimmung zu einer neuen anti-sozialdemokratischen Gesetzesvorlage angekündigt hatten, BISMARCK aber ungeachtet dieser Zusage den Reichstag auflösen ließ, liegt die Vermutung nahe, daß mit der Reichstagsneuwahl nicht nur die Unterdrückung der Sozialdemokratie vorbereitet, sondern auch eine Schwächung der Nationalliberalen und der Linksliberalen "Freisinnigen" herbeigeführt werden sollte, um die grundsätzliche politische Neuorientierung parlamentarisch abzusichern.

34) §§ 1,9,11 SozialistenG; zum Inhalt des Sozialistengesetzes s. eingehend HUBER, Verfassungsgeschichte Bd 4, S.1160 ff.

35) Über dem besonders "spektakulären" Ereignis der Verabschiedung des Sozialistengesetzes wird häufig vergessen, daß die Sozialdemokratie sich zur Zeit des Inkrafttretens des Gesetzes bereits seit mehreren Jahren im größten Teil Deutschlands in der Illegalität befand. Bereits 1875 war der ADAV in Preußen und danach in 4/5 der deutschen Staaten verboten worden (HUBER, Verfassungsgeschichte Bd 4, S.104). "Angesichts dieser Verbotsmaßnahmen war die Gründung der vereinigten Partei bereits eine Flucht nach vorn"; 1876 wurde auch die neue Partei in Preußen vorläufig, 1877 endgültig geschlossen. Auch diesmal reihte sich eine Anzahl weiterer Bundesstaaten an (HUBER a.a.O.).

war, der Sozialdemokratie den Boden zu entziehen. Nach kurzem Rückgang stieg die Zahl der sozialdemokratischen Reichstagsmandate wieder an[36]. (Die Teilnahme an den Reichstagswahlen blieb auch während der Geltung des Sozialistengesetzes möglich[37]). Auch die als ergänzende Maßnahme zum Sozialistengesetz eingeführte Sozialversicherungsgesetzgebung vermochte nicht, die Arbeiterschaft dem sozialdemokratischen Einfluß zu entziehen. Im Jahre 189o, kurz nach BISMARCKs Rücktritt, lief das Sozialistengesetz endgültig aus[38], nach-

36) S. die Zahlen bei FRICKE, Dokumente S.255 ff.;MATTHIAS/PICKART,Reichstagsfraktion S.XV; HOHORST/KOCKA/RITTER, Arbeitsbuch S.173; gemessen an dem Anteil der abgegebenen Stimmen war die Sozialdemokratie noch erheblich stärker; allerdings ist bei der Betrachtung der Stimmenzahlen Vorsicht geboten, denn die Sozialdemokraten stellten - anders als die meisten anderen Parteien - auch in aussichtslosen Wahlkreisen Zählkandidaten auf, um einen Überblick über den Umfang ihrer Gefolgschaft zu gewinnen; immerhin war die SPD seit 189o stets die nach Wählerstimmen stärkste Reichstagsfraktion (s.die Angaben a.a.O.).

37) S. dazu HUBER, Verfassungsgeschichte Bd 4, S.116o:"Vielleicht ist die Frage des Nachdenkens wert, welches System der Idee des Verfassungsstaates in höherem Maße gerecht wird: das auch im Sozialistengesetz festgehaltene System der absoluten Unentziehbarkeit des aktiven und passiven Wahlrechts, unter bewußter Hinnahme des Risikos, daß eine verbotene, doch im Untergrund fortbestehende Partei zu solchen Wahlerfolgen kommt, oder das heute geltende System des absoluten Ausschlusses der Repräsentanten einer für verfassungswidrig erklärten Partei aus dem Parlament, ein System, das die Perfektion des Verfassungsschutzes über die Achtung vor den Grundsätzen des freien Mandats und damit der Repräsentativverfassung stellt".

38) Der Versuch einer weiteren Verlängerung des Gesetzes scheiterte am 25.Januar 189o im Reichstag, so daß das Gesetz am 3o.September 189o auslief. Für die Abstimmungsmehrheit gegen das Gesetz sorgten paradoxerweise die Konservativen, die in der Schlußabstimmung gegen das Gesetz stimmten, weil sie einige von den Liberalen in zweiter Lesung durchgesetzte Milderungen ablehnten und bei einem Scheitern dieser - gemilderten - Fassung die baldige Vorlage eines neuen, verschärften Entwurfes erhofften. Zu einer solchen Vorlage kam es jedoch nicht, weil man zu dieser Zeit in der Reichsspitze hoffte, das mit dem Gesetz verfolgte und nicht erreichte Ziel der Integration der Arbeiterschaft durch neue sozialpolitische Maßnahmen besser erreichen zu können; s. MEHRING,Geschichte Bd 2, S.667.

dem es zuvor mehrmals verlängert worden war[39]. Die neue Reichsführung unter Kaiser WILHELM II. und Reichskanzler v. CAPRIVI versuchte, durch erneute sozialpolitische Anstrengungen[40] den sozialdemokratischen Einfluß auf die Arbeiterwählerschaft einzudämmen. Als dies nicht gelang, ließ die "allgemeine sozialpolitische Stimmung", die nach dem Amtsantritt WILHELMs II. entstanden war[41], in der Mitte der Neunzigerjahre wieder nach. Die "Ära HOHENLOHE"[42] war gekennzeichnet durch wachsenden Einfluß der Großindustrie auf die Entscheidungen des Kaisers und durch neue Versuche zur Unterdrückung der Sozialdemokratie. 1895 - also kurze Zeit vor der parlamentarischen Beratung des BGB - scheiterte im Reichstag die "Umsturzvorlage", welche mit Verschärfungen des Strafgesetzbuches die sozialdemokratische Tätigkeit hatte unter Druck setzen wollen[43].

So also war das Staats- und Gesellschaftssystem beschaffen, in welches die Sozialdemokratie eingebettet und mit welchem sie gleichzeitig konfrontiert war: ein Rechtsstaat vielleicht, aber ein Staat mit einem jahrelang andauernden und fast zufällig zu Fall gekommenen Ausnahmegesetz gegen die Sozialdemokratie[44]; ein Staat mit Sozialversicherung, aber ohne Sozialreform[45] und mit immer wieder einseitig zu Lasten der

39) Die Verlängerungen erfolgten im Mai 1880, Mai 1884, April 1886 und Februar 1888 (s.i.e. SCHIPPEL, Handbuch S.1040 ff.)
40) S.insb. zu den "Februarerlassen" Nr. 81 , Anm. 5; ferner KÖGLER, Vereinsrecht S.39 f.; HUBER, Verfassungsgeschichte Bd 4, S.215 ff.
41) RITTER, Arbeiterbewegung S.18; s. auch LÜTGE, Wirtschaftsgeschichte S.391 f.; DILCHER, Gesellschaftsbild a.a.O. S.57.
42) Chlodwig Fürst zu HOHENLOHE-SCHILLINGSFÜRST, Reichskanzler und preußischer Ministerpräsident vom 29.Oktober 1894 bis zum 17.Oktober 1900.
43) STEINBERG, Sozialdemokratie a.a.O. S.59; SCHIPPEL, Handbuch S.1075 ff; ferner Nr. 18, , Anm. 7.
44) S.bereits Fußn.38.
45) So WEHLER, Kaiserreich S.136. - S. zu diesem Fragenkreis auch die treffende Formulierung a.a.O. S.18: "Gerade eine ökonomisch erfolgreiche Modernisierung ohne die Ausbildung einer freiheitlichen Sozial- und Staatsverfassung wirft... auf die Dauer Probleme auf, die auf dem Wege friedlicher Evolution kaum mehr gelöst werden können. Daran, und nicht nur an dem verlorenen Weltkrieg, den seine Führung auf der Flucht vor innerer Veränderung bewußt riskiert

Arbeitnehmer eingeschränktem Koalitionsrecht; ein Staat mit einem Parlament, das zwar aus allgemeinen, gleichen, unmittelbaren und geheimen Wahlen hervorgegangen und mit Budgetrecht ausgestattet war[46)], in seinen Gesetzesbeschlüssen jedoch an die Zustimmung des vom Volkswillen unberührten Bundesrates gebunden war, die effektive Möglichkeit des Mißtrauensvotums nicht besaß und - ebenso wie das Reich insgesamt - in seinen Kompetenzen eingeengt war durch die Rechte der Einzelstaaten und ihrer häufig nach Klassenwahlsystemen gekürten Parlamente; ein Staat des Kompromisses zwischen den Verfechtern des monarchisch-aristokratischen Obrigkeitsstaates und den Interessen des Wirtschaftsliberalismus (später der Großindustrie) unter Preisgabe zahlreicher Forderungen des politischen Liberalismus, mit Unterdrückung der politischen Arbeiterbewegung und gleichzeitiger Abmilderung der ärgsten Mißstände im Arbeitsleben durch eine von paternalistisch-fürsorglerischen Idealen und von der Angst vor den Arbeitermassen zwitterhaft geborenen Sozialgesetzgebung; verfassungspolitisch ein begrifflich nicht eindeutig zu lokalisierendes Gebilde zwischen Bundesstaat und Staatenbund, konstitutionellem Staat, Fürstenkonföderation und preußischem Hegemonialsystem - alles in allem ein Staatsgefüge, das in mancher Beziehung im PUFENDORF'schen Sinne als "monströs" bezeichnet werden könnte[47)], das insgesamt gesehen aber eben doch ein solch geschlossenes, schlagkräftiges Gebilde darstellte, daß es bis zum Ende des 19.Jahrhunderts die anderen Industriestaaten in der wirtschaftlichen Entwicklung eingeholt und zum Teil überholt hatte[48)],

---

hat, ist das Kaiserreich zerbrochen. Kriegsauslösung, Niederlage und Revolution, die sein Ende besiegelt haben, resultierten aus der Unfähigkeit, im Frieden die Staats- und Gesellschaftsstruktur den Bedingungen eines modernen Industriestaates anzupassen."

46) Zur Beschneidung dieses Rechts durch das sog. "Septennat" s. Nr. 66, Anm.3.

47) Also nicht unbedingt im Sinne eines abschätzigen Werturteils, sondern als Feststellung, daß die herkömmlichen staatsrechtlichen Einteilungsschemata nicht fugenlos anwendbar sind; s. PUFENDORF, De statu ... , 1.Aufl.cap. VII § 8; näher WOLF, Pufendorf a.a.O. S.332.

48) S.z.B. BÖHME, Prolegomena S.96 ff.; SCHIEDER,HDG Bd 3, S.536 f. - Über die imperialen Bestrebungen Deutschlands s.u.a. WEHLER, Imperialismus, insb.S.197 ff.;DERS.,Kaiserreich S.171 ff.; BÖHME a.a.O.

in seiner Spitze allerdings wie auch in großen Teilen seiner Bevölkerung mit einem "wenig bedächtigen Machtbewußtsein" und mit einer "Inflation des Selbstgefühls" versehen war, die der "Abwehr von Parvenugefühlen (dienten), zu spät Großmacht geworden zu sein" [49].

Von der in nahezu allen Bereichen auftretenden Widersprüchlichkeit dieses Staatsgebildes konnte auch das politische Wirken der Sozialdemokratie nicht unberührt bleiben. Die Auswirkungen auf ihre allgemeine politische Taktik wurden bereits angedeutet[50]; mitgeprägt durch die Struktur des Hohenzollernreiches wurden aber auch die politischen Theorien der Sozialdemokratie, besonders ihre Auffassungen von Staat und Recht, die nunmehr kurz zu betrachten sind.

49) Die Zitate entstammen der sozialpsychologischen Analyse des Hohenzollernreiches durch den Psychologen und Psychoanalytiker Alexander MITSCHERLICH in seinem Werk "Die Unfähigkeit zu trauern" (s.Lit.Verz.) S.21.

5o) S.o.S.LI.

4. Sozialdemokratie, Staat und Recht

Ebenso wie die Entstehung und der Ausbau der sozialdemokratischen Parteiorganisation war die Entwicklung und Formulierung der politischen Zielsetzungen und der theoretischen Auffassungen der Partei alles andere als gradlinig und homogen. Ihre uneinheitliche politische Tradition schlug sich häufig auch in der Programmatik nieder.Dies galt auch und vor allem für die Auffassungen von Recht und Staat. Die Bruchstellen zwischen den verschiedenen ideologischen Bausteinen konnten zwar häufig durch Kompromißformeln gefüllt, mitunter sogar durch die totale Rezeption einer einzigen Theorie äußerlich unsichtbar gemacht werden; im Innern der Partei jedoch fanden die verschiedenen Theorien nach wie vor ihre Anhänger.

Der Vereinigungsparteitag von Gotha (1875) hatte ein Parteiprogramm[1] verabschiedet, welches den zentralen politischen Forderungen LASSALLEs Rechnung trug [2]. Die Unterdrückung der Partei während der Zeit des Sozialistengesetzes brachte indessen als Folge einer stärkeren Radikalisierung ein Erstarken der anderen großen theoretischen Richtung der Arbeiterbewegung: Auf dem Erfurter Parteitag von 1891, kurze Zeit nach dem Auslaufen des Sozialistengesetzes, wurde ein Programm[3] verabschiedet, welches die zentralen Thesen des von MARX und ENGELS entwickelten historischen Materialismus zur Parteidoktrin erhob. Diese Theorie mußte somit auch auf die Auffassungen der Partei von Staat und Recht maßgeblichen Einfluß ausüben:

Die vertiefte Beschäftigung mit dem Recht ist allerdings für MARX und ENGELS kein besonderer Forschungsgegenstand gewesen[4]; es existieren lediglich, über ihre Schriften ver-

---

1) S. Q.Verz. B I 3.
2) Zu diesen s.oben S.1I, und ausführlich unten S.LXVI.- Zur Kritik von MARX am Gothaer Programm s. noch S.LXVII,Fußn.26.
3) S.Q.Verz. B I 4.
4) REICH, Zivilrecht S.27; DERS., Rechtstheorie S.15.

streut, einige Elemente einer allgemeinen Rechtstheorie[5][6]. Die bekannteste Textpassage stammt aus MARX' "Kritik der politischen Oekonomie", wo in der Einleitung die Auffassung vertreten wird, daß

"Rechtsverhältnisse wie Staatsformen weder

---

5) S. REICH, Zivilrecht S.27; HENNIG u.a., Staatstheorie,Vorwort S.X:"Bekanntlich kam MARX später nicht mehr dazu, seinen Plan zu verwirklichen, das Verhältnis von ökonomischen Strukturen und Staatsformen systematisch darzustellen (eine Aufgabe, die noch aussteht)". - Dafür, daß MARX, der selber u.a. Rechtswissenschaft studiert hatte, die juristischen Auseinandersetzungen seiner Zeit verfolgte und in ihnen bewandert war, lassen sich zahlreiche Belege finden. Stellvertretend seien hier seine Polemiken gegen die historische Rechtsschule, vor allem gegen HUGO, genannt: "Eine Schule, welche die Niederträchtigkeit von heute mit der Niederträchtigkeit von gestern legitimiert, die jeden Schrei des Leibeigenen gegen die Knute für rebellisch erklärt, sobald die Knute eine bejahrte, eine angestammte, eine historische Knute ist ..." (MARX, Kritik Hegel [MEW 1] S.38o); "Die historische Rechtsschule hat das Quellenstudium zu ihrem Schiboleth gemacht, sie hat ihre Quellenliebhaberei bis zu dem Extrem gesteigert, daß sie dem Schiffer anmutet, nicht auf dem Strome, sondern auf seiner Quelle zu fahren ..." (MARX,Manifest d.hist.Rechtsschule [MEW 1] S.78).

6) Zu den späteren Versuchen zur Ausarbeitung einer marxistischen Rechtstheorie s. REICH, Zivilrecht passim; DERS., Rechtstheorie passim; DERS., KJ 4/133 ff. (alle Titel interessant besonders durch die Darstellung der Wandlungen des marxistischen Rechts- und Staatsverständnisses nach der Oktoberrevolution, als die nun selbst ausgeübte Staatsmacht einen Zwang zur Legitimation der, wenn auch nur als vorläufig angesehenen, Beibehaltung vor allem des Zivil- und Strafrechts ausübte). Zum heutigen Rechtsverständnis in der Sowjet-Union und den sozialistischen Staaten s. die auf 4 Bde angelegte "Marxistische Staats- und Rechtstheorie" (s.Lit.Verz.). - Zu den Bemühungen um eine marxistische Rechtstheorie außerhalb der sozialistischen Staaten s.u.a. die von HENNIG u.a. bzw. von ROTTLEUTHNER herausgegebenen Sammelbände (s.Lit.Verz.), im letzten vor allem die lo Thesen zur marxistischen Rechtstheorie von NEGT; s. ferner CERRONI, Marx und das Moderne Recht. - Versuche zu einer materialistischen Theorie der Rechtsgeschichte s. bei WESEL KJ 7/337 ff. und LANDAU, TRG 41/361 ff.

aus sich selbst zu begreifen sind, noch aus der sogenannten allgemeinen Entwicklung des menschlichen Geistes, sondern vielmehr in den materiellen Lebensverhältnissen wurzeln, deren Gesamtheit Hegel ... unter dem Namen 'bürgerliche Gesellschaft' zusammenfaßt, ... die Anatomie der bürgerlichen Gesellschaft aber in der politischen Ökonomie zu suchen ist. ... In der gesellschaftlichen Produktion ihres Lebens gehen die Menschen bestimmte, notwendige,von ihrem Willen unabhängige Verhältnisse ein, Produktionsverhältnisse, die einer bestimmten Entwicklungsstufe ihrer materiellen Produktivkräfte entsprechen. Die Gesamtheit dieser Produktionsverhältnisse bildet die ökonomische Struktur der Gesellschaft, die reale Basis, worauf sich ein juristischer und politischer Überbau erhebt und welcher bestimmte gesellschaftliche Bewußtseinsformen entsprechen ... Mit der Veränderung der ökonomischen Grundlage wälzt sich der ganze ungeheure Überbau langsamer oder rascher um. In der Betrachtung solcher Umwälzungen muß man stets unterscheiden zwischen den materiellen, naturwissenschaftlich treu zu konstatierenden Umwälzungen in den ökonomischen Produktionsbedingungen und den juristischen, politischen, religiösen, künstlerischen oder philosophischen, kurz, ideologischen Formen, worin sich die Menschen dieses Konfliktes bewußt werden und ihn ausfechten"[7]).

Diese komprimierte, fast lehrbuchhafte Formulierung war zwar Interpretationen durchaus zugänglich[8]); auch war die Unterscheidung von Basis und Überbau für ein kritisches Verständnis der Lehren des Marxismus nie im Sinne einer völligen Trennung beider Bereiche oder eines totalen Primats der ersteren über den letzteren aufzufassen[9]); für die politische Praxis

---

7) MARX, Kritik [MEW 13]S.8 f.

8) Vor allem der Hinweis, daß sich der Überbau "langsamer oder rascher" umwälzt, und die Feststellung, daß immerhin die Menschen sich ihrer Konflikte u.a. "in juristischen Formen" bewußt werden, sind hierher zu zählen.

9) G.SCHÄFER,Probleme a.a.O. S.XCIV: "In der unverstümmelten marxistischen Tradition ist dieses Bedingungsverhältnis nie so aufgefaßt worden, als ließen sich die gesellschaftlichen Bewußtseinsformen, 'idealistischen Superstrukturen' und Institutionen des politischen Staates theoretisch und praktisch vernachlässigen, weil sie Überbauten seien. Derlei unkritische Auffassungen - die regelmäßig mit einer zum Ökonomismus reduzierten Kritik der politischen Ökonomie und politischem Dogmatismus einhergehen - finden auch in den populären Schriften von ENGELS, der gemeinhin für die Ansätze des 'Vulgärmarxismus' verantwortlich gescholten wird, kaum eine Stütze." - ENGELS erklärte 1893, bei der Entwicklung der marxistischen Lehre sei zunächst "das Hauptgewicht auf die Ableitung der politischen, rechtlichen und sonstigen ideologischen Vorstellungen und durch diese Vorstellungen vermittelte Handlungen aus den ökonomischen Grundtatsachen" gelegt worden. Dabei sei "die formelle Seite über der inhaltlichen vernachlässigt" worden. Die

jedoch mit ihren unvermeidlichen Vergröberungen und der Prägung von Schlagworten konnte die Unterscheidung von Basis und Überbau zu der naheliegenden Tendenz führen, dem Recht jegliche eigenständige Bedeutung abzusprechen, einem "Rechtsnihilismus"[10] zu verfallen und die konkrete Ausgestaltung der Rechtsordnung für eine Nebensächlichkeit zu erachten. Diese Konsequenz, welche allein schon durch die kaum zu bestreitende bewußtseinsprägende Kraft des Rechts[11] und auch dadurch in Frage gestellt werden kann, daß rechtliche Normen, vor allem diejenigen des Arbeitsrechts, als deutlich sichtbare "Waffenstillstandslinien" zwischen den Konflikte austragenden gesellschaftlichen Gruppen ihre Wirkung ausüben können[12], ist von den Sozialdemokraten realistischerweise nie ernsthaft gezogen worden[13]; es mußte allerdings eine Begründung dafür geliefert werden, warum es sinnvoll sein sollte, im Parlament, dessen hauptsächliche Aufgabe ja die Setzung von Recht ist, mitzuwirken - zumal im deutschen Reichstag, wo die Aufgaben-

---

Vermittlung von Inhalt und Form sei eine "Seite der Sache, die wir alle mehr vernachlässigt haben, als sie es verdient"; s. SCHÄFER a.a.O. S. XCV; REICH, Zivilrecht S.36. - Eine weitere Vertiefung des Problems ist hier nicht möglich und auch nicht erforderlich; eine Zusammenstellung der Äußerungen namentlich von ENGELS zum "relativ selbständigen Charakter"des Überbaus, also auch des Rechts, findet sich bei REICH a.a.O. S.33 ff.

10) REICH, Zivilrecht S.28 f.

11) In diesem Sinne sind die bei RADBRUCH, Vorschule S.14 und DEMS., Zweck a.a.O. S.94 angeführte Beispiele zu verstehen: "Freiheit in jeder Richtung war ein Bedürfnis und eine Forderung der aufsteigenden Bourgeoisie. Diese Forderung wurde aber naturrechtlich begründet, also als Rechtsforderung gestellt. Deshalb konnte das werdende Bürgertum die Freiheit nicht nur für sich verlangen,mußte sie vielmehr allgemein, also als Freiheit für alle fordern. Die in der Form des Rechts, also der Allgemeinheit geforderte und erreichte Freiheit trug deshalb in ihrem Schoße auch die Koalitionsfreiheit für die kämpfende Arbeiterklasse, also ein Kampfmittel gerade gegen die Klasse, deren Freiheitsinteresse sich in der Rechtsform durchgesetzt hatte. Vermöge der Rechtsform, in welche politische Forderungen regelmäßig eingehen, können die Herrschenden den Beherrschten regelmäßig Lasten nur auferlegen, wenn auch sie selbst sie auf sich nehmen, können sie umgekehrt Vorteile nur dann beanspruchen, wenn sie sie auch den Beherrschten zu gewähren bereit sind. Diese Allgemeinheit kann bloßer Schein bleiben ...,sie kann aber auch sehr reale Bedeutung gewinnen, wie in jenem Falle der Koalitionsfreiheit".

stellung (im Gegensatz etwa zu England) verfassungsgemäß sich sogar in der Rechtssetzung erschöpfte. Wurde ferner der Staat als Herrschaftsinstrument der ökonomisch herrschenden Klasse(n) aufgefaßt, so mußte eine Mitwirkung der Arbeitervertreter in ihm - zudem in seinem schwächsten Organ - noch fragwürdiger werden, ja sie konnte sogar für die programmatischen Ziele der Partei gefährlich werden, da sie angesichts einzelner isolierter Erfolge Illusionen über die Möglichkeiten dieser Mitarbeit auslösen und damit zu einer Integration in die bestehende Staats- und Gesellschaftsordnung führen konnte. In der Tat ist ja am Ende des Jahrhunderts von Eduard BERNSTEIN die Möglichkeit der Veränderung gesellschaftlicher Verhältnisse auf dem Wege parlamentarischer Mitarbeit und Mehrheitsgewinnung offen in die innerparteiliche Diskussion gebracht worden[13a].

Die Teilnahme an Parlamentswahlen und die Mitarbeit in den Parlamenten wurde allerdings auch von marxistischen Theoretikern niemals ernsthaft in Frage gestellt. Friedrich ENGELS, nach dem Tode von MARX unbestritten geistiges Haupt der europäischen und vor allem auch der deutschen Arbeiterbewegung, nahm zu dieser Frage 1895 ausführlich Stellung[14]. Er stützte seine Befürwortung der parlamentarischen Arbeit auf folgende Überlegungen:

Aufgrund des inzwischen erreichten allgemeinen Wahlrechts biete die Teilnahme an Parlamentswahlen die Möglichkeit, die eigene Anhängerschaft zu zählen; sie steigere ferner angesichts der stetig steigenden Stimmenzahl der Arbeiterpartei die Siegesgewißheit der Arbeiter und den Schrecken der Gegner und werde so zu einem idealen Propagandamittel. Die Wahl-

---

12) S. DÄUBLER, Arbeitsrecht S.35.

13) Eine Ausnahme bildete die Opposition der "Jungen", einer linken Parteigruppierung, vor allem in den Neunzigerjahren; s. dazu BOCK, Arg.63/ 22 ff.; RITTER, Arbeiterbewegung S.83.

13a) S. BERNSTEIN, Voraussetzungen (s.Lit.Verz.);zu BERNSTEINs Revisionismus-Aufsätzen in der NEUEN ZEIT s.u.S. C.

14) ENGELS, Einleitung [MEW 22] S.5o9 ff. - Schon das "Kommunistische Manifest" von 1848 hatte die Erkämpfung der bürgerlichen Demokratie (und damit des allgemeinen Wahlrechts) als eine der ersten Aufgaben des Proletariats proklamiert.; s.MARX/ENGELS, Manifest [MEW 4] S.481.

kämpfe seien die beste Gelegenheit, die anderen Parteien zu zwingen, auf die Argumente der Sozialdemokraten einzugehen; der Reichstag sei "eine Tribüne, von der herab [die Abgeordneten der Arbeiterpartei] mit ganz anderer Autorität und Freiheit zu ihren Gegnern im Parlament wie zu den Massen draußen sprechen [könnten] als in der Presse und in Versammlungen"[15]. Strenges Bedachtsein auf Legalität seitens der Arbeiterbewegung treibe die Regierungen in die Lage, sich dieser Bewegung nur noch dadurch entledigen zu können, daß sie "selbst diese ihnen so fatale Gesetzlichkeit durchbrechen"[16].

War mit diesen Überlegungen auch eine gewaltsame Revolution nicht ausgeschlossen[17], so sprach doch aus ihnen ein solches Vertrauen in die Erfolgsaussichten legalen Verhaltens, daß die parlamentarische Arbeit stark in den Mittelpunkt sozialdemokratischer Tätigkeit rücken mußte. Noch nicht beantwortet war freilich mit dieser Einstellung die Frage, welchen Inhalt die parlamentarische Tätigkeit während der Zeit haben sollte, in der die Sozialdemokraten die Mehrheit im Reichstag noch nicht besaßen. In dieser Hinsicht bestand für die Anhänger der MARX'schen Lehre eine gewisse Unsicherheit, die ihren Ursprung in den bereits geschilderten, nicht ganz eindeutigen Auffassungen der Begründer des Marxismus über den

---

15) ENGELS, Einleitung [MEW 22] S.519.

16) ENGELS a.a.O. S.525; im Zusammenhang: "Die Ironie der Weltgeschichte stellt alles auf den Kopf. Wir, die 'Revolutionäre', die 'Umstürzler', wir gedeihen weit besser bei den gesetzlichen Mitteln als bei den ungesetzlichen und dem Umsturz. Die Ordnungsparteien, wie sie sich nennen, gehen zugrunde an dem von ihnen selbst geschaffenen gesetzlichen Zustand. Sie rufen verzweifelt mit Odilon Barrot: la legalité nous tue, die Gesetzlichkeit ist unser Tod, während wir bei dieser Gesetzlichkeit pralle Muskeln und rote Backen bekommen und aussehen wie das ewige Leben. Und wenn wir nicht so wahnsinnig sind, ihnen zu gefallen uns in den Straßenkampf treiben zu lassen, dann bleibt ihnen zuletzt nichts anderes, als selbst diese ihnen so fatale Gesetzlichkeit zu durchbrechen".

17) Der Text war von ENGELS wegen der zur Zeit der Veröffentlichung drohenden "Umsturzvorlage" (s.o.S. LVII und Nr. 18 Anm. 7) auf Bitten der sozialdemokratischen Parteiführung gemildert worden (s. dazu FÜLBERTH, Wandlung S.17; STEINBERG, Sozialdemokratie a.a.O. S.55)

Charakter des Rechts hatten. Die Versuche von Vertretern der Parteispitze und der Reichstagsfraktion, handhabbare Grundsätze für das Verhalten im Reichstag zu entwickeln, führten eher zu taktischen Formeln als zu inhaltlichen Zielbestimmungen[18]. Gesetzesvorlagen, die Verbesserungen für die Arbeiterbevölkerung brachten, wurden - soviel kann allgemein gesagt werden - von den Sozialdemokraten nie zu Fall gebracht, wenn sie auch mitunter, falls sie gleichzeitig Verschlechterungen mit sich brachten, in der Schlußabstimmung nicht unterstützt wurden[19]. Je länger das angestrebte Ziel - sei es die revolutionäre Umwälzung, sei es die Erreichung der Reichstagsmajorität - auf sich warten ließ, um so mehr konzentrierte sich das Interesse auf diese konkrete alltägliche Sozialpolitik; das programmatisch verkündete Endziel blieb allenfalls noch im Horizont des Interesses bewußt[19a]. Mit dieser Intensivierung der reformpolitischen Tätigkeit und dem geduldigen Warten auf das Erreichen der Parlamentsmehrheit näherte sich der größte Teil auch des marxistisch orientierten Parteiflügels zumindest in der politischen Praxis den Positionen der LASSALLE'schen Lehre.

Das Verhältnis LASSALEs zu Staat und Recht war unmittelbar und verhältnismäßig unkompliziert. LASSALLE verdeutlichte es am klarsten in seinem bereits erwähnten "Offenen Antwortschreiben":

Ausgangspunkt seiner Überlegungen war das"eherne ökonomische Gesetz, welches unter den heutigen Verhältnissen, unter der Herrschaft von Angebot und Nachfrage nach Arbeit, den Arbeitslohn bestimmt". Dieses "Eherne Lohngesetz" besagte nach Auffassung LASSALLEs, daß der durchschnittliche Arbeitslohn immer auf den notwendigen Lebensunterhalt reduziert bleibt, der in einem Volke gewohnheitsmäßig zur Fristung der Existenz und zur Fortpflanzung erforderlich ist."2o) LASSALLEs Folgerung: Der Kampf der Arbeiter um höhere Löhne sei zwar zur Erreichung von Augenblicksverbesserungen nicht zu unterschätzen, verbessere jedoch auf lange Sicht die Lage der Arbeiter nicht

---

18) S. z.B. die von August BEBEL entwickelten Kriterien anläßlich der Beratung des BGB: Nr. 84 (S. 393 ff.) und S. XC.

19) Zu dieser Taktik unterschiedlichen Verhaltens bei Kommissionsberatungen und Schlußabstimmung s.u.S.LXXX ,Fußn.7.

19a)S.u.a. GROH , Sozialdemokratie a.a.O. S.73.

2o) LASSALLE, Antwortschreiben a.a.O. S.181. - LASSALLE knüpfte hier an Gedankengänge von MALTHUS und RICARDO an.

grundlegend, denn die Höhe der durchschnittlichen Lebenshaltungskosten sei "der Punkt, um welchen der wirkliche Tageslohn in Pendelschwingungen jederzeit herumgravitiert, ohne sich jemals lange weder über denselben erheben noch unter denselben hinunterfallen zu können"21). Die Lösung der Arbeiterfrage war nach Auffassung von LASSALLE nur dadurch zu erreichen, daß "der Arbeiterstand sein eigener Unternehmer" wurde 22), denn dann "fällt jede Scheidung zwischen Arbeitslohn und Unternehmergewinn und mit ihr der bloße Arbeitslohn überhaupt fort, und an seine Stelle tritt als Vergeltung der Arbeit: der Arbeitsertrag!"23). Erreicht werden sollte dies Ziel durch Zusammenschlüsse der Arbeiter zu Produktivassoziationen 24).

Da das für die Gründung von Assoziationen erforderliche Kapital den Arbeitern nicht zur Verfügung stand, forderte LASSALLE, der Staat solle "die große Sache der freien individuellen Assoziation des Arbeiterstandes fördernd und entwickelnd in seine Hand .. nehmen und es zu seiner heiligen Pflicht .. machen, ihnen (sc.den Arbeitern) die Mittel und Möglichkeiten zu dieser ihrer Selbstorganisation und Selbstassoziation zu bieten"25). Ebenso wie er in der Vergangenheit den Eisenbahnunternehmern finanzielle Unterstützung gewährt habe, so müsse der Staat gleiches jetzt der zahlenmäßig so viel größeren Arbeiterklasse zugestehen[26]. Die Forderung nach staatlicher Intervention zugunsten der Arbeiter werde jedoch nur dann durchgesetzt werden können, wenn das allgemeine, direkte Wahlrecht erkämpft sei[27]. Bleibe auch nach dessen Einführung die Arbeiterschaft in der Parlamentsminorität, so werde sie dieses "nur sich selbst und ihren schlechten Wahlen zuzuschreiben haben"[28]. Erringung der Parlamentsmehrheit war demnach der

---

21) Ibd.
22) A.a.O. S.188.
23) Ibd.
24) Ibd. - Ausdrücklich abgelehnt wurden die von SCHULZE-DELITZSCH propagierten Erwerbs- und Konsumgenossenschaften, da sie den Arbeiter nicht als Produzenten, sondern als Konsumenten erfassen sollten, auf diesem Wege aber nach Auffassung LASALLEs das "Eherne Lohngesetz" nicht außer Kraft gesetzt werden konnte; LASSALLE, Antwortschreiben a.a.O. S.186 f.- Zur Kritik LASSALEs an SCHULZE-DELITZSCH in seiner Schrift "Bastiat-Schulze"s.Nr. 15 , Anm. 18 .
25) LASSALLE a.a.O. S.188.
26) LASSALLE, Antwortschreiben S.19o. - S. die Kritik von MARX am (stark lassalleanisch beeinflußten) Gothaer Programm von 1875:"... Einbildung LASSALLEs, daß man mit Staats-

politische Weg zur Behebung des Elends des Arbeiterstandes. Daß der Staatsapparat im Falle der Erringung der Parlamentsmehrheit durch die Arbeiter die entsprechenden Beschlüsse des Parlaments auch durchführen würde, stand für LASSALLE nicht in Zweifel - war doch der Staat für ihn nicht, wie für MARX, ein Vollzugsausschuß der herrschenden Klasse, nicht bloß eine geschichtliche Erscheinung, die zum Absterben verurteilt ist[29], sondern die "Einheit der Individuen in einem sittlichen Ganzen"[30] mit dem Ziel der "Erziehung und Entwicklung des Menschengeschlechtes zur Freiheit"[31]; er hatte nach Auffassung LASSALLEs den gesellschaftlichen Gruppierungen gegenüber eigenständige Existenz und bekam lediglich von der jeweils mächtigsten gesellschaftlichen Gruppierung gleichsam den Stempel aufgedrückt[32]. In ein solches Konzept von Staat und Recht fügte sich die parlamentarische Mitarbeit der Arbeiterpartei fugenlos ein. Auch das Argumentieren mit juristischen Begriffen war diesem Konzept durchaus angemessen - wie ja auch LASSALLE selber in seinem umfangreichsten Werk, dem "System der erworbenen Rechte", eine "Versöhnung des positiven Rechts und der Rechtsphilosophie" unternommen hatte[33].

---

anleihen ebensogut eine neue Gesellschaft bauen kann wie eine neue Eisenbahn", MARX, Kritik Gothaer Programm[MEW 19]S.26.

27) A.a.O. S.199.

28) A.a.O. S.2oo.

29) Dazu neben den oben S.LXII,Fußn.7 ff.gegebenen Hinweisen die Anmerkungen von RENNER und BERNSTEIN zu LASSALLEs "Offenem Antwortschreiben", wiedergegeben bei LASSALLE, Antwortschreiben a.a.O. S.194, Fußn. 5 u. 6.

3o) LASSALLE, Arbeiterprogramm a.a.O. S.56.

31) A.a.O. S.57.

32) Der "sittliche Staatszweck" der Bourgeoisie bestand nach LASSALLE "einzig und allein darin, die persönliche Freiheit des einzelnen und sein Eigentum zu schützen". Nach der "sittlichen Idee des Arbeiterstandes" muß "in einem sittlichen Gemeinwesen noch hinzutreten..: die Solidarität der Interessen, die Gemeinsamkeit und die Gegenseitigkeit in der Entwickelung", s.LASSALLE,Arbeiterprogramm a.a.O. S.55.

33) So der Untertitel des Werkes (s.Lit.Verz.). - Übrigens hat JHERING dieses Werk und seine hegelianischen Gedanken- und Wortkaskaden einer beißenden Kritik unterzogen; s.JHERING, Scherz und Ernst S.26 ff. (In Anspielung auf seine eigene 'begriffsjuristische' Vergangenheit:)"Ich habe den Verfasser mit leiblichen Augen nie gesehen,aber ich kenne ihn so gut wie mich selbst, denn ich habe ihn in mir getragen, ihn mit meinem Herzblut gesäugt - er ist

Die gegen Ende des Jahrhunderts von BERNSTEIN ausgelösten innerparteilichen Diskussionen über die evolutionäre Weiterentwickelbarkeit und Reformierbarkeit der bestehenden Staats- und Gesellschaftsordnung zielten zwar vordergründig ab auf eine "Revision", eine kritische Überprüfung also der marxistischen Thesen mit dem vorgeblichen Ziel ihrer Anpassung an gewandelte politische Verhältnisse; BERNSTEIN konnte sich jedoch vom Gedankengut her[34] durchaus auf die lassalleanische Traditionslinie in der Partei stützen.

Die theoretischen Grundlagen, von denen aus die Sozialdemokratie Politik, insbesondere auch Rechtspolitik, betrieb, bildeten demnach durchaus nicht eine geschlossene gedankliche Einheit. Die Erklärung hierfür liegt zum einen in der Mehrspurigkeit der geistigen Ursprünge der Partei[35], verstärkt wurde die Vielfalt durch die Zweigleisigkeit der Aufgaben, entscheidend geprägt wurde sie durch gewisse Sachzwänge der parlamentarischen Arbeit:

Ich selbst - mein Doppelgänger! ..."; a.a.O.S.3o, Fußn.1 (in Anspielung auf das Wort "Versöhnung" im Untertitel des LASSALLE'schen Werkes: "Daß Ihr Setzer bei diesem Wort statt des 's' nicht etwa ein 'h' nimmt!").

34) Nicht allerdings von der personellen Unterstützung her. Die Verfechter der reformpolitischen Parteirichtung, an deren politischer Praxis BERNSTEIN seine Thesen ausgerichtet hatte, zeigten sich vielmehr verärgert über seinen literarischen Vorstoß. Sie hatten längst festgestellt, daß sich trotz des revolutionären Programms von 1891 in der Alltagspraxis reformpolitische Arbeit innerhalb der Partei betreiben ließ; s.RITTER, Arbeiterbewegung S.2ol ff.;FÜLBERTH,Arg.63/S.11 ff.

35) Zu ihnen gehörte, neben den geschilderten Traditionen der lassalleanischen und der marxistischen Denkrichtung,auch noch das Gedankengut, das aus der gemeinsamen Vergangenheit mit der bürgerlichen Fortschrittspartei herübergekommen war. Dieses Gedankengut wurde vor allem von vielen Mitgliedern der Reichstagsfraktion repräsentiert. Die Fraktion besaß - verglichen mit der gesamten Parteimitgliedschaft - eine atypische soziologische Struktur und machte "in der Tat als Vertretung einer Partei des Proletariats einen merkwürdigen Eindruck" (STEINBERG,Ideologie und Taktik a.a.O. S.54). Zu erklären ist dies vor allem aus der jahrelangen Diätenlosigkeit der Abgeordneten, die zu weitgehender Selbstalimentierung zwang. - Zur Zusammensetzung der Fraktion und zum Einfluß dieser Zusammensetzung auf die Theorie der Partei s.u.a.STEINBERG a.a.O. Fußn.8; MATTHIAS/PIKART, Reichstagsfraktion S.LI ff.; RITTER, Arbeiterbewegung S.82; FÜLBERTH,Sozialdemokratie S.34.

Der Zwang, zur Erreichung von Einzelerfolgen auf die Argumente der anderen Reichstagsparteien einzugehen, mit ihnen in einen politischen Dialog einzutreten, brachte es mit sich, daß man Argumente suchen und finden mußte, die auf Gedankenführungen beruhten, welche prinzipiell auch von der Gegenseite als erwägenswert akzeptiert wurden. So lag es nahe, Argumente aus dem Gedankenschatz der herrschenden Jurisprudenz aufzugreifen, sofern diese im jeweiligen Einzelfall das angestrebte Ziel im Ergebnis abstützten. Daß ein solches parlamentarisches Vorgehen im Einzelfall erfolgversprechender war als die Deduktion marxistischer Theorien, ist naheliegend.

Die Übernahme juristischer Argumentationsmuster in einigen Teilbereichen wurde andererseits dadurch erleichtert, daß sich in der Rechtsdogmatik und Rechtstheorie des ausgehenden 19.Jahrhunderts vereinzelt bereits Ansätze zu einer Entwicklung zeigten, die den Sozialdemokraten zumindest in einigen Gedankengängen akzeptabel erscheinen konnten: im scheinbar festgefügten Gebäude des Rechts- und Gesetzespositivismus zeigten sich damals die ersten Risse. Die Illusion eines von der Rechtswirklichkeit abgehobenen, allenfalls selber auf diese einwirkenden juristischen Begriffsgefüges begann zu verblassen und wich allmählich der Einsicht in die "Stoffbestimmtheit" des Rechts und der Rechtsidee[36]. Immer weniger konnten die gebieterisch nach Abhilfe verlangenden sozialen Spannungen, die verschärften politischen Auseinandersetzungen und die Strukturveränderungen in der materiellen Wirtschaftsverfassung mit dem Raster schierer juristischer Begriffskonstruktionen erfaßt oder gar bewältigt werden. Die Entzauberung des juristischen "Begriffshimmels"[37] begann mit JHERINGs bahnbrechenden Schriften[38], in denen er der - von ihm

---

36) S. zu diesem Begriff RADBRUCH, Vorschule S.14 u. 23 (dazu VORMBAUM, Rechtsfähigkeit S.42, Fußn.158); DERS., Rechtsidee a.a.O. S.27.

37) S.JHERING, Scherz und Ernst S.245 ff.

38) Über JHERING s. die Hinweise in Anm. 1 zu Nr. 2 sowie die in den folgenden Fußn. gegebenen Nachweise.

erstmalig so benannten - "Begriffsjurisprudenz" den Kampf ansagte. Die Titel zweier seiner berühmtesten Schriften - "Der Kampf ums Recht" und "Der Zweck im Recht" - zeigten programmatisch den Kern des heraufkommenden neuen Rechtsverständnisses auf: Ableitung der Rechtsnormen weder aus dem objektivierten Willen eines abstrakten Gesetzgebers, noch gar aus einer Rechtsidee, sondern aus gesellschaftlichen Zwecken, die der Gesetzgeber seiner Entscheidung zugrunde gelegt hat; Entstehung dieser Zwecke aus gesellschaftlichen Auseinandersetzungen, deren Ergebnisse in die Rechtsform gekleidet sind[39]; Verwirklichung und Sicherung der objektiven Rechtsordnung durch entschlossenen Einsatz der Rechtsgenossen für ihre subjektiven Rechte[40]; Auslegung der Rechtsnormen nicht in erster Linie nach ihrem begrifflich-logischen Gehalt, sondern in Ansehung der "praktischen Bedürfnisse"[41]. Hier wurden die ersten Schritte auf einem Wege eingeschlagen, der später im rechtsdogmatischen Bereich zur Interessen- und Wertungsjurisprudenz und zur Freirechtsschule, im rechtstheoretischen Bereich zur starken Betonung der Ergebnisse von Rechtssoziologie und Rechtstatsachenforschung führte[42].

Zwar war JHERING "weder theoretischer noch praktischer Sozialist"[43][44]; dennoch mußte der Partei, die den Klassen-

39) S. JHERING, Zweck im Recht Bd 1, S.243 ff.

4o) S. z.B. JHERING, Kampf ums Recht S.75 f.: "In dem gesunden, kräftigen Rechtsgefühl jedes Einzelnen besitzt der Staat die sicherste Garantie seines eigenen Bestehens nach Innen wie nach Außen; das Rechtsgefühl ist die Wurzel des ganzen Baumes...".

41) S.z.B. JHERING, Scherz und Ernst S.338 ff.u.ö.

42) S.zur Einordnung JHERINGs in die Entwicklung der Jurisprudenz seit dem ausgehenden 19.Jahrhundert neuerdings DILCHER, Gesellschaftsbild a.a.O. S.63; SCHÜNEMANN, Jurisprudenz S.3o ff.

43) E.WOLF, Jhering a.a.O. S.655; s. auch WIEACKER, Privatrechtsgeschichte S.453; DERS. Jhering a.a.O. S.34o; DERS., Gründer S.197 ff.

44) Eher gilt das Gegenteil, denn durch die Aufforderung an den Einzelnen, im Kampf um sein persönliches Recht den Bestand der Gesamt-Rechtsordnung zu sichern, hat JHERING, wenn auch ungewollt, "den engen Geist bürgerlicher Rechthaberei und unsozialer Selbstsucht unterstützt..."(E.WOLF a.a.O. S.648).- Allerdings empfand JHERING durchaus gewisse Sympathien für die Sozialdemokratie, wenn auch nicht mit ihren offiziell erklärten Zielsetzungen; s.den bei E.WOLF a.a.O. S.655,Fußn.99 gegebenen Nachweis.

kampf in ihr Parteiprogramm geschrieben hatte, die einen jahrelangen Kampf um ihre legale Existenz hatte führen müssen, die in ihrer politischen Tätigkeit zahlreichen kleinlichen Schikanen von Majestätsbeleidigungsprozessen über Versammlungsverbote bis zum zeitweiligen Parteiverbot ausgesetzt war, eine Lehre als verwandt erscheinen, welche das metaphysische Rechtsverständnis durch die naturalistische Rechtserklärung ersetzte[45], die gesellschaftlichen Interessen und Auseinandersetzungen zur Erklärung des Rechts und zur Auslegung von Rechtsnormen heranzog und die Entstehung des Rechts als "die ihres Vorteils bewußt gewordene Gewalt" verstand[46]. Demgemäß machten die Sozialdemokraten JHERING vor allem mit solchen Zitaten zum Gewährsmann, die das Verhältnis des Rechts zur Gewalt, der Metaphysik zur gesellschaftlichen Realität, thematisierten[47][48].

---

45) WIEACKER, Jhering a.a.O. S.337.

46) So die Formulierung JHERINGs, die sich "dem MARX'schen Verhältnis von Staat und Recht bis auf Haaresbreite näherte" (WELZEL, Naturrecht S.191; ebenso WIEACKER, Privatrechtsgeschichte S.453, Fußn.66) und vom SPD-Sprecher FROHME in seiner Reichstagsrede ausführlich zitiert wurde (s.Nr. 9, bei Anm.23; dort auch nähere Angaben zu diesem Zitat). Zu bemerken ist, daß auch den Sozialdemokraten entging - was angesichts ihrer bedrängten politischen Situation verständlich sein mag - , daß "die Begründung des Rechts auf das zufällige Dasein und die Entwicklung der Macht von sozialen Organismen.. zwar anregend auf die Rechtskritik und Rechtsneubildung, aber auch destruktiv auf die ethische Substanz der Rechtsordnung und Rechtsgesinnung" wirkte (E.WOLF, Jhering a.a.O.S.654), daß auch "Klassenrecht, schon weil es Recht ist, d.h. die Form der Allgemeinheit und Gleichheit angenommen hat, in wie begrenztem Maße immer, auch für die unterdrückte Klasse und für die Minderheit, für die Schwachen und Einzelnen nicht ohne Wert sein" kann (RADBRUCH, Rechtsidee a.a.O. S.95).

47) S. Nr. 2, bei Anm.1; Nr. 9, bei Anm.23 u.ö.

48) Mit der Aufmerksamkeit der Sozialdemokraten konnten damals überhaupt alle diejenigen Denker und Denkrichtungen rechnen, die der metaphysisch-spekulativen Denkweise den Rücken kehrten und an ihre Stelle gesellschafts- und naturwissenschaftliche, also im weitesten Sinne "wirklichkeitswissenschaftliche" Überlegungen stellten, auch dann, wenn diese Überlegungen durchaus nicht sozialdemokratischen - sei es marxistischen, sei es lassalleanischen - Gedankengängen entsprachen. Vor allem für das Strafrecht (wie überhaupt für die Verbrechenskunde) läßt sich dies belegen: Franz v. LISZT, der den JHERING'schen Zweckgedanken ins Strafrecht übertrug (LISZT, ZStW

Ganz anderer Art waren die Anknüpfungspunkte, welche die Sozialdemokraten im Werk des anderen bedeutenden Juristen des ausgehenden 19.Jahrhunderts,Otto von GIERKE, vorfanden[49)][50)]. Hatte JHERING auf den soziologischen Umstand aufmerksam gemacht, daß Recht ein "Mittel der Macht- und Interessendurchsetzung"[51)] sei und hatte er sich mit dieser Tatsache abgefunden, so verband GIERKE solche soziologischen Einsichten mit der starken Betonung des sozialen Gedankens im Recht. Enthielten seine Gedankengänge auch manche Widersprüchlichkeit

---

3/1 ff.; s.Lit.Verz.), wurde von den Sozialdemokraten ausgiebig und wohlwollend behandelt (s.z.B. Leitartikel des VORWÄRTS vom 4.Juni 1896, "Die Strafknechtschaft"), obwohl er alles andere als ein Freund der Sozialdemokratie gewesen sein dürfte (S.z.B. LISZT a.a.O. S.36 f.: Das Gewohnheitsverbrechertum ist nur "ein Glied ... in jener Kette von sozialen Krankheitserscheinungen, welche wir unter dem Namen des Proletariats zusammenzufassen pflegen. Bettler und Vagabonden, Prostituirte beiderlei Geschlechts und Alkoholisten,Gauner und Halbweltmenschen im weitesten Sinne, geistig und körperlich Degenerierte - sie alle bilden das Heer der grundsätzlichen Gegner der Gesellschaftsordnung, als deren Elitetruppe die Gewohnheitsverbrecher erscheinen."). Auch Cesare LOMBROSO, der Begründer der Kriminalanthropologie sowie sein Freund und Schüler Enrico FERRI wurden von den Sozialdemokraten hochgeachtet und häufig zitiert (s.z.B. den bereits genannten Artikel des VORWÄRTS), wie auch beide Kriminologen sich selber als Anhänger des Sozialismus verstanden, ja sogar für den Marxismus Sympathien empfanden; s.H.J.SCHNEIDER, Kriminologie S.67. FERRI veröffentlichte im theoretischen Organ der deutschen Sozialdemokratie, der NEUEN ZEIT (s.dazu S. IC f),mehrere Beiträge (z.B. FERRI,NZ XIV, 2/S. 452 ff.) und stand mit führenden deutschen Sozialdemokraten in Briefwechsel (s.z.B. IISG Amsterdam, Briefwechsel BEBEL B 83); ein zumindest aus heutiger Sicht erstaunlicher Tatbestand, wenn man bedenkt, daß die Thesen der Kriminalanthropologie Ansätze enthielten, die rassistischen Gedankengängen sehr nahe kamen und später von NS-Theoretikern verhältnismäßig leicht vereinnahmt werden konnten.

49) Berufungen auf GIERKE z.B. in Nr. 2, Anm.5; Nr. 14,Anm.3.

5o) Über GIERKE s. die Bemerkungen bei VORMBAUM, Rechtsfähigkeit S.142 und die dort Fußn.687 gegebenen Nachweise, vor allem WIEACKER, Privatrechtsgeschichte S.453 ff.

51) WIEACKER, Privatrechtsgeschichte S.451; s. auch DERS., Gründer S.2o9 f.

und waren sie durch die Überlagerung verschiedener geistesgeschichtlicher Traditionen, paternalistischer und sozialreformerischer Tendenzen, geprägt, so kehrte in ihnen doch stets der Grundgedanke der sozialen Bindung subjektiver Rechte, der Ablehnung der individualistisch - positivistischen Rechtswissenschaft und des abstrakt-formalen Individualismus[52] wieder. Im Mittelpunkt seines Schaffens stand die Befassung mit Korporationen, Genossenschaften und anderen Personenzusammenschlüssen, deren möglichst ungehinderte Gründung und Entfaltung ohne unnötige gesetzliche Schranken er forderte und deren Geschichte und Rechtsdogmatik er sein umfankreichstes Werk[53] widmete.

Für die Sozialdemokraten waren die Gedanken GIERKEs nicht nur wegen ihrer Betonung des sozialen Charakters des Rechts und der Bedeutung von Personenzusammenschlüssen - gerade für die sozial schwachen Arbeiter und ihre Organisationen ein wichtiger Gedanke! - willkommen und Quelle wiederholter Zitate; wegen seiner harten Kritik an den Entwürfen des BGB und wegen seiner Forderung, im privaten Vereinsrecht das System der freien Körperschaftsbildung einzuführen[54], lieferte er der Partei auch in konkreten Einzelfragen besonders handkräftige Argumente, die sie in den Beratungen über das Gesetzbuch verwenden konnte.

Eine besondere Stellung sowohl unter den Juristen jener Zeit allgemein wie auch unter den Kritikern der Entwürfe des BGB nahm der Wiener Rechtsprofessor Anton MENGER ein: Seiner Selbsteinordnung nach Sozialist, grenzte er sich doch in scharfen Attacken vom marxistischen Rechtsverständnis ab[55]

---

52) DILCHER, Gesellschaftsbild a.a.O. S.64.
53) GIERKE, Genossenschaftsrecht (s.Lit.Verz.)
54) S. dazu VORMBAUM, Rechtsfähigkeit S.144 f., 151,176 f. 181 ff.
55) Abgesehen von seiner berühmten Philippika gegen den 1. Entwurf des BGB ("Das bürgerliche Recht und die besitzlosen Volksklassen")ist MENGERs Werk nach seinem Tode(1906) jahrzehntelang in den Schatten des rechtsdogmatischen und rechtshistorischen Interesses getreten. Erst in jüngster Zeit erfährt MENGER wieder die literarische Berücksichtigung, die der Bedeutung und Beachtung entspricht, welche er zu Lebzeiten besaß. HATTENHAUER (Hierarchie S. 181 f.) hat wohl als erster MENGER wieder größere Aufmerksamkeit gewidmet. Aus der nachfolgenden Literatur sind

und wurde auch von marxistischer Seite mit scharfem Geschütz beschossen[56].

Ganz im Gegensatz zu MARX-eher schon in der Nähe und Nachfolge von LASSALLE stehend[57]- entwarf MENGER das konkrete Modell eines "volkstümlichen Arbeitsstaates"[58], in welchem die von ihm postulierten drei "ökonomischen Grundrechte" auf "Existenz", auf "vollen Arbeitsertrag" und auf "Arbeit" anerkannt und realisiert sein sollten[59]. Da MENGER, anders als der in den Neunzigerjahren des Jahrhunderts zur offiziellen Parteitheorie der Sozialdemokraten aufgestiegene Marxismus, eine Vermögensumgestaltung in der Gesellschaft über eine Umverteilung der produzierten Sachgüter und Dienstleistungen, nicht jedoch in erster Linie über eine Veränderung der Produktionsverhältnisse und eine Vergesellschaftung der Produktionsmittel[60]erreichen wollte, mußte seine Lehre theoriebewußten Sozialdemokraten suspekt sein[61]; daß er zudem in klassischer objektiv-idealistischer Einstellung davon ausging, die erforderlichen gesellschaftlichen Veränderungen würden sich nach Darlegung logisch zwingender Gedankengänge verhältnismäßig leicht durchsetzen lassen[62], brachte seiner Lehre von seiten der marxistischen Denker ENGELS und KAUTSKI die - pejorativ gemeinte - Bezeichnung "Juristen-Sozialismus" ein[63].

---

hervorzuheben die Monographien von KÄSTNER, Menger (s.Lit. Verz.) und E.MÜLLER, Menger (s.Lit.Verz.). Beide Werke ermöglichen eine genaue Einsichtnahme in Leben und Werk MENGERs sowie in die einschlägige Literatur. Zur Bedeutung MENGERs für die Entwicklung der sozialistischen Rechtstheorie s.REICH, Zivilrecht S.5o ff.; DERS., Rechtstheorie S.8 f.; a.a.O. S. 39 ff. u. 65 ff. auch Auszüge aus MENGERs 'Staatslehre' und dem 'Recht auf den vollen Arbeitsertrag'.

56) S. die von ENGELS und KAUTSKY gemeinsam verfaßte Polemik gegen MENGER unter dem Titel "Juristen-Sozialismus" (s. Lit.Verz.).

57) S. vor allem die schon bei LASSALLE auftauchende Lehre vom "vollen Arbeitsertrag". - Zu den Berührungspunkten zwischen LASSALLE und MENGER s. REICH, Rechtstheorie S. 8 ff., DERS., Zivilrecht S.51.

58) S. dazu KÄSTNER,Menger S.17o ff.; E.MÜLLER,Menger S.83 ff.

59) S.KÄSTNER, a.a.O. S.1o4 ff.; E.MÜLLER a.a.O. S.25 ff.

6o) S. dazu KÄSTNER, Menger S.1o3; E.MÜLLER, Menger S.22 ff.

61) S. die Hinweise bei REICH,Zivilrecht S.52;KÄSTNER, Menger S.118.

62) S.KÄSTNER,Menger S.2o3 ff.,insb.S.2o5;E.MÜLLER,Menger S. 1o8 f.,einschränkend S.1o7.

63) S.bereits Fußn.56.

Auch die Berührungspunkte, welche die MENGER'sche Staatstheorie mit der Lehre von LASSALLE aufwies - vor allem das Vertrauen auf die ausgleichende Funktion und auf die Reformierbarkeit des Staates - erweisen sich bei näherem Hinsehen als sehr vage: Anders als MENGER hatte LASSALLE stets die Priorität des politischen Kampfes der Arbeiterschaft gegen die Bourgeoisie vor den Entwurf und die Verfeinerung gedanklicher Konstruktionen gestellt. Seine Theorien hatte er - ebenso wie MARX und ENGELS - als Anweisung zum politischen Handeln verstanden; selbst LASSALLEs positives Verhältnis zum Staat dürfte nicht nur auf seine Gebundenheit in der HEGEL'schen Tradition zurückzuführen sein, sondern eher seine Rechtfertigung in der politischen Situation der Sechzigerjahre des Jahrhunderts gesucht haben, welche, anders als ein Jahrzehnt später, der Arbeiterbewegung nicht ungünstig zu sein schien (die Gespräche und die Korrespondenz mit BISMARCK dürften diese Auffassung in LASSALLE bestärkt haben). Marxistische wie lassalleanische Denktradition ließen sich demnach mit den Theorien MENGERs allenfalls in einem atmosphärischen - im weitesten Sinne "sozialistischen" - Konsens, nicht jedoch in eine gemeinsame theoretische Konstruktion bringen. Immerhin jedoch war das Verhältnis der Sozialdemokraten zu den Schriften MENGERs durchaus ambivalent. Es schwankte zwischen grober Ablehnung[64] und demonstrativer Vereinnahmung[65]. Verständlich wird diese Unsicherheit, wenn man die politische Situation der Neunzigerjahre des Jahrhunderts berücksichtigt. Die konkrete Machtverteilung im deutschen Kaiserreich ließ das von den Sozialdemokraten angestrebte Ziel einer Umwälzung der Produktionsverhältnisse als so entfernt erscheinen, daß für den politischen Tageskampf die Destillate der MENGER'schen Staats- und Gesellschaftslehre, zu griffigen Schlagworten formuliert, durchaus in den Rahmen sozialdemokratischer Agitation gegen die bestehenden Zustände paßten. Besonders deutlich zeigte sich dies bei den Diskussionen um das Bürgerliche Gesetzbuch.

---

64) Ibd.
65) S. das bei E.MÜLLER, Menger S.37 f., aufgeführte Beispiel: In einem Flugblatt der Sozialdemokraten aus dem Jahre 1903 wurde darauf hingewiesen, daß sich die Partei mit den Lehren "des berühmten Wiener Rechtslehrers" in Übereinstimmung befänden.

Die von MENGER gegen dasselbe gerichteten Vorwürfe konnten von den Sozialdemokraten wenn schon nicht ohne weiteres in den Begründungen, so doch häufig in den Ergebnissen und vor allem in den Formulierungen,durchaus geteilt werden. Demgemäß finden sich Hinweise auf MENGERs berühmte Streitschrift gegen das BGB mehrfach in den Stellungnahmen der sozialdemokratischen Redner und Journalisten[66].

Die zuletzt genannten Beispiele machen besonders deutlich, daß mit der Bereitschaft der Sozialdemokratie, sich im Parlament zu betätigen, zwangsläufig ein Integrationsdruck verbunden war, der sich auch in den verwendeten rechtspolitischen Argumenten wiederfand.

Soweit die sozialdemokratische Kritik sich gegen Verhältnisse richtete, welche hinter Anforderungen zurückgeblieben, die schon in den bürgerlich-demokratischen Schriften aufgestellt und in Parlamenten und auf Barrikaden verfochten worden waren, war die Argumentation mit den herkömmlichen politischen und juristischen Denkfiguren sogar vom marxistischen Standpunkt aus sachadäquat, da die betreffenden Zustände - wie z.B. die Aufrechterhaltung der Gesindeordnungen, die Beschränkungen des Koalitions- und Versammlungsrechts und die Erschwerungen beim Erwerb korporativer Rechtsfähigkeit - bereits seit Jahrzehnten gedanklich überwunden waren, ihre Beseitigung überfällig war und der Kampf um diese Beseitigung Sache einer entsprechend argumentierenden bürgerlichen Opposition gewesen wäre. Die entscheidende Probe für die Widerstandsfähigkeit der Sozialdemokraten gegenüber dem integrativen Druck der parlamentarischen Tätigkeit war dort zu bestehen, wo es um sozialpolitische Forderungen ging, welche den Rahmen des gegebenen politischen und sozialökonomischen Systems sprengten. Solche extremen Forderungen anzumelden oder auch nur größere Schritte in Richtung auf ihre Erfüllung einzuschlagen, war allerdings die Beratung des BGB weder taktisch noch von der Sache her der geeignete Ort: Daß eine Kodifikation des Zivilrechts, welche vor allem der Abstreifung antiquierter regionaler Fesseln des freien Wirtschaftsverkehrs

66) S.Nr.14, Anm.9; Nr. 15, Anm.11 und 2o.

und damit in erster Linie den Interessen des Wirtschafts- und Industriebürgertums dienen sollte[67], sich nicht zur Beseitigung der ökonomischen Grundlagen eben dieses Bürgertums eignete, lag auf der Hand. Eher schon bot sich hier die Gelegenheit, die spezifisch deutschen Rückständigkeiten zu beseitigen und in einzelnen Punkten darüber hinaus einige bescheidene Verbesserungen für die Arbeiterbevölkerung zu erreichen. Hierfür jedoch eigneten sich Argumente aus dem Begriffshaushalt der zeitgenössischen Jurisprudenz am besten. Andererseits konnte allerdings die eigene spezifisch sozialdemokratische Gesellschaftstheorie auch im Bereich der Parlamentsarbeit nicht völlig an den Rand gedrängt werden, wollte man sich nicht der Möglichkeit begeben, das Rednerpult des Reichstags - wie von ENGELS gefordert - als Tribüne zu benutzen.

Angesichts der Vielschichtigkeit der politischen Aufgaben der Sozialdemokratie bedurfte es demnach großen politischen Geschicks, alle entscheidenden Gesichtspunkte zu erkennen und möglichst viele der gestellten Einzelforderungen durchzusetzen. Darüber hinaus hing auch sehr viel von dem Verhalten der anderen Reichstagsfraktionen ab, von ihrer Bereitschaft, auf Forderungen der Sozialdemokraten einzugehen, und von der Fähigkeit der Sozialdemokraten, Differenzen zwischen den anderen Parteien aufzuspüren und sie sich durch wechselnde Koalitionen zunutze zu machen.

---

67) S. SCHUBERT, Entstehung S.178.

5. Sozialdemokratie und parlamentarische Beratung des BGB[1]

Die Beratung des BGB im Reichstag bedurfte schon deshalb sorgfältiger Vorbereitungen und Überlegungen seitens der Sozialdemokratie, weil diese von den vorangegangenen Beratungen der Gesetzgebungskommissionen ausgeschlossen geblieben war[2]. Es galt nunmehr, grundsätzlich-theoretische mit politisch-taktischen Erwägungen zu bündeln und auf diese Weise Maßstäbe für die Beurteilung des Entwurfs und für eventuell zu fordernde Verbesserungen zu entwickeln, von deren Erreichung die endgültige Zustimmung oder Ablehnung abhängig gemacht werden konnte.

Daß die sozialdemokratische Reichstagsfraktion sich schließlich geschlossen für die Ablehnung des BGB entschied, ist bekannt. Kurz nach dem Inkrafttreten des Gesetzbuches wurde jedoch von einem mit den politischen Hintergründen vertrauten Mitverfasser des BGB erwähnt, daß auch in der SPD-Fraktion "wie man hörte, das Gesetzbuch einflußreiche Anhänger gewonnen hatte"[3].In dieselbe Richtung deutete auch schon während

---

1) Es ist hier nicht der Ort, die parlamentarische Taktik der Sozialdemokraten allgemein oder auch nur in Beziehung auf das BGB in aller Breite zu erörtern (Zur parlamentarischen Taktik der SPD s. allgemein RITTER, Arbeiterbewegung S.176 ff.; MATTHIAS/PIKART, Reichstagsfraktion S.CXXV ff.). Dazu sind die bisher vorliegenden Quellen noch zu lückenhaft. Es soll lediglich versucht werden, anhand der in der nachfolgenden Quellensammlung veröffentlichten Belege einige Grundzüge des Vorgehens und einige Kriterien für die ablehnende Entscheidung der SPD aufzuzeigen. Einige weitere Aufschlüsse wird die Hinzuziehung der in den vorangegangenen beiden Kapiteln gegebenen Hinweise ergeben.

2) Allerdings kann man angesichts der verhältnismäßig weitgehenden Unterrichtung der Öffentlichkeit über die Beratungen der 2.Kommission (s.o.S.XXXIV)nicht sagen, daß die Sozialdemokraten mit dem Inhalt der Vorlage abrupt konfrontiert worden wären.

3) S.SOHM,DJZ 5/6,8 r.Sp.-Zu den persönlichen Kontroversen zwischen SOHM und dem sozialdemokratischen Abgeordneten STADTHAGEN während der 1.Lesung des BGB im Reichstag s. Nr. 7, insb. Anm.2 und Nr. 1o.

der ersten Beratung im Reichstag der Hinweis des sozialdemokratischen Sprechers STADTHAGEN, die Willensbildung in seiner Fraktion dauere noch an[4]. Für eine Zustimmung der Sozialdemokraten zum BGB waren somit vermutlich nicht von vornherein alle Türen zugeschlagen.

Allerdings kündigte noch vor dem Beginn der 1.Lesung des Gesetzes im Reichstag ein Artikel des VORWÄRTS an: "Der Entwurf ist für die Sozialdemokratie unannehmbar und wird, welches Schicksal ihm auch im Reichstag bereitet werden mag, von den Sozialdemokraten als Ganzes verworfen werden". Jedoch - so fuhr der Verfasser des Artikels fort - sei man bereit, "im einzelnen die Hand heilend und nachbessernd mitanzulegen"5). Ob diese Äußerung tatsächlich eine bereits feststehende Einstellung der Sozialdemokraten wiedergab, ist zweifelhaft. Sicherlich konnte die Sozialdemokratie "durch ihre Mitarbeit in den Kommissionen und die davon unabhängige grundsätzliche Haltung bei der Endabstimmung ... als Oppositionspartei gleichzeitig Interessen- und Grundsatzpolitik betreiben"6)7); jedoch waren die Sozialdemokraten nicht grundsätzlich auf die Ablehnung aller wichtigen Gesetze festgelegt, wenn sie auch traditionell bestimmte Gesetzgebungen (vor allem den Etat) grundsätzlich in der Endabstimmung ablehnten 8). Dafür, daß das BGB solch ein prinzipiell abzulehnendes Gesetz gewesen wäre, liegen keine Anhaltspunkte vor 8a).

Da der tatsächliche Willensbildungsprozeß der Fraktion bezüglich des BGB nicht durch unmittelbare Quellen belegt ist[9], sind wir auf Rückschlüsse aus öffentlichen Erklärungen und Äußerungen in Wort und Schrift angewiesen. Sicherlich brachte es das politische Gewicht der Kodifikation mit sich, daß nicht nur stoffbezogene Erwägungen für die Entscheidung eine Rolle spielen konnten; Bejahung ebenso wie Ablehnung des Entwurfes im Reichstag mußten auf ihre politischen Konsequenzen überprüft werden. Eine geschlossene Zustimmung in der Schlußabstimmung konnte den Eindruck einer Integration der SPD in das

---

4) S.Nr. 6, insb.Anm.4.

5) S.Nr. 2 a.E.

6) PIKART, Parteien a.a.O. S.270; MATTHIAS/PIKART, Reichstagsfraktion S.CXXXIV.

7) PIKART, Parteien a.a.O. S.270.- Diese taktische Haltung war allerdings bei anderen Reichstagsparteien ebenfalls feststellbar;

8) Ibd.- S.auch den dort zitierten Bericht des parlamentarischen Berichterstatters auf dem Parteitag der SPD von 1909, der diesen Standpunkt bekräftigt. Dieselben Grundsätze dürften auch schon zur Zeit der Verabschiedung des BGB gegolten haben, wenn auch das taktische Kalkül noch nicht so offen ausgesprochen wurde.

8a) S. vielmehr die Ausführungen von BEBEL (unten Fußn.36)

politische System des Kaiserreiches hervorrufen; strikte Ablehnung dagegen konnte leicht den Verdacht blinder Obstruktion erwecken: der bloße Hinweis, daß auch dieses Gesetz die Lage der arbeitenden Klassen nicht umwälzend verbessere, konnte als Ablehnungsgrund kaum herhalten; mit diesem Argument hätte sich jegliche parlamentarische Arbeit der Sozialdemokraten von vornherein als zwecklos abqualifiziert[9a].

So war denn auch die Versicherung, man verlange vom Reichstag keineswegs den Erlaß sozialistischen oder sozialdemokratischen Rechts, ein fester Bestandteil im Argumentationshaushalt der sozialdemokratischen Redner. Auf dieser Grundlage mußte es darum gehen, dem Gesetz möglichst viele Verbesserungen einzufügen, wenn schon - aus politischen wie auch aus einer Reihe von sachlogischen Gründen[9b] - ein völliger Umbau des Gesetzes nicht möglich war. Daher entwickelten die sozialdemokratischen Vertreter in den Beratungen der Reichstagskommission ebenso wie in der 2. und 3. Plenarberatung rege Aktivität. Mit der Anzahl ihrer Änderungsanträge ließen sie die anderen Fraktionen weit hinter sich[10]. Daß die erdrückende

---

9) Zur Quellenlage s. das 7.Kapitel dieser Einführung.

9a) S.dazu die Formulierung BEBELs in Nr. 84, bei Anm.3a): Die Sozialdemokraten in den Parlamenten hätten "die Verpflichtung, jede gesetzgeberische Maßregel, die vorgeschlagen wird, zu prüfen und, wenn die Möglichkeit dazu besteht, auf ihre Umgestaltung und Verbesserung ... zu wirken. Eine solche Stellung schließt von vornherein jede rein negierende Tätigkeit aus, die, wenn sie überhaupt geübt werden sollte, viel richtiger in dem Nichtmitwirken, im Draußenbleiben außerhalb der Parlamente geübt würde."

9b) Zu den letzteren gehörte, wie auch die Sozialdemokraten anerkannten, die Tatsache, daß Abänderungen des vorliegenden Entwurfes nicht in beliebigem Umfang vorgenommen werden konnten, daß vielmehr - wollte man nicht das Gesamtwerk gefährden - die Legalordnung (s.zu diesem Begriff OEHLER, Legalordnung S.1 ff.) des Entwurfes erhalten bleiben mußte; s.dazu Nr. 2, bei Anm.7.

10) S. dazu bereits die Angaben auf S.XLI, Fußn.57; am ehesten wurde - zumindest in den Beratungen der Reichstagskommission - die Anzahl der sozialdemokratischen Anträge noch von derjenigen der Zentrums-Anträge erreicht. Allerdings ist bei einem solchen Zahlenvergleich Vorsicht geboten. So konnte es z.B. geschehen, daß eine Fraktion zu einem Fragenkomplex keinen Antrag einbrachte, weil die erwünschte Änderung bereits von dem Antrag einer anderen Fraktion begehrt wurde, welchem man sich nur noch anzuschließen brauchte. Dies galt z.B. für das Eheschließungsrecht, wo

Mehrheit dieser Anträge auf der Strecke blieb, war einer der erklärten Hauptgründe für die spätere Ablehnung des Gesetzes, zumal gerade die zentralen Forderungen der Sozialdemokraten unerfüllt geblieben waren.

Neben den materiellrechtlichen Mängeln des BGB waren vor allem die zahlreichen landesgesetzlichen Vorbehalte des Einführungsgesetzes, welche dem BGB den Geltungsbereich beschnitten, Gegenstand der sozialdemokratischen Kritik. Daß die Sozialdemokraten Anlaß genug sahen, gegen derartige Vorbehalte vorzugehen, wird unter zwei Gesichtspunkten plausibel, die von den sozialdemokratischen Rednern auch immer wieder herausgestellt wurden: Zum einen hatte die Arbeiterbevölkerung wie kaum ein anderer Bevölkerungsteil ein Interesse an der Vereinheitlichung des Rechts, da vor allem sie es war, der zwecks Sicherung ihrer Existenzgrundlage Mobilität und häufiger Wohnortwechsel abverlangt wurde[11]. Zum anderen mußte den Sozialdemokraten jede Überweisung von Rechtsmaterien an die Zuständigkeit der Einzelstaaten, deren Parlamente überwiegend nach einem die Arbeiterbevölkerung und damit die Sozialdemokraten benachteiligenden Wahlrecht konstituiert waren, suspekt sein. Ihr Interesse ging dahin, möglichst viele Zuständigkeiten auf das Reich und auf den nach einem weniger diskriminierendem Wahlrecht zustandegekommenen Reichstag zu übertragen. Schon deshalb, weil dieses Ziel mit einer auf abschließende Regelung der Materie zielenden Kodifikation am besten zu erreichen

---

die SPD sich in den Kommissionsberatungen weitgehend den Anträgen der Freisinnigen anschloß (s.z.B. Nr. 61, Anm.8);andererseits unterstützte sie im Dienstvertragsrecht mehrere Anträge des Zentrums (s.z.B. Nr. 27, Anm.4).

11) S.hierzu die beeindruckende Darstellung bei KÖLLMANN, Arbeiterschaft a.a.O. S.43o ff., bes. S.433: "Die deutsche Binnenwanderungsbewegung," - scil.: in der Mitte des 19. Jahrhunderts - "die größte Massenbewegung der gesamten deutschen Geschichte, war im wesentlichen Wanderung der Arbeit nach. Sie fand ihre Fortsetzung in der Fluktuation der Arbeitskräfte ...". Daß diese starke Fluktuation auch zum Zeitpunkt der Verabschiedung des BGB noch an der Tagesordnung war, belegt das ibd. angeführte Beispiel für den Ruhrbergbau: "Nach Angaben der Knappschaften wurden 19ol - 191o durchschnittlich jährlich je loo Mann Belegschaft 55 neu angelegt, während 49 abgingen";s. zum ganzen auch die Zahlen bei HOHORST/KOCKA/RITTER, Arbeitsbuch S.4o f.

war, mußte den Sozialdemokraten an einer möglichst konsequenten und vorbehaltlosen Kodifizierung des Privatrechts gelegen sein[12].

Demgegenüber war bekanntlich die "Verlustliste der deutschen Rechtseinheit" welche die Gesetzgebungskommissionen aufgestellt hatten und die sich auch in der endgültigen Fassung des Einführungsgesetzes wiederfand, verhältnismäßig lang. Zudem betraf sie manche Rechtsmaterie, an deren reichseinheitlicher Regelung die Sozialdemokraten auch vom Inhalt her besonders starkes Interesse hatten. In erster Linie galt dies für das Gesinderecht, also das Recht der in die häusliche Gemeinschaft der Arbeitgeber eingegliederten Landarbeiter,Dienstboten und Hausangestellten, deren Rechtsstellung in manchen deutschen Gebieten noch durch nahezu hörigkeitsähnliche Abhängigkeit - bis hin zu dem von manchen Gesindeordnungen noch anerkannten Züchtigungsrecht - gekennzeichnet war[13]. Mehrere

---

12) Auch in diesem Punkt nimmt der bereits erwähnte Leitartikel des VORWÄRTS (s.Nr. 2,Anm.5; ebenso der offensichtlich von demselben Verfasser stammende Leitartikel nach Abschluß der 1.Lesung im Reichstag [Nr. 14, insb. nach Anm. 9]) eine Stellung ein, welche weder im Verhalten noch in den Äußerungen der sozialdemokratischen Reichstagsvertreter noch auch in der objektiven Interessenlage der Sozialdemokraten und der von ihr vertretenen Bevölkerungskreise eine Entsprechung fand. So erklärte STADTHAGEN gleich am Anfang seiner ersten Rede während der 1.Lesung, "... daß diejenigen, die begeistert ein einheitliches Recht wünschen, nicht die Verfechter der bestehenden Gesellschaftsordnung, sondern fast ausschließlich die Sozialdemokraten sind". STADTHAGEN spielte mit dieser Bemerkung offensichtlich auf die landesrechtlichen Vorbehalte des Einführungsgesetzes an (s.Nr. 6, bei Anm.3).

13) Zur Lage des in kleine und kleinste Geltungsbereiche zersplitterten Gesinderechts s. die Übersicht in der Begründung der auf den Schuldrechts-Teilentwurf bezogenen Vorschläge für das Einführungsgesetz (<u>TE EG SchuR Begr.</u> S. 19-9o). - Die 1.Kommission hatte schon in einer ihrer ersten Sitzungen während der Vorberatungen beschlossen, das Gesinderecht grundsätzlich nicht in die Regelungen des BGB mit einzubeziehen (s.PROT.BGB I [V], 3.Sitzung v.22.September 1874); demgemäß enthielten die Entwürfe des Einführungsgesetzes (s. § 8 TE EG SchuR,Art.46 E I EG, Art. 69 E II EG i.d.F. der Bundesratsvorlage, Art.95 E II EG i.d.F. der Reichstagsvorlage) wie auch die endgültige gesetzliche Regelung (Art.95 BGBGB a.F.) einen entsprechenden landesrechtlichen Vorbehalt. Zur Abschaffung der Gesindeordnungen nach der Novemberrevolution s.u. S.LXXXVIII.

Versuche der Sozialdemokraten, auch diesen Personenkreis den Regeln des Dienstvertragsrechtes - für wie mangelhaft diese auch immer angesehen werden mochten - zu unterstellen, schlugen fehl[14]. In der Generaldebatte zu Beginn der dritten Plenarberatung wurde dann die Ausklammerung des Gesinderechts aus der reichseinheitlichen Regelung als ganz entscheidender Grund für die Ablehnung des ganzen Gesetzbuches durch die Sozialdemokratie genannt[15].

Materiellrechtlich scheiterten vor allem die Bemühungen der sozialdemokratischen Reichstagsvertreter um eine Liberalisierung des privaten Vereinsrechts[16] und des Eheschließungs- und Ehescheidungsrechts sowie um eine Ausdehnung des Wildschadensersatzes auf den durch Hasen angerichteten Schaden. Daneben gelang es zwar in einer Reihe von Einzelfragen, durch wechselndes Zusammengehen mit den anderen Fraktionen einige Verbesserungen des Entwurfs zu erreichen; diese Erfolge wogen jedoch nach den Erklärungen der sozialdemokratischen Redner die zuvor genannten Nachteile des Entwurfs nicht auf.

Mochte man den Sozialdemokraten ihr schließliches Nein in der Gesamtabstimmung verübeln, zugestehen mußte man ihnen ihre ernsthafte, sachorientierte Mitarbeit[17].

Der gesamte Komplex bedarf dringend einer eingehenden Untersuchung. Kaum ein anderes Rechtsgebiet dürfte in solcher Klarheit Aufschlüsse über die Arbeitskonzeption der Gesetzgebungskommissionen sowie über die Haltung der an den Beratungen beteiligten politischen Gruppierungen versprechen wie gerade das Gesinderecht. An sich hätte die Abschaffung dieser halbfeudalen Sonderbehandlung einiger Arbeitnehmergruppen zu den genuinen Aufgaben der bürgerlichen Parteien gehört. Auch hier wuchs jedoch die Vertretung einer alten, durchaus nicht sozialistischen Reformforderung den Sozialdemokraten zu, da vor allem die Freisinnigen nicht an der von ihnen kurze Zeit vorher selbst aufgestellten Forderung nach Vereinheitlichung des Dienstvertragsrechtes das Gesetzbuch scheitern lassen wollten; s. dazu die Erklärung des freisinnigen Abgeordneten RICHTER während der 3.Lesung im Reichstag (STEN.BER.RT.,IX Leg.Per., IV.Session 1895/97, 117.Sitzung v. 3o.Juni 1896, S.3o53) sowie die Erwiderung von STADTHAGEN (a.a.O.S.3o54).

14) S. die Nachweise auf S.XXXVIII, Fußn.48.

15) S. Nr. 8o.

16) S. dazu VORMBAUM, Rechtsfähigkeit S.183 ff.

17) S. die Äußerungen von ENNECCERUS (STEN.BER.RT a.a.O. 117. Sitzung v. 3o.Juni 1896, S.3o52 D) und GRÖBER (STEN.BER. RT.a.a.O., 118.Sitzung v. 1.Juli 1896, S.31o4 C).

Stets bewußt, daß es nicht darum gehen konnte, in diesem Gesetzbuch Zukunftsstaats-Vorstellungen zu verwirklichen, beschränkten sie ihre Bemühungen darauf, in das Gesetz solche Vorschriften einzufügen, welche der arbeitenden Bevölkerung die politisch erreichbaren Erleichterungen bringen konnten. Von Obstruktionsversuchen, wie sie andere Gegner des Entwurfs im Reichstag angekündigt hatten[18], hielten sie sich ebenso fern wie von der naheliegenden Versuchung, die Beratungen über das BGB zum Anlaß abstrakter theoretischer Ausführungen,z.B. über die Funktion des Privatrechts im Kapitalismus, zu machen. Gerade an denjenigen Stellen, wo man vielleicht langatmige Ausführungen dieser Art von den Sozialdemokraten am ehesten erwartet hätte - im Arbeitsrecht, Eigentumsrecht, Erbrecht, Familienrecht - waren die Darlegungen der sozialdemokratischen Kommissionsmitglieder bzw. Plenarredner zwar deutlich theoriegeleitet, aber doch stets sachorientiert. Mit diesem Vorgehen hatte die Fraktion alle politischen Anforderungen, die sich ihr stellten, in nahezu idealer Weise miteinander vereinigt. Möglicherweise auseinandergehende Vorstellungen der verschiedenen Flügel der Partei und Fraktion konnten auf den gemeinsamen Nenner konkreter, sachbezogener, aber die Theorie nicht aus den Augen verlierender Arbeit gebracht werden; so konnte sowohl der Theorie ihr Recht belassen werden wie auch der Forderung nach konkreten Verbesserungen für die sozialdemokratische Arbeiter-Wählerschaft Nachdruck verliehen werden[19]; überdies konnte angesichts des Scheiterns der großen Masse der sozialdemokratischen Verbesserungsvorschläge die Ablehnung des Gesamtwerkes sowohl der Parteimitgliedschaft wie auch der breiteren Öffentlichkeit plausibel gemacht werden[2o]. Intensive Mitarbeit bei den

---

18) Zur Haltung der (antisemitischen) Deutsch-sozialen Reformpartei in dieser Frage s. bereits S. XL ,Fußn.55; ferner Nr. 65; BERICHT S.1o2.

19) S. zu dieser Taktik, die darauf hinauslief, bei den Detailberatungen durch eifrige Mitarbeit Verbesserungen im Detail zu erreichen, das Gesamtwerk jedoch abzulehnen, bereits oben bei Fußn.6.

2o) Auch dieses Vorgehen - die Erhebung von zwar nicht unrealisierbaren, aber doch mit von vornherein äußerst geringen Erfolgsaussichten behafteten Forderungen, deren Ablehnung

Beratungen ebenso wie letztendlich Ablehnung der Vorlage waren in gleicher Weise legitimiert, politische Programmatik und taktisches Kalkül in Einklang gebracht.

Erleichtert wurde dies freilich dadurch, daß die Annahme des Gesetzbuches durch die Reichstagsmehrheit spätestens nach Abschluß der Beratungen der Reichstagskommission ziemlich klar feststand, somit vom Abstimmungsverhalten der Sozialdemokraten das Zustandekommen des Gesetzes nicht mehr abhing[2oa]. Konnten danach für die endgültige Entscheidung taktische Erwägungen den Ausschlag geben, so bedurfte es doch auch keines allzu intensiven Suchens der Sozialdemokraten, um die wunden Stellen der aus den Kompromissen der anderen Parteien hervorgegangenen Beschlüsse zu finden und aufzuzeigen und auf diese Weise ihre Ablehnung inhaltlich zu rechtfertigen: So war zum Beispiel der eklatante Widerspruch zwischen dem Engagement - zumal der Konservativen - in der Wildschadensfrage einerseits und der nicht nur durch den voraussichtlichen Widerstand der Bundesregierungen erklärbaren Weigerung der Reichstagsmajorität, die Arbeitsbedingungen des Gesindes den Forderungen der Zeit entsprechend zu regeln, andererseits, ein politisches Präsent, welches den Sozialdemokraten mundgerecht serviert wurde. Daß die sozialdemokratische Presse diese treffliche Gelegenheit zur Agitation nicht ungenützt vorübergehen ließ, war nicht nur ein Gebot politischer Zweckvernunft, sondern auch inhaltlich nicht unangemessen. Daß die Hasen im Reichstag dreimal soviel Freunde als die Menschen hätten[21], mochte eine agitatorische Verkürzung des Sachverhalts sein, dem wunderlichen Bruch im Verhalten der übrigen Parteien blieb der Ausspruch jedoch durchaus noch adäquat.

---

dann den reaktionären Charakter der Reichstagsmehrheit manifestierte und einen Grund für die Ablehnung der Vorlage hergeben konnte - gehörte zu den von den Sozialdemokraten mitunter angewandten Taktiken;s.dazu MATTHIAS/PIKART, Reichstagsfraktion S.CXXVI.

2oa) Zu dem Kompromiß zwischen Nationalliberalen und Zentrum, der für die Mehrheitsbildung ausschlaggebend war, s.o. S. XXXVII, sowie demnächst die Abhandlung von H.SCHÄFER, Eherecht.

21) S. den Bericht des VORWÄRTS von der Abstimmung über die Hasenfrage: Nr. 7o, nach Anm.8.

Ob die Ablehnung des Gesetzbuches durch die Fraktion der SPD berechtigt war, ist selbstverständlich eine Frage, die nicht mit dem Anspruch auf Verbindlichkeit beantwortet werden kann. Verständlich gemacht werden kann sie jedoch, wenn man sich die große Anzahl der sozialdemokratischen Anträge vor Augen hält, welche, obwohl sie keineswegs umstürzlerische Tendenzen beinhalteten, von der Reichstagsmajorität abgelehnt wurden. Bereits SCHUBERT hat die Aussage der sozialdemokratischen Sprecher bestätigt, die schließliche Ablehnung des Gesetzbuches habe keineswegs etwa darauf beruht, daß das Gesetzbuch kein sozialistisches Recht enthalten habe[22]. In der Tat läßt sich die Richtigkeit dieser Aussage leicht unter Beweis stellen: Man braucht nur die damals abgelehnten sozialdemokratischen Forderungen darauf zu untersuchen, wie weit sie nach dem Inkrafttreten des BGB doch noch verwirklicht worden sind. Nur die wichtigsten seien hier aufgeführt:

- Die obrigkeitsstaatlichen Erschwerungen der Erlangung der Rechtsfähigkeit durch Vereine[23] wurden durch Art.124 Abs.2 der Weimarer Reichsverfassung ihrer Wirkung beraubt[24] und 1953 endgültig aus dem BGB entfernt[25]. Für politische Parteien gilt heute praktisch das System der freien Körperschaftsbildung.

---

22) SCHUBERT, Entstehung S.54. - Der ibd. aufgestellte Vorwurf, STADTHAGEN habe "keine genaueren Vorschläge [gebracht], wie das Zivilgesetzbuch nach den Vorstellungen der Sozialdemokraten aussehen sollte", wird der theoretischen Position und den Äußerungen STADTHAGENs und anderer Sozialdemokraten nicht voll gerecht, denn zum einen waren die Sozialdemokraten mit einem in sich geschlossenen Kodifikationsentwurf konfrontiert, der nicht mehr ohne Gefahr für das Gesamtwerk grundlegend geändert werden konnte; zum andern hatte STADTHAGEN deutlich gemacht, daß es unter den gegebenen gesellschaftlichen Kräfteverhältnissen nicht um die Erstellung einer umfassenden sozialistischen Gegenkonzeption gehen konnte, sondern nur um einzelne Verbesserungen im Detail. Die wichtigsten dieser Verbesserungsforderungen hatte STADTHAGEN in seiner Rede durchaus aufgeführt.

23) S. dazu VORMBAUM, Rechtsfähigkeit S.173 ff. u.ö.

24) S. dazu VORMBAUM, a.a.O. S.2ol.

25) Durch Gesetz zur Wiederherstellung der Rechtseinheit (s. Q.Verz.); s. VORMBAUM a.a.O. S.2o3.

- Die Herstellung rechtlicher Gleichbehandlung aller Arbeitnehmer wurde inzwischen weitgehend erreicht [26]; die diskriminierende Sonderbehandlung des Gesindes - der in den Beratungen des BGB am heftigsten umstrittene Punkt dieses Fragenkreises - erschien den Rat der Volksbeauftragten im Jahre 1918 als so gravierend, daß er die Gesindeordnungen in den Kreis der sofort aufgehobenen Rechtsbestimmungen aufnahm[27].
- Die Haftung des Staats für Amtspflichtverletzungen seiner Beamten wurde bereits 19lo durch Reichsgesetz eingeführt[28], durch Art. 137 der Weimarer Reichsverfassung mit Verfassungsrang ausgestattet und vom Grundgesetz in Art. 34 übernommen.
- Die rechtliche Gleichstellung der Frau in Ehe, Familie und Wirtschaftsleben wurde inzwischen verfassungsrechtlich und zivilrechtlich postuliert[29], wenn auch noch nicht in allen Punkten konkretisiert.
- Die Forderung nach rechtlicher Gleichstellung der unehelichen (bzw. "nichtehelichen") Kinder mit den ehelichen Kindern wurde ebenfalls vom Grundgesetz mit Verfassungsrang versehen[3o] und inzwischen in vielen Bereichen verwirklicht; insbesondere sind sie im Unterhaltsrecht und im Erbrecht wenigstens wirtschaftlich den ehelichen Kindern nahezu gleichgestellt[31].
- Im Ehescheidungsrecht wurde in jüngster Zeit das von den Sozialdemokraten seinerzeit angestrebte Abgehen vom Verschuldensprinzip ebenfalls verwirklicht[32].

---

26) Abgesehen von der - allerdings gravierenden - Unterscheidung zwischen Arbeitern und Angestellten sowie der Sonderbehandlung der "Leitenden Angestellten", vor allem in der jüngsten Gesetzgebung zur betrieblichen Mitbestimmung (§ 11 Abs. 2 MitbestG 1976; s. Q.Verz.).
27) Ziff. 8 des Aufrufs des Rates der Volksbeauftragten von 1918 (s.Q.Verz.) mit endgültiger Gesetzeskraft versehen durch das Übergangsgesetz von 1919 (s.Q.Verz.).
28) § 1 des Gesetzes v. 22.Mai 19lo (s.Q.Verz.).
29) Art. 3 Abs. 2, Art. 117 Abs. 1 GG; ferner Gleichberechtigungsgesetz von 1957 (s.Q.Verz.).
3o) Art. 6 Abs. 5 GG.
31) Gesetz über die rechtliche Stellung der nichtehelichen Kinder von 1969 (s.Q.Verz.); s.insb.§§ 1615a -1615 o und §§ 1934a - 1934e BGB idF des NichtehelG.
32) Art. 1 des 1.EheRG von 1976 (s.Q.Verz.).

Diese Forderungen waren - wie die seitherige Rechtsentwicklung zeigt - ohne eine umwälzende Veränderung gesellschafts- und wirtschaftspolitischer Grundlagen zu erfüllen. Es handelte sich also in der Tat um Forderungen, die "nicht ein Atom speziell Sozialdemokratisches"[33] enthielten. Damals scheiterten sie jedoch am Widerstand der politisch maßgebenden Kräfte und Gruppierungen. Großagrarische Borniertheit der Konservativen vor allem in den Fragen des Gesinderechts und des Wildschadensrechts, Überängstlichkeit der (vor allem freikonservativen) Großindustriellen vor einer Vermehrung der Arbeiterrechte, religiöser Doktrinarismus des Zentrums in eherechtlichen Fragen, Angst vor allem der Nationalliberalen und Freisinnigen vor dem Widerstand der Bundesregierungen und damit vor dem Scheitern des "nationalen Werkes" im Falle zu hochgeschraubter Forderungen - alle diese Einzelregungen hatten sich zu einem Kartell zusammengefunden, welches sich - in wechselnder Zusammensetzung zwar, aber in den meisten Fällen die Majorität erreichend - in heute nur noch schwer vorstellbarem Maße an einer Reihe überholter Rechtsinstitute festklammerte. Nur in der Minderzahl der strittigen Fälle gelang es den Sozialdemokraten, eine hinreichende Zahl von Abgeordneten der anderen Parteien auf ihre Seite zu ziehen und so die Einführung von Bestimmungen zu erreichen, deren einige heute zum selbstverständlichen Fundus juristischer Lehre und Berufspraxis gehören, wie z.B. Nichtklagbarkeit von Ehemäklerforderungen, Scheidung der Ehe bei unheilbarer Geisteskrankheit, Einschränkung des Selbsthilferechts, Unzulässigkeit des lebenslänglichen Dienstvertrages, Abschaffung des Züchtigungsrechtes gegenüber dem Gesinde und einige kleinere Verbesserungen in der Rechtsstellung der Frauen, der Lohnabhängigen und der unehelichen Kinder. Insgesamt ließ sich die Ablehnung des Gesetzbuches durch die sozialdemokratische Reichstagsfraktion angesichts der Ablehnung zahlreicher - und vor allem der zentralen - Forderungen der Partei

33) S. Nr. 1o (2.Rede von STADTHAGEN) a.E.

mit guten Gründen vor den Parteimitgliedern und der Öffentlichkeit rechtfertigen[34]. Immerhin jedoch griff kein Geringerer als August BEBEL selber zur Feder, um in zwei umfangreichen Beiträgen der Parteiöffentlichkeit die Ablehnung des Gesetzbuches plausibel zu machen[35]. Dies läßt den Schluß zu, daß die Ablehnung durchaus nicht überall in der Partei als Selbstverständlichkeit angesehen wurde. BEBEL wies ausdrücklich darauf hin, daß die Sozialdemokratie keinen Grund gehabt habe, "sich von vornherein dem Entwurf eines Bürgerlichen Gesetzbuchs feindlich gegenüberzustellen". Eine andere Frage aber sei es, ob die Partei einem Gesetz ihre aktive Unterstützung gewähren und ihm womöglich durch ihre Zustimmung zum Leben verhelfen solle[36]. Die Bedingungen für eine solche Unterstützung faßte BEBEL in drei Punkten zusammen:

1) das Gesetz müsse für seinen Geltungsbereich einen Fortschritt darstellen und dürfe für keinen Teil des Geltungsbereiches einen Rückschritt bedeuten;
2) es dürfe kein Interesse des Proletariats oder einzelner Schichten desselben verletzen oder hintansetzen;
3) es müsse sich seinem Inhalt nach "in der Richtung des Programms der Partei bewegen" und dürfe nicht gegen bestimmte Programmpunkte verstoßen[37].

Daß die Sozialdemokratie, ungeachtet ihrer eifrigen Mitarbeit bei der Spezialberatung, in der Schlußabstimmung nicht für das Gesetz gestimmt hatte, fand nach Darstellung BEBELs seinen Grund darin, daß das BGB "sich in sehr wesentlichen Bestimmungen sowohl als Verschlechterung gegenüber bestehendem Recht, wie als Ausfluß der Klassenpolitik dar[stellte] und gegen wichtige Forderungen der Zeit [verstieß], die bewilligt werden konnten, hätte nicht Herrschaftssucht gepaart mit Beschränktheit die Oberhand behalten"[38]. Als Verschlechterung nannte BEBEL die ungenügende Schadensersatzpflicht für

34) Vgl. bereits oben Fußn.2o sowie den Bericht der Reichstagsfraktion auf dem SPD-Parteitag von 1896 (s.Nr.86).
35) S.Nr. 84 und 85.
36) S.Nr. 84 (S. 393).
37) Ibd.
38) A.a.O. S. 396.

Wildschaden[39], die Bestimmungen über Eheschließung, Ehescheidung, Rechtsstellung der Frau und der unehelichen Kinder[4o], den mangelhaften Schutz des wirtschaftlich Schwächeren im Miet- und Dienstvertragsrecht[41], die ungenügende Regelung der Amtshaftung[42], die obrigkeitsstaatlichen Bestimmungen des Vereinsrechts, die "vielfache Unbestimmtheit und Unklarheit der Ausdrucksweise des Gesetzes, das dem subjektiven richterlichen Ermessen einen übergroßen Spielraum gibt"[43], sowie schließlich den umfangreichen Vorbehaltskatalog des Einführungsgesetzes, in welchem "alle Materien, die schwere Gegensätze hervorzurufen drohten oder wichtige Interessen bisher privilegierter Kreise in Frage stellen konnten, ... ängstlich bei Seite gesetzt und für ein Kräutlein-Rühr-mich-nicht-an erklärt" worden seien[44]. Alle diese Problemkreise - so meinte BEBEL - hätten bereits im Rahmen der bestehenden Gesellschaftsordnung eine befriedigendere Lösung finden können.

Wie beeindruckend der von BEBEL aufgeführte Mängelkatalog auch sein mochte und mit wieviel guten Gründen sich die ablehnende Haltung der SPD bei der Schlußabstimmung auch rechtfertigen lassen mochte - in den drei sehr allgemein gehaltenen und der Auslegung zugänglichen Kriterien, die BEBEL für die aktive Unterstützung von Gesetzen durch die Sozialdemokraten aufstellte, drückte sich deutlich die ungewöhnliche Stellung der Sozialdemokratie im politischen System des zweiten deutschen Kaiserreichs aus. Ständig lavierend zwischen Integration und sozialrevolutionärer Zielsetzung, zwischen Interessen- und Grundsatzpolitik, konfrontiert mit der Aufgabe, nicht nur eigentliche sozialdemokratische, sondern

---

39) A.a.O. S. 396.
4o) Nr. 85 a.A. (S. 399).
41) A.a.O. S.4o5 . - Daß das Gesinderecht, dessen Nichtaufnahme in das BGB STADTHAGEN als wichtigsten Grund für die ablehnende Haltung zum BGB genannt hatte, bei BEBEL nicht erwähnt wird, bedeutet keinen Widerspruch zur Position STADTHAGENs, denn BEBEL bemerkte ausdrücklich,daß er sich über das Dienstvertragsrecht nicht weiter äußern wolle, da dies "zu weit führen" würde (A.a.O.S.4o5 .).
42) A.a.O. S. 4o5.
43) A.a.O. S. 4o9.
44) A.a.O. S. 41o.

auch längst überfällige bürgerlich-demokratische und liberale Forderungen vertreten zu müssen, ständig in Furcht vor einem neuen Sozialistengesetz Oppositionspolitik betreibend, glich der Weg der Sozialdemokratie einer Wanderung auf messerscharfem Grat - ein Weg, der lange Zeit, auch in den Beratungen des BGB, ohne Nachteile für den Zusammenhalt der Partei beschritten werden konnte, der jedoch gut zwanzig Jahre später die Einheit der organisierten Arbeiterbewegung zerschnitt.

6. Zweck der Quellensammlung

Mit der Herausgabe der nachfolgenden Quellensammlung ist in erster Linie beabsichtigt, die amtlichen Materialien zum BGB durch eine andersartige Quellengruppe zu ergänzen. Nicht etwa der erste Schritt zu einer Edition der amtlichen Materialien ist also beabsichtigt, sondern eine Ergänzung einer solchen vielleicht einmal von anderer Seite besorgten Sammlung.

Neben diesem rechtsgeschichtlichen Erkenntnisinteresse vermögen die Quellen auch ein sozialgeschichtliches Forschungsanliegen ein wenig zu fördern: Weil die Einstellung der Sozialdemokratie - neben den Gewerkschaften zweite Säule der organisierten Arbeiterbewegung - zu Staat und Recht in jener Zeit wohl selten einem so starken Begründungszwang unterworfen wurde wie in den Beratungen des BGB, enthalten die Quellen eine Reihe diesbezüglicher Äußerungen von führenden Sozialdemokraten. Hier verknüpft sich also die Entstehungsgeschichte des Gesetzbuches mit der Ideengeschichte der sozialen Bewegung, so daß rechtsgeschichtliche und sozialgeschichtliche Forschung wechselseitig voneinander gewinnen können.

Da die herangezogenen Quellen weniger fachmännisch - ausgewogene Beiträge als vielmehr Stellungnahmen in der tagespolitischen Auseinandersetzung, Berichterstattung und Meinungsbildung darstellen, vermag die Wiedergabe der Dokumente in ihrem Zusammenhang über die rechts- und sozialgeschichtliche Zielsetzung hinaus etwas von der Atmosphäre und dem Stil der politischen Auseinandersetzungen der damaligen Zeit zu vermitteln. So kann in Verbindung mit den bereits vorliegenden Kenntnissen von der Entstehungsgeschichte des BGB ein Bild entstehen, welches facettenreicher ist als dasjenige, welches die Aufdeckung der amtlichen Materialien für sich allein zu vermitteln vermag. Die Möglichkeit, aus der Sicht einer der beteiligten politischen Parteien die Entstehung der deutschen Zivilrechtskodifikation mitzuerleben, vermag selbst dann, wenn man mit dem politischen Standort dieser Partei nicht sympathisieren sollte, mehr von der Atmosphäre und dem Engagement der Beteiligten mitzuteilen, als dies die trockenen und technisch-sachbezogenen Beratungsprotokolle und sonstigen Materialien zu vermitteln vermögen. Die offen parteilichen Stellungnahmen lassen hinter den oftmals scheinbar nur rechtsdogmatisch-wertfreien Problemstellungen die politischen Bezüge wieder deutlich hervortreten. Dadurch wird der Gefahr begegnet, die Entstehung dieses bis heute geltenden und die Zivilrechtspraxis bestimmenden Gesetzbuches nur aus dem Blickwinkel fachspezifischen Problembewußtseins zu betrachten. Auch manche rechtsdogmatischen Probleme selbst erscheinen mitunter in anderem Lichte, wenn sie wieder in ihren sozialen und politischen Entstehungs- und damit Problemzusammenhang gestellt werden.

So mag auch dem heutigen Leser und Benutzer des BGB die Hervorkehrung der politischen (neben den rechtsdogmatischen) Kontroversen, die mit der Entstehung des Gesetzbuches verbunden waren, die Erkenntnis stärken, daß Rechtssätze - auch und gerade diejenigen des häufig scheinbar so unpolitischen Zivilrechts - nicht einen auf Steintafeln vom Berge herabgeholten göttlichen Dekalog darstellen, sondern das Ergebnis durchaus diesseitiger Auseinandersetzungen und Kompromisse sind.

Die Forderungen, welche in den Auseinandersetzungen um die Ausgestaltung der neu zu schaffenden deutschen Zivilrechtskodifikation von den Vertretern der Sozialdemokratie erhoben wurden und deren Verwirklichung damals nur zum sehr kleinen Teil erreicht wurde, waren - wie bereits belegt worden ist - durchaus nicht umstürzlerisch; vielmehr stellten sie damals wie heute einen Katalog berechtigter Ansprüche an eine Staats- und Rechtsordnung dar, welche den Anspruch sozialer Rücksichtnahme und Gerechtigkeit nicht nur als wohlfeile Redensart im Munde führt, sondern sich auch deren Verwirklichung angelegen sein läßt. Dieser Katalog mag auch heute noch einen Maßstab dafür abgeben, wie weit wir den Weg zur Verwirklichung des - inzwischen in Art. 2o des Grundgesetzes auch mit Verfassungskraft postulierten - sozialen Rechtsstaates und der sozialen Demokratie zurückgelegt haben. So besehen hat die politische Auseinandersetzung um die Ausgestaltung des Bürgerlichen Gesetzbuches auch mehr als 1oo Jahre nach dem Beginn seiner Entstehungsgeschichte noch immer einen aktuellen Bezugspunkt.

7. Zu den Quellen im einzelnen:

Eine Quellensammlung, welche theoretische Einstellung und praktisches Verhalten der Sozialdemokraten gegenüber dem in der Entstehung begriffenen Gesetzbuch belegen und verdeutlichen will, muß sich bemühen, Dokumente über die Handelnden, über ihre Äußerungen und ihre Verhaltensweisen aus möglichst geringer Distanz vorzulegen. Diesem Bemühen hätten Protokolle über die Sitzungen der sozialdemokratischen Reichstagsfraktion und des Parteivorstandes aus der Zeit des Willensbildungsprozesses zum BGB zweifellos am besten gedient. Leider haben meine Erkundigungen ergeben, daß solche Dokumente nicht existieren:

Die Reichstagsfraktion der SPD hat erst seit 1898 Protokolle geführt; diese erfassen somit nicht den hier interessierenden Zeitraum.[1)2)] Das Protokoll des Parteitages der SPD

---

1) Schriftliche Auskunft von Herrn Jürgen ROJAHN (Leiter der Mitteleuropa-Abteilung im Internationaal Instituut voor Sociale Geschiedenis [IISG], Amsterdam. - (Das IISG verwahrt das gesamte, seit 1884 geführte und 1933 ins Exil gebrachte Parteiarchiv der SPD, das es 1938 vom Exilvorstand der SPD gekauft hat. Zur Geschichte des Parteiarchivs und zu den Umständen des Erwerbs durch das IISG s. u.a. den Artikel: "Mit Marx im Rucksack über die Grenze. Aus der Geschichte des Parteiarchivs", in: Sozialdemokrat Magazin [Mitglieder-Zeitschrift der SPD], Dezember-Heft 1974, S.23). - Die Protokolle der Reichstagsfraktion seit 1898 sind veröffentlicht bei MATTHIAS/PIKART, Reichstagsfraktion (s.Lit.Verz.).

2) Im IISG, Amsterdam wurden durchgesehen: Der Briefwechsel BEBELS mit AUER, BERNSTEIN und v.VOLLMAR sowie der Briefwechsel KAUTSKYs mit AUER, BEBEL, BERNSTEIN, LIEBKNECHT, MEHRING und v.VOLLMAR. Keines dieser Dokumente enthält Hinweise auf die Beratung des BGB. Dies mag zum Teil darin begründet sein, daß, soweit es sich bei den Briefpartnern um Fraktionskollegen handelte, der Meinungsaustausch über das Gesetzbuch sich überwiegend mündlich abgespielt haben dürfte. Darüber hinaus scheinen bei aller Bedeutung, welche der Kodifikation beigemessen wurde, andere Ereignisse jener Zeit die Aufmerksamkeit der führenden Sozialdemokraten mehr beansprucht zu haben. So finden sich im 1.Halbjahr

von 1896 enthält zwar einen Bericht der sozialdemokratischen Reichstagsfraktion über die parlamentarischen Beratungen des Bürgerlichen Gesetzbuches[3],dieser ist jedoch nicht sehr ausführlich und beschränkt sich auf eine kritische Bestandsaufnahme der parlamentarischen Beratungen und ihrer an der endgültigen Fassung des Gesetzes ablesbaren Ergebnisse.

Um so reichhaltiger liegen die Stellungnahmen sozialdemokratischer Politiker vor, welche diese im Plenum des Reichstages abgegeben haben. Auf die vollständige Aufnahme dieser Dokumente in die Quellensammlung wurde allerdings verzichtet: ihre Fülle hätte den Rahmen der beabsichtigten Zusammenstellung weit überschritten; auch sind gerade diese Quellen dem Interessierten in den stenographischen Berichten des Reichstages verhältnismäßig leicht zugänglich - überdies sind sie als Bestandteil der amtlichen Materialien in der Materialien-Sammlung von MUGDAN[4] enthalten. Freilich konnte auf eine Abrundung der Sammlung durch die wichtigsten Plenarreden der sozialdemokratischen Redner STADTHAGEN und FROHME nicht verzichtet werden. Ausgewählt wurden ihre Reden während der ersten Lesung[5] sowie die Rede von STADTHAGEN in der Generaldebatte zu Beginn der dritten Lesung[6]. Diese Grundsatzreden vermögen am besten die wesentlichen Kritikpunkte der SPD an dem Zivilrechtsentwurf deutlich zu machen und darüber hinaus die allgemeine Einstellung der Sozialdemokraten gegenüber der Vorlage hervortreten zu lassen.

Etwas weiter von den Geschehnissen entfernt, jedoch nicht unbedingt von geringerem Aussagewert sind die Beiträge aus sozialdemokratischen Presseerzeugnissen, welche den weitaus größten Teil der Sammlung ausmachen. Überwiegend entstammen sie dem sozialdemokratischen Zentralorgan VORWÄRTS. Obschon von Wilhelm LIEBKNECHT, neben BEBEL einem der Gründer und unbestrittenen Führungspersönlichkeiten der damaligen Sozial-

---

des Jahres 1896 mehrere Hinweise auf die damals erst bekannt gewordene MARX'sche Kritik am Gothaer Programm (s.z.B.MEHRING an KAUTSKY v. 21.Januar 1896 und vom 2.April 1896, Briefwechsel KAUTSKY D XVII 1o4 und 1o6.).

3) S.Nr. 86.

4) MUGDAN, Materialien (s.Q.Verz.).

5) S.Nr. 6 und 1o.

6) S.Nr. 8o.

demokratie, jahrelang betreut, war der VORWÄRTS immer wieder Zielpunkt heftiger Auseinandersetzungen, vor allem auf den sozialdemokratischen Parteitagen[7]. Insbesondere der linke Parteiflügel warf ihm wiederholt Widersprüchlichkeiten und mangelnde theoretische Stringenz vor. In der Tat sind auch die Beiträge des VORWÄRTS zu den Beratungen über das BGB nicht immer aus einem Guß gestaltet, und mitunter zeigen sich zwischen den einzelnen Beiträgen Widersprüche in Grundauffassungen. Wenn man auch nicht ohne weiteres sagen kann, daß der VORWÄRTS damit die Widerspiegelung von Meinungsverschiedenheiten zwischen bestimmten Parteiflügeln darstellte, so zeigt sich hier doch deutlich, daß die SPD bereits in jenen Jahren nicht der Monolith war, als welcher sie von den politischen Gegnern gern hingestellt wurde.

Leider sind die Artikel im VORWÄRTS fast ausschließlich ohne Angabe des Verfassers erschienen, so daß die mitunter einander widersprechenden Positionen der Beiträge nur schwer mit bestimmten Personen und innerparteilichen Gruppierungen gleichgesetzt werden können. Auch die Archivauswertung verspricht hier keine Erkenntnisfortschritte 8). Auffällig sind allerdings die mitunter sehr weitgehenden, fast wörtlichen Übereinstimmungen zwischen Äußerungen von STADTHAGEN im Reichstag und Veröffentlichungen im VORWÄRTS. Ob dies den Schluß zuläßt, daß STADTHAGEN selber der Verfasser einiger Artikel war, erscheint allerdings fraglich. Immerhin allerdings dürfte STADTHAGEN, der später lo Jahre lang Redakteur im VORWÄRTS war 9), auch schon zur damaligen Zeit eng mit dieser Zeitung zusammengearbeitet haben. Daß er als der justizpolitische Sprecher der Fraktion eine Reihe von Beiträgen direkt oder indirekt inspiriert hat, dürfte kaum zu bezweifeln sein lo).

---

7) So auch auf dem Parteitag von 1896 (s.PROTOKOLL PT S.85, 97, 114); STADTHAGEN (a.a.O. S.97) warf dem VORWÄRTS vor, er biete "nicht ein Spiegelbild aller literarischen, wirtschaftlichen, politischen und nicht politischen Erscheinungen; er ist in dieser Beziehung weit hinter unseren Ansprüchen zurückgeblieben ... Um den VORWÄRTS zu dem Agitationsmittel zu machen, das er sein sollte, ist es nötig, daß charaktervolle und literarisch fähige Mitarbeiter, die auch Selbstdisziplin zu üben verstehen, in größerer Zahl Liebknecht zur Seite stehen. Es dürfen nicht die Widersprüche vorkommen, die sich jetzt fast in jeder Nummer des VORWÄRTS finden, wo auf der ersten Seite das Gegenteil von dem steht, wie auf der dritten".

8) Lt. schriftlicher Mitteilung von Herrn J.ROJAHN vom IISG existiert kein Archiv der Redaktion des VORWÄRTS, so daß zumindest auf diesem direkten Wege keine weiteren Erkenntnisse zu erwarten sind.

Nicht nur als Erkenntnisquelle für die Diskussionen, die innerhalb der SPD über die gegenüber dem Entwurf einzunehmende Haltung stattfanden, sind die Beiträge des VORWÄRTS von Interesse; sie vermögen auch das Wissen über die eigentliche Entstehungsgeschichte der Kodifikation in manchen Punkten zu erweitern: so wurden die Beratungen der vom Reichstag nach der ersten Lesung eingesetzten Kommission im Bericht dieser Kommission[11] nur sehr knapp und unter weitgehender Beschränkung auf die wesentlichen Diskussionspunkte und Argumente wiedergegeben, vor allem gibt der Bericht nur in Ausnahmefällen die Parteizugehörigkeit und die Namen der Verfechter bestimmter Argumente preis. Hier vermag die nachfolgende Quellensammlung, vor allem durch die Berichte des VORWÄRTS, das Bild nicht unerheblich zu erweitern. Zu fast allen Anträgen wurden in diesen Berichten die Parteizugehörigkeit, meistens auch der Name des antragstellenden Kommissionsmitgliedes mitgeteilt. Auch wurden die Begründungen für die Anträge häufig in größerer Ausführlichkeit als in dem offiziellen Kommissionsbericht wiedergegeben - vor allem selbstverständlich dann, wenn die Anträge von sozialdemokratischer Seite herrührten.

Die Berichterstattung und die theoretischen Erörterungen zu den Beratungen des BGB nahmen im VORWÄRTS einen erstaunlich breiten Raum ein. Zu den in der nachfolgenden Quellensammlung wiedergegebenen Beiträgen traten umfangreiche wortgetreue Auszüge aus dem Reichstagsprotokoll hinzu - eine journalistische Gewohnheit, die in der damaligen Zeit keineswegs auf den VORWÄRTS beschränkt war, die aber dennoch für eine Tageszeitung mit überwiegendem Arbeiter-Leserkreis nichts weniger als selbstverständlich war. Ob der damit verfolgte und ermöglichte Informationszweck heute durch die audiovisuellen Nachrichtenträger in gleicher Weise erreicht wird, darf bezweifelt werden.

Völlig anderen Charakter als der VORWÄRTS hatte die NEUE ZEIT, das andere sozialdemokratische Publikationsorgan, dem Teile der Quellensammlung entnommen sind. Hatte der VORWÄRTS als Zentralorgan der Partei in erster Linie die tägliche

---

9) Daß die Auffassungen STADTHAGENs von denen der VORWÄRTS-Berichterstatter mitunter beträchtlich abweichen konnten, zeigt der als Anmerkung 3 zu Nr. 33 wiedergegebene Leserbrief.

10) Zur Biographie STADTHAGENs s. Nr. 6, Anm.2.

11) S.Q.-Verz.- Allgemein zum Bericht der Reichstagskommission

aktuell-politische Berichterstattung und die Weitergabe von Parteiinformationen an die Mitgliedschaft zur Aufgabe, so war die von Karl KAUTSKY redigierte und herausgegebene NEUE ZEIT eine theoretische Wochenschrift, der die besten Köpfe der damaligen Arbeiterbewegung - u.a. ENGELS, BEBEL, BERNSTEIN, KAUTSKY selber, und vor allem Franz MEHRING[12]- ihre Feder liehen. Selbst die mit aktuellen Ereignissen befaßten Leitartikel der NEUEN ZEIT stellten den Gegenstand der Berichterstattung meistens in einen theoretischen Zusammenhang. Die Autoren waren überwiegend dem linken Parteiflügel und dem Parteizentrum zuzuordnen, jedoch öffnete KAUTSKY die Zeitschrift auch abweichenden Auffassungen, wie z.B. den Revisionismus-Artikeln von BERNSTEIN[13].

Die in die Quellensammlung aufgenommenen Beiträge aus der NEUEN ZEIT stammen in erster Linie von Franz MEHRING[14], der den Fragen der Zivilrechtskodifikation drei seiner regelmäßigen Berichte aus Berlin widmete[15]. Daneben ist der zweiteilige Aufsatz von August BEBEL über "Das Bürgerliche Gesetzbuch und die Sozialdemokratie"[16] aufgenommen worden[17]; er ist für die Beurteilung der Einstellung der Sozialdemokraten zum Bürgerlichen Gesetzbuch von besonderer Bedeutung, weil er das Nein der SPD im Reichstag an Hand politischer (sowohl

---

s. SCHUBERT, Entstehung S.54.

12) Zur Biographie MEHRINGSs s.Nr. 3, Anm.1.

13) S. BERNSTEIN, Probleme des Sozialismus. Eigenes und Übersetztes, in: NZ XV 1, S.164 ff., 2o4 ff., 3o3 ff., 772 ff. und XV 2, S.1oo ff., 138 ff.

14) S. Nr. 3,72 und 81. Die Berichte von MEHRING sind zwar ohne Namensangabe erschienen, die Autorschaft MEHRINGs ergibt sich jedoch zweifelsfrei aus dem 19o2 erschienenen 2oJahres-Register der NEUEN ZEIT.

15) Diese Beiträge sind inzwischen auch in die in der DDR erscheinenden "Gesammelten Schriften" MEHRINGs (s.Lit.Verz.) aufgenommen worden; jedoch dürfte die leichte Erreichbarkeit dieser Ausgabe in der Bundesrepublik nicht ohne weiteres gewährleistet sein, so daß ein Bedürfnis für die hier erfolgte Veröffentlichung bestehen bleibt.

16) S. Nr. 84 und 85.

17) Dieser Aufsatz ist anläßlich des Inkrafttretens des neuen Zivilgesetzbuches der DDR im offiziösen rechtstheoretischen Organ der DDR, "Staat und Recht" erneut (allerdings in stark gekürzter Fassung) abgedruckt worden; s. StuR 25 (1976)/S.42-54.

inhaltlicher wie auch taktischer) Kriterien und unter Heranziehung der für die Sozialdemokraten wichtigsten Gesetzesbestimmungen zu begründen suchte.

Die Quellen werden, soweit sie sich auf die Arbeiten am BGB beziehen, in der Regel ungekürzt wiedergegeben. Weitergehende Kürzungen wurden nur an der Rede STADTHAGENs während der Generaldebatte zu Beginn der 3. Lesung[18] vorgenommen. Da aus den oben bereits genannten Gründen von der Aufnahme der in zweiter und dritter Lesung gehaltenen Reden grundsätzlich abgesehen wurde[19], sind nur diejenigen Passagen der Rede von STADTHAGEN wiedergegeben, welche dem ablehnenden Votum als Stütze dienten.

Die den Quellen angefügten Anmerkungen sollen dem besseren Verständnis dienen und durch Verweisungen auf andere aufgenommene Quellen den Gesamtzusammenhang sichern. Weiterführende Literatur wurde nur vereinzelt angegeben, vorzugsweise dann, wenn der betreffende Fragenkreis in einer der bislang vorgelegten Einzeluntersuchungen zur Entstehungsgeschichte des BGB angesprochen worden ist.

Bei der Entscheidung, ob und in welchem Umfang jeweils eine Anmerkung erforderlich sei, ist davon ausgegangen worden, daß in erster Linie Juristen und Rechtshistoriker die Quellensammlung zur Hand nehmen dürften. Dementsprechend wurden Fakten, die diesem Leserkreis geläufig sind (wie beispielsweis der Streit zwischen THIBAUT und SAVIGNY oder die Bedeutung JHERINGs) nur verhältnismäßig knapp kommentiert. Fragen und Ereignissen hingegen, welche ihm entweder weniger bekannt oder für ihn vermutlich von besonderem Interesse sind, wurde breiterer Raum eingeräumt.

Eine umfangreichere Anlage der Anmerkungen empfahl sich in einigen Fällen auch von der Sache her: Die Quellen enthalten Äußerungen sozialdemokratischer Politiker und Journalisten; sie sind demnach zwangsläufig parteipolitisch gefärbt. Da dieser Umstand dem Leser bewußt ist, kann er im allgemeinen hingenommen werden. Dort jedoch, wo die sozialdemokratischen Vertreter die Angehörigen anderer Parteien zitierten, mußte

---

18) S.Nr. 8o.
19) S.o.S. XCVII.

in den Anmerkungen die Herkunft und möglichst auch der Inhalt der in Bezug genommenen Äußerungen angegeben werden,um dem Leser die Kontrolle des Zitats ohne allzu große Schwierigkeiten zu ermöglichen.

Der unvermeidliche Rest an politisch bedingten Einseitigkeiten kann am besten dadurch ausgeglichen werden, daß ähnliche Quelleneditionen wie die vorliegende auch Äußerungen von Angehörigen anderer politischer Parteien und Interessengruppen - zu denken ist vor allem an Stellungnahmen kirchlicher Stellen zu familienrechtlichen Fragen - zugänglich machen. Auf diese Weise könnten weitere Mosaiksteine herangetragen werden, die, zusammen mit bereits vorhandenen und mit zukünftigen Untersuchungen zu einzelnen Rechtsinstituten, ein lebendiges Bild von der Entstehung des BGB zustandebringen würden und eines Tages vielleicht auch eine umfassende Darstellung der Entstehungsgeschichte der Zivilrechtskodifikation ermöglichen könnten [2o].

2o) Um das Vorliegen eines Bedürfnisses für die hier vorgelegte Quellensammlung zu verdeutlichen, sei noch auf folgende Zahlen hingewiesen: Die beiden wichtigsten Presseerzeugnisse der damaligen Sozialdemokratie - VORWÄRTS und NEUE ZEIT - sind keineswegs, wie man annehmen könnte, zahlreich erhalten geblieben. Die Bibliographie von EBERLEIN (Presse der Arbeiterklasse [s.Lit.Verz.]) weist vom Jahrgang 1896 des VORWÄRTS 13 noch vorhandene Exemplare nach (a.a.O. Bd 4, S.1863 f.), davon 11 im deutschsprachigen Raum und lediglich 4 in der Bundesrepublik Deutschland (Ibd.). Eine vollständige Sammlung aller Jahrgänge des VORWÄRTS (von 1891 bis 1933) ist lediglich zweimal nachgewiesen, davon eine in der Bundesrepublik, nämlich die auch für die vorliegende Quellensammlung herangezogene des Archivs der sozialen Demokratie (Friedrich-Ebert-Stiftung) in Bonn-Bad Godesberg. - Die entsprechenden Zahlen für die NEUE ZEIT lauten: Vom Jahrgang 1896 sind 55 Exemplare nachgewiesen, davon 47 im deutschsprachigen Raum, jedoch nur 13 in der Bundesrepublik Deutschland und in Berlin (W) (EBERLEIN a.a.O. Bd 3, S.1957 f.). Vollständige Sammlungen aller Jahrgänge sind 13 mal nachgewiesen.

8. Technische Hinweise

Die Rechtschreibung wurde sowohl in den Quellen wie auch in den historischen Zitaten der heute üblichen angepaßt, soweit dies ohne Sinnentstellung möglich war[1]. Offensichtliche Druckfehler wurden stillschweigend berichtigt.

Textstellen, welche im Original gesperrt gedruckt sind,wurden durch ununterbrochene Unterstreichung kenntlich gemacht; halbfett gedruckte Textstellen durch einfache unterbrochene Unterstreichung,fettgedruckte durch doppelte unterbrochene Unterstreichung gekennzeichnet.

Überschriften, die im Original nicht erscheinen, wurden in eckige Klammern gesetzt; Überschriften, die zwar im Original erscheinen, sich dort jedoch auf Beiträge beziehen, die mehr als nur den jeweiligen Bericht über die Arbeiten am BGB enthalten, wurden in runde Klammern gesetzt.

Der besseren Erschließung dient das Personenregister am Schluß des Bandes. Auf die Erstellung eines Sachregisters wurde angesichts des besonders ausführlichen Inhaltsverzeichnisses verzichtet.

---

1) Zu diesem editorischen Prinzip s. die lesenswerten Ausführungen von JENACZEK in seiner Ausgabe von LASSALLE-Werken (s.Lit.Verz.) S.523 f.

Q U E L L E N S A M M L U N G

Nr.1

VORWÄRTS - Berliner Volksblatt
13.Jg (1896) - Nr.18 vom 22.Januar,S.1

[Leitartikel:] Die Sozialdemokratie und das bürgerliche Gesetzbuch (I).

Der dem konstituierenden Reichstag des Norddeutschen Bundes am 4.März 1867 unterbreitete Verfassungsentwurf überwies der Gesetzgebungskompetenz des Bundes die Zivilprozeßordnung, das Konkursverfahren,das Wechsel- und Handelsrecht[1]. Im Parlament wurden Erweiterungsanträge gestellt (der weitgehendste einer Kompetenz zur gemeinsamen Gesetzgebung über das bürgerliche Recht,das Strafrecht und das gerichtliche Verfahren von Miquel),jedoch abgelehnt und beschlossen: "Der Beaufsichtigung seitens des Bundes und der Gesetzgebung desselben unterliegen ... die gemeinsame Gesetzgebung über das Obligationenrecht,Strafrecht,Handels-und Wechselrecht und das gerichtliche Verfahren." Dementsprechend wurde Art.4 Ziff.13 [1a] der Norddeutschen Bundesverfassung Gesetz und ging,obgleich der Reichstag im Jahre 1869 auf die vordem abgelehnte Erweiterung zurückkam (angenommener Antrag Miquel-Lasker),unverändert in die Reichsverfassung über. Die Jahre 1871,1872 und 1873 brachten den Antrag des Jahres 1869 unter dem Namen Laskers von neuem,der Reichstag genehmigte denselben gegen den Widerspruch einer Minderheit,und am 2.April 1873 erklärte der Präsident des Reichskanzleramtes,Staatsminister Delbrück,es sei im Bundesrat begründete Aussicht auf die Annahme des Antrages vorhanden,und ferner: "Die verbündeten Regierungen beabsichtigen in diesem Falle,gleichzeitig mit der Verkündigung der

1) Vgl. mit dem in diesem Beitrag gegebenen Abriß der Gesetzgebungsgeschichte S. XXIX der Einführung.
1a)Im Original: "Ziff.14".

Verfassungsänderung eine Kommission zu berufen zur Ausarbeitung des Entwurfes eines Allgemeinen bürgerlichen Gesetzbuches, indem sie davon ausgehen, daß die Einheit des bürgerlichen Rechtes der wesentlichste Zweck und das wesentlichste Ziel des vorliegenden Antrages ist." Dieser Erklärung wurde im Reichstag nicht widersprochen und demgemäß im Bundesrat zuerst eine Vorkommission von 5 Juristen bestellt, um Vorschläge über Plan und Methode, wonach bei Ausarbeitung des Entwurfes zu verfahren sei, zu machen. Diese Vorschläge genehmigte der Bundesrat und berief noch im selben Jahre eine Kommission von 11 Juristen, hiervon 6 Richter in höherer Stellung, 3 Ministerialräte und zwei Professoren. Diese Kommission arbeitete 13 Jahre und vier Monate und überreichte am 27. Dezember 1887 den fertig gestellten Entwurf dem Reichskanzler. Die sehr umfangreichen Motive und Beratungsprotokolle wurden nicht veröffentlicht. Was dem Entwurf unter der Bezeichnung "Motive" beigegeben war, ist ein von den Hilfsarbeitern der Kommission, zum Teil unter Anleitung der Redaktoren, angefertigter Auszug aus den vollständigen Motiven, der jedoch der Prüfung der Gesamtkommission nicht unterlegen hat.

Dasjenige, was während dieser 13 Jahre von dem Gang der Arbeiten in die Öffentlichkeit drang, war so gering, daß gelegentlich in einer juristischen Zeitschrift "von der bereits prähistorisch werdenden Zivilgesetz-Kommission in Berlin" gespottet werden konnte. Im Reichstage erhob sich dann und wann ein Abgeordneter beim Etat des Reichs-Justizamtes, worauf ein Regierungsvertreter prompt erklärte, die Arbeit ginge ausgezeichnet vorwärts - und damit war es gut.

Im Jahre 1888 erschien das Werk der Kommission (Entwurf und Motive) in sechs Bänden von zusammen 1600 Druckseiten. Die im Reichs-Justizamt ausgearbeitete Einleitung des Entwurfs schloß mit den Worten: "Es kann nur willkommen sein, wenn nicht bloß die Vertreter der Rechtswissenschaft und die zur Rechtspflege Berufenen, sondern auch die Vertreter wirtschaftlicher Interessen von demselben Kenntnis nehmen und mit ihren Urteilen und Vorschlägen zur Verwertung für die weitere Beschlußfassung über den Entwurf hervortreten. Solche Kundgebungen können bei dem Reichskanzler (Reichs-Justizamt) eingereicht werden." Diese Aufforderung entfesselte eine Flut von Kritiken und Vorschlägen,deren Ergebnis ein so ungünstiges war,daß der Bundesrat die nach dem ursprünglichen Arbeitsplane von derselben Kommission vorzunehmende zweite Lesung ihr nicht zu überlassen für angemessen hielt. Vielmehr berief er eine neue verstärkte Kommission,in welcher den ständigen juristischen Mitgliedern - zum Teil Mitgliedern der ersten Kommission - 12 unständige,hiervon 7 nichtjuristische,Mitglieder zur Seite traten,die "unbeschadet ihres Rechtes,an sämtlichen Sitzungen teilzunehmen,zum Erscheinen nur insoweit verpflichtet sein sollten,als der Vorsitzende der Kommission dies in Betracht der zur Beratung gelangenden Rechtsmaterie für erforderlich hielte".

Der seither durch seine Ausstoßung aus dem Richterstande bekannt gewordene württembergische Landrichter,jetzige Rechtsanwalt G.Pfizer,von jeher ein volkstümlich wirkender Publizist,schrieb über diese Zusammensetzung im Jahre 1892:"Von einem in erheblichem Umfang maßgebenden Einfluß der 12 unständigen Mitglieder auf die künftige Gestaltung des Entwurfes kann wohl keine Rede sein. Wenn dies aber auch anders wäre,so ist doch soviel klar,daß die Stimmen dieser 12 Mitglieder ganz und gar keinen Ersatz für die Stimme des Volkes bieten können".[2) Diese Kommission,die im Gegensatz zur

---

2) Gustav PFIZER (1840 - 1900 oder 1901); württembergischer Richter in Ulm,später Rechtsanwalt. P. trat durch zahlreiche Schriften zivilrechtlichen wie strafrechtlichen und strafprozessualen Inhalts hervor,in denen er einerseits sich um volkstümliche Darstellung bemühte,daneben aber auch mit Kritik an bestehenden Rechtsinstituten und -institutionen nicht sparte. Auch in die Diskussionen um die Entwürfe zum BGB griff er ein ("Wort und Tat" [1892]; "Was erwartet Deutschland vom Bürgerlichen Gesetzbuch?" [1888]). 1894 wurde P. nach einem Disziplinarverfahren aus dem Richterdienst entfernt und praktizierte hinfort als Rechtsanwalt. Den Grund für seine Entlassung bildete die Schrift "Willibald Ilg.Ein Nachtstück aus der modernen deutschen Strafrechtspflege" (1894),in welchem P. die bereits mehr als 10 Jahre zurückliegende strafrechtliche Verurteilung des Tagelöhners Willibald ILG als Justizirrtum dargestellt und dem damaligen Gerichtsvorsitzenden grobe Verfahrensfehler vorgeworfen hatte.Bereits 1884 war eine Disziplinarstrafe gegen P. verhängt worden,weil er seine Behauptungen in einem Gnadengesuch für ILG aufgestellt hatte. Beide Komplexe - das Strafverfahren gegen ILG und das damals gegen ihn selbst eingeleitete Disziplinarverfahren - hatte P. in seiner Schrift,

ersten fortlaufend Berichte über ihre Verhandlungen in die Zeitungen gelangen ließ[3], trat Ende 189o zusammen und beendete ihre Überarbeitung, die zweite Lesung, im Herbst vorigen Jahres. Der Bundesrat, dem es gelegentlich, wie einst Herr von Mittnacht im Reichstag ausplauderte, "an Zeit und noch einigem anderen" gebricht, genehmigte den Entwurf der zweiten Lesung ziemlich unverändert, und die Thronrede vom 3.Dezember kündigte die demnächstige Vorlage mit Worten an,die dem Reichstage unmißverständlich das gute Beispiel des Bundesrates vorrückten[4].Am 17.Januar d.J.brachte sodann,wie in frischer Erinnerung,der Reichskanzler den "Entwurf eines bürgerlichen Gesetzbuches"an den Reichstag,von neuem der Hoffnung Ausdruck gebend, der Reichstag werde sich von gleichem Geiste leiten lassen,damit der Abschluß des umfassenden Gesetzgebungswerkes nicht durch Bedenken und Sonderwünsche verzögert werde.

---

die dann den Anlaß für das neuerliche Disziplinarverfahren und die Entfernung aus dem Dienst bildete, veröffentlicht. Dieses Disziplinarverfahren schildert P. selber in seiner Schrift "Der Achtung unwürdig! Ein Fall württembergischen Disziplinarverfahrens".

Das Zitat im Text entstammt der Schrift "Wort und That" (S.99). Die Schrift "Was erwartet Deutschland vom Bürgerlichen Gesetzbuch?" ist nach Auskunft der Universitätsbibliothek Münster in bundesdeutschen Bibliotheken nicht mehr nachweisbar.

3) Über die Unterrichtung der Öffentlichkeit von den Beratungsergebnissen der 2.Kommission s.SCHUBERT,Entstehung S.51.

4) In der vom Reichskanzler Fürst zu HOHENLOHE-SCHILLINGSFÜRST verlesenen Thronrede zur Eröffnung der Reichstagssession heißt es über die bevorstehenden Beratungen des BGB: "Im Laufe der Session wird Ihnen der Entwurf eines Bürgerlichen Gesetzbuchs vorgelegt werden. Durchdrungen von der Bedeutung, welche der endlichen Beseitigung der großen Verschiedenheiten auf dem Gebiet des bürgerlichen Rechts für das Ansehen des Reichs und für die wirtschaftliche Entwicklung des Volkes beiwohnt, haben die verbündeten Regierungen bei Prüfung des nach mühevoller Arbeit vollendeten Entwurfs bereitwillig Opfer ihrer Wünsche und ihrer Ansichten gebracht. Sie geben sich der Hoffnung hin, daß der Reichstag in gleichem Geiste an die Beratung herantreten und daß es so gelingen werde, zum Segen des Vaterlandes das große Werk zum Abschluß zu bringen"; s.STEN.BER.RT. IX.Leg.Per., IV. Session 1895/97, Eröffnungssitzung v. 3.Dezember 1895 = Bd 1,S.1 ff.

Wie obige summarische Vorstellung ergibt, hat bis jetzt alles in den Händen der Juristen gelegen. Und mit den Regierungen hat sich die Mehrzahl der Juristen für den Entwurf erklärt. So hat die in Bremen vom 9.-13.September v.J. abgehaltene Wanderversammlung des Deutschen Juristentags mit 33o gegen 4 Stimmen (unter den 4 Dissidenten der hervorragende Berliner Germanist Gierke) den Wunsch ausgedrückt, "daß Bundesrat und Reichstag das baldige Zustandekommen des deutschen bürgerlichen Gesetzbuches herbeiführen mögen"[5], was nichts anderes bedeutete, als daß der Juristentag im wesentlichen mit dem Entwurf einverstanden sei und dem Reichstag zumute, denselben - mit Ausschluß einiger verbesserungsbedürftiger Einzelheiten - auf den Kredit eines hohen Juristentages hin gleichfalls zu akzeptieren. Auch glaubt sich ein Schwarm von juristischen Broschürenschreibern nicht genug tummeln zu können, um das bürgerliche Recht Deutschlands, das "gleichwie ein verzauberter Prinz seiner Erlösung harre", als erste hoffähige Gratulanten zu begrüßen, und kann schon lange nicht mehr die Zeit erwarten,daß der Zauberbann gelöst werde. Ja sie reden recht gefühlvoll von der Sehnsucht des deutschen Volkes, von Pflichten gegen die deutsche Rechtseinheit, von der berechtigten Erwartung der Nation: die Rechtsentwicklung werde in den Sattel gesetzt, reiten werde sie schon können, und was solch schöne Sachen mehr sind. Daneben bekunden sie ein abgründiges Verhältnis für den sozialen Zwiespalt der Zeit. So hält der Berliner Justizrat Berg, einer der Chorusgratulanten, den Gegensatz von Schuldner und Gläubiger für einen sozial auszugleichenden Klassen-

---

5) 23.DJT Bd 2, S.461 - Das im Text mitgeteilte Abstimmungsergebnis ist im Sitzungsprotokoll des Juristentages nicht angegeben, jedoch stimmt die Mitteilung mit der Feststellung des Vorsitzenden überein, der entsprechende Antrag sei "nahezu einstimmig angenommen." Der Beschluß ging zurück auf einen Initiativantrag von 21 Mitgliedern des Plenums (a.a.O. S.453 f.). Gegen den Antrag hatte sich GIERKE (a.a.O. S.454), zugunsten des Antrages hatten sich ENNECCERUS und STROHAL (a.a.O. S.456 bzw. 458) eingesetzt. In den Ausschüssen des Juristentages wurde der 2.Entwurf nicht in dieser Allgemeinheit diskutiert; jedoch war ein Ausschuß mit der Diskussion des Vereinsrechts des 2.Entwurfs befaßt (s.dazu KÖGLER, Vereinsrecht S.85 und VORMBAUM, Rechtsfähigkeit S.181 ff.; s. ferner allgemein SCHUBERT, Entstehung S.52).

gegensatz, und Herr Professor Sohm[6] zu Leipzig, selbst gewesenes Mitglied der verstärkten Kommission, erklärt das Urteil des Juristenstandes Deutschlands für das Gesamtbewußtsein des Volkes. Derselbe Herr versichert uns ohne unziemliche Scheu vor Selbstlob, daß der Entwurf würdig sei, Gesetz und Grundlage der kommenden deutschen Rechtsentwicklung zu werden und beruhigt hartnäckige Zweifler mit dem lapidaren Satz: "Die Pflicht gibt uns das Amt, und das Amt muß uns den Verstand geben."[7]

Prüfen wir demgegenüber die Stellung des Juristen zum Recht, des Juristenstandes zum vorliegenden Gesetzgebungswerk.

Alsbald nach der Zertrümmerung der französischen Fremdherrschaft durch die Freiheitskriege erhob sich, unterstützt von Thibaut, einem angesehenen Rechtslehrer, in Deutschland der Ruf nach einem bürgerlichen Gesetzbuch, um die politisch so wichtige Einheit, zugleich aber auch die Rechtspflege und die Rechtswissenschaft zu fördern. Dem Thibaut'schen Vorschlage trat Friedrich Carl von Savigny in einer noch heute klassischen Schrift: "Vom Berufe unserer Zeit für Gesetzgebung und Rechtswissenschaft" erfolgreich entgegen. Savigny ging davon aus, daß das Recht entstehe aus dem gemeinsamen Bewußtsein des Volkes, der gemeinsamen Überzeugung von seiner inneren Notwendigkeit und sich dadurch in unauflöslichem Zusammenhang mit der Gesamtentwicklung des Volkes befinde; bei steigender Kultur bildet sich nach dem Gesetz der Arbeitsteilung der Juristenstand, das Recht nimmt eine wissenschaftliche Richtung an und führt von jetzt an ein doppeltes Leben, einmal als Teil des ganzen Volkslebens (politisches Element des Rechts), dann als besondere Wissenschaft in den Händen der Juristen/(technisches Element des Rechts). Diese Begriffsfeststellung Savignys legen

6) Zur Biographie von Rudolph SOHM (1841-1917; seit 1872 Professor in Straßburg, seit 1877 in Leipzig) s. die Hinweise bei WIEACKER, Privatrechtsgeschichte S.471, Fußn.8, insb. STINTZING-LANDSBERG, Rechtswissenschaft Bd III 2,S.91o f.

7) Zitat aus einem vielbeachteten und seinerzeit häufig zitierten Vortrag, den SOHM im Juni 1895 in der juristischen Gesellschaft zu Berlin gehalten hatte (Der Vortrag ist abgedruckt bei Gruchot 39/736 ff., hier S.739/741). SOHM stand dem Arbeitsergebnis der 2.Kommission, welcher er selbst angehört hatte, insgesamt positiv gegenüber, und reagierte äußerst heftig auf Äußerungen sozialdemokratischer Redner,

wir allem folgenden zugrunde. Das Wesen jeden Rechtssatzes ist ein Gebot oder Verbot, ein Seinsollen, auch wenn der Ausdruck nicht imperativisch (befehlend) lautet. Zwar ist der imperativische Ausdruck auch die ursprünglichste Form des Gesetzes,das bürgerliche Recht hat sie aber längst abgestreift, ohne deshalb sein begriffliches Wesen zu verändern. Die Methode der Rechtswissenschaft besteht nur in Umgestaltung aller Rechtssätze in ein System von Begriffen, vermittelst dessen durch bloß logische Operation die vorhandenen Gebote und Verbote gerechtfertigt, die fehlenden ergänzt und alle Vorgänge des Lebens unter eine entsprechende begriffliche Beziehung gebracht werden. Diese Begriffssystematik dient also der Rechtsanwendung und der formellen Seite der Gesetzgebung und in ihr erschöpft sich in Wahrheit das technische Element des Rechts;in der Gesetzgebung hat sie Inhalt von dem politischen Element des Rechts zu empfangen. Im übrigen steht der Jurist dem Laien, der Juristenstand dem Gesamtvolk in der Gesetzgebung nur mit seiner berufsmäßigen Erfahrung etwa ebenso wie der Historiker, der Nationalökonom oder jeder andere Kundige eines Wissens- oder Erfahrungszweiges sachverständig zur Seite. Solange nun die die Rechtsüberzeugung bildenden Faktoren ein wesentlich gemeinsames Rechtsbewußtsein im Volke erhalten, muß auch das im Juristenstand lebende Recht notwendig diesem gemeinsamen Rechtsbewußtsein entsprechen, gewissermaßen eine durch die juristische Methode kristallisierte, höhere Form desselben darstellend, und der Jurist, der nur die Wirkung des politischen Elementes als Mandatar des ganzen Volkes ausspricht, kann ohne weiteres Gesetzgeber sein. Wie dagegen, wenn die die Rechtsüberzeugung bildenden Faktoren ein gemeinsames Rechtsbewußtsein nicht herzustellen vermögen? Wenn die wirtschaftlichen Existenzbedingungen, die Lebensgewohnheiten, die Sitten und die dmminierenden Vorstellungen Teile desselben Volkes so von einander entfernen, daß hüben als gutes Recht verteidigt wird, was drüben als ein empörendes Unrecht gilt, hier verehrt, was dort geschmäht wird? Der Sozialismus mit dem Ziele einer

---

welche ihn als Kritiker des Entwurfs hinstellten;s.dazu noch unten Nr. 7 und Nr. 1o,vgl.ferner zu dem Vortrag SOHMs SCHUBERT,Entstehung S.51,VORMBAUM,Rechtsfähigkeit S.179 ff.

prinzipiellen Umgestaltung der heutigen Rechtsordnung erfüllt einen so erheblichen Teil der Nation, daß das geltende Recht von einem gemeinsamen Bewußtsein nicht mehr getragen wird. Diese Tatsache einer Spaltung des Rechtsbewußtseins, des Gegensatzes der wichtigsten aus der Vergangenheit stammenden Rechtsinstitute zu den Forderungen des Sozialismus ist unbestreitbar. Das schwebte offenbar auch Lassalle vor, als er 1861 schrieb[8]: "Der Begriff des erworbenen Rechts ist wieder einmal streitig geworden - und dieser Streit ist es, welcher das Herz der heutigen Welt durchzittert und die tief inwendigste Grundlage der politisch-sozialen Kämpfe des Jahrhunderts bildet! Im Juristischen, Politischen, Ökonomischen ist der Begriff des erworbenen Rechts der treibende Springquell aller weiteren Gestaltung, und wo sich das Juristische als das Privatrechtliche völlig von dem Politischen abzulösen scheint, da ist es noch viel politischer als das Politische selbst, denn da ist es das soziale Element." Das politische Element des Rechts ist in Gärung begriffen, und damit wird jede Neu-Ordnung des bürgerlichen Rechts in erster Linie zur Sache der politischen Auseinandersetzung. Das Mandat des Juristen zur Gesetzgebung außer für deren formelle Seite ist erloschen. Kann also in diesen Zeitabläufen etwas verblendeter sein als die Einbildung des deutschen Juristenstandes, der durchaus im Lager der Bourgeoisie steht, Willensvollstrekker des Gesamtvolkes zu sein, oder gefährlicher als das Bestreben, den Spielraum des politischen Elements möglichst einzuschränken? Und doch hat dasselbe Bestreben den Bundesrat von Anbeginn geleitet, als er für die Vorschläge über Plan und Methode und für die grundlegende erste Lesung ausschließlich Juristen berief, als er durch die Geheimhaltung der Kommissionsarbeiten der öffentlichen Meinung jeden Einfluß auf die erste Lesung entzog: und selbst, nachdem der Mißerfolg dieser methodischen Versündigung an den Naturgesetzen des Rechtslebens trotz Talent, Scharfsinn und Fleiß der Redaktoren an das

8) S. LASSALLE, System a.a.O. S.VII ff. (ed.BLUM) bzw. S.29 ff. (ed. BERNSTEIN).

Tageslicht getreten war, genügte ihm eine bloße Scheinaktivierung des Laienstandes durch die sieben Nichtjuristen der zweiten Kommission.

Was mußte auf Grund solcher Entstehung der Entwurf unvermeidlich werden?

Vor allem ein Spiegelbild des Klassenbewußtseins der Bourgeoisie. Denn wie wäre es denkbar gewesen, daß die Mandatare von Regierungen, welche noch heute im Sozialismus ein rechtsbildendes Moment anzuerkennen nicht gewillt sind, die Grenzen einer im Sinne des Bestehenden konservativen Rechtsauffassung auch nur um eines Haares Breite verlassen hätten? Das Recht des Entwurfes ist Klassenrecht.

Und noch ein anderes Verhängnis wurde durch die Unterdrükkung des politischen Elementes heraufbeschworen - zum zweiten Mal in unserer Geschichte. Schon einmal hat das deutsche Volk in jahrhundertelangem schmerzlichen Kampf mit dem gleichen Verhängnis gerungen, als die Rezeption*) des römischen Rechts das politische Element des Rechts dem technischen unterworfen hatte:

Das Recht des Entwurfs ist Juristenrecht.

*) Rezeption wird der für die ganze bisherige Rechtsentwicklung in Deutschland entscheidende Vorgang der Aufnahme und Anpassung des römischen Rechts durch die wissenschaftliche Jurisprudenz des Mittelalters genannt: ein Vorgang, der mit dem Ende des 15. Jahrhunderts abgeschlossen war (9).

9) Diese Zeitangabe ist nicht zutreffend. Die Rezeption des Römischen Rechts in Deutschland zog sich vielmehr bis in das 17. Jahrhundert hin. Richtig ist allerdings, daß am Ende des 15. Jahrhunderts - nämlich mit der Reichskammergerichtsordnung von 1495 - ein entscheidender Entwicklungsabschnitt der Rezeptionsgeschichte abgeschlossen war.

Nr.2

VORWÄRTS - Berliner Volksblatt
13.Jg (1896) - Nr. 19 vom 23.Januar,S.1

[Leitartikel:] Die Sozialdemokratie und das bürgerliche Gesetzbuch (II).

Wir erklärten in unserem ersten Artikel die Methode der Rechtswissenschaft als die Umgestaltung der Rechtssätze in Rechtsbegriffe und die Gliederung der Rechtsbegriffe zu logischen Momenten eines Begriffssystems. Wir folgten darin Rudolph von Jhering[1], dem vor wenigen Jahren verstorbenen größten Juristen aus Deutschlands Gegenwart. Derselbe sagt: "Die imperativische Form der Gebote und Verbote, der Ausdruck 'so und so soll es sein', erregt fast notwendig die Frage nach dem 'Warum'; anders aber wenn die Rechtssätze diese Form abgestreift und sich in Rechtsbegriffe verwandelt haben. Hier wendet sich die Kritik viel eher ihrer logischen Prüfung zu, als einer Betrachtung ihrer praktischen Brauchbarkeit"[2]. Die Täuschung entsteht, als ob die logische Gliederung das Entscheidende sei, nicht der Zweck des Lebens, und Logisch-unmöglich und Logisch-notwendig tönt es vom juristischen Dreifuß den Forderungen des Lebens lähmend entgegen: die Begriffssystematik wird zum Fetisch, dessen Bildner vergißt, daß er selbst diesen Götzen gezimmert hat. So ist Juristenrecht und solches Juristenrecht beherrscht den Entwurf.

Wer trägt die Schuld alles dessen?

---

1) Über R.v.JHERING s. E.WOLF, Rechtsdenker S.622 ff.;ferner STINTZING-LANDSBERG, Rechtswissenschaft Bd III 2,S.778 ff. und Noten S.334 ff.,WIEACKER, Privatrechtsgeschichte S. 45o ff.,DERS., DGD Bd 5/331 ff.; zur Bedeutung JHERINGSs für die heutige Rechtswissenschaft s. die Beiträge des Göttinger Symposions zum 15o.Geburtstag JHERINGs in:Jherings Erbe (s.Lit.Verz.); s.auch Einführung S.LXX ff.

An den Regierungen gebührende Kritik zu üben, ist ebenso zwecklos, wie unter den heutigen Preßverhältnissen gefährlich. Noch dazu war das Verfahren des Bundesrats formell gesetzlich und völlig gedeckt durch die Halbheit und Vertrauensseligkeit der in den siebziger Jahren führenden nationalliberalen Partei (Hat dieselbe doch nie verstanden oder gewagt, die Rechte des Volkes und der Volksvertretung zu wahren!). Im Sinne der Reichsverfassung, die den Reichstag zum koordinierten Faktor der Gesetzgebung macht und damit dem politischen Elemente des Rechts seinen gebührenden Platz sichern will, war es allerdings nicht.

Denselben Teil des Reichstages, der von jeher bis auf heute den Patriotismus zur Phrase gemacht hat, trifft der unauslöschliche Vorwurf, das große Werk einer nationalen Rechtserneuerung auf den Lippen, aber nicht im Herzen getragen zu haben.

Die Vertrauensmänner des Bundesrats waren seine Vertrauensmänner, nicht solche der Nation, wie man bürgerlicherseits die Kommissionsmitglieder zu bezeichnen pflegt. Die Sozialdemokratie war, trotzdem die Zahl ihrer parlamentarischen Vertreter während der zwanzigjährigen Vorarbeiten zum Gesetzbuch von 1 auf 47 angewachsen war, nicht nur die beiden freisinnigen Gruppen zusammengerechnet, sondern auch die Nationalliberalen (ohne ihre 7 Hospitanten) überflügelt hat, niemals in den Kommissionen vertreten. Nun ist ja allerdings der Form nach bisher nichts anderes geschehen, als was bei jedem Einzelgesetze die Regel ist: die verbündeten Regierungen bereiten es in der ihnen geeignet erscheinenden Weise vor und es gelangt dann an den Reichstag, in welchem verfassungsgemäß die Stimme des Volkes zum Ausdruck kommt. Ja man könnte sogar meinen, in der Veröffentlichung des Entwurfs erster Lesung, der Vorlage desselben zur allgemeinen Beurteilung, der Entgegennahme der Kundgebungen von Einzelnen und Interessentengruppen im Reichs-Justizamt, und den laufenden Veröffentlichungen aus der zweiten Kommissionslesung liege eine vom Bundesrat ausnahmsweise in diesem Vorstadium herbeigeführte Mitarbeit des Volkes vor, wenn nicht Pfizer völlig Recht hätte:

---

2) JHERING, Zweck im Recht I, 2.Aufl. S.329 ff.

"Es muß für eine gelehrte, mit Tinte und Druckerschwärze getränkte deutsche Seele eine Wonne sein, die riesigen Haufen beschriebenen und gedruckten Papiers zu sehen, die sich bei der hohen Behörde angesammelt haben: wenn man alles zusammen drucken wollte, so gäbe es sicherlich noch viel mehr als die 12309 metallographierten Folioseiten der Kommissionsprotokolle, auf die das Vorwort in der amtlichen Ausgabe des (ersten) Entwurfs mit kaum berechtigtem Stolz verweist. Aber all das ist nicht die Stimme des Volkes, sondern es sind die Stimmen Einzelner, die das Reichs-Justizamt hören oder auch nicht hören mochte, es ist nicht die Stimme des Volkes, die Justizamt und Bundesrat hören müssen, es ist nicht die Stimme der gesetzlichen Vertretung des deutschen Volkes"[3]. Außerdem ist ein Unterschied zwischen der Entstehung eines Einzelgesetzes und der vorliegenden Kodifikation. Jeder Einbringung eines Einzelgesetzes gehen äußere Ereignisse, die zu gesetzgeberischen Anstößen werden, vorher, eine parlamentarische Anregung erfolgt oder außerparlamentarisch in der Öffentlichkeit der Versammlungen und der Presse entspinnen sich Erörterungen der Übelstände, Vorschläge gesetzlicher Abhilfe, Strömungen, Stimmungen, eine öffentliche Meinung oder verschiedene Parteistandpunkte treten hervor, und alles dies stellt bereits so viel vom politischen Element des Rechtes ins Licht, daß, wenn die Gesetzgebung herantritt, selbst in dem ersten Vorbereitungsstadium der Bewegungszustand des politischen Elements die Unterlage für die technische Arbeit der Juristen wird. Alles dies lag hier bei Entscheidung der Kodifikationsfrage und Inangriffnahme der Vorarbeiten durch den Bundesrat anders, hat übrigens bisher vielleicht bei jeder umfassenden Gesetzgebung über das bürgerliche Recht verschieden gelegen. Man veranschauliche sich nur, um die Skala der Verschiedenheiten von ihren Endpolen aus zu messen, die Zuckungen des politischen Elements, aus denen die Zwölftafel-Gesetze in Rom hervorgingen,und das lediglich durch den unbefriedigenden Zustand des technischen Elements angeregte Bedürfnis, welchem das allgemeine Landrecht

3) PFIZER,Wort und That S.98.

für die preußischen Staaten seine Entstehung verdankt. Wie stand es nun 1873?

Wir müssen zum vollen Verständnis bis auf das Jahr 1867 zurückgreifen. Miquel erklärte: "Ich halte es nicht für notwendig, Ihnen den Nachweis zu erbringen, daß das Streben nach einer Rechtseinheit eine notwendige Voraussetzung eines nationalen Staates ist. Eine Rechtseinheit mag nicht notwendig die Bedingung der Gründung eines solchen Staates sein; die Aufgabe aber sich zu stellen, die Rechtseinheit zu begründen,das ist ganz unbedingt notwendig, wenn man an die Gründung eines neuen nationalen Staates geht"[4], und bei allen folgenden Debatten wiederholten die Freunde des Antrages die Gesichtspunkte der nationalen Einheit und der notwendigen Abschleifung des Partikularismus durch gemeinsame Zivilgesetze, während die Gegner sich genötigt sahen, gegen den Vorwurf der Reichsfeindschaft und des Partikularismus Verwahrung einzulegen.Gelegentlich wird auch die Zersplitterung des Rechtes in einzelnen Teilen Deutschlands gestreift: "daß in demselben Ort zweierlei ganz verschiedene Rechte gelten, ja daß manchmal bloß eine Mauer in demselben Hause die Grenzscheide für die verschiedenartigsten Rechtszustände bilde" (Hessen), und Lasker klagt, der Rechtszustand in Deutschland sei so verworren, daß der Privatmann nicht wisse, welches Recht vom Gericht werde gesprochen werden (Sten.Ber.1871,S.287), gleich als ob Zersplitterung und Unsicherheit des Rechts ein und dasselbe, und die Mühseligkeit juristischer Technik gegenüber einer Rechtsmannigfaltigkeit ein Notstand des Volkes wäre. Beiläufig eine dem Juristen sehr nahe liegende Verwechselung! Schreibt doch selbst der verdienstliche Gierke: "Auch wer selbst bei seinem bisherigen Recht sich ganz behaglich befunden hat, empfindet Mitleid und Beschämung (?!), wenn ein schauerliches Gerücht ihm die Zahl der in Bayern noch geltenden Partikularrechte meldet oder Anekdoten, in denen diesseits und jenseits des Bachs verschiedenes Recht herrscht oder gar die Rechtsgrenze

---

4) STEN.BER.RT.NDB. 16.Sitzung vom 2o.März 1867 = Bd 1, S. 285,r.Sp.

mitten durch ein Haus schneidet, an sein Ohr dringen"[5]. Immerhin ist das Auftreten dieses Gesichtspunktes ganz nebensächlich.

Über die Kompetenzerweiterung des Reichs war die Reichstagsmajorität nun zwar einig, nicht aber über die Frage der Gesamtkodifikation, gegen die sich von Freunden des Antrags besonders der Leipziger Professor von Gerber 1867 ("Überall, wo im Privatrechte bei einem einzelnen Gebiete des wirtschaftlichen oder des gesellschaftlichen Lebens oder sonstiger auf das Privatrecht wirkender Interessen das Bedürfnis auftritt, etwas Gemeinsames zu schaffen, da sollte unsere Bundesgewalt einschreiten."[6] und der General-Staatsanwalt von Schwarze (Sten.Ber.1871 S.218) aussprachen. Dieser Gegensatz blieb latent und wirkungslos: zu seiner Verdeckung scheint ein anderer gleichfalls nicht ausgetragener Gegensatz in Beziehung auf die Frage, inwieweit die Territorialgesetzgebung unter der Reichsgesetzgebung aufrecht zu erhalten sei, beigetragen zu haben. Nach alledem setzte sich lediglich die programmatische Forderung der Rechtseinheit als eines Teils der Reichseinheit gegenüber partikularistischem Widerspruch durch, eine Extra-Zementierung des Reichsverbandes gefordert von ängstlichen Bauleuten, die im Recht der Nation nicht den Selbstzweck, sondern ein brauchbares Vehikel für die Einheitsidee sahen. Die Führer der damaligen Reichstagsmajorität scheinen von Anfang an ihren Antrag im Sinne einer sofortigen Gesamtkodifikation gemeint und nur aus taktischen Gründen nicht ausdrücklich auch darauf gerichtet zu haben; die Delbrück'sche Erklärung vom 2. April 1873[7] bedeutete tatsächlich die beschlossene Gesamtkodifikation. Weder aus einer Bewegung des politischen noch des technischen Elements des Rechtes war dieser Beschluß entsprungen. Danach war die Gefahr einer nicht durch die innerlich treibenden Kräfte des Rechtslebens selbst bestimmten Gesetzgebung geschaffen, vor allem die Gefahr einer Verkümmerung des

---

5) GIERKE, Entwurf S.576 f.; zu GIERKEs Kritik an den Entwürfen des BGB s. SCHUBERT, Entstehung S.37 ff., VORMBAUM, Rechtsfähigkeit S.142 ff. und S.176 f.

6) Über Carl Friedrich Wilhelm v.GERBER (1823-1891) s. STINTZING-LANDSBERG, Rechtswissenschaft Bd III 2, S.778 ff., HEUSSNER, NDB Bd 6/251 ff.

politischen Elements des Rechts. Dies bedarf einer besonderen Begründung.

Eine Gesamtkodifikation besteht, sobald das Recht die Stufe wissenschaftlicher Behandlung erreicht hat, keineswegs in einem möglichst gehäuften Nebeneinander von Einzelgesetzen, sondern in einem durch das Band der juristischen Methode alle Einzelheiten zusammenhaltenden System. Daraus folgt die Unentbehrlichkeit des Juristen für die formelle Seite der Arbeit vom ersten Entwurf bis zur Schlußredaktion und die entscheidende Bedeutung des juristisch festgestellten Entwurfes, der jeder aus der großen Vielheit seiner Einzelbestimmungen, außer dem Empfehlungsbrief des eigenen Sonderwertes, auch noch den Schutz ihrer Verbindung mit anderen Einzelbestimmungen, wenn man so sagen darf, ihrer Verankerung im ganzen System gewährt. Hierdurch führen alle wesentlichen späteren Abänderungsvorschläge entweder zu Flickarbeit, um die Verankerung nicht zu erschüttern, oder aber große Partien, schließlich das Ganze, fallen mit der Lösung auch nur einer Verankerung. Niemand läßt seine einmal geleistete Arbeit gern als unbrauchbar vernichten; ein wesentlich anderes ist es aber, die mehrmonatliche oder selbst mehrjährige Arbeit einiger Ministerialräte bei Widerspruch gegen den Entwurf eines Einzelgesetzes dem Papierkorb zu überantworten als die Riesenarbeit, welche zum Entwurf einer Gesamtkodifikation erforderlich ist. Ist somit hier das

---

7) Erklärung des Präsidenten des Reichskanzleramtes DELBRÜCK vor dem Reichstag anläßlich der Beratung des Antrages von LASKER im Jahre 1873: "Meine Herren, der im vergangenen Jahre von Ihnen angenommene Antrag des Herrn Vorredners und seiner Genossen, welcher heute Ihnen wiederum zur Beratung vorliegt, ist im Bundesrat wiederholt zum Gegenstand der Verhandlung geworden. Die bei diesen Verhandlungen hervorgetretenen Schwierigkeiten haben im Laufe des letzten Jahres einen Abschluß der Sache nicht gestattet. Gegenwärtig sind sie indessen so weit überwunden, daß die begründete Aussicht vorhanden ist, es werde die in einer so wichtigen Frage gewiß wünschenswerte Einstimmigkeit, oder doch die verfassungsmäßig erforderliche Stimmenmehrheit für die in Rede stehende Abänderung der Verfassung in naher Zeit erzielt werden. Die verbündeten Regierungen beabsichtigen in diesem Falle, gleichzeitig mit der Verkündigung der Verfassungsänderung, eine Kommission zu berufen zur Ausarbeitung eines Entwurfs eines allgemeinen bürgerlichen Gesetzbuches, indem sie davon ausgehen, daß die Einheit des bürgerlichen Rechts in Deutschland der wesentlichste Zweck und das wesentlichste Ziel des vorliegenden Antrages ist." (STEN.BER.RT., I.

politische Element nicht von vornherein zu bestimmender Wirkung gelangt, so ist es nachträglich ohnmächtig.

Anstatt also dem Bundesrat die Vorbereitung des Gesetzbuches völlig nach seinem Gutdünken zu überlassen,mußte der Reichstag, da alle anderen Garantien für rechtzeitige und genügende Beteiligung des politischen Elements doch nur formeller Natur gewesen wären,und eine spontane Bewegung desselben,soweit sie bis dahin nicht vorhanden war,auch nach dem Beschluß vom 2.April 1873 nicht zu erwarten stand,selbst die Grundzüge dessen,was das Volk vom Bürgerlichen Gesetzbuch erwartet,was es in seiner Gesamtheit und in seiner Klassenschichtung als das rechte Recht in Anspruch nimmt,in Gemeinschaft mit dem Bundesrat feststellen. Mochte dann immerhin die Übermacht der herrschenden Klassen den Ansturm der Besitzlosen noch einmal zurückschlagen - es wäre töricht gewesen, es anders zu erwarten -, die Gewitteratmosphäre, welche um die großen historischen Entscheidungen zuckt,würde doch ein lebendigeres geistiges Feuer entfacht haben, als es juristischen Kommissionen gelingt,aus ihren Aschenhäufchen herauszublasen; und der Kampf um die großen Rechtsinstitute selbst, die an die Bourgeoisie ergehende Nötigung,ihr Eigentum,ihren Vertrag,ihre Ehe, ihr Erbrecht zu rechtfertigen gegenüber den Forderungen des Sozialismus, zu überzeugen von der Heiligkeit und Unverbrüchlichkeit des Bestehenden oder bekennen zu müssen,daß und wie sehr sie Klassenrecht wolle, wären nicht vergeblich gewesen:eine Episode nationalen Lebens, in breiten Wellen dahinflutend über das Gefilde des Rechts, befruchtender für Gegenwart und Zukunft als ganze Wagenladungen von Motiven, Protokollen und Kritiken.

Vermieden worden wäre jedenfalls die Gefahr eines Juristenrechts. Jetzt führt kein Weg zurück.

Der Entwurf ist für die Sozialdemokratie unannehmbar und wird,welches Schicksal ihm auch im Reichstag bereitet werden mag,von den Sozialdemokraten als Ganzes verworfen werden;trotzdem sind wir bereit,soweit es an uns ist,im einzelnen die Hand heilend und nachbessernd mitanzulegen,den besitzlosen Klassen

---

Leg.Per.,IV.Session (1873), 13.Sitzung vom 2.April 1873 = Bd 1, S.167 ff., 169.

zum Schutz, allen Gegnern zum Trotz. Ihre höhere, niemals ruhende Aufgabe wird die Sozialdemokratie aber außerhalb des Parlamentes unbeirrt durch Bedräuung, Wunden und politische Not in der Vorbereitung jenes Gesetzbuches der Zukunft sehen, welches einst hervorgehen wird aus dem zu Staub gewordenen Gesetzbüchern der Gegenwart als das Gesetzbuch der erfüllten sozialen Gerechtigkeit.

Nr.3

Die Neue Zeit
XIV. Jg (1895-96) - Bd 1, S.577

[Franz MEHRING:][1] Vom bürgerlichen Gesetzbuch

Berlin, 29. Januar 1896

Die hauptsächlichste Vorlage, die der deutsche Reichstag in seiner gegenwärtigen Tagung zu beraten hat, ist der Entwurf eines bürgerlichen Gesetzbuches. Es gibt nicht leicht eine größere, aber auch nicht leicht eine schwierigere Aufgabe, die einem

---

1) Franz MEHRING (1846 - 1919); sozialdemokratischer Politiker, Journalist und Historiker; einer der bedeutendsten Denker der Sozialdemokratie im Kaiserreich. Ursprünglich linksliberaler Journalist, zu dessen Erzeugnissen auch anti-sozialdemokratische Schriften gehörten, fand er erst nach längerem Schwanken Ende der Achtzigerjahre endgültig zur Sozialdemokratie, deren führende Personen ihm noch lange Jahre mit Mißtrauen und Reserve gegenüberstanden (s. KAUTSKY jr., Briefwechsel Bebel/Kautsky, Vorwort S. XXV ff.). Zu Beginn der Neunzigerjahre eignete er sich die marxistische Methode der materialistischen Geschichtsbetrachtung an und blieb bis heute einer der bedeutendsten marxistischen Historiker. Zu nennen sind vor allem die "Geschichte der deutschen Sozialdemokratie" (zuerst in 4 Bden 1897/98) und die "Lessing-Legende" (als Buch zuerst 1893), das zuletztgenannte Werk eine sarkastische Polemik gegen den friderizianischen Mythos. Ursprünglich, seiner geistigen Herkunft entsprechend, eher mit dem lassalleanischen Flügel der Partei sympathisierend (ungeachtet seiner Rezeption der marxistischen Methode), gehörte er später (seit

in die verschiedendsten Klasseninteressen zersplitterten Parlament einer großen Nation gestellt werden könnte. Sich in die Beratung dieses weitschichtigen Gesetzentwurfs stürzen, heißt den Klassenkampf an allen Ecken und Enden entzünden; wie da ein Ende gefunden werden soll,ist schwer abzusehen,und die Aussicht ist gering,daß dieser Entwurf in dieser Session verabschiedet werden wird.

Am bequemsten paßt sich der Entwurf gemäß der historischen Lage der Dinge den Interessen der großen Bourgeoisie an, und ihre Organe sind denn auch am eifrigsten dabei,dem Reichstag seine unbesehene Annahme zu empfehlen. Sie gehen für diesen edlen Zweck nicht ohne eine gewisse Schlauheit zu Werke: sie reizen einerseits die nationale Fiber und sie spekulieren andererseits auf die Scheu der besitzenden Klassen vor dem Auflodern der Klassenkämpfe. Wie? Dieses große Werk, der Schlußstein gewissermaßen in dem Gewölbe der deutschen Einheit, soll im ersten Jubeljahre des Deutschen Reiches noch einmal den unberechenbaren Wechselfällen der parlamentarischen Abstimmungen preisgegeben werden? Wer,der ein Patriot ist, wagt einen so verhängnisvollen Gedanken zu denken? Ein bürgerliches Gesetzbuch,das in jedem Punkte allen Klassen und Parteien genehm ist, mag im Reiche der Utopien eine schöne Rolle spielen: in der praktischen Wirklichkeit ist es ein- für allemal undenkbar. Geben wir alle im Dienste des allgemeinen nationalen Gedankens ein Stück von den besonderen Idealen preis,die wir im verschwiegenen Herzen oder auch auf lauter Zunge tragen; bringen wir dem Vaterlande großherzig die Opfer,die es gebieterisch heischt,und überlassen wir der Zukunft,die bessernde Hand an die Fehler zu legen,die dem großen nationalen Werk noch anhaften mögen. So tönt der Sirenengesang überall wo König

---

etwa 1911) zum linken Flügel der Partei und wurde 1917 Mitglied der USPD.- Seit 1960 erscheint in der DDR eine auf 15 Bde angelegte Ausgabe von MEHRINGs Gesammelten Schriften.

Zur Person s.u.a. GREBING/KRAMME,Mehring a.a.O S.73 ff. m.w. N. ibd. S.94; ferner HÖHLE,Vorbemerkung zu den Ges.Schr. (Bd 1,S.17* - 44*.

Stumm [2] gebietet.

Jedoch schlägt er an taube Ohren. Die en-bloc-Annahme des Entwurfs zum bürgerlichen Gesetzbuch darf heute schon als ausgeschlossen gelten. Höchstens /[578]/ in dem Falle hätte sich darüber reden lassen,wenn schon bei den Vorberatungen des Entwurfs alle Klassen und Parteien ihre Kräfte gemessen hätten. Dann allerdings könnte die nochmalige Durchberatung der Vorlage im Reichstage als ein parlamentarisches Turnier ohne politischen Zweck gelten. Aber neben den Polen sind die kleinbürgerlichen und die arbeitenden Klassen bisher völlig von den Verhandlungen über das bürgerliche Gesetzbuch ausgeschlossen gewesen, und es ist eine unbillige Zumutung an sie, sich ohne jeden Versuch des Widerstandes die Haut über die Ohren ziehen lassen zu sollen. Vertreter der freisinnigen Partei,die in ihrer heutigen Verfassung ja weit mehr die Interessen der großen Bourgeoisie als des kleinen Bürgertums wahrt,haben bei dem Entwurf noch ihre Hände im Spiele gehabt, aber weder das volksparteiliche süddeutsche, noch das antisemitische norddeutsche Kleinbürgertum. Namentlich aber hat das klassenbewußte Proletariat,wie sich in dem berühmten Reiche der Sozialreform von selbst versteht,keine Gelegenheit besessen, das Gewicht der politischen Macht, die es sich schon in dem heutigen Klassenstaat erobert hat,bei der neuen Gestaltung des bürgerlichen Rechts in die Wagschale zu werfen. War aber einmal von diesen Parteien ein unerschütterlicher Widerstand gegen die en-bloc-

2) Über den saarländischen Großindustriellen Freiherr von STUMM-HALBERG, Abgeordneten der Reichspartei (= freikonservativen Partei), s. KÖGLER,Vereinsrecht S.27 ff. m.w.N. sowie G.A.RITTER,Arbeiterbewegung S.16. - STUMM gehörte zu denjenigen Industriellen,welche zwar im Bereich ihres eigenen Betriebes paternalistisch-caritative Fürsorgemaßnahmen, die für die damalige Zeit durchaus nicht charakteristisch waren,zugunsten der Beschäftigten ergriff,politisch jedoch einen rigorosen Herr-im Haus-Standpunkt der Unternehmerschaft vertraten und diesen Standpunkt gegebenenfalls auch in den maßgebenden politischen Instanzen nachdrücklich und unter Einsatz ihres ganzen politischen Gewichts zur Geltung brachten. Seit der Mitte der Neunzigerjahre gewann "König STUMM" zunehmenden Einfluß auf die Reichsspitze,vor allem auf den Kaiser selber,und trug von dieser Position aus wesentlich zur Beendigung bzw. Abschwächung des sozialpolischen Kurses bei,der zu Beginn der Regierungszeit WILHELMs II. bestimmend gewesen war. Äußerlich sichtbar wurde der Kurswechsel durch den Amtsverzicht des reformfreudigen Handelsministers v.BERLEPSCH im Jahre 1896 (s. Nr.80,Anm.4).

Annahme des Entwurfs zu erwarten, so hatten auch die verschiedenen Interessengruppen der herrschenden Klassen weiter keinen Anlaß, ihren besonderen Gelüsten einen patriotischen Zwang anzutun, und so ist denn in den Vorbesprechungen der parlamentarischen Parteien fast einstimmig beschlossen worden, das bürgerliche Gesetzbuch eingehend zu beraten, erst in einer Kommission und dann im Plenum.

Schwerlich gibt sich irgend eine der opponierenden Parteien, und ganz gewiß gibt sich die sozialdemokratische Partei nicht der Illusion hin, auf diesem Wege das Ideal eines bürgerlichen Gesetzbuches ins Leben zu rufen. Wenn in den Vorbesprechungen der Parteien der Konservative Buchka und der Sozialdemokrat Stadthagen vollkommen einig darüber waren,daß der Entwurf gründlich durchberaten werden müsse, so gingen sie dabei von dem diametral entgegengesetzten Gesichtspunkte aus, daß Buchka möglichst viel feudales Recht in den Entwurf bugsieren, während Stadthagen ihn möglichst weit ins proletarische Recht treiben will. Nichts ist sicherer, als daß dies bürgerliche Gesetzbuch, wann, wie und in welcher Form es ins Leben treten mag, Flick- und Stückwerk sein wird und keineswegs ein Bau, der den Stürmen der Jahrhunderte zu trotzen vermag. Es wird sich an gedrungener und geschlossener Fassung des bürgerlichen Rechts nicht entfernt mit dem Code Napoleon messen können, dem Kinde einer revolutionären Zeit. Der Konvent, von dem es Napoleon in allerdings schon verschlechterter Form übernommen hat, verkörperte die bürgerliche Klasse in ihrer frischen, ungebrochenen Jugendkraft. Heute ist diese Klasse zumal in Deutschland alt und abgewelkt, unfähig selbst nur den Feudalismus gründlich auszurotten, geschweige denn fähig, eine selbstbewußte Haltung gegenüber dem revolutionären Andrängen der Arbeiterklasse zu bewahren. Das bürgerliche Recht, das sie noch schaffen kann, wird voller Kniffe und Pfiffe sein, um dem Proletariat sein historisch gewordenes Recht abzuzwacken und vorzuenthalten, um ängstlich und zaghaft durch ein Gitter von Paragraphen zu schützen, was sich an der kapitalistischen Herrlichkeit noch schützen läßt, aber bei aller Pfiffigkeit und Tücke wird es den Stempel greisenhafter Hilflosigkeit tragen. Das ist so, und anders kann es nicht sein; von den Disteln kann man keine Feigen ernten.

Die Zeit der ideologischen Träume ist für immer vorbei. Als der Rechtslehrer Thibaut in Heidelberg 1814 die deutsche Jugend in Wehr und Waffen nach Frankreich strömen sah, da wurde es ihm warm ums Herz. "Viele Freunde /[579]/ meines Vaterlandes lebten und webten damals mit mir in dem Gedanken an die Möglichkeit einer gründlichen Verbesserung unseres rechtlichen Zustandes, und so schrieb ich, recht aus der vollen Wärme meines Herzens, eine kleine Schrift über die Notwendigkeit eines allgemeinen bürgerlichen Rechts für Deutschland." Die Antwort auf Thibauts beredten Herzenserguß war Savignys Schrift vom Berufe unserer Zeit für Gesetzgebung und Rechtswissenschaft. Bekanntlich verneinte Savigny darin die Frage, ob unsere Zeit einen Beruf zur Gesetzgebung habe. Er bewies somit, daß man ein sehr gelehrter Mann sein und doch nicht die Hand vor Augen sehen könne, daß die sogenannte historische Schule, deren Haupt er war, von vielen Dingen auf der Welt etwas verstehen mochte, aber jedenfalls von der Historie nicht das Geringste verstand. Sie hatte keinen blassen Begriff von der Geschichte, welche sie praktisch und theoretisch gleichermaßen mißhandelte. Versenkt in die romantische Herrlichkeit des feudalen Mittelalters war sie blind dafür, wie glänzend die Zeit eben in Frankreich ihren Beruf zur Gesetzgebung bewährt hatte. Hegel empfand Savignys Schrift als den größten Schimpf, der dem deutschen Volk angetan werden könne[3], und der Kriminalist Anselm Feuerbach, der berühmte Vater des berühmten Philosophen Ludwig Feuerbach, persiflierte die reaktionäre Tendenz der historischen Schule mit den Worten, sie stelle sich an, als ob mit der Forderung eines bürgerlichen Gesetzbuches für Deutschland ein Werk der Willkür gemeint sei, das, wenn es nach Laune fertig geworden sei, dem Volke als Joch über den Hals geworfen werden solle, oder als ob man dabei an ein von

---

3) S. HEGEL, Rechtsphilosophie S.289 (§ 211): "... Einer gebildeten Nation oder dem juristischen Stande in derselben die Fähigkeiten abzusprechen, ein Gesetzbuch zu machen, - da es nicht darum zu thun seyn kann, ein System ihrem Inhalte nach neuer Gesetze zu machen, sondern den vorhandenen gesetzlichen Inhalt in seiner bestimmten Allgemeinheit zu erkennen, d.i. ihn denkend zu fassen, - mit Hinzufügung der Anwendung aufs Besondere, - wäre einer der größten Schimpfe, der einer Nation oder jenem Stande angetan werden könnte."

der Vernunft mit Idealen gezeugtes, auf Wolken geborenes Götterkind denke,das, nachdem es die vergangenen Jahrhunderte aus dem Buche der Geschichte gestrichen habe, kecken Geistes über die Gegenwart hinweg in noch unerschaffene Jahrhunderte springe[4].

---

4) Der Hinweis bezieht sich auf FEUERBACHs Schrift "Einige Worte über historische Rechtsgelehrsamkeit und einheimische teutsche Gesetzgebung" aus dem Jahre 1816 (s.Lit.Verz.). Mit dieser Schrift griff FEUERBACH in den berühmten Streit zwischen THIBAUT und SAVIGNY über Notwendigkeit und Wünschbarkeit eines gesamtdeutschen bürgerlichen Gesetzbuches ein. FEUERBACH, heute fast nur noch als Kriminalist bekannt,unterzog die historische Rechtsschule einer sarkastischen Kritik (a.a.O. S.144): "... Die Geschichte erklärt, wie Etwas nach und nach <u>geworden</u> ist; wie und was dieses Etwas <u>sey</u>, lehrt die Geschichte nicht. Was der Geschichte angehört,ist schon dem Leben abgestorben. Oder ist etwa das Recht, welches die geschichtliche Rechtswissenschaft lehrt, wirklich das volksthümliche, lebende?" - Im Streit zwischen THIBAUT und SAVIGNY ergriff FEUERBACH lebhaft zugunsten THIBAUTs Partei und wandte sich gegen SAVIGNYs berühmte Erwiderungsschrift. Die im Text in Bezug genommene Passage lautet wörtlich und im Zusammenhang (a.a.O. S.147 ff.): "Als man von einem teutschen Gesetzbuch für teutsche Völker sprach,dachte man nicht an ein Werk der Willkühr, welche aus sich selbst das Recht erst mache, und dasselbe, wenn es nach Laune fertig geworden, dem Volk als Joch über den Hals lege; auch dachte man nicht an ein von der Vernunft mit Idealen erzeugtes, auf Wolken gebohrnes Götterkind, welches, nachdem es die vergangenen Jahrhunderte aus dem Buch der Zeit weggestrichen, kecken Geistes über die Gegenwart hinweg in neue noch unerschaffene Jahrhunderte hinüberspringe. Die Forderungen waren weder so gemein, noch so überspannt.Man wollte nicht mehr, als was die Römer gethan, da sie ihre XII Tafeln verfaßten ... Daß die Zehnmänner das bürgerliche Recht ohne weiteres nur so hingeschrieben haben, wie sie es eben fanden, widerstreitet aller Geschichte. Daß ihnen das Volk die gesetzgebende Weisheit zum Verbrechen angerechnet habe, darüber schweigt die Geschichte. Ob die Römer, ehe sie ihre Wünsche geltend machten, zuvor noch eine gründliche Selbstprüfung über ihre Fähigkeit zu einer Gesetzgebung angestellt haben? ob die Unbehülflichkeit ihrer Sprache und die Aussicht auf eine erst künftige Veredlung derselben als ein Zweifelsgrund gegen das Unternehmen auch bei ihnen angeführt worden ist? ob die verstockten Patrizier das dringende Begehren des Volkes unter anderem auch damit abzulehnen versuchten, daß sie ihm vorgestellt: - all ihr Klagen und Verlangen beruhe auf einem Mißverstande, wenn sie von Gesezen forderten, was die Rechtswissenschaft allein nach Jahrhunderten ohnehin schon leisten werde; man möge den Rechtsgelehrten in ihrer Mitte nur Zeit lassen, die heiligen Rechtsbücher der Etrusker, die Alterthümer der Lateiner, Önotrer, Sabeller, Sikuler

Gleichwohl siegte Savigny über Thibaut, weil es der feudalen Reaktion nach Waterloo gelang, das Heft in die Hand zu bekommen. Deutschland kam nicht nur nicht zu einem bürgerlichen Gesetzbuche, sondern die Ansätze zum bürgerlichen Rechte,die unmittelbar unter der französischen Fremdherrschaft oder mittelbar als Wirkung von ihr durchgeführt worden waren, wurden nach Möglichkeit wieder ausgerottet. In welcher Weise die ostelbischen Junker die Stein-Hardenbergische, an und für sich schon im bürgerlichen Sinne keineswegs glorreiche Gesetzgebung verstümmelten, ist bekannt. Es gab aber einen Punkt, an dem die ökonomische Entwicklung der feudalen Gesetzgebung ihr unerbittliches Halt! zurief. In den vierziger Jahren begann sich die große Industrie zu entfalten, die bis dahin nur sporadisch auf deutschem Boden angesiedelt gewesen war. Von ihren Gewaltstößen wurde das feudal-zünftige Recht in den Grundvesten erschüttert, und die Ironie des Schicksals wollte, daß Savigny zu seiner Verteidigung berufen wurde. Er war in den vierziger Jahren preußischer Minister für Gesetzgebung, und bewies in dieser Stellung zum Gespötte der ganzen Welt, daß wenn auch nicht unserer Zeit, so allerdings der historischen Schule jeder Beruf zur Gesetzgebung fehle. Am lächerlichsten machte er sich mit seinen reaktionären Versuchen, die Ehescheidung zu erschweren. Die bürgerliche Ehe, die bis dahin auf der handwerksmäßigen Produktion beruht hatte, wurde durch die großindustrielle Entwicklung revolutioniert: im Haushalte der Bourgeoisie wurde die Frau ein Luxusmöbel, im Haushalte des Proletariats das Haupt der Familie. An diesem großen Gange der

---

und, weil offenbar viel Griechisches eingedrungen, die Rechtsgeschichte der Griechen durch Großgriechenland hindurch nach Athen hinüber und von da, wo möglich, bis in die Zeiten von Kekrops hinaus mit der Fackel der Kritik und Geschichte beleuchtend zu verfolgen, dann werde alles von selbst sich machen: - ob dieses oder ähnliches gesagt worden? darüber schweigt ebenfalls die Geschichte. Was aber, wenn es gesagt worden wäre, der kerngesunde Römerverstand würde erwidert haben, ist zu errathen nicht schwer." Die Streitschriften THIBAUTs und SAVIGNYs sind zusammen mit späteren Repliken und Nachträgen sowie Äußerungen von Zeitgenossen (u.a. auch der hier auszugsweise zitierten Schrift von FEUERBACH) enthalten in: STERN,Thibaut und Savigny (s.Lit.Verz.).

historischen Entwicklung murkste Savigny mit Erschwerungen der Ehescheidung herum, wie übrigens der heutige Entwurf des bürgerlichen Gesetzbuches in auch nicht viel klügerer Weise daran herummurkst. Die Ehe wächst aus ihrer bürgerlichen Form heraus, und das bürgerliche Recht, das sich abquält,/[580]/ um das Huhn wieder in das Ei zu stecken, muß immer wieder auf dieselben mehr noch possierlichen als gefährlichen Sprünge verfallen.

Die deutsche Revolution fegte Savigny und seinesgleichen vom öffentlichen Schauplatze, aber es gelang ihr nicht, bürgerliches Recht zu schaffen, geschweige denn zu kodifizieren. Das erste Ausräumen des feudalen Augiasstalles, das die französische Nationalversammlung in einer unsterblichen Augustnacht besorgt hatte, gelang der preußischen Nationalversammlung nicht einmal in sieben Monaten. Die Schuld daran trug die Feigheit und Kurzsichtigkeit der deutschen Bourgeoisie, die sich lieber aufs Kompromisseln mit dem Absolutismus und Feudalismus, statt auf ein ehrliches Bündnis mit dem Proletariat einließ. In der Angst des bösen Gewissens fürchtete sie die Arbeiterklasse, so wenig entwickelt diese damals noch war. Sie stieß die Hand zurück, die ihr im Revolutionsjahre immer wieder von den Führern der Arbeiter gegen den gemeinsamen Feind geboten wurde, und holte sich lieber zerschmetternde Fußtritte von denen, die zu bekämpfen und zu vernichten ihre historische Aufgabe war. In allen entscheidenden Phasen der deutschen Geschichte hat sich die gleiche Taktik der Bourgeoisie seit fünfzig Jahren beständig wiederholt, und jede Frucht, die ihr die ökonomische Entwicklung reifte, wagte diese tragikomische Klasse nur zu pflücken unter höflichen Bücklingen gegen Absolutismus und Feudalismus, unter boshaft schielenden Seitenblicken auf das Proletariat.

Dies Gepräge trägt denn auch der Entwurf des bürgerlichen Gesetzbuches, der endlich, achtzig Jahre seitdem er zuerst gefordert wurde, bis an die Schwelle des Reichstags gelangt ist. Ein müder Greis, der auch als Jüngling und Mann nicht an einem Überschuß von Kraft gelitten hat, sucht eine kurze Ruhestatt, ehe er ins Grab sinkt. Wo wäre der kühne Prophet, der diesem Gesetzbuche, vorausgesetzt daß es überhaupt zum Gesetze wird, eine Dauer zu versprechen wagte, auf welche sonst grundlegende Gesetzbücher zu rechnen gewohnt sind? Eine Dauer auch nur wie dem alten braven preußischen Landrechte, das es immerhin zu der für seine krüppelhaften Glieder respektablen Last von hundert Jahren gebracht hat? Die idealistische Illusion, der selbst noch Lassalle huldigte, die Illusion, daß alles Recht der Substanz des allgemeinen Volksgeistes entfließe, ist abgetan; in dem geschriebenen Rechte spiegelt sich der jeweilige Stand des Klassenkampfes wieder und deshalb kann keine Klasse darauf verzichten, an seiner Gestaltung praktisch mitzuwirken.

Inwieweit es der sozialdemokratischen Kritik gelingen wird, den Entwurf des bürgerlichen Gesetzbuches von den Fallen und Wolfsgruben zu reinigen, die darin den arbeitenden Klassen gelegt sind, läßt sich im Voraus nicht sagen. Auf jeden Fall muß kräftig daran gearbeitet werden, auch wenn sich keine sanguinischen Hoffnungen rechtfertigen lassen. Man verschleiert einen Schiffbruch nicht, wenn man aus ihm zu retten sucht, was irgend daraus zu retten ist. Und diese beiden Ziele sind der sozialdemokratischen Kritik des Entwurfs zu einem bürgerlichen Gesetzbuch gesteckt: daraus zu entfernen, was die Interessen der arbeitenden Klassen schädigen soll, und ferner nachzuweisen, daß diese Kodifikation des bürgerlichen Rechts, soweit sie rückständigere Rechtssysteme zu beseitigen beabsichtigt, ein sehr bummliger Nachzügler auf der Heerstraße der Geschichte ist, dem kräftige Sturmschritte schon auf die Hacken treten.

Nr.4

VORWÄRTS - Berliner Volksblatt
13.Jg (1896) - Nr.29 vom 4.Februar,S.1

[Beginn der 1.Lesung des BGB im Reichstag]

(Politische Übersicht)

Berlin,3.Februar

Der Reichstag hatte heute programmäßig einen "großen Tag". Aber mit den "großen Tagen" geht's wie mit den Revolutionen, sie lassen sich nicht machen, sie werden. Und das neue bürgerliche Gesetzbuch,das man gern zu einem "großen Tag", sogar zu einer Reihe von "großen Tagen" benutzt hätte, enthält nicht das Zeug für einen "großen Tag". Das Haus hat sein Alltagsgesicht - trotz bürgerlichem Gesetzbuch. Gähnende Leere auf den Bänken. Dagegen feierliche Ausstattung der Regierungs- und Bundesrats-Sitze - der Herr Reichskanzler ist da, was für sich allein schon ein szenisches Ereignis; ferner Herr von Schönstedt ist da,desgleichen Staatssekretär Nieberding; Sprechminister und Staatssekretär für Alles: Herr von Bötticher; ein Herr mit blauer Brille,der neben den Justizminister geführt wird,ist der Geheime Rat Planck[1],der Hauptverfechter des vorliegenden Entwurfs - er ist blind. Ein anderer Geheimrat,der sich mit ihm in die Vaterschaft teilt,ist sehr schwerhörig,denn er hält,wenn ein anderer spricht,stets die Hand muschelförmig hinter das Ohr. Taub und blind - das ist ein wenig versprechendes Omen.

Begründet wird der Entwurf von Herrn von Nieberding[2],der

1) Im Original unrichtig "Blanck".
2) STEN.BER.RT. IX.Leg.Per.,IV.Session (1895/97),30.Sitzung vom 3.Februar 1896 - Bd 1,S.705 ff. - NIEBERDINGs Rede ist vor allem deshalb von rechtshistorischem Interesse,weil sie

so viel Gutes von ihm sagt,als gesagt werden kann,und noch etliches mehr. Er ist ziemlich bescheiden, und meint, mit dem Code Napoléon halte der Entwurf keinen Vergleich aus, das liege aber an der "schwerfälligen" deutschen Sprache. Mit Verlaub,Herr von Nieberding. Statt deutscher Sprache hätten Sie sagen sollen: Juristendeutsch,das in dem bürgerlichen Gesetzbuch wahre Orgien feiert und das allerdings eine Satire ist auf unsere gute deutsche Sprache. Die Sprache,in der ein Lessing,ein Goethe,ein Heine geschrieben,ist gewiß nicht unfähig, Gedanken auszudrücken,sie kann bloß die Abwesenheit der Gedanken nicht so gut verhüllen,wie die französische Schwester - und der Unterschied zwischen dem Code civil und dem bürgerlichen Gesetzbuch ist kein bloßer Stilunterschied - es ist der Unterschied zwischen der Blüte der Bourgeoisie vor hundert Jahren und ihrer Dekadenz heute.

Der erste Redner aus dem Hause war der Zentrumsmann Rintelen[3]. Er hielt von seinem Standpunkt aus eine vortreffliche Rede und übte,soweit nicht seine religiösen und bürgerlichen Anschauungen eine unübersteigliche Schranke bildeten,scharfe und treffende Kritik. Nachdem er,im Einklang mit dem Beschluß einer Konferenz von Vertrauensmännern aller Fraktionen,den Vorschlag gemacht,die ganze Vorlage einer Kommission zu überweisen,die dann ja nach Gutdünken Teile direkt ins Plenum bringen könne,und nachdem er sich zu Anfang warm für das Zustandekommen des Gesetzbuches erklärt hatte,kam zum Schluß der Pferdefuß: "Wir halten fest an der christlichen Ehe. Die Zivilehe ist das Produkt der französischen Revolution. Wir erkennen dem Staat nicht das Recht der Ehegesetzgebung zu und werden,wenn unseren Anschauungen nicht Rechnung getragen wird, gegen den ganzen Entwurf stimmen!" Es war nur wenig und nicht lebhafter Beifall auf den Zentrumsbänken. Die Kulturkampfstimmung ist verflogen - "zum Teufel ist der Spiritus, das Phlegma ist geblieben". Das war auch an dem armen von

---

die geographische Zersplitterung des bürgerlichen Rechts besonders plastisch darstellt; s. zur Rede NIEBERDINGs auch SCHUBERT,Entstehung S.53.

3) s.STEN.BER.RT. a.a.O. (Anm.2) S.710 ff.

Cuny zu merken,der Rintelen folgte[4] und für sein nationalliberales Hurrah! keinen Widerhall fand, so daß er bald zusammenklappte wie ein Taschenmesser. Ebenso kläglich wie das nationalliberale verpuffte das konservative Hurrah des Herrn von Buchka[5]. Er hatte den Erfolg,daß das Haus sich leerte und daß die zwei folgenden Redner: Schröder (frs.Vg.)[6] und Leuschner (fk.)[7] kein Gehör mehr fanden, was übrigens kein Unglück. Um 5 Uhr vertagte sich das Haus. Die Debatte wird morgen fortgesetzt und mit Übergehung des Schwerinstages[8], der nachher stattfinden soll,in den folgenden Sitzungen bis zu Ende geführt. Man rechnet auf vier Tage - es kann jedoch

---

4) s.STEN.BER.RT. a.a.O. (Anm.2) S.717 ff.
5) s.STEN.BER.RT. a.a.O. (Anm.2) S.719 ff.
6) s.STEN.BER.RT. a.a.O. (Anm.2) S.723 ff. - Frs.Vg. = Freisinnige Vereinigung: 1880 trat eine Gruppe freihändlerisch gesinnter Linksliberaler aus der Nationalliberalen Fraktion des Reichstages aus und bildete eine neue Gruppe,die "Liberale Vereinigung". Nach einem beachtlichen Erfolg bei den Reichstagswahlen 1881 schloß sie sich 1884 mit der Fortschrittspartei zur "Deutsch freisinnigen Vereinigung" zusammen. Diese neue Partei spaltete sich jedoch 1892 wegen unterschiedlicher Aufassungen über die Militärvorlage in die eher regierungsfreundlich eingestellte "Freisinnige Vereinigung" und die linksliberal-oppositionell ausgerichtete "Freisinnige Volkspartei". Beide Parteien büßten bei den Reichstagswahlen viele Sitze ein und verloren stark an Bedeutung. Erst 1910 fand ihre Wiedervereinigung statt. Zum ganzen s. FENSKE,Parteiengeschichte S.72 ff.;BERGSTRÄSSER,Parteien S.140 ff.
7) s.STEN.BER.RT. a.a.O (Anm.2) S.725 ff. - Fk. = Freikonservative Partei": Eine schon vor der Reichsgründung in Preußen entstandene gemäßigt konservative Partei,welche "zwar immer sehr viel kleiner als die entschieden konservative Partei [blieb],.. sich vor ihr aber durch eine größere Weite des Blicks aus[zeichnete],da sie bei weitem nicht in dem Maße interessengebunden war" (FENSKE). Sie stand von Anfang an den Nationalliberalen sehr nahe,vertrat jedoch in erster Linie die Interessen der Großindustriellen; s.i.e. FENSKE,Parteiengeschichte S.54;ferner BERGSTRÄSSER,Parteien S.132 ff.
8) An gewöhnlichen Sitzungstagen konnte auf Vorschlag des Reichstagspräsidenten die Reichstagsmehrheit die Tagesordnung in der Reihenfolge der Dringlichkeit der Gegenstände festsetzen. Für Minderheitsanträge blieb es schwierig,auf die Tagesordnung zu kommen. Auf Antrag des Grafen SCHWERIN-PUTZAR wurden daher 1869 die nach ihm benannten "Schwerins-Tage" eingeführt,an denen Initiativanträge in der Reihenfolge der Einbringung und nicht in der durch die Mehrheit festgestellten Dringlichkeitsfolge behandelt wurden. Diese Tage wurden allerdings nur äußerst unregelmäßig abgehalten; vgl.GeschO des Reichstages § 35 Abs.2; HAT-

länger dauern. Für unsere Fraktion werden Stadthagen und Frohme reden. Die Niedersetzung einer Kommission ist gewiß.

Auf den Tribünen waren viele Juristen, wie sich das erwarten ließ.

SCHEK, Parlamentsrecht S.73 - 75; SCHIPPEL, Reichstagshandbuch S.984; MATTHIAS/PIKART, Reichstagsfraktion Bd 1, S.29, Anm.5 zu Nr.30.

Nr.5

VORWÄRTS Berliner Volksblatt
13.Jg (1896) - Nr.30 vom 5.Februar 1896, S.1

[1.Lesung des BGB im Reichstag (Fortsetzung)]

(Politische Übersicht)

Berlin, 4.Februar

Aus dem Reichstage. Der heutige zweite Tag der Beratung des bürgerlichen Gesetzbuchs zeichnete sich dadurch zum Vorteil gegen gestern aus, daß die Sitze der Abgeordneten wenigstens halbwegs besetzt waren. Ein volles Haus gab es zwar auch heute lange noch nicht.

2 In eingehenderer Weise besprach heute zunächst der / freisinnige Abgeordnete Rechtsanwalt Kauffmann[1] den Entwurf. Sein Standpunkt zu der Vorlage ist ein sehr freundlicher, nur in bezug auf das Eherecht und die Bestimmungen über das Vereinsrecht hat Redner den Wunsch, daß Änderungen in liberalem Sinne platz greifen mögen, dann wäre er bereit, für das große "nationale Werk" zustimmen.

Nach dem freisinnigen Redner ergriff als außerordentlicher Vertreter des Bundesrats der Geheime Justizrat Professor

---

1) STEN.BER.RT. IX.Leg.Per., IV.Session (1895/97), 31.Sitzung vom 4.Februar 1896 = Bd 1, S.727 ff.; die Rede KAUFFMANNs a.a.O. S.728 ff.; dieser Rede war diejenige des polnischen Abgeordneten v.DZIEMBOWSKI-POMIAN vorangegangen (a.a.O. S. 727 ff.); KAUFFMANN war Abgeordneter der Freisinnigen Volkspartei (s.VERZEICHNIS S.40).

Planck[2] das Wort. Herr Planck hat vor 18 Jahren bereits das Augenlicht verloren und es ist staunenswert,wie der blinde Mann,unterstützt von einem phänomenalen Gedächtnis, das gesamte Material beherrscht. In seinem Vortrag, der mehr einen akademischen Charakter trug,polemisierte der Herr Professor gegen die bisher laut gewordenen Bedenken,wobei er sich besonders gegen Herrn Rintelen und seine Einwürfe wandte. Das Haus,welches dem sowohl sachlich wie auch durch die Eigenart des Redners hoch interessanten Vortrag mit gespanntester Aufmerksamkeit zuhörte,spendete zum Schlusse lauten und allgemeinen Beifall.

Nach dem Professor unser Genosse Stadthagen[3]. Da unsere Fraktion über ihre endgültige Stellung zu dem Entwurf noch keinen Beschluß gefaßt hat, so sprach unser Genosse nur in seinem Namen,ohne die Fraktion nach irgend einer Richtung zu verpflichten. Die Ausführungen Stadthagens wendeten sich zunächst besonders gegen die Behauptung,daß durch den Entwurf gemeinsames Recht für das ganze Reich geschaffen werde. Ein Blick in die Einführungsbestimmungen widerlege diese Behauptung. Redner tadelte dann besonders,daß jene Rechtsmaterien,welche die arbeitenden Klassen in erster Linie interessierten - so die Bestimmungen über das Gesinderecht - nicht einheitlich geregelt seien. Damit bleibe die Ausnahmegesetzgebung inklusive des Prügel-Rechts gegen das "Gesinde" in seinen schlimmsten Auswüchsen aufrecht erhalten. Der Entwurf stelle sich vor als Kapitalisten- und Unternehmerrecht. Das sei auch erklärlich,wenn man die Väter des Entwurfs kenne.

---

2) STEN.BER.RT. a.a.O. (Anm.1) S.736 ff. - Zur Person PLANCKs s. die bereits in der Einführung (S.XXX) gegebenen Hinweise. PLANCKs Rede wurde von den Sozialdemokraten trotz abweichender eigener Auffassungen stets mit Hochachtung zitiert.

3) STEN.BER.RT. a.a.O. (Anm.1) S.741. Die Rede STADTHAGENs ist anschließend unter Nr.6 wiedergegeben. Zur Person STADTHAGENs s.dort Anm.2

Nicht nur die Vertreter der Arbeiterklasse,auch die Vertreter des sogenannten Mittelstandes seien von der Kommission zur Vorbereitung des Entwurfes ausgeschlossen gewesen. Der Entwurf sei das Produkt der Interessen der herrschenden Klassen, die 98 Prozent des werktätigen Volkes sind von der Vorberatung desselben ausgeschlossen gewesen. Redner erklärt sich zu dem Versuch bereit, diese Unterlassung in der Kommissionsberatung nach Kräften gut zu machen. Gelingt dies,wozu freilich sehr geringe Aussicht vorhanden sei, dann werde auch er für den Entwurf stimmen.

Nach Stadthagen's Vortrag vertagte sich das Haus auf morgen[4] nachmittag 1 Uhr.

---

4) 5.Februar 1896.

Nr.6

REICHSTAG, IX.Leg.Per., IV.Session; 31.Sitzung v.4.Februar 1896
Sten.Ber. Bd 1, S.727

[Rede des SPD-Abgeordneten STADTHAGEN in der Reichstagssitzung vom 4.Februar 1896]

[741]

Vizepräsident Schmidt (Elberfeld): Das Wort hat der Herr Abgeordnete Stadthagen[1].

Abgeordneter Stadthagen:[2] Meine Herren,trotz der ausführlichen Darlegungen, die der letzte Herr Regierungskommissar gab,

---

1) Der Rede STADTHAGENs waren an diesem Tage diejenigen der Abgeordneten v.DZIEMBOWSKI-POMIAN und KAUFFMANN sowie des Regierungsvertreters PLANCK vorausgegangen (s.den Bericht über diesen Sitzungstag in Nr.5).

2) Arthur STADTHAGEN,am 23.Mai 1857 in Berlin als Sohn eines Akademikers geboren,studierte Jura und wandte sich als junger Rechtsanwalt der Sozialdemokratie zu. Die Anwaltschaft schloß ihn jedoch 1892 aus ihren Reihen aus,weil er sich

und die im übrigen gegenüber den Darlegungen vom gestrigen Tage sich vorteilhaft ausnahmen,darf ich Sie vor der Annahme warnen,zu der Sie mit Rücksicht auf den Appell,daß eine Schutzwehr gegen die Sozialdemokratie durch das bürgerliche Gesetzbuch errichtet werden soll,vielleicht geneigt sind.Wenn aus diesem Appell geschlossen werden soll, daß ich vielleicht wegen dieses Appells gegen den Entwurf sein könnte, so möchte ich nur vorausschicken,daß ich diese Behauptung des Herrn Vorredners für eine total irrige halte. Wird das bürgerliche Gesetzbuch, so wie es vorliegt, Gesetz, so würde es mit die schärfste Waffe sein,die uns gegeben werden kann. Ich darf aber auch vor allen Dingen nicht verschweigen, daß diejenigen, die begeistert ein einheitliches Recht wünschen,nicht die Verfechter der bestehenden Gesellschaftsordnung,sondern fast ausschließlich die Sozialdemokraten sind[3]. Ich kann natürlich nur von mir persönlich aus die Einzelheiten,die ich sagen werde,vertreten; denn über die Einzelheiten haben meine politischen Freunde naturgemäß noch nicht beraten können[4].

---

durch die Verteidigung angeklagter Arbeiterfrauen mißliebig gemacht hatte (OSTERROTH,BLS S.297). 1889 wurde er Stadtverordneter von Berlin und 1890 Mitglied des Reichstages,wo er Sprecher der Fraktion vor allem im Bürgerlichen Recht,Arbeits- und Sozialrecht sowie in Verfassungsfragen wurde. Daneben widmete er sich intensiv dem Arbeiterbildungswesen. Aus diesen Tätigkeiten gingen mehrere Schriften hervor,welche der Arbeiterschaft die Rechtsfragen des täglichen Lebens verständlich zu machen suchten,so vor allem das "Arbeiterrecht" (3.Aufl. 1900) und der "Führer durch das Bürgerliche Gesetzbuch" (1900). Beide Werke erlebten mehrere Auflagen. STADTHAGEN gehörte insgesamt 10 Jahre der Redaktion des VORWÄRTS an. Im Ersten Weltkrieg stand er auf der Seite der innerparteilichen Opposition, welche die Militär- und Kriegspolitik der Fraktionsmehrheit ablehnte. Er starb am 4.Dezember 1917.

Zur Person s. OSTERROTH,BLS S.296 f.; ferner ZGL Sp. 1398; HUBER Verfassungsgeschichte Bd 4,S.111.

3) Diese positive Einschätzung der Rechtseinheit steht im Widerspruch zu den Ausführungen im Leitartikel des VORWÄRTS vom 23.Januar 1896; s. Nr.2,bei Anm.5.

4) Diese Äußerung wurde Anlaß zu Spekulationen über den Meinungsbildungsprozeß in der sozialdemokratischen Reichstagsfraktion. Während der Bericht des VORWÄRTS über die Reichstagssitzung den von STADTHAGEN formulierten Vorbehalt unterstrich, wurde er später von sozialdemokratischen Rednern und der sozialdemokratischen Presse wieder eingeschränkt; s.zB Nr. 9, Anm.3 und Nr.13.

Ich glaube aber, behaupten zu dürfen, die Ansicht aller meiner Fraktionsgenossen geht dahin: es gibt in Deutschland nur eine Klasse, und zwar nur die Arbeiterklasse, die mal hier mal da ihr Brot zu suchen hat, die ein einheitliches Recht zu haben wünscht und die es sich erkämpfen wird. Allerdings einheitliches Recht nenne ich nicht den Schein einer Einheit; einheitliches Recht nenne ich nicht das kodifizierte Unrecht der Ausbeutung. Sowenig ich verlangen kann als Sozialdemokrat, daß hier in diesem Reichstag die Möglichkeit vorhanden sei, die soziale Rechtsordnung im Sinne des sozialdemokratischen Endziels jetzt durch Gesetzesparagraphen festzusetzen, - so kindisch ein derartiges Vorgehen wäre - so bin ich bereit, die Arbeit fördern zu helfen, ein wirklich einheitliches Recht zu schaffen, zu diesem Zwecke die besonderen ausnahmerechtlichen Bestimmungen, mit denen sich der Gesetzentwurf gegen die Arbeiter wendet, zu bekämpfen, zu versuchen, aus dem Gesetzbuch das zu machen, was ein Gesetzbuch sein soll und heute bereits sein kann. Ein Gesetz ist und soll sein - zu meiner Verwunderung hörte ich aus der letzten Rede, daß im großen und ganzen dies auch die Ansicht des Herrn Vorredners sein zu sollen scheint[5] - der ideologische Niederschlag der ökonomischen Verhältnisse, der ideologische Niederschlag der erkämpften Rechtssätze der wirtschaftlichen Entwicklung. Es soll das Spiegelbild sein der wirtschaftlichen Entwicklung. Und wenn

---

5) Vorredner STADTHAGENSs war PLANCK. Der Hinweis im Text bezieht sich auf die Einleitung der Rede PLANCKs, in welcher es heißt: "Es [handelt] sich nicht darum ... ein neues Recht von oben herab zu machen ... Das Recht des Volkes muß aus seinem innersten Leben herauswachsen. Worauf es beim bürgerlichen Gesetzbuch in erster Linie ankommt, ist also nicht, neues Recht zu machen, sondern das im Volk gewachsene Recht zu finden und in feste Form zu bringen. ... Es war [ferner] zu prüfen, ob neue Rechtsentwicklungen im Leben hervorgetreten waren. Es war also in soweit auch das werdende Recht ... zu berücksichtigen und, soweit dasselbe bereits reif, zum Abschluß zu bringen. Endlich mußte da, wo noch keine Rechtsentwicklung eingesetzt hatte, aber bereits praktische Bedürfnisse im Leben hervorgetreten waren, auf diese Rücksicht genommen werden. Aber ... es kam nicht darauf an, vom theoretischen Standpunkt aus eine neue Reformgesetzgebung zu machen, sondern nur so weit, als im Leben praktische Bedürfnisse sich geltend gemacht haben, diese zu berücksichtigen" (STEN.BER.RT.a.a.O. S.736.)

ich zugeben muß, daß die unterdrückte Klasse nicht sofort ihr Recht umsetzen kann in Gesetzesparagraphen, wenn es naturgemäß ist, daß das Gesetz, das den wirtschaftlichen und politischen Kämpfen sein Siegel erst aufdrückt, stets reaktionär ist, so würde ich doch mit aller Entschiedenheit gegen ein Gesetz kämpfen müssen, das einmal nur eine Scheineinheit gibt und ferner lediglich ausschließlich von vornherein die Tendenz hat, die Sonderrechte der Unternehmer, die Sonderrechte der Großgrundbesitzer, die Sonderrechte der Kapitalisten gegenüber dem wirtschaftlich Schwachen zu verstärken und festzulegen. Ich werde darauf im einzelnen eingehen, inwieweit dieser Vorwurf dem Entwurf gegenüber zutrifft, und freue mich, daß der Herr Vorredner mir Gelegenheit gegeben hat, gerade an einigen der Punkte, die er zur Widerlegung der gegen den Entwurf gerichteten Ansicht, daß dieser nicht sozial sei, anführte, ihm zu zeigen, daß er im Unrecht ist, wenn er annimmt, daß irgendwo im Gesetzbuch für die wirtschaftlich Schwachen gesorgt ist[6]. Ich werde nicht zu viel verlangen von der Kommission, ich werde nicht zu viel verlangen im Plenum, weil bei dieser Gelegenheit nicht mehr verlangt werden kann, als nach Lage der wirtschaftlichen Verhältnisse notwendig und möglich ist durchzuführen. Ich werde verlangen müssen, und gehe da allerdings über den Rahmen der meisten Redner dieser Debatte hinaus - daß eingeführt wird in das Gesetzbuch eine Regelung dessen, was als Recht der arbeitenden Klasse innerhalb der heutigen ökonomischen Entwicklung unbedingt verlangt werden muß.

6) PLANCK hatte in seiner Rede den Entwurf besonders gegen den Vorwurf verteidigt, er sorge zu wenig für den Schutz der sozialen Schwachen. Er hatte vor allem auf verschiedene Bestimmungen des Miet- und des Dienstvertragsrechtes den Entwurfs hingewiesen (a.a.O. S.737) und war zu dem Ergebnis gelangt: "Sozial ist der Entwurf in dem Sinne durchaus, daß er, soweit es auf der Grundlage der jetzigen Gesellschaftsordnung durch Mittel des bürgerlichen Rechts möglich ist, den Bedürfnissen der wirtschaftlich Schwächeren abzuhelfen, dies in dem weitesten Umfange tut" (a.a.O. S.74o). - Zur Beurteilung des (von PLANCK als Generalreferent der 2.Kommission selber maßgeblich mitbeeinflußten) 2.Entwurfes durch PLANCK s. auch dessen Aufsatz in AcP 75/327 ff.

Es war für mich angenehm überraschend, daß der Herr Vorredner erklärte, daß das Rechtsbewußtsein herauswachsen müsse /[742]/ aus dem Volksbewußtsein, daß der Gesetzgeber das Recht aus den wirtschaftlichen Bedürfnissen des Volks und aus seinem Rechtsbewußtsein heraus erkennen solle. Mehr oder minder klar hat der Herr Vorredner ja den Satz zugegeben, daß die wirtschaftlichen Bedürfnisse die Träger der Rechtssätze sein müssen, daß der Gesetzgeber die Aufgabe hat, den wirtschaftlichen Bedürfnissen, dem Zug und Ziel der Zeit nachzuforschen und das nach dem Ergebnis seiner Forschung erforderliche in Gesetzesform zu bringen, also zu berücksichtigen den Kampf der Klassen und die Bedürfnisse insbesondere der kämpfenden, der arbeitenden Klassen. Gestern haben wir von dem Herrn Staatssekretär das direkte Gegenteil gehört, gestern haben wir das volle Anerkenntnis gehört, daß hier durch den Entwurf ein Ausnahmerecht, ein Klassenrecht geschaffen wird.

Der Herr Staatssekretär behauptete gestern, es wären ja bei der Zweiten Lesung in der Kommission von allen politischen Parteien und aus allen Klassen der Bevölkerung, die maßgebend sind, Vertreter hinzugezogen worden[7]. Nun, meine Herren, die

---

7) Gemeint ist die Rede von NIEBERDING (s.Nr.4, Anm.3). Die Bemerkung STADTHAGENs bezieht sich auf folgende Aussage dieser Rede (STEN.BER.RT.a.a.O. 30.Sitzung v. 3.Februar, S.705/706):"Während die erste Kommission nur aus rechtsgelehrten Mitgliedern bestand, gehörten der zweiten auch Vertrauensleute an aus großen Parteien des Reichstages und sachkundige Vertreter der sogenannten produktiven Stände: der Land- und Forstwirtschaft, des Bergbaues, des Gewerbefleißes und des Handels. Während die erste Kommission in der Stille der Studierstube und unter dem Geheimnis des amtlichen Bureaus, fern von dem Pulsschlag des Lebens, lange Jahre hindurch ihrer Aufgabe sich gewidmet hat, hat die zweite Kommission gearbeitet, wenn ich so sagen darf, auf dem Markt des öffentlichen Lebens, in Fühlung mit den Parteien des Hauses, in Beziehung zu den großen Interessengruppen, die unser wirtschaftliches Leben beherrschen ... Über alle Sitzungen wurde durch die öffentlichen Blätter der Bevölkerung Rechenschaft abgelegt. Diese Mitteilungen regten in weiten Kreisen, nicht bloß unter den Juristen, nicht bloß in den gelehrten Ständen, nein, auch darüber hinaus, neue Wünsche und Anträge an, die gleichfalls von der Kommission mit Aufmerksamkeit hingenommen und verwertet worden sind ... Und so, meine Herren, glaube ich, kann man sagen, daß der vorliegende Entwurf, wenn er naturgemäß auch nicht alle Kreise des Volkes befriedigt, nicht mehr der Ausdruck der

98 Prozent werktätiger Bevölkerung sind nicht hinzugezogen gewesen. Also sind deren Interessen als berechtigt nicht anerkannt. Wer ist denn zugezogen gewesen? Zwei von den Herren, die der konservativen Partei und dem Großgrundbesitz angehören[8], zwei von jener Partei, die nach unserer Ansicht - verzeihen Sie das Wort, ich will keinen persönlich treffen - die Interessen der Schlotbarone am allerbesten wahrnimmt[9]; einer der Herren aus dem Zentrum[10], einer der Herren, die das Großkapital repräsentieren[11], ein Herr, der direkt mit der Börse zu tun hat[12] und auch ein Herr, der früher auf der freisinnigen Seite in diesem Hause gesessen hat[13]; dann natürlich ein Herr aus der nationalliberalen Partei, also jemand, der jeweilig dasjenige wünscht, was die Regierung für angemessen hält[14]. Wie kann man da behaupten, daß alle Interessen des Volks vertreten gewesen seien! Großgrundbesitzer, Großkapitalisten und allerdings ja auch noch zwei im politischen Leben

---

Meinungen einer auf eine kleine Mitgliederzahl beschränkten Kommission ist, sondern der Ausdruck der Auffassung in weiten, ja, in den weit überwiegenden Kreisen des deutschen Volks."

8) Gemeint sind die konservativen Rittergutbesitzer von HELLDORF und von MANTEUFFEL (s.SCHUBERT,Entstehung S.47).

9) Gemeint ist die ("freikonservative") Reichspartei. Ihr gehörte allerdings nur eines der nichtständigen Kommissionsmitglieder an, nämlich der Oberbergrat und Hüttendirektor LEUSCHNER (s.SCHUBERT,Entstehung S.47).

10) Gemeint ist der Rittergutsbesitzer von GAGERN (s.SCHUBERT, Entstehung S.47).

11) Gemeint ist wahrscheinlich der Präsident der Berliner Diskontogesellschaft RUSSELL (s.SCHUBERT a.a.O.).

12) Welches Mitglied der 2.Kommission hiermit gemeint sein könnte, ist nicht ersichtlich. Außer den in Anm.8-11 und 13-15 genannten Kommissionsmitgliedern gehörten der Kommission als nichtständige Mitglieder der Rechtsprofessor SOHM, der Rechtsanwalt WILKE, die Richter SPAHN und HOFFMANN und der Landforstmeister DANCKELMANN an (s.SCHUBERT a.a.O.). Von diesen kommt in der von STADTHAGEN erwähnten Eigenschaft allenfalls WILKE in Betracht.

13) Gemeint ist der Brauereidirektor GOLDSCHMIDT (s.SCHUBERT, Entstehung a.a.O.).

14) Gemeint ist der nationalliberale Professor von CUNY (s. SCHUBERT,Entstehung S.47 u.50).

nicht hervortretende Volkswirtschaftler, Nationalökonomieprofessoren[15], die wohl versuchen sollten, den Juristen klar zu machen, was sie bis jetzt aus der Volkswirtschaft noch nicht erkannt haben. Aber nirgend in einem Stadium der Vorberatung ist von dem organisierten Proletariat, von der organisierten werktätigen Bevölkerung einschließlich der Mittelstände auch nur ein einziges Mitglied hinzugezogen, auch nur einer gehört worden!

Ja, nirgend ist ihnen klar gemacht, was man ihnen durch das Gesetz geben wolle, sondern im ersten Entwurf ist in einem so unverständlichen Deutsch, einem so kauderwelschen Juristendeutsch die Sache vorgetragen, daß selbst der Herr Staatssekretär zugeben mußte: im ersten Entwurf war die Sprache nichts wert, jetzt ist sie auch nicht viel wert. Auf die Sprachschönheit lege ich aber nicht so viel Gewicht. Ich bin allerdings nicht der Ansicht des Herrn Staatssekretärs, daß der Code vermöge der französischen Sprache eine viel angenehmere, gefälligere Sprache habe und deshalb Beliebtheit genossen habe. Ich meine, eine bessere Form als den Entwurf vermag auch die deutsche Sprache zu bieten. Meiner Ansicht nach zeichnet die deutsche Übersetzung des Code, das badische, württembergische Landrecht, das schweizerische Obligationenrecht, das alte österreichische Recht, ja selbst das preußische Landrecht sich an Güte der Sprache bei weitem aus vor der Sprache des jetzigen Entwurfs. Es ist jetzt aus Juristenkreisen und zwar von einem sächsischen Juristen, von dem Landgerichtsrat Loenholm[16], der durchaus verständige Versuch gemacht worden, die Sprache des Entwurfs in eine allgemein verständliche Sprache umzuwandeln. Sollte in der Kommission derselbe Versuch gemacht werden, so habe ich nichts dagegen; aber meine Zeit damit zu vergeuden, fällt mir gar nicht ein. Glauben die Herren, sie können es nicht anders machen, so lassen sie auch die schlechte

15) Professor der Nationalökonomie war unter den nichtständigen Mitgliedern der 2.Kommission nur J.CONRAD (s.SCHUBERT, Entstehung S.51).

16) LOENHOLM hatte in zwei Schriften (s.Q.Verz. bei B III 6) die ersten beiden Bücher des 1.Entwurfes einer scharfen stilistischen - mitunter allerdings recht engherzigen und beckmesserischen-Kritik unterzogen.

Sprache. Ich würde mich wenig kümmern um die Form, mir liegt wesentlich am Inhalt.

Da mache ich zunächst den einen Vorwurf dem Gesetzbuch: es ist eine Unwahrheit, wenn behauptet wird, es würde eine Einheit durch den Entwurf geschaffen. Es sind aus der Einheit nicht bloß ausgeschlossen, sondern sollen auch ausgeschlossen bleiben alle jene Rechtsverhältnisse, die überkommene mittelalterliche Machtverhältnisse betreffen, und es sind Bestimmungen getroffen, deren Folge ein Ausnahmerecht der arbeitenden Klassen, ein Ausschluß derselben von der Einheit sein würde. Ich darf Ihnen nur einige derselben aufführen. Diejenigen Herren, die objektiv zu urteilen gewöhnt sind, werden dann sehen, daß ich mit meiner Behauptung recht habe. Ich muß erklären: ist es zur Zeit zu schwer, die meisten dieser der einfachen Tilgung durchaus werten veralteten Rechtsinstitute, die das Einführungsgesetz konserviert, bereits in der Kommission zu tilgen und demgemäß das Gesetz zu ändern, erfordert dies zu lange Zeit, so kann man doch nicht die Bestimmungen im Einführungsgesetz stehen lassen, nach denen ausdrücklich der Landesgesetzgebung die Fortsetzung dieser veralteten Rechtsinstitute anheimgegeben wird. Ich meine: man wird nicht anders können, als, wenn man glaubt, eine große Anzahl jener veralteten Rechtsinstitute nicht schleunigst regeln zu können, mindestens in dies Einführungsgesetz hineinzuschreiben, daß den Landesgesetzen untersagt wird, aufs neue bezüglich dieser absterbenswerten Institute Vorschriften zu machen. Ich rechne dahin die Familienfideikomisse - welcher wirtschaftliche Grund liegt vor, die Familienfideikommisse noch weiter beizubehalten oder gar auszudehnen? - Die Lehen, allodifizierten Lehen, Stammgüter, Rentengüter, das Erbpachtrecht, das Büdnerrecht, das Häuslerrecht, das Anerbenrecht gehören überwiegend in dieselben Kategorien. Andere Rechtsverhältnisse bedürfen dringend einheitlicher Regelung, so das Wasserrecht, das Flußrecht, das Flößereirecht - das ganze Wasserrecht ist eins von denjenigen, von denen ich wünschte, sie würden einheitlich geregelt[17].

17) Alle genannten Gebiete waren von der 2.Kommission der Landesgesetzgebung vorbehalten worden. (s.Art.53 ff. E II EG i.d.F. der Reichstagsvorlage).

Aber je mehr sie den Landesgesetzgebungen überlassen, auf diesen Gebieten besondere Quacksalbereien selbständig zu machen, desto schwieriger wird es später sein, ein einheitliches Recht zu Stande zu bringen. Wer ist nun mehr für die Einheit, ich oder jene von den Herren, die sagen: "nur schnell fertig, damit es so scheint, als ob wir eine Einheitlichkeit haben!?" - Das obengenannte Wasserrecht, das Jagdrecht, das Fischereirecht ist in den meisten Partikularstaaten nichts weiter als ein besonderes Raubrecht, ein besonders scharf akzentuiertes Eigentumsrecht, das dem Großgrundbesitzer, dem Jagd- und Fischreiberechtigten zusteht. Ich habe es lebhaft bedauert,daß die Geltendmachung von Wildschäden, daß Regalien, daß die Zwangs- und Bannrechte und die Realberechtigungen dem Partikularrecht vorbehalten bleiben. Es wird in den Motiven nicht zugegeben; aber offensichtlich verdankt diese Aufrechterhaltung veralteter Institute und ihre Überweisung an die Partikularstaaten, die Möglichkeit ihres weiteren Ausbaues in denselben dem Gedanken seine Entstehung: es soll den Partikularstaaten gestattet sein, diese überlebten Institute weiter auszubauen, um so noch unmöglicher zu machen eine wirkliche Einheit des Rechts durch Beseitigung dieser in eine moderne Entwicklung nicht hineinpassenden Vorrechte.

Daß das Versicherungsrecht und Verlagsrecht nicht in den einheitlichen Entwurf aufgenommen ist, beruht nicht auf dem Gedanken, wie ich annehme, daß die Regierungen hier nicht glauben, ein einheitliches Recht nicht schaffen zu sollen,sondern daß sie glauben, daß es besser bei Gelegenheit des Handelsrechts erledigt werden kann. Diesbezüglich habe ich keine besonderen Gravamina, meine aber, es darf nicht gesagt werden, daß der landesgesetzlichen Regelung das Versicherungs- und das Verlagsrecht vorbehalten sei, also auch eine Neuregelung den Einzelstaaten zustehe.[18]

Für ganz verfehlt halte ich die Bestimmung, wonach die Verpflichtung des Staats für den Schaden, den ein Beamter in Ausübung seines Amts anrichtet, so, wie sie augenblicklich partikularrechtlich geregelt ist, geregelt bleiben soll. Diese

18) S.Art.74 E II EG (unverändert übernommen in Art.76 EGBGB).

/[743]/ Frage läßt sich, meine ich, sehr leicht generell regeln, bei dem Teile, der über den Schadensersatz aus unerlaubten Handlungen sich ausspricht[19]. Dort wird überhaupt die Haftpflicht der Beamten in gründlicherer Weise, als augenblicklich vorgeschlagen wird, eingeführt werden müssen: dann würden ohne weiteres Art.75 und 76 des Einführungsgesetzes fallen. Ein direktes Unrecht, das deutlich zeigt, daß die arbeitenden Klassen die Einheitlichkeit nicht bekommen sollen, haben Sie im Einführungsgesetz bezüglich zweier Zweige von Arbeitern: bei den Bergarbeitern[2o] und beim Gesinderecht[21]. Bei beiden Kategorien ist es möglich, heute schon die Einheitlichkeit durchzuführen; bei beiden schließen Sie sie aber durch das Einführungsgesetz aus. Also der Bergarbeiter soll sein Blut vergossen haben, damit er nicht ein einheitliches Recht bekommt, während gestern so schön von Patriotismus in entgegengesetzem Sinne gesprochen wurde. Das Gesinderecht, das Recht der ländlichen Arbeiter, das Bergrecht kann einheitlich geregelt werden. Es kann nicht geleugnet werden, daß auf diesem Gebiete die wirtschaftlichen Verhältnisse im wesentlichen dieselben sind, eine rechtliche Einheit, eine Regelung in einheitlicher Weise also möglich ist.

Genau so steht es mit dem Gesinderecht. Doch von dem Gesindeunrecht, das heute noch durch weit über 60 verschiedene, im Grunde ebenso einheitlich gedachte Gesindeordnungen in Deutschland Reste der veralteten Verhältnisse der Feudalzeit, der Gewaltherrschaft konserviert - daß Rudimente dieser Gewaltverhältnisse, wie sie uns im heutigen Gesinderecht entgegentreten, daß also ein Stück Hörigkeit nach dem Entwurf noch konserviert bleiben soll, ist kennzeichnend für den Entwurf. Die Motive sagen, eine einheitliche Regelung sei nicht durchführbar[22].

---

19) Art. 75 E II EG i.d.F. der Reichstagsvorlage.
2o) Art. 67 E II EG i.d.F. der Reichstagsvorlage: "Unberührt bleiben die landesgesetzlichen Vorschriften, welche dem Bergrecht angehören". Diese Vorschrift ging auch in die endgültige Gesetzesfassung ein.
21) S.Art.95 E II EG i.d.F. der Reichstagsvorlage. Zu den Diskussionen um das Gesinderecht s.i.ü.S. S.LXXXVIII f. der Einführung.
22) MOTIVE Bd 2, S.166.

Ach Gott! meine Herren, als ob wir nicht andere Gesetze kennen, die es mit Glück für ausführbar gehalten haben. Es ist gestern sehr gescholten worden auf das französische Recht und gleichzeitig die Verwunderung ausgesprochen, daß der Code civil seinerzeit diesen außerordentlichen Einfluß geübt habe. Er hat diesen Einfluß geübt, weil er den politischen und wirtschaftlichen Strömungen teilweise Recht zu geben sich verpflichtet fühlte. So beseitigte er mit einem Federstrich die alten Gesindeordnungen, die etwa im 16.Jahrhundert aufgekommen sind. Er hat die Gesindeordnungen einfach in den Arbeitsvertrag hineingezogen. Solche Gestaltung allein entspricht den politischen und wirtschaftlichen Verhältnissen. Sie wissen, daß von allen Seiten seitens des Gesindes, seitens der Arbeiter immer wieder und wieder mit Recht das Verlangen gestellt wird, die Ausnahmestellung, unter der heute das Gesinde seufzt, das besondere Recht, daß es gar geprügelt werden darf, zu beseitigen. Es besteht in weiten deutschen Landen, nicht überall, z.B. nicht in Mecklenburg auf dem platten Lande seit 1894, wohl aber in Altpreußen, insbesondere Ost- und Westpreußen und in der Mark ja dieses Prügelrecht. Wenn in der Kommission nur zwei Großgrundbesitzer sitzen, kann ich mir denken, daß sie sagen: nee, wir wollen uns das Prügelrecht nicht nehmen lassen. Haben wir doch zu Beginn des Jahrhunderts in Preußen dieselbe Erscheinung gehabt![23] Da ist eine allgemeine Gesindeordnung in Preußen für völlig überflüssig, für unvereinbar mit der Aufhebung der Hörigkeit seitens der Regierung erachtet. Die Gewalt der Junker brachte es jedoch zu Stande, daß für das <u>freie</u> Gesinde die Bestimmungen eingeführt wurden, die früher Wort für Wort für das Untertanengesinde galten. Es wurde nun als Gesinde fortan auch betrachtet, wer nicht nur häusliche, sondern auch wer wirtschaftliche Dienste verrichtete. Meine Herren, es schwand auch damals das ausdrückliche Prügelrecht, wie es das Landrecht den Untertanen gegenüber noch hatte. Suarez erklärte den Großgrundbesitzern, die

---

23) Über die Bemühungen, das Züchtigungsrecht des Dienstherrn gegenüber dem Gesinde in Preußen einzuschränken, s.die materialreiche Übersicht bei <u>KOSELLEK</u>, Preußen S.641 ff. (Exkurs I "Über die langsame Einschränkung körperlicher Züchtigung").

ein ausdrückliches Züchtigungsrecht eingeführt wissen wollten: ein ausdrückliches Züchtigungsrecht brauchen wir nicht hineinzuschreiben; es genügen die §§ 77 und 78 der heute bestehenden Gesindeordnung; denn das arbitrium iudicis - also die Ansicht des Richters - wird sich ohnedies immer mehr auf die Seite der Herrschaft stellen. Die Rechtsprechung hat Suarez leider Recht gegeben.

Ja, meine Herren,dasselbe arbitrium iudicis, mit dem damals Suarez die in der Macht befindlichen Klassen, die die wirtschaftliche Entwicklung zurückschrauben wollten,vertröstete, genau dasselbe Prinzip haben Sie in dem jetzigen Gesetzbuch: Überall Verweisung auf das Ermessen des Richters.

Nun, meine Herren, hat der Herr Vorredner ja nicht den Versuch gemacht,den Arbeitern gegenüber zu erklären, sie können vertrauen auf die Richter; sie gerade müßten Spielraum geben dem Ermessen des Richters. Er hat sich ausdrücklich nur an die anderen Parteien gewendet. Und wie wäre es auch anders möglich,nachdem wir neulich von dem Leiter des Justizministeriums des größten Partikularstaates, Preußens, gehört haben, daß er als Rechtssatz bereits in seiner frühen Zeit gelernt habe: si duo faciunt idem,non est idem, d.h.,daß er als Rechtssatz das gelernt habe, was der Dichter Terenz zur Verspottung einer schlechten Rechtspflege gebraucht hat, was er in seiner spöttischen Art als einen Grundsatz hinstellte, dem sich nimmer eine verständige Rechtspflege hingeben darf[24].

---

24)Der preußische Justizminister SCHÖNSTEDT hatte sich im Rahmen der Etatberatungen des Reichstags im Dezember 1895 (s. STEN.BER.RT. IX.Leg.Per.,IV.Session, 6.Sitzung vom 12.Dez. 1895 = Bd 1,S.81 ff.,97) gegen den Vorwurf der Sozialdemokraten zur Wehr gesetzt,die Strafbestimmungen wegen Majestätsbeleidigung würden ihnen gegenüber von Staatsanwälten und Gerichten tendenziös gehandhabt: " ... Ich will .. noch mit ein paar Worten auf die Behauptung hinweisen,daß in der Beurteilung der Gerichte den Sozialdemokraten gegeüber ein anderer Standpunkt eingenommen werde als gegen andere Personen und darin liege gerade die Tendenz. Meine Herren,nun ist es ein alter Grundsatz in der Rechtsprechung und in der Rechtswissenschaft: si duo faciunt idem,non est idem - wenn zwei dasselbe tun,so ist es nicht dasselbe. Es kann deshalb etwas in dem Munde des Einen eine ganz andere Bedeutung haben als in dem Munde eines Anderen, und es ist gewiß nicht ausgeschlossen, daß man bei der Interpretation der Worte eines Mannes fragt: was ist denn die Tendenz dieses Mannes, wohin strebt er,worauf will er hinaus? ...Und da müssen die Herren von der sozialdemokratischen Partei es sich ge-

Wir haben bislang gemeint, und die Arbeiterklasse meint noch heute, sie hat das Recht auf Gleichberechtigung, sie hat ein Recht, ebenso behandelt zu werden in der Justiz wie jeder andere. Ich weiß es dank dem Herrn Minister von Preußen, daß er uns blendendklar gelegt hat: diese Ansicht ist falsch. Der Herr Minister ist nach seiner Behauptung ja in eine Schule gegangen, wo etwas anderes gelehrt wird als sonstwo; da ist gelehrt worden: si duo faciunt idem,non est idem. Dieser Grundsatz ist also für die preußische Rechtsprechung als solcher proklamiert. Nun zeigt sich hier selbst im Zivilrecht überall das Ermessen des Richters, der hier und da allenfalls die Interessen der Besitzenden kennen kann, nie und nimmer die Verhältnisse der Besitzlosen. Da soll das Ermessen des Richters von Erheblichkeit sein. Wie kann es anders wirken als <u>gegen</u> die Interessen des arbeitenden Volkes? Der Herr Regierungskommissar sagte gegenüber dem Vorwurf,daß ein zu großer Spielraum dem Ermessen des Richters eingeräumt sei, man möge ihm einzelne Fälle anführen, die schädlich wirken könnten. Ich will ihm sofort einen Fall anführen - ich kann schon deshalb nicht <u>alle</u> Fälle anführen, da das doch den Vortrag gar zu weit ausdehnen würde. Bei den Kündigungsfristen bezüglich des Dienstvertrags - Arbeitsvertrag gibt es ja nicht im Gesetzbuch; daß Arbeit überhaupt existiert,kann man aus dem Gesetzbuch nicht ersehen;daß Arbeitsprodukte zu existieren scheinen,sieht man aus dem Sachenrecht;aber daß Arbeit existiert, - i,nein! Dienstverhältnis,Gewaltsverhältnis,der altrömische Dienstvertrag, der auf dem Gewaltsverhältnis zwischen Herrn und Sklaven jener Zeit bestand. Der besteht allerdings; den Arbeitsvertrag suchen Sie vergeblich in dem Gesetzbuch - nun bei diesem Dienstvertrag - ich nehme an,daß darunter der Arbeitsvertrag auch mit einbegriffen sein soll - ist neu eingeführt worden,daß man auch bei vereinbarter kurzer Kündigungsfrist von etwa 14 Tagen aus wichtigen Gründen aus der Arbeit austre-

---

fallen lassen, daß auch dann,wenn sie vor dem Richter stehen, für die Auslegung der Tragweite ihrer Worte zurückgegangen wird auf andere Gelegenheiten, auf das,was sie in Versammlungen oder in der Presse vorgetragen haben, auf dasjenige,was als das Ziel ihrer Bestrebungen klar hingestellt ist, und wodurch sie sich von allen anderen Parteien im Staate unterscheiden."

ten und umgekehrt auch aus einem wichtigen Grund entlassen werden könne[25]. Hier haben Sie dem Ermessen des Richters weiten Spielraum eingeräumt. Welcher Richter wird bei irgend einem Gesindeverhältnis, bei irgendeinem Arbeitsverhältnis, bei irgendwelcher anderen Arbeit im Stande sein,eine andere Stellung einzunehmen als die des sogenannten Arbeitgebers, wenn er entscheiden soll, ob ein wichtiger, ein erheblicher Grund für eine Kündigung vorliege. Also dieses Ermessen des Richters - es ist nicht nur an dieser einen Stelle; ich könnte es vervielfältigen - löst sich auf in das arbitrium iudicis,das Suarez den /[744]/ Junkern verhieß. Daß dieses arbitrium iudicis zu Ungunsten der arbeitenden Klasse vorhanden sein wird in Preußen, hat mit deutlicher Klarheit der preußische Herr Justizminister durch seine bekannte Rede zu erkennen gegeben.

Meine Herren, ich habe mir vorhin gestattet,darauf hinzuweisen, daß durchaus <u>nicht</u> alle Interessenkreise zu der Vorberatung des Entwurfs hinzugezogen seien. Ich habe mir ferner erlaubt, darauf hinzuweisen,daß eine Einheit des Rechts durch den Entwurf <u>nicht</u> geschaffen wird, sondern daß in ganz wesentlichen Punkten, und zwar gerade da, wo die wirtschaftlichen Verhältnisse so liegen,daß notwendig eine einheitliche Regelung herbeigeführt werden <u>muß</u>, und wo sie auch leicht herbeigeführt werden <u>kann</u>, eine <u>einheitliche Regelung nicht besteht und auch nicht eingeführt werden soll</u>. Nun liegt es mir fern, so nahe die Versuchung ist, zu verlangen, daß in den innerhalb der politischen Parteien noch strittigen Teilen,wo man nicht behaupten kann, daß die wirtschaftliche Entwicklung den bestimmten Grad bereits erreicht habe, daß das allgemeine Rechtsbewußtsein weit genug vorgeschritten ist, - daß auch da eine einheitliche Regelung stattfinden solle. Ich verlange aber - und da komme ich auf die Frage, ob der vorliegende Entwurf sozial oder nicht sozial sei, - daß überall da,wo ein Recht des wirtschaftlich Schwachen von allen Kreisen,mindestens von weiten Volkskreisen,bereits anerkannt wird, und wo also die wirtschaftliche Entwicklung ein gemeinsames Rechtsbewußtsein bereits gezeitigt hat, der wirtschaftlich Schwache

---

25) s. § 617 E II i.d.F. der Reichstagsvorlage.

geschützt werden solle, und nicht einer neuen Ausbeutungsordnung unter dem patriotischen Schein eines einheitlichen bürgerlichen Gesetzbuchs unterworfen wird.

Ich habe mich da über eine Bemerkung des Herrn Vorredners gefreut, eine nebensächliche Bemerkung, von der ich glaube, daß ich aus ihr nicht zu Unrecht herausdeduziere: es wird nicht ganz unmöglich sein, wenigstens bei den Herren, die die Auffassung des Herrn Vorredners haben, die meisten der Punkte, die ich mir gestatten werde vorzubringen, zu beseitigen[26]. Die politische Knechtung des Volkes ist darin gefunden, daß der Einzelne nicht selbständig, auch nicht politisch selbständig sein kann. Es sind aber die Gewaltverhältnisse, die Sklavenverhältnisse, wenn ich auf die menschliche Entwicklung zurücksehe, von dem Augenblick an aufgehoben worden, wo diesen Institutionen der ökonomische Untergrund fehlte. Von dem Augenblick an, wo unsere jetzige Wirtschaftsordnung besteht, ist kein Zweifel darüber, kann kein Zweifel über den Satz mehr bestehen: der Arbeiter muß frei sein, muß über seine Persönlichkeit verfügen können, wenn er über die Arbeitskraft, die er beim Arbeitsvertrag anbietet, soll verfügen können. Beim Sklaventum ist das Prinzip der persönlichen Freiheit undenkbar, ebenso bei uns die Einführung des Sklaventums undenkbar gegenüber der wirtschaftlichen Entwicklung. Würde das von einigen Mächtigen zeitweise versucht werden, dann würde die wirtschaftliche Entwicklung dem betreffenden Gewalthaber genügend zu erkennen geben, daß sie sich nicht durch juristische Zwirnsfäden in ihrem Lauf unterbinden läßt.

Nun sind im Entwurf aber Bestimmungen enthalten, die die persönliche Freiheit des Arbeiters unter Umständen vollständig in einem Maße, wie es nirgend ein Kulturvolk hat, beeinträchtigen. Deren Beseitigung muß verlangt werden. Es ist im Abschnitt Selbsthilfe in den fünf davon handelnden Paragraphen eine wunderbare Neuerung gegenüber dem bestehenden Zustand getroffen[27]. Der moderne Staat meint - Sachsen,Preußen, Württemberg,Oesterreich haben deshalb in ihren Gesetzen ausdrücklich Selbsthilfe verboten - , daß es der modernen Entwicklung und dem Kulturfortschritt nicht entspricht, daß es

---

26)Mit diesem Hinweis sind wohl die wiederholten Hinweise in der Rede von PLANCK (s. Nr.5,Anm.2) gemeint,einzelne Pro-

hochreaktionär und staatsfeindlich sei, wenn man in einem geordneten Staatswesen die Selbsthilfe zulasse. Die Selbsthilfe ist zulässig und muß zulässig sein, wo noch kein geordnetes Staatswesen vorhanden ist; in dem Augenblick aber, wo ein geordnetes Staatswesen beginnt, kann die Selbsthilfe nicht bestehen, sie ist unvereinbar mit dem Begriff eines geordneten Gesellschaftswesens. Sie haben daher das ausdrückliche Verbot der Selbsthilfe in den meisten der bestehenden Gesetzgebungen. Der Entwurf schlägt das Gegenteil vor. Die Motive heben hier hervor, es habe einmal das preußische Obertribunal jemanden, der einen Schuldner, der die Leistung, die der Gläubiger haben wollte, nicht entrichtete, einsperrte, wegen Freiheitsberaubung bestraft; dieser Zustand sei aber unerträglich; es sei juristisch konsequenter, die Selbsthilfe solchen Schuldnern gegenüber zuzulassen und die Möglichkeit einer Bestrafung des Gläubigers zu beseitigen[28]. Im Entwurf ist nun die Selbsthilfe in einem Umfang zugelassen, daß die persönliche Freiheit des Arbeiters hierdurch geradezu ausgeschlossen wird. Es ist in § 223 wörtlich Folgendes gesagt[29]:

> Wer zum Zwecke der Selbsthilfe eine Sache wegnimmt, zerstört oder beschädigt <u>oder wer zum Zwecke der Selbsthilfe den Verpflichteten festnimmt</u> oder den Widerstand des Verpflichteten gegen eine Handlung, die dieser zu dulden verpflichtet ist, beseitigt, handelt nicht widerrechtlich, wenn obrigkeitliche Hilfe nicht rechtzeitig zu erlangen ist und ohne sofortiges Eingreifen die Gefahr besteht, daß die Verwirklichung des Anspruches vereitelt oder wesentlich erschwert werde.

Meine Herren, danach würde der Arbeitgeber, der glaubt, er habe einen Anspruch auf die Arbeitsleistung, berechtigt sein, mit Gewalt die Freiheit des Arbeiters zu nehmen, ihn einzusperren, ihn bei sich einzusprren. Danach würde ein Arbeitgeber

---

bleme seien in der Reichstagskommission noch näher zu diskutieren.

27) §§ 221 - 225 E II i.d.F. der Reichstagsvorlage.

28) So sinngemäß MOTIVE Bd 1, S.355.

29) § 223 E II i.d.F. der Reichstagsvorlage gehörte zu denjenigen Vorschriften des Entwurfs, welche von den Sozialdemokraten am hartnäckigsten attackiert wurden. Es gelang ihnen schließlich, die Vorschrift wenigstens in einem Punkt einzuengen; s. dazu noch Nr.18, Anm.11 ff., Nr.55 und Nr.57.

die Möglichkeit haben, insbesondere wenn es für die Arbeiter notwendig ist, einen Streik in Szene zu setzen, um ein bischen bessere Lohn- oder Arbeitsbedingungen zu erreichen, seine Fabrik zu schließen, keinen der Arbeitnehmer herauszulassen, wenn seiner Ansicht nach ein Recht auf Leistung der Arbeit besteht. Meine Herren, Sie haben hier ein Gewaltverhältnis seitens des Arbeitgebers gegenüber den Arbeitern - zufälligerweise,nehme ich an - mit hineinfließen lassen, das starrer gar nicht gedacht werden kann. Ich will meine persönliche Überzeugung nicht verschweigen. Die Konsequenz dieses Paragraphen ist, glaube ich, den juristischen Verfassern des Entwurfs kaum klar geworden. Ich bezweifle aber, daß den sogenannten Interessenvertretern, die darin waren, hat entgehen können, wie ein durch jahrhundertelangen Kampf errungenes und jetzt bereits bestehendes Recht hier ohne weiteres durch juristische Bestimmungen den Arbeiterklassen soll genommen werden können. Wie steht es denn mit der Selbsthilfe der <u>Arbeiter?</u> Die Selbsthilfe ist eingeführt scheinbar nach dem Grundsatz: gleiches Recht für Alle. Ach ja, theoretisch klingt das ja sehr nett: "gleiches Recht". Wie steht es denn aber in der Praxis? Wir haben eine Entscheidung des Reichsgerichts, die sich klar genug darüber ausläßt. Ein Arbeiter hatte an Lohn von einem Arbeitgeber 20 Mark weniger 73 Pfennig zu erhalten; der Arbeitgeber zählt den Lohn auf und sagt: hier ist der Lohn, aber ich verlange erst Herbeiholung der Krankenkassen- und Invaliditätskarte u.s.w. und hält seine Hand über dem Geld,das als Lohn abgezählt war. Der betreffende Arbeiter erklärt: nein, das fällt mir gar nicht ein, ich will meinen Lohn -, nimmt vom Tisch ein Zwanzigmarkstück weg, <u>wechselt es und bringt 73 Pfennig zurück</u>, den Rest behält er für sich als Lohn. Er nahm also eine Selbsthilfe vor, wie sie nach Annahme des Entwurfs durchaus berechtigt sein müßte und die überdies die persönliche Freiheit irgend jemandes oder überhaupt das Recht irgend jemandes nicht lädierte, er schädigte keinen, er behielt sich ja nur die 20 Mark weniger 73 Pfennig zurück, und so viel stand ihm an Lohn zu. Was geschah mit dem Arbeiter? Er wurde wegen Diebstahls zu 6 Monaten Gefängnis verurteilt!

(Hört! hört! links.)

/[745]/ Und was geschieht nach der Annahme des Entwurfs mit

dem Arbeiter? - genau dasselbe; denn genau so, wie das Reichsgericht jetzt gesagt hat: er hat ja nicht auf die 20 Mark ein Recht gehabt, sondern nur auf 20 Mark weniger 73 Pfennig, also er hat kein Recht gehabt, die 20 Mark wegzunehmen und für sich umzuwechseln - und eine gewinnsüchtige Absicht ist nicht notwendig zum Diebstahl - genauso würde nachher deduziert werden müssen. Der Arbeiter, der glaubt, das Recht zu haben, sich wenigstens seinen Lohn zu nehmen, würde nach wie vor mit harter Gefängnisstrafe belegt werden, und der Arbeitgeber, der den Arbeiter einsperrt, einsperrt, wie man Sklaven, wie man Vieh einsperren kann,

(Rufe: oh!)

müßte straflos bleiben. Nein, meine Herren, wenn diese Folge wirklich beabsichtigt worden ist - mir soll es recht sein; dann hoffe ich auch, daß seitens der Regierung auch erklärt wird, daß diese Konsequenz beabsichtigt war.

Wir haben aber in dem Entwurf noch weitere erhebliche Angriffe gegen die persönliche Freiheit des Arbeiters. Ich darf vorausschicken, daß die persönliche Freiheit des Arbeiters für diesen unumgänglich notwendig ist. Ich glaube, niemandem, der sich mit der Wirtschaftsgeschichte, mit Nationalökonomie oder mit dem Rechtsleben in der Art beschäftigt, daß er die Punkte betrachtet, die wirtschaftlicher Natur sind, und über deren Voraussetzungen und Folgen nachdenkt, ist dies heute unbekannt. Die persönliche Freiheit des Arbeiters ist in unseren wirtschaftlichen Produktionsverhältnissen absolut notwendig - das kann heute nicht mehr streitig sein. Ich will aber darauf verweisen - gerade weil vorhin vom deutschen Recht so vielerlei die Rede war -, daß das deutsche Recht längst diesen Grundsatz als Folge der wirtschaftlichen Entwicklung erkannt hat. Das deutsche Recht hat bereits im Sachsenspiegel ausdrücklich auf die Frage, ob es möglich sein könne, daß jemand sich lebenslänglich verdinge, die klare Antwort zum zweiten Buch Kap. 33 durch die Glosse gegeben: nein,denn wenn jemand sich lebenslänglich verdingen könne, so wäre er eben nicht frei; "wenn so dies wäre, so wäre einem seine Freiheit unnütz", heißt es da. Meine Herren, es ist allgemeines Prinzip, daß zu lebenslänglichen Diensten sich niemand verpflichten dürfe, seitdem die Hörigkeit, die Leibeigenschaft aufgehoben ist, seitdem es notwendig ist, daß über die Ware "Arbeitskraft" der Arbeiter verfügen und zu diesem Zweck frei sein müsse in der Verfügung über diese seine Ware - das Charakteristische der heutigen Produktionsweise ist ja, das der Arbeiter seine Ware "Arbeitskraft" für das Gewerbe eines anderen verkauft. Man nimmt in der jetzt bestehenden Rechtsprechung ja auch allgemein an: lebenslängliche Verträge sind ungültig, denn sie verstoßen gegen die öffentliche Ordnung.

Nun, meine Herren, ich bitte Sie als Sozialdemokrat, diese öffentliche Ordnung nicht umzustoßen, sondern sich energisch zu wehren gegen die Zumutung, die der jetzige Entwurf enthält[30], unter Umständen lebenslängliche Verträge zuzulassen und dadurch ein Knechtschafts- und Hörigkeitsverhältnis zu Gunsten der Großgrundbesitzer zu schaffen, das noch schlimmer ist als das Gesinderecht. Es ist nämlich vorher von dem Herrn Regierungskommissar schon erwähnt, es sei ja besonders sozial hoch anzuschlagen, daß bei dem Titel Dienstvertrag eine Bestimmung getroffen ist, die die Lebenslänglichkeit solcher Verträge nicht zulasse, er gebe aber zu, der Schlußsatz sei allerdings etwas anders lautend[31]. Soweit ich habe verstehen können, will der Herr auch besonderen Wert auf diesen Schlußsatz nicht legen - darüber wäre ich erfreut. Nun, meine Herren, die Sache ist so, daß in dem uns jetzt vorliegenden Gesetzentwurf nicht ausgeschlossen ist die Lebenslänglichkeit für den Fall, daß nach dem Vertrag die Dienstleistun-

---

30)§ 615 E II i.d.F. der Reichstagsvorlage: "Ist das Dienstverhältnis für die Lebenszeit einer Person oder für längere Zeit als fünf Jahre eingegangen, so kann es von dem zur Dienstleistung Verpflichteten nach dem Ablaufe von fünf Jahren gekündigt werden. Die Kündigungsfrist beträgt sechs Monate. Die Kündigung ist nicht zulässig, wenn der Verpflichtete die Dienste durch einen Anderen leisten darf."

31)PLANCK in seiner Reichstagsrede (a.a.O. [Anm.2 zu Nr.5] S. 737): "Wenn der Dienstvertrag auf länger als 5 Jahre oder auf Lebenszeit geschlossen ist, ist der Dienstverpflichtete nach Ablauf von 5 Jahren zur Kündigung berechtigt. Die Bestimmung, die hinzugefügt ist, 'sofern die Dienste nicht durch Andere geleistet werden dürfen',ist vielleicht nicht notwendig; ihr liegt der Gedanke zu Grunde,daß solche Dienste regelmäßig Ware sind. Jedenfalls wird durch diese Bestimmung über das Kündigungsrecht verhindert, daß das Dienstverhältnis nicht zu lange die natürliche Freiheit beschränken darf."

gen durch einen anderen vorgenommen werden dürfen. Praktisch würde sich die Sache also z.B. so gestalten: jemand, ein Gutsbesitzer z.B., will die Arbeitskraft eines Arbeiters für sich arbeiten lassen, er will sich billige Arbeitskräfte z.B. durch Ansiedlung verschaffen; dann schließt er einen Ansiedlungsvertrag mit dem Arbeiter, in dem Vertrag übernimmt der Arbeiter die lebenslängliche Verpflichtung zu persönlichen Diensten,zu Arbeitsdiensten. Dieser Vertrag wäre gültig nach dem Entwurf, sobald die Bestimmung im Vertrag aufgenommen wird: es steht dem Arbeiter frei, seine Dienstleistungen durch einen anderen verrichten zu lassen. So würde nach diesem als sozialpolitisch geschilderten Zusatze der Ansiedler, der Arbeiter, Zeit seines Lebens an den Vertrag, an die Scholle gebunden sein und dem Gutsbesitzer billige Arbeitskraft gewährleistet sein. Denn es sagt uns ausdrücklich das Gesetz: das ist zugelassen, diese Art lebenslänglicher Verträge will ich gestatten. Es würde auch nichts daran geändert werden, wenn es mit Änderung der Klausel hieße, daß Verträge gültig sein sollen,die die Lebenslänglichkeit gestatten, wenn solche Dienste durch andere geleistet werden <u>können</u> - statt <u>"dürfen"</u>, wie es jetzt heißt. Im Gegenteil, das wäre noch eine Verschärfung. Und, meine Herren, wiederum: kein Gesetzbuch der bestehenden Kulturstaaten enthält eine ähnlich ungeheuerliche Bestimmung. Nein, meine Herren, weitergehend: der Kongostaat hat im Jahre 1888 im Interesse der Abschaffung der Sklaverei eine Klausel nicht für zulässig erklärt, sondern lebenslängliche Verträge unter allen Umständen für ungültig. Und Sie wundern sich, wenn ich ihnen entgegenrufe: Sie schaffen ein besonderes Klassenrecht, ein Sklavenrecht gegen die Arbeiter. In dem einen Fall, wo plötzlich Lebenslänglichkeit von Dienstverträgen zugelassen wird, liegt es doch aber auf der Hand. Will man das Sozialpolitik nennen? Wenn, wie vorhin geschehen, zur Entkräftung des Vorwurfs eines Mangels an Sozialpolitik auf diese Bestimmung hingewiesen werden darf, meine Herren, dann hieße Sozialpolitik treiben: den Starken stärken, die Ausbeutung noch mehr befördern und dem Schwachen die Rechte nehmen, ihn politisch und rechtlich möglichst rechtlos machen. Nein, meine Herren, ich hoffe, daß solche Bestimmungen in der Kommission herausfliegen werden, daß diese ganze Bestimmung in der Kommission herausfliegen wird, die als ganz besonders gegen die guten Sitten verstoßend, gegen das persönliche Recht des Arbeiters, gegen die öffentliche Ordnung verstoßend zu erachten ist. Die erste Lesung hatte 10 Jahre als Maximalfrist eines Dienstvertrages angenommen[32]. Sie hatte aber den bösen Zusatz der zweiten Lesung nicht, der lebenslängliche Verträge zuläßt. Der Zusatz ist in der zweiten Lesung hineingekommen[32a]; und der Herr Staatssekretär mag sich fragen, ob es möglich gewesen wäre, solch einen, die Arbeiterklasse geradezu verhöhnenden Zusatz in ein Gesetz hineinzubringen, wenn auch nur einer der organisierten Arbeiterschaft zu der Beratung mindestens über den sogenannten Dienstvertrag zugezogen wäre.

Meine Herren, das Selbsthilferecht ist in besonders starker Weise gesichert der besitzenden Bevölkerung, soweit ihr Besitz sich auf Grundstücke oder auf Häuser bezieht. Auch bezüglich des Miet- und Pachtvertrags hat ja der Herr Regierungsvertreter eben erwähnt, daß gerade in Miet- und Pachtverhältnissen die Spur sozialer Wirkungen außerordentlich sich zeige. Er hat da auch die Beschränkung des Pfandrechts hervorgehoben[33]. Ich gebe dem Herrn zu, daß, wenn er preußische Verhältnisse, abgesehen von Hannover, im Auge hat, ein

---

32) § 564 E I: "Ist der Dienstvertrag auf eine Zeit, welche sich auf länger als lo Jahre erstreckt, oder auf die Lebenszeit einer Person geschlossen, so kann das Dienstverhältnis nach Ablauf von lo Jahren von dem Dienstverpflichteten durch Kündigung beendet werden. Die Kündigungsfrist beträgt in diesem Falle sechs Monate.
Die Vorschriften des ersten Absatzes finden keine Anwendung, wenn der Dienstverpflichtete die Dienste durch einen Anderen leisten lassen darf."

32a) Dies ist, wie der Vergleich der beiden Entwürfe zeigt, unzutreffend.

33) PLANCK in seiner Reichstagsrede (a.a.O. [Anm.2 zu Nr.5] S.737): "Das im bisherigen Recht bestehende ausgedehnte Pfandrecht des Vermieters an den eingebrachten Sachen des Mieters wird vom Entwurf sowohl in Ansehung der Forderung als der Gegenstände erheblich beschränkt. In letzterer Beziehung weise ich besonders darauf hin, daß fortan nur die Sachen, die dem Mieter selbst gehören, nicht die Sachen der Ehefrau und der Kinder dem Pfandrecht unterliegen; und davon gänzlich ausgenommen sind die Sachen, die nach der Zivilprozeßordnung der Pfändung nicht unterliegen." - s.§ 521 E I; § 552 E II i.d.F. der Reichstagsvorlage.

Fortschritt bezüglich des Pfandrechts gegenüber der jetzigen Gestaltung des Pfand- und Retentionsrechts in Preußen im Entwurf enthalten ist. Ich will auch nicht auf die Einzelheiten des Pfand- und Retentionsrechts Bezug nehmen. Aber ich hebe hervor, daß Württemberg und Hannover heute kein Pfand- und Retentionsrecht, mindestens nach ihrer Hauptjudikatur, kennen. Und ich frage weiter: wie kommt der Vermieter, wie kommt der Verpächter dazu, daß sie überhaupt diese besondere Art der Selbsthilfe, die ohne jeden /[746]/ wissenschaftlichen Grund hier doch im Prinzip im Entwurf beibehalten ist, - wie kommt es, daß der Vermieter und Verpächter das Recht des Pfandes, der Retention, einen Vorzug vor anderen Gläubigern haben soll, daß ihm diese schwere Benachteiligung des wirtschaftlich Schwächeren, des Mieters, bleiben soll? Meine Herren, es ist das ein Recht, das bereits in römischer Zeit entstanden ist, das aber nur gegeben ist zu Gunsten der Großgrundbesitzerklasse, das nachher auf Rom übertragen wurde, hier und da auch verschwand, das wir im Mittelalter nicht vorfinden - ich glaube ausschließlich in Paris und in einigen Städten findet es sich im 16. Jahrhundert - , das wunderbare Pfandrecht des Vermieters und Verpächters sehen wir wieder aufblühen etwa im 18. Jahrhundert. Man ist allerdings bestrebt, zu sagen: das Pfandrecht des Verpächters ist ja uralt, das kommt im alten Deutschland schon vor. Oh nein, meine Herren, das ist nicht wahr! Im alten Deutschland mußte sich der Hintersasse, der Lehnsmann, allerdings gefallen lassen, das alles das, was er eingebracht hatte, selbst seine Person, dem Lehnsherrn unterworfen war; aber sobald die Gewaltverhältnisse aufgehört hatten, sobald die Gerichtsbarkeit des Lehnsherrn, des Gewalthabers fiel, sobald wir eine andere politische Ordnung vorfanden, liegt nicht der geringste wirtschaftliche Grund vor, weshalb der Vermieter und der Verpächter das Pfandrecht weiter behalten sollen. Und in Deutschland hat das Pfandrecht auch bis zur Aufnahme des römischen Rechts, wie gesagt, nicht als Ausfluß des Eigentumsrechts, des Vertragsrechts, sondern lediglich als Folge des Untertänigkeitsverhältnisses bestanden. Ich würde in der Kommission darauf dringen, daß das Pfandrecht überhaupt beseitigt wird. Allein dies entspräche den berechtigten Forderungen.

Nun meint der Herr Regierungsvertreter, es sei jetzt nach dem Reichsgesetzentwurf nur auszudehnen auf die nichtpfändbaren Gegenstände. Ich erkenne gern an, daß dies im Gesetzbuch bezüglich der Hausbesitzer steht, nicht aber bezüglich der Verpächter. Ich will nicht auf die juristische Kontroverse eingehen, ob heute nach bestehendem Reichsrecht in Folge der Bestimmungen des § 715 der Zivilprozeßordnung das Pfand- und Retentionsrecht des Vermieters sich weiter erstreckt als auf die der Pfändung unterliegenden Sachen; aber hervorheben darf ich, daß ziemlich alle Staaten mit Ausnahme Preußens - Preußen ist erst zur Beschränkung des Retentionsrechts durch die Verhandlungen im Reichstag vor 2 Jahren allmählich gedrängt worden - die Beschränkung auch gegenüber dem Verpächter haben. Gerade von unserer Seite ist auch anerkannt worden, daß es eigentlich ein Wuchervorrecht schlimmster Art sei, das irgend einem Gläubiger gestattet, dem Schuldner unentbehrliche Gegenstände zu entziehen, während er sie selbst tatsächlich kaum gebrauchen kann. Dem Verpächter wahrt die preußische Rechtsprechung, auch der vorliegende Gesetzentwurf, das Wuchervorrecht, auch das Unentbehrlichste, das Letzte zu nehmen, wenn der kleine Mann, den das Gesetz angeblich schützen will, die Miete nicht vollständig zahlen kann. Ich bin für eine Erweiterung der Wuchergesetzgebung, die auch teilweise in das bürgerliche Gesetzbuch hineingezogen ist; aber in allererster Linie bin ich dafür, daß dies Sondervorrecht auf dem Gebiet des Wuchers, das die Agrarier für sich in Anspruch nehmen, dem Armen seiner Mietschulden wegen das wenige Unentbehrliche, was § 715 der Zivilprozeßordnung als solches bezeichnet, zu nehmen, gestrichen werden soll. Es erscheint geradezu unglaublich, daß im Reichstag auf diese Bestimmung hingewiesen werden darf, um darzulegen, daß spzialpolitische Gesichtspunkte nicht ferngelegen haben!

(Sehr richtig! bei den Sozialdemokraten)

Nein, meine Herren, Sozialpolitik ist es nicht, das Wucherrecht, das Ausbeutungsrecht des wirtschaftlich Starken zu stärken! Nein, Sozialpolitik ist es im Gegenteil, dem wirtschaftlich Ärmeren entgegenzukommen und eine Anwendung von Rechten, die unmenschlich ist, die sozusagen gegen die gute Sitte geht, zu untersagen und nicht zuzulassen. Wenn Sie in sozialpolitischer

Hinsicht im Gesetzentwurf auch nur auf der Hälfte der Bahn stehen würden, die in der Enzyklika des Papstes von 1891, die in den Februarerlassen des Kaisers von 189o, die in der Botschaft von 1881 des verstorbenen Kaisers vorgezeichnet ist,so wäre es gar nicht denkbar, daß in Gegenwart von zwei Großgrundbesitzern eine derartige Bestimmung Aufnahme gefunden hätte. Die Röte der Scham hätte ihnen ins Gesicht steigen sollen,als ihrer Klasse durch diese Bestimmung gesagt wurde: das Wuchervorrecht wollen wir euch weiter geben. Das sind keine Verbesserungsvorschläge, sondern das sind die denkbar schlimmsten Bestimmungen, die getroffen werden können, wenn ein Zustand aufrecht erhalten wird, den alle, die nur ein klein bischen sozialpolitisches Verständnis haben, für einen verderblichen, für einen ungerechtfertigten, für einen abscheulichen halten müssen.

Meine Herren, bezüglich des Mietrechts verlange ich ferner, daß mehr Bestimmungen zwingender Natur hineinkommen, daß die wirtschaftlich Schwachen durch zwingende Rechtsnormen, durch solche, die nicht durch Vertragsvereinbarungen geändert werden können, mehr geschützt werden, als es durch den Entwurf geschieht. Ich danke dem Herrn Regierungskommissar, daß er auf eine Verbesserung hingewiesen hat, die der jetzige Entwurf gegenüber dem ersten enthält, insoweit er sich mit der Frage der Beschaffenheit der Wohnungen beschäftigt und dort ausdrücklich sagt, daß unter Umständen - aber nur unter Umständen - das Recht des Mieters nicht ausgeschlossen werden darf, wegen ungesunder, wegen unbrauchbarer Wohnung fortzuziehen[34]. Ich habe an sich solche Bestimmungen nicht für nötig erachtet gegenüber der ganz allgemeinen Rechtsanschauung, daß, wenn ich etwas zum Wohnen miete, es nach Treu und Glauben eben bewohnbar sein muß. Ich danke aber dafür, daß diese Bestimmung in das Gesetzbuch hineingekommen ist, weil ich nie wissen kann, wie, wenn nicht ausdrücklich diese Bestimmung gegeben wäre, der Richter urteilt, der nach dem Terenz'schen Spottgedicht: "si duo faciunt idem, non est idem" zu entscheiden hat.

---

34) S.§ 537 E II i.d.F. der Reichstagsvorlage.

Meine Herren, nun ist aber von dem Herrn Regierungskommissar vorhin verschwiegen worden - nicht verschwiegen, aber nicht angeführt worden - daß es heißt in dem Paragraph, der die zwingende Natur des Ausschlusses solcher Vereinbarungen aufstellt, im § 533, - und da bitte ich, auf den Nachsatz zu achten -:

> Eine Vereinbarung, durch welche die Verpflichtung des Vermieters zur Vertretung von Mängeln der vermieteten Sache erlassen oder beschränkt wird, ist nichtig, wenn der Vermieter den Mangel arglistig verschweigt.

Ich meine, das geht nicht weit genug; ich will jeden Vermieter treffen. Ich meine, aus Treu und Glauben, aus der Vertragsregel, daß Treu und Glauben gemäß zu interpretieren ist,folgt ohne weiteres, daß, wenn ich eine Wohnung genommen habe, sie auch bewohnbar sein muß. Ich glaube, daß ich hier bei der Kommission oder bei den Regierungen auf viel Widerstand stoßen werde, wenn ich versuchen werde, das etwas weiter auszudehnen und klarzustellen, so klarzustellen, daß man nicht auf diese Kontroverse kommen kann, die entstanden ist, und die ich mir eben gestattet habe, in einer sozialpolitisch ungünstigen Weise zu entscheiden. Ich gebe aber gern zu, es läßt sich schon aus dem bestehenden Gesetzbuch, wie ich mir schon vorhin bereits gestattete auszuführen, möglicherweise das Gegenteil herausdeduzieren, es ließe sich daraus deduzieren, daß alle Fälle getroffen sind; klarer aber sollte das Gesetz darin sein.

Ich verlange weiter, daß zwingende Bestimmungen vor allem beim Mietvertrag aufgenommen werden, auch eine Bestimmung,welche eine Kontrolle der Bewohnbarkeit sichert, ferner eine Bestimmung,welche ganz allgemein die kassatorische/[747]/Klausel ausschließt,die heute seitens der Vermieter in großen Städten, und auch schon in den kleineren Städten, getroffen wird. Während hier im Gesetzbuch mit Recht angenommen wird: der Mieter hat nachher den Zins zu zahlen -, ebenso: der Vermieter hat noch nicht das Recht der Exmission, wenn einmal ein Zins noch nicht gezahlt ist -, gibt es in Berlin kaum einen Hausbesitzer, der andere Verträge abschließt als die vereinbaren: es muß im voraus bezahlt werden, und wenn nicht ganz pünktlich bezahlt ist, kann sofort exmittiert werden -, und ferner, daß für die ganze Zeit der Mietsdauer der Schuldner dem Gläubiger verhaftet bleibt.

Meine Herren, das ist eine wucherliche Ausbeutung der Lage des Wohnungsmieters. Ich meine, es sollte nach dieser Richtung hin sich das Gesetzbuch nicht damit begnügen, daß es zeigt, es steht nicht auf diesem Standpunkt an sich, da es ja für die Fälle, wo Vertragverabredungen nicht beschlossen sind, andere Bestimmungen haben will als diese Ungeheuerlichkeiten, die so weit gehen, daß jemand exmittiert werden kann schon allein deshalb, weil ein Kind einmal laut geschrien hat. Ich glaube, die Herren, die in großen Städten als Richter fungiert haben, die derartige Prozesse zu entscheiden gehabt haben, werden mir beistimmen, daß eine ganze Anzahl - nicht alle - Hausbesitzer geradezu brutal bezüglich der Einführung und Ausnutzung solcher Vertragsbestimmungen vorgeht. Ich meine, man muß hier schützen dadurch, daß man zwingend die Normen macht, die sich auf die Räumungs- und Zahlungsmodalitäten beziehen, Normen also, die nicht durch Verträge geändert werden können.

Nun lassen sich ja in einer Plenarrede selbstverständlich nicht alle einzelnen Rechtsverhältnisse durchgehen. Ich habe Ihnen diese Punkte angeführt, um zu zeigen, wie notwendig eine Kommissionsberatung ist, und daß es möglich ist, diesen kleinen Wünschen Rechnung zu tragen.

Die größten gravamina habe ich natürlich bezüglich des Arbeitsvertrages. Den Ausdruck "Arbeitsvertrag" kennt der Entwurf nicht, er spricht von einem "Dienstvertrag" und einem "Werkvertrag". Mit einer Änderung des Namens würde mir ja wenig gedient sein. Denn es ist ein Dienstvertrag, wenn seine Bestimmungen so sind, daß der Inhalt ein unterwürfiges, ein Dienstverhältnis aufweist, und es wird dadurch noch kein Arbeitsvertrag, wenn man dem Kind einen anderen Namen gibt,dem Inhalt aber die Dienstnatur läßt. Aber es ist bezeichnend,daß man auch nicht den Versuch einer Definition im Entwurf gemacht hat. Gerade auf dem Gebiet, wo die wirtschaftliche Entwicklung vorwärts gegangen ist, wo römisch- oder deutschrechtliche Grundsätze überhaupt nicht mehr zur Anwendung kommen können, hätte der Entwurf zeigen sollen,ob er etwas leisten kann. Es ist bezeichnend, daß hier im Entwurf der Mensch, der seine Arbeit hingibt, genau so behandelt wird wie ein Stück Ware, das man kauft und verkauft. Der Träger der Arbeitskraft wird ebenso behandelt als irgend ein anderes Stück Ware, und es wird absolut nicht hinreichende Rücksicht darauf genommen, daß derjenige, der seine Arbeitskraft verkauft, von allen anderen Warensorten sich doch dadurch unterscheidet, daß er seine Ware "Arbeitskraft" von seinem Körper nicht lösen kann. Das ist der schärfste Vorwurf, den ich dem Entwurf zu machen habe. Ich zweifle keinen Augenblick, daß die Herren von der Regierung zugeben werden: wenn die wirtschaftliche Entwicklung jetzt so weit gegangen ist, daß wir klar unterscheiden können den Arbeitsvertrag von den Merkmalen, die das frühere Sklaventum hatte, so ist es auch möglich, hier ins Gesetzbuch den Arbeitsvertrag der modernen Entwicklung entsprechend aufzunehmen. Das ist unterblieben; aber es ist auch hier dem Partikularismus wiederum sperrangelweit Tür und Tor geöffnet. Es ist in dem Einführungsgesetz darauf verwiesen, daß die Gewerbeordnung,daß das Handelsgesetzbuch bezüglich der Gehilfen und der Lehrlinge, daß die Seemannsordnung bezüglich der Seeleute, daß das neulich verabschiedete Binnenschiffahrtsgesetz bezüglich der Binnenschiffahrer die einzelnen reichsgesetzlichen Bestimmungen enthält und diese aufrecht erhalten werden sollen, und aus dem Ganzen eine Einheitlichkeit sich ergeben würde. Meine Herren, je mehr Sie Gesetze machen, an je verschiedeneren Stellen die Gesetze stehen, desto schwieriger ist die Übersicht. Die Gewerbeordnung nimmt z.B. in § 123 in dem letzten Absatz Bezug auf die Bestimmung der Landesgesetze für den Fall, daß in Folge einer Arbeitsunfähigkeit die Kündigung des Arbeitsverhältnisses eintritt. Es heißt ausdrücklich: Ob Schadensersatzansprüche daraus folgen oder nicht, das bestimmt sich nach den allgemeinen Landesgesetzen. Es ist mir nicht klar, wie sich die Herren das eigentlich gedacht haben. Das jetzige Verhältnis wird im Einführungsgesetz ausdrücklich aufrecht erhalten[35]. Die betreffende Bestimmung der Gewerbeordnung, die den Landesgesetzen die Regelung überweist, ist doch, wenn in dem bürgerlichen Gesetzbuch für solche Fälle eine Regelung getroffen wird, ein Lapsus, der nicht vorkommen kann, und der vermieden wird, wenn Sie ein einheitliches Arbeiterrecht hineinbringen.

35) Vgl. Art.35 E II EG i.d.F. der Reichstagsvorlage (=Art. 36 EGBGB).

Also, meine Herren, wenn Sie ein einheitliches Arbeitervertragsrecht in das Bürgerliche Gesetzbuch hineinschaffen wollen, so halte ich es nicht für so schwierig, auf einem Gebiet, wo wirtschaftlich alles so klar liegt, auch klar die Rechte der Arbeiter auszusprechen. Wenn Sie die Rechte und Pflichten, wie sie augenblicklich bestehen, voll hineinnehmen in das Gesetzbuch, dann könnte man von einer Einheit, durch die auch die Arbeiter getroffen sind, vielleicht reden. Ich meine also, daß alle Verträge, Lohn-, Dienst- oder Arbeitsverträge, durch welche jemand seine Arbeitskraft, mag sie geistige, mag sie körperliche sein, für eine bestimmte Zeit einem andern gegen eine bestimmte Zahlung oder Vergütung überläßt, - daß Sie diese ganze Reihe der Arbeitsverträge hier vollständig regeln müssen, wenn Sie den Anspruch erheben wollen, sozialpolitisches Oel in die Paragraphen dieses Gesetzes hineingegossen zu haben.

(Zuruf links.)

- Das ist nicht geschehen, Herr Abgeordneter Dr. Enneccerus, sondern es sind ausdrücklich hier die Bestimmungen der Gewerbeordnung aufrecht erhalten, und Sie werden mir weiter gestatten, darzulegen, daß es von Paragraph zu Paragraph für einen Arbeitsvertrag an einheitlichen Bestimmungen fehlt. Wenn der Arbeitsvertrag einheitlich geregelt wäre - und das könnte der Herr Abgeordnete Dr. Enneccerus als Jurist sich selber sagen -, so wäre der Vorbehalt - das werden Sie auch im Einführungsgesetz gefunden haben -, daß das Gesinderecht aufrecht erhalten bleiben soll, abgesehen von einigen ganz gleichgültigen Bestimmungen, nicht denkbar, nicht denkbar der Vorbehalt, der bezüglich der Bergwerksarbeiter gemacht ist. Sie haben den Dienstvertrag geregelt, ohne zu sagen, was als solcher behandelt werden soll. In dem Augenblick, wo sie an die Regelung dieser Verhältnisse herangehen, müssen Sie dem Arbeiter dieses Recht einheitlich geben.

...[35a]müßte mit größerer Deutlichkeit und Klarheit hervorgehen, daß er auch auf alle anderen Arbeitsverhältnisse paßt

---

35a) Der Originaltext ist an dieser Stelle durch einen mehrzeiligen Setzfehler unverständlich geworden.

und nicht nur gemeint ist im beschränkten Umfang für das Gesinde, zumal man ja nicht weiß, was Gesinde ist. Und dann, meine Herren, in den Motiven wird erläutert: was Gesinde ist - also die Definition dessen, was Gesinde - soll überlassen bleiben den Landesgesetzen[36]. Nun, meine Herren, wenn ein Gesetzgeber sagt: was ich unter Dienstvertrag verstehe, schreib ich nicht in das Reichsgesetz hinein -, wenn in den Motiven aber steht: was unter Gesinde verstanden werden soll, kann jedes Partikularrecht bestimmen -, so würde der Partikularstaat das Recht haben, eine Reihe gewerblicher Arbeiter hineinzuziehen in das Gesindeverhältnis; und das ist meines Erachtens der offenbare Zweck gewesen, den die Herren, die die erste Ausarbeitung gemachten haben, verfolgt haben./[748]/ Wie steht es heute? Sie haben beim Unfallversicherungsgesetz ganz ähnlichen Anschauungen Raum gegeben, als Sie in Ihrem Kommissionsbericht gesprochen haben von den gewerblichen Arbeitern und dem "sonstigen Gesinde"[37]. Es gibt Leute, die als Arbeitgeber fungieren, zum übergroßen Teile auf dem Lande als solche fungieren, die jeden Arbeiter als Gesinde erachten, die die sämtlichen ländlichen Arbeiter als Gesinde erachten wollen. Dieser Teil der Arbeiterschaft also ist der gesetzlichen Regelung durch Reichsgesetz nicht teilhaftig geworden. Wir bekommen durch die Unfallversicherungsgesetzgebung, durch die Krankenkassengesetzgebung täglich Fälle zu sehen, in denen die wirtschaftliche Entwicklung dahin gedrängt hat, daß gewisse Kreise aus dem Gesindeverhältnis ausscheiden und ihnen trotzdem die vollen Rechte der gewerblichen Arbeiter in Folge unserer Rechtsprechung nicht gegeben werden. Ich erinnere an den Fall: es wird in der Frankfurt a.M. Gesindeordnung, in verschiedenen mecklenburgischen und anderen norddeutschen Gesindeordnungen der Kellner bis in das 7.Jahrzehnt dieses Jahrhunderts hinein unter dem

36) TEEG SchuR Begr. S.67:"Nach dem Vorbehalte (sc.:im Einführungsgesetz) ist die Landesgesetzgebung insbes. ermächtigt, nicht nur den Dienstvertrag und dessen Inhalt zu regeln, sondern auch den Begriff des Gesindes festzustellen und darüber zu befinden, welche Vorschriften für das Gesinde überhaupt oder für einzelne Kategorien desselben gelten sollen."

37)S.Bericht der VII.Kommission zur Vorberatung des Entwurfs eines Gesetzes über die Unfallversicherung der Arbeiter; in:STEN.BER.RT.,5.Leg.Per.,IV.Session 1884,Aktenstück Nr. 115=Bd 4, S.858 ff.,861.

Gesinde aufgezählt; heute gehört er zweifellos zu den gewerblichen Arbeitern. Es gehört aber auch die Magd, die als Magd angenommen worden ist, aber hie und da den Gästen Speisen zuträgt, so weit sie die letztere Verrichtung besorgt, zu den gewerblichen Gehilfen und nicht zum Gesinde, ist versicherungspflichtig - und dennoch, meine Herren, untersteht sie der Gesindeordnung und nicht der Gewerbeordnung.

Ich will auf diese Materie nicht zu weit eingehen; wir werden uns in der Kommission darüber auszusprechen haben. Es ist zweifellos, daß das Gesinderecht veraltet ist, daß es das Rudiment ist einer veralteten Rechtsanschauung, die auf einem Gewaltverhältnis beruht; und es wird sich zeigen, ob Sie jenen, die versuchen, neue Gewaltherrlichkeiten sich zu erobern, die sich die Möglichkeit geben lassen wollen, in ihren reaktionären Partikularstaaten Gesetze über das Gesinde hieraus gegen den gewerblichen Arbeiter, gegen alle Klassen der Arbeiter zu schmieden, - ob Sie diesen zustimmen wollen oder nicht. Ich muß dabei allerdings zugeben, daß jener Satz aus den Motiven, nach dem Sie die Definition dessen, was Gesinde sein soll,den Partikularstaaten überlassen wollen, nicht in das Gesetz aufgenommen worden ist, aber nach der Kunst der Interpretation, die wir kennen, in das Gesetz hineingebracht werden würde. Es sind eine Menge von Fragen auf dem Gebiet des Arbeitsvertragsrechts, die streitig geworden sind, wo die Gewerbegerichte mit den Gelehrtengerichten im Widerspruch stehen. Nach allen diesen Richtungen, die ich im Plenum nicht vortragen will, wird es notwendig sein, eine definitive Klärung zu schaffen und das Arbeiterrecht auszugestalten, das Recht des Arbeitsvertrages voll und ganz zu regeln, nicht so, wie man in Rom unter dem Sklaventum es tat, sondern wie das der wirtschaftlichen Produktion und den wirtschaftlichen Verhältnissen,die freie Arbeiter verlangen, entspricht.

Ich will nur darauf hinweisen, daß beim Schadensersatz mir nicht richtig geregelt scheint die Frage der Verantwortlichkeit der Beamten; z.B. ist nirgend ausgesprochen im Gesetz, daß die Rechtsansprüche, die aus dem Bürgerlichen Gesetzbuch folgen, unter allen Umständen lediglich vor die ordentlichen Gerichte gehören. Das wäre gerade bei Beamten von großer Wichtigkeit, von wem sie abgeurteilt werden. Man wird den

Grundsatz aussprechen müssen, daß der Beamte dasselbe Verantwortlichkeitsgefühl auch bezüglich seines Geldbeutels haben muß, wie ein Kutscher, der seine Berufspflicht auch nur fahrlässig vernachlässigt. Es wird nötig sein, daß dieser Rechtsgrundsatz von Schadensersatz allen Menschen gegenüber gelten soll, daß, wer auch nur fahrlässig einem anderen einen Schaden zufügt, wer z.B. einen andern fahrlässig überfahren hat, - daß dieser Rechtsgrundsatz auch endlich den Arbeitern wiedergegeben werde. In § 95 des Unfallversicherungsgesetzes ist dieser Rechtsgrundsatz dem Arbeiter genommen. Er hat heute kein Recht auf Schadensersatz, außer wenn er absichtlich in eine Gefahr gekommen ist. Ich meine, Sie müssen den alten Rechtsgrundsatz bei dieser Gelegenheit wieder einführen, daß der Arbeiter das Recht haben soll, auch da, wo ihm aus Fahrlässigkeit ein Schade zugefügt ist seitens des Arbeitgebers, denselben Schadensersatzanspruch zu erheben, wie jeder andere Bürger in allen anderen Verhältnissen.

Der § 95 des Unfallversicherungsgesetzes ist, soweit ich das Einführungsgesetz habe verstehen können, aufrecht erhalten. Ist das richtig, so würde damit ein weiteres Ausnahmerecht gegeben sein, in dem steht, daß der deutsche gewerbliche Arbeiter gegenüber allen anderen Rechtssystemen irgend eines Kulturstaates als Ausnahme dasteht. Dieses Ausnahmerecht würde dann weiter sanktioniert werden, und es würde eine Unmöglichkeit sein, dem Entwurf zuzustimmen, wenn er derartige Ungleichheiten enthielte[38].

Bezüglich der sozialen Natur mache ich auf einen Punkt, der sich beim Darlehen findet, aufmerksam. Ich gehe nicht ein auf die Frage des Zinsmaximums - ich bin anderer Ansicht als Herr Rintelen[39] -, aber ich meine: es muß weite Kreise verstimmen,

38) Das Unfallversicherungsgesetz vom 6.Juli 1884 (RGBl.S.69 ff.) gab den gewerblichen Arbeitern bzw. ihren Hinterbliebenen bei Verletzung oder Tötung durch einen Arbeitsunfall einen Schadensersatzanspruch gegen die Berufsgenossenschaft, und zwar auch dann, wenn ein Verschulden des Arbeitgebers nicht vorlag. Allerdings war dieser Anspruch nach oben hin durch bestimmte Quoten des letzten Gehalts begrenzt.Den Schadensersatzanspruch gegen den Arbeitgeber und seine Aufsichtsgehilfen beschränkte § 95 auf die Fälle vorsätzlicher Herbeiführung des Unfalls.

39) STEN.BER.RT. IX.Leg.Per.,IV.Session 1895/97,3o.Sitzung

wenn Sie das Wuchergesetz[40)] sehen, das ja zu erweitern sein wird, und wenn Sie gleichzeitig aufrecht erhalten finden, daß bei Darlehen von kleineren Beträgen öffentliche Leihhäuser so viel fordern können, als sie wollen, sogar bis zu 24 Prozent. So nehmen die öffentlichen Leihhäuser in Hamburg,Breslau, München, Frankfurt a.M., Danzig, Straßburg, Chemnitz, Dortmund, Posen, Mainz, Görlitz, Würzburg 12 Prozent, Nürnberg und Augsburg lo, Altona 24, Halle 24, Köln 15 bis 24 Prozent, Preußen gestattet ja durch Sondergesetze Anstalten bis 24 Prozent Zinsen zu nehmen[41)]. Das ist die Ausbeutung der Armen, wie sie nicht aufrecht erhalten werden darf, wenn Sie nicht den Wucher direkt begünstigen wollen. Ich meine: es ist deswegen an der Zeit, diese Bestimmungen der Einzelstaaten, die erlauben, daß einem Armen gegenüber, der kein Darlehen von 3o ooo Mark, sondern nur von 3o Mark aufnehmen kann, bis 24 Prozent genommen werden darf, aufzuheben.

Auf das Familien- und Ehrecht werde ich nicht weiter eingehen; ich denke, das wird mein Freund Frohme tun. Ich will nur kurz darauf hinweisen, daß die Stellung der Frau im bür-

---

v.3.Februar 1896, S.713. RINTELEN hatte die gesetzliche Festlegung eines Zinsmaximums für vertraglich vereinbarte Zinsen angeregt.

4o) Gemeint ist das Gesetz,betreffend den Wucher vom 24.Mai 188o. Es fügte als §§ 3o2a - d einige neue Strafvorschriften in das Strafgesetzbuch ein (Art.1) und erklärte in Art.3 "Verträge, welche gegen die Vorschriften der §§ 3o2a, 3o2 b (verstießen)", für ungültig. Der Anwendungsbereich des Wuchergesetzes wurde durch das Gesetz, betreffend Ergänzung der Bestimmungen über den Wucher vom 19.Juni 1893 geringfügig erweitert. Art.3 des Wuchergesetzes wurde durch Art. 47 EGBGB aufgehoben, da das Problem als durch § 138 Abs.2 BGB abgedeckt betrachtet wurde.

41) Art.94 E II EG i.d.F. der Reichstagsvorlage: "Unberührt bleiben die landesgesetzlichen Vorschriften, welche den Geschäftsbetrieb der gewerblichen Pfandleiher und gewerblichen Pfandleianstalten betreffen.
Unberührt bleiben die landesgesetzlichen Vorschriften, nach welchen öffentliche Pfandleianstalten das Recht zusteht, die ihnen verpfändeten Sachen dem Berechtigten nur gegen Bezahlung des auf die Sache gewährten Darlehns herauszugeben" (Unverändert übernommen in Art.94 EGBGB).

gerlichen Gesetzbuch nach mehrfacher Rücksicht hin eine unterdrückte ist, einmal als wirtschaftlich Schwache, und dann, daß der Herr der Schöpfung ihr gegenüber sich erlaubt hat, sie besonders zu benachteiligen, rechtlich schlecht hinzustellen. Ich habe übrigens nicht gehört, welche Frau oder welches Fräulein der Kommission, in der ja alle Interessen vertreten sein sollten, angehört hat. Ich meine, man sollte nicht darüber lachen, daß wir gerade gegenüber der Menschenhälfte, die hier noch keine Vertretung hat, mindestens verlangen das gleiche Recht, welches der Mann hat.

Ich will mir noch gestatten, bezüglich der unehelichen Kinder auf einige Punkte aufmerksam zu machen, die meines Erachtens wiederum zeigen, welche sozialpolitische Fürsicht die Herren, die den jetzigen reaktionären Entwurf uns vorgelegt haben, geleitet hat, die da glaubten, man könnte hier das Ansinnen stellen, holter die polter einem solchen Entwurf zuzustimmen. Ich bedaure lebhaft, daß der Ungerechtigkeitsgedanke, der Machtgedanke den, der sich als Herr der Schöpfung weiß, bestimmt haben mag, die vollkommen unzulängliche Gesetzgebung bezüglich der unehelichen Kinder uns hier darzureichen. Ich gebe zu, die zweite Lesung hat ja etwas besseres geschaffen als die erste. Bei der ersten haben die Motive ausdrücklich dargelegt, daß sie messen die Frage, was der Erzeuger eines unehelichen Kindes zu leisten habe, lediglich vom Standpunkt des Erzeugers aus. So weist jener Motivenverfasser zurück die Forderung, daß nach dem Stand des Mannes der Unterhalt des unehelichen Kindes bemessen werden soll, etwa mit der Erwägung: das könnte ja den Mann zu sehr belasten[42]. Ich meine, wir haben auf die Belastung des Mannes, der Erzeuger geworden, keinerlei Rücksicht zu nehmen; wir haben lediglich dem Kinde das zu geben, was ihm ge-/[749]/ bührt aus der Tatsache heraus, daß der Erzeuger Erzeuger gewesen ist oder es hätte sein können. "Es hätte sein können", - in den Fällen gibt ja das sächsische Recht und einige andere die volle Unterhalts-

42) So sinngemäß MOTIVE Bd 4, S.897 ff.; allerdings war in den Motiven andererseits auch die Beschränkung des Kindesanspruches durch die Leistungsfähigkeit des Vaters abgelehnt worden.

pflicht dem unehelichen Kinde mit dem Recht, unter denjenigen, die möglicherweise hätten Erzeuger sein können, zu springen[43]. Dieses vernünftige Recht zu Gunsten der Schwachen verläßt der Entwurf. Er nimmt es nicht auf, weil er behauptet, er kann keinen juristischen Grund finden, warum der Betreffende haften soll. Wir werden in der Kommission über andere Gründe, warum er haftet, uns speziell unterhalten, und ich meine, wenn ein Rechtsgrundsatz moralisch war, so war es der: duc et dota, oder mindestens dota. Wenn Sie in Verlegenheit sind wegen der juristischen Konstruktion - nun, den Herren von der Regierung kann geholfen werden. Sie könnten hier ja den dolus eventualis im Zivilrecht so schön sich zurecht konstruieren, viel besser, als Sie ihn beim Strafrecht konstruieren, wenn Sie zu dem Ergebnis kommen wollen: jeder mögliche Erzeuger haftet.

Ich erkenne an, daß auf diesem Gebiete im Entwurf neu das Recht der Mutter gegeben ist, vor ihrer Entbindung klagen zu können, ferner, daß die Alimentationspflicht von 14 Jahren - das Alter variiert ja jetzt zwischen 14 und 18 Jahren - wenigstens auf 16 Jahre hinaufgegangen ist. Wir werden diesen Punkt noch genauer beraten müssen. Ferner können wir mit Recht verlangen, daß nicht nach Notdurft, sondern nach den Erwerbsverhältnissen des Mannes die angemessene Alimentation bemessen werde. Wir müssen ferner verlangen,daß die Verwandtschaft anerkannt wird zwischen dem unehelichen Kind und seinem Erzeuger. Wir müssen anerkennen aus demselben Grunde heraus das Erbrecht des unehelichen Kindes, - und ich meine, bei der Gelegenheit wird auch zu regeln sein die Frage, die ja von der rechten Seite wiederholt angeschnitten worden ist, namentlich von dem

43) § 1858 des sächsischen BGB von 1863: "Wer eine Frauensperson außer der Ehe schwängert, ist verpflichtet, die Geburts- und Taufkosten zu bezahlen, ingleichen zu dem Unterhalte des Kindes einen Beitrag zu geben."
§ 1859: "Als Schwängerer gilt derjenige, welcher mit der Geschwängerten in dem Zeitraume zwischen dem einhundertzweiundachtzigsten und dem dreihundertundzweiten Tag vor deren Niederkunft, den Tag derselben ungerechnet, den Beischlaf vollzogen hat."
§ 1872: "Hat die Mutter innerhalb des in § 1859 angegebenen Zeitraumes mit mehreren den Beischlaf gepflogen, so haften diese wegen der außerehelichen Schwängerung als Gesamtschuldner."

Herrn Grafen von Holstein, ob wegen der Alimente für uneheliche Kinder der Lohn gepfändet werden kann oder nicht. Im Anschluß hieran könnten wir auch über das Exekutionsrecht sprechen und erwägen, ob wir nicht nach Art des Heimstättengesetzes, soweit es in Amerika bezüglich beweglicher Sachen besteht, dafür sorgen, daß dem Schuldner unter keinen Umständen das Allernotwendigste genommen werden kann. Die jetzige Regelung durch § 715 der Zivilprozeßordnung entspricht dem vorhandenen Bedürfnis nicht: sie ist vor allem zu gering und zu unbestimmt.

Meine Herren, alles dies sind Punkte, die in der Kommission erörtert werden müssen, deren Regelung mir notwendig erscheint. Wenn nun die Regierung uns fortwährend ans Herz legt, wir sollten doch nicht so viel auf die kleinen Verschlechterungen,die möglicherweise in diesem Entwurf sich vorfänden, sehen, sondern selbst die Verschlechterungen zu Gunsten der Einheitlichkeit annehmen, so gestatte ich mir den Appell an die Regierungen, sie sollen im Interesse der Kultur, im Interesse der Arbeiterklasse, im Interesse des werktätigen Volkes nicht widerstreben der Einführung der Einheit des Rechts auf die Arbeiter. Sie sollen nicht widerstreben den Verbesserungen, die durchführbar, die möglich sind, wie ich es im großen und ganzen mir gestattet habe kurz zu skizzieren. Wenn Sie sich aber von vornherein auf den Standpunkt stellen: wer dieses Werk anrührt, stört die Einheit, macht das Gelingen unmöglich, - dann brauchen wir kein Parlament, dann brauchen wir überhaupt keine Politiker, dann können wir Juristen, das heißt diejenigen, die mit den wirklichen Bedürfnissen am wenigsten vertraut sind, uns zu Gesetzgebern machen, dann brauchen wir überhaupt keine parlamentarische Vertretung, dann sollten wir klipp und klar sagen: wir wollen den Absolutismus und nur so tun, als ob eine Volksvertretung da sei. Nun, es wird eine eingehende Erörterung nötig sein. Damit ist nicht gesagt, daß sie lang zu sein braucht.

(Heiterkeit)

Je weniger die Regierung solchen Anträgen widerstrebt, die ja längst schon hie und da erörtert sind, je mehr sie sich geneigt zeigt, sie zuzugeben, je mehr <u>sie</u> den Grundsatz beherzigt, den sie uns gegenüber predigen will: nun, wenn es wirklich etwas schlechtes ist, es ist wenigstens etwas einheitliches, - desto schneller wird die Beratung sein; dann, glaube ich, wird es sogar möglich sein, den Gesetzentwurf schon in dieser Session zur Verabschiedung gelangen zu lassen. Mit aller Entschiedenheit aber würde ich mich in der zweiten Beratung - und ich glaube, auch meine politischen Freunde - dagegen verwahren, daß wir eine Scheineinheit schaffen und unter dem Deckmantel der Einheit neue Rechte gegen die arbeitenden Klassen einführen lassen.

Also, meine Herren, wir werden zusammen arbeiten wollen. Wie Sie gesehen haben, versuche ich gar nicht, irgend etwas besonders sozialdemokratisches zu verlangen. Ich verlange nur das was möglich ist innerhalb des Rahmens der heutigen Wirtschaftsordnung zu Gunsten der wirtschaftlich Schwachen, der Hilflosen. Aber davon werde ich mir auch nichts nehmen lassen, und ich bitte Sie, entsprechend uns in der Kommission und nachher im Plenum bei den Anträgen mehr Wohlwollen zu bezeugen, als aus den Ausführungen des Herrn Staatssekretärs klang, der gestern behauptete, alle Interessenkreise seien vertreten gewesen, also damit ausdrücklich ausgeschlossen hat, daß die 98 Prozent der werktätigen Bevölkerung, die nicht vertreten waren in der Kommission, einen Anspruch haben auf Vertretung, auf Berücksichtigung bei der Gestaltung der Gesetzgebung.

(Bravo! links. Zischen rechts.)

Nr.7

VORWÄRTS - Berliner Volksblatt
13.Jg (1896) - Nr.31 vom 6.Februar,S.2

[1.Lesung des BGB im Reichstag (Fortsetzung)]

(Politische Übersicht)

Berlin, 5.Februar

Der Reichstag konnte heute[1] historische Studien machen. Wie man weiß, wird das Scheitern der deutschen Märzrevolution aus dem Umstande erklärt, daß das Frankfurter Parlament ein Professoren - Parlament war, sintemalen die Herren Professoren von anno dazumal sich so entsetzlich albern benommen und ein so absolutes Unverständnis für die tatsächlichen Zustände und für alle praktischen Erfordernisse gehabt haben, daß die von solchen Führern geleitete Bewegung mit Notwendigkeit hatte scheitern müssen. Daß die deutschen Professoren eine solche Rolle gespielt haben, ist vielfach geleugnet worden. Und sicher ist, daß die März-Revolution auch ohne die Professoren gescheitert wäre. Allein daß deutsche Professoren im Punkte des Nichtverstehens der realen Verhältnisse kollossaler Leistungen fähig und auch eine Bewegung, die stärker ist als die März-Revolution, zugrunde zu richten imstande wären, das ist uns heute - und darin besteht das historische Interesse der Sitzung - durch ein lebendiges Exemplar des genus: deutscher Professor klar gemacht worden; ad oculos und ad aures klar gemacht - unsere Augen haben gesehen und unsere Ohren haben gehört; und wer noch zweifelte, er ist jetzt überzeugt. Ein Prachtexemplar war's, das auf der Rednerbühne sich präsen-

1) STEN.BER.RT. IX.Leg.Per.,IV.Session 1895/97,32.Sitzung v. 5.Februar 1896 = Bd 2,S.751 ff.

tierte, nachdem der Welfe Hodenberg von seinem partikularistischen Gesichtspunkte aus gegen das neue Gesetzbuch protestiert hatte. Professor Sohm aus Leipzig[2], "einer der berühmtesten Juristen Deutschlands", Mitverfasser des Entwurfs, hier auftretend als Regierungskommissar. Die gleiche Rolle hatte gestern Geheimrat Planck gehabt. Aber was für ein Unterschied. Dort Bescheidenheit, Ruhe, Sachlichkeit - hier der sprichwörtliche Professorendünkel, hohles Gepolter, geistloses Pathos. Keine Ahnung von den Fragen, welche die Gegenwart bewegen - "den Staat haben die Beamten geschaffen" - ein Volk gibt es nicht; eine Arbeiterbewegung gibt es nicht. Seichte Deklamationen von nationaler Einheit. Ein kunterbuntes Gemengsel von Schlagwörtern und brutale Unduldsamkeit gegen politische Gegner. Die ebenso flachen wie ungezogenen Angriffe auf Stadthagen - der Herr Muster-Professor appellierte sogar an den Antisemitismus![3] - veranlaßten einige sehr starke, jedoch

---

2) STEN.BER.RT. a.a.O. (Anm.1) S.754 ff. - Zur Person SOHMs s. bereits Nr.1,Anm.7 - Die heftigen, ausfallenden und über weite Strecken hinweg keineswegs sachlichen Angriffe SOHMs gegen die Sozialdemokraten sind nur schwer verständlich, denn es war gerade SOHM gewesen, der immer wieder davor gewarnt hatte, Bestimmungen des Bürgerlichen Rechts als Kampfmittel gegen die Sozialdemokratie und die Arbeiterbewegung einzusetzen (s.z.B. zu seinen Anträgen zum Vereinsrecht in der 2.Kommission VORMBAUM,Rechtsfähigkeit S.157 ff.). Möglicherweise ergibt sich eine Erklärung für den polemischen Stil der Rede SOHMs aus dessen Stellung als Kommissar des Bundesrates für das BGB. SOHM betonte in seiner Rede ausdrücklich, daß er seine Angriffe gegen die Sozialdemokraten "im Namen der verbündeten Regierungen" vortrage.

3) SOHM griff in seiner Rede vor allem STADTHAGEN und dessen Rede vom Vortage heftig an. Der im Text kritisierte Appell an den Antisemitismus läßt sich aus dem Wortlaut der Rede nicht unmittelbar entnehmen. Die offenbar in Bezug genommene Passage der Rede SOHMs lautet: (Nachdem SOHM den Vorwurf STADTHAGENs, 98% der Bevölkerung seien in der 2.Kommission nicht vertreten gewesen, aufgegriffen hatte,) "Wenn der Herr Abgeordnete Stadthagen und seine Fraktionsgenossen 98 Prozent vertreten, so sind die übrigen 2 Prozent eine quantité négligeable! Dann vertritt diese Fraktion das Deutsche Volk. Ich frage mich: bin ich imstande, den Herrn Abgeordneten Stadthagen als Verkörperung des deutschen Volkes am Ende des 19.Jahrhunderts anzusehen? ... Bin ich imstand zu sagen: das ist für unsere Gegenwart der deutsche Mann? ... Wenn ich das sagen müßte: so sieht Deutschland aus, - dann würde ich rufen: finis Germaniae! ... Es haben gestern zwei Herren nacheinander gesprochen, der eine war der Herr Geheimrat Planck und nach ihm der Herr Abgeordnete Stadthagen. Der Herr Geheimrat Planck trat auf als Re-

wohlverdiente Zwischenrufe. Der Eindruck war allgemein ein sehr ungünstiger - nur ein Mann war befriedigt, der Herr Kriegsminister mit dem undeutschen Namen[4], der dem Herrn Professor mit unverkennbarer Bewunderung zuhörte. Das ist auch eine Kritik. Den Schluß der sogenannten Rede bildete ein Knalleffekt, dessen ein Quartaner sich geschämt hätte[5]. Als Gottsched vor

---

gierungskommissar, der Herr Abgeordnete Stadthagen als erwählter Abgeordneter des deutschen Volkes. Wir wissen aber alle: ein wahrer Volksvertreter kann nicht gemacht noch gewählt werden, ein wahrer Volksvertreter muß ein geborener Volksvertreter sein ... Und wenn ich nun diese zwei Persönlichkeiten neben einander stelle und mich frage, wer ist der deutsche Mann von den beiden? wer ein Vertreter unseres deutschen Volkes? wer ein Vertreter deutscher Wahrhaftigkeit? ein Vertreter der Gerechtigkeit, ein Vertreter deutscher Treue, wer von beiden ist ein deutscher Mann? ... da kann für niemand die Antwort zweifelhaft sein. Das behaupte ich ganz bestimmt ..."

4) Preußischer Kriegsminister (einen Reichskriegsminister gab es nicht) war zu jener Zeit General BRONSART von SCHELLENDORF, auf dessen Namen jedoch die im Text benutzte Charakterisierung nicht recht paßt. Das gleiche gilt auch, soweit ersichtlich, für die damaligen Kriegsminister der anderen Bundesstaaten, soweit sie Bevollmächtigte zum Bundesrat waren (s.VERZEICHNIS S.2 ff.). Möglicherweise bezieht sich der Hinweis auf General Julius VERDY de VERNOIS, der von April 1889 bis Oktober 1890 preußischer Kriegsminister war (s.HUBER, Verfassungsgeschichte Bd 4, S.264). Allerdings war V. 1896 weder Reichstagsmitglied (s.VERZEICHNIS S.9 ff.) noch Bundesratsbevollmächtigter, so daß seine Anwesenheit bei der Reichstagsdebatte schwer zu erklären wäre.

5) Mit dem "Knalleffekt" am Ende der Rede von SOHM ist offenbar das später von den Sozialdemokraten mehrfach ironisch aufgegriffene "Dornröschen"-Bild gemeint (a.a.O. S.759): "Wenn und solange Sie unseren Entwurf nur von außen betrachten, so lange wird er Ihnen freudlos vorkommen, kalt, kahl, grau in grau. Und so mancher hat gesagt: das soll unser deutsches Recht sein! Bedenken Sie, meine Herren, noch schläft der Entwurf - Dornröschen! In demselben Augenblick, wo Ihr Machtwort, das Machtwort des Deutschen Reichs, den Entwurf zum Leben erwecken wird, in demselben Augenblick - welch anderer Anblick! Da wird die Dornenhecke in blühenden Rosenhang verwandelt sein, da wird der König erwachen, da wird das Wasser sieden und der Braten schmoren, und der ungezogene Küchenjunge wird - nach der Gesindeordnung - seine Ohrfeige bekommen ..."

15o Jahren in Leipzig den Hanswurst verbrannte, scheint er nicht gründlich verfahren zu sein. Und dieser Professor Sohm ist, wie gesagt, einer der berühmtesten Professoren und Juristen Deutschlands; und der Geist dieses Sohm steckt in dem Entwurf. Nicht bloß der Stil, auch der Entwurf ist der Mann.

Nach der historischen Ausstellung eine kleine Überraschung: König Stumm sprach vernünftig, und er sprach für die Rechte der Frau[6]. Er scheint eine eindringliche Familienpredigt empfangen zu haben.

Ein schriller Mißton, durch den der Lothringer Colbus das nationale Getute vom "Einen Recht" störte, indem er mit kräftiger Faust auf die "Zither des Diktaturparagraphen" griff -[7],

---

6) STEN.BER.RT. a.a.O. (Anm.1) S.759 ff. - STUMM-HALBERG sprach zunächst zur Geschäftsordnung (s.dazu bereits S. XXXVII der Einführung); in seinen Ausführungen zum Inhalt des Entwurfs setzte er sich - auch namens seiner politischen Freunde - überraschend für eine - wenn auch mäßige - Besserstellung der Frauen ein. Diese Haltung behielt er auch später als Mitglied der vom Reichstag eingesetzten Kommission mit einem für seinen politischen Standort beachtlichen Engagement bei (s.u.a. Nr. 46,Anm.1o;Nr.47, Anm.3; Nr.48, bei Anm.2). Allerdings erklärte er sich in seiner Rede "weit davon entfernt ... der sogenannten Frauenemanzipation das Wort zu reden und zu verlangen, daß die Frau auf dem ganzen Rechtsgebiete oder auch nur auf dem Gebiete des Eherechts mit dem Mann vollständig gleich gestellt sein soll. Das ist ein Unding ..." (a.a.O. S.76o). - Zur Person STUMMs s.bereits Nr. 3, Anm.2.

7) STEN.BER.RT. (Anm.1) S.768 ff.; COLBUS, Pfarrer aus Saargemünd, nahm die Behandlung des Bürgerlichen Gesetzbuches zum Anlaß, um auf den Kontrast zwischen der mit dem BGB erstrebten Rechtseinheit und den Ausnahmegesetzen für Elsaß-Lothringen hinzuweisen. Zum Inhalt des Gesetzentwurfs nahm er keine Stellung. - Mit dem "Diktaturparagraphen" ist § 1o des Gesetzes vom 3o.Dezember 1871 gemeint, welcher den Oberpräsidenten, also die Zivilverwaltung, im "Reichsland" Elsaß-Lothringen ermächtigte, "bei Gefahr für die öffentliche Sicherheit alle Maßregeln zu treffen, welche er (!) für erforderlich erachtet[e]". Er hatte insbesondere die (sonst nur den Militärbehörden zustehende) Befugnis, den Belagerungszustand zu verhängen. Hieraus folgte das Recht, Truppen zu requirieren, Presseorgane zu unterdrücken und ausländische wie deutsche Staatsbürger aus dem Reichsland auszuweisen (s.u.a. SCHIPPEL, Handbuch S.376 f.). - Der Rede von COLBUS war die Rede des Abgeordneten FÖRSTER von der (antisemitischen) "deutschsozialen Reformpartei" vorangegangen.

eine manches Gute enthaltende Abwehr der im Laufe der Debatte dem Zentrumsredner Rintelen gemachten Vorwürfe durch den Zentrumsmann Spahn[8]- und das Haus vertagte sich bis morgen[9], wo man die Debatte zu beendigen hofft.

8) STEN.BER.RT. a.a.O.(Anm.1) S.769 ff.
9) = 6.Februar 1896.

Nr.8

VORWÄRTS - Berliner Volksblatt
13.Jg (1896) - Nr.32 vom 7.Februar, S.2

[1.Lesung des BGB im Reichstag (Fortsetzung)]

(Politische Übersicht)

Berlin, 6.Februar

Reichstag. Heute eröffnete der nationalliberale Professor Enneccerus den Reigen[1]. Der Name ist so lang, wie der Mann; und er wird verschieden ausgesprochen - bald mit dem Ton auf der zweiten, bald auf der dritten Silbe. Der Ton muß aber auf die zweite Silbe, denn der verlateinte Name lautet ursprünglich Eenecker, d.h. Einacker - ein Kleinbauer mit einem Acker Land, ungefähr was das norddeutsche Hufner besagt. Herr Hufner, Verzeihung, Eenecker oder Enneccerus, ist zwar sehr groß, aber er hat nur eine Rede, wie seine Vorfahren nur einen Acker hatten. Und die eine Rede ist ein Wort, das nicht

1) STEN.BER.RT. IX.Leg.Pers.,IV.Session, 33.Sitzung v.6. Februar 1896 = Bd 2, S.775 ff. - ENNECCERUS gehörte zu den engagierten Befürwortern des zweiten Entwurfes; auch er hielt allerdings noch einige Verbesserungen für möglich und erforderlich; s. zu seinen Vorschlägen zum Vereinsrecht VORMBAUM, Rechtsfähigkeit S.182 f.

einmal ein richtiges Wort ist, nämlich: Hurrah! Er hurrahte fünfviertel Stunden lang - hurrahte von der nationalen Wiedergeburt, hurrahte von diesem und jenem, und schloß mit einem schmetternden Hurrah: "ein Reich und ein Recht!" Das eine Zuchthaus wurde im nationalen Schluß-Hurrah vergessen.

Nach einer kurzen Erklärung des konservativen Manteuffel[2], der in seinem eigenen Namen und dem einer Anzahl von Freunden sich gegen die Zivilehe aussprach, erhielt Genosse Frohme[3] das Wort. Unser Genosse ging mit Professor Sohm und Professor Enneccerus gründlich ins Gericht. Den Regierungskommissar Sohm schlug er mit den Schriften des Professors Sohm,wies ihm schlagend die vollständige Unkenntnis der Arbeiterverhältnisse und überhaupt der sozialen Zustände nach, verspottete den Hurrah-Patriotismus des Professors Enneccerus und kennzeichnete die Phrasen vom "nationalen" Recht, vom "Recht,das aus dem nationalen Gedanken hervorgegangen sei", als inhaltloses Wortgeklingel - das "Recht" d.h. die Macht der herrschenden Klasse, und das herrschende Recht sei gesetzliches Unrecht. Ein dauerndes Gesetzbuch könne jetzt überhaupt nicht geschaffen werden - denn die Bourgeoisie, die im Anfang des Jahrhunderts, als sie im Code Napoleon ihr "Recht" formulierte, noch jung und lebensfrisch war, ist heute alt und wird in der Herrschaft von einer Klasse abgelöst werden, die das herrschende falsche "Recht" umstürzt und ein höheres wirkliches Recht, das Gerechtigkeit ist, begründet.

Während der trefflichen Rede des Arbeitervertreters, der niemals "studiert" hat, aber die Herren Professoren überprofessorte und ihnen eine gepfefferte Lektion gab, machte Herr Professor und Regierungskommissar Sohm ein sehr verlegenes Gesicht; und Professor Enneccerus fühlte sich so getroffen,daß er seinen verletzten "nationalen" Gefühlen in einem viertelstündigen Nach-Hurrah Luft machte[4].

Und dann eilte Stadthagen, der als letzter Redner notiert war, auf die Bühne[5] - zum argen Leidwesen der Hammersteiner[6]

---

2) STEN.BER.RT. a.a.O. (Anm.1) S.781.
3) STEN.BER.RT. a.a.O. (Anm.1) S.781 ff. - s.Nr.9.
4) STEN.BER.RT. a.a.O. (Anm.1) S.788 ff. - s. zu dieser durch die Rede von FROHME ausgelösten Replik von ENNECCERUS Nr.9, Anm.34 und Nr. lo, Anm.2 u. 3.
5) STEN.BER.RT. a.a.O. (Anm.1) S.789 - s.Nr.lo.

und Hurrah-Patrioten, die freilich nichts Gutes zu erwarten hatten.

Die Deklamationen der beiden "deutschen Professoren am Ende des 19.Jahrhunderts" veranlaßten Genossen Stadthagen, insbesondere dem Professor Sohm eine Abfertigung zu teil werden zu lassen. Diesem legte er klar, in welchem Widerspruch seine sonderlichen Ausführungen sich zu seiner eigenen anderwärts niedergelegten Auffassung befinden. Zum Schluß legte er den Gegnern nochmals klar, daß die persönliche Freiheit des Arbeiters ein Gut ist, das er sich nicht nehmen lassen werde und daß das berechtigte Verlangen gestellt werden müsse, einheitliche Rechtsverhältnisse für alle zu schaffen, die ihre körperliche oder geistige Arbeitskraft zum wirtschaftlichen Nutzen Dritter verwerten. Das Gesetz, das ja an sich stets der wirtschaftlichen Entwickelung nachhinke, habe dem bereits bestehenden Recht, soweit dies allgemein anerkannt ist, Rechnung zu tragen. Mitarbeiten, erarbeiten wolle die Arbeiterklasse sich ein einheitliches Recht; aber lebhaft würde und müsse sie sich gegen den Versuch wehren, im Wege der Zivilgesetzgebung ihr neue Ketten zu schmieden, die ihre wirtschaftliche Existenz- und Erwerbsmöglichkeit noch mehr zu beeinträchtigen oder gar ihre persönliche Freiheit zu untergraben geeignet sind. Nachgeben solle die Regierung berechtigten Wünschen, nicht das umgekehrte Ansinnen dem Gewissen eines Volksvertreters stellen.

Die Gezüchtigten hatten keine Lust, den Strauß fortzusetzen und so wurde die Debatte, die kein Triumph war für unsere Gegner, um 1/4 5 Uhr geschlossen, worauf die Verweisung der Vorlage an eine Kommission erfolgte, die aber das Recht hat, gewisse nicht streitige Partien debattelos anzunehmen und dem Plenum zu übergeben. ...

---

6) Über HAMMERSTEIN s. Nr. 1o, Anm.19. Der Ausdruck ist hier wohl als Bezeichnung für die extreme Rechte gemeint.

Nr.9

Reichstag,IX.Leg.Per.,IV.Session; 33.Sitzung v.6.Februar 1896.
Sten.Ber. Bd 2, S.775

[Rede des SPD-Abgeordneten FROHME in der Reichstagssitzung vom 6.Februar 1896]

[781]

Präsident. Das Wort hat der Herr Abgeordnete Frohme[1].

Abgeordneter Frohme[2]: Meine Herren, die meisten der Herren Redner, die bis jetzt hier gesprochen haben, sind Juristen,die ja in ganz anderer Weise mit dieser schwierigen Materie sich abzufinden pflegen, als ein Laie es vermag. Nichtsdestoweniger glaube ich behaupten zu dürfen, daß gerade über die Tendenz und die sozialpolitische Bedeutung /[782]/ des vorliegenden Gesetzentwurfs der Laie ein viel maßgebenderes Urteil abzugeben vermag als der Berufsjurist.

Ich will nun im Anschluß an die gestern so hart angefochtenen Ausführungen meines Freundes Stadthagen versuchen, die Stellung meiner Partei zu dem Entwurf unter allgemeinen, großen Gesichtspunkten zu rechtfertigen, wobei ich bemerke, daß ich das tue im ausdrücklichen Auftrage meiner Fraktion, in deren Auftrag auch Herr Abgeordneter Stadthagen gestern gesprochen hat - ich bemerke das, um lautgewordenen irrigen Auffassungen vorzubeugen[3].

1) Vorangegangen waren die Reden der Abgeordneten ENNECCERUS und v. MANTEUFFEL (s.Nr.8).
2) Karl Egon FROHME (1850-1933); seit 1870 aktiver Sozialdemokrat, 1881 vom Wahlkreis Hanau-Gelnhausen in den Reichstag gewählt. Von 1884 bis November 1918 Reichstagsabgeordneter des Wahlkreises Altona-Stormarn. 1919/20 Mitglied der Weimarer Nationalversammlung. - Über FROHME s.OSTERROTH,BLS Bd 1, S.89 f.
3) Zu den Spekulationen, zu denen eine Bemerkung STADTHAGENs

Ich bin einigermaßen erstaunt gewesen, von den verschiedensten Berufungen an die angebliche Tatsache einer "nationalen Begeisterung" für dieses Werk zu hören. Da konstruiert man die recht hübsche Phrase: "ein Reich, ein Herr, ein Recht!" Ich habe doch den Eindruck gewonnen, als mische sich hier und da in die Beurteilung der Sache und in die Propaganda für baldiges Zustandekommen des Gesetzbuchs eine recht starke Dosis nationaler Eitelkeit. Es ist ja bekannt, daß man gewisserseits Wert darauf gelegt hat, gerade in Rücksicht auf das jetzt stattgehabte Jubiläum des Deutschen Reichs das bürgerliche Gesetzbuch zu Stande zu bringen, daß man geradezu gemeint hat, damit erst diesem Jubiläum die "rechte Weihe" zu geben. Die Masse der Nation - das glaube ich nach meinen Beobachtungen behaupten zu können - steht bis jetzt dem vielberufenen großen Werk ziemlich kühl gegenüber, besonders auch wohl deshalb, weil sie noch wenig über den Inhalt desselben weiß. Im übrigen aber hat die Masse der Nation wohl die ganz richtige Empfindung, daß diesem Werk doch die einzig richtige Basis, nämlich die einheitliche Rechtsidee, vollständig fehlt.

Wir haben ja hier wieder in den letzten Tagen den Beweis dafür erhalten, daß die herrschenden Interessenrichtungen selbst über die grundlegenden, leitenden Prinzipien, die bei der Sache in Betracht kommen sollen, vollständig uneinig sind. Da sehen wir auf der einen Seite die Interessen des mobilen, auf der anderen Seite die Interessen des immobilen Kapitals; da sehen wir liberale, dort konservative und ultramontane Rechts- und Sittlichkeitsanschauungen sich geltend machen; die ringen gegeneinander, jede um eine vorzugsweise Berücksichtigung bei dem Zustandekommen des Entwurfs. Über die Tatsache, daß gerade jetzt die Uneinigkeit im Rechtsbegriff sich so stark ausprägt, hilft kein patriotischer Tamtam hinweg, und diese Tatsache wird auch das Volk gebührend zu würdigen wissen.

---

in seiner ersten Rede (s.Nr.6) Anlaß gegeben hatte, s. bereits Nr. 6, Anm.4.

Herr Staatssekretär Nieberding meinte: das neue Recht soll aufgebaut werden nach Gründen der Zweckmäßigkeit, ohne Liebe für abgestandene Dinge[4]. Nun, ich kann mich voll und ganz den diesbezüglichen Ausführungen meines Freundes und Parteigenossen Stadthagen anschließen, daß die "Zweckmäßigkeit", um die es sich handelt, doch speziell die Sonderinteressen der herrschenden Klassen und Stände betrifft. Es ist nicht wahr - und Sie werden es dem Volk niemals begreiflich machen, auch mit den schönsten Redensarten nicht -, daß wir es hier nur zu tun haben mit einer Äußerung des "nationalen Gedankens", des "nationalen Bewußtseins". Das wirklich nationale Bewußtsein, daß Bewußtsein der Massen, steht weit entfernt von den Empfindungen, von welchen wir die Vertreter der herrschenden Klassen durchdrungen sehen.

Dann meinte Herr von Buchka: wir können das römische Recht nicht aus der Welt schaffen[5]. Ja, wir wissen wohl: das römische Recht ist kapitalistisches und damit auch internationales Recht geworden, seine Ausgestaltung entspricht ja der wirtschaftlichen Entwicklung,hat mit derselben gleichen Schritt gehalten. Aber seine Kraft hat dieses Recht in Deutschland

4) NIEBERDING war in seiner Rede, mit welcher die 1.Lesung des BGB im Reichstag eröffnet wurde (s.Nr. 4,Anm.3),auch auf die Frage eingegangen, wie weit die 2.Kommission das römische Recht zu berücksichtigen gehabt habe. In diesem Zusammenhang führte er aus (a.a.O. S.707):"... So weit, wie das deutsche alte Recht im stande gewesen ist, der Macht des modernen Lebens Widerstand zu leisten und sich den Verhältnissen dieses Lebens anzuschließen, so weit hat es auch Anspruch darauf, in unserem Gesetzbuch weiter zu leben, in soweit wird es vielleicht sogar der fruchtbarste Keim für die künftige Entwicklung unseres Rechtes werden. Nach diesen Gesichtspunkten hat die Kommission die Auswahl der auf deutschem Boden ursprünglich gewachsenen Rechtssätze getroffen, die in das neue Gesetzbuch zu übernehmen waren: es hat erhalten, was noch am Leben war, aufgefrischt, was im Verwelken begriffen, neu hervorgezogen, was das römische Recht zurückgedrängt, doch nicht erstickt hat, aber die Toten hat es nicht in das Leben zurückrufen wollen, germanistische Liebhabereien hat die Kommission nicht treiben dürfen, die praktischen Interessen der deutschen Nation standen dafür zu hoch."

5) STEN.BER.RT., IX.Leg.Per.,IV.Session, 30.Sitzung vom 3. Februar 1896 = Bd 4, S.718 ff.; das obige Zitat a.a.O. S.721.

doch wesentlich dadurch gewonnen, daß das altgermanische Recht den veränderten wirtschaftlichen Grundlagen nicht mehr entsprach. Was hat es dem gegenüber eigentlich für Sinn, immer auf den Germanismus sich zu berufen? Das ist Phraseologie, die man doch gescheiter aus diesen ganzen Erörterungen herausließe.

(Sehr richtig! bei den Sozialdemokraten.)

Germanismus! Ja ich bin überzeugt, wenn man einmal anfangen würde, auf das alte germanische Recht zurückzugreifen, wenn man es ernst damit meinte, es neu zu gestalten, daß wir dann sehr, sehr vieles nicht haben würden, was gerade die Vorbeter der herrschenden Klassen als Grundlage der bestehenden Staats- und Gesellschaftsordnung überhaupt erachten: das Erbliche Fürstentum und alles, was damit zusammenhängt, das hat es nach dem altgermanischen Recht nicht gegeben.

(Sehr richtig! bei den Sozialdemokraten.)

Ich wende mich nun zu den Ausführungen, die der Herr Professor Sohm als Regierungsvertreter gemacht hat[6]. Ich muß gestehen, nach den Ausführungen des Herrn Geheimrat Planck[7], die von tiefer Sachlichkeit und tiefgründender Gesinnung getragen wurden, machten die Ausführungen des Herrn Professor Sohm denn doch einen eigentümlichen Eindruck, der nicht nur hier im Hause verblieben sein dürfte. Der geehrte Herr dürfte der von ihm vertretenen Sache mehr geschadet haben, als lo gute Redner ihr noch nützen könnten.

(Sehr wahr! bei den Sozialdemokraten.)

Er sagt, die Juristen sind die Sachverständigen[8]; aber es darf doch nicht außer acht gelassen werden, daß man draußen im Volk recht gut weiß, daß die Juristen einer eng begrenzten Klasse angehören, und daß sie im Grunde genommen doch nichts anderes tun sollen, als die Rechtsideen des Volkes formulieren.

---

6) S.Nr. 7, Anm.1; s.i.ü.die bereits in den Anmerkungen zu Nr. 7 wiedergegebenen Stellen aus der Rede SOHMs.
7) S.Nr. 5, Anm.2.
8) A.a.O. (Anm.5) S.754.

Der geehrte Herr Professor Sohm befand sich in seinen gestrigen Ausführungen in einigen ganz erheblichen Widersprüchen mit denjenigen Ansichten, die er uns in der zugegangenen Broschüre über den Entwurf eines bürgerlichen Gesetzbuchs niedergelegt hat[9]. Mit den gestrigen Ausführungen spottet er diesen gegenüber seiner selbst und weiß nicht wie, und hätte er gestern geschwiegen, er wäre vielleicht ein Weiser geblieben, so ist er's nicht.

(Heiterkeit!)

In seiner Broschüre sagt er auf Seite 3[1o]:

> Es versteht sich von selber, daß der Entwurf, wenn wir auf ihn den Maßstab des Idealen anlegen, um ein beträchtliches hinter dem zu erstrebenden zurückbleibt.

Dann weiter:

> Die Kodifikation gibt notwendig unvollkommen gemachtes, in der Studierstube erzeugtes, von des Gedankkens Blässe angekränkeltes, fabrikmäßig auf Vorrat gearbeitetes Recht[11].

(Hört! hört! bei den Sozialdemokraten.)

- und der Herr Professor fährt wörtlich fort:

> so auch unser Entwurf.Er wird, wie jede Kodifikation, ja wie jedes Gesetz, der fortgesetzten Pflege des Arztes, genannt Gesetzgeber, nicht entraten können[11a].

Der verehrte Herr hatte allerdings über die Bedeutung und den Charakter des Gesetzgebers eine ganz seltsame Auffassung. Er meinte meinem Freund Stadthagen gegenüber: Gesetzgeber werden eigentlich nicht gewählt; er gab zu verstehen, daß das Wählen eigentlich eine bloße Form sei[12]. Der Gesetzgeber muß die

---

9) SOHM, Gruchot 39/736 ff.- Den Reichstagsabgeordneten war der Vortrag von SOHM offenbar in einem Separatdruck zugegangen.

1o)SOHM, Gruchot 39/736,739.

11)Ibd. - Das Zitat gibt den Wortlaut der Broschüre SOHMs wörtlich wieder. SOHM wollte mit den Formulierungen allerdings die Schwäche jeder Kodifikation gegenüber dem Gewohnheitsrecht verdeutlichen.

11a)Ibd.

12)S.bereits Nr. 7, Anm.3.

Befähigung zum Gesetzgeber entweder mitbringen, oder aber? Nun, Herr Sohm sagt etwas weiter unten auf derselben Seite seiner Broschüre:

> Die Pflicht gibt uns das Amt, und das Amt muß uns den Verstand geben[13].

(Heiterkeit bei den Sozialdemokraten.)

Ich bin leider nicht in der Lage, konstatieren zu können, daß der Herr Professor Sohm in Rücksicht auf seine ökonomischen, /[783]/ sozialpolitischen Ausführungen diesem seinem eigenen Satz gestern gerecht wurde. Er meinte, die Vertretung der Nation habe in der Kommission tatsächlich stattgefunden, und sagte ferner: der Volksvertreter muß einen speziellen Beruf haben zu seiner Vertretung[14]. Ich weiß nicht, ob er darunter versteht, daß der Gesetzgeber diesen Beruf von Gottes Gnaden zu haben hat. Wir haben allerdings Fürsten von Gottes Gnaden, aber Volksvertreter und Professoren von Gottes Gnaden haben wir bis jetzt noch nicht, die sich auf ihre unantastbare Autorität berufen!

Ich muß mir nun noch die Freiheit nehmen, gegenüber besonders auffälligen Ausführungen des Herrn Professors Sohm in Betreff der sozialen Frage beziehungsweise der Arbeiterfrage ihn auf eine ganze Reihe von Männern zu verweisen, die in der wissenschaftlichen Welt mindestens das Ansehen genießen, welches er glaubt in Anspruch nehmen zu dürfen. Er meinte, uns dahin belehren zu können, daß ja die Arbeiterfrage eigentlich nichts anderes sei als eine solche nach höherem Lohn[15]. Ich muß gestehen, einen so argen Tiefstand der sozialpoliti-

---

13) SOHM, Gruchot 39/737, 739/4o - s. zu diesem Ausspruch SOHMs noch Nr. 1o, Anm.1.

14) S.bereits Anm.12.

15) SOHM in seiner Reichstagsrede a.a.O. (Nr. 7,Anm.2) S.756: "... Worin besteht die agrarische Frage in der Hauptsache? Darin, daß höhere Getreidepreise nötig sind. Worin besteht die Arbeiterfrage in der Hauptsache, in einem Hauptstück wenigstens? Darin, daß höhere Löhne notwendig sind. ... Wenn wir ein bürgerliches Gesetz machen könnten, durch welches höhere Getreidepreise und auch höhere Arbeitslöhne geschaffen würden, welcher Sturm der Begeisterung würde entstehen! Da würden selbst jene leeren Stühle schreien: her mit dem Gesetzbuch! Wenn wir eine Kommission bilden könnten, die uns ein solches Gesetzbuch machen könnte, wie würde jeder rufen: her mit der Kommission! Aber solche Kommission ist die commission introuvable.Die finden

schen Erkenntnis habe ich noch niemals bei einem Professor gefunden, und das deutsche Professorentum hat doch schon manche Exemplare gehabt, die bewiesen haben, daß sie von der sozialen Frage und von der Arbeiterfrage nichts verstehen.

(Sehr gut! bei den Sozialdemokraten.)

Wenn ich mir erlauben darf, den Herrn Professor Sohm zu bitten, einmal das 7.Kapitel des bekannten Werks "Die Arbeiterfrage" von Friedrich Albert Lange nachzulesen[16)], so kann er sich dort Belehrung holen über das, was die soziale Frage, die Arbeiterfrage ist. Ich wähle deshalb diesen Mann, weil niemand wird sagen können, daß das ein ausgesprochener Sozialdemokrat, ein böser Umstürzler gewesen, ein Mann, dem es darauf angekommen, das oberste zu unterst zu kehren. Vorweg bemerke ich noch, daß auf mich die Rede des Herrn Professors Sohm den Eindruck gemacht hat, als rede er in dem Bewußtsein, bei einem Studentenkommers zu stehen. Es hat nur noch das "Hipp, hipp, hurrah!" gefehlt; dann war es durchaus eine Rede, wie sie, vor unreifen Studenten gehalten, unter Umständen sich entschuldigen läßt.

(Sehr richtig! bei den Sozialdemokraten.)

Ich möchte den Herrn Professor hinweisen auf folgenden Ausspruch des Professors Lange, der doch wahrhaftig kein wissenschaftlicher Kleinmeister war, der im Gegenteil über gewisse Kleinmeister, die sich mit Wissenschaftlichkeit brüsten, arg gespottet hat. Er sagt:

> Kein Fürst, kein Priester, kein Revolutionär, kein Parteiführer hat die Arbeiterfrage gemacht, sondern sie ist aus den sozialen Zuständen einerseits und aus dem allgemeinen Zeitbewußtsein andererseits mit Naturnot-

---

wir nun und nimmermehr!"

16) Friedrich Albert LANGE (1828-1875); Philosoph, insb.Theoretiker der sozialen Frage. Zeitweise der Arbeiterbewegung sehr nahe stehend. Starke Anlehnung an MARX und LASSALLE, vor allem in der Kritik des Wirtschaftsegoismus; Abweichungen von MARX in der Einschätzung der Möglichkeit sozialer Reformen. Erkenntnisphilosophisch in der KANT-Tradition stehend. Hauptwerke: "Die Arbeiterfrage" und "Geschichte des Materialismus". Über LANGE s. FREYER, HdSW 6/S.524 ff. m.w.N.

> wendigkeit hervorgetreten und hat sich so allmählich und so allgemein der Gemüter bemächtigt, daß man sie als eine Zeitfrage von erstem Range anerkennen muß, auch wenn man glaubt, daß die wahre Lösung darin bestehen möchte, die Unlösbarkeit der Frage zu erkennen und zum allgemeinen Bewußtsein zu bringen[17].

Und weiter:

> Kein Reichtum ohne arme Leute, welche den Reichen dienen; Reichtum ist Zweck; Armut, und zwar extreme Armut ist das Mittel der ganzen wirtschaftlichen Bewegung. Das ist die Basis des bestehenden bürgerlichen Staats[18].

Lange weist auch darauf hin, daß die Arbeiterfrage stets im Zusammenhang mit der ganzen großen sozialen Frage erfaßt werden müsse, und das ist bei der Beurteilung des Entwurfs zum bürgerlichen Gesetzbuch wahrhaftig nicht Nebensache[19]. Die Arbeiterfrage ist nur eine Erscheinungsform der allgemeinen großen sozialen Frage, welche in unserem Zeitalter die dominierende Erscheinungsform geworden ist, und die Frage der sozialen Umgestaltung wird zur Lebensfrage der modernen Kultur in Europa werden. Herr Professor Sohm allerdings ist der zum Glück recht unmaßgeblichen Ansicht, daß man die Arbeiterfrage vorläufig vertagen müsse, die agrarische Frage sei viel wichtiger[20]. Wenn ich boshafter wäre, als ich's bin

(Heiterkeit),

dann würde ich die Gegner der Sozialdemokratie zu dieser unergründlichen und unerreichbaren Weisheit beglückwünschen.

---

17) LANGE, Arbeiterfrage S.84.
18) LANGE, Arbeiterfrage S.85.
19) LANGE, Arbeiterfrage S.89.
2o) SOHM in seiner Reichstagsrede a.a.O. S.756: "Alle die großen Fragen, die noch zu lösen sind, die lösen wir an dieser Stelle nicht. Der Herr Abgeordnete Stadthagen hat gesagt: warum denn nicht eine sozialistische Gesetzgebung über den Arbeitsvertrag? Da frage ich: warum denn nicht eine agrarische Gesetzgebung? Neben der Arbeiterfrage steht die agrarische Frage, welche seit kurzem plötzlich emporgewachsen ist. Die agrarische Frage ist in meinen Augen noch wichtiger als die eigentliche Arbeiterfrage. Auf dem Bauernstand ruht die Kraft des deutschen Reichs; auf dem Lande wohnt das Reich." - Die Behauptung SOHMs, STADTHAGEN habe ein sozialistisches Arbeitsrecht gefordert, steht in klarem Gegensatz zu dem mehrfach betonten Standpunkt STADTHAGENs, er denke realistisch genug, um

Wenn es wahr wäre, was man der Sozialdemokratie stets unterstellt, daß es ihr auf "gewaltsamen Umsturz" ankomme und in erster Linie zu diesem Zwecke darauf, die Unzufriedenheit bis zum äußersten Maße zu steigern, dann müßte ich wünschen, die regierenden, die maßgebenden Kreise eigneten sich die Weisheit des Herrn Professors Sohm über die soziale Frage an.

(Heiterkeit.)

Der Herr hat dann weiter den sonderbaren Satz ausgesprochen: das Beamtentum hat den Staat gemacht; und er rechnet sich zur besonderen Ehre, diesem Beamtentum zuzugehören[21]. Ja, das sind deplazierte Redensarten, die wahrhaftig der Sache, die der Herr hier vertreten hat, nicht dienen können, und das um so weniger, als auch darin wieder er sich im Widerspruch mit sich selbst befand; denn in seiner Broschüre sagt er: das Volk macht das Recht immer[22]. Er wollte damit sagen nach meinem Erachten, daß der Jurist eigentlich nichts anderes zu tun

---

nicht sozialistisches oder sozialdemokratisches Recht zu fordern.

21) S. zu diesem Ausspruch SOHMs noch Nr. 1o, Anm.8.

22) In dieser Formulierung ist der Satz in dem Vortrag von SOHM nicht enthalten. SOHM (Gruchot 39/737,739,741 f.)hatte u.a. ausgeführt: "Vollkommen ist nur das draußen im Freien gewachsene Recht, das aus den Naturkräften des Volkslebens von selber unbewußt entsprungene, durch Wind und Sonne der Geschichte zu urwüchsigem Leben gebrachte Gewohnheitsrecht ... " Er hatte sich ferner gegen den (in Anlehnung an BESELER formulierten) Vorwurf, der Entwurf enthalte "Juristenrecht, kein Volksrecht", gewandt: "... Sind wir wirklich eine abgeschlossene, für sich vegetierende Kaste, oder stehen wir nicht vielmehr mit beiden Füßen mitten in dem gesamten Leben der Gegenwart? Weht nicht auch uns der Wind, der durch die Geschichte unseres Volkes weht, mächtig um unsere Stirn? Sind wir nicht mit all unserem Sein und Wirken untrennbar mit unserem Volk verbunden, mit leidend, mit betroffen, mit empfindend?... Bei der Arbeit .., die wir Juristen in Schaffung des gerechten Rechts zu vollbringen haben, steht uns eine Großmacht zur Seite, die nur mit uns, mit keinem anderen ist. Ich meine die rechtsgeschichtliche Bildung. Der gebildete Jurist sieht nicht bloß die Wogenschläge, die der Wind der Gegenwart erregt. Er sieht den ganzen mächtigen Strom,der von fernen Höhen zu den fruchtbaren Niederungen der Jetzt-Zeit herabsteigt. Er sieht den Lauf des gewaltigen Flusses und ist dadurch in den Stand gesetzt, seine fernere Richtung, die Ziele der Entwicklung und damit die Aufgabe der Gesetzgebung zu erkennen. Die Vergangenheit wird ihm zur Weissagerin der Zukunft, zur Lehrmeisterin für das Werk der Rechtsschöpfung, an dem er arbeitet. Das gerechte,

habe, als der Diener des das Recht machenden Volkes zu sein. Ich habe allerdings nicht finden können, wie der Herr Professor sich dieses "Machen des Rechts" vorgestellt hat. Wir sind es ja gewohnt, daß bei jeder passenden und unpassenden Gelegenheit irgend ein Gegner auftritt und uns erklärt, daß wir, die bösen umstürzlerischen Sozialdemokraten, der ganzen bestehenden Rechtsordnung feindlich gegenüberstehen. Diese Ansicht hat auch Herr Professor Sohm und zwar mit großem Nachdruck ausgesprochen[22a], und er hat auch damit bewiesen, daß er von den Tendenzen der Sozialdemokratie, von ihrer Entwicklung, von dem Stande derselben zur Zeit nichts kennt, - sonst hätte er mit gutem Gewissen diese Behauptung nicht aufzustellen vermocht.

(Sehr richtig!)

Wir haben eine Rechtsordnung, mit der wir zu rechnen haben. Diese Rechtsordnung wird seitens der Vertreter der herrschenden Interessen als solche hingestellt, welche die beste sei.

---

wahre Volksrecht zu finden vermag heute nur der gebildete Jurist. Das Juristenrecht stellt für uns nicht den Gegensatz, sondern die unentbehrliche Erscheinungsform des Volksrechtes dar. Enthält unser Entwurf richtiges Juristenrecht, so ist damit gerade gesagt, daß er das wahre Volksrecht der Gegenwart zum Ausdruck bringt." (S. zur Kritik des hier vorgetragenen Verständnisses von Recht und Rechtsgeschichte die in Nr. 3, Anm.4 wiedergegebene, 1896 bereits über 80 Jahre zurückliegende Polemik FEUERBACHSs gegen die historische Rechtsschule).
In seiner Reichstagsrede hatte SOHM ausgeführt: "... Das geltende Recht - von wem ist es gemacht? Haben das die Gesetzgeber oder die herrschenden Klassen erfunden? Weit entfernt! Das geltende Recht ist naturwüchsig, mit Naturgewalt aus dem gesamten Volksleben hervorgegangen!" Auf diesen Ausspruch wollte FROHME vermutlich Bezug nehmen.

22a) SOHM in seiner Reichstagsrede (a.a.O. S.756): "... ich habe es gestern begriffen, warum der Herr Abgeordnete Stadthagen nicht in unsere Kommission gekommen ist ... Das ist mir gestern dadurch klar geworden, daß er, und höchstwahrscheinlich auch seine Fraktionskollegen, der ganzen bestehenden Rechtsordnung ein ganz entschiedenes Nein, die einfache Ablehnung gegenüberstellte. Da kann man ihn unmöglich zur Teilnahme an der Fortgestaltung dieser Rechtsordnung einladen."

Man möchte glauben machen, es könne keine bessere Rechtsordnung sich entwickeln. Es ist wohl zu beachten, daß auch heute noch die herrschenden Klassen den Erbfehler der herrschenden Klassen von früher her überhaupt teilen, zu meinen, daß der wirtschaftliche und sozialpolitische Zustand, der nun existiert, der ihren Interessen entspricht, der denkbar beste sei, nun daß es darüber hinaus nichts geben, daß nichts besseres sich herausgestalten könne. Es ist eine Torheit, zu sagen, wir seien die "geschworenen Feinde" der bestehenden Rechtsordnung, derselben Rechtsordnung, mit der wir uns beständig vielleicht mehr und energischer als irgend eine andere Partei abzufinden haben. Wir wissen sehr wohl, daß diese Rechtsordnung nicht der Willkür Einzelner entspringt; wir wissen, daß sie das Resultat des sich ausgestaltenden Klasseninteresses ist; wir wissen, daß sie das Ergebnis der geschichtlichen Entwicklung überhaupt darstellt, und ein vernünftiger Mensch stellt sich gegen ein derartiges Ergebnis nicht in dem Sinne feindlich, als man es uns imputieren möchte. Was wir tun, ist einzig und allein, daß wir erklären: diese Rechtsordnung bedeutet nicht die Höhe der rechtlichen, der kulturellen Entwicklung; wir machen auf die Schäden aufmerksam, die sie /[784]/ enthält; wir weisen darauf hin, daß sie nicht in Übereinstimmung steht mit den Bedürfnissen, den rechtlichen Ansprüchen weiter Kreise des Volkes, und wir betonen, daß mit entwicklungsgesetzlicher Notwendigkeit auf die bestehende Rechtsordnung eine bessere folgen müsse. Möchte man sich doch auf sogenannter maßgebender Stelle endlich einmal abgewöhnen, zu behaupten, es komme der Sozialdemokratie auf den "gewaltsamen Umsturz" der bestehenden Rechts- und Staatsordnung an! Wir rechnen mit dem historischen Recht als einer gegebenen Tatsache, aber immer nur unter der Voraussetzung, daß dieses Recht einem anderen zu weichen haben wird. Wir wollen die Entwicklung im Recht, die Entwicklung zu immer höherer sozialer politischer Gerechtigkeit.

Da befinden wir uns in guter Gesellschaft. Wir brauchen uns nicht auf die Professoren im Geist des Herrn Professors Sohm zu beziehen; es gibt andere, die auch er wird gelten lassen müssen, die genau unseren Standpunkt vertreten, ohne daß er es wagen dürfte, gegen sie die Behauptungen zu erheben, welche er gegen uns erhoben hat, Behauptungen, wie sie jeder obskure Zeitungsschreiber seit 25 Jahren zu erheben pflegt. Es ist zunächst, wenn ich mir erlauben darf, der Mann zu zitieren, der hervorragende Rechtslehrer Rudolf von Jhering. Wie stellt denn dieser die Sache dar? Er sagt, daß die Quelle des positiven Rechts nichts anderes ist als die Macht, daß die Macht aber dem sozialen Daseins- und Interessenkampf entspricht, daß sie das Resultat des Sieges des Stärkeren über den Schwächeren ist: der Sieger diktiert dem Besiegten, den er beherrschen will, zur Nachachtung gewisse Vorschriften, die seinem, des Siegers, Vorteil entsprechen, als Recht, ganz unbekümmert darum, daß dieses Privilegium seiner Macht niemals die Natur des Rechts an sich besitzen kann, sondern im Gegenteil immer ein Unrecht voraussetzt.

Das Recht ist

- so sagt Jhering wörtlich[23] -

> nur die ihres eigenen Vorteils und damit der Notwendigkeit des Maßes, d.h. einer gewissen Selbstbeschränkung im eigenen Interesse, sich bewußt gewordene Gewalt. Das Recht ist demnach nicht etwas seinem Wesen nach von der Gewalt Verschiedenes, sondern nur eine Erscheinungsform der Gewalt, d.h. die rechte und richtige, weil an bestimmte Regeln bindende, also die disziplinierte Gewalt, im Gegensatz zu der wilden,rohen, nur durch die Leidenschaft und den augenblicklichen Vorteil bestimmten, also der regellosen Gewalt. Nicht das Recht herrscht an der Stelle der Gewalt, sondern die Gewalt selber herrscht stets und überall; sie ist die staatliche beziehungsweise gesetzliche Autorität; sie übt die Justiz, sie hat das Schwert in Händen, und das Recht dient ihr nur, wie der Kompaß dem Steuermann. Glaube und Aberglaube, Rohheit und Kultur,

---

23) JHERING, Zweck im Recht I, 1.Aufl.,S.251 ff.; s. zu dem folgenden Zitat auch S. LXXII der Einführung. In der hier zitierten Form fehlt das Zitat in den folgenden Auflagen.

Rachsucht und Liebe, Grausamkeit und Menschlichkeit, und was soll ich sonst noch nennen, Alles hat dem Recht seinen Stempel aufgeprägt; welche Macht gerade den Griffel in der Hand hatte, die hat mit ihm ihre Gesetze, d.h. ihre Interessensatzungen in die Tafeln des Rechts eingegraben. Und das

- so bemerkt Jhering dazu -

ist ein trostloses Resultat!

Nun, in dem Kampf ums Recht, der ja speziell bei dem Entwurf zum bürgerlichen Gesetzbuch in ganz erheblichem Maße naturgemäß entbrennen muß, sind auch folgende Zeilen des obengenannten Gewährsmannes beachtenswert[24]:

Hier stehen sich zwei Parteien gegenüber, von denen jede die Heiligkeit des Rechts in ihrem Panier führt: die eine, die des historischen Rechts, des Rechts der Vergangenheit, die andere, die des ewig werdenden und sich verjüngenden Rechts, des ewigen Urrechts der Menschheit auf das Werden, ein Konfliktsfall der Rechtsidee mit sich selbst, der in Bezug auf die Subjekte, die ihre ganze Kraft und ihr ganzes Sein für ihre Überzeugung eingesetzt haben und schließlich dem Urteil der Geschichte erliegen, etwas wahrhaft Tragisches hat. Alle großen Errungenschaften, welche die Geschichte des Rechts zu registrieren hat: die Aufhebung der Sklaverei, der Leibeigenschaft, die Freiheit des Grundeigentums, der Gewerbe, des Glaubens und anderes mehr, sie alle haben erst auf diesem Wege des heftigsten, oft jahrhundertelangen Kampfes gewonnen werden müssen, und nicht selten bezeichnen Ströme Bluts, überall aber zertretene Rechte den Weg, den das Recht dabei gewandelt ist. Denn "das Recht ist der Saturn, der seine eigenen Kinder verspeist"; das Recht kann sich nur dadurch verjüngen, daß es mit

24) JHERING, Kampf ums Recht S.15/16.

seiner eigenen Vergangenheit aufräumt. Ein konkretes Recht, das, weil es einmal entstanden, unbegrenzte, also ewige Fortdauer beansprucht, ist das Kind, das gegen die eigene Mutter seinen Arm erhebt; es verhöhnt die Idee des Rechts, indem es sich auf sie beruft; denn die Idee des Rechts ist nicht etwa das Sein, sondern das ewige Werden, und das Gewordene muß dem neuen Werdenden weichen; denn, wie der Dichter sagt: alles, was entsteht, ist wert, daß es zu Grunde geht.

Ich könnte Ihnen noch eine ganze Reihe derartiger Aussprüche hervorragender Rechtslehrer, an die zu erinnern gerade die gegenwärtige Zeit unserer jetzigen Tätigkeit sehr angezeigt erscheinen dürfte, vortragen.

Bedeutet denn nun der Entwurf des bürgerlichen Gesetzbuchs einen Fortschritt im Recht und zur Gerechtigkeit? Diese Frage muß ich mit äußerster Entschiedenheit verneinen. Was hat man denn im Laufe der vielen Jahre mit der unzweifelhaft bedeutenden Arbeit, die auf diesen Entwurf verwendet ist, eigentlich geleistet? Der Entwurf stellt sich im Grunde genommen als nichts anderes dar, als das Bemühen, unter Anerkennung der hauptsächlichsten, größenteils im römischen Recht begründeten Rechtsgrundsätze im Interesse der herrschenden Klasse in Deutschland eine einheitliche Basis zu geben! Es entspricht durchaus den grundlegenden Einrichtungen der bürgerlichen Gesellschaft, und es kann ja auch gar nicht anders sein. Glauben Sie nicht, daß wir uns darüber wundern und aufregen. Der Entwurf konnte nicht anders werden: Er mußte in dem schon von meinem Freund Stadthagen bezeichneten Umfang speziell den Sonderinteressen der herrschenden Klassen entsprechen. Ach! das Volk hat kein Verständnis dafür, wenn man ihm noch so feierlich versichert, es sei auf die "Gleichheit im Recht" abgesehen. Bei gewissenhafter und vorurteilsloser Prüfung kommt man dann doch zu der Überzeugung, daß hier von der Anbahnung zur Rechtsgleichheit nicht einmal die Rede sein kann geschweige denn von der Rechtsgleichheit überhaupt. Aller Fortschritt im Recht kann und soll sich nur vollziehen nach der Richtung der Gleichheit und der Freiheit; aber hier hat man nichts anderes getan, als jahrelange Arbeit verschwendet, um Rudimente und die passendsten Steine aus dem Gemäuer der bestehenden bürgerlichen Rechtsbücher herauszunehmen, um für das deutsche eine einheitliche Basis zu schaffen. Ein Reich, ein Recht! Glauben Sie mir, die Volksseele, und ich meine sie doch auch etwas zu kennen und aus ihr heraus sprechen zu dürfen, versteht diese Ruhmredigkeit auf die Einheitlichkeit und die Gleichheit in diesem Gesetzentwurf wahrhaftig nicht. Ich möchte daran erinnern, und vielleicht könnte das Nachdenken über diesen Satz auch dem Herrn Professor Sohm einigermaßen zu gute kommen, das Lassalle in einem anerkannt hervorragend wissenschaftlichen Werk, in seinem "System der erworbenen Rechte", unter anderem die Frage stellt: was ist es denn, das den /[785]/ tiefinnersten Inhalt all unseres sozialen und politischen Kämpfens bildet? und er antwortet:

> Der Begriff des erworbenen Rechts ist wieder einmal streitig geworden, und dieser Streit ist es, der das Herz der Gesellschaft durchzittert bis in ihre innersten Tiefen[25].

Der Herr Professor Sohm glaubte einen besonderen Trumpf auszuspielen, als er bemerkte, der Arbeiterstand solle von der sozialdemokratischen Schulbank zur bürgerlichen Freiheit gebracht werden[26]. Ich kehre den Satz gewissermaßen um und sage: große Teile der die Bildung repräsentierenden Volkskreise werden durch die Bemühungen der Sozialdemokratie von der unmaßgebenden professoralen Schulbank hinweggezogen und der Idee der sozialen Gerechtigkeit gewonnen werden.

(Sehr richtig! bei den Sozialdemokraten.)

---

25) S.bereits Nr. 1, Anm.8.

26) SOHM in seiner Reichstagsrede (a.a.O. S.758):"... Unsere ganze öffentliche und sittliche Freiheit, die wir als Einzelpersönlichkeit besitzen, das kostbarste Rechtsgut, das wir alle haben, wird uns durch das Privateigentum,das freie Privateigentum allein ermöglicht.In dem Privatrecht liegt die Magna Charta unserer öffentlichen Freiheit. Weit mehr als auf der Staatsverfassung beruht auf dem bürgerlichen Recht das, was wir Freiheit nennen, und ich denke, es soll der Arbeiterstand, der gegenwärtig noch auf der sozialdemokratischen Schulbank sitzt und in verba magistri schwört, von der sozialdemokratischen Unfreiheit zur bürgerlichen Freiheit erzogen werden. Dazu soll unser Gesetzbuch seinen Teil beitragen."

Dann sagte er bezüglich des Vereinswesens, der Entwurf stelle einen außerordentlichen Fortschritt dar, und er machte dazu die Bemerkung: "mehr kann man nicht verlangen". Ja, mehr kann man nach all den Proben unmaßgeblicher Ansichten, die der Herr Professor bis dahin schon gegeben hatte, allerdings nicht verlangen, als daß er auch noch diese unmaßgebliche Ansicht aussprach[27].

(Sehr richtig! bei den Sozialdemokraten.)

Sehen wir uns denn doch einmal dieses Vereinsrecht an.Mein Freund Stadthagen hat ja bereits einige darauf bezügliche Bemerkungen gemacht; doch muß ich auf die Sache noch einmal in einigen wesentlichen Punkten zurückkommen. Ganz ohne Zweifel - und das haben wir hier im Hause des öfteren ausgesprochen - ist die Regelung der Rechtsfähigkeit der Vereine eine sehr wichtige Frage, speziell auch für die irgend welchen wirtschaftlichen und humanen Bedürfnissen entsprechenden Arbeiterorganisationen. Sie ist um so wichtiger, als auf keinem anderen Rechtsgebiet öffentliche und private Interessen so eng mit einander verknüpft sind, als gerade auf dem des Vereinswesens. Von dieser Erwägung aber haben sich nach meinem Dafürhalten die Verfasser des Entwurfs leider nicht leiten lassen. Statt, wie es erforderlich war, das gesamte öffentliche und private Vereinsrecht für das anze Reich neu zu gestalten,es auf neue, dem freiheitlichen Geist der Zeit entsprechende Grundlagen zu stellen, haben sie ein Werk geschaffen, welches nicht nur keinen Fortschritt, sondern einen ganz

---

27) Dieses Zitat FROHMES verkehrt durch Zusammenstellen zweier Wendungen aus der Rede SOHMs (a.a.O. S.758 u.759) den Inhalt der SOHM'schen Stellungnahme nahezu in ihr Gegenteil: "Mehr kann man nicht verlangen" bezog sich in der Rede SOHMs nicht auf das Vereinsrecht des Entwurfs, sondern auf den gegen den Entwurf gerichteten Vorwurf, er sei in Juristendeutsch abgefaßt. SOHM hatte - nicht sonderlich geschmackvoll - darauf hingewiesen, daß sogar die Mitgliederinnen des Frauenschutzvereins in Leipzig, welche ein Protestschreiben gegen das Familienrecht des Entwurfs verfaßt hatten, diesen doch wohl verstanden hätten. "Die Damen haben unseren Entwurf verstanden - mehr kann man nicht verlangen." - Zum Vereinsrecht des Entwurfs nahm SOHM zwar grundsätzlich eine zustimmende Haltung ein,empfahl jedoch, die zum Teil erst vom Bundesrat eingefügten Beschränkungen des Erwerbs der Rechtsfähigkeit wieder zu entfernen. - S.zur Einstellung SOHMs zu den vereinsrecht-

erheblichen Rückschritt gegen die in verschiedenen deutschen Bundesstaaten bestehenden gesetzlichen Bestimmungen darstellt. Wir haben im Entwurf unter anderem die Bestimmung:

> Ein Verein, der nach der Satzung einen dem Gebiet der Politik oder der Sozialpolitik, der Religion, der Erziehung oder des Unterrichts angehörenden Zweck nicht hat, kann aufgelöst werden, wenn er einen solchen verfolgt[28].

Wir haben im Laufe der letzten 25 Jahre denn doch wahrhaftig Erfahrungen genug gemacht, wie man in Deutschland behördlicherseits das Koalitionsrecht der Arbeiter zu vergewaltigen und illusorisch zu machen im Stande ist. Ich verweise Sie auf die sächsischen Polizeipraktiken. Auch in Preußen hat man mit derartigen Praktiken schon ganz bedeutend Fortschritt gemacht. Auf Grund der alltäglichen Unterstellung, daß irgend ein gewerkschaftlicher oder wirtschaftlicher Verein politische Zwecke verfolgt, sind eine außerordentlich große Anzahl von Arbeiterorganisationen aufgelöst worden zur großen Freude des Unternehmertums, das ja von vornherein den Ton dafür angegeben und die Richtung angezeigt hatte. - Es heißt im Entwurf weiter:

> Ein Verein, dessen Rechtsfähigkeit auf staatlicher Verleihung beruht, kann aufgelöst werden, wenn er einen anderen als den in der Satzung bestimmten Zweck verfolgt[29].

---

lichen Bestimmungen des 2.Entwurfs VORMBAUM, Rechtsfähigkeit S.179 ff.

28) § 4o des 2.Entwurfs i.d.F. der Reichstagsvorlage. Die Einfügung der Vereine, die nach der Satzung einen dem Gebiete der Erziehung und des Unterrichts angehörenden Zweck verfolgten (bzw. nicht verfolgten), hatte der Bundesrat vorgenommen. In gleicher Weise hatte er auch den Kreis derjenigen Vereine,gegen deren Registereintragung die Verwaltungsbehörde sollte Einspruch erheben können (s. § 58 E II i.d.F. der Reichstagsvorlage), erweitert. Diese Erweiterungen der Rechte der Verwaltungsbehörde wurden durch den Reichstag wieder beseitigt; s.hierzu i.e. VORMBAUM, Rechtsfähigkeit S.189 ff.; KÖGLER,Vereinsrecht S.1o7 ff.; ferner unten Nr. 18, bei Anm.15 ff.und Nr. 6o,Anm.3 ff.

29) § 4o Abs. 4 E II i.d.F. der Reichstagsvorlage. Die Vorschrift wurde vom Reichstag dahingehend geändert, daß dem betreffenden Verein statt der Auflösung lediglich die Entziehung der Rechtsfähigkeit drohte (s.i.e.VORMBAUM, a.a.O.S.188; ungenau insoweit KÖGLER a.a.O.S.11o;dazu VORMBAUM, Staat 1977.

Ja, meine Herren, wenn diesen Bestimmungen gegenüber Herr Professor Sohm meint, man habe es da mit einem "Fortschritt" zu tun, so befindet er sich im Widerspruch nicht nur mit der Auffassung der Sozialdemokratie und eines großen Teils der liberalen Richtungen, sondern er befindet sich auch in Widerspruch mit einer ganzen Reihe hervorragender Rechtslehrer. Er hat sich auf Herrn Professor Gierke berufen; ich berufe mich auch auf ihn, und das ist etwas, was den verehrten Herrn Professor Enneccerus auch angeht. Daß dieses hier vorgeschlagene Vereinsrecht im bürgerlichen Gesetzbuch unannehmbar ist, das haben auf dem Deutschen Juristentag in Bremen vor einigen Monaten ganz hervorragende Repräsentanten der Rechtswissenschaft in sehr scharfen Ausdrücken konstatiert[30]. Herr Professor Leonhard aus Marburg führte unter anderem aus, daß

> die Sonderbestimmungen des Entwurfs über wirtschaftliche, politische und religiöse Vereine dem Vereinsleben geradezu allen Rechtsschutz entziehen. Es sollen loyale Vereine geduldet, und solche, welche den Behörden nicht genehm sind, weil als gemeinschädlich geltend, ohne weiteres im Keime erstickt werden[31].

Und Professor Gierke sagte gerade heraus:

> Der Entwurf erkläre die politischen Vereine vollkommen vogelfrei; er sei eine Versündigung am Assoziationsleib, ein Ausnahmegesetz schlimmster Art

---

30) Zu den Diskussionen des 23.Deutschen Juristentages über das Vereinsrecht des 2.Entwurfes s.ausführlich VORMBAUM, Rechtsfähigkeit S.181 ff.

31) Die hier wiedergegebenen Aussagen LEONHARDS auf dem 23.Deutschen Juristentag setzen sich aus mehreren Passagen seiner Ausführungen zusammen. Der Beschlußvorschlag, welchen LEONHARD seinem Gutachten voranstellte, lautete in Pkt 1: "Die Sonderbestimmungen des Entwurfes (2.Lesung) über die wirtschaftlichen, politischen und religiösen Vereine sind insofern unannehmbar, als sie dem Vereinsleben den Rechtsschutz entziehen." (23.DJT Bd 1, S.249). Aus dem im 2.Entwurf (§ 55) vorgesehenen (und in das Gesetz eingegangenen) Recht der Verwaltungsbehörde, gegen die Registereintragung von Vereinen mit politischen, sozialpolitischen und religiösen Zielsetzungen Einspruch zu erheben, folgerte LEONHARD: "Auf diese Weise sollen die 'loyalen Vereine' stillschweigend genehmigt werden, die gemeinschädlichen aber im Keime erstickt werden."(a.a.O. S.268).

gegen die arbeitenden Klassen, die auf Vereinigung und Selbsthilfe zur Förderung ihrer Interessen angewiesen sind[32].

Professor Leonhard beschwor die Versammlung, gegenüber den großen Gefahren des Entwurfs nicht eine Vogelstraußpolitik zu treiben, da man mit Annahme des Entwurfs geradezu gegen die Prinzipien des Rechtsstaats verstoßen würde[33].
Es war aber vergeblich. Professor Leonhard und Gierke hatten keinen Erfolg. Der Herr Reichstagsabgeordnete Enneccerus,den wir ja durch derartige Leistungen in der Umsturzkommission genugsam kennen gelernt haben, fand eine Majorität für einen sogenannten "Vermittlungsantrag". In Vermittlungsanträgen ist der Herr ja bekanntlich Meister. Dieser Antrag besagte:

1. Die Bestimmungen des Bürgerlichen Gesetzbuchs über die eingetragenen Vereine sind im wesentlichen zu billigen; namentlich ist die Wahl des Systems der Normativbestimmungen mit Registerzwang anzuerkennen.
2. Das Einspruchsrecht gegen die Eintragung politischer sozialpolitischer und religiöser Vereine, sowie die benördliche Auflösung der Vereine bedürfen einer Veränderung oder Klarstellung, indem den Vereinen gegen ungerechtfertigte Einsprüche oder Auflösungen ein wirksamer Schutz zu gewähren ist[34].

Es wird sich ja nun finden, wie die Parteigenossen[35]des Herrn Abgeordneten Enneccerus sich zu diesem Standpunkt verhalten,

---

32) Das Zitat ist aus zwei Stellen des Referats von GIERKE auf dem 23.Deutschen Juristentag zusammengesetzt; s.23. DJT Bd 2, S.18,21 f.

33) In diesem Wortlaut sind die Äußerungen von LEONHARD im Protokoll des Juristentages - soweit ersichtlich - nicht enthalten. Sie entsprechen jedoch der Tendenz der von LEONHARD wiederholt vorgetragenen Bedenken gegen einzelne Bestimmungen im Vereinsrecht des 2.Entwurfs; s.i.e. VORMBAUM, Rechtsfähigkeit S.181 ff.

34) S. 23. DJT Bd 2, S.56; die Annahme des Antrages von ENNECCERUS s.a.a.O. S.67.- ENNECCERUS nahm zu den Vorwürfen FROHMES in einer Erwiderung Stellung (s.STEN.BER.RT.IX. Leg.Per. ,IV.Session, 33.Sitzung v. 6.Februar 1896 = Bd 2, S.775 ff., 788.

35) ENNECCERUS war Mitglied der nationalliberalen Partei.

- ob auch sie bereits vom wahrhaft liberalen Gedanken und Geiste so weit abgekommen sind, daß sie sich als berufen erachten, frei vor aller Welt eine derartige Erklärung und damit eine neue Absage an die liberalen Grundprinzipien abzugeben.

(Zuruf.)

Wir kennen ja die Praxis des verehrten Abgeordneten, wenn er "Vermittlungsanträge" bringt; die "Klarstellung" würde zweifellos für ihn dann da sein, wenn die Regierung versicherte, daß es ihr gar nicht darauf ankomme und daß sie ganz gewiß nicht geneigt sei, daß Gesetz in rigoroser Weise anzuwenden. Für uns, für die große Masse derjenigen, die am Vereinsrecht interessiert sind, genügt dies wahrhaftig nicht.

Meine Herren, man hat versucht, das hier konstruierte Vereinsrecht dem Konzessionssystem zu unterwerfen; und da muß ich mir nun allerdings erlauben, etwas zu tun, was dem/[786]/ geehrten Herrn Abgeordneten von Buchka niemals ganz angenehm ist, nämlich mich etwas "an seinem Vaterlande reiben"[35a].

Die Protokolle der Kommission lassen erkennen, daß die mecklenburgisch-schwerinsche Regierung auf dem Plan erschienen ist, um ein gerade unerhörtes reaktionäres System auf diesem Gebiete zu Stande zu bringen. Ganz wie die preußische Regierung verlangte sie die Rückkehr zum Konzessionssystem.Sie behauptete, es sei wohl möglich, daß gegen die Existenz eines Vereins als solcher nichts vorliegt. Während doch das allgemeine Interesse es verlangt, den Vereinen die Rechtsfähigkeit zu geben, sollte dennoch den idealen Vereinen die Rechtsfähigkeit nicht gegeben werden. So hat denn auch die mecklenburgische Regierung schon einen Ausweg bereit. Der § 55 des Entwurfs bestimmt, daß gegen die Eintragung des Vereins Einspruch erhoben werden kann, wenn der Verein nach dem öffentlichen Vereinsrecht unerlaubt ist oder verboten werden kann, und da will nun die mecklenburgsiche Regierung einsetzen, um die Rechts-

---

35a)Der (konservative) mecklenburgische Reichstags-Abgeordnete v. BUCHKA,einer der juristischen Sprecher seiner Fraktion hatte sich in seiner Rede während der 1.Lesung des BGB beschwert:"Es pflegen die Herren (gemeint waren die Sozialdemokraten) mit Vorliebe auf meinem Vaterland Mecklenburg herumzureiten und sich an demselben zu reiben".

fähigkeit der Vereine überhaupt illusorisch zu machen. Das ist das Bedenkliche. Sie will in dem Landesrecht das Vereinsrecht so ausgestalten, daß bei den Bestimmungen über die Voraussetzung der Zulassung eines Vereins von vornherein die Möglichkeit in Rücksicht gezogen wird, daß der zugelassene Verein ohne weitere Mitwirkung der Staatsgewalt sich in eine selbstständige Rechtsinstitution umwandeln kann, d.h. in gemeinverständliches Deutsch übersetzt, daß Vereine nur mit Genehmigung der Staatsbehörden sich sollen gründen dürfen. Und dieser Absicht soll nach den Vorschlägen der mecklenburgischen Regierung auch das ganze öffentliche Vereinsrecht, die Bestimmungen über das öffentliche Vereins- und Versammlungswesen untergeordnet werden.

Wir sehen also, der Herr Professor Sohm hätte besser getan, sein Lob über den angeblichen Fortschritt auf dem Gebiete des Vereinsrechts nicht auszusprechen; denn es ist so unbegründet, wie nur irgend etwas sein kann.

Er sagte dann weiter: der Inhalt des Entwurfs ist deutsch und sozial. Er hat das auch schon gesagt in seiner bereits zitierten Broschüre und dazu bemerkt: "der berühmte Tropfen sozialen Oeles ist darin"[36]. Ich habe gefunden, daß das ein Tropfen recht ranzigen sozialen Oeles ist,

(Heiterkeit links)

und ich glaube nicht, daß durch Hinzutun einer derartigen Substanz das Ganze die Bedeutung eines sozialen Reformgesetzes jemals gewinnen kann.

Er meinte auch, indem er von den Fehlern des Entwurfs sprach, daß die ja im Laufe der Zeit abgestellt werden könnten. Hier in seiner Broschüre sagt er über die Kritik:

> Sie ist deshalb an erster Stelle darauf gerichtet, dem Wortlaut des Entwurfs unerträgliche Ergebnisse abzugewinnen, das darzutun, womöglich wenigstens, daß der Inhalt des Entwurfs Unsinn sei[37].

(s.STEN.BER.RT. IX.Leg.Pers.,IV.Session, 3o.Sitzung vom 3. Februar 1896= Bd 1, S.7o5 ff., 1719 f.).

36) SOHM, Gruchot 39/736,754.

37) SOHM a.a.O. - Das vollständige Zitat lautet: " So lange der Entwurf noch nicht Gesetz ist, also in dem gegenwärtigen Zustand "avant la lettre" sich befindet, geschieht die Auslegung seiner Bestimmungen zu kritischem Zweck.

Von Unsinn hat unsererseits niemand gesprochen, sondern nur von unzulänglichen, unmaßgeblichen und ungerechten Bestimmungen.

Ich will mich des weiteren auf die hartumstrittene Frage des Arbeitsvertrages, auf die auch der Herr Professor Enneccerus gekommen ist, nicht einlassen, sondern nur betonen,daß der Herr Professor Sohm die darauf bezüglichen Ausführungen meines Freundes Stadthagen offenbar nicht verstanden.

Wichtiger erscheint es mir, auf die Bestimmungen, welche das Verhältnis der unehelichen Kinder betreffen, näher einzugehen. Bereits die römische Gesetzgebung hat ja den Weg der Natur und der Wahrheit verlassen, als sie in das Rechtsgebiet einen Unterschied zwischen ehelichen und unehelichen Kindern einführte. Die viel berufene "christliche" Kultur hat ja dann diese Unmenschlichkeit übernommen und den unehelichen Kindern geradezu das Stigma als "Kinder der Sünde" verliehen. Aber bereits im vorigen Jahrhundert, im Zeitalter des sogenannten "aufgeklärten Absolutismus" machten sich in regierenden Kreisen Bedenken gegen die Art und Weise geltend, wie man die unehelichen Kinder als Parias der Gesellschaft zu behandeln beliebte. Nach dem bürgerlichen Gesetzbuch Josephs II. von Oesterreich waren die unehelichen Kinder unverheirateter Personen den ehelichen völlig gleichgestellt, besonders bezüglich

---

Sie verfolgte das Ziel, etwaige Fehler des Entwurfes aufzudecken. Sie ist deshalb an erster Stelle darauf gerichtet, dem Wortlaut des Entwurfs unerträgliche Ergebnisse abzugewinnen, darzutun, womöglich wenigstens, daß der Inhalt des Entwurfs Unsinn sei. Ganz mit Recht. So lange der Entwurf nur erst Entwurf ist, muß jedes Wort gedrückt, gepreßt, auf die Goldwaage gelegt werden, ob es auch etwa zu sachwidriger Regelung der Rechtsverhältnisse führe. Das wird mit einem Schlage anders, sobald der Entwurf Gesetz geworden ist. Von diesem Augenblick an erfolgt die Auslegung des Entwurfes zu praktischem Zweck ... Mit aller Kraft wird die Auslegung darauf gerichtet werden, die Bestimmungen des Entwurfs zu Sinn zu machen, zu dem Sinne, welcher den Forderungen des Rechtslebens entsprechend ist." - SOHM stand also in Wirklichkeit der "böswilligen" Interpretation des Entwurfs durch die Kritik, solange dieser noch nicht Gesetzeskraft erlangt hatte, durchaus verständnisvoll gegenüber.

des Erbrechts - es ist das im vierten Hauptstück, § 16 und 17 nachzulesen. Diese Bestimmungen verursachten aber - und das ist charakteristisch - in den herrschenden Klassen eine derartige Erregung und solchen Widerstand, daß bereits Leopold II. sich genötigt sah, durch Dekret vom 3.November 1771 jene Bestimmungen aufzuheben. Dann der unter Napoleon geschaffene Code civil entfernte sich noch viel weiter von jenem Weg der Natur als das alte römische Recht; er bestimmt, es sei verboten, nachzuforschen, wer der Vater eines Kindes sei[38]. Damit war der Vater ohne weiteres von seinen natürlichen Verbindlichkeiten gegen das Kind und von seinen rechtlichen Verbindlichkeiten gegenüber der Mutter entbunden.

Der uns vorliegende Entwurf befaßt sich ja auch recht ausgiebig mit der rechtlichen Stellung der unehelichen Kinder, aber durchaus nicht in der Absicht, diesen ihre natur- und vernunftrechtliche Stellung einzuräumen. Er stellt sich genau wie der Code Civil - und das ist das Ungeheuerliche, was wohl vermerkt zu werden verdient - auf den Standpunkt, daß die Sittlichkeit gehoben wird, wenn das Gesetz die Folgen der außerehelichen Kindererzeugung als Unsittlichkeit verpönt, der Frau ganz allein aufbürdet. Mit dürren Worten bestimmt § 1567 des Entwurfs, nachdem dieser erklärt hat, daß Personen, deren eine von der anderen abstammt, in gerade Linie verwandt sind: zwischen einem unehelichen Kinde und dessen Vater besteht keine Verwandtschaft[39]. Durch Gesetz glaubt man also hier ein so durchaus natürliches Verhältnis, das der allerengsten Blutsverwandtschaft, zwischen Vater und Kind aus der Welt einfach hinwegdekretieren zu können. Das Gesetz soll keine Rücksicht nehmen auf das Vatergefühl, sobald ein uneheliches Kind in Betracht kommt; auf dieses Gefühl soll ja gesetzlich nur

38) Art. 34o Code civil:"La recherche de la paternité est interdite". - S. hierzu noch unten Nr. 52, insb.Anm.2.

39) § 1567 Abs. 2 E II i.d.F. der Reichstagsvorlage. Die Vorschrift erhielt durch die Reichstagskommission die Fassung:"Ein uneheliches Kind und dessen Vater gelten nicht als verwandt." In dieser Fassung ging die Vorschrift in das Gesetz ein (§ 1589 Abs.2). Erst durch das Gesetz über die Rechtsstellung der nichtehelichen Kinder vom 19.August 1969 wurde die Vorschrift mit Wirkung vom 1.Juli 197o aufgehoben.

das vielberufene legitime Kind Anspruch haben! Da wird im Interesse der Sittlichkeit, d.h. der Sittlichkeit, wie die herrschenden Gesellschaftskreise sie verstehen, der Natur geradezu Hohn gesprochen und nicht nur die uneheliche Mutter, sondern auch das an seinem Dasein doch wahrhaftig ganz unschuldige uneheliche Kind vor der Welt in unerhörter Weise geradezu gebrandmarkt. Solch ein Kind hat, wenn zwischen ihm und seinem Vater keine Verwandtschaft besteht, überhaupt keinen Vater, sondern, wie sich das im Entwurf weiter ausweist, lediglich einen Alimentationpflichtigen. Dieser Ungeheuerlichkeit entspricht denn auch durchaus, was über die rechtliche Stellung der unehelichen Kinder im einzelnen festgestellt ist. Das uneheliche Kind hat nur im Verhältnis zur Mutter und deren Verwandten die rechtliche Stellung eines ehelichen Kindes; dem Vater und dessen Verwandten gegenüber ist das uneheliche Kind völlig ein rechtloser Fremdling. Das uneheliche Kind erhält den Familiennamen der Mutter und behält diesen Namen auch dann, wenn die Mutter durch Verheiratung einen anderen Namen annimmt. Der Mutter steht die elterliche Gewalt über das uneheliche Kind nicht zu - das Kind muß einen Vormund haben -, wohl aber ist sie verpflichtet, für das Kind zu sorgen - und das setzt der Ungeheuerlichkeit und Ungerechtigkeit tatsächlich die Krone auf. Und nun aber: der Vater des unehelichen Kindes ist nach dem Entwurf lediglich verpflichtet, dem Kinde bis zum vollendeten 16.Lebensjahre einen der Lebensstellung der Mutter entsprechenden Unterhalt, Lebensbedarf, Kosten und Erziehung und Vorbildung u.s.w. zu gewähren; aber dieser /[787]/ Alimentationspflicht kann der Vater sich entziehen, wenn er beweisen kann, daß der Mutter innerhalb der Empfängniszeit ein anderer beigewohnt hat. Weiter ist der Vater verpflichtet, der Mutter die Kosten der Entbindung und des Unterhalts während der ersten 16 Wochen nach der Entbindung innerhalb der Grenzen der Notdurft zu gewähren. Das ist alles, was der Entwurf an Pflichten des Vaters dem unehelichen Kinde und der Mutter gegenüber enthält. Der Vater kann noch so wohlhabend sein, er findet mit Mutter und Kind sich ab genau in derselben geschäftsmäßigen Weise, als wäre einem beliebigen fremden Menschen, der ihn weiter nichts angeht, eine Entschädigung zu geben; er zahlt die kärglichen Alimente und kann im übrigen mit gesetzlicher Sanktion seine ganz natürlichen Vaterpflichten mit Füßen treten - und das nennt man Hebung der Sittlichkeit! Mit diesen Bestimmungen wähnt man der sogenannten Unsittlichkeit, die sich im außerehelichen Verkehr kundgeben soll, vorzubeugen. Ja, weshalb ist das "alberne Weib" auch so "dumm" und "unsittlich", seinem Verführer, der gewöhnlich aus anderen Klassen kommt, sich zu fügen? Sie ist ja in der Regel eine Tochter des armen, arbeitenden Volkes, und der Unterhalt, den sie entsprechend ihrer Lebensstellung von dem Verführer für das Kind nach den gesetzlichen Bestimmungen zu verlangen hat, der wird erfahrungsmäßig in den meisten Fällen so minimal bemessen, daß ein halbwegs menschenwürdiger Unterhalt davon nicht möglich ist.

Wir werden gegenüber diesen in dem Entwurf enthaltenen Bestimmungen eine ganze Reihe von Abänderungen vorzuschlagen haben[4o]. Als die wichtigsten derselben will ich ihnen folgende nennen. Mindestens ist in dem Gesetz zu fordern: erstens, daß das uneheliche Kind den Familiennamen des Vaters erhält und den der Mutter nur dann, wenn der Vater nicht festgestellt werden kann; zweitens, daß das uneheliche Kind seinem Vater und dessen Verwandten gegenüber die rechtliche Stellung des ehelichen Kindes erhält, womit zugleich die Frage der Unterhaltspflicht geregelt wird; drittens, daß der Mutter des unehelichen Kindes die elterliche Gewalt über das Kind zusteht; viertens, daß einem Vater, der freiwillig ein uneheliches Kind als das seinige anerkannt hat, in Gemeinschaft mit der Mutter die elterliche Gewalt zusteht - und eine Reihe weiterer Bestimmungen.

Der Herr Abgeordnete Enneccerus hat pathetisch von der Heiligkeit der Ehe und vom Gegensatz derselben, der sogenannten freien Liebe, gesprochen. Wir waren es ja früher gewohnt, daß man hier im Hause die Sozialdemokraten als die Verkünder und

---

4o) Zu den sozialdemokratischen Anträgen zum Familienrecht s.u. die Nrn. 38 ff. und 6o ff. (Anträge in der Reichstagskommission) sowie Nrn. 71 ff. (Anträge zur 2. und 3. Lesung im Plenum des Reichstages).

Repräsentanten der Lehre von der freien Liebe hinstellte.Ich meine, wir haben es durch unsere Darlegungen nun doch endlich dahin gebracht, daß man das unterläßt. Denn Repräsentant der freien Liebe im schlimmen Sinne gegenüber allen Begriffen von wahrhafter Sittlichkeit ist die bürgerliche Gesellschaft, ist die Gesellschaft, die Sie zu vertreten die Ehre haben. Da kann von der Heiligkeit der Ehe doch nicht die Rede sein; und man sollte sich ganz besonders hüten, in den auf das eheliche Verhältnis, die Ehescheidung u s.w. bezüglichen Bestimmungen darauf Bezug zu nehmen gerad von dieser Seite, daß die Ehe eine von Gott geheiligte, von Gott eingesetzte Einrichtung sei. Denn keine Gesellschaft hat mehr allen Begriffen von der "Heiligkeit" der Ehe Hohn gesprochen, als die gegenwärtige Gesellschaft es tut. Auch darüber helfen Ihnen keine Phrasen, keine schönen Redensarten hinweg. Wir wissen - und das Volk weiß es auch - , daß in den sogenannten maßgebenden Kreisen in der Regel die Ehe doch nichts anders ist als ein reines Geschäft, welches sich bemißt nach niedrigsten Motiven, dem Prinzip, daß die Ehe in Wahrheit dort oft nichts anderes ist als die rechtlich bemäntelte Prostitution.

Wir werden im Laufe der Spezialberatung Gelegenheit haben, auf alle weiteren Ausstellungen, die bereits mein Freund Stadthagen angeregt hat, des näheren einzugehen; ich habe nur einige herausgegriffen, weil sie uns von besonderem Interesse sind, und weil sich wesentlich um sie die Debatte in den letzten Tagen mit gedreht hat.

Ich komme zum Schluß. Der Herr Abgeordnete Spahn gab gestern der Überzeugung Ausdruck, daß, wenn dieses Gesetz zu Stande komme, es einen Wall gegen den Ansturm der Sozialdemokratie bilden werde[41]. Wohl, wir wollen mithelfen, daß dieser ver-

41) STEN.BER.RT. IX.Leg.Pers.,IV.Session 1895/97, 32.Sitzung v.5.Februar 1896= Bd 1, S.751 ff.; Rede von SPAHN (Zentrum) a.a.O. S.769 ff.,771:"... schaffen wir die Rechtseinheit, so schaffen wir damit auch einen starken Wall gegen den Ansturm der Sozialdemokratie gegen die gegenwärtige Gesellschaftsordnung. Das tun wir schon dadurch, daß wir durch die Annahme eines auf den Ideen des Privateigentums, der Familie und des Erbrechts aufgebauten Gesetzbuchs einmütig bekennen, daß wir diese Gesellschaftsordnung Ihnen gegenüber (zu den Sozialdemokraten)aufrecht

meintlich gegen uns zu errichtende Wall geschaffen wird! Wir stehen dem Entwurf nicht grundsätzlich abweisend gegenüber; uns kann es nur recht sein, unseren Interessen und Bestrebungen kann es nur förderlich sein, wenn es zu einem einheitlichen bürgerlichen Recht in Deutschland kommt. Die arbeitenden Klassen werden dabei an sich ja nichts gewinnen, und doch ist diese Entwicklung als ein bedeutender politischer Fortschritt zu bezeichnen insofern, als seine Wirkungen auf breiten politischen Gebieten sich äußern werden.

Wir werden also, wie gesagt, am Zustandekommen mitwirken. Wir werden uns allerdings bemühen, Änderungen, Einfügungen, Ausstreichungen zu Gunsten der arbeitenden Klassen durchzusetzen, und hoffentlich gelingt uns das in einigen nicht unwesentlichen Punkten. Das Recht - so sagte der Abgeordnete Spahn, und da pflichte ich ihm bei - das Recht muß den sittlichen Anforderungen entsprechen. Darüber waltet ja der Streit, was Sittlichkeit ist, was sittliche Anforderungen zu nennen sind. In den Kreisen des Volks hat man darüber ganz andere Meinungen, als sie seitens der Vertreter der herrschenden Interessenrichtungen vorgebracht werden. Als der Code civil und das preußische Landrecht geschaffen wurden, befand sich die bürgerliche Gesellschaft im Aufstreben; diese Kodifikation kam einer aufstrebenden, sich entwickelnden Klasse zu gute. Heute befinden wir uns in einem Stadium der Entwicklung, wo wir sagen können, daß die bürgerliche Gesellschaft in der Abwirtschaftung begriffen ist; und schon allein aus diesem Grunde kann das, was wir jetzt schaffen wollen und sollen, für die bürgerliche Gesellschaft nicht die historische Bedeutung gewinnen, welche seinerzeit der Code civil und das preußische Landrecht gehabt haben.

Ich erwähnte eingangs meiner Ausführungen, daß die nationale Eitelkeit sich mit ins Spiel mische, und wir werden dafür im Verlauf der Beratungen noch weitere Beweise erhalten. Wenn es

---

erhalten wissen wollen. ... Noch haben wir ein Mein und Dein, noch sind die Produktionsmittel unser Eigen, noch sind wir stolz auf das, was wir durch unsere Tätigkeit für uns und unsere Erben erwerben, und es wird uns auch noch gelingen, die Garantien zu schaffen, die zu unserem Schutz notwendig sind."

wahr werden soll, was von mehreren Seiten betont ist, daß dieses Gesetz die Grundlage zu einer gesunden Rechtsentwicklung abgeben soll, nun, meine Herren, da müssen Sie alle die abweichende Stellung, die Sie jetzt gegenüber gewissen Forderungen der Sozialdemokratie eingenommen haben, aufgeben.

Es ist auch davon die Rede gewesen, daß dieses Gesetz eine Basis abgeben könne für die Entwicklung des Völkerrechts, eines internationalen Rechts. Da werden wir dabei sein mit Forderungen im Interesse der Arbeiter, und es wird Ihnen auf die Dauer nichts nutzen, daß Sie sagen, wie es der Herr Abgeordnete Enneccerus in Betreff der Gesindeordnung tat: das ist nicht zu machen[42]. Hinter dieser Redensart versteckt man sich, wenn man in Rücksicht auf irgendwelche Klassen- oder Standesinteressen den Massen des arbeitenden Volkes ihr Recht nicht geben will.

(Sehr richtig! bei den Sozialdemokraten.)

Ich weiß so gut, als es uns Herr Professor Sohm hat sagen können, daß das Volk, das Volksbewußtsein der Quell des Rechts ist; und verlassen Sie sich darauf: von dem Augenblick an - und das wird in absehbarer Zeit sich erfüllen - von dem Augenblick an, wo in weiten Massen des Volks die Überzeugung von der Unhaltbarkeit der bestehenden Rechtsordnung, der Sie mit diesem Gesetz eine Stärkung, eine neue Basis verschaffen wollen, - von dem Augenblick an, wo die Überzeugung von der Unhaltbarkeit dieser Ordnung in die breite Masse des Volks eingedrungen ist, von dem /[788]/ Augenblick an, wo die höhere Gerechtigkeitsidee die Geister der Massen beherrscht, von dem Augenblick an wird es aus sein mit diesem Recht und dieser Rechtsordnung. Also schaffen Sie es - desto leichter, desto einfacher und schneller wird der Übergang zur höheren Rechtsidee sich vollziehen.

(Bravo! bei den Sozialdemokraten.)

---

42) ENNECCERUS in seiner Reichstagsrede a.a.O. (Nr.8,Anm.1) S.778.

Nr.10

Reichstag, IX.Leg.Per., IV.Session; 33.Sitzung v.6.Februar 1896
Sten.Ber. Bd 2, S.775

[Rede von STADTHAGEN in der Reichstagssitzung vom 6.Februar 1896]

[789]

Präsident: Das Wort hat der Herr Abgeordnete Stadthagen.

(Unruhe.)

Abgeordneter Stadthagen: Meine Herren, es war nicht meine Absicht, zu sprechen, und wenn die beiden Herren Professoren, mindestens der Herr Professor Sohm, der gestern gesprochen hat, nicht so eigentümliche Ansichten geäußert hätte, die mehr oder weniger persönlicher Natur sind, so wäre ich sehr zufrieden gewesen mit dem Dienst, den sie ja der Partei, der ich anzugehören mir zur Ehre schätze, durch ihre Ausführungen geleistet haben, und hätte mich damit begnügt. Ich werde versuchen, mich möglichst kurz zu fassen, und bitte, von vornherein darauf Rücksicht zu nehmen, daß ich selbstverständlich diejenigen nicht überzeugen kann, die selbst behaupten, daß ihr Verstand erst durch das Amt kommt, und von denen ich hoffe, daß sie auch immer das Amt behalten möchten[1].

---

1) Ironische Anspielung auf SOHMs Ausspruch: "Die Pflicht gibt uns das Amt,und das Amt muß uns den Verstand geben."(SOHM, Gruchot 39/739 f.). Durch die spöttische Formulierung STADTHAGENs wird allerdings der Sinn des Ausspruches von SOHM ein wenig verschoben. SOHM hatte ausdrücken wollen,daß - entgegen SAVIGNYs berühmter Streitschrift - die Zeit einen Beruf zur Gesetzgebung habe; dieser Beruf folge allerdings nicht etwa aus inzwischen erlangten höheren Einsichten der Rechtswissenschaft, sondern aus dem Druck der praktischen Verhältnisse, welche eine Rechtseinheit forderten. Aus diesem Sachzwang folge eine Pflicht zur Kodifikation; und diese Pflicht

Zunächst möchte ich auf eine Äußerung des Herrn Vorredners eingehen, der meinem Freund Frohme vorwarf, er habe ihn falsch verstanden, er habe in kaum begreiflichen Begriffsverwirrungen die Ansichten des Herrn über das Vereinsrecht ausgelegt[2]. Ich habe die Verhandlungen des Juristentages ebenfalls gelesen, und ich finde, daß die Auslegung meines Freundes Frohme durchaus richtig ist; denn gerade der Zusatz, den Sie eben vorgelesen haben, wonach den "Vereinen gegen ungerechtfertigte Einsprüche oder Auflösungen ein wirksamer Schutz" zu gewähren ist, trifft wirksam, soll wirksam nur schützen Vereine der Unternehmerklasse, nicht andere. Das ergibt sich aus dem Gesamtauftreten des Herrn Vorredners auf dem Juristentag[3]. Indessen das sind mehr sachliche Ausführungen. Ich möchte aber ferner den Herrn Vorredner bitten, - er hat auch bezüglich meiner einige Angriffe gemacht, - daß er die Versicherung, er habe angenommen, daß ein Redner es auch wirklich so gemeint habe, wie er es ausgesprochen hat, bezüglich meiner Person weglassen möge. Sie ist mindestens überflüssig. Ich werde mir nachher gestatten, darzulegen, daß einige Ausführungen, die hier seitens seines Kollegen, des anderen Professors gemacht sind, in schreiendem Widerspruch stehen zu dem, was er sonst angeführt hat und an anderen Orten geäußert hat.

(Oh! rechts.)

Meine Herren, Sie kennen das alte Witzwort in der Schrift von Robert Blum:

Fünfundsiebzig Bürokraten,
Schöne Worte, keine Taten;
Fünfundsiebzig Aristokraten,

---

sei es, die das Amt (d.h.den Beruf zur Gesetzgebung) gebe, aus welchem dann eben irgendwie auch der Verstand (d.h. die Fähigkeit zur Gesetzgebung) hervorgehen müsse. - Immerhin legte SOHMs allenthalben hervortretender Hang zu markig-metaphorischen Satzbildungen es nahe, solche Sätze isoliert zu zitieren, und leistete damit Mißverständnissen Vorschub.

2) S. die Erwiderung von ENNECCERUS auf die Vorwürfe von FROHME (Nr.8,Anm.4); s. ferner Nr.9,Anm.34.

3) Die zitierten Wörter entstammen dem Vermittlungsvorschlag von ENNECCERUS zum Vereinsrecht bei den Verhandlungen des 23. Deutschen Juristentages; s. zu diesen Vorschlägen VORMBAUM,Rechtsfähigkeit S.182 ff.

Vaterland, du bist verraten;
Fünfundsiebzig Professoren,
Vaterland, du bist verloren[4].

(Heiterkeit.)

Ich möchte annehmen, wenn die Kommission wie die Regierungsvertreter nur über das Material zu verfügen haben, was wir gestern hier haben arbeiten sehen, dann würde das Bürgerliche Gesetzbuch sicherlich verloren sein. Ich werde versuchen, mit meinen schwachen Kräften dem Mißerfolg entgegenzutreten. Der Herr Vertreter der verbündeten Regierungen, der gestern sprach, hat es für richtig gefunden, eine Anzahl geschmackvoller Redewendungen, die sich mehr oder weniger mit meiner Person beschäftigen, anzuführen. Da halte ich es für notwendig, vor allen Dingen auf eine Parallele zu antworten. Er hat es für gut befunden, einen auch von mir sehr verehrten Regierungskommissar, den Geheimrat Planck, in eine Parallele zu stellen, indem er sagte:

> wenn ich nun diese zwei Persönlichkeiten nebeneinanderstelle und frage mich: wer ist der deutsche Mann von den beiden, wer ein Vertreter und Förderer unseres deutschen Volks, wer ein Vertreter deutscher Wahrhaftigkeit, ein Vertreter der Gerechtigkeit, ein Vertreter deutscher Treue, wer von beiden ein deutscher Mann?[5]

Meine Herren, diese Parallele in Frageform hat der Herr Professor Sohm zu stellen für gut befunden. Ich bedaure, daß ich es von einem Vertreter der Regierung, der gestern selbst behauptete, allerdings nur behauptete, er sei ein Vertreter der gebildeten Klasse, habe hören müssen, daß er die Person eines

4) Robert BLUM (1807-1848), Schriftsteller und Politiker; 1848 Mitglied der deutschen Nationalversammlung und Führer der linken Fraktion. Im Oktober 1848 von der Nationalversammlung zur Überbringung einer Sympathiekundgebung ins aufständische Wien gesandt. Dort wegen seiner Beteiligung am Widerstand gegen die Truppen der Reaktion trotz seines Abgeordnetenstatus am 8.November 1848 standrechtlich erschossen.
Zur Person BLUMs s. ANGERMANN, NDB Bd 2/322 ff. m.w.N. und v.EELKING, ADB Bd 2/739 ff.

5) S. dazu bereits Nr. 7,Anm.3.

so verdienstvollen Mannes, wie es der Herr Geheime Ober-Justizrat Planck ist, der als Jurist sowohl allgemein anerkannt ist, wie er auch von politischen Gegnern, ich glaube, jeder Richtung als ein Mann erachtet wird, der große Achtung erheischt, zu diesem drolligen Einfall hat benutzen können. Aber, meine Herren, über guten Geschmack läßt sich nicht streiten, und ich werde dem Herrn seinen Geschmack zu ändern nicht in der Lage sein - niemand kann aus seiner Haut heraus!

(Sehr wahr! rechts. - Große Heiterkeit.)

Wenn aber der Herr Professor Sohm ferner durch die fragende Stellung die eigentümlichen Zweifel erhob oder ausdrücken wollte, ob ich deutsche Treue hätte, ein deutscher Mann sei, Wahrhaftigkeitsgefühl hätte, als Vertreter der Gerechtigkeit aufzutreten Anspruch machen könnte, dann fordere ich, wiewohl mir sonst ja an seiner persönlichen Achtung außerordentlich wenig gelegen ist, ebenso wenig wie einem anderen daran gelegen sein wird, ihn auf, Tatsachen anzugeben, aus denen er glaubt irgendeinen Zweifel herausdeduzieren zu dürfen. Unter gesitteten Menschen das Vorhandensein der Wahrhaftigkeit und der übrigen von ihm in Zweifel gezogenen Tugenden anzuzweifeln, hält man in einer gesitteten Gesellschaft beim Gegner, insbesondere bei politischen Gegnern, nicht für richtig, nicht für geschmackvoll. Ist er nicht im Stande, solche Tatsachen anzuführen, so überlasse ich es der öffentlichen Meinung, was daraus für Folgerungen bezüglich des Wahrhaftigkeitsgefühls, des Gerechtigkeitsgefühls, des Sittlichkeits- und Anstandsgefühls des Herrn Professors Sohm, des deutschen Professors am Ende des 19. Jahrhunderts, zu ziehen sind.

Der Herr Professor hat ferner gestern den staatsrechtlichen Satz aufgestellt, ein wahrer Volksvertreter müsse "geboren" sein[6]. Mein Freund Frohme hat bereits darauf hingewiesen, und auch mir ist es neu, daß das Geborensein ein Privilegium für Volksvertreter sei

(Zuruf rechts),

und ich habe auch in dem Entwurf zum bürgerlichen Gesetzbuch lediglich finden können, daß die Rechtsfähigkeit jeder Person von der Geburt abhängig gemacht werden soll. Hat aber der Herr

---

6) Diese Passage der Rede SOHMs ist bereits in Nr.7,Anm.3 wiedergegeben.

Professor mit den Worten etwas ausdrücken wollen, was offen zu sprechen er, ich will einmal sagen, vielleicht nicht für schicklich hielt, so bitte ich ihn, keine Rücksicht zu nehmen, damit ich ihm die Antwort dann nicht schuldig zu bleiben brauche.

(Ah! rechts.)

Meine Herren, es ist ja direkt mit der Reichsverfassung im Widerspruch stehend, daß die Volksvertreter nicht gewählt werden, wie er ferner behauptete. Was mit dem "gemacht" /[790]/ ausgedrückt werden sollte, das gestern der Herr Professor gebrauchte, weiß ich nicht. Ebenso wenig ist der Vorwurf zutreffend, den der Herr Professor gegen mich erhob: ich verträte nicht das gesamte Volk. Herr Professor Sohm ist wohl, wie er weiter behauptet, Beamter und als solcher - er ist, glaube ich, sogar Reichsbeamter; ich weiß es aber nicht genau - müßte er eigentlich die Verfassung kennen und wissen, daß nach Art. 29 der Reichsverfassung jeder Abgeordnete das gesamte Volk vertritt, auch dann vertritt, wenn diese Tatsache durch einen solchen Professor am Ende des 19. Jahrhunderts bestritten werden sollte. Er hat insbesondere geglaubt, gar behaupten zu dürfen, der deutsche Bauernstand würde sicher weder von mir noch von meinen politischen Freunden vertreten[7]. Den Herrn Professor Sohm mache ich darauf aufmerksam, daß ich in einem halb bäuerlichen Kreis gewählt bin, und daß die übergroße Mehrzahl meiner Wähler Bauern, Kleinbauern und Arbeiter sind.

(Große Heiterkeit rechts.)

- Meine Herren, mit Lachen schaffen Sie keine Tatsachen aus der Welt! - Ich würde mich freuen, wenn der Herr Professor Sohm die Liebenswürdigkeit hätte, eine seiner Reden in meinem Wahlkreis zu halten; ich zweifle nicht, der Erfolg wäre für das Anwachsen

---

7) SOHM a.a.O. (Nr.7,Anm.3) S.755: "Es stehen hinter der sozialdemokratischen Fraktion zahlreiche Arbeiterscharen. Wir wissen das alle. Aber ich frage: steht auch der Bauernstand dahinter? Die ländliche Bevölkerung, die etwa annähernd 50 Prozent, fast die Hälfte der deutschen Nation ausmacht? Ich frage, ob sie durch den Herrn Stadthagen vertreten gewesen ist ... Die große Zahl der Gebildeten, zu denen auch ich vielleicht als deutscher Professor mich zählen darf, die große Zahl deutscher Gebildeten, ob diese durch den Herrn Stadthagen vertreten ist? ... Und da sage ich im Namen aller meiner Genossen: nein! "

der sozialdemokratischen Stimmen ein sehr erheblicher.

Ich begreife dann nicht, wie Herr Professor Sohm aussprechen konnte, es seien die 98 Prozent der Bevölkerung in der Kommission doch vertreten gewesen und zwar durch Gelehrte, die Beamten und Gelehrten, die nach seiner Ansicht Deutschland einheitlich gemacht und in den Sattel gehoben haben[8]. Einen Irrtum des Herrn Professors Sohm will ich vorweg berichtigen. Ich habe davon gesprochen, daß die 98 Prozent nicht vertreten sind; ganz richtig an zwei Stellen; aber mit keinem Wort davon geredet, daß in der Kommission etwa diese Klassen der Bevölkerung hätten durch mich vertreten sein müssen. Auf die Anzapfung des Herrn Professors Sohm, warum ich nicht in die Kommission hineingekommen bin, kann ich ihm erwidern, ich würde eine solche Wahl schon deshalb haben ablehnen müssen, weil ich außerhalb der Reichstagssession gewöhnlich in Räumen bin, in denen Kommissionen nicht zu tagen pflegen.

(Heiterkeit.)

Aber ich habe erklärt: daß der Staatssekretär, wenn er davon sprach - das Stenogramm seiner Rede liegt ja vor - daß die zweite Kommission gewissermaßen auf dem Markt des Lebens "in

---

8) SOHM a.a.O. S.755 f.: "Wer..bildete das Gros der Kommission? Wer war die große Mehrzahl, ohne welche in der Kommission nichts durchgehen konnte? Das waren Beamte und Gelehrte,das waren die Leute,die keinen großen Grundbesitz und die keine Fabriken haben, die nur haben ihren Teil von deutscher Bildung und die ganz entschiedene Begeisterung für das deutsche Volk ... In dieser Klasse des Beamtentums, der anzugehören ich stolz bin ..., denn unser deutsches Beamtentum hat unseren, diesen Staat gemacht - in diesem deutschen Beamtentum und in den Reihen der deutschen Gebildeten ... , da ist wahrhafter Sinn für alle Teile der Bevölkerung. Wir haben keinen Grundbesitz und keinen Gewerbebetrieb; unser Interesse ist nur die Gemeinschaft, das Ganze ... Und gerade aus diesen Kreisen, das kann ich wohl sagen - sind die selbstlosesten Vertreter des Arbeiterinteresses hervorgegangen. ... Und wir Beamte, wir sind selber Arbeiter. Alles, was ich bin und habe, das habe ich mir erarbeitet ... und dessen rühme ich mich. So haben wir Zusammenhang, solidarisches Mitgefühl mit allen denen, die da arbeiten ... Darum sage ich: der Arbeiterstand war vertreten, er ist nicht unvertreten gewesen in unserer Kommission."

Beziehung zu den großen Interessengruppen, die unser wirtschaftliches Leben beherrschen"[9], an die Arbeit gegangen sei, damit zu erkennen gegeben hat, daß er unter den "großen Interessengruppen, die unser wirtschaftliches Leben beherrschen", nicht die Interessen der arbeitenden Bevölkerung versteht. Ich habe davon gesprochen, und das ist zweifellos richtig, daß kein einziger Vertreter der organisierten Arbeiter, daß kein Landarbeiter, kein Handlungsgehilfe, kein Bergarbeiter, kein Handwerker, daß niemand aus der ganzen Frauenwelt zugezogen sei. Herr Professor Sohm erklärte allerdings, die Beamten verträten und hätten vertreten die Arbeiter. Es gibt ja auch unter den Arbeitern Beamte - zufällig bin ich auch, das mag ja dem Herrn Professor Sohm unangenehm sein, Beamter[9a] - wie Gewerbegerichtsbeisitzer, Beamte bei den Krankenkassen, beim Reichsversicherungsamt, Leute, die mit dem Leben mehr Fühlung haben, besseres Verständnis davon haben, als nach den Worten des Herrn Sohm von gestern die gebildeten Klassen, wenn es nicht eine Täuschung wäre, in der sich Herr Professor Sohm befand, als er behauptete, er vertrete das gesamte Recht, die gesamten gebildeten Klassen, besitzen würden. Diese Arbeiterbeamten haben nicht in der Kommission gesessen. Und nach dem werktätigen Leben und seinen Bedürfnissen so fern stehenden Ansichten, wie Herr Sohm sie hier entwickelte, will er gar die Arbeiter vertreten haben! Die Energie der Angriffe, die gestern jener Herr, dem ich sonst seines Alters wegen schwerlich geantwortet haben würde, auch wenn sie allzu heftig mein Zwerchfell erschüttert haben, würde nicht so erheblich gewesen sein, wenn nicht die Arbeiterwelt vollständig sich schiede von seinen Ansichten. Sie erklärt sich aus dem mehr oder minder starken instinktiven Gefühl, in welchem Gegensatz die arbeitende Welt sich zu den von ihm vertretenen Interessen befindet. Es vermag doch als Wahrheit niemand anzuerkennen - allerdings er hat uns gestern so eigentümliche Proben gegeben von seiner Auffassung über Arbeitsverhältnisse und über Beamtenschaften, daß bei ihm alles möglich ist - daß ein Beamter die Arbeiter vertrete. Seitdem die Arbeiter frei sind, seit-

---

9) Zitate aus der Rede von NIEBERDING (s. Nr.4, Anm.3).

9a) Die Bedeutung dieses Hinweises läßt sich anhand der nur spärlich vorhandenen Daten über die Biographie STADTHAGENs nicht vollständig klären. Zu beachten ist allerdings, daß unter der Bezeichnung "Beamte" seinerzeit nicht nur staatliche Bedien-

dem sie nicht mehr Sklaven und Hörige aus wirtschaftlichen Rücksichten sein können, sind sie auch politisch und sonstig mündig,und verbitten sich,daß irgendein Beamter, der nichts sein kann als das ausführende Organ der Interessen der besitzenden Klassen, sie vertrete, als ihr Vertreter sich ohne jede Vollmacht hinstelle.

(Zuruf rechts.)

- Ich weiß nicht, welcher von den Herren von der Rechten mir eben zurief: was ich bin. Ich bin hier Volksvertreter, gewählt von den Arbeitern; ich bin allerdings nicht Herr von Hammerstein[9b] und ähnle ihm auch nicht im geringsten. Ich verbitte mir also solche Zurufe.

(Heiterkeit rechts; Bravo! bei den Sozialdemokraten.)

Solche Art Herren schenken wir ihnen gern, solche Leute mögen von Ihren Bauern und Ihren Arbeitern noch in Kreisen gewählt werden, in die Aufklärung hineinzutragen uns versagt wird durch Polizeimittel, die auch in stärkerem Maße als schon heute in dem bürgerlichen Gesetzbuch der Arbeiterklasse aufoktroyiert werden sollen.

(Sehr wahr! bei den Sozialdemokraten.)

---

stete, sondern auch "Betriebsbeamte" - nach heutigem Sprachgebrauch also alle (vor allem leitende) Angestellte - verstanden wurden.

9b)Wilhelm Freiherr von HAMMERSTEIN-GESMOLD (1838-1904); 1876 bis 1893 Mitglied des preußischen Abgeordnetenhauses für den pommerschen Wahlkreis Stolp-Lauenburg; 1881 bis 1890 und 1892 bis 1895 Mitglied des Reichstages. H. war Mitglied der Deutsch-konservativen Partei und in dieser Partei der Repräsentant der antisemitisch-christlich-sozialen Richtung des um die "Kreuzzeitung" gruppierten äußersten rechten Flügels. Die Vertreter dieser Richtung - neben HAMMERSTEIN vor allem Hofprediger STÖCKER - versuchten durch sozialpolitische Initiativen die Arbeiterschaft für einen christlich-monarchischen Staat zu gewinnen. Von 1881 bis 1895 war HAMMERSTEIN Leiter der Kreuzzeitung. Den Höhepunkt seines Einflusses erreichte er durch seine maßgebliche Mitwirkung bei der Programmrevision der konservativen Partei auf dem (nach dem Versammlungslokal so benannten) "Tivoli-Parteitag" in Berlin von 1892. In dem neuen Programm waren mehrere antisemitische Passagen enthalten. Hier zeigte sich zum ersten mal die programmatische Mischung von Konservatismus, Nationalismus und Rassismus, welche in der Folgezeit das Gesicht des Rechtsextremismus prägte (s. dazu PUHLE, Konservatismus a.a.O. S. 174,175; FENSKE,Parteiengeschichte S.90). H. wurde 1896 wegen Veruntreuung von Geldern der "Kreuzzeitung" zu drei Jahren Zuchthaus verurteilt; die Partei schloß ihn aus. Sein

Der Herr Vertreter der verbündeten Regierungen hat sich in dem schweren Irrtum befunden, daß derjenige, der wirtschaftlich schwach ist,der als Arbeiter fungiert, mag er geistige Arbeit, mag er körperliche Arbeiten verrichten, auch geistig schwach sei. Ich glaube im Gegenteil: er ist mündig, er ist geistig stärker als die Herren, die da glauben und behaupten, im Namen der Gebildeten sprechen zu können.

Meine Herren, es ist auch gezweifelt worden an der Anzahl, die ich hier anführte als in der Vorberatungskommission nicht vertreten: 98 Prozent. Ich habe eines gewissen Mitleids mich nicht erwehren können über die Unkenntnis, die den Herrn Vertreter der verbündeten Regierungen über die tatsächlichen realen Verhältnisse beherrscht. Ich will nur darauf hinweisen: wenn er sich die Statistik von 1892/93, von 1894/95 und 1895/96 über die letzten Steuereinschätzungen in Preußen ansieht, dann wird auch er finden, daß in diesen drei Jahren die Anzahl derjenigen, die unter 900 Mark in Preußen jährlich einnehmen,über 70 Prozent der Bevölkerung betragen. Rechne ich noch diejenigen hinzu, die bis zu 3000 Mark einnehmen, so haben Sie in diesem Jahre bereits 97 Prozent fast erreicht; schon im vorigen Jahre waren es nach den amtlichen Angaben über 96 Prozent der Bevölkerung, die ein Jahreseinkommen unter 3000 Mark jährlicher Einnahmen haben. Diesen Zahlen gegenüber wird der Herr zugeben, daß, wenn alle Arbeitenden, jeder der geistig oder körperlich arbeitet - ich habe ja neulich eine Definition des Arbeitsvertrages gegeben - zu den Unvertretenen gehört, dann in der Tat annähernd 98 Prozent - meinetwegen nur 96 Prozent - zu denen gehören, deren Interessen in der Kommission über diesen Entwurf nicht vertreten waren. Dem kann nicht entgegengetreten werden durch das Bestreiten der tatsächlich wahren Verhältnisse. Ganz anders liegt es ja mit dem außerordentlich sympathischen/[791]/ Einwand, den nach dieser Richtung Herr Geheimrat Planck gemacht hat. Er begann seine Rede damit, daß er ausführte, daß kein

---

Fall schwächte für längere Zeit den antisemitisch - christlich-sozialen Flügel der konservativen Partei.

Zur Person HAMMERSTEINs s. HOFFMANN, NDB Bd 7/ 597.

Die Bemerkung STADTHAGENs bezieht sich vermutlich auf die kurz zuvor erfolgte strafrechtliche Verurteilung HAMMERSTEINs.

schöpferisches neues Recht gebracht werden soll; er bezweifelte in seiner Bescheidenheit, daß das überhaupt möglich sei[10]. Ja, meine Herren, wenn das eingewandt und gesagt werden wird: wir wollen nur einheitliches Recht, ohne besondere Berücksichtigung der wirtschaftlichen Verhältnisse, kein schöpferisches Gesetz! - dann hätte man entgegnen können: wozu die 22 Jahre lange Arbeit, warum denn nicht das sächsische Gesetzbuch oder irgendein anderes ohne weiteres eingeführt? Sie haben ja sehr vieles aus dem sächsischen Gesetzbuch in den Entwurf hineingenommen. Der Einwand wäre berechtigt, aber heute meines Erachtens zwecklos. Ich habe mich von vornherein in meiner Rede auf den Standpunkt gestellt, daß die Kommissionen den Weg gehen mußten, den leider der Bundesrat seinerzeit durchaus nicht in Übereinstimmung mit dem Beschluß des Reichstags ihnen vorgezeichnet hatte. Der Bundesrat hat Ihnen ja damals das Programm gegeben, nachdem eine Vorkommission von 5 Juristen ein Gutachten dahin abgegeben hatte: ein Gesamtzusammenschweißen der gesetzlichen Bestimmungen, einen Querdurchschnitt des Rechts, das zur Zeit in ganz Deutschland gilt, zu geben[11]. Solchem Programm gegen-

---

10)PLANCK a.a.O. (Nr.5, Anm.2) S.736: "Um die Einwendungen und Bedenken richtig zu würdigen,welche gegen den Entwurf geltend gemacht sind, wird man sich immer zu vergegenwärtigen haben, daß es sich nicht darum handelt, ein neues Recht für Deutschland von oben herab zu machen. Das würde eine Vermessenheit sein. Das Recht des Volks muß aus seinem innersten Leben herauswachsen."

11)Die Vorkommission hatte sich in dieser Hinsicht recht vorsichtig ausgedrückt, jedoch ist ihre diesbezügliche Äußerung von STADTHAGEN wohl nicht korrekt wiedergegeben. Im Gutachten der Vorkommission wird nämlich ausgeführt: "Sonach wird zwar die Gesetzgebungskommission die innerhalb des Reichs bestehenden Gesetzbücher und Einzelgesetze, desgleichen die Entwürfe, soweit solche als Zeugnis der Praxis in Betracht kommen, neben der Theorie und Übung des gemeinen Rechts als Bausteine des deutschen Gesetzbuchs verwerten; sie wird sogar geeignetenfalls die Herstellung einzelner Teile ihres Werks an die eine oder andere dieser Vorarbeiten unmittelbar anknüpfen können; sie wird endlich von dem reichen Schatz gesetzgeberischer Erfahrung, welcher in jenen Gesetzbüchern,Gesetzen und Entwürfen und verwandten legislativen Arbeiten Oesterreichs, der Schweiz und anderer auswärtiger Staaten aufgehäuft ist, Nutzen ziehen; sie hat jedoch ihre Aufgabe als eine selbständige, an keine Vorlage gebundene zu erfassen und durchzuführen" (VORKOMMISSION S.178).

Der Ausspruch STADTHAGENs stützt sich dagegen auf Punkt II der abschließenden Vorschläge der Vorkommission, wo es weniger deutlich heißt: "Der Entwurf soll,unter Berücksichtigung

über ist es natürlich, daß kein schöpferisches Gesetzbuch zustande kommen konnte, daß auf die wirtschaftlichen Faktoren und Fortschritte nicht hinreichende, nicht ausschließliche Rücksicht genommen werden konnte. Aber was ich verlangen kann und was ich verlangen muß, und wenn es auch noch mehr den Ingrimm des Herrn Professors erregen sollte - ich komme später darauf, daß der Herr selber früher eine ähnliche Stellung eingenommen hat - , das ist, daß diejenigen wirtschaftlichen Faktoren, die augenblicklich andere sind als im römischen und alten deutschen Recht, wenigstens so weit berücksichtigt werden sollen, daß das Recht des Ärmeren, des wirtschaftlich Schwächeren, soweit er es sich bereits im allgemeinen errungen hat, und soweit es ein wirtschaftlich notwendiges ist, auch zur Geltung kommen soll.

Jetzt weiß Herr Professor Sohm vielleicht nach der Vorlesung, die ihm mein Freund Frohme gehalten hat, nunmehr, welche Anschauungen wir von den Rechtsverhältnissen haben, warum wir mit Recht, und zwar in Übereinstimmung mit allen halbwegs verständigen Rechtslehrern, annehmen müssen, daß Recht und Gesetz nicht identisch ist, daß das bestehende, festgesetzte Gesetz lediglich auf Machtverhältnissen beruht, sie zum Ausdruck bringt. Das Recht ist, wie alles, der Entwicklung unterworfen; selbstverständlich ist das Recht nicht stationär, es ist in fortdauernder Wandelung begriffen. Denn es ist der Ausfluß, der Rückschlag der wirtschaftlichen Kämpfe, die geführt werden. Das Gesetz stellt dar, wie weit die wirtschaftlich Schwachen Gleichheit, Freiheit für ihre wirtschaftlichen Kämpfe, für ihren Kampf um die Existenz errungen haben. Die soziale Freiheit! Sie sprechen davon, ob das Gesetzbuch sozial oder nicht sozial sein soll. Das ganze Privatrecht ist nicht sozial, es ist der soziale Niederschlag der Auffassungen der augenblicklich herrschenden Klasse. Und wie können Sie da derjenigen Klasse, der gegenüber noch kein Rechtssystem besteht, deren wirtschaftliche Bedürfnisse eine andere Regelung als jetzt erheischen, es verdenken, wie kann es die Regierung ihr verdenken, wenn sie Berücksichtigung, Festsetzung auch ihrer Rechte, nicht wie sie sie er-

---

der geltenden Gesetzbücher und der von den Einzelstaaten sowie im Auftrage des ehemaligen deutschen Bundes über einzelne Rechtsteile ausgearbeiteten Gesetzentwürfe,das den Gesamtzuständen des Deutschen Reichs entsprechende bürgerliche Recht in einer den Anforderungen der heutigen Wissenschaft gemäßen Form kodifizierend zusammenfassen." (a.a.O. S.191)

strebt, sondern wie sie sie bereits heute hat, verlangt! Die anderen Parteien dieses Hauses, insbesondere diejenigen, die mit sozialpolitischen Dingen zu tun gehabt haben, haben ja auch sofort erklärt, daß an sich ein Bedenken nicht vorhanden sei, zu berücksichtigen, daß der Arbeiter, auf den die locatio conductio des römischen Rechts, die "Dienstmiete" des römischen Rechts sich bezog, ein anderer ist als der heutige. Er ist jetzt ein rechtlich freier Arbeiter; Sklaventum, Hörigkeit besteht nach dem Recht nicht mehr. Die Machtverhältnisse, die politischen Verhältnisse haben sich geändert. Und da sollte nicht zu verlangen sein, daß auch beim Arbeitsvertrag besonders gesetzlich der politische und wirtschaftliche Unterschied gegen früher zum Ausdruck gelange?!

Herr Enneccerus allerdings fand es ein ganz wunderbares Verlangen, daß ein Arbeiter oder das Gesinde ein einheitliches Recht gesetzt erhalten[12)]. Ja, meine Herren, wenn der Abgeordnete Enneccerus leugnen will, daß diejenigen, die die Einheit des Reichs - wenn man sie einmal so nennen soll - zusammengeschweißt haben, nicht die Einheit des Rechts haben sollen,dann geben Sie doch klar zu, daß sie selbst die Mühen jener nur für Ihre Interessen haben benutzen wollen. Soll der Arbeiter nur für die Interessen der Besitzenden sein Blut vergossen haben? Die Motive sagen, es sei unausführbar, ein einheitliches Gesinderecht zu geben[13)]! Und Herr Enneccerus behauptet, es seien viel zu viel wirtschaftliche Differenzen[14)]. Ich weiß nicht,ob Herr Enneccerus die Hunderte von verschiedenen Gesindeordnungen kennt, die wir in Deutschland haben, und ob er weiß, daß bis jetzt noch kein fester Begriff des Gesindes existiert[15)]. Herr Enneccerus hält es aber - das weiß ich - für unmöglich, daß dasjenige im Jahre 1896 getan werde, was durch den Code civil im Jahre 1804 getan werden konnte[16)]. Er hält es für unmöglich ,

---

12) ENNECCERUS in seiner Reichstagsrede a.a.O.(Nr. 8, Anm.1) S.778.
13) S.MOTIVE Bd 2, S.166.
14) ENNECCERUS a.a.O. (Anm.12).
15) S.TE EG SchuR.Begr. S.22 ff. - Beide Entwürfe und schließlich auch das Gesetz überließen der Landesgesetzgebung die Definition des Begriffes "Gesinde"; s.i.ü. S.LXXXVIII f. der Einführung.
16) Der Code civil kannte und kennt keine besonderen Vorschriften

daß wir so weit in der Kultur fortgeschritten sind, daß wir für Deutschland das geben, was England und Amerika seit langen Jahrzehnten haben. Das Gesinde und der ländliche Arbeiter ist ein Arbeiter wie jeder andere - gleiche Pflichten, gleiche Verhältnisse, gleiche Rechte! Ist das zuviel verlangt?

Wie wenig der Herr Professor Sohm von seiner gestern geäußerten Ansicht überzeugt ist, das mögen Sie aus seiner Bemerkung ersehen, die er auf Seite 13 seiner gedruckten Broschüre macht. Ich hatte mich dafür ausgesprochen, daß der Ausdruck "Arbeitsvertrag" und nicht "Dienstvertrag" der richtige ist, und daß eine einheitliche Regelung der Arbeitervertragsverhältnisse nötig ist. Gestern wendete sich Herr Sohm hiergegen. In der Rede nun, die Herr Professor Sohm in der juristischen Gesellschaft gehalten hat, wo er doch auch Beamter war - und wer das Amt hat, der muß ja auch den Verstand haben nach der Behauptung gerade des Herrn Professors - führte er wörtlich nach der im Druck erschienenen Broschüre aus:

> Der weitgefaßte Begriff des Dienstvertrags bewirkt, daß der Entwurf in seinen Bestimmungen sich im allgemeinen zu halten genötigt ist, daß das besondere Recht der einzelnen Fälle des Dienstvertrages, zumal das besondere Recht des Dienstvertrages der eigentlichen Arbeiterbevölkerung, nicht immer hinreichend zur Ausgestaltung kommt. In dieser Hinsicht hätte mehr geschehen können[17].

Das hat vorgetragen Herr Professor Sohm und hat es uns gedruckt zugehen lassen, bevor er hier als Regierungsvertreter aufstand und mit aller Kraft gegen seine Ansicht stritt! Hier erklärte er: es ist ja alles nur Schall und Rauch, wogegen gekämpft wird, der Name "Dienstvertrag".

Der Herr Professor erklärte gestern, er sei auch einer von denen, die Dienste leisten. Ich meine: mit Worten kommen wir nicht weiter. Die Beamten sind allerdings solche, die auch nur ihre Arbeitskraft hingeben. Sie fallen aber nicht unter den "Dienstvertrag". Ich würde mich freuen, wenn Herr Professor

---

für das Gesinde. Er handelt in Art. 1779 ff. "du Louage d'ouvrage et d'industrie" und teilt dieses Kapitel in die Abschnitte ein: "Du Louage des Domestiques et Ouvriers","Des Voitures par terre et par eau","Des Devis et des Marches".
17) SOHM, Gruchot 39/736,749. - Die zitierten Ausführungen

Sohm bestätigen kann, daß das Entgegengesetzte durch diesen Entwurf erzielt wird, daß in der Tat auch die Regelung der privatrechtlichen Verhältnisse der Beamten in den Dienstvertrag hinein soll. Dann würde ja eine Gleichstellung der übrigen Arbeiter erst recht zu erstreben sein. Es würde z.B. dann auch jeder Arbeiter Pension bekommen müssen; aber in Preußen war man bisher anderer Ansicht./[792]/

Ich darf den Herren der sich gestern als Dienstmann, als Arbeiter vorstellte,

(Heiterkeit)

auf folgende Äußerungen von Förster-Eccius hinweisen:

> Daß das Staatsamt nicht eine locatio conductio operarum ist - also kein Dienstvertrag ist, - gilt in der Wissenschaft längst als gemeine Meinung. Für Preußen hat schon die Regierungsinstruktion von 18o8 § 44 Alinea 4 eine solche Auffassung als herabwürdigend bezeichnet[18].

Ich freue mich, daß gestern Herr Professor Sohm meinte, es sei ja nicht herabwürdigend, zu arbeiten, zu dienen. Sie finden bislang für Preußen als feststehende Rechtsanschauung, wie Sie sehen: den Beamten als Arbeiter zu bezeichnen, sei herabwürdigend. So stehts in der Instruktion von 18o8, die ja leider noch heute Beachtung verdient.

Professor Dernburg ist etwas anderer Ansicht - er ist gewiß kein Sozialdemokrat, im Gegenteil -; er behandelt die privatrechtlichen Verhältnisse der Beamten unmittelbar hinter dem Gesindevertrag[19]. Ich würde sie lieber mit ihm zusammen behandelt wissen wollen im bürgerlichen Gesetzbuch, wo überhaupt über die Bewertung der Arbeitskraft neue Regeln aufgestellt werden; dann wird vielleicht auch Herrn Sohm der Unterschied zwischen werktätiger Arbeit und anderer klar werden.

Ich hatte neulich schon darauf hingewiesen, wie wenig im Entwurf gedacht ist an die Arbeit des rechtlich freien Arbeiters, während doch jetzt auf der Arbeit des rechtlich freien Arbeiters die ganze gesellschaftliche Struktur beruht. Die Herren

---

SOHMs waren allerdings bloß als Einschränkung einer grundsätzlichen Billigung der Dienstvertragsvorschriften des Entwurfs gemeint.

18)S.FÖRSTER-ECCIUS,PrPrR Bd 2, S.279, Fußn.66.

19)S.DERNBURG, PrPrR Bd 2, S.56o ff. (§ 198).

Juristen hätten untersuchen müssen: welcher Unterschied besteht zwischen der Ware Kaffee und der Ware Arbeitskraft? Wenn Sie irgendeinen Nationalökonomen oder Arbeiter gefragt hätten, hätten Sie gefunden: die Arbeitskraft ist unlösbar von der Persönlichkeit, sie ist mit der Person des Arbeiters selbst verbunden. Daß hieraus aber rechtliche Konsequenzen zu ziehen sind, ist unleugbar. Die persönliche Arbeitskraft ist ihrer Natur nach anders zu behandeln als eine andere Ware und sie ist wieder anders zu behandeln, wenn sie zu Nutzen Dritter Verwertung findet.

Der Herr Professor hat dann erwähnt, ich hätte eine falsche Ansicht geäußert bezüglich der Lebenslänglichkeit der Dienstverträge[19a)], die jetzt hineingekommen ist gegenüber dem jetzt bestehenden Recht[2o)]; da hätte ich so übertrieben, daß es gar nicht zu verstehen sei; es sei ja Unsinn, daß nach dem Entwurf noch lebenslängliche Verträge seien - so etwa klangen die Exklamationen des Herrn. Ich habe mich gefreut, daß mir gestern ein Broschürchen übergeben ist, das auch nach anderer Richtung durchaus lesenswert ist, das meine Ansicht bestätigt. Es ist von Herrn Professor Dr. Dernburg, der bekanntlich Mitglied des Herrenhauses und einer der besten Juristen ist, die wir gegenwärtig haben, geschrieben. Er sagt auf Seite 3o der, wie ich wiederhole, auch nach anderen Richtungen hin höchst beachtenswerten Broschüre:[21)]

> Allerdings stellt der Entwurf als Regel die Unzulässigkeit von Dienstverträgen auf Lebenszeit auf. Was aber der Vordersatz feststellt, wirft der Nachsatz um:
>
> Ist das Dienstverhältnis für die Lebenszeit einer Person oder für längere Zeit als fünf Jahre einge-

---

19a)S. zu diesem Fragenkreis bereits Nr.6 (S.51).
2o)SOHM in seiner Reichstagsrede a.a.O. (Nr. 7,Anm.3) S.757.
21)DERNBURG, Rechtsstellung S.3o. Über Heinrich DERNBURG s. STINTZING-LANDSBERG,Rechtswissenschaft Bd III 2 S.931-935; WESENBERG, NDB Bd 3/6o8 f. - DERNBURG gehörte zu den scharfen Kritikern des 2. Entwurfes. So hatte er sich auch als Abgeordneter des preußischen Herrenhauses wiederholt gegen den Entwurf, insbesondere gegen dessen Familienrecht,ausgesprochen und damit scharfe Repliken des preußischen Justizministers v.SCHÖNSTEDT und anschließende Debatten ausgelöst; s.STEN.BER.prHH,Session 1895,Bd 2, S.43-49 u. S.112-12o.

> gangen, so kann es von dem zur Dienstleistung Verpflichteten mit dem Ablauf von fünf Jahren gekündigt werden. Die Kündigungsfrist beträgt sechs Monate. Die Kündigung ist nicht zulässig, wenn der Verpflichtete durch einen anderen leisten darf.

Nun fährt Herr Professor Dernburg wie folgt fort:

> Wenn also ein Gutsbesitzer einen Arbeiter ansiedelt, ihn zu lebenslänglichen Diensten verpflichtet und ihm freistellt, die Dienste durch Familienangehörige oder auch durch andere zu leisten, so bindet der Vertrag den Arbeiter auf Lebenszeit.

(Hört!hört! links.)

Sehr mit Recht sagt der Professor weiter:

> Es genügt, daß der Dienst durch einen anderen geleistet werden darf; es ist nicht notwendig, daß er durch einen anderen geleistet werden kann. Daher

- heißt es sehr zutreffend weiter -

> könnte auch der Fabrikherr sich durch zweckmäßig abgefaßte Verträge einen lebenslänglich gebundenen Arbeiterstand schaffen.

- ich verstehe, warum jene Partei so enragiert dafür ist, und warum der Herr Abgeordnete Dr. Enneccerus so sehr ins Geschirr ging bezüglich des Raubes der persönlichen Freiheit -

> sich durch zweckmäßig abgefaßte Verträge einen lebenslänglich gebundenen Arbeiterstand schaffen. Vergegenwärtigen wir uns die Sache doch etwas näher!

Nun kommen ausführlichere Darlegungen, die ich jedem zum Nachlesen empfehlen kann - zum Verlesen sind sie zu lang -, und die in extenso eingehend an Beispielen diese Ausführungen belegen, die sich ja mit denen, die ich neulich machte, decken. Sie stellen hoffentlich auch der Regierung nun klar: der Gesetzentwurf kennt Verträge auf Lebenszeit, die die Möglichkeit einer neuen Hörigkeit schaffen. Meine Herren, Sie schaffen diese Hörigkeit entgegen dem geltenden Recht. Und den Paragraphen, der diese Hörigkeit einführt, bezeichnen Sie als eine große soziale Tat! Er ist abgeschrieben aus dem sächsischen bürgerlichen Gesetzbuch bis auf den Zusatz. Der Zusatz, der die neue Hörigkeit schafft, ist neu. Und soll der etwa sozial, soll der im Interesse der arbeitenden Klasse sein? Solcher Zusatz konnte nicht hineinkommen, wenn irgend ein Arbeiter in der Kommission gewesen wäre, wenn irgend einer der Herren von der Regierung sich klar gemacht hätte, daß das Gut der persönlichen Freiheit, das durch jahrhundertelange Kämpfe so schwer errungen ist, für die wirtschaftliche Selbstständigkeit der Arbeiter notwendig ist, das sie mit Macht und Kraft verteidigen müssen und werden. Wir dürfen es uns nicht gefallen lassen, daß man ein solches gegen die Arbeiter gerichtetes Gesetz vorlegt und die Annahme mit solchen Ausführungen verlangt wird: da habt ihr ein einheitliches Gesetzbuch, Tamtam, Hurrah, Dornröschen, nicht mehr Küchenjunge, nicht mehr Gesinde[22], sind wir nicht auch Arbeiter? ihr könnt ja Gesinde weiter bleiben, könnt sogar an die Scholle gebunden werden, der Beamte sorgt für euch, der Professor Sohm sorgt für die arbeitenden Klassen!

(Sehr gut! links.)

Meine Herren, es erübrigt, auf alle einzelnen Punkte einzugehen, weil wir in der Kommission Gelegenheit haben werden, auseinanderzusetzen, was uns nötig erscheint. Nur eins will ich noch sagen. Was ich neulich und heute ausführte, ist nichts spezifisch sozialistisches, sondern das, was heute schon durchgesetzt werden kann. Herrn Professor Sohm interessiert es vielleicht, wenn ich seinem Zeugnis ein anderes Zeugnis gegenüberstelle aus einer Zeitung, die ihm geistig nahe zu stehen scheint. Die "Staatsbürger-Zeitung" trat im Jahre 1889 in einem längeren Leitartikel für das ein, was damals ja schon von Versammlungen gefordert wurde: einheitliche Gestaltung des Arbeitsvertrages. Herr Professor Sohm wird sich vielleicht persönlich überzeugen, daß das, was ich diesbezüglich verlangte, nichts sozialistisches sein kann, wenn er in der "Kreuzzeitung" aus dem Jahre 1888 in Nummer 259 den Leitartikel nachzulesen vielleicht einmal Gelegenheit finden sollte.

Damit bin ich mit dem Säkularmenschen zu Ende.

(Heiterkeit.)/ [793]/

---

22) Anspielung auf den bereits zitierten Schluß der Rede SOHMs (s.Nr. 7, Anm.5).

Ich habe Sie noch zu bitten, doch nicht zu verlangen, wir sollten uns gefallen lassen als Fraktion, als politische Partei, sowie als einzelne, deren Verantwortlichkeit nicht in dem verkehrten Autoritätsgefühl eines einzelnen Beamten, der sich selbst schätzt - Selbstschätzung ist ja immer ein schlechter Maßstab - liegt, sondern die gegenüber den Wählern das Verantwortlichkeitsgefühl haben, ein nicht im Interesse der Arbeiter liegendes, sie herabsetzendes Gesetz anzunehmen, und dürfen dies insbesondere nicht in dem Augenblick, wo die Arbeiterschaft und die verständigeren Parteien einig sind: der Versuch einer einheitlichen Regelung des Arbeiterrechts kann gemacht werden.

Ich möchte noch den Herrn Abgeordneten Spahn bezüglich seiner Äußerung, daß ein Teil der Regelung des Arbeitsvertrags dem öffentlichen Recht angehöre[23], darauf hinweisen, daß ja unter den Juristen streitig ist, ob es ein öffentliches Recht überhaupt gibt. So sprach Herr Gneist früher einmal, das sei nur eine Willkür der Verwaltung. Aber wenn Sie ein öffentliches Recht anerkennen, so ist dessen Grenze doch flüssig, und so gibt es doch eine ganze Reihe zweifellos reiner Privatrechtsfragen auf dem Gebiet des Arbeitsvertrags, z.B. die Fragen: wie kann gekündigt werden und wann? wie ist Schadensersatz zu leisten? wie ist der Vertrag einzugehen? Es muß bei Regelung des Arbeitsvertrags auch unterschieden werden zwischen dem rein gewerblichen Vertrag, dem eigentlich ökonomischen Arbeitsvertrag, durch den jemand seine Arbeitskraft im wirtschaftlichen Nutzen Dritter verdingt, und den anderen Verträgen, die rechtlich ungefähr so liegen, wie sie im Entwurf konstruiert sind, wo Unternehmer und Abnehmer sich gegenüberstehen. Jene ungeheure Zahl aus dem werktätigen Volk hat das Recht, daß ihr gezeigt wird: die herrschenden Klassen sind bereit, wenigstens so viel zu geben, als absolut nötig ist, um wirtschaftlich vorwärts zu kommen, daß sie die Schwächeren nicht in der Weise unterdrücken wollen, wie es durch den Entwurf - es ist dies durchaus berechtigt seiner Zeit von mir ausgeführt worden - angebahnt wird. Für <u>neue</u> Ketten sind <u>wir</u> nicht zu haben.

---

23) SPAHN in seiner Rede a.a.O. (Nr.7,Anm.8) S.773.

Meine Herren, ich richte nochmals, nicht an Herrn Professor Sohm, wohl aber an die Regierung die dringende Bitte, in die Kommission auch Herren zu senden, die, so weit es möglich ist, dem scharfen Sinn, der Gründlichkeit, dem Taktgefühl - Eigenschaften, die zweifellos der Geheime Rat Planck besitzen soll - geistig nahe stehen. Ich bitte die Regierung, den Gedanken fahren zu lassen, daß man durch juristische Zwirnsfäden, durch juristische Gestaltung der wirtschaftlichen Verhältnisse, der Rechtsordnung irgend einen Wall gegen die Sozialdemokratie auftürmen kann. Wir wurzeln in der wirtschaftlichen Entwicklung; sollte unsere Auffassung unrichtig sein, so wird es sich zeigen, dann werden wir nicht zum Endsiege gelangen; wir werden aber zum Siege gelangen auf Grund der ökonomischen Entwicklung, mit Notwendigkeit auf Grund der historischen Entwicklung des wirtschaftlichen Lebens, des Gesellschaftslebens, der sozialen Entwicklung, der Kulturentwicklung. Glauben Sie, uns einen Wall entgegensetzen zu können durch diesen Gesetzentwurf: gut, wir wollen ja daran mitarbeiten, wir verlangen auch bis jetzt nicht ein Atom speziell Sozialdemokratisches. - Aber mögen die Regierungen nicht glauben, daß sie den Anschein im Volk erwekken können: sie, die 22 Jahre daran gearbeitet haben, um diesen Entwurf vorzulegen, sie haben dieses Werk getan, und der Reichstag sei dazu nicht im Stande. Die Parteien gerade dieses Reichstages sind sehr wohl im Stande, diese kleine Arbeit, den Querschnitt des geltenden Rechts - was sie ja allein erreichen wollen - zu Stande zu bringen. Nicht im Stande würde dazu ein Reichstag sein, der etwa der reaktionären Hoffnung der Regierungsvertreter stattgibt, daß hier unversehens Ausnahmegesetze, neue Knebel für die Arbeiter geschaffen würden.

(Bravo! bei den Sozialdemokraten.)

Nr.11

VORWÄRTS - Berliner Volksblatt
13.Jg (1896) - Nr. 33 vom 8.Februar, S.2

[Bericht über die konstituierende Sitzung der Reichstagskommission am 7.Februar 1896]

(Parlamentarisches)

Die Konstituierung der Kommission des bürgerlichen Gesetzbuchs[1] fand am Freitag[2] statt. Die Nationalliberalen, die schon während der Plenarberatung im Reichstag und vor allem in ihren Preßorganen ihren "patriotischen" Empfindungen Ausdruck zu verleihen bemüht waren, wollten - in Abweichung von dem parlamentarischen Gebrauch, nach dem der Vorsitz in den Kommissionen der Stärke der Fraktionen entsprechend abwechselnd den verschiedenen Fraktionen übertragen wird und nach dem der Vorsitz in dieser Kommission dem Zentrum, die Stellvertretung im Vorsitz der freisinnigen Partei zufiele - den Vorsitz ihrem Fraktionsvorsitzendem v.Bennigsen[3] übertragen, damit der "Reichsgedanke würdig" vertreten sei. Diese wunderliche Anmaßung wollten sich die anderen Parteien natürlich nicht gefallen lassen. Infolge dieser nationalliberalen Stänkerei mußte aber bei der Konstituierung der Kommission statt Akklamation Zettelwahl stattfinden. Das Ergebnis der gestrigen Konstituierung war ein gründliches Fiasko der nationalliberalen

1) Über diese konstituierende Sitzung und über den nachfolgend geschilderten Vorstoß der Nationalliberalen in der Frage des Kommissionsvorsitzes enthält der offizielle Kommissionsbericht keine Mitteilung.
2) 7.Februar 1896.

Anmaßung. Es erhielten als Vorsitzende Stimmen:[4]Abgeordneter Spahn 12, von Bennigsen zwei, von Buchka 4 Stimmen. Zum Vorsitzenden ist mithin Abg. Spahn (Z), zum Stellvertreter wurde Abg. Kauffmann (frs.Vp.) gewählt. Der Kommission gehören als Mitglieder an[5]. Spahn, Bachem, Gröber, Lerno, Schädler, Lieber, v. Gültlingen, v. Bernstorf, v. Buchka, Himburg, v.Normann, Frohme, Stadthagen, v. Wolszlegier, Förster (Antisem.), Kauffmann, Munckel, Schröder, v. Bennigsen,v. Cuny,Enneccerus. Es wurden zu Schriftführern gewählt: von Bernstorff, Lerno, v.Wolszlegier und Stadthagen. Die Nationalliberalen und die Konservativen streikten.

. . .

---

3) Über v. BENNIGSEN s.u.Nr.72, Anm.4.

4) Z = Zentrum; frs.Vp. = Freisinnige Volkspartei; der Abg. v.BUCHKA war Mitglied der konservativen Partei.

5) Die Kommissionsmitglieder gehörten folgenden Fraktionen an:
Konservative Partei: v.BUCHKA,HIMBURG, v.NORMANN;
Reichspartei: v.GÜLTLINGEN,v.BERNSTORFF;
Deutschsoziale Reformpartei (Antisemiten): LIEBER,FÖRSTER;
Fraktion der Polen: v.WOLSZLEGIER;
Nationalliberale Partei: v.BENNIGSEN, v.CUNY,ENNECCERUS;
Zentrum: SPAHN,BACHEM,GRÖBER,LERNO,SCHÄDLER;
Freisinnige Vereinigung:SCHRÖDER;
Freisinnige Volkspartei:KAUFFMANN,MUNCKEL;
Sozialdemokratische Partei: FROHME,STADTHAGEN.

Zum Vergleich: Der Reichstag setzte sich (neben 29 fraktionslosen Abgeordneten) aus folgenden Fraktionen zusammen:

Konservative Partei:	52 Mitglieder, 6 Hospitanten;
Reichspartei:	22 Mitglieder, 4 Hospitanten;
Deutschsoz.Ref.part.:	13 Mitglieder;
Zentrum:	96 Mitglieder, 4 Hospitanten;
Fraktion der Polen:	19 Mitglieder;
Nationalliberale P.:	44 Mitglieder, 6 Hospitanten;
Freis.Vereinigung:	13 Mitglieder, 1 Hospitant;
Freis.Volkspartei:	23 Mitglieder, 1 Hospitant;
Deutsche Volkspartei:	12 Mitglieder;
Sozialdemokraten:	48 Mitglieder.

Nr.12

VORWÄRTS - Berliner Volksblatt
13.Jg (1896) - Nr.36 v. 12.Februar, S.2

[Polemik gegen freikonservative und nationalliberale Presseberichte]

(Politische Übersicht)
...

Bürgerliches Gesetzbuch. Die Nationalliberalen und Freikonservativen haben in ihrer Presse und im Reichstag auf das lebendigste ihre völligste Verständnislosigkeit gegenüber dem Inhalt des bürgerlichen Gesetzbuchs und ihre totalste Unfähigkeit bewiesen, eine parlamentarische Behandlung des schwierigen Stoffes zu ermöglichen. Nachdem nun in der konstituierenden Kommission der alberne Wunsch der Nationalliberalen, ihren "Heros" Bennigsen zum Leiter der Kommissionsverhandlungen zu machen, kläglich gescheitert ist[1], schlägt das Organ der Nationalliberalen Purzelbäume über eine angebliche "Verschleppungspolitik" der Kommission. Ihrer Behauptung nach ist natürlich das Zentrum zu einer Leitung der Verhandlungen völlig unfähig und sind alle Abgeordneten, mit Ausnahme der durch ihr hohles Pathos bekannten nationalliberalen Professoren Cuny und Enneccerus, böse Verschleppungsbrüder. Diese nationalliberalen Herren, deren Langatmigkeit bekanntlich jede Kommission unendlich verlängert, die das zweifelhafte Vergnügen hat, sie zu ihren Mitgliedern zu zählen, werden in den Himmel gehoben, den

---

1) S.Nr.11.

übrigen Mitgliedern maßt sich das nationalliberale Organ an, Verhaltungsmaßregeln geben zu wollen. Die "Post" tritt den nationalliberalen Tolpatschigkeiten bei und weiß gar davon zu erzählen, daß die Regierung "die Hoffnung aufgegeben habe,den Entwurf des bürgerlichen Gesetzbuches noch in dieser Session durchzuberaten". Die "Norddeutsche Allgemeine Zeitung" dementiert die "Post"-Nachricht auf das bestimmteste: - Jedem Verständigen ist klar: entweder das bürgerliche Gesetzbuch bleibt so, wie es die Oberausbeuterseelen wünschen - dann kommt es überhaupt nicht zu stande, oder es wird in dem von unserer Seite und teilweise vom Zentrum dargelegten Sinne geändert - dann kann es sehr schnell zu stande kommen, wenn die nationalliberalen und freikonservativen Kommissionsmitglieder durch unnützen Widerspruch die Debatten nicht in die Länge ziehen. -

Nr.13

VORWÄRTS - Berliner Volksblatt
13.Jg (1896) - Nr. 41 v. 18.Februar, 1.Beilage S.1

[Nachtrag zum Bericht über die Reichstagssitzung vom 4.Februar 1896. - Berechtigung STADTHAGENs, für die Fraktion zu sprechen]

(Parlamentarisches)
.../[2]/...
Eine Notiz unseres Blattes in der Nummer vom 5.Februar[1] ist so aufgefaßt worden, als habe Genosse Stadthagen bei der ersten Beratung des bürgerlichen Gesetzbuchs nicht als Fraktions-

1) S.Nr.5.

redner gesprochen. Was wir sagen wollten war, daß die Fraktion, wie Stadthagen selbst ausführte, sich in bezug auf alle Punkte des bürgerlichen Gesetzbuchs noch nicht schlüssig gemacht habe. Stadthagen war gleich Frohme von der Fraktion zum Redner bestimmt[2].-

2) Zu den durch die betr. Bemerkung STADTHAGENs (s.Nr.6,Anm. 4) hervorgerufenen Unklarheiten und Spekulationen und zu den Versuchen der sozialdemokratischen Redner und der sozialdemokratischen Presse, diese wieder herunterzuspielen, s. neben der hier wiedergegebenen Stelle noch Nr. 9,Anm.3.

Nr.14

VORWÄRTS - Berliner Volksblatt
13.Jg (1896) - Nr. 42 v.19.Februar, S.1

[Leitartikel:] Das bürgerliche Gesetzbuch vor dem Reichstag(I)

Nach viertägiger Generaldebatte hat der Reichstag am 6.Februar den Entwurf des bürgerlichen Gesetzbuches nebst Einführungsgesetz einer Kommission von 21 Mitgliedern überwiesen und ihr gegen die Stimmen unserer Vertreter die Ermächtigung erteilt, "einzelne Abschnitte dieser Gesetzentwürfe durch Majoritätsbeschlüsse, ohne in eine Beratung über dieselben einzutreten, unverändert anzunehmen"[1]. Wir kennzeichneten (siehe Nr. 18 und 19 des "Vorwärts")[2] das Recht des Entwurfes als Juristenrecht und Klassenrecht, in dem dank der Verblendung

1) S.STEN.BER.RT. IX.Leg.Per.,IV.Session (1895/97),33.Sitzung v.6.Februar 1896 = Bd 2, S.775 ff., hier S.793; von der genannten Ermächtigung hat die Kommission in keinem Falle Gebrauch gemacht (s.BERICHT S.7, ferner allgemein zur geschäftsordnungsmäßigen Behandlung des Gesetzbuches im Reichstag S.XXXV ff. der Einführung.)
2) S.Nr. 1 und Nr.2.

oder der Verräterei der damaligen liberalen Reichstagsmajorität das Volk von der grundlegenden Arbeit des Entwurfs ausgeschlossen worden sei, und legten dar, wieso der Reichstag daran nichts mehr zu ändern in der Lage ist. Der Verlauf der Generaldebatte hat unsere Behauptungen bestätigt. Läßt man sich von dem nicht unerheblichen Aufwande geheimrätlicher Phraseologie über das Wesen der Sache nicht täuschen, so erhellt, daß die verbündeten Regierungen zwar die Hoffnung aufgegeben hatten, die Annahme des Entwurfes en bloc durchzusetzen,immerhin keineswegs etwas Anderes von dem Reichstag in diesem Stadium äußerst erwarteten, als jene Flickarbeit in Einzelheiten, von der wir früher auseinandersetzten, daß sie nur in einem gewissen, sehr beschränkten Umfange und ohne prinzipielle Wirkung möglich ist. Demgemäß sind weder die Grundgedanken der Rechtsinstitute, noch die Mittel zur Erreichung der in diesen Grundgedanken eingebetteten Zwecke, also weder der Rechtsstoff noch das Wie und Warum der Verarbeitung desselben zu den vorgeschlagenen Rechtssätzen diskutiert worden. Ja man kann sagen, die Generaldebatte war au fond nichts als: vom Regierungstische aus ein mehr oder minder geschicktes Anpreisen der Vorlage, von seiten der Fraktionen eine vorläufige Ankündigung ihres taktischen Standpunktes, ferner einiges Geplänkel und regelloses Schießen, wie wenn feindliche Abteilungen durch dichten Nebel getrennt sind und hier oder dort, je nachdem der Zufall es will, vorgeschobene Posten aufeinanderstoßen. Ein Fremder würde aus dieser ersten Beratung der deutschen Volksvertretung über das Fundament alles weiteren privaten Rechtslebens von fünfzig Millionen Menschen nicht einmal erfahren haben, welche Grundlagen vorgeschlagen werden, geschweige ein Verständnis darüber gewonnen haben, um welche Einflüsse der neuen Rechtsordnung auf den Bereich der tatsächlichen Lebensverhältnisse es sich handelt. In der gleichen Lage befindet sich aber in diesem zweiten Punkt sogar der nicht juristisch gebildete Teil der Volksvertreter, da der Entwurf in Sprache und System durchaus doktrinär und verkünstelt ist, wie Gierke in seiner Kritik der ersten Fassung mit Recht erklärt und auch der jetzigen Fassung gegenüber aufrecht erhalten hat*).

*) Gierke, das bürgerliche Gesetzbuch und der deutsche Reichs-

Derselbe löst in einer jeder Anschaulichkeit baren, der Strafgesetzbuchs-Technik ähnelnden Formelsprache das ganze Rechtssystem in eine abstrakte Kasuistik auf, das heißt in allgemeine Regeln, welche jedesmal eine vom Gesetzgeber als möglich vorgestellte, jedoch nicht genannte Reihe von konkreten Fällen (casus), deren X-Strahlen nur einem mit dem juristischen Kryptoskop bewaffneten Auge sichtbar werden, zu umfassen bestimmt sind. Wenn der bundesrätliche Kommissar Professor Sohm diesem Vorwurfe gegenüber sich mit der schalsten Witzelei und Verhöhnung der Frauen begnügen mußte, sogar die Damen (der gegen die untergeordnete Rechtsstellung der Frau protestierenden Frauenschutzvereine in Dresden) hätten den Entwurf verstanden, denn sie hätten sonst nicht gegen seine Bestimmungen protestieren können[4], so wird dieses Argument nicht nur bei keinem ernsthaften Menschen verfangen, sondern hoffentlich auch einigen jener vorwärts strebenden Frauen, die den Geisteszwang der Bourgeoisie zu durchbrechen suchen, zeigen, in welchen Reihen sie kämpfen müssen, um etwas zu erreichen. Charakteristisch

---

tag 1896:[3]
Die Volkstümlichkeit eines Gesetzbuches wird sowohl durch seine äußere wie durch seine innere Form bedingt. Äußere Form ist die Sprache: sie ist nicht etwa bloß das Kleid, sie ist der wahre Leib des Rechtes. Innere Form ist die Art der Gedankenbildung: man mag sie der Seele des Rechtes vergleichen... . Die Sprache des ersten Entwurfs war ein zuvor nie gesprochenes, aus dem Schriftdeutsch eines berühmten Pandektenlehrbuches kunstvoll herausentwickeltes Idiom, das zu erlernen der Jurist bei längerem Studium hoffen durfte, der Nichtjurist niemals Aussicht hatte. Der zweite Entwurf hat durchweg sprachliche Änderungen vorgenommen, deren Ergebnis eine Annäherung der Gesetzessprache an unser geliebtes Deutsch ist... . Ist man der Meinung, daß die Sprache des Gesetzbuches nicht an einem verfehlten Vorbilde, sondern an dem Idealbilde einer volksmäßigen deutschen Rechtssprache zu messen sei, so wird man auch der neuen Form den Beifall versagen... . Die innere Form des ersten Entwurfes war doktrinär... . Auch der zweite Entwurf ist in der Tiefe seiner Seele doktrinär, auch er schöpft seine Gedankenwelt nicht unmittelbar aus dem Leben, sondern aus dem System... .Der Gedankenbau dieses Gesetzbuches wird unserem Volke so fremd bleiben wie der des Corpus juris.

---

3) GIERKE, Reichstag S.10-14.
4) SOHM in seiner Reichstagsrede a.a.O. (Nr.7, Anm.2) S.758/759.

ist danach für diese Generaldebatte auch die gänzliche Teilnahmslosigkeit des Volkes, die sich in der Haltung der gesamten Presse, den schwachbesetzten Reichstagstribünen und der Anzahl der freien Stühle im Hause selbst zeigte. Immerhin haben die Verhandlungen dazu gedient, die ganze Fadenscheinigkeit der für diese Art der Kodifikation seit nunmehr fünfundzwanzig Jahren zur Täuschung von Groß und Klein im Schwange befindlichen Gründe aufzudecken. Wir sahen bereits, daß die Initiative des Reichstags der siebziger Jahre von dem ängstlichen Bestreben ausging, die Reichseinheit gegenüber dem Partikularismus durch die Rechtseinheit zu stärken. Daß dies, soweit es das deutsche Volk angeht, völlig überflüssig ist, erhellt daraus, daß während der viertägigen Debatte im Reichstage auch nicht der Schatten eines partikularistischen Standpunktes, nicht einmal einer partikularistischen Regung oder Neigung der geringfügigsten Art in Sachen des Privatrechtes auf irgendeiner Seite des Hauses hervorgetreten ist. Auch hat man sonst nicht erfahren, daß sich irgend eine Gegend oder ein Teil Deutschlands oder auch nur ein Einzelner gegen die Vereinheitlichung des Privatrechtes aus regionalen Gründen gewandt, oder daß zwei Deutsche aus verschiedenen Rechtsgebieten Deutschlands sich einer dem anderen entfremdet, in ihren Lebensinteressen von einander geschieden gefühlt hätten. Dagegen haben die verbündeten Regierungen durch die höchst erhebliche Durchlöcherung der angeblich gewollten Rechtseinheit in den nahezu hundert Vorbehalten des Einführungsgesetzes bewiesen, daß die Überwindung des bei ihnen wurzelnden Partikularismus der geplanten Rechtskodifikation doch nicht gegeben ist. Und wahrlich, die Vorbehalte des Einführungsgesetzes, die "Verlustliste des deutschen Einheitsgedankens", um deshalb mit Recht so zu nennen, nicht weil vermöge derselben die von ihnen betroffenen Rechtsgebiete nicht vom Rechte geordnet werden, sondern weil sie zum großen Teil infolge des partikularistischen Widerstandes der Regierungen bis auf weiteres der Reichskompetenz entzogen werden sollen, diese Vorbehalte umfassen Erhebliches: Familienfideikommisse, Anerbenrecht, Rentengüter, Verschuldungsgrenze, Wasser-, Deich- und Bergrecht, Jagd und Fischerei, Wildschaden (teilweise), Zwangs- und Bannrechte und Realgewerbeberechtigungen, Versicherungsrecht, Verlagsrecht,

Haftung des Staats und der Gemeinden für Schädigungen durch Beamte, Gesinderecht, Altenteilsrecht, Expropriationen, Kirchen- und Schulbaulast, religiöse Erziehung der Kinder, Zwangserziehung Minderjähriger und vieles Andere, das sich schwer in kurzen Worten bezeichnen läßt. Da Artikel 3 des Einführungsgesetzes für alle Vorbehalte nicht nur die bestehenden landesgesetzlichen Vorschriften in Kraft erhält, sondern auch den Erlaß neuer landesgesetzlicher Vorschriften zugibt, so erwäge man, wie nahe eine solche faktische Selbstbeschränkung der bestehenden allgemeinen Reichskompetenz für das bürgerliche Recht die Absicht partikularistischer Regierungstaten legt, auf die man dem/[2]/Reichstag gegenüber als aussichtslos verzichten müßte! Gierke sagte im Jahre 1889 (Der Entwurf eines bürgerlichen Gesetzbuches und das deutsche Recht):"Das Privatrecht kann so gut im Sinne der Uniformität wie im Sinne der Mannigfaltigkeit ausgestattet sein, ohne daß die nationale Existenzfrage davon berührt würde. Die Rechtseinheit mag auch hier wünschenswert sein. Doch gefährdet ihr Mangel in keiner Weise die Staatseinheit. Oder hätte man etwa bei der Kraftentfaltung des preußischen Staates die Buntscheckigkeit seiner Privatrechtsordnung gespürt?... Mit der staatlichen Einheit haben wir das lange schmerzlich entbehrte, vollkräftige Mittel gewonnen, die Einheit des Privatrechts herzustellen und durchzuführen. Nimmermehr aber dürfen wir dieses Verhältnis umkehren und die Unifikation des Privatrechtes als ein Mittel für politische Zwecke behandeln ... Anders verhält es sich mit dem ideellen Gewinn, den eine gesetzgeberische Tat von so gewaltiger Bedeutung dem Reiche zu bringen vermag ... Allein in dieser Hinsicht hängt der Erfolg eben nicht am einfachen Daß, sondern am Wie der Kodifikation!" [5] Wenn demgegenüber Professor Sohm im Reichstage sich über das "Elend" der bestehenden partikularen "Rechtszersplitterung" bis zu Tiraden erhitzte[6], die demjenigen, was als Verächtlichmachung von Staatseinrichtungen nach § 131 des Str.G.B. bestraft zu werden pflegt, auf das Genaueste ähnelten, so wird er sich

---

5) GIERKE, Entwurf S.5.
6) SOHM a.a.O. S.754,r.Sp.

mit dem erzielten Heiterkeitserfolge begnügen müssen.

Wir sahen ferner, wie von Anfang an die Rechtsverschiedenheit aufgefaßt und geschildert wurde als ein den Einzelnen in seinem Rechtsbewußtsein und in seiner Rechtsverfolgung schwer bedrückendes Übel. Der Staatssekretär des Reichsjustizamtes hat von der "Zerrissenheit, Verworrenheit und Unklarheit" des geltenden Privatrechts gesprochen, von der "Not und Mühe, die unser Volk anwenden muß, um sich durch das geltende Recht durchzuschlagen" und gefragt, wie "der gemeine Menschenverstand des einfachen Mannes" sich denn mit derartigen Unbegreiflichkeiten abfinden könne, daß in dem einen Orte das Erbrecht vollständig verschieden ist von dem im nahen Nachbarort, daß in _einer_ Stadt verschiedenes Recht herrscht im Innern und in den Vorstädten und dergl.mehr. Was, ruft er aus, liegt nicht alles darin, daß die Rechtseinheit eingeführt werden soll auf dem Gebiete des bürgerlichen Rechts für jeden einzelnen? Wie vereinfacht sich der Rechtsverkehr! Welche Beschleunigung für das ganze Geschäftsleben wird dadurch geschaffen! Wieviel Mühe, Zeit, Sorgen, Prozesse werden erspart, wenn im ganzen Reiche statt der wirren Vielgestaltigkeit der Normen nur ein einheitliches Recht herrscht!"[7] Wir konstatieren aus den Verhandlungen: - soweit dieser Punkt von Reichstagsabgeordneten berührt wurde, schimmerte durch ihre Reden lediglich eine Gleichgültigkeit aus den Kreisen der Wähler hindurch, die schlechthin unvereinbar ist mit der Annahme von drückend empfundenen Übeln. Es ist eben nicht wahr. Niemand empfindet als Einzelner in den ihn angehenden Verhältnissen die _örtliche_ Rechtsverschiedenheit[8]. Man traut seinen Ohren kaum oder glaubt falsch gelesen zu haben, daß _da_ die Quelle von Not und Mühe für das _Volk_ sein soll, von Zeitaufwand, Sorgen und Prozessen. Als ob der geheime Postrat, der von Berlin nach Hamburg versetzt wird, seine dienstfreien Stunden opfert, um sich zum Verständnis des Hamburger Stadtrechts von 1603 "durchzuschlagen", oder der nach Berlin eingewanderte Hanseat sein

7) NIEBERDING in seiner Reichstagsrede a.a.O. (Nr.4,Anm.3) S.709 r.Sp.

8) Dazu, daß diese Auffassung durchaus nicht der offiziellen und ebensowenig der verbreiteten Auffassung in der Sozialdemokratie entsprach,s.S.LXXXII ff. der Einführung m.w.N. sowie Nr. 2,Anm.5 und Nr.6,Anm.3.

Geschäft versäumt, um sich mit der märkischen constitutio*) zu befreunden, ganz zu schweigen von dem durch die veränderliche Erwerbsgelegenheit hierher und dorthin gewehten Industriearbeiter, der sich in mühseligen Auseinandersetzungen mit seinen Nachbarn über das örtlich wechselnde Recht orientiert?! Im Geschäftsleben pflegt man ohne kundigen Berater, sobald Rechtsfragen auftauchen, nichts zu tun, und auch im sonstigen Rechtsverkehr versucht niemand, selbst nicht der "einfache Mann", sein eigener Rechtsanwalt zu sein. Im übrigen gilt in der heutigen Gesellschaftsordnung, was Menger gesagt hat: "Die Armen besitzen nur eine dürftige Rechtskenntnis und sie können die Lücken und Mängel derselben auch regelmäßig nicht durch die Anfrage bei Kundigen ersetzen. Ihr Handeln wird deshalb fast ausschließlich von einem dunkeln und nur zu oft trügerischen Rechtsgefühl geleitet und ihr ganzes Rechtsleben ist in Wirklichkeit dem Zufall preisgegeben"[9], ganz ebenso gegenüber einem einheitlichen Gesetzbuch für Deutschland wie gegenüber hundert Partikularrechten. Auch möge der praktische Jurist aufstehen, selbst in einem Bezirk mit stark fluktuierender Bevölkerung, der behaupten könnte, er habe je Prozesse aus der irrigen Annahme eines anderwärts geltenden Rechtes anstatt des dort geltenden abseiten einer Partei entstehen sehen. In Wirklichkeit empört sich "der gemeine Menschenverstand des einfachen Mannes", der durchaus nicht so begriffsstutzig ist, wie der Staatssekretär des Reichs-Justizamtes glaubt, darüber, daß die wenigen ihm bekannten Gesetze so häufig nach der neu-preußischen Rechtsmaxime des Justizministers Schönstedt: Duo quam faciunt idem non est idem gegen ihn angewandt werden[10].Nach allem löst sich also die Fabel von den Leiden des Einzelnen durch die Rechtszersplitterung in den bereits früher von uns hervorgehobenen Trugschluß auf, als ob "Not und Mühe" des Juristen, sich durch ein verschiedenartiges und verwickeltes Partikularrecht "durchzuschlagen", das Volk anginge, es sei denn, daß man diesem zu-

*) Die constitutio Joachimica ist die alte kurbrandenburgische Verordnung für das eheliche Güterrecht von 1527.

9) MENGER, Volksklassen S.21.
10) S. bereits Nr. 6, Anm.24.

mutete, sich außer den leidenden Großgrundbesitzern und den notleidenden Zuckerfabrikanten auch noch der notleidenden Rechtspraktiker aus christlicher Nächstenliebe zu erbarmen.

Nr.15

VORWÄRTS - Berliner Volksblatt
13. Jg (1896) - Nr. 44 v.21.Februar, S.1

[Leitartikel:] Das bürgerliche Gesetzbuch vor dem Reichstage (II).

Selbst die chauvinistische Note ist von den Regierungen nicht ganz verschmäht worden. Der Staatssekretär des Reichs-Justizamtes hält die Herrschaft des französischen Zivilrechtes im Westen Deutschlands für national beschämend und nachteilig für die Rechtspflege; "jenseits unserer Grenzen geboren,finde es jenseits derselben seine naturgemäße Entwicklung"[1]. Nun haben allerdings die fünf französischen Codes ihren Einzug in die preußischen Rheinlande, Rheinbayern und Baden unter der französischen Fremdherrschaft gehalten, bereits in den Vorjahren der Märzrevolution war dieses vermeintliche Fremdrecht in Deutschland aber volkstümlich wie ein allernationalstes Recht geworden[2]. Über die Gründe dieser keineswegs aus falsch

1) NIEBERDING in seiner Reichstagsrede a.a.O. (Nr.4,Anm.3) S.7o9.
2) Diese Popularität, die das französische Recht in den Rheinlanden genoß, wird von der rechtsgeschichtlichen Forschung bestätigt; s.für das Zivilrecht: CONRAD,Fschr.OLG Köln S.78 ff.; für das Strafverfahrensrecht: Eb.SCHMIDT,Einführung

verstandenem Patriotismus zu bedauernden Erscheinung ist man sich auch längst klar. Für das Zivilrecht liegen sie darin,daß man "tatsächlich Einheimisches, wenn auch in fremd gewordener Form" vor sich hatte, indem das diesem Recht zu Grunde liegende ältere Gewohnheitsrecht des nördlichen Frankreich eben "vollständig deutschen Ursprungs und Charakters" war. Demnach ist die Rechtsentwicklung und Rechtspflege in den französischrechtlichen Gebieten Deutschlands auch völlig deutsch, und wenn Herr von Stumm dem Staatssekretär entgegnete, das Recht "Frankreichs" geniere ihn gar nicht[3], so können wir ihm darin ausnahmsweise beipflichten. Noch schlechter und vielleicht der schwächste von allen zu Gunsten der Kodifikation ausgespielten Trümpfen war endlich die vom Staatssekretär in Aussicht gestellte Wirkung unseres neuen einheitlichen Rechts über die Grenzen unseres Landes hinaus[4]. Die Spielerei mit Weltreichs- und Weltdeutschtums-Gedanken scheint in letzter Zeit Mode zu werden und erinnert in Betracht der Unfähigkeit unserer herrschenden Klassen, der Nation auch nur ihr eigenes Haus wohnlich zu machen, stark an jene Größenwahnsvorstellungen, die pathologisch dann aufzutreten pflegen, wenn das Gehirn selbst der gewöhnlichen Arbeitsverrichtung nicht mehr gewachsen ist. Sogar das verpönte Wort des "Prestige" ist in die Verhandlungen geworfen worden. Wovon lenken alle diese Scheingründe ab? Von dem wirklich vorhandenen einzig zulänglichen

---

S.327 (§ 286) und THISSEN, Verhaftungsrecht S.99; für das Kommunalverfassungsrecht VORMBAUM,Fschr.Hamm S.271 ff.m.w.N. - S. zu diesem Fragenkreis auch die in der folgenden Anmerkung zitierte Äußerung des (aus dem Gebiet des rheinischen Rechts stammenden) Freiherrn v.STUMM-HALBERG.

3) v.STUMM-HALBERG in seiner Reichstagsrede a.a.O. (Nr.7,Anm. 6)S.762: "Das Recht Frankreichs geniert mich gar nicht,und ich möchte denjenigen sehen, der mir nachweisen wollte,daß in der Rheinprovinz auf dem Gebiet des französischen Rechts ein geringerer Patriotismus herrscht als auf der rechten Seite ... Dieses "Recht Frankreichs" würde mich gar nicht genieren, und ich würde am liebsten sehen, wenn dieses Recht einfach deutsches Recht würde, natürlich mit einigen Modifikationen. Ebenso gut könnte man sagen, daß die Anhänger des gemeinen Rechts ganz besondere Anhänger Roms wären, weil das gemeine Recht vorzugsweise auf römischen Prinzipien beruht..."

4) NIEBERDING a.a.O. (Anm.1) S.71o.

Grunde einer Kodifikation, nämlich der Reformbedürftigkeit der bestehenden Rechtszustände, die freilich die herrschenden Klassen nicht anerkennen, der Reform, die sie nicht gewähren wollen. Lothar Bucher schrieb: "Die Maschine, Fabrik, Landwirtschaft wird am besten arbeiten, die mit der vollständigsten Benutzung aller bekannten Naturgesetze eingerichtet ist. Also dürfte auch wohl die Gesellschaft um so vollkommener sein, je mehr die Regeln, welche das Verhalten der Mitglieder bestimmen, den natürlichen Gesetzen des Menschen und der Gesellschaft entsprechen."[5] Seit hundert Jahren hat Deutschland in allen wirtschaftlichen und damit in den Grundlagen sämtlicher privatrechtlichen Verhältnisse den ungeheuersten Wandel durchgemacht, damit sind also die "natürlichen Gesetze" andere geworden und diese zu ergründen ist die Aufgabe des Gesetzgebers. Sonst wird nur veraltetes Recht neu stabiliert auf Kosten jener Harmonie des gesetzlichen und natürlichen Rechts, die der Zweck aller Rechtsordnung ist, und die Gefahren der bereits vorhandenen Gegensätze werden umso mehr gesteigert, je dauerhafter der Neubau ist. Wie häufig diese "funktionelle" Seite des Rechts - und zwar gerade von den Juristen - übersehen wird, hat bereits Jhering erkannt[*] und doch, er würde es schwerlich für möglich gehalten

*) Derselbe sagt: Nichts ist verkehrter als ein Recht gleich einem philosophischen System bloß von seiten seines geistigen Gehaltes, seiner logischen Gliederung und Einheit zu beurteilen. Möge es unter diesem Gesichtspunkt immerhin als Meisterstück erscheinen, so ist doch damit über seinen wahren Wert noch in keiner Weise entschieden; letzterer liegt in seinen Funktionen,d.h. in seiner praktischen Brauchbarkeit.[6]

5) BUCHER,Parlamentarismus S.25. - Lothar BUCHER (1817-1892), Publizist und Politiker, 1848 Mitglied der preußischen Nationalversammlung und 1849 Mitglied der 2.Kammer; 1850 wegen maßgeblicher Teilnahme am Steuerverweigerungsbeschluß zu Ämterverlust und Festungsstrafe verurteilt,flieht er ins Londoner Exil (1850-1861),wo er den englischen Parlamentarismus aus der Nähe kennenlernt.Ihm widmet er später mehrere Schriften (vor allem:"Der Parlamentarismus wie er ist" (1861).Nach Deutschland zurückgekehrt,tritt er mit LASSALLE in Verbindung, nähert sich dann aber BISMARCK und wird von diesem 1864 als Legationsrat in die politische Abteilung des Außenministeriums geholt.In der Folgezeit setzt ihn BISMARCK zu zahlreichen Sonderaufgaben ein (zB Vorent-

haben, daß ein gewiegter, über dem Durchschnittsmaß der professionellen Bildung stehender Jurist - als solchen sehen wir den Staatssekretär des Reichs-Justizamtes an - mit Befriedigung erklären konnte: "Soweit das allgemeine Landrecht, der französische Code, das sächsische Gesetzbuch Rechtssätze und Rechtsanschauungen gemeinsam vertreten, soweit durfte die Kommission mit einiger Sicherheit annehmen, daß diese Dinge auch dem Rechtssinn und den Anschauungen des deutschen Volkes entsprechen; wenn man zweifelhaft war, wie die Wahl getroffen werden sollte, so konnte die Übereinstimmung dieser drei großen Kodifikationen eine verhältnismäßig sichere Leitung bieten. Soweit aber in diesen Kodifikationen verschiedene Sätze herrschen, so weit mußte im Interesse der Einheit des Ganzen das Kleinere und Schwächere zurücktreten!"[7] Das preußische allgemeine Landrecht stammt aus dem Jahre 1794 und gilt zur Zeit für etwa 21 Millionen, der Code von 18o4 für etwa 8 1/2 Millionen, das sächsische Gesetzbuch von 1863 für etwa 3 1/2 Millionen[8].

Es erübrigt nur die Ziehung der klarliegenden Konsequenzen aus diesen Tatsachen und dem von der Kommission eingeschlagenen, der Gegenwart abgekehrten Verfahren, um einzusehen, wie wenig dasselbe geeignet war, die "natürlichen Gesetze" der Gegenwart gesetzgeberisch zum Ausdruck zu bringen. Plato hat behauptet, wenn Menschen, von ihrer Geburt in einer Höhle eingeschlossen, nur die Schatten der Dinge an der Wand gesehen hätten, so müßten sie, den Dingen gegenübergestellt, den Schatten für das Ding und das Ding für den Schatten halten. So muß-

---

wurf zur Verfassung des Norddeutschen Bundes, möglicherweise auch Erster Entwurf des Sozialistengesetzes); auch in die diplomatischen Abläufe, die zum Ausbruch des deutsch-französischen Krieges von 187o/71 führen, ist er verwickelt (s.dazu HUBER,Verfassungsgeschichte Bd 3,S.712/13). 1882 nimmt er seinen Abschied. Nach BISMARCKs Entlassung wird er Mitarbeiter an dessen "Gedanken und Erinnerungen".
Über BUCHER s.MEISNER,NDB Bd 2/S.698 f.; HUBER,Verfassungsgeschichte Bd 3,S.38.

6) S.z.B.JHERING, Scherz und Ernst S.353 u.ö.

7) NIEBERDING in seiner Reichstagsrede a.a.O.(Nr.4,Anm.3)S.7o7.

8) Über die geographische Verbreitung der Partikularrechte und die entsprechenden Einwohnerzahlen s. DENKSCHRIFT S.31o ff. (Anlage 1).

te es auch der Kommission ergehen, nachdem sie prinzipiell ihren der Gegenwart abgekehrten Standpunkt gewählt hatte. Als sich nach Fertigstellung des ersten Entwurfs selbst aus dem Lager der herrschenden Klassen aber Stimmen gegen die zahlreichen Unbilligkeiten und Anachronismen, die teils unbeabsichtigt, teils absichtlich mit untergelaufen waren - man denke etwa an den vorgeschlagenen Rechtssatz des: Kauf bricht Miete![9] - erhoben, da begann in der Juristenwelt jenes betäubende Geschrei von der sozialen Ausgestaltung des ersten Entwurfs durch die Revision der zweiten Kommission, von dem sich soweit uns bekannt, an namhaften Rechtsgelehrten nur Gierke[10] und Menger[11] ganz unbeeinflußt erhalten haben, und in welches Professor Sohm in einem vor der Berliner juristischen Gesellschaft gehaltenen Vortrag auf das lebhafteste einstimmte[12]. Dieses enfant terrible der verbündeten Regierungen hat aber wider Willen durch seine Dornröschen-Rede*) im Reichstage enthüllt, was im innersten Kerne den Gesetzgeber in seinem Verhältnis zum Rechtsleben bestimmt hat: Die Rechtspersönlichkeit, gesehen im Lichte der liberalen Staatsidee. Zwar, wenn er, die Vorbehalte des Einführungsgesetzes entschuldigend sagt, das bürgerliche Gesetzbuch regele das gemeine bürgerliche Verkehrsrecht, in dem kein Arbeiter und kein Bauer als solcher zu unterscheiden sei[14], das Recht der abstrakten Privatpersonen - wenn er die Arbeiterfrage in der Hauptsache für eine Frage der Lohnerhöhung hält[15] - wenn er von keiner Arbeit, sondern nur

*) Sohm verglich das Recht des Entwurfs mit dem schlummernden Dornröschen des Volksmärchens(13).

9) S.§ 509 E I; dagegen § 564 E II i.d.F. der Reichstagsvorlage.
10) Zu GIERKEs umfassender Kritik am 1.Entwurf des BGB und zur Person GIERKEs s.VORMBAUM, Rechtsfähigkeit S.142 ff. m.w.N. und SCHUBERT, Entstehung S.37 ff.
11) Über Anton MENGER s.bereits S.LXXIV ff. der Einführung und die dort angegebene Literatur; über MENGERs Kritik am 1. Entwurf des BGB s.SCHUBERT, Entstehung S.41 f.
12) S. zu dem Vortrag SOHMs bereits oben Nr. 1, Anm.7.
13) S.bereits Nr. 7, Anm.5.
14) SOHM in seiner Reichstagsrede a.a.O. (Nr.7, Anm.2) S.756.
15) Ibd.

von Diensten wissen will: Alle, die dem Nächsten dienten, bildeten einen großen Arbeiterstand von Dienern der Nation[16] - das bürgerliche Recht beruhe auf/[2]/der Freiheit des Privateigentums, und der Arbeiterstand müsse von der sozialdemokratischen Unfreiheit zur bürgerlichen Freiheit erzogen werden[17]; so ist das alles, soweit es nicht greuliche Konfusion ist, Karikatur, immerhin aber doch Karikatur eben der liberalen Staatsidee. Natürlich können wir unsern Lesern gegenüber darauf verzichten, Einzelkritik zu üben, sie wird ihnen selbst nicht schwer fallen. Die Auslassungen erinnern übrigens lebhaftest an die von Lassalle im "Bastiat-Schulze von Delitzsch" vor nunmehr 32 Jahren an den wissenschaftlichen Pranger gestellten Gedankenlosigkeit des damaligen Heros der Fortschrittspartei[18]. (Vergl.daselbst u.A. die ergötzlichst applizierten Rutenstreiche hinsichtlich der Dienste, "nicht der Bauch von John Falstaff ist so aufgedunsen, verschwommen und ungesund, wie diese Bastiat'sche Kategorie", und der "bürgerlichen Freiheit, die darin besteht, daß es jedem ohne Unterschied gesetzlich erlaubt ist, Millionär zu sein"[19]. Daß

16) A.a.O. S.757.
17) A.a.O. S.758.
18) In seinem Werk "Herr Bastiat-Schulze von Delitzsch, der ökonomische Julian oder:Capital und Arbeit" setzte LASSALLE sich mit den ökonomischen Lehren von SCHULZE- DELITZSCH auseinander, die dieser in seinem "Capitel zu einem Arbeiter-Katechismus" formuliert hatte. Vor allem gegenüber dem abstrakten Freiheitsbegriff des Liberalismus und gegenüber der von SCHULZE-DELITZSCH verwendeten Definition des Kapitals als des "Nicht verzehrten Teils des Einkommens" wandte sich LASSALLE mit äußerst scharfen Formulierungen (S.72: "... Diese totale Unkenntnis des Stoffes, diese unerhörte salbadernde Gedankenlosigkeit, diese Weichselzöpfe von Widersprüchen mit sich und der Wirklichkeit, diese beispiellose Unfähigkeit, auch nur die Fragen festzuhalten, diese breiartige Verschwommenheit jeder bestimmten Auffassung ... - alles dieses... kann nur zu einer Verderbung und Verfilzung des gesunden Volksverstandes ohne Gleichen führen").
Den Titel des Werkes begründete LASSALLE (a.a.O.S.6,Fußn.1) damit, daß die kritisierte Schrift von SCHULZE-DELITZSCH "nichts anderes" sei, "als ein getreuer Auszug und resp. eine Übersetzung aus jener Kleinkinderfibel des(französischen Ökonomen)BASTIAT" (1801-1850).- Zu LASSALLE s. auch S.LXVI ff. der Einführung.
19) LASSALLE, Bastiat-Schulze S.131; s. auch a.a.O. S.19 ff.

neben dem grundsätzlich manchesterlichen Charakter des Ganzen einzelne sozialpolitische Flickereien der zweiten Kommission nicht viel besagen wollen, liegt auf der Hand. Sowohl an und für sich bedeutsam für die Arbeiterklasse als ungemein charakteristisch für den allgemeinen Standpunkt der Verfasser ist die völlige Vernachlässigung des Lohnvertrages, die vorgeschützte Unmöglichkeit, das Gesinderecht zu regulieren, wodurch dasselbe den verrottesten Partikularbestimmungen überlassen bleibt (Menger: "Man kann mit gutem Grunde behaupten, daß kein Teil unseres Privatrechtssystems so zurückgeblieben ist und so sehr an die Leibeigenschaft und an ähnliche gewalttätige Herrschaftsverhältnisse der feudalen Gesellschaftsordnung erinnert, wie das Gesinderecht"[20], die Beschränkung des Körperschaftsrechtes, durch die alle politischen, sozialpolitischen, religiösen und erzieherischen Vereinigungen dem Befinden der Verwaltungsbehörden unterworfen werden[21] (Gierke: "ein Ausnahmerecht zu Lasten des Arbeiterstandes"[22]).Unsere Fraktion wird vor allem, wie auch im Reichstage angekündigt, in diesen Punkten durch die Kommissionsberatung Wandel zu schaffen sich bemühen, ferner wird im Familienrecht zu erreichen gesucht werden: verstärkte Stellung der Frau und vorurteilsloser Schutz des unehelichen Kindes.Natürlich sind die aufgezählten Punkte nicht erschöpfend, sondern nur als besonders wichtig und auch nicht von vornherein aussichtslos herausgehoben. Ob im Erbrechte modernen gesetzgeberischen Gedanken und Vorschlägen[*] Eingang zu verschaffen sein wird, steht dahin. Die Kommission wird also ernste Arbeit zu leisten haben. Herrn Professor Sohm und seinesgleichen aber, die am liebsten alles in Jubiläumsstimmung abgetan hätten, entgegnen wir, um mit ihnen im Tone seiner fabulierenden Kinderromantik zu reden, daß keiner unter ihnen der Königssohn ist, der das

---

*) Wir verweisen hinsichtlich solcher auf die Vorarbeiten zu einer schweizerischen Erbrechtskodifikation und Prof.Eugen Huber: Betrachtungen über die Vereinheitlichung des schweizerischen Erbrechtes, Basel 1895.

2o) MENGER, Volksklassen S.162
21) S.zu diesen Vorschriften des 2.Entwurfs (i.d.F. der Reichstagsvorlage) KÖGLER,Vereinsrecht S.1o7; VORMBAUM, Rechtsfähigkeit S.174 f.
22) GIERKE, Reichstag S.5o.

deutsche Dornröschen erweckt. Sie allesammt zappeln jämmerlich in der Dornenhecke, die sie zu durchdringen nicht vermögen. Wann werden die hundert Jahre der Sage verflossen sein, da alles Volk in bösem Zauberschlaf versunken lag?

Wann wird der heutige Staat zur Herberge der Gerechtigkeit werden.

Nr.16

VORWÄRTS - Berliner Volksblatt
13.Jg (1896) - Nr.45 v. 22. Februar, 2.Beilage S.2

[Bericht über eine sozialdemokratische Versammlung mit dem Thema: "Die Sozialdemokratie und das bürgerliche Gesetzbuch]

(Versammlungen.)

Eine gut besuchte Volksversammlung für den 2.Wahlkreis tagte am Donnerstag in Reinhards Gesellschaftshaus. Genosse Frohme behandelte das Thema: "Die Sozialdemokratie und das bürgerliche Gesetzbuch". Der Redner besprach einzelne, die Arbeiterschaft besonders interessierende Kapitel dieses Entwurfs und kritisierte zunächst die Bestimmungen über das Vereinsrecht, durch welches der polizeilichen Willkür Tür und Tor geöffnet werde. Für diesen Teil des Entwurfs werde wohl in der Kommission kaum eine Majorität zu stande kommen. Bei der Besprechung des Kapitels vom Arbeitsvertrage hob der Referent hervor, daß die Gesindeordnungen, deren veraltete Bestimmungen mit den Grundsätzen eines Rechtsstaates nicht in Einklang zu bringen seien, durch den vorliegenden Entwurf nicht berührt würden, und beleuchtete ferner die der Natur und Vernunft Hohn sprechende rechtliche Stellung, welche das bürgerliche Gesetzbuch den unehelichen Kindern anweist. Die Besprechung des Kapitels über die Ehescheidung bot dem Redner Gelegenheit, die Heuchelei der gegenwärtigen Gesellschaft zu kennzeichnen, welche die Heiligkeit der Ehe dadurch zu befestigen glaubt, daß sie solche Ehen, die durch das Band gegenseitiger Zuneigung nicht mehr zusammengehalten werden, durch äußeren Zwang aufrecht zu erhalten sucht. Aus den Massen des arbeitenden Volkes erwachse ein neues Recht; diesem besseren und vernünftigen Recht Geltung zu verschaffen, sei die Aufgabe der Arbeiterklasse.

Genosse Stadthagen sprach gleichfalls in längerer Rede über verschiedene Abschnitte des bürgerlichen Gesetzbuches und meinte, daß die Einführung eines einheitlichen Rechts auch für den Arbeiter von großem Interesse sei. Unsererseits würde daher versucht werden, den Entwurf nach Möglichkeit zu verbessern, obwohl wir nicht alle Bestimmungen hineinbringen können, die unserer Meinung nach hineingehören. Namentlich müßten die Rechte der Frauen vermehrt werden, nicht nur im Eherecht, sondern vor allem auch auf dem Gebiete des Vermögensrechts, was bei der heutigen wirtschaftlichen Stellung der erwerbenden Frauen unerläßlich sei. Auch die Ausführungen dieses Redners wurden mit großem Interesse angehört und beifällig aufgenommen. Eine Resolution, welche besagt, daß, da der Entwurf des bürgerlichen Gesetzbuchs den Anschauungen der arbeitenden Klasse nicht entspricht, derselbe im Sinne der Sozialdemokratie zu ändern, eventuell abzulehnen sei, wurde angenommen.

Nr.17

VORWÄRTS - Berliner Volksblatt
13.Jg (1896) - Nr. 48 v. 26.Februar, S.3

[Notiz über die bisherigen Beratungen der Reichstagskommission]

(Parlamentarisches.)

Die Kommission für das bürgerliche Gesetzbuch hat die Beratung der ersten 426 Paragraphen unter Ausschluß der von den juristischen Personen handelnden Bestimmungen am Dienstag[1], an dem sie von 10 bis gegen 4 Uhr tagte, beendet. Wir erwähnen, daß sie entgegen dem Entwurf den gesetzlichen Zinsfuß von 5 auf 4 pCt herabgesetzt hat[2]. Auf die sonstigen Beschlüsse kommen wir morgen[3] zurück. Die nächste Sitzung der Kommission findet am Mittwoch[4] statt und wird sich mit den Bestimmungen über Gesellschaften und juristische Personen beschäftigen.

---

1) 25.Februar 1896.
2) § 24o E II i.d.F. der Reichstagsvorlage: "Ist eine Schuld nach gesetzlicher Vorschrift zu verzinsen, so sind fünf vom Hundert für das Jahr zu entrichten, soweit nicht ein anderes bestimmt ist." - In den Beratungen der Reichstagskommission erhielt diese Vorschrift die heute noch geltende Fassung (§ 246 BGB; s. BERICHT S.34 f.).
3) S. Nr.18.
4) 26.Februar 1896.

Nr.18

VORWÄRTS - Berliner Volksblatt
13.Jg (1896) - Nr.49 v.27.Februar, S.3

[Beratungen der Reichstagskommission: Entmündigung - Anfechtung von Willenserklärungen - Nichtigkeit von Rechtsgeschäften - Selbsthilfe - Vereinsrecht]

(Parlamentarisches.)

Bürgerliches Gesetzbuch. Aus den bisherigen Beratungen der Kommission für das bürgerliche Gesetzbuch sind noch folgende Punkte nachzutragen. Der Entwurf schlägt in § 6 vor, daß entmündigt werden kann: "1.wer infolge von Geisteskrankheit oder von Geistesschwäche seine Angelegenheiten nicht zu besorgen vermag; 2.wer durch Verschwendung sich oder seine Familie der Gefahr des Notstandes aussetzt; 3.wer infolge von Trunksucht seine Angelegenheiten nicht zu besorgen vermag oder seine Familie der Gefahr des Notstandes aussetzt oder die Sicherheit anderer gefährdet". Der letzte Grund für eine Entmündigung führt ein von allen bisherigen deutschen Rechtssystemen abweichendes Recht ein. Frohme und Stadthagen bekämpften diese Neuerung aus folgenden Gründen[1].Der Begriff Trunksucht ist ein noch unbestimmterer,schwankenderer,unsichererund dehnbarerer als der der Geistesschwäche.Dies Entmündigungsverfahren bietet nicht hinreichende Garantien gegen mißbräuch-

---

1) DRUCKSACHE Nr. 1 (Abänderungsanträge FROHME.STADTHAGEN vom 14.Februar 1896).

liche Anwendung. In welch' schlimme Lage würde ein Auszügler z.B. gebracht werden, der mal ein Schnäpschen über den Durst getrunken und der leider von so vielen in seiner Gemeinde und in seiner engeren Familie lediglich als Last empfunden wird. Es sei selbst die Gefahr nicht ausgeschlossen, daß große Arbeiterzweige auf diesem Wege politisch entrechtet würden; das Wahlrecht polnischer Erdarbeiter, Einzelarbeiter, ländlicher Arbeiter würde in Zeiten politischer Erregung möglicherweise durch einen mit politischer Strebhaftigkeit ausgestatteten Amtsrichter oder Assessor gefährdet sein können. Der Mangel an ausreichendem Lohn und die Verkümmerung des schmalen Vereinigungsrechts und das dadurch hervorgerufene Bedürfnis, seinen eigenen Magen zu betrügen, Mißstände und Folgen der bestehenden Gesellschaftsordnung, treiben dem Schnapsteufel zu. Gewiß sei es notwendig, der sozialen Massennot, die auch durch eine Trunksucht zum Ausdruck gelange, entgegenzutreten. Erforderlich sei, die Ursachen dieser Not zu unterbinden. Der vorgeschlagene Weg einer Entmündigung sei zwecklos. Es werde hier versucht, durch zivilrechtliche Bestimmungen Zwecke zu erreichen, die durch solche Bestimmungen nicht erreicht werden können. Hinzutrete, daß doch in der Praxis nur Arbeitern, nicht aber Reichen gegenüber, die ja dank ihres Reichtums nicht in die "Gefahr eines Notstandes" gelangen könnten, eine Entmündigung wegen Trunksucht eintreten würde. Schlimmstenfalls möge man eine Pflegschaft, nicht aber eine Entmündigung eintreten lassen, die ja gar dem Vormunde ein Züchtigungsrecht nach dem Entwurfe einräumen würde. Die Kommission trat dennoch dem Vorschlage des Entwurfes bei. Um aber der Möglichkeit eines Mißbrauchs oder "Mißverstehens" entgegenzutreten, wurde eine Resolution Gröber[2] angenommen, die die Erwartung aussprach, daß das Entmündigungsverfahren besser gestaltet werden würde. § 1o8 des Entwurfs schränkt die väterliche Gewalt und die Möglichkeit wirtschaftlicher Selbständigkeit dadurch ein, daß der Vater und Vormund nur mit Genehmigung des Vormundschaftsgerichts die Erlaubnis zum selbständigen Betrieb

---

2) BERICHT S.8; der Antrag auf Streichung wurde in der zweiten Lesung der Kommission erneut gestellt; s. dazu Nr.56.

eines Erwerbsgeschäfts soll erteilen können. Gegen eine erhebliche Minderheit wird auch dieser von unseren Genossen bekämpften Bestimmung die Zustimmung erteilt[3]. § 119 bestimmt: "Wer zur Abgabe einer Willenserklärung durch arglistige Täuschung oder durch Drohung widerrechtlich bestimmt worden ist, kann die Erklärung anfechten". Hierzu hob Stadthagen hervor, daß eine arglistige Täuschung stets widerrechtlich sei. Es müsse demnach, wenn man dies anerkenne, statt "Drohung widerrechtlich" "widerrechtliche Drohung" heißen. Die Regierungsvertreter und Mitglieder der Kommission anerkannten, daß eine auf arglistiger Täuschung beruhende Erklärung immer anfechtbar sein muß. Der Redaktionskommission wurde deshalb der Vorschlag Stadthagen's überwiesen[4]. Eine längere Debatte, an der unsere Genossen Frohme und Stadthagen sich lebhaft beteiligten, riefen die §§ 130 und 134 hervor[5]. Die Paragraphen bestimmen, daß ein Rechtsgeschäft (also z.B. ein Arbeitsvertrag), das gegen ein gesetzliches Verbot oder gegen die guten Sitten verstößt, ungültig sein soll. Unsere Genossen beantragten, dem ersten Entwurf, dem code civil, der preußischen Kabinettsordre vom 19.April 1813 entsprechend[6], alle Verträge für ungültig zu erachten, die den Gesetzen, den guten Sitten oder der öffentlichen Ordnung widersprechen. Gegen die öffentliche Ordnung verstößt jede Abrede, die einem vom Gesetz im Interesse der Staatsordnung aufgestellten Grundsatz verletzt. Solche Grundsätze seien beispielsweise folgende: "Die persönliche Freiheit jedes Bürgers ist gewährleistet", oder das Prinzip der Gewerbefreiheit im Sinne des § 1 der Gewerbe-Ordnung, oder: das Recht der Koalition. Es sei nicht zu verkennen, daß hiergegen verstoßende Verträge von Richtern als gegen die guten Sitten verstoßend erachtet werden können. Indessen was "gute Sitten" sind, ist zweifelhaft. Die Motive gehen ausdrücklich von der Auffassung aus, daß ein Unterschied zwischen beiden Begriffen bestehe. Ein hervorragendes Beispiel für wegen

---

3) DRUCKSACHE Nr.1; BERICHT S.25.
4) DRUCKSACHE Nr.1; BERICHT S.25.
5) DRUCKSACHE Nr.1; BERICHT S.28 f.
6) § 106 E I; - (Preuß.) Allerhöchste Kabinettsordre vom 19ten April 1813,(Q.Verz. B II 5 b)- Art. 1133 Code civil:"La cause (scil.: de l'obligation) est illicite quand elle est prohibée par la loi , quand elle est contraire aux bonnes

Verstoßes gegen die "öffentliche Ordnung" ungültige Verträge bilden jene von Arbeitgebern meist unter stärkster Ausbeutung der Notlage auferlegten Verpflichtungen, bestimmten politischen oder gewerkschaftlichen Vereinigungen nicht anzugehören oder aus denselben auszutreten oder gar sich für den Übertretungsfall einer Konventionalstrafe zu unterwerfen. Das Recht, sich zwecks Erlangung günstigerer Lohn- und Arbeitsbedingungen zu vereinigen, ist eine notwendige Folge des Rechts der persönlichen Freiheit und der Hilflosigkeit des vereinzelten Arbeiters gegenüber der wirtschaftlichen Übermacht des Unternehmers. Diese wirtschaftliche Macht führt zu einer tatsächlichen Sklaverei und Leibeigenschaft des Arbeiters, die mit der öffentlichen Ordnung und mit der Kulturentwicklung unvereinbar ist. Der Schutz der "öffentlichen Ordnung", der allgemeinen Staatsgrundgesetze, liege deshalb im Interesse gerade der arbeitenden Klasse, weil diese, die aufstrebende, langsam aber sicher Zugeständnisse von der herrschenden Klasse errungen habe und weiter erringen werde und weil die Zugeständnisse dann in Gesetzesform gegossen, durch die Gesetze dem Sieg gewissermaßen das Siegel aufgedrückt werde. Tatsächlich habe ja im Gebiet des code civil die Einführung des zivilrechtlichen Schutzes der öffentlichen Ordnung sehr segensreich im Sinne einer verständigen Rechtsentwicklung und Rechtsprechung auf allen Gebieten gewirkt. Der Abgeordnete von Cuny, der lange Jahre im Gebiet des code civil gewirkt hat, bestätigte dies und trat für den Antrag ein. Von anderen Seiten wurde die Änderung für ausreichend erachtet, wenn gegenüber den Worten des Entwurfs "gesetzliches Verbot", "die Gesetze" aufgenommen würde. Der Ausdruck "öf-fentliche Ordnung", meinten insbesondere die Regierungsvertreter, sei zu unbestimmt, lasse dem Richter ein zu weites Ermessen. Unsere Genossen verwiesen darauf, daß doch derselbe Vorwurf den Ausdruck "gute Sitten" viel berechtigter treffe. Übrigens sei es doch absonderlich, anzunehmen: einem Richter sei nicht zuzumuten, die "öffentliche Ordnung" d.h. die all-

---

moeures ou à l'ordre public."

gemeinen Landesgesetze zu kennen. Eine eigentümliche Erscheinung sei, daß bei der Umsturzvorlage[7] eine absolut andere Stellung eingenommen wurde und daß nur sie, die Sozialdemokraten,

7) Nachdem das Sozialistengesetz trotz anfänglichen Drängens der Reichsregierung (welche sogar eine noch verschärfte Fassung und unbeschränkte Dauer vorgeschlagen hatte) im September 189o ausgelaufen war, setzte zunächst eine Phase sozialpolitischer Initiativen ein, mit denen man die Arbeiterschaft an die bestehende Staats- und Gesellschaftsordnung zu binden und den sozialdemokratischen Einfluß zu brechen hoffte. Als sich diese Hoffnung als unberechtigt erwies und gleichzeitig der Einfluß der Industrie (repräsentiert vor allem durch STUMM) auf die Reichsführung zunahm, setzten in der Mitte der neunziger Jahre erneut Versuche zur politischen Unterdrückung der Sozialdemokratie ein. Eine Serie von anarchistischen Anschlägen in den Jahren 1892-1894 in ganz Europa - von denen sich die Sozialdemokratie deutlich distanziert hatte - lieferte den Vertretern des harten Kurses den Vorwand für den Ruf nach durchgreifenden Maßnahmen gegen die "Umsturzpartei".Am 5.Dezember 1894 - bereits unter der Kanzlerschaft HOHENLOHEs - wurde im Reichstag die sog. "Umsturzvorlage" eingebracht (s.STEN.BER.RT. IX.Leg.Per., III.Session 1894/95,Aktenstück Nr.49 = Anlagenbd 1,S.224 ff.). Sie sah die Verschärfung zahlreicher Tatbestände des politischen Strafrechts vor, u.a. sollte denjenigen Strafe treffen, "welcher in einer den öffentlichen Frieden gefährdenden Weise die Religion, die Monarchie, die Ehe, die Familie oder das Eigentum durch beschimpfende Äußerungen öffentlich angreift" (§ 13o StGB nach dem Inhalt der Vorlage).Druckschriften entsprechenden Inhaltes sollten nicht erst bei Gefahr im Verzug ohne richterliche Anordnung durch die Polizei beschlagnahmt werden können.Den Sozialdemokraten gelang es zunächst, eine Beratung der Vorlage im Reichstag durch Feststellung der Beschlußunfähigkeit hinauszuschieben (STEN.BER. RT.a.a.O., 8.Sitzung v. 17.Dezember 1894 = Bd 1, S.173 ff.). In den anschließenden Weichnachtsferien betrieben sie, unterstützt durch zahlreiche Künstler und Schriftsteller,eine intensive Öffentlichkeitsarbeit gegen die Vorlage. Da mittlerweile das Zentrum sich entschlossen hatte, die Vorlage zu einem allgemeinen Religions- und Sittenschutz-Gesetz umzufunktionieren, verloren die Nationalliberalen das Interesse an der Vorlage. Da des weiteren die Konservativen aus Gegnerschaft zum Zentrum gegen die von einer Reichstagskommission überarbeitete Vorlage stimmten, kam diese bereits in der zweiten Lesung zu Fall.-Zu den Begriffen "öffentliche Ordnung" und "öffentlicher Friede" s.Art. I §§ 126, 129 a, 13o der "Umsturzvorlage".

jetzt um einen zivilrechtlichen Schutz der "öffentlichen Ordnung" sich bemühen müßten. Bei der Abstimmung wurde die Einschiebung der"öffentlichen Ordnung" und der Ersatz der Worte "gesetzliches Verbot" durch "Gesetze" gegen eine erhebliche Minderheit abgelehnt[8]. Es bleibt also bei dem Entwurf.Eine Debatte entspann sich ferner bei den §§ 191 und 199, die die kurzen Verjährungsfristen betreffen[9]. In zwei Jahren sollen alle Forderungen der Arbeiter gegen die Arbeitgeber, nicht aber alle der Arbeitgeber gegen die Arbeiter aus dem Arbeitsverhältnis verjähren, sondern nur das Recht auf Rückforderung von Vorschüssen. Ein verallgemeinernder Antrag[10] fiel, weil die Mehrheit dem Arbeitgeber das Recht auf Schadensersatz über zwei Jahre hinaus nicht beschränken wollte. Hingegen fand ein Antrag Annahme, die Verjährungsfristen auf alle Arbeiterkategorien auszudehnen. Ein Versuch, bei § 139 die kurze Verjährungsfrist zugunsten der Arbeiter und des Gesindes während der Zeit ruhen zu lassen, in der das Arbeitsverhältnis besteht, scheiterte. Eine sehr ausgedehnte Debatte riefen die Bestimmungen der §§ 221-225 hervor[11].In ihnen wird ein zivilrechtliches Recht auf Selbsthilfe eingeführt und selbst ein Recht des Gläubigers auf Festnahme seines Schuldners - und hierunter rechnet auch der Arbeiter - zum Ausdruck gebracht. Unsere Genossen führten aus: Den Fortfall der Selbsthilfe erachtet man bekanntlich für einen Kulturfortschritt. Daß in einem geordneten Gesellschaftswesen der einzelne sein vermeintliches Recht ohne Anrufung der betreffenden Organe des Gemeinwesens sich holt, in eigener Sache Rechtspflege selbst ausübt, ist mit dem Begriff eines geordneten Gesellschaftswesens unvereinbar. Selbsthilfe ist nur da berechtigt, wo eine Ordnung nicht stattfindet. Der Staat, der Selbsthilfe zuläßt,anerkennt daher durch diese Zulassung, daß Ordnung in ihm nicht herrsche, daß er nicht existenzberechtigt, daß er für den Untergang reif

---

8) A.a.O.(Anm.5).
9) BERICHT S.31 f.
10) DRUCKSACHE Nr. 1 (s.Anm.1).
11) BERICHT S.32 f.; Streichungsanträge der Sozialdemokraten in DRUCKSACHE Nr. 1 (s.Anm.1) - s. zu der hier angeschnittenen Frage bereits die Ausführungen von STADTHAGEN in seiner Rede im Plenum während der ersten Lesung (Nr.6,insb.Anm.29).

ist. Mit aller Energie haben sowohl römische Gesetze (decretum divi marci) wie die modernen Gesetzgebungen Selbsthilfe für unstatthaft, ja selbst für unter allen Umständen strafbar erachtet. So war Selbsthilfe in Preußen bis 1851, in Baden und Württemberg bis 1871 unter allen Umständen sogar strafbar. Für unerlaubt erklären mehr oder minder die Selbsthilfe: das preußische Landrecht in § 77seiner Einleitung, Art.12 des württembergischen vom 5.September 1839 und das gemeine Recht. Auch im Gebiete des code und in Frankreich erachte man [das Verbot der][12] Selbsthilfe für selbstverständlich. Allgemein erblicke man in ihr eine Störung des öffentlichen Friedens. Wer gar zwecks Selbsthilfe einen Schuldner festhält, um ihn zur Vornahme einer Leistung (z.B. einer Arbeit) zu zwingen, macht sich nach der jetzigen Rechtslage in ganz Deutschland der Freiheitsberaubung schuldig und strafbar. Selbst die mecklenburgische Regierung habe sich ja gegen den Vorschlag im § 223 gewehrt: "Wer zum Zweck der Selbsthilfe eine Sache wegnimmt, zerstört oder beschädigt, oder wer zu diesem Zweck den Verpflichteten festnimmt oder den Widerstand desselben gegen eine Handlung, die er zu dulden verpflichtet ist, beseitigt, handelt nicht widerrechtlich, wenn ...".Die mecklenburgische Regierung wolle unter keinen Umständen die Festnahme einer Person im Wege der Selbsthilfe dulden, mit Ausnahme des einen Falles, wo es sich um einen flüchtigen Schuldner handelt, der Barmittel bei sich führt[13]; das sei auch der einzige Fall, wo sie einer Selbsthilfe durch Freiheitsberaubung zustimmen würden. Die Fassung der Vorlage bedrohe das Koalitionsrecht, setze Arbeiter der Gefahr aus, im

---

12) Die eingeklammerten Wörter fehlen im Original.

13) BEMERKUNGEN MECKLENBURG Bd 1, S.48-50:
Die mecklenburgische Regierung forderte,
"die Zulässigkeit der Selbsthilfe beim Mangel bereiter, rechtzeitiger obrigkeitlicher Hilfe davon abhängig zu machen, daß ohne sofortiges Eingreifen dem Berechtigten ein "unwiederbringlicher" Verlust oder ein "unwiederbringlicher" Schaden entstehen würde"...
"den § 189 (sc.: des 1.Entwurfs) dahin zu verschärfen,daß für den Berechtigten der abzuwendende Schaden nicht nur ein unwiederbringlicher, sondern auch ein "nicht unerheblicher" sein muß"... .
"die Selbsthilfe mittels Festnahme nur dann zu erlauben, ..,wenn es sich um einen flüchtigen,Deckungsmittel bei sich führenden Schuldner handelt".

Fall eines Streiks, ja bei jeder Gelegenheit vom Arbeitgeber eingeschlossen zu werden. Die Vertreter der Regierung erklärten, diese Konsequenz folge allerdings aus dem Wortlaut des § 223, sie sei aber keineswegs beabsichtigt gewesen. Gegen eine Fassung, die diese Folge ausschließe, würden sie keine Bedenken haben. Die Abgg. Enneccerus, Gröber und unsere Genossen reichten Anträge ein, die im wesentlichen diesen Punkt erreichen sollten. Die Anträge fielen indes sämtlich durch, nachdem Abg. von Bennigsen sie für überflüssig erklärt hatte. Es wird demnach nichts übrigbleiben, als zunächst bei Gestaltung des Arbeitsvertrages abermals einen Versuch zu machen, dieses Attentat gegen die persönliche Freiheit des Arbeiters zu beseitigen[14].

Die Beratung über die privatrechtliche Gestaltung der Vereine füllte am Mittwoch[15] die Sitzung der Kommission für das bürgerliche Gesetzbuch aus[16]. Die Vorlage verlangt bekanntlich Konzessionierung und Eintragung der Vereine, bevor sie eine Rechtsfähigkeit erlangen[17]. Sie schließt ferner alle Vereine, die politische, religiöse, Unterrichtszwecke, kurz außerhalb der Zwecke einer Kaffeeklatsch-Gesellschaft, eines Bierstamm-Vereins, eines Kegelklubs u.dgl.liegende Bestrebungen verfolgt, von der Erlangung der Rechtsfähigkeit aus[18].

---

14) Die Anträge der sozialdemokratischen Vertreter wurden in der 2.Kommissionslesung wiederholt (s.Nr.57).

15) 26.Februar 1896.

16) BERICHT S.9 ff.; s. zu den Kommissionsberatungen über die Erlangung der Rechtsfähigkeit durch Vereine KÖGLER, Vereinsrecht S.1o9 ff., VORMBAUM, Rechtsfähigkeit S.186 ff. Angesichts dieser bereits vorliegenden Untersuchungen können sich die folgenden Anmerkungen zu diesem Themenkreis auf Richtig- und Klarstellungen beschränken.

17) Das System des zweiten Entwurfs, welches auch in die endgültige Gesetzesfassung Eingang fand, wurde allgemein als "System der Normativbestimmungen" bezeichnet, während die Bezeichnung "Konzessionssystem" im allgemeinen für das Erfordernis ausdrücklicher staatlicher Verleihung der Rechtsfähigkeit verwendet wurde; s.i.e.VORMBAUM, Rechtsfähigkeit S.9 ff.

18) Die im Text aufgezählten Vereinsgruppen wurden nicht schlechthin von der Erlangung der Rechtsfähigkeit ausgeschlossen; ihnen gegenüber wurde jedoch der Verwaltungsbehörde ein Einspruchsrecht gegen die Registereintragung und damit gegen den Erwerb der Rechtsfähigkeit gegeben. (s.§ 58 E II i.d.F. der Reichstagsvorlage = § 43 BGB a.F.).

Die Vertreter der Regierung erklärten, eine Änderung dieses Standpunktes, zu dem die Furcht vor der Sozialdemokratie getrieben hat, gefährde das Zustandekommen des gesamten Gesetzbuchs. Solche Änderung enthalte auch der Vorschlag der Zentrumspartei[19]. Dieser Vorschlag geht im wesentlichen dahin, unter Beseitigung des Konzessionssystems den § 21 des Entwurfs wie folgt zu fassen: "Körperschaften, deren Zweck nicht auf einen wirtschaftlichen Geschäftsbetrieb gerichtet ist, erlangen Rechtsfähigkeit durch Eintragung in der Körperschaftsregister des zuständigen Amtsgerichts." Weitere Paragraphen wollen eine Zurückweisung der Eintragung nur dann gestatten, wenn der Verein "gegen ein gesetzliches Verbot oder gegen die guten Sitten verstößt". Gegen die Zurückweisung soll Klage bei Gericht zulässig sein. Ein dritter[2o] Vorschlag wurde von unseren Genossen gemacht. Dieselben legten den an einer Stelle abgeänderten Sohm'schen Entwurf[21] vor. Derselbe steht auf dem Standpunkt: Der Gesetzgeber hat die bestehenden Verhältnisse auf privatrechtlichem Gebiet anzuerkennen und hat demgemäß Vereinen die Rechtsfähigkeit ohne Unterschied ihres Zwecks zuzuerkennen. Einer Eintragung bedarf es nur zwecks Erwerbung von Grundeigentum. Sie ist an keine Bedingungen geknüpft. Demgemäß würde § 21 lauten:

"Die Körperschaften des öffentlichen Rechts mit Einschluß der vom Staat anerkannten kirchlichen Körperschaften und Anstalten sowie alle Vereine mit körperschaftlicher Verfassung sind als solche vermögensfähig. Der Verein besitzt

19) BERICHT S.1o, Anträge B; die Anträge der Zentrumsabgeordneten fehlen in dem im Juristischen Seminar der Universität Heidelberg eingesehenen Nachlaß GEBHARD (s.zu diesem S.XXXI, Fußn.11 der Einführung.).

2o) Neben dem sozialdemokratischen Antrag und demjenigen des Zentrum wurde ein weiterer (im Text nicht inhaltlich dargestellter) Antrag eingebracht (BERICHT S.1o f., Anträge C).Verfasser des Antrages waren zwei freisinnige Abgeordnete:s.DRUCKSACHE Nr.7 (Abänderungs-Anträge KAUFFMANN. MUNCKEL vom 2o.Februar 1896),Ziff.1.

21) DRUCKSACHE Nr.22 (Antrag FROHME.STADTHAGEN v.25.Februar 1896);BERICHT S.9 f.; bei dem"SOHM'schen Entwurf" handelt es sich um einen während der Beratungen der 2.Kommission von SOHM eingebrachten Antrag; s.i.e. VORMBAUM, Rechtsfähigkeit S.157 ff.

eine körperschaftliche Verfassung, wenn die Verwaltung der gemeinsamen Angelegenheiten einem Vorstand mit satzungsmäßiger Vollmacht übertragen worden ist. Die Satzung (das Statut) muß schriftlich abgefaßt sein. Die reichsgesetzlich bereits geregelten Körperschaften, Genossenschaften, Verbände, Kassen sowie der Fiskus, die Gewerkschaften des Bergrechts und die Versicherungsgesellschaften auf Gegenseitigkeit bleiben bei ihrem bisherigen Recht."

Die Beratung dauerte bis gegen 1/2 5 Uhr. Bei der Abstimmung wurden gegen die Stimmen unserer Genossen dem eigentlichen Sohm'schen Entwurf entsprechend die Worte "rechtmäßig bestehenden" zwischen "alle" und "Vereine" eingeschoben, sodann aber der Vorschlag unserer Genossen gegen ihre und die Stimme des Abg. Vielhaben (Antisemit) abgelehnt. Der Antrag des Zentrums gelangte dann mit 12 (Zentrum, Soz.,Polen,Antisemiten, Freis.) gegen 9 Stimmen zur Annahme[22]. Damit ist die reaktionäre Bestimmung des Entwurfs beseitigt[23]. Am Donnerstag[24] um 10 Uhr wird die Spezialberatung über die privatrechtliche Gestaltung der Rechtsfähigkeit der Vereine fortgesetzt und vielleicht an demselben Tage bereits beendet.

---

22) Nach dem Kommissionsbericht war das Abstimmungsverhältnis nicht 12:9, sondern 13:8 Stimmen (s. BERICHT S.13). Für die Richtigkeit der zuletzt genannten Zahlen sprechen gerade die im Text angegebenen Parteizugehörigkeiten,denn die Summe der Kommissionsmitglieder aus den dort genannten Fraktionen betrug 13 (s.Nr.11,Anm.5).

23) Zu den Vorgängen, welche in der zweiten Lesung der Kommission zur Rückgängigmachung dieses Beschlusses und zur weitgehenden Rückkehr zur Fassung des 2.Entwurfs führten, s. KÖGLER,Vereinsrecht S.110; VORMBAUM,Rechtsfähigkeit S.188 ff.; s. ferner Nr. 60, bei Anm. 3 ff.

24) 27. Februar 1896.

Nr.19

VORWÄRTS - Berliner Volksblatt
13.Jg (1896) - Nr. 5o v. 28.Februar, 1.Beilage, S.1

[Beratungen der Reichstagskommission: Vereinsrecht-Stiftungsrecht]

(Parlamentarisches.)

Aus der Kommission für das Bürgerliche Gesetzbuch. Die Kommission beendete am Donnerstag[1] nach sechsstündiger Beratung die Debatte über die Vereine und Stiftungen. Wiederholte Versuche der nationalliberalen und konservativen Partei, die Rechtsfähigkeit der Vereine noch mehr einzuengen, als dies bereits die Anträge des Zentrums wollen, wurden abgelehnt. Desgleichen fiel der Antrag des Zentrums, dem Staatsanwalt ein Klagerecht auf Aufhebung der Eintragung zu erteilen. Angenommen wurde mit lo gegen 8 St. ein Antrag des Zentrums, der die Verleihung der Rechtsfähigkeit an Vereine, die auf einen wirtschaftlichen Geschäftsbetrieb gerichtet sind und die nicht bereits wie Aktiengesellschaften, Genossenschaften u.s.w. ohne weiteres rechtsfähig sind, der Verwaltung anheimgibt[2]. Mehrere der für diesen höchst bedenklichen Vorschlag stimmenden Mitglieder, gegen den unsere Genossen im Interesse der Rechtsgleich-

1) 27.Februar 1896.
2) DRUCKSACHE Nr.29 (Abänderungs-Anträge GRÖBER.MARBE v. 1.März 1896) BERICHT S.13.

heit stimmten, erklärten jedoch, für die zweite Lesung sich eine andere Stellungnahme vorzubehalten. Bezüglich der Stiftungen verlangt die Vorlage Genehmigung der Regierung zwecks Erlangung der Rechtsfähigkeit von Stiftungen[3]. Anträge des Zentrums wollen Freiheit jeglicher Stiftung[4]. Unsere Genossen vermochten sich für eine Erweiterung der Macht der toten Hand nicht zu erwärmen und stimmten deshalb keinem beider Vorschläge zu.

Nach längerer Debatte gelangen die Vorschläge des Regierungsentwurfs zur Annahme[5]. Die bislang in der Kommission gefaßten Beschlüsse werden demnächst zusammengestellt werden[6].

Die nächste Sitzung findet am Dienstag[7] um lo Uhr statt.

---

3) § 77 E II i.d.F. der Reichstagsvorlage (= § 8o BGB).
4) DRUCKSACHE Nr.29 (s.Anm.2) BERICHT S.18.
5) BERICHT a.a.O.
6) Dies ist nur für die Beschlüsse zum Privatvereinsrecht geschehen; s.Nr.2o.
7) 3.März 1896.

Nr.2o

VORWÄRTS - Berliner Volksblatt
13.Jg (1896) - Nr. 51 v.29.Februar, S.1

[Leitartikel:] Die Regelung der privatrechtlichen Stellung der Vereine[1].

Der reaktionäre Geist des Entwurfs eines bürgerlichen Gesetzbuchs macht sich allen Parteien auf dem Gebiete bemerkbar, das die privatrechtlichen Verhältnisse eines Vereins regeln soll.

Die Regelung der privatrechtlichen Seite des Vereinswesens hat die Bestimmungen zu umfassen, ob und welche Privatrechte ein Verein als solcher besitzen kann, ob er Eigentum, ob er Grundeigentum erwerben, ob er Verträge schließen, ob er als Verein klagen oder als solcher verklagt werden kann.Juristisch bezeichnet man dies mit dem Ausdruck: ob ein Verein "rechtsfähig" ist oder: ob er als "juristische Person" erachtet,vom Gesetz also so wie eine wirkliche Person betrachtet werde.

Der bestehende Rechtszustand geht - von Sachsen abgesehen - dahin, daß die Rechtsfähigkeit eines Vereins vom Gesetz nur dann anerkannt wird, wenn Verwaltungsorgane dem Verein Rechtsfähigkeit ausdrücklich verleihen[2]. Nur der privilegierte Verein ist demnach rechtsfähig. Trotzdem hat die Rechtsprechung sich genötigt gesehen, auch nicht ausdrücklich privilegierten Vereinen tatsächlich die Rechte einer juristischen Person zuzusprechen[3]. Aber diese Rechtsprechung, der sich

1) Zu den hier angesprochenen Problemen s.die Abhandlungen von KÖGLER,Vereinsrecht, und VORMBAUM, Rechtsfähigkeit.
2) S.VORMBAUM, Rechtsfähigkeit S.44 ff. und 195 ff.Eine ähnliche Regelung wie in Sachsen galt in Bayern (s.a.a.O.S. 82 ff.).
3) KÖGLER,Vereinsrecht S.44 ff.;VORMBAUM, Rechtsfähigkeit S.49 ff. und 66 ff.

auch das Reichsgericht in vielen Fällen angesprochen hat, ist unsicher und schwankend. Wer im gerwerkschaftlichen und im politischen Vereinsleben wirksam gewesen ist, kennt die Belästigungen, Kämpfe und Schwierigkeiten, mit denen ein Verein, der seine Zwecke erreichen will, deshalb zu kämpfen hat. Zu allen möglichen Ausflüchten, Verschleierungen, Verhüllungen und Umwegen treibt der Mangel einer gesetzlichen Anerkennung der Rechtsfähigkeit jedes Vereins fast alle ernsten Ziele nachstrebende Vereine, um die Befriedigung heischenden Forderungen des Rechtslebens trotz des geltenden Rechts zu erzwingen. Das Vereinsleben ist unentbehrlich und naturnotwendig. Der Gesetzgeber hat demnach die Pflicht, dem infolge wirtschaftlicher und politischer Bedürfnisse nach Verwirklichung ringenden Recht zum klaren und zweifellosen Dasein durch gesetzliche Anerkennung des Satzes zum gesetzlichen Dasein zu verhelfen, daß jeder Verein Rechtsfähigkeit habe.

Und dennoch wehren die Regierungen sich mit aller Macht gegen diese im Interesse von Treu und Glauben und im Kulturinteresse unabweisbare Forderung. Ja, nicht einmal die bürgerlichen Parteien haben sich dazu aufschwingen können, diesen Satz, dessen Notwendigkeit selbst Professor Sohm ausführlich dargelegt hat, in Gesetzesform zu gießen. Die Regierungen haben offen zu erkennen gegeben, daß die Furcht vor der Arbeiterklasse, insbesondere vor ihrer politischen Vertreterin, vor der Sozialdemokratie, sie von der verständigen Konsequenz zurückhält. Sie befürchten, daß durch staatliche Anerkennung der Rechtsfähigkeit von Arbeitervereinen, die gewerkschaftlichen, politischen oder Bildungszwecken dienen, die Macht dieser Vereine, denen sie so gerne den Garaus machen möchten, wachsen könnte. Als ob für die Macht dieser Vereine die Gewährung oder Nichtgewährung der juristischen Persönlichkeit von ausschlaggebender Bedeutung wäre! Als ob die Form und nicht der Zweck und die wirtschaftliche und politische Notwendigkeit die Stärke einer Organisation nach sich zieht! Wie wenig harmoniert doch mit dieser Furcht der Regierungen die Betonung in dem kaiserlichen Erlaß vom Februar 189o, daß den Arbeitern gesetzliche Gleichstellung gebühre[4]. Das unentbehrliche Kampfmittel der Organisation den Arbeitern gewähren, ihren Organisationen aber mit allen möglichen kleinlichen Hindernissen das Leben erschweren, verträgt sich mit dem Prinzip der Ehrlichkeit nicht.

Ein ausdrücklich lediglich gegen die Sozialdemokraten gerichtetes zivilrechtliches Ausnahmegesetz erschien wohl den Regierungen etwas zu bedenklich. Sie betraten einen anderen, noch mehr den absolutistischen, polizeistaatlichen Hang verratenden Weg.

Sie wollen nach dem Entwurf des bürgerlichen Gesetzbuchs die Rechtsfähigkeit von Vereinen nicht leugnen. Aber unter zwei Bedingungen. Einmal sollen von der Erlangung der Rechtsfähigkeit ausgeschlossen sein: alle politischen, sozialpolitischen, religiösen oder Unterrichts- Zwecken dienenden Vereine[5]. Und ferner soll die Rechtsfähigkeit der Vereine, die danach übrig bleiben - also im wesentlichen Skat- und Kegelclubs, Rauchvereine und Kaffeeklatsch-Vereine, Sauf- und Raufvereine - nur erlangt werden, wenn die Verwaltungsbehörde dem nicht widerspricht[6]. Ja, noch weitergehend soll nach dem Entwurf den Vereinen die Rechtsfähigkeit wieder entzogen werden können, wenn sie nach Ansicht der Verwaltungsbehörde sich mit so ernsten Dingen als da sind Politik, Sozialpolitik, Religion oder Unterrichtsfragen zu beschäftigen erdreisten sollten. Und auch damit noch nicht genug. Da mehreren Regierungen, wie der Vertreter von Württemberg in der Kommission bitter klagte, ein Recht zur Auflösung von Vereinen durch ihre engere Heimat nicht gegeben ist, soll das bürgerliche Gesetzbuch des geeinten Reichs diesen einen Vereinsknebel geben: Der Entwurf will Verwaltungsbehörden gar die Auflösung von Vereinen noch ausdrücklich fast schrankenlos beilegen[7].

---

4) S.dazu unten Nr.8o, Anm.5.
5) S.bereits Nr. 18, Anm.19.
6) Dies ist zumindest ungenau: Das Einspruchsrecht der Verwaltungsbehörde sollte nach dem 2.Entwurf gerade nicht gegenüber den zuletzt genannten Vereinen bestehen, sondern gegenüber den zuerst genannten fünf Vereinsgruppen.
7) Über den Unterschied zwischen der Auflösung des Vereins und der (bloßen) Entziehung der Rechtsfähigkeit sowie zu den Widersprüchen des 2.Entwurfs in dieser Hinsicht s. VORMBAUM, Rechtsfähigkeit S.23 ff., 182,189.

Diesen allzu klobigen Polizeistaats-Gelüsten ist es zu danken, daß die nicht ultrareaktionären Parteien dieser Partie des Entwurfs mit Entschiedenheit entgegentraten. Zwar hat die Kommission leider in der ersten Lesung sich noch nicht dazu aufschwingen können, den oben skizzierten, von unseren Genossen in der Kommission vertretenen Standpunkt gutzuheißen.Sie hat aber die der Kulturentwicklung, dem wirtschaftlichen und politischen Leben ins Gesicht schlagenden Bestimmungen des Entwurfs abgelehnt. An ihre Stelle ist ein etwas freieres Prinzip getreten. Alle Vereine, deren Zweck nicht auf einen wirtschaftlichen Geschäftsbetrieb gerichtet ist, können nach den Beschlüssen erster Lesung Rechtsfähigkeit erlangen, sobald sie sich in ein vom Amtsgericht zu führendes Vereinsregister eintragen lassen. Der Eintragung darf keine Verwaltungsbehörde widersprechen. Eine Versagung der Eintragung darf aber stattfinden, wenn der Zweck des Vereins gegen ein gesetzliches Verbot oder gegen die gutten Sitten verstößt[8]. Diese letztere Bestim- /[2]/mung ist außerordentlich bedenklich, da in der Praxis in "gute Sitten" alles mögliche hineininterpretiert und z.B. Frauenvereinen die Erlangung der Rechtsfähigkeit unmöglich gemacht werden kann. Daß schließlich vom ordentlichen Richter (dem Landgericht) über die Versagung einer Eintragung zu entscheiden ist, bietet wenig Garantien gegen mißbräuchliche Anwendungen. Was Richter aus den Begriffen "gute Sitten" und "Sittlichkeit" heraus- und in dieselben hineindenken können, geht aus der jahrzehntelangen Praxis sächsischer Gerichte genugsam hervor. Immerhin liefert diese Bestimmung die Vereine nicht <u>so</u> schrankenlos, wie es der Entwurf tat, der Polizei auch nach der privatrechtlichen Seite hin aus.

<u>Ausgeschlossen</u> von der Erlangung der Rechtsfähigkeit sollen nach dem Beschluß der Kommission solche Vereine sein, deren Zweck auf einen wirtschaftlichen Geschäftsbetrieb gerichtet ist. Den wesentlichsten dieser Art Vereine (Aktiengesellschaften, verschiedene Erwerbs- und Wirtschaftsgenossenschaften, eingeschriebene Hilfskassen) ist ja durch Spezialgesetze Rechtsfähigkeit verliehen. Es gibt indes noch ähnliche Vereine, bei denen dies nicht der Fall ist, z.B. bei Sterbekassen.

---

8) S.Nr. 18,insb. Anm.16 ff.

Ganz verfehlt erscheint der von der Kommission gebilligte Weg, diesen Vereinen nur durch staatliche Verleihung Rechtsfähigkeit zukommen zu lassen und der Verwaltung zu gestatten, die Rechtsfähigkeit diesen Vereinen auch wieder zu nehmen[9]. Lieber keine, als eine von königlich-preußischer Genehmigung abhängige.

Es bleibt abzuwarten, ob trotz der Drohung der Regierungen, von denen selbst die Vorschläge als unannehmbar bezeichnet wurden, es in der zweiten Lesung der Kommission oder im Plenum gelingen wird, dem klaren, zweifelsfreien und allein für politisch Mündige würdigen Satz Anerkennung zu verschaffen: jeder Verein ist ohne jede Weiterung rechtsfähig.

---

9) S.Nr.19.

Nr.21

VORWÄRTS - Berliner Volksblatt
13.Jg (1896) - Nr.54 v. 4.März 1896, S.3

[Beratungen der Reichstagskommission: Vereinsrecht - Stiftungsrecht]

(Parlamentarisches.)

Die Kommission zur Beratung des bürgerlichen Gesetzbuchs behandelte in ihrer Dienstagssitzung[1] die Art. 80 - 86 des

---

1) 3.März 1896.

Einführungsgesetzes. Diese Artikel enthalten landesrechtliche Vorbehalte zu gunsten der Einengung des Privatrechtes von Vereinen. Artikel 8o des Einführungsgesetzes bestimmt: "unberührt bleiben die landesgesetzlichen Vorschriften über die Beaufsichtigung juristischer Personen." Frohme und Stadthagen beantragen Streichung dieses Vorbehalts[2]. Die Abgeordneten Gröber und Marbe beantragen, eventuell dem Art. 8o eine Gestalt zu geben, der wenigstens Stiftungen vor schikanöser Beaufsichtigung bewahrt[3]. Stadthagen begründet den Antrag auf Streichung. Durch Streichung des Artikels bleibe es bei dem bestehenden Rechte. Durch den Vorbehalt des Einführungsgesetzes werden nicht nur die bestehenden Beaufsichtigungsrechte der Einzelstaaten aufrecht erhalten, sondern den Landesgesetzen gar die Befugnis erteilt, auch künftighin Bestimmungen über die Beaufsichtigung juristischer Personen zu treffen. Das stehe im Widerspruch mit dem von der Kommission anerkannten Grundsatz,daß in der Regel die Verwaltung sich um die Gestaltung und Verwaltung der juristischen Personen nicht zu kümmern habe.Hierzu treten die traurigen Erfahrungen, die Arbeitervereine mit der Ausübung, richtiger mit der Rechtsprechung über ein Beaufsichtigungsrecht der Verwaltung gemacht haben. Er erinnere an Staßfurt und an andere Orte, wo die Herausgabe der Liste von Mitgliedern von Arbeiterbildungs-Vereinen, Gesangvereinen, Turnvereinen durchgesetzt wurde und wo dann diese Listen den Unternehmern zwecks Boykottierung übergeben seien. Solchen unter behördlichem und landesgesetzlichem Schutz zur Zeit bestehenden rechtswidrigen Angriffen gegen das Koalitionsrecht und gegen das Vereinsrecht, diesem Vorgehen gegen "die öffentliche Ordnung" dürfe das Reich auch nicht indirekt beistimmen.

Abg. Gröber teilt die Befürchtung, daß Art. 8o Mißbrauch und Schikanierung fördern könne, nicht in vollem Maße. Aber auch er hält eine ausdrückliche Sanktion des Beaufsichtigungsrechts nicht für erforderlich. Durchaus erforderlich sei die Beschrän-

2) DRUCKSACHE Nr. 3o (Abänderungs-Anträge FROHME.STADTHAGEN v.2.März 1896).
3) DRUCKSACHE Nr. 31 (Abänderungs-Anträge GRÖBER.MARBE v. 2.März 1896), Ziff. 1.

kung der Beaufsichtigung von Stiftungen durch die von ihm vorgeschlagene Fassung.

Professor Gebhard hält beide Anträge für unannehmbar. Die Bestimmung sei erforderlich, um sonst entstehenden Zweifeln über den Umfang des partikularrechtlichen Beaufsichtigungsrechts entgegenzutreten. Ähnlich äußert sich Ministerialrat v.Schicker. Die Abg. v.Cuny und Graf v. Bernstorff wenden sich gleichfalls gegen die Anträge. Geh.Rat Planck führte aus: Anerkannt müsse allerdings werden, daß bei Streichung des Art. 80 es bei dem bestehenden Recht bleibe. Indessen könnten dann Zweifel über das Recht zur Entsendung von Kommissaren, zur Einforderung von Sitzungsprotokollen, zur Kontrolle des Geldverbrauchs und ähnlichen Aufsichtsbefugnissen des Staats entstehen. Dem trete Art. 8o vorsichtshalber entgegen. Abg. Gröber: Gerade die Ausführungen der Regierungen haben ihn überzeugt, daß das Zweckmäßigste die Streichung des Art. 80 wäre. Abg. v.Bennigsen ist gegen den Antrag Gröber, Abg. Kauffmann für Streichung. Art. 80 des Einführungsgesetzes wird hierauf gegen 7 Stimmen gestrichen[4]. Es bleibt also bezüglich der Beaufsichtigung von Vereinen beim bestehenden Recht; den Einzelstaaten ist aber das Recht, neue Beaufsichtigungsbestimmungen zu treffen, genommen. Artikel 81 wird ohne Debatte angenommen. Artikel 82 will die landesgesetzlichen Vorschriften über Waldgenossenschaften aufrecht erhalten. Frohme und Stadthagen beantragen auch hier Streichung, da der Vorbehalt einer reichsgesetzlichen Regelung der Frage entgegenstehe[5]. Nachdem aber in der Kommission allseitig anerkannt war, daß es wünschensert sei, Waldgenossenschaften entstehen zu lassen und zum Gedeihen zu bringen, und nachdem Abg. v. Dziembowski angeregt hatte, am Schluß der Beratung des Einführungsgesetzes zur einheitlichen Gestaltung des Waldgenossenschaftswesens durch eine Resolution aufzufordern, wird der auf Streichung des Art.82 gerichtete Antrag zurückgezogen und Art.82 angenommen[6]. Art.83 setzt fest die Aufrechterhaltung der landesgesetzlichen Bestimmungen, die die Rechtsfähigkeit von Religionsgenossenschaften

---

4) Zu den Debatten über die Art.8o bis 84 EGBGB E II (Reichstagsvorlage) s.BERICHT S.19 ff.- Den im Text erwähnten Beschluß zur Streichung des Art.8o s.a.a.O. S.2o.
5) DRUCKSACHE Nr.3o (s.Anm.2).
6) BERICHT S.2o.

von gesetzlicher Anerkennung abhängig machen. Die Abgeordneten Frohme, Stadthagen, Gröber und Marbe beantragen Streichung[7]. Die zivilrechtliche Rechtsfähigkeit von Religionsgesellschaften einer Ausnahmebestimmung zu unterwerfen, sei nicht annehmbar. Professor Gebhard, Staatssekretär Nieberding, Abg.v.Buchka und v. Cuny bekämpfen die Streichung, weil verfassungsmäßig in Preußen Religionsgesellschaften nur durch staatliche Verleihung Anerkennung erlangen können. Die Debatte erinnert bei einigen Stellen der konservativen und nationalliberalen Redner an die Kulturkampf-Periode. Diese Erinnerung führt dazu, daß Art.83 schließlich mit lo gegen 8 Stimmen in der Fassung des Entwurfs angenommen wird[8]. Daß er in zweiter Lesung aufrecht erhalten werden und künftigen partikularrechtlichen Gendarm-Religions-Taktiken Vorschub geleistet werden wird, erscheint zweifelhaft[9]. Artikel 84 und 85 beziehen sich auf landesgesetzliche Bestimmungen über Umwandlung und Aufhebung von Stiftungen sowie über die Verwendung des Vermögens aufgelöster Korporationen zu gunsten von Gemeinden u.s.w. Sie werden angenommen. Art.96 will die landesgesetzlichen Vorschriften aufrecht erhalten, welche den Erwerb von Rechten juristischer Personen beschränken oder von staatlicher Genehmigung abhängig machen. Zu diesem Artikel liegen eine Reihe von Anträgen vor, die zu einer längeren Debatte führen[10]. Die Debatte wird um 1 Uhr auf Mittwoch[11] um lo Uhr vertagt.

---

7) DRUCKSACHE Nr. 3o (s.Anm.2) und DRUCKSACHE Nr.31 (s.Anm. 3), Ziff.2.
8) Nach der Darstellung im BERICHT, S.2o, erfolgte die Ablehnung sogar mit 11:8 Stimmen.
9) Art.83 wurde vom Reichstag in der 2. und 3.Lesung aufrecht erhalten (= Art.84 EGBGB).
lo) S.BERICHT S.21 f.
11) 4.März 1896.

Nr.22

VORWÄRTS - Berliner Volksblatt
13.Jg (1896) - Nr.55 vom 5.März, 1.Beilage S.2

[Beratungen der Reichstagskommission: Landesrechtliche Vorbehalte im Korporationsrecht - Kauf - Schenkung]

(Parlamentarisches.)

Aus der Kommission für das bürgerliche Gesetzbuch. In der Sitzung am Mittwoch[1] wurden zunächst die Vorschläge über das Privatrecht der juridischen Vereine beendet. Art. 86 des Einführungsgesetzes will die landesgesetzlichen Vorschriften aufrecht erhalten, welche den Erwerb von Rechten durch juristische Personen beschränken oder von staatlicher Genehmigung abhängig machen. Dadurch wird insbesondere die Rechtsfähigkeit ausländischer juristischer Personen, ihre Fähigkeit, Grundstücke im Inland zu erwerben, und die Fähigkeit auch deutscher juristischer Personen beschränkt, Geschenke und Erbschaften ohne staatliche Genehmigung zu erwerben. Diesen Artikel wollen Anträge der Abgeordneten Frohme, Stadthagen, Gröber, Marbe - erstere im Interesse der Rechtseinheit und aus Gründen gegen polizeistaatliche Bevormundung, letztere insbesondere im Interesse kirchlicher Institute und frommer Stiftungen - gestrichen wissen[2]. Die Regierungsvertreter geben zu, daß die An-

1) 4.März 1896.
2) DRUCKSACHE Nr. 30 (s.Nr.21,Anm.1) und DRUCKSACHE Nr.31 (s.Nr.21,Anm.2), Ziff.5a.

träge auf Streichung konsequent im Interesse einer Rechtseinheit gestellt seien. Insbesondere die Vertreter der preußischen Regierung wenden sich indessen lebhaft gegen diese Anträge, da den einzelstaatlichen Regierungen sonst die Kontrolle und Einwirkung auf die ausländischen Gesellschaften und auf die Vermehrung des Vermögens von Vereinen entzogen würde.Die behördliche Kontrolle, die den Behörden in Preußen in den Jahren 1753,1792, 1846 und 187o gesetzlich eingeräumt ist, wollen die Regierungen noch nicht aus der Hand geben, vertrösten vielmehr auf spätere reichsgesetzliche Regelung[3]. Selbst den nationalliberalen Abgeordneten ist dieser Standpunkt zu eng.Es wird deshalb vom Abg. v. Cuny beantragt, wenigstens die einem anderen Bundesstaat angehörenden juristischen Personen, deren Rechtsfähigkeit auf einem neben dem Bürgerlichen Gesetzbuch geltenden Reichsgesetz beruht, nicht weitergehenden Beschränkungen im Erlangen von Rechten zu unterwerfen, als die dem Bundesstaat selbst angehörenden juristischen Personen derselben Art[4]. Abg. Schröder beantragt, wenigstens Pfandbriefanstalten und Immobiliengesellschaften, die in einem Bundesstaate domiziliert sind, für berechtigt zu erklären, Immobilien in jedem anderen Bundesstaat unter denselben Voraussetzungen wie die einheimischen Institute zu erwerben[5]. Die Abg. Gröber und Marbe beantragen, eventuell wenigstens juristische Personen, deren Rechtsfähigkeit auf reichsgesetzlichen Vorschriften beruht, den landesgesetzlichen Einschränkungen nicht zu unterwerfen[6]. Neben den Vertretern der Reichsregierung (Staatssekretär Nieberding, Prof. Gebhard)treten insbesondere die Vertreter der preußischen und der mecklenburgischen Regierung für Aufrechterhaltung des Art. 86 und gegen alle Zusätze aus politischen und vermeintlich agrarischen Interessen ein. Es wird hierauf Artikel 86 gestrichen[7].Art.87 will die lan-

3) BERICHT S.22.
4) DRUCKSACHE Nr. 2o (Abänderungs-Antrag v. CUNY v.25.Februar 1896).
5) DRUCKSACHE Nr.11 (Abänderungs-Antrag SCHRÖDER v.22.Februar 1896).
6) DRUCKSACHE Nr.31(s.Nr.21.Anm.2),Ziff.5b in Verb.mit DRUCKSACHE Nr.18(Diese Drucksache fehlt in den Arbeitsunterlagen; s.S.XXXVIII,Fußn.44 der Einführung).
7) BERICHT S.22.

desgesetzlichen Vorschriften, welche die Wirksamkeit von Schenkungen an Mitglieder religiöser Orden oder ordensähnlicher Kongregationen von staatlicher Genehmigung abhängig machen, aufrecht erhalten. Die Abg. Frohme und Stadthagen beantragen Streichung im Interesse der Rechtseinheit und der Gewissensfreiheit sowie der völligen Wirkungslosigkeit polizeilich-chikanöser Gesetze, die sich ja stets umgehen lassen[8].

Abg. Gröber stellt den gleichen Antrag[9]. Art. 87 wird hierauf mit 12 gegen 7 Stimmen gestrichen[1o]. Die Art. 163-167 des Einführungsgesetzes enthalten Übergangsbestimmungen bezüglich der bereits bestehenden juristischen Personen. Sie werden debattelos angenommen. Die Beschlüsse der Kommission über die Vorbehalte der Einzelstaaten zu ungunsten der privatrechtlichen Stellung von Vereinen haben somit den bürokratischen und polizeistaatlichen Sondergelüsten einzelner Regierungen eine nicht unerhebliche Niederlage bereitet.

Die Beratung wendet sich nunmehr den Bestimmungen über Kauf (§§ 427-5o9), Tausch (51o) und Schenkungen (§§ 511-527) zu[11]. Beim Kauf ruft der in der zweiten Lesung der Kommission zur Ausarbeitung des Gesetzes gestrichene, vom Bundesrat wieder eingefügte § 446 eine längere Debatte hervor[12]. Nach diesem Paragraphen soll der Käufer verpflichtet sein, den Kaufpreis nicht erst vom Zeitpunkt der Mahnung, sondern auch ohne Mahnung von dem Zeitpunkt an zu verzinsen, von welchem an die Nutzungen des gekauften Gegenstandes ihm gebühren. Abg. Gröber beantragt Streichung dieser zwar in den meisten Rechtsgebieten auf dem Papier, im reelen Verkehr aber nur auf dem Papier stehenden Vorschrift[13]. Er wird von den Abgeordneten Vielhaben (Antis.), Frohme (Soz.) und v. Cuny (nat.) unterstützt. § 446 wird aber dennoch mit 9 gegen 8 Stimmen aufrecht erhalten[14]. Als einen neuen § 449a schlägt Abg. Gröber im Anschluß an § 1o der Trunksuchts-Gesetzvorlagen von 1892, an

---

8) DRUCKSACHE Nr.3o.
9) DRUCKSACHE Nr.31,Ziff.6.
1o) BERICHT S.22.
11) BERICHT S.39 ff.
12) A.a.O. S.39.
13) DRUCKSACHE Nr.32 (Abänderungs-Antrag GRÖBER v.2.März 1896) Ziff.3a.
14) BERICHT S.39.

die schwedische Gesetzgebung von 1885, die belgische von 1887 und die österreichische von 1876 und 1891 folgende Bestimmung vor: "Ansprüche aus dem Verkauf geistiger Getränke, welche dem Käufer in den Geschäftsräumen des Verkäufers verabreicht werden, können nicht gerichtlich geltend gemacht werden, wenn der Käufer zur Zeit der Verabreichung der Getränke eine frühere Schuld gleicher Art an denselben Gläubiger noch nicht bezahlt hatte. Durch Vereinbarungen zum Zwecke der Erfüllung solcher nicht klagbarer Ansprüche, insbesondere durch Schuldanerkenntnisse, Pfand- und Bürgschaftsverträge, wird eine Verbindlichkeit nicht begründet"[15]. Geheimer Justizrat Struckmann legt dar, daß der Antrag auch eine Reihe von Fällen treffen würde, zum Beispiel die Verabreichung von Getränken an Logiergäste, die der Antragsteller offenbar selbst nicht treffen will. Aber auch wenn diese andere Formulierung, zu der sich Abg. Gröber bereit erklärt, vorläge, sei doch das bürgerliche Gesetzbuch nicht die geeignete Stelle zur Aufnahme solcher Bestimmungen. Der richtigere Weg sei Regelung auch dieser zivilrechtlichen Fragen in einem Spezial-Trunksuchtgesetz. Der Antrag Gröber wird darauf gegen 7 Stimmen abgelehnt[16]. Auf Anregung des Abg. Dr. v. Buchka (k.) wird die Beratung über die §§ 476-488 und demzufolge auch die folgenden Materien bis zur Schenkung ausgesetzt. Bei den Bestimmungen über die Schenkung regt Abg. Gröber die Einfügung einer Bestimmung an, nach der der Schenker sein Geschenk, soweit der Beschenkte durch dasselbe noch bereichert ist, solle zurückfordern können, falls der Schenker nachträglich in schlechte Vermögensverhältnisse gerät[17]. Der Anregung wird von verschiedenen Seiten zugestimmt, die Abstimmung über den dieser Anregung entsprechend vorgelegten, aber formell unzureichenden Vorschlag ausgesetzt[18]. Die Sitzung wird dann auf Frei-

---

15) DRUCKSACHE Nr.32, Ziff. 4.
16) Lt. BERICHT S.39 wurde der Antrag "mit allen gegen eine Stimme abgelehnt".
17) DRUCKSACHE Nr. 32, Ziff.8, abgeändert in DRUCKSACHE Nr. 36 (Abänderungs-Antrag vom 4.März 1896).
18) Der Antrag wurde in einer späteren Sitzung "unter allseitiger Zustimmung ... angenommen"; s. BERICHT S.41; s. ferner unten Nr. 23, Anm.6.

tag[19] lo Uhr vertagt. Diese Sitzung wird voraussichtlich durch die Debatte über die Viehmängelsfrage ausgefüllt werden, bei der die Interessen des Großgrundbesitzers und die der kleineren Leute sich gegenüberstehen. Möglicherweise werden bereits in derselben Sitzung die Bestimmungen über den Mietsvertrag zur Debatte gelangen.

---

19) 6.März 1896.

Nr.23

VORWÄRTS - Berliner Volksblatt
13.Jg (1896) - Nr.57 v. 7.März, 1.Beilage S.1

[Beratungen der Reichstagskommission: Viehkauf - Wohnungsmiete]

(Parlamentarisches.)

Die Kommission für das Bürgerliche Gesetzbuch beschäftigte sich in der Sitzung am Freitag[1] mit der Gewährleistungsfrage bei dem Handel mit Haustieren, mit den übrigen Bestimmungen über Kauf und Tausch, mit der Schenkung und mit der Miete[2].

Es ist bekannt wie viel Prozesse aus Kuh-, Pferde-,Schweinekurz, aus Handel mit Haustieren darüber geführt werden, ob der Verkäufer den Schaden tragen soll, der durch nach dem Kauf

---

1) 6.März 1896.
2) S.BERICHT S.39 f.,41 ff.

auftretenden Schaden erwächst. Einheitliches Recht besteht nach dieser Richtung in Deutschland nicht, wiewohl der gesteigerte Handelsverkehr mit Haustieren zu der Herstellung eines einheitlichen Rechts drängt. Im großen und ganzen stehen sich zwei Systeme, das sogenannte römisch-rechtliche und das deutsch-rechtliche, entgegen. Nach dem Grundsatz des römischrechtlichen Systems erstreckt sich die Gewährleistungspflicht des Verkäufers auf alle schon zur Zeit des Vertragsschlusses vorhanden gewesenen, verborgenen, nicht unerheblichen Mängel. Nach dem deutsch-rechtlichen System dagegen haftet der Verkäufer nur für gewisse, gesetzlich bestimmte Mängel, und im allgemeinen auch für diese nur dann, wenn sie sich innerhalb einer gewissen, gesetzlich bestimmten Gewährsfrist offenbaren. Die Folgen, welche an Viehmängel geknüpft sind, zu ändern, lassen beide Systeme zu. Ein buntes Bild bietet die Gewährsmängelfrage dadurch, daß in mehreren Staaten je nach der Verschiedenheit der Haustiergattungen bald das eine bald das andere gilt, indem insbesondere bei dem Handel mit Pferden, auch beim Handel mit Rindvieh das deutsch-rechtliche System aufgestellt ist, während für die anderen Tiergattungen die römisch-rechtliche Haftpflicht gilt. Das römischrechtliche Rechtsprinzip ist in der Idee gerechter, in der Praxis hat es aber bei der Schwierigkeit des Nachweises der Mängel im wesentlichen nur zu mit außerordentlich hohen Lasten gespickten Prozessen geführt. Der Entwurf stellt sich auf den Standpunkt des deutschrechtlichen Prinzips. Er will (in § 476), daß der Verkäufer nur sogenannte Hauptmängel und diese auch nur dann zu vertreten hat, wenn sie sich innerhalb bestimmter Gewährsfristen zeigen[3]. Die Hauptmängel und die Gewährsfristen sollen durch eine mit Zustimmung des Bundesrats zu erlassende kaiserliche Verordnung bestimmt werden. Das System hat den zweifellosen Vorzug, daß es Prozesse vermindert und der internationalen Gesetzgebung sich anschließt. Andererseits läßt sich nicht verkennen, daß durch diese Bestimmungen das Prinzip von Treu und Glauben durchbrochen wird, falls man lediglich

3) Auch die erste Kommission hatte sich für dieses System entschieden (s.§ 4oo E I).

theoretisch ohne Rücksicht auf die Wirklichkeit urteilen will. In der Sitzung am Freitag wurde die Bestimmung des Entwurfes nach längerer Debatte vor allem aus dem der Praxis entnommenen Grunde heraus angenommen, daß die Kostspieligkeit von Gewährsmängel-Prozessen und die Vielspältigkeit von Sachverständigen-Gutachten tatsächlich die Durchführung von Klagen dem Nichtwohlhabenden fast unmöglich macht[4]. Der Entwurf bestimmt aber weiter in § 487, daß ein allgemeines Versprechen, durch welches der Verkäufer die Gewährleistung wegen aller Fehler übernimmt, im Zweifel sich nur auf die durch kaiserliche Verordnung als Hauptmängel bezeichneten Mängel beziehen soll. Dadurch wird eine Interpretationsregel zu ungunsten von Treu und Glauben geschaffen, weil auch ausdrückliche Zusicherungen danach als nicht gültig "im Zweifel" zu erachten sind. Der Käufer, der sich auf die allgemeine Versicherung eines geriebenen Händlers, daß wegen aller Fehler eingestanden wird, verläßt, würde nachher seinen Prozeß verlieren, wenn unter allen Fehlern andere als die in der Kaiserlichen Verordnung gemeint sind; denn der Richter müßte ihm sagen: Das Gesetz will etwas anderes. Nach Bekämpfung dieses § 487 durch die Abgeordneten Gröber, v. Bennigsen, Marbe, Stadthagen, Enneccerus wird der § 487 gegen eine Stimme gestrichen[5].

Die weiteren Bestimmungen über Kauf, sowie die über Tausch und Schenkungen führen zu keinen Debatten. Nur wird bei der Schenkung auf Anregung des Abg. Gröber beschlossen, die Rückforderung eines Geschenks für den Fall einer Verarmung zuzulassen[6]. Zu eingehenderen Ausführungen geben die Bestimmungen über Miete und Pacht Anlaß. Der Entwurf trifft im allgemeinen gleiche Bestimmungen über die Miete, mögen Wohnungen, Ochsen, Pferde, Bücher oder sonst was vermietet sein. Die Abg. Frohme und Stadthagen haben zu diesem Abschnitt zu gunsten des Mieters einer Wohnung eine Reihe von Anträgen gestellt[7]. § 533 des Entwurfs will nur dann eine Vereinbarung

---

4) S.BERICHT S.39 ff.
5) S.BERICHT S.4o.
6) S.bereits Nr.22, Anm.18.
7) DRUCKSACHE Nr.39 (Abänderungsanträge FROHME.STADTHAGEN v.6.März 1896).

nichtig sein lassen, durch welche die Verpflichtung des Vermieters zur Vertretung von Mängeln der vermieteten Sache erlassen oder beschränkt wird, wenn der Vermieter den Mangel arglistig verschweigt. Frohme und Stadthagen beantragen, die unterstrichenen[7a] Worte zu streichen[8]. Der Antrag wird jedoch abgelehnt[9]. § 537 des Entwurfs bestimmt: "Ist eine gemietete Wohnung so beschaffen, daß ihre Benutzung mit einer erheblichen Gefährdung der Gesundheit verbunden ist, so kann der Mieter das Mietverhältnis ohne Einhaltung einer Kündigungsfrist kündigen, auch wenn er die gefahrbringende Beschaffenheit bei dem Abschluß des Vertrages gekannt oder auf die Geltendmachung der ihm wegen dieser Beschaffenheit zustehenden Rechte verzichtet hat." Stadthagen anerkennt, daß diese Bestimmung dem eigentlich selbstverständlichen Grundsatz Rechnung zu tragen sich bemühe, daß das Leben und die Gesundheit von Mietern mehr Wert haben muß als ein Geldvorteil eines Vermieters. Die Vorschrift enthalte nur eine Anwendung eines Grundsatzes, daß /[2]/ Verträge, die den "guten Sitten" widerstreiten, für ungültig zu erachten sind. Die Bestimmung sei jedoch nach zwei Richtungen hin zu eng. Es müsse die Gefährdung, nicht erst eine "erhebliche" Gefährdung der Gesundheit zur Aufhebung des Mietvertrages genügen. Das Erfordernis einer "Erheblichkeit" führe zu großen Belästigungen und Unsicherheiten in der Rechtspflege. Die Schwierigkeit des Beweises nehme in vielen Fällen das Rücktrittsrecht, das der Paragraph doch einräumen wolle. Ferner aber - und darauf lege er noch mehr Gewicht - genügt die Beschränkung auf Wohnungen nicht. Die gleiche Bestimmung des § 537 müsse auch anderen Räumen gegenüber, die zum Aufenthalt von Menschen bestimmt sind, die aber nicht als "Wohnung" erachtet werden können (z.B. Verkaufsläden, Komptoire,Werkstätten) gelten[10]. Sein Antrag, "erhebliche" zu streichen,

---

7a) Im Original: "gesperrt gedruckten"; s.dazu S.CIII der Einführung.
8) A.a.O. Ziff.1.
9) Der BERICHT enthält zu diesem Antrag keine Ausführungen.
10)A.a.O. (Anm.7) Ziff.2.

wird abgelehnt, der Antrag aber, statt "eine gemietete Wohnung", "ein gemieteter Raum" zu setzen, mit großer Mehrheit angenommen[11]. Damit ist eine Bestimmung von nicht unerheblicher sozialpolitischer Tragweite geschaffen. Bezüglich der Untermieter nehmen einige deutsche Gesetze an, die Untermiete (Aftermiete) sei dem Mieter gestattet, falls nichts anderes vereinbart ist, andere das Gegenteil. Der Entwurf schlägt in § 542 (in Abweichung von den Bestimmungen der ersten Lesung) vor, daß falls nichts anderes vereinbart ist, der Mieter ohne die Erlaubnis des Vermieters nicht berechtigt sein soll, unterzuvermieten. Jedoch setzt der Entwurf mildernd hinzu: "Verweigert der Vermieter die Erlaubnis, so kann der Mieter das Mietverhältnis unter Einhaltung der gesetzlichen Frist kündigen, sofern nicht in der Person des Untermieters ein wichtiger Grund vorliegt." Frohme und Stadthagen beantragen im Gegensatz hierzu, dem Mieter die Untervermietung auch ohne Erlaubnis des Vermieters einzuräumen, eventuell aber eine Bestimmung aufzunehmen, durch welche gehindert wird, die Vorschrift des § 542 des Entwurfs durch Verträge, wie solche in den bekannten Mietkontraktformularen enthalten sind, aufzuheben[12]. Beide Anträge werden abgelehnt[13]. Die nächste Sitzung findet am Sonnabend[14] statt. In derselben gelangt die wichtige Frage des Pfandrechts des Vermieters zur Abstimmung. Unsere Genossen haben Aufhebung des Pfandrechts, die Antisemiten, vertreten durch Abg. Vielhaben, Ausdehnung des Pfandrechts auch auf die der Pfändung nicht unterworfenen Sachen beantragt! Man darf auf den Ausgang der Debatte, in der die Antisemiten danach offen für Wohnungswucher eintreten, gespannt sein.(.....)

---

11) BERICHT S.41.
12) DRUCKSACHE Nr.39, Ziff.3.
13) BERICHT S.41.
14) 7.März 1896.

Nr.24

VORWÄRTS - Berliner Volksblatt
13.Jg (1896) - Nr. 59 v. 10.März, S.1

[Beratungen der Reichstagskommission: Vermieterpfandrecht]

(Parlamentarisches.)

In der Sitzung der Kommission für das Bürgerliche Gesetzbuch wurde am Sonnabend[1] in der Debatte über das Miets- und Pfandrecht fortgefahren. Den Hauptgegenstand der Debatte bildete das Pfandrecht des Vermieters und des Verpächters[2]. Der Entwurf schränkt das Pfand- und Zurückbehaltungsrecht des Vermieters gegenüber dem preußischen Landrecht u.a. dadurch ein, daß er die Sachen der Ehefrau nicht ohne deren Genehmigung dem Pfandrecht des Vermieters unterwirft[3] und da er das Pfandrecht nicht für künftige Entschädigungsforderungen und für den Mietzins für eine spätere Zeit als das laufende und das folgende Mietjahr gelten lassen will[4]. Er behält auch die Bestimmung bei, daß die der Pfändung nicht unterworfenen Sachen dem Pfandrecht des Vermieters nicht unterliegen sollen[5]. Die Abg. Frohme und Stadthagen beantragen in erster Reihe, das Pfandrecht des Vermieters zu beseitigen, eventuell aber auch die Gegenstände,/[2]/ die zum Erwerb oder zur

1) 7.März 1896.
2) BERICHT S.42.
3) § 552 E II i.d.F. der Reichstagsvorlage.

Ausübung des Berufs des Mieters oder seiner Familie gebraucht werden, dem Pfandrecht zu entziehen[6]. Diesen Anträgen gegenüber steht der Antrag des Abg. Vielhaben (Antisemit): Das Pfandrecht entgegen den Bestimmungen des Entwurfs auch auf die sonst der Pfändung entzogenen Gegenstände (z.B. Betten, unentbehrliches Hausgerät, Handwerkszeug u.s.w.)zu erstrecken, also den engherzigen Standpunkt der Hamburger Hausagrarier auf ganz Deutschland zu erstrecken![7]Nach einer Begründung dieses "arbeiterfreundlichen" antisemitischen Antrags durch den Abg. Vielhaben nimmt Stadthagen das Wort zur Bekämpfung desselben und zur Begründung der oben mitgeteilten seitens der Sozialdemokraten gestellten Anträge. Er führt etwa aus: Das Verbot der Pfändung von Sachen, die der Staat im öffentlichen Interesse für absolut unpfändbar erachtet hat, enthält bereits leider eine erhebliche Abschwächung des heidnischen römischen Rechts, nach dem dem Schuldner nicht die gesamte Habe entzogen werden, sondern so viel belassen werden mußte, als notwendig war, um ihn vor Mangel zu schützen. Unerhört und mit der "öffentlichen Ordnung", mit dem Gebot der Nächstenliebe, mit sozialpolitischen Rücksichten unvereinbar ist die von Verteidigern des christlich-kapitalistischen Standpunkts herbeigeführte Rechtsprechung, auch die unentbehrlichen Sachen dem Zugriff des Vermieters freizustellen.Dieser Rechtsprechung sind die Gesetze in Sachsen (im Jahre 1864), Anhalt, Braunschweig,Lübeck, Bayern und schließlich auch Preussen entgegengetreten. Auch der Hamburger Senat hat verschiedene Male ähnliches versucht - seine Versuche scheiterten an dem engherzigen Interessenstandpunkt der Hamburger Hausagrarier. Und nun soll gar dieser für Deutschland geradezu beschämende Standpunkt, nach dem ein Staat ausdrücklich den gemeinsten Wucher schützt, nach dem Antrage des antisemitischen Abgeordneten auf Deutschland übertragen werden! Wer anders als die schmutzigste Wucherseele könne es über sich bringen, das letzte, für ihn selbst ganz Wertlose seinem Mitmenschen zu ent-

---

4) Ibd.
5) Ibd.
6) DRUCKSACHE Nr.39 (s.Nr.23,Anm.7), Ziff.8.
7) DRUCKSACHE Nr. 37 (Abänderungs-Antrag VIELHABEN v.5.März 1896).

ziehen. Er hoffe sicher, daß die Kommission diesem Verlangen nicht nachkommen werde. Der Satz der Motive und der Denkschrift treffe durchaus zu: "Das Gesetz würde mit sich selbst in Widerspruch kommen, wenn es ein Pfandrecht an Sachen zulassen wollte, die es aus Gründen der öffentlichen Wohlfahrt für unpfändbar erklärt hat[8)]". So kapitalistisch der Entwurf auch leider sei, so mammonistisch wie der von antisemitischer Seite gestellte Antrag sei er denn doch nicht. Er bitte aber auch den von Frohme und ihm gestellten Anträgen die Zustimmung nicht zu versagen. Zunächst sei es nicht zweifelhaft, daß der Kreis der der Pfändung entzogenen Sachen viel zu eng gezogen sei. Bei Gelegenheit der Beratung der Zivilprozeß-Ordnung, vielleicht auch an einer anderen Stelle dieses Gesetzes sei dieser Kreis ganz allgemein zu erweitern. Aber schon hier sei es im Interesse der Erwerbstätigen dringend erforderlich, wenigstens auch die zum Erwerb oder zum Beruf erforderlichen Gegenstände dem Pfandrechte des Vermieters zu entziehen. Allen Schwierigkeiten, die im einzelnen auch dann noch bestehen bleiben würden, sei man aber enthoben, wenn man das Pfandrecht des Vermieters endlich beseitigte. Dies Pfandrecht ist weder deutsch, noch sozial, noch gerecht. Es stammt aus der Zeit des römischen Rechts, wo die Macht der Großgrundbesitzer, der Geldoligarchie in Rom besonders groß war. Erst für die Landverpächter, dann auch für die Residenzen Rom und Konstantinopel gegeben, ist dies Pfandrecht nie eine wirtschaftliche Notwendigkeit, sondern enthielt und enthält lediglich die Bevorzugung eines Standes, einer Klasse auf Kosten der wirtschaftlich Schwachen. Das soziale Übergewicht der Geldoligarchie Roms hat dies Pfandrecht geschaffen. Dies Pfandrecht ist erklärlich in einer Wirtschaftsperiode, in der es Freie und Hörige gab, nicht aber in einer solchen, in der es nur rechtlich Freie gibt. In Deutschland stand dem Gerichtsherrn, dem Großgrundbesitzer, dem Feudalherrn ein ähnliches Recht dem Hintersassen gegenüber zu. Aber seit etwa dem 12. Jahrhundert ist es in Deutschland geschwunden. Erst durch die Rezeption des römischen Rechts ist es in Deutschland wieder eingeführt. Also ist das Pfandrecht des Vermieters nicht

---

8) So wörtlich DENKSCHRIFT S.72 f.; sinngemäß ebenso MOTIVE Bd 2, S.4o6; PROT.BGB II Bd 2, S.2o7.

deutschen Ursprungs, sondern fremdes und schlechtes Gewächs. Als "eine besonders unglückliche Neuerung" bezeichnet sie Professor Stobbe[9]. "Gift" tituliert dies Pfandrecht ein sächsischer Jurist. Das Pfandrecht des Vermieters ist nicht sozial, sondern antisozial, es lastet auf den Schultern der wirtschaftlich Schwächeren. Es ist nicht gerecht, sondern bevorzugt den Vermieter in ungerechtester Art anderen Gläubigern, insbesondere dem kleinen Handwerker gegenüber. Ist es gerecht, daß in der Lohnbefriedigung eines Arbeiters, eines Handwerkers, eines Kleinhändlers der Hauswirt vorgehe? - Die Regierungsvertreter traten für Beibehaltung des Pfandrechts im Umfang des Entwurfs ein. Eine Ausdehnung der Unpfändbarkeit auf die zum Erwerb oder Beruf nötigen Gegenstände sei besser bei § 715 der Zivilprozeß-Ordnung am Platz. Abg. Frohme verteidigt nochmals scharf die eingebrachten Anträge und bekämpft die Hamburger Hausagrarier-Politik. Abg. Enneccerus vermag Gründe gegen die sozialdemokratischen Anträge nicht anzuführen, erklärt aber, für die Anträge der Sozialdemokraten nicht stimmen zu wollen. Abg. Gröber ist der Ansicht, daß der Entwicklungsgang auf Abschaffung oder Einschränkung des Vermieter-Pfandrechts gehe; die Anträge halte er aber für mindestens verfrüht. Die Anträge unserer Genossen und der ihnen entgegenstehende antisemitische Antrag werden darauf abgelehnt und die Bestimmungen des Entwurfs angenommen[10].Aus dem weiteren Verlauf der Beratungen ist hervorzuheben, daß auf Antrag unserer Genossen[11] folgende Resolution angenommen wurde[12]: "Die Kommission spricht die Erwartung aus, daß im Gesetz, betreffend Änderungen der Zivilprozeß-Ordnung, eine Bestimmung Aufnahme finde, nach welcher eine angemessene Räumungsfrist in Urteilen festgesetzt werden muß, falls auf Räumung einer Wohnung erkannt wird". Die Erfüllung der in der Resolution zum Ausdruck gebrachten Forderung

---

9) Das im Text genannte Zitat konnte nicht aufgefunden werden. In STOBBE's "Handbuch des deutschen Privatrechts" wird die rechtsgeschichtliche Entwicklung kommentarlos geschildert (STOBBE, Handbuch Bd 3, S.262 f.).

10) BERICHT S.42.

11) Dieser Resolutionsantrag ist in den Drucksachen der Kommission nicht enthalten; es muß sich demnach um einen Initiativantrag gehandelt haben.

12) BERICHT S.43.

wäre in vielen Fällen von Vorteil für Mieter. Alle übrigen Anträge (Beseitigung des Kündigungsrechts des Vermieters beim Tode des Mieters[13], Aufnahme einer Bestimmung, durch welche die Ungültigkeit von Exmissionsklauseln nach Art der berüchtigten Berliner Mietverträge ausgesprochen wird[14]) wurden abgelehnt. Auch die Anträge des Abg. Gröber, das Sonderkündigungsrecht der Beamten, Soldaten u.dgl. aufzuheben und einen Nachlaß der Pacht bei Mißständen herbeizuführen[15], fanden keine Annahme[16]. Ebenso wurde der Versuch unserer Genossen auf Beseitigung des Sondervorrechts für krummklauige Verpächter, an dem durch § 715 Nr. 5 Zivilprozeß-Ordnung für unpfändbar erklärten Wirtschaftsinventar u.s.w. ihr Pfandrecht ausüben zu dürfen, abgelehnt[17]. Da die Beratung durch persönliche Redewendungen des Abg. Enneccerus hingezogen wurde, konnte die Beratung des Pachtvertragsverhältnisses nicht beendet werden.
In der nächsten Sitzung (am Dienstag[18])gelangen nach Beendigung der Bestimmungen über Miete und Pacht die Vorschriften über Leih-,Darlehn-,Dienst- und Werkvertrag (d.i.Arbeitsvertrag) zur Beratung.
(...)

---

13) DRUCKSACHE Nr.39 (s.Nr.23, Anm.lo), Ziff.lo.
14) A.a.O. Ziff. 12.
15) DRUCKSACHE Nr. 35 (Abänderungsanträge GRÖBER vom 3.März 1896), Ziff. 3.
16) BERICHT, S.42 f.
17) DRUCKSACHE Nr.4o (Abänderungs-Anträge FROHME.STADTHAGEN vom 6.März 1896), Ziff. 1; BERICHT S.44.
18) lo.März 1896.

Nr.25

VORWÄRTS - Berliner Volksblatt
13.Jg (1896) - Nr. 60 v. 11.März, S.3

[Beratung der Reichstagskommission: Darlehn-Dienstvertrag]

(Parlamentarisches.)

Aus der Kommission für das Bürgerliche Gesetzbuch. In der Sitzung am Dienstag[1] wurden zunächst unter Ablehnung einiger zu gunsten des Pächters gestellten Anträge unserer Genossen[2] die Bestimmungen über Miete und Pacht zu Ende geführt. Zu den Vorschriften über das Darlehn beantragte Abg. Gröber, daß nicht vereinbarte, aber gezahlte Zinsen vom Darlehn selbst abgerechnet werden sollten[3]. Der Antrag fiel mit Stimmengleichheit[4]. Ein Antrag von Frohme und Stadthagen verlangte Beseitigung des im Einführungsgesetz den landesgesetzlichen Vorschriften über das Pfandleihgewerbe gemachten Vorbehalts, event. Aufhebung derjenigen Vorschriften, die eine Verzinsung von mehr als 8 Prozent zulassen[5]. Stadthagen legte eingehend dar, daß landesgesetzliche Vorschriften Verzinsung kleiner

1) 10.März 1896.
2) DRUCKSACHE Nr. 40 (s.Nr.24,Anm.17), Ziff.2 und 3.
3) DRUCKSACHE Nr. 35 (s.Nr.24,Anm.15), Ziff. 5.
4) Lt. BERICHT S.44 wurde der Antrag "... mit großer Majorität abgelehnt".
5) DRUCKSACHE Nr. 40, Ziff.4.

Darlehen bei privaten, kommunalen und staatlichen Pfandleihanstalten bis 24 zuließen. Das hieße landesgesetzlich den Wucher, wenn er gegen kleine Leute getrieben würde, sanktionieren. Seitens der Regierungsvertreter wurde für Aufrechterhaltung der landesgesetzlichen Bestimmungen, die nach ihrer Ansicht den Minderwohlhabenden nützen, eingetreten. Nach lebhafter Debatte wurden gegen 5 Stimmen die Anträge Frohme-Stadthagen abgelehnt[6]. Es beginnt nunmehr die Debatte über den Arbeitsvertrag (im Entwurf Dienstvertrag genannt)[7]. Zu demselben beantragen Gröber und Stadthagen-Frohme Streichung des Artikels 95 des Einführungsgesetzes, der die landesgesetzlichen Gesindeordnungen aufrechterhalten will[8]. Außerdem liegen eine Reihe von Anträgen seitens beider Teile zu dem §§ 6o4-62o umfassenden Abschnitt "Dienstvertrag" vor. Die Anträge Frohme-Stadthagen (33 Anträge)[9] bezwecken, alle Verträge, durch welche ein Arbeitnehmer sich verpflichtet, einen Teil seiner geistigen oder körperlichen Arbeitskraft für eine häusliche Gemeinschaft,ein wirtschaftliches oder ein gewerbliches Unternehmen gegen einen vereinbarten Preis zu verwenden, einheitlich den Bestimmungen der Gewerbe-Ordnung entsprechend zu regeln. Die Sitzung drehte sich nur um die Frage betreffend Aufhebung der landesgesetzlichen Gesinde-Ordnungen[1o]. Zu einem Beschluß kam es noch nicht. Professor Gebhard sprach im Namen der Regierungen sich gegen den Antrag aus; derselbe könnte fast so viel Arbeit und Zeit erfordern, als das bürgerliche Gesetzbuch! Stadthagen und Gröber legten eingehend die leichte Durch-

6) Im BERICHT wird weder der sozialdemokratische Antrag noch der Beschluß der Kommission erwähnt.
7) BERICHT S.44 ff.
8) DRUCKSACHE Nr.49 (Abänderungsanträge FROHME.STADTHAGEN v. 9.März 1896), Ziff. 15. - Hinsichtlich des Antrages GRÖBER stimmt die Darstellung im Text nicht mit den schriftlichen Unterlagen der Kommission überein. Nach Ziff.12 des Antrages GRÖBER vom 3.März 1896 (s.Nr.24,Anm.15) beantrage GRÖBER nicht Streichung des Art.95 Abs. 2 E II EG, sondern lediglich dessen Verbesserung im Sinne des Gesindes durch einige ergänzende Bestimmungen.
9) S.DRUCKSACHE Nr.44 (Abänderungsanträge FROHME.STADTHAGEN v.8.März 1896) und Nr. 49 (s.Anm.8).
1o)BERICHT S.51 ff.

führbarkeit und Notwendigkeit der Aufhebung der landesgesetzlichen Gesindeordnungen dar. Stadthagen legte klar, daß die Aufrechterhaltung der Gesindeordnungen lediglich und ausschließlich im Interesse der Großgrundbesitzer liege, die sich ein billiges und allen zeitgemäßen Anforderungen gegenüber willenloses Arbeitsmaterial erhalten beziehentlich schaffen wollen. Die Sitzung wurde auf Mittwoch[11] lo Uhr vertagt.
(...)

11) 11.März 1896.

Nr.26

VORWÄRTS - Berliner Volksblatt
13.Jg (1896) - Nr. 61 v. 12.März, 1.Beilage S.2

[Beratungen der Reichstagskommission: Dienstvertrag]

(Parlamentarisches.)

Aus der Kommission für das Bürgerliche Gesetzbuch. In der Sitzung am Mittwoch[1] standen die Bestimmungen über den Arbeitsvertrag zur Verhandlung. Der Entwurf kennt den Namen Arbeitsvertrag, sowie die Begriffe Arbeitgeber, Arbeitnehmer und Ar-

1) 11.März 1896

beiter überhaupt nicht. Er spricht vielmehr von einem "Dienstvertrag", von "Dienstberechtigten" (d.h.Arbeitgebern) und "Dienstverpflichteten" (d.h. Arbeitern)[2]. Der Entwurf macht nun lediglich die aus dem auf der Sklavenwirtschaft beruhenden römischen Recht herstammenden Unterschiede, ob der Erfolg einer Arbeitsleistung (z.B. Herstellung, Bau eines Hauses u. dgl.) - "Werkvertrag" - oder ob lediglich "Dienste" - "Dienstvertrag" - durch den Vertrag vereinbart werden[3]. Eine Auslegung darüber, was ein "Dienst" oder was "Dienstvertrag" sei, findet sich im Gesetz nicht. Es sollen in den §§ 6o4 - 62o alle Verhältnisse, in denen "Dienste" geleistet werden, geregelt werden, mögen diese Dienste für ein gewerbliches und wirtschaftliches Unternehmen, für eine häusliche Gemeinschaft oder für einzelne außerhalb einer häuslichen, wirtschaftlichen oder gewerblichen Unternehmung geleistet sein, gleichgültig, ob gewerbliche Gehilfen, Aufwartefrauen, Rechtsbeflissene, Ärzte, Lehrer, Dienstmänner, Prediger oder wer sonst Dienste ihres Gewerbes oder Berufes leisten. Der Entwurf bewahrheitet dadurch in gewissem Sinne unbewußt die Behauptung des kommunistischen Manifestes: "Die Bourgeoisie hat alle bisher ehrwürdigen und mit frommer Scheu betrachteten Tätigkeiten ihres Heiligenscheins entkleidet. Sie hat den Arzt, den Juristen, den Pfaffen, den Poeten, den Mann der Wissenschaft in ihre bezahlten Lohnarbeiter verwandelt"[4]. Hingegen übersieht der Entwurf vollkommen, daß das Chrakteristische der heutigen kapitalistischen Produktionsweise ist, daß der Arbeiter seine eigene Arbeitskraft als Ware für das Gewerbe, für den Nutzen eines andern verwendet und daß infolge dieses unsere Epoche von der auf Sklavenherrschaft beruhenden römischen Wirtschaftsweise unterscheidenden Merkmals es erste Aufgabe des Gesetzgebers sein muß, diese Reihe Arbeitsverträge zu regeln. Frohme

2) S.§§ 6o4 ff. E II i.d.F. der Reichstagsvorlage.
3) Zu den Werkvertragsregeln des 2.Entwurfs s. §§ 621-641 E II i.d.F. der Reichstagsvorlage. Sie blieben in den Beratungen der Reichstagskommission durchweg unverändert.
4) MARX/ENGELS, Manifest a.a.O. S.465.

und Stadthagen beantragen nun, die römisch-rechtliche, für die jetzigen Verhältnisse absolut unzureichende Schematisierung aufzugeben. Es müsse die unlogische, lediglich verwirrende, die Rechtsunsicherheit fördernde Unterscheidung zwischen "Werkvertrag" und "Dienstvertrag" fallen gelassen werden. Es sei erforderlich, wenn man nicht absichtlich die feudalen Verhältnisse konservieren und erweitern wolle, den Arbeitsvertrag in der Weise zu behandeln, daß man zunächst den "eigentlichen Arbeitsvertrag", wie er von dem Professor Sohm und in der Literatur genannt werde, definiere, die Regeln für seine Verhältnisse festsetze und dann die anderen Fälle an Arbeit oder Diensten regele, soweit je nach Ausfall der Regelung des eigentlichen Arbeitsvertrages dann noch abweichende Regelung erforderlich sein würde. Sie schlagen deshalb vor: Als Überschrift nicht Dienst-,sondern Arbeitsvertrag zu sagen und dann mit folgendem § 6o4 zu beginnen: "Arbeitsvertrag (Lohnvertrag, Dienstvertrag o.dgl.) ist ein Vertrag, durch welchen der Arbeitnehmer sich verpflichtet, einen Teil seiner geistigen oder körperlichen Arbeitskraft für die häusliche Gemeinschaft, ein wirtschaftliches oder ein gewerbliches Unternehmen des Arbeitgebers gegen einen vereinbarten Lohn (Gehalt, Salair,Honorar, Gage, Stolgebühr o.dergl.) zu verwenden. Unter Arbeitnehmern werden auch diejenigen Personen verstanden, welche für bestimmte Gewerbetreibende außerhalb der Arbeitsstätten der letzteren mit der Anfertigung gewerblicher Erzeugnisse beschäftigt sind, und zwar auch dann, wenn sie die Roh- und Hilfsstoffe selbst beschaffen"[5]. Durch den letzten Satz würden endlich klar die Hausindustriellen als Arbeiter zu erachten sein.In 32 folgenden Anträgen verlangen Frohme und Stadthagen dann spezialisiert eine Regelung im Anschluß an die Gewerbeordnungs-Vorschriften[6]. Die Debatte wurde recht lebhaft[7]. Die Regierungsvertreter betonten insbesondere, das Material zur Regelung dieser allerdings den hauptsächlichsten Teil der Arbeitsverträge umfassenden Arbeitsverträge fehle, die Beratung über die Gestaltung, wie sie sozialdemokratischerseits beantragt

5) DRUCKSACHE Nr.44 (s.Nr.25,Anm.9).
6) A.a.O.
7) S.BERICHT S.44 ff.

ist, gefährde das Zustandekommen des Bürgerlichen Gesetzbuches, mindestens würde eine erhebliche Verzögerung eintreten. Dr. v. Buchka (k.) warnt vor dem sozialdemokratischen Zukunftsstaat. Dr. v. Cuny und Enneccerus geben dem Grauen einiger Arbeitgeber vor Regelung im Sinne der gestellten Anträge Ausdruck. Frohme und Stadthagen betonen: Wenn in der Kommission eine Einigung nicht erfolge, so würde ja lediglich die Beratung im Plenum verzögert werden. Wenn 22 Jahre nicht hingereicht haben, um den Hauptvertrag einheitlich regeln zu können, so sei dies bedauerlich und zeige klar, daß der Teil der Gesetze, der das arbeitende Volk betreffe, einheitlich nicht geregelt werden solle. Es sei geradezu beschämend, wenn in einer Wirtschaftsepoche, die auf "freier Arbeitskraft" beruhe, das bürgerliche Gesetzbuch nicht einmal imstande sei, die allgemeinsten Regeln für diese Verträge einheitlich zu schaffen, die für 96 Prozent der Bevölkerung von der allererheblichsten Bedeutung seien. Dann liege aber in Wahrheit kein einheitliches Gesetzbuch, sondern das Geständnis zur Unfähigkeit zu einem solchen vor. Der Antrag der Genossen wurde darauf abgelehnt und § 6o4 des Entwurfs angenommen[8]. § 6o5 lautet: "Eine Vergütung gilt als stillschweigend vereinbart, wenn die Dienstleistung den Umständen nach nur gegen eine Vergütung zu erwarten ist. Ist die Höhe der Vergütung nicht bestimmt, so ist bei dem Bestehen einer Taxe die taxmäßige Vergütung, in Ermangelung einer Taxe die übliche Vergütung als vereinbart anzusehen."

Als § 6o4a beantragen Frohme und Stadthagen einzuschalten: "Vereinbarungen, durch welche Arbeitern die Verpflichtung auferlegt wird, bestimmten politischen, gewerkschaftlichen oder religiösen Vereinigungen nicht anzugehören oder aus denselben auszutreten, sind ungültig. Desgleichen sind Vereinbarungen ungültig, durch die für den Fall der Zugehörigkeit zu einer derartigen Vereinigung Konventionalstrafen festgesetzt werden"[9]. Der Antrag wird von allen mit Ausnahme der sozialdemokratischen Stimmen abgelehnt[10]. Auch die Freisinnigen stim-

8) BERICHT s.45.
9) DRUCKSACHE Nr. 44, Ziff. 3.
1o) BERICHT S.45.

men gegen diesen Vorschlag, obwohl selbst regierungsseitig zugegeben wird, daß meist solche Vereinbarungen als gegen die guten Sitten verstoßend ungültig sind. § 6o5 des Entwurfs lautet: "Wer zur Leistung gewisser Dienste öffentlich bestellt ist oder sich öffentlich erboten hat, ist, wenn er einen auf solche Dienste gerichteten Antrag nicht annimmt, verpflichtet, die Ablehnung dem Antragsteller unverzüglich anzuzeigen.Das gleiche gilt, wenn sich jemand dem Antragsteller gegenüber zur Leistung gewisser Dienste erboten hat." Unsere Genossen schlagen vor, daß die Redaktionskommission darauf Bedacht nehme, daß im ersten Satz klarer ausgedrückt werde, daß in erster Reihe die Verkehrssitte bestimmend sein soll, und daß ferner zum Ausdruck gelange, daß die §§ 3o9 und 31o des Entwurfs (Bestimmung nach billigem Ermessen des Arbeiters) auch auf den Arbeitsvertrag Anwendung finden sollen. Mit diesen Maßgaben wird § 6o5 angenommen[11]. Als § 6o5a schlagen Frohme und Stadthagen mit Rücksicht auf die bekannten Entscheidungen des Reichsgerichts zu § 253 Str.G.B. (Erpressung) vor: "Das Ersuchen um Arbeitsanstellung unter bestimmten Arbeitsbedingungen darf nicht als widerrechtlicher Vermögensvorteil erachtet werden[12]". Es wird anerkannt, daß die Judikatur des Reichsgerichts, die als Erpresser Arbeiter bestraft hat, die in Streikfällen den "widerrechtlichen Vermögensvorteil" einer Beschäftigung unter bestimmten Bedingungen durch Drohung zu erreichen suchten, höchst bedenklich sei. Dieser Rechtsprechung entgegenzutreten, sei jedoch hier nicht der Ort. Der Antrag wird abgelehnt[13]. § 6o6 bestimmt: "Der zur Dienstleistung Verpflichtete hat die Dienste im Zweifel in Person zu leisten. Der Anspruch auf die Dienste ist im Zweifel nicht übertragbar." Er wird unter Ablehnung eines Antrages Frohme-Stadthagen angenommen[14]. Als § 6o6a beantragen Frohme und

11) DRUCKSACHE Nr.44, Ziff. 4;BERICHT S.45.
12) DRUCKSACHE Nr.44, Ziff.5.
13) BERICHT S.45.
14) DRUCKSACHE Nr.44, Ziff.6; nach diesem Antrag sollte Satz 2 der Vorschrift folgende Fassung erhalten: "Der Anspruch auf eine persönliche Arbeitsleistung ist nur bei ausdrücklicher Vereinbarung übertragbar." - Zur Ablehnung des Antrages vgl. BERICHT S.45.

Stadthagen einzuschalten: "Für die Entrichtung des Lohnes haftet außer dem unmittelbaren Vertragschließenden derjenige, in dessen Nutzen die Arbeitskraft vom Arbeitgeber verwendet ist"[15]. Stadthagen legt dar, daß durch Annahme dieses Antrages insbesondere Bauschwindlern, schwindelhaften Zwischenunternehmern, besonders ausbeutelustigen Kapitalisten das Handwerk gelegt und dem Grundsatz etwas Rechnung getragen werden würde: Jeder Arbeiter ist seines Lohnes wert; fremde ungezahlte Arbeit dürfe niemand für sich in Anspruch nehmen. Der Antrag bezwecke Erweiterung der Verhinderung ungerechtfertigter Bereicherung. Die Abg. Gröber und Bachem (Z.), v. Dziembowski (Pole), v.Bennigsen (nat.l.) anerkannten, daß in dem Antrag ein berechtigter Kern stecke, er gehe aber zu weit und sei besser bei Erledigung des Abschnittes über "ungerechtfertigte Bereicherung" zu erledigen, zumal er plötzlich eine weittragende Frage anschneide. Frohme und Stadthagen stellten hierauf den Antrag bis zur Beratung des betreffenden Abschnittes zurück[16]. Es wird dann über einen Antrag Gröber, der einen neuen § 606a will, zu beraten begonnen. Die Beratung muß wegen bereits eingetretenen Beginns des Plenarsitzung um 1 1/4 Uhr vertagt werden. Die nächste Sitzung findet am Freitag[17] um 10 Uhr vormittags statt.

15) DRUCKSACHE Nr.44, Ziff. 7.
16) S.Nr.32.
17) 13.März 1896.

Nr. 27

VORWÄRTS - Berliner Volksblatt
13.Jg (1896) - Nr.64 v. 15.März, S.4

[Beratungen der Reichstagskommission: Dienstvertrag (Fortsetzung)]

(Parlamentarisches.)

Aus der Kommission für das bürgerliche Gesetzbuch. In den Sitzungen am Freitag und Sonnabend[1] wurde in der Beratung über den "Dienstvertrag" fortgefahren. Die Beratungen führten insbesondere in einigen Punkten für das Gesinderecht zu erheblichen Verbesserungen. § 607 des Entwurfs lautet: "Die Vergütung ist nach der Leistung der Dienste zu entrichten. Ist die Vergütung nach Zeitabschnitten bemessen, so ist sie nach dem Ablauf der einzelnen Zeitabschnitte zu entrichten." Frohme und Stadthagen sind der Ansicht, daß eine Streichung dieses Paragraphen, mindestens aber eine Erläuterung desselben dahin notwendig sei, daß seine Bestimmungen nur dann Geltung finden sollen, wenn über die Abrede der Parteien oder über die übliche Verkehrssitte Zweifel entstehen[2]. Sonst bringe

---

1) 13. und 14. März 1896.
2) DRUCKSACHE Nr. 44 (s.Nr.25, Anm.9), Ziff. 8.

diese Bestimmung insbesondere für Akkordarbeiter heillose Verwirrung. Daß der Arbeitnehmer vorzuleisten, seine Arbeitskraft zu kreditieren habe, sei ja zweifellos die Regel. Schädlich könnte seine Existenz in der Hand "gelehrter Richter" den Akkordarbeitern werden. Oder sollte etwa ein Akkordtischler, der Wochen, Monate oder Jahre lang Stühle auf Akkord herstellt, erst bei Beendigung des Arbeitsverhältnisses also nach Wochen, Monaten oder Jahren, Zahlung erhalten? Solle ein Tischler,der ein Spind für 2oo M., dessen Herstellung 6 Wochen dauert,erst nach Ablauf der 6 Wochen Zahlung erhalten? Zu bedauern sei der Mangel einer Vorschrift, daß und in welchem Verhältnisse Vorschüsse bei Akkordarbeitern zu leisten sind. In der längeren Debatte wurde anerkannt, daß auch bei Akkordarbeit die Zeit den Gradmesser für die Leistung bilde. Vorschüsse bei Akkordarbeiten, wöchentliche Löhnung da, wo sie üblich sei, sollen nach wie vor geleistet werden. § 6o7 solle die für häusliche, wirtschaftliche und gewerbliche Betriebe bestehenden Regeln nicht ändern. § 6o7 wird darauf angenommen[3]. Der Entwurf bestimmt darüber, wie es im Fall von Zahlungseinstellungen zu halten sei, nichts. Frohme und Stadthagen fragen an, ob, wie sie annehmen, die allgemeine Bestimmung des § 315, "wer aus einem gegenseitigen Vertrage vorzuleisten verpflichtet ist, kann, wenn nach dem Abschlusse des Vertrages in den Vermögensverhältnissen des anderen Teils eine wesentliche Verschlechterung eintritt, durch die der Anspruch auf die Gegenleistung gefährdet wird, die ihm obliegende Leistung verweigern, bis die Gegenleistung bewirkt oder Sicherheit für sie geleistet ist", auch auf Arbeitsverhältnisse Anwendung finden soll. Seitens der Regierung wird dies bestätigt. Als § 6o7a stellt Abg. Gröber einen Antrag, der sich auf Regelung der Frage bezieht, wem zu leisten ist, wenn im Gesindedienst das Gesinde sich an mehrere zugleich verdungen hat[4]. Die Debatte erhält dadurch einen größeren Umfang, daß die Regierungsvertreter leb-

3) BERICHT S.46.
4) DRUCKSACHE Nr. 5o (Abänderungsanträge GRÖBER),Ziff.1; entgegen dem Text sollte dieser Antrag nicht als § 6o7a,sondern als § 6o6a eingefügt werden.

haft bemüht sind, dem Bestreben, wesentliche Bestimmungen des Gesinderechts jetzt reichsgesetzlich zu ordnen, entgegenzutreten. Gröber, Frohme, Stadthagen legen eingehend die Ersprießlichkeit und Notwendigkeit dieses Bestrebens dar. Der Antrag selbst wird gegen eine erhebliche Minderheit abgelehnt[5]. Als § 6o7a beantragen Frohme und Stadthagen festzusetzen: "Eine Vereinbarung über Lohneinbehaltung und Lohnabzug ist nur soweit zulässig, als dieselbe ausdrücklich im Gesetz gestattet ist"[6]. Zur Rechtfertigung ihrer Ansicht führen die Antragsteller aus: Die vernünftigere Rechtsprechung erachte den Zusatzparagraph 6o7a schon jetzt als selbstverständlich. Diese verständige Rechtsprechung sei aber leider in der Minderheit. Der Entwurf folgt ihr teilweise, insofern er eine Aufrechnung (Kompensation) mit unpfändbaren Forderungen (d.i. im allgemeinen der Arbeitslohn) nicht zulasse.Es müsse aber weitergegangen und das vorgeschlagene Prinzip rund und klar anerkannt werden. Die Regierungsvertreter und einige Mitglieder der Kommission warnen vor einer solchen Einschränkung der Vertragsfreiheit, da die Folgen sich nicht übersehen ließen. Der Antrag zu § 6o7a wird abgelehnt[7]. Als § 6o7c wünscht Abg. Gröber eine Einschaltung, wodurch die Benachteiligung des Gesindes aufgehoben wird, daß der Gesindedienst hier am 1.April, dort am 1.Mai, an anderen Orten zu Ostern,anderwärts am 24.Oktober u.s.w., falls keine andere Vertragsabrede stattgefunden hat, beginne[8]. Gröber, Frohme und Stadthagen illustrieren die Nachteile, die hieraus in einzelnen Fällen Dienstboten erwachsen sind, an einer Reihe von Beispielen. Der Antrag wird nach lebhaftem Widerspruch der Regierung durch eine kleine Mehrheit abgelehnt[9]. Frohme und Stadthagen beantragen als §§ 6o7b - 6o7g zum Schutz gegen Trucksystem die §§ 115 bis 119 der Gewerbe-Ordnung auf alle Arbeitskategorien auszudehnen[1o].Der Antrag wird abgelehnt[11].§ 6o8 des Entwurfs

---

5) BERICHT S.45 f.
6) DRUCKSACHE Nr. 44 (s.Nr.25,Anm.9), Ziff. 9.
7) Der Antrag und die Abstimmung sind im BERICHT nicht erwähnt.
8) DRUCKSACHE Nr.38 (Abänderungs-Anträge GRÖBER vom 6.März 1896), Ziff. 2.
9) BERICHT S.47.
1o) DRUCKSACHE Nr. 44 (s.Nr.25,Anm.9), Ziff. 1o.
11) BERICHT S.47.

lautet:

"Kommt der Dienstberechtigte mit der Annahme der Dienste in Verzug, so kann der Verpflichtete für die infolge des Verzuges nicht geleisteten Dienste die vereinbarte Vergütung verlangen, ohne zur Nachleistung verpflichtet zu sein. Er muß sich jedoch den Wert desjenigen anrechnen lassen, was er infolge des Unterbleibens der Dienstleistung erspart oder durch anderweitige Verwendung seiner Dienste erwirbt oder zu erwerben böswillig unterläßt". Diese Bestimmung wird nach Bekämpfung der unterstrichenen[11a] Worte durch Frohme und Stadthagen angenommen[12]. § 609 des Entwurfes lautet:

"Ist die Vergütung nach Zeitabschnitten bemessen, so wird der zur Dienstleistung Verpflichtete des Anspruchs auf die Vergütung nicht dadurch verlustig, daß er für eine verhältnismäßig nicht erhebliche Zeit durch einen in seiner Person liegenden Grund ohne sein Verschulden an der Dienstleistung verhindert wird. Er muß sich jedoch den Betrag anrechnen lassen, welcher ihm für die Zeit der Verhinderung aus einer aufgrund gesetzlicher Verpflichtung bestehenden Kranken- oder Unfallversicherung zukommt."Stadthagen und Frohme verlangen[13] 1., daß "nach Zeitabschnitten" gestrichen und der Eingang des Paragraphen so gefaßt wird, "der zur Dienstleistung Verpflichtete wird des Anspruchs u.s.w." - dadurch würden die Akkordarbeiter einbezogen werden; 2. Anführung von Beispielen für "nicht erhebliche Zeit" z.B. Militärdienstleistungen; 3.Streichung des zweiten Satzes des § 609, evtl. Einfügung einer Begrenzung des Abzugs auf die vom Arbeitgeber selbst geleisteten Beiträge. Der Antrag 2 wird abgelehnt, desgleichen gegen 1 Stimme Mehrheit Antrag 3. Hingegen findet der Antrag 1 Annahme und ist dadurch unnützen Streitigkeiten bei Akkordarbeiten vorgebeugt[14]. Als § 609a wird von Frohme und Stadthagen sowie von Gröber Aufnahme einer Bestimmung verlangt, die die Krankenversicherungspflicht für Dienstboten herbeiführen, evtl.

11a)Im Original: "gesperrt gedruckten", s.S.CIII der Einführung.
12) DRUCKSACHE Nr.44, Ziff. 12; BERICHT S.47.
13) DRUCKSACHE Nr.44, Ziff. 13.
14) BERICHT S.47.

die Last in Krankheitsfällen der Herrschaft aufgelegt wissen will[15]. Die sehr eingehende Debatte zeigt, daß Dienstboten in Krankheitsfällen insbesondere in Preußen fast schutzlos sind und daß hier eine klaffende Lücke besteht. Es gelangt schließlich vorbehaltlich redaktioneller Änderungen folgender Antrag zur Annahme, der der nassauischen Gesindeordnung von 1819 nachgebildet ist: "Erkrankt ein zu Dienstleistungen im Haushalt oder Wirtschaftsbetriebe Verpflichteter, so hat ihm der Dienstberechtigte, falls der zu Diensten Verpflichtete nicht einer auf gesetzlichen Vorschriften beruhenden Krankenkasse angehört, auf die Dauer von sechs Wochen freie Kur oder Verpflegung in einem Krankenhause zu gewähren, es sei denn, daß die Erkrankung auf Vorsatz oder grober Fahrlässigkeit des Verpflichteten beruht. Der für die Dauer der Erkrankung fällige Lohn kann auf die Kosten der Kur oder Verpflegung aufgerechnet werden"[16]. Aufhebung der Prügelparagraphen der Gesinde-Ordnungen verlangen weitere Anträge unserer Abgeordneten sowie des Abg. Gröber [17]. Die ersteren wollen auch die allgemeine Unzulässigkeit von Strafgelderhebung aussprechen, können mit diesem Bestreben aber nicht durchdringen. Die Konservativen wollen das Züchtigungsrecht für Dienstboten unter 16 Jahren bestehen lassen[18]. Ihr Antrag wird abgelehnt[19] und nach eingehender Darlegung der für unser Jahrhundert schmachvollen Bestimmungen vieler Gesindeordnungen, welche dem Dienstherrn ein Züchtigungsrecht einräumen oder dem gleichstehend, dem geschlagenen Gesinde das Klagerecht absprechen, folgender Antrag angenommen: "Eine Züchtigung des zur Dienstleistung Verpflichteten steht dem Dienstberechtigten nicht zu"[2o].

15) DRUCKSACHE Nr.44, Ziff. 13, Abs. 2;DRUCKSACHE Nr.38 (s. Anm.8).Ziff. 3.
16) BERICHT S.47 f.
17) DRUCKSACHE Nr.44, Ziff. 17; DRUCKSACHE Nr.35 (s.Nr.24,Anm. 15), Ziff. 8.
18) DRUCKSACHE Nr. 51 (Abänderungs-Antrag v. BUCHKA.HIMBURG. Frhr.v.MALTZAHN vom 11.März 1896).
19) Nach einer handschriftlichen Notiz von GEBHARD auf der Drucksache Nr. 51 wurde der Antrag zurückgezogen. Hierfür spricht, daß er im Kommissionsbericht nicht erwähnt ist.
2o) Als Art.95 Abs.2 EG angenommen (in der endgültigen Gesetzesfassung Art.95 Abs.3 EGBGB).

Gegen den Antrag fanden sich nur 2 Stimmen. Eine Regelung der "väterlichen Zucht" des Lehrherrn soll im Familienrecht vorgenommen werden. § 61o des Entwurfs lautet:

"Der Dienstberechtigte ist verpflichtet, Räume, Vorrichtungen oder Gerätschaften, die er zur Verrichtung der Dienste zu beschaffen hat, so einzurichten und zu unterhalten und Dienstleistungen, die unter seiner Anordnung oder seiner Leistung vorzunehmen sind, so zu regeln, daß der zur Dienstleistung Verpflichtete gegen Gefahr für Leben und Gesundheit so weit geschützt ist, als die Natur der Dienstleistung es gestattet. Erfüllt er diese Verpflichtung nicht, so hat er, wenn ihm ein Verschulden zur Last fällt, den daraus entstehenden Schaden zu ersetzen. Die für den Schadensersatz wegen unerlaubter Handlungen geltenden Vorschriften der §§ 826-83o finden entsprechende Anwendung. Die Verpflichtung des Dienstberechtigten kann nicht im voraus durch Vertrag aufgehoben oder beschränkt werden."

Unsere Vertreter beantragen, die Bestimmung auch auf Wohn- und Schlafräume und zum Aufenthalt während der Pausen bestimmte Räume auszudehnen, ferner die unterstrichenen[2oa] Worte zu streichen und, dem § 12ob Gewerbe-Ordnung entsprechend, besondere Fürsorge für alle Arbeiter unter 18 Jahren zu treffen[21]. Abg. Gröber beantragt, dem Satz 1 des § 6o9 zuzufügen: "Bei Dienstleistungen in dem Haushalt oder der Wirtschaft des Dienstberechtigten erstreckt sich diese Verpflichtung auf die zum Schutze der Gesundheit, Sittlichkeit und Religion des Dienstverpflichteten erforderliche Einrichtung der Wohn- und Schlafräume, der Nahrung, Bekleidung und Verpflegung, der Arbeits- und Erholungszeit"[22]. Nachdem die Regierungsvertreter zugegeben hatten, daß auch ohne ausdrückliche Anerkennung eine Schadensersatzpflicht bestehe, falls der Dienstberechtigte der im

---

2oa) Im Original: "gesperrt gedruckten"; s.S.CIII der Einführung.
21) DRUCKSACHE Nr.44 (s.Nr.25, Anm.9), Ziff. 14,15.
22) DRUCKSACHE Nr.35 (s.Nr.24, Anm.15), Ziff.7.

§ 61o ausgedrückten, aber auch ohne diese Bestimmung nach richtiger Ansicht bestehenden Vertragspflicht zuwiderhandele, und nachdem regierungsseitig hervorgehoben war, die unterstrichenen[22a] Worte wollten keine Änderung an den allgemeinen Schadensersatzregeln und keine Abwälzung der Beweislast auf die Schultern des Arbeiters herbeiführen - wird unter Ablehnung der weitergehenden Anträge § 61o und der Antrag Gröber angenommen[23]. - Die nächste Sitzung findet am Dienstag[24] statt.
(...)

22a) S.Anm.2oa.
23) BERICHT S.48.
24) 17.März 1896.

Nr.28

VORWÄRTS - Berliner Volksblatt
13.Jg (1896) - Nr. 66 v.18.März, 1.Beilage S.1

[Beratungen der Reichstagskommission: Dienstvertrag (Fortsetzung)]

(Parlamentarisches.)

Aus der Kommission für das Bürgerliche Gesetzbuch. In der Sitzung am Dienstag[1] wurde die Beratung über die den "Dienst-

1)17.März 1896.

vertrag" betreffenden Bestimmungen fortgesetzt. § 611 des Entwurfs bestimmt: "Das Dienstverhältnis endigt mit dem Ablaufe der Zeit, für die es eingegangen ist. Ist das Dienstverhältnis nicht für bestimmte Zeit eingegangen und ergibt sich die Dauer auch nicht aus dem Zwecke der Dienste, so kann jeder Teil das Dienstverhältnis nach Maßgabe der §§ 612 bis 614 kündigen." Durch die Diskussion wurde klargestellt, daß auch Akkordarbeit zu den in § 611 gedachten Diensten gehören soll. Frohme und Stadthagen beantragten als neue Bestimmung folgende einzuschalten: "Ist der Lohn nach der tatsächlich erfolgten Leistung bemessen, so kann das Arbeitsverhältnis auch dann erst mit Fertigstellung des Stücks oder der Stücke, deren Herstellung vereinbart ist, aufgehoben werden, wenn zwischen Arbeitgeber und Arbeitnehmer der Ausschluß jeglicher Kündigungsfrist vereinbart ist"[2]. Der Antrag würde viele Differenzen bei Akkordarbeit beseitigen. Er fiel jedoch nach einer längeren Debatte, aus der hervorzuheben ist, daß die Frage, was Akkordarbeit ist, noch immer von einigen Fachjuristen der Kommission, insbesondere von nationalliberaler Seite, in selten mangelhafter Weise verstanden wird. Aus den Darlegungen der Regierungsvertreter, der Zentrumsvertreter und der sozialdemokratischen Redner ergibt sich indes, daß Akkordarbeitsvertrag nicht als Werkvertrag, sondern wie jeder andere Lohnvertrag aufzufassen ist, und daß auch bei der Akkordarbeit in Wahrheit die Zeit den Gradmesser für die Lohnhöhe bildet. Der Antrag wird abgelehnt[3], der Redaktionskommission jedoch eine klarere Fassung anheimgestellt. Frohme und Stadthagen beantragen ferner im Anschluß an § 122 Gewerbe-Ordnung für alle Arbeitsverträge folgende Bestimmungen, die die Gleichheit der Kündigungsfristen für alle Arbeitgeber und Arbeitnehmer einführen soll: "Das Arbeitsverhältnis zwischen Arbeitgeber und Arbeitnehmer kann, wenn nicht ein anderes verabredet ist,durch eine jedem Teil freistehende, 14 Tage vorher erklärte Aufkündigung aufgelöst werden. Werden andere Aufkündigungsfristen

---

2) DRUCKSACHE Nr.49 (s.Nr.25, Anm.8), Ziff. 3.
3) BERICHT S.49.

vereinbart, so müssen sie für beide Teile gleich sein. Vereinbarungen, welche dieser Bestimmung zuwiderlaufen, sind nichtig"[4]. Der unterstrichene[4a] Teil wird von mehreren ultramontanen Rednern unterstützt, fällt aber gegen 7 Stimmen, weil die Freisinnigen, die Antisemiten, die Nationalliberalen und Konservativen vor dieser Einengung der Vertragsfreiheit zugunsten des wirtschaftlich Schwachen zurückschauern[5]. Die Kündigungsfristen werden dann entsprechend dem Entwurf wie folgt gestaltet: § 612: "Ist die Vergütung nach Tagen bemessen, so ist die Kündigung an jedem Tage für den folgenden Tag zulässig. Ist die Vergütung nach Wochen bemessen, so ist die Kündigung nur für den Schluß einer Kalenderwoche zulässig; Sie hat spätestens am ersten Werktage der Woche zu erfolgen. Ist die Vergütung nach Monaten bemessen, so ist die Kündigung nur für den Schluß eines Kalendermonats zulässig; sie hat spätestens am Fünfzehnten des Monats zu erfolgen. Ist die Vergütung nach Vierteljahren oder längeren Zeitabschnitten bemessen, so ist die Kündigung nur für den Schluß eines Kalendervierteljahres und nur unter Einhaltung einer Kündigungsfrist von sechs Wochen zulässig." § 613: "Das Dienstverhältnis der mit festen Bezügen zur Leistung von Diensten Angestellten, deren Erwerbstätigkeit durch das Dienstverhältnis vollständig oder hauptsächlich in Anspruch genommen wird, insbesondere der Lehrer, Erzieher, Privatbeamten, Gesellschafterinnen kann nur für den Schluß eines Kalendervierteljahres und nur unter Einhaltung einer Kündigungsfrist von sechs Wochen gekündigt werden, auch wenn die Vergütung nach kürzeren Zeitabschnitten als Vierteljahren bemessen ist. § 614: "Ist die Vergütung nicht nach Zeitabschnitten bemessen, so kann das Dienstverhältnis jederzeit gekündigt werden; bei einem die Erwerbstätigkeit des Verpflichteten vollständig oder hauptsächlich in Anspruch nehmenden Dienstverhältnis ist jedoch eine Kündigungsfrist von zwei Wochen einzuhalten." Zu erwähnen ist, daß einem Wunsche von Schriftstellern entsprechend der Abg. Bachem beantragte,

4)DRUCKSACHE Nr.49, Ziff.4.
4a) Im Original "gesperrt gedruckte";s.S.CIII der Einführung.
5) BERICHT S.49.

die Schriftleiter und Schriftsteller (Redakteure) den "Gesellschafterinnen" in § 613 anzugliedern. Dieser Antrag fiel,nachdem ein Teil Redakteure u.s.w. als Betriebsbeamter i.S. der Gewerbeordnung, der andere Teil sie als Handlungsgehilfen eines Verlagsgeschäftes schon jetzt der in § 613 ausgesprochenen Kündigungsfrist unterworfen sehen wollte, alle Mitglieder aber dahin sich aussprachen, daß - mag des Redakteurs Tätigkeit juristisch wie immer zu konstruieren sein - die in § 613 bestimmte Frist auf ihn auch ohne besondere Hervorhebung zutreffe. § 615 lautet: "Ist das Dienstverhältnis für die Lebenszeit einer Person oder für längere Zeit als 5 Jahre eingegangen, so kann es von dem zur Dienstleistung Verpflichteten nach dem Ablauf von einem Jahre gekündigt werden. Die Kündigungsfrist beträgt 6 Monate. Die Kündigung ist nicht zulässig, wenn der Verpflichtete die Dienste durch einen anderen leisten lassen darf." Der letzte, unterstrichene[5a] Satz würde die Möglichkeit lebenslänglicher Hörigkeitsverhältnisse schaffen. Er ist von Stadthagen bereits im Plenum lebhaft angegriffen[6]. Er wurde in der Kommission einstimmig abgelehnt[7]. Hingegen vermochten Frohme und Stadthagen ihren ferneren Antrag, die Zeitdauer von 5 Jahren in solche von einem Jahr zu verwandeln, nicht durchzusetzen[8]. § 616 des Entwurfs wird unverändert angenommen. Er lautet: "Wird das Dienstverhältnis nach dem Ende der Dienstzeit von dem zur Dienstleistung Verpflichteten mit Wissen des anderen Teils fortgesetzt, so gilt es als auf unbestimmte Zeit verlängert, sofern nicht der andere Teil unverzüglich widerspricht." Als Kündigungsgründe führt der Entwurf keine bestimmten auf, setzt vielmehr in § 617 nur allgemein fest: "Das Dienstverhältnis kann von jedem Teile ohne Einhaltung einer Kündigungsfrist gekündigt werden, wenn ein wichtiger Grund vorliegt." Was "wichtiger Grund" sei, hat hernach das Ermessen des Richters zu entscheiden. Frohme und Stadthagen schlagen statt dessen im Interesse

---

5a) S.Anm.4a.
6) S.Nr. 6, insb. Anm.30 ff.
7) BERICHT S.49.
8) DRUCKSACHE Nr.49, Ziff.7.

einer größeren Rechtssicherheit vor, die Entlassungs-und Austrittsgründe der §§ 123 und 124 der Gewerbe-Ordnung auf alle Arbeitsverhältnisse durch neue Paragraphen 617a,617b,617c zu übertragen und durch folgenden § 617d festzusetzen,wann Entlassungs- oder Austrittsgründe erweitert oder eingeengt werden dürfen:"Die im § 617a(§123 G.-O.)aufgeführten Entlassungsgründe dürfen durch Vertrag nicht vermehrt werden.Die im § 617b(=124 G.-O.)aufgeführten Austrittsgründe dürfen durch Vertrag nicht aufgehoben werden.Eine Vermehrung der Austrittsgründe ist nur zulässig,soweit dadurch das in § 612b ausgesprochene Verbot (der Gleichheit der Kündigungsfristen) nicht verletzt wird.Die Aufhebung des in § 617c(= § 174a G.-O.)zum Ausdruck gebrachten Auflösungsgrundes für nur einen Teil ist unzulässig,für beide Teile soweit unzulässig,als eine dahin gehende Vereinbarung wider die guten Sitten verstoßen würde[9]." Das Prinzip des Entwurfs gelangt nach längerer Debatte durch Annahme des § 617 und Ablehnung der Vorschläge unserer Genossen zu Annahme.Die Regierung erklärt jedoch ausdrücklich zuvor,daß die Bestimmungen der Gewerbeordnung über Entlassungs- und Austrittsgründe durch § 617 des Entwurfs nicht betroffen werden[10].Ein Antrag des Abg.Gröber,als § 617a einzufügen:"Ist für Dienstleistungen im Haushalt oder in der Wirtschaft die Vergütung nach Halbjahren oder längeren Zeitabschnitten bemessen,so kann der Dienstberechtigte ein Drittel der Vergütung bis zum Schlusse der Dienstzeit einbehalten",fällt gegen die Stimmen der Konservativen und einiger Zentrumsabgeordneten[11].Letztere stimmten,wie Abg.Gröber,nicht deshalb dafür,weil sie seinen Inhalt billigten,sondern weil sie hofften, für den Fall der Annahme des § 617a die Bestimmungen des Gesinderechts über Rückführung und Bestrafung aus dem Dienst gegangener Dienstboten eher zu Fall zu bringen.Unsere Genossen vermochten sich dieser Hoffnung nicht anzuschließen und haben deshalb direkt auf die Beseitigung aller feudalen partikularrechtlichen Bestimmungen der Gesindeordnungen gerichtete Anträge gestellt.In der nächsten Sitzung(Mittwoch)[12]werden voraussichtlich die Bestimmungen über den "Dienstvertrag" zu Ende geführt werden.
(...)

---

9) DRUCKSACHE Nr.49,Ziff.9.
1o)BERICHT S.49.
11)DRUCKSACHE Nr.35(s.Nr.24,Anm.16),Ziff.11;BERICHT S.49 f.
12)18.März 1896.

Nr.29

VORWÄRTS - Berliner Volksblatt
13. Jg (1896) - Nr. 67 v. 19.März, 1.Beilage S.2

[Beratungen der Reichstagskommission: Dienstvertrag (Abschluß)- Werkvertrag - Mäklervertrag]

(Parlamentarisches.)

Aus der Kommission für das Bürgerliche Gesetzbuch. In der Sitzung am Mittwoch[1] wurden die Bestimmungen des Entwurfs über den Dienstvertrag durch Annahme der §§ 618 bis 62o zu Ende geführt. §§ 618 bis 62o lauten: § 618. "Hat der zur Dienstleistung Verpflichtete, ohne in einem dauernden Dienstverhältnisse mit festen Bezügen zu stehen, Dienste höherer Art zu leisten, die aufgrund besonderen Vertrauens übertragen zu werden pflegen, so ist die Kündigung auch ohne die in § 617 bezeichnete Voraussetzung zulässig. Der Verpflichtete darf nur in der Art kündigen, daß sich der Dienstberechtigte die Dienste anderweit beschaffen kann, es sei denn, daß ein wichtiger Grund für die unzeitige Kündigung vorliegt. Kündigt er ohne solchen Grund zur Unzeit, so hat er dem Dienstberechtigten den daraus entstehenden Schaden zu ersetzen." - § 619. "Wird nach dem Beginne der Dienstleistung das Dienstverhältnis aufgrund

1)18.März 1896.

des § 617 oder des § 618 gekündigt, so kann der Verpflichtete einen seinen bisherigen Leistungen entsprechenden Teil der Vergütung verlangen. Kündigt er, ohne durch vertragswidriges Verhalten des anderen Teils dazu veranlaßt zu sein, oder veranlaßt er durch sein vertragswidriges Verhalten die Kündigung des anderen Teils, so steht ihm ein Anspruch auf die Vergütung insoweit nicht zu, als seine bisherigen Leistungen infolge der Kündigung für den anderen Teil kein Interesse haben. Ist die Vergütung für eine spätere Zeit im voraus entrichtet, so hat der Verpflichtete sie nach Maßgabe des § 342, oder, wenn die Kündigung wegen eines Umstandes erfolgt,den er nicht zu vertreten hat, nach den Vorschriften über die Herausgabe einer ungerechtfertigten Bereicherung zurückzuerstatten. Wird die Kündigung durch vertragswidriges Verhalten des anderen Teiles veranlaßt, so ist dieser zum Ersatze des durch die Aufhebung des Dienstverhältnisses entstehenden Schadens verpflichtet." § 62o."Bei der Beendigung eines dauernden Dienstverhältnisses kann der zur Dienstleistung Verpflichtete von dem andern Teile ein schriftliches Zeugnis über das Dienstverhältnis und dessen Dauer fordern. Das Zeugnis ist auf Verlangen auf die Leistungen und die Führung im Dienste zu erstrecken."Frohme und Stadthagen beantragten, den § 62o dahin zu erweitern, daß bereits von der Kündigung ab das Zeugnis ausgestellt werden solle und daß eine Verpflichtung des Arbeitgebers aufgenommen werde, dem Arbeitnehmer auf Verlangen eine angemessene Zeit zum Aufsuchen von Arbeitsgelegenheit zu gewähren[2]. Beide Anträge wurden jedoch abgelehnt, vom Vertreter der Regierung aber anerkannt, daß die Gewährung von Zeit zum Aufsuchen von Arbeitsgelegenheit aus der allgemeinen Vertragspflicht des Arbeitgebers folgt[3]. Ein weitergehender Antrag, klar auszusprechen, daß eine Rückführung in das Arbeitsverhältnis oder ein Zwang zur Wiederaufnahme eines Dienstes für unzulässig und lediglich ein Schadensersatzanspruch für den Fall unrechtmäßiger Auflösung des Arbeitsverhältnisses für zulässig erklärt werde, wurde abgelehnt![4]Gleichfalls fiel der Antrag, den Art.95 des Einführungsgesetzes aufzuheben und damit sämtliche Gesindeordnungen

---

2) DRUCKSACHE Nr.49 (s.Nr.25,Anm.8), Ziff.13.
3) BERICHT S.5o.
4) DRUCKSACHE Nr.49,Ziff.12.

zu beseitigen. Ausdrücklich soll aber in Art.95 ausgesprochen werden, daß das Züchtigungsrecht gegenüber dem Gesinde aufgehoben ist. Der Antrag, das gleiche bezüglich der Seeleute klar auszusprechen, wurde bis zur zweiten Lesung zurückgestellt, nachdem der Staatssekretär erklärt hatte, daß eine Änderung der Seemannsordnung in nicht zu ferner Aussicht stehe. Allseitig anerkannt wurde, daß das insbesondere vom Hamburger Landgericht in die Seemannsordnung hineingelesene Züchtigungsrecht in der Seemannsordnung nicht ausgesprochen ist noch hat ausgesprochen werden sollen[6]. - Beim "Werkvertrag" (§§ 621-641) gab § 638, der sich mit der Sicherungshypothek beschäftigt, Anlaß zu einer längeren Debatte[7]. § 638 bestimmt: "Der Unternehmer eines Bauwerks oder eines einzelnen Teils eines Bauwerks kann für seine Forderungen aus dem Vertrage die Einräumung einer Sicherungshypothek an dem Baugrundstücke des Bestellers verlangen. Ist das Werk noch nicht vollendet, so kann er die Einräumung der Sicherungshypothek für einen der geleisteten Arbeit entsprechenden Teil der Vergütung und für die in der Vergütung nicht inbegriffenen Auslagen verlangen". § 638 bietet demnach völlig unzureichenden, ja weit hinter bestehenden deutschen Gesetzgebungen zurückbleibenden Schutz gegen Bauschwindler. Insbesondere enthält er keinerlei Schutz des Arbeiters oder für Lieferanten, wiewohl Baden, die Rheinprovinz, Rheinhessen, Württemberg und Bayern dahin gerichtete Bestimmungen enthalten. Abg. Gröber beantragt deshalb, den ersten Satz des § 638 wie folgt zu fassen: "Der Unternehmer eines Bauwerks oder eines einzelnen Teiles eines Bauwerks, sowie diejenigen, welche Arbeiten für das Bauwerk ausgeführt oder Waren für das Bauwerk geliefert haben, können für die Forderungen aus dem Vertrage die Einräumung einer Hypothek an dem Baugrundstück des Bestellers verlangen[8]". Ferner beantragte Abg. Gröber: zum § 638 die Voraussetzung auszusprechen, "daß in dem Gesetz über die Zwangsvollstreckung in das unbewegliche Vermögen für die in § 638 bezeichneten Forderungen ein Vorzugsrecht vor den voreingetragenen Hypotheken in Höhe der Wert-

---

6) BERICHT S.51
7) BERICHT S.51 f.
8) DRUCKSACHE Nr.35 (s.Nr.24,Anm.14), Ziff. 14.

steigerung des Grundstücks aufgenommen werde[9]". Beide Anträge werden abgelehnt[10]. Frohme und Stadthagen hatten zur Regelung dieser brennenden Frage die Aufnahme folgender Bestimmung beantragt: "Ist die Arbeitskraft zugunsten einer unbeweglichen Sache verwendet, so haftet diese für Berichtigung des Arbeitslohns. Die Haftung erlischt, wenn der Arbeitnehmer seine Forderung nicht innerhalb eines Jahres nach Ablauf des Arbeitsverhältnisses gerichtlich geltend gemacht hat. Der Arbeitgeber und jeder Dritte kann die Haftung der unbeweglichen Sache durch Sicherheitsleistung in Höhe des Arbeitslohnes aufheben. Der Arbeitnehmer ist, falls Berichtigung seines Lohnes erfolgt oder Sicherheitsleistung eingetreten ist, verpflichtet, auf Verlangen und Kosten des Arbeitgebers oder eines beteiligten Dritten eine notariell oder gerichtlich beglaubigte Urkunde dahin auszustellen, daß ihm Rechte an der unbeweglichen Sache wegen seines Arbeitslohnes nicht zustehen[11]". Sie führten zur Begründung ihres Antrages aus, daß es nötig ist, das Prinzip festzulegen, daß derjenige, der Nutzen von der Arbeit eines andern hat, und nicht der Arbeiter, der seine Arbeitskraft verwendet hat, das Risiko für Bauschwindeleien etc. zu tragen habe. Sämtliche gegen Bauschwindler gerichtete Anträge finden jedoch, weil die Nationlliberalen mit der Regierung betonten, die Sache müsse durch ein Spezialgesetz geregelt werden, nicht genügende Unterstützung[12]. Unsere Genossen werden dieselbe Frage bei Gelegenheit der Beratungen über die Bestimmungen, betreffend ungerechtfertigte Bereicherung und beim Hypothekenrecht, eventuell im Plenum wieder in Anregung bringen. Vertröstungen, daß Spezialgesetze kommen würden, schenken sie kein Vertrauen. Die nächste Sitzung findet am Donnerstag[13] statt. Sie beginnt mit Beratung des Mäklervertrags (§§ 642,643). Zum § 642 sind folgende Anträge der Abg. Letocha, Gröber, Lieber und Rembold gestellt: 1."Übernimmt der Makler Aufträge beider Teile zur Vermittlung desselben Geschäfts, bei dem das Interesse der Auftraggeber ent-

9) BERICHT S.52.
10) Ibd.
11) Der Antrag befindet sich nicht in den schriftlichen Kommissions-Drucksachen.
12) Dieser Antrag ist im BERICHT nicht erwähnt.
13) 19. März 1896.

gegenläuft, so verliert er den Anspruch auf Maklerlohn."
2. "Das Versprechen eines Vermögensvorteils für die Nachweisung einer heiratsfähigen Person oder für Vermittlung einer Ehe ist nichtig." Durch Annahme des letzten Antrages würde das berühmte Institut der "Schadchen" und der Geldsack von Zeitungen eine erhebliche Einbuße erleiden, die (wie die"Vossische Zeitung", der "Lokal-Anzeiger" und ähnliche "Heirats-Zeitungen") hauptsächlich Annoncen echter und unechter Schadchen und anderer Vermittler für Geschlechtsverkehr gegen Geld Aufnahme gewähren. Man darf gespannt sein, wie die Vertreter der Regierungen sich diesem Antrage gegenüber verhalten werden.

Nr.3o

VORWÄRTS - Berliner Volksblatt
13.Jg (1896) - Nr.68 v.2o.März, 1.Beilage S.2

[Beratungen der Reichstagskommission: Mäklervertrag, insb. Ehemäklervertrag]

(Parlamentarisches.)

Aus der Kommission für das bürgerliche Gesetzbuch. In der Sitzung am Donnerstag[1] wurden zum Mäklervertrag[2] drei Zusätze beschlossen, deren letzterer insbesondere von erheblicher Tragweite für weite Kreise auch der arbeitenden Bevöl-

1) 19.März 1896.
2) S.§§ 642, 643 E II i.d.F. der Reichstagsvorlage.

kerung sein kann. Zunächst wurde beschlossen, ausdrücklich zu bestimmen, daß eine Vergütung des Mäklers dann nicht einzutreten habe, wenn der Mäkler der erklärten oder aus den Umständen zu entnehmen Absicht desjenigen, der den Mäklerlohn versprochen hat, zuwider auch für den anderen Teil tätig gewesen ist[3]. Ferner wurde folgender Antrag des Abg. Letocha beraten: "Durch das Versprechen eines Vermögensvorteils für die Nachweisung einer heiratsfähigen Person oder für die Vermittlung einer Ehe wird eine Verbindlichkeit nicht begründet. Das aufgrund solchen Versprechens Geleistete kann aber nicht deshalb zurückgefordert werden, weil eine Verbindlichkeit nicht bestanden hat"[4]. Zur Begründung des Antrages wurde von den Abgeordneten Letocha, Stadthagen und Bachem etwa ausgeführt[5]: Der Heiligkeit einer Ehe und der Würde der Frau entspricht es nicht, daß Frau oder Mann wie Waren ausgeboten und als Ehegut verschachert werden. Die aus solchem Menschenschacher entstehenden Prozesse förderten wunderbare Einzelheiten zutage, die von einer besonderen Niedrigkeit der Gesinnung Wohlhabender Zeugnis ablegten. Einen widerlichen Eindruck machen die Annoncen, wie sie in dem "Lokal-Anzeiger", der "Kreuzzeitung", der "Heiratszeitung" und dergleichen sich vorfinden: in ihnen werden von Juden und Christen, von Beamten, Offizieren, Industriellen, Gutsbesitzern u.s.w. Ehehälften beiderlei Geschlechts mit den verschiedensten angeblichen Eigenschaften empfohlen und gesucht. Dieselben Annoncen dienten, wie männiglich bekannt, zur Beförderung des außerehelichen Geschlechtsverkehrs. Anständige Zeitungen, vor allem Arbeiterzeitungen, nähmen solche Sorte Annoncen nicht auf. Daß man in der Aufnahme sehr berechtigter Zeitungsnotizen zur Wahrung der Rechte der Arbeiter "groben Unfug" gefunden habe, in dem Fleischmarkt gewisser Blätter aber nichts die Anstandsinteressen verletzendes erblicke, müsse überraschen. Das Ausbieten von Menschenfleisch zu ehelichem oder außerehelichem Genuß sei verwerflich, desgleichen die Zahlung für Zuführung desselben. Einen gleichen Standpunkt nehme das sächsische Gesetzbuch ein, das im § 1259 Heiratsvermittlungs-Vergütungen für nichtig erklärt[6]. Ein ähnliches Resultat

---

3) BERICHT S.52.
4) DRUCKSACHE Nr.52(Abänderungs-Anträge LETOCHA.GRÖBER.LIEBER.REMBOLD v.16.März 1896).
5) BERICHT S.53.

habe im rheinischen, badischen und rheinhessischen Gebiet Art. 1133 des code civil, beziehentlich des badischen Landrechts gezeitigt. Dieser Artikel bestimmt, daß Verträge gegen die "guten Sitten" oder gegen die "öffentliche Ordnung" nichtig seien. Demgemäß hat in sehr vielen Fällen das Oberlandesgericht zu Köln und das Oberlandesgericht zu Karlsruhe Forderungen für Heiratsvermittlungen für unklagbar erachtet. Allerdings das Reichsgericht hat anders entschieden. Das Reichsgericht nahm an: die Vermittlung der Ehe ist als Herbeiführung eines durchaus erlaubten Vertrages an sich nichts moralisch verwerfliches und der Ehemäklerlohn klagbar, wenn sich auch der Vermittler zur Herbeiführung seines Zwecks unerlaubter Mittel (doloser Vorspiegelungen über die Vermögensverhältnisse, über körperliche Vorzüge und dergl.) bedient habe[7]! Diese Auffassung dürfe der Gesetzgeber nicht adoptieren. Allerdings würde der Nebenvorteil, die unsittlichen Anerbieten aus den Zeitungen zum Verschwinden zu bringen, durch den gestellten Antrag nicht ganz erreicht, aber doch eine größere Möglichkeit gegeben werden, solchen Schmutzfinken auf die Finger zu klopfen. Das Bürgerliche Gesetzbuch solle seine Hand nicht dazu bieten, daß Weiber und Männer wie Kühe und Ochsen ausgeboten werden. Die Vertreter der Regierung äußerten ihre Sympathie mit dem Antrage, aber hatten insofern Bedenken, als weite Volkskreise, insbesondere Teile der bäuerlichen Bevölkerung, Ehevermittler gegen Entgelt in Anspruch nehmen. Doch die Abgeordneten Vielhaben und Enneccerus stimmten dem Antrage zu. Der Antrag wurde dann einstimmig angenommen[8]. Ferner beantragte Abg. von Dziembowski - Pomian (Pole) folgende Bestimmung aufzunehmen: "Ein unverhältnismäßig hoher Mäklerlohn kann auf Antrag des Schuldners durch Urteil auf den angemesse-

---

6) § 1259 sächsBGB: "Das Versprechen einer Mäklergebühr für die Nachweisung einer heiratsfähigen Person oder für die Vermittlung einer Ehe ist nichtig."

7) So zB RG, Urteil v.13.März 1892 in:Seuff.Arch.48(1893)/Nr. 23 (S.31 ff.) für den Geltungsbereich des gemeinen Rechts; für den Geltungsbereich des französisch-badischen Rechts hatte aber auch das Reichsgericht die Klagbarkeit jedenfalls für den Fall verneint, daß der Mäklerlohn für den Abschluß (also nicht nur: den Nachweis) der Ehe versprochen worden war (s.RG,Urteil v. 7.Januar 189o = RGZ 25/34o ff.)

8) BERICHT S.53.

nen Betrag herabgesetzt werden. Die Rückforderung des Gezahlten ist unzulässig"[9]. Antragsteller und Abg. Bachem exemplifizierten zur Begründung wesentlich auf eine Reihe Fälle im Grundstücksverkehr. Die Abg. Letocha und Stadthagen legten dar, daß insbesondere für das Gebiet der Stellenvermittlung die Annahme des Antrages wünschenswert und notwendig sei. Es sei ja leider fast die Regel geworden, daß auf dem Gebiete des Arbeitsmarktes, mag es sich um Gesindeverhältnisse, mag es sich um gewerbliche oder kaufmännische Angestellte handeln, die Vermittler, Agenten u.dgl. unverschämt hohe Preise nähmen. Insbesondere ländliche Arbeiter, städtisches Gesinde, Kellner, Kellnerinnen, Artisten, Schauspieler, Schauspielerinnen,Handlungsgehilfen und Seeleute werden oft für die ganze Dauer des Arbeits-Verhältnisses tributpflichtig gemacht, hätten oft 2,5,1o% des Gehalts oder Lohnes, ja noch mehr für die gesamte Dauer des Arbeits-Verhältnisses zu zahlen. Der Trost der Regierungsvertreter, daß dann strafbarer Wucher vorliege,nütze nichts; in der Wirklichkeit müssen diese Opfer bluten und werde der blutgierige Vampir in seiner Ausbeutungsmöglichkeit durch Urteil geschützt. Ebenso wie bei der Konventionalstrafe müssen auch hier dem Richter das Recht der Ermäßigung gegeben werden, das ja übrigens in der Rechtsanwaltsordnung Anwälten gegenüber bereits anerkannt sei. Auch dieser Antrag gelangte zur einstimmigen Annahme[1o]. Ohne erhebliche Debatte gelangen sodann die §§ 644-688 des Entwurfs (Auslobung, Auftrag, Geschäftsführung ohne Auftrag und Hinterlegungsantrag) zur Annahme. Die nächste Sitzung findet am Freitag[11] statt.

---

9) DRUCKSACHE Nr.38 (s.Nr.27,Anm.8), Ziff.6.
1o) BERICHT S.52/53.
11) 2o.März 1896.

Nr.31

VORWÄRTS - Berliner Volksblatt
13. Jg (1896) - Nr.69 v.21.März, 1.Beilage S.2

[Beratungen der Reichstagskommission: Einbringung von Sachen bei Gastwirten - Differenzgeschäfte - Bürgschaft - Schuldversprechen und Schuldanerkenntnis]

(Parlamentarisches.)
(.....)

Aus der Freitagssitzung[1] der Kommission für das Bürgerliche Gesetzbuch. Zu §§ 688-691 (Einbringung von Sachen bei Gastwirten) beantragte Abg. Kauffmann in Übereinstimmung mit einer Petition des Vereins Berliner Gasthofsbesitzer einen Zusatz, durch den die Haftung des Gastwirts für die Effekten und Kostbarkeiten des Gastes für den Fall ausgeschlossen wird, daß der Gast selbst die Vorsichtsmaßregeln außer acht gelassen hat, die zur Sicherung seines Eigentums erforderlich waren[2]. Der Antrag wird abgelehnt, weil aus den allgemeinen Bestimmungen des Entwurfs (§ 248) das schon ohne weiteres folgt, was der Antrag bezweckt[3]. - §§ 692-745 (Gesellschaft und Gemeinschaft) sind bereits durch die früher bei Gestaltung der juristischen Persönlichkeit der Vereine gefaßten Beschlüs-

1) 2o.März 1896.
2) DRUCKSACHE Nr. 57 (Abänderungs-Antrag KAUFFMANN vom 19. März 1896).
3) BERICHT S.53/54.

se erledigt. - §§ 746 und 747 (Leibrentenvertrag) und §§ 748, 749 (Spiel und Wette) werden dem Entwurf entsprechend angenommen. Als § 749a schlägt Abg. Gröber folgenden Antrag vor,um den Differenzgeschäften die Klagbarkeit zu nehmen: "Wird ein auf Lieferung von Waren oder Wertpapieren lautender Vertrag in der Absicht geschlossen, daß der Unterschied zwischen dem im Vertrag angenommenen Preise der Sache und dem zu einer festbestimmten Zeit geltenden Marktpreise oder Kurse derselben von dem verlierenden Teil an den gewinnenden gezahlt werden soll, so wird eine Verbindlichkeit selbst dann nicht begründet,wenn das Geschäft nur für den einen Teil ein Spiel ist, der andere Teil aber dies weiß oder wissen muß[4]. Gegen den Antrag, mit dessen Inhalt und Tendenz alle Mitglieder einverstanden sind, wenden die Nationalliberalen und Regierungsvertreter ein, daß das Börsengesetz in der Geburt begriffen sei. Die Abg.Gröber, Bachem, Stadthagen und Vielhaben halten diesen Einwand für unzutreffend. Wie das Börsengesetz gestaltet werde, lasse sich noch nicht absehen, es treffe auch nur Bestimmungen über Börsen-Differenzgeschäfte. Auch anderwärts kämen Differenzgeschäfte vor, die in einem Teile Deutschlands als klaglose Spiele, im anderen als klagbare Geschäfte erachtet werden.Der Antrag wird sodann - unter Vorbehalt einer anderen Fassung durch die Redaktionskommission - mit großer Mehrheit angenommen[5]. Sodann gelangen Anträge zur Annahme, die entgegen dem Vorschlag des Entwurfs für die Bürgschaftserklärung und für die Bestellung einer Leibrente die Schriftform festsetzen[6] Hingegen werden die Anträge, das vom Entwurf zugelassene abstrakte schriftliche Schuldversprechen und Schuldanerkenntnis zu streichen, gegen die Stimmen einiger Zentrums-Abgeordneter, der Sozialdemokraten und des Antisemiten angenommen[7].Dadurch ist dem geriebenen Gauner ein für fast ganz Deutschland neues Mittel gegeben, Geschäftsunkundige ohne einen anderen Ver-

---

4) DRUCKSACHE Nr.46 (Abänderungs-Anträge GRÖBER v.9.März 1896), Ziff.1.
5) BERICHT S.55.
6) Ibd. - Die Anträge waren eingebracht worden von v.CUNY (s. DRUCKSACHE Nr.48, Abänderungs-Antrag v.10.Mäzr 1896) sowie von KAUFFMANN und MUNCKEL (s.DRUCKSACHE Nr.43, Abänderungs-Antrag v.7.März 1896).
7) A.a.O. S.56.

pflichtungsgrund als den, daß sie unterschrieben haben, gültig zu verpflichten. Insbesondere ist der Wucherei Tür und Tor noch mehr als bislang geöffnet. Die weiteren Beratungen bis § 795 boten nichts Vermeldenswertes. Die nächste Sitzung findet Montag[8] statt.

---

8) 23.März 1896.

Nr.32

VORWÄRTS - Berliner Volksblatt
13.Jg (1896) - Nr.74 v.27.März, 1.Beilage S.1

[Beratungen der Reichstagskommission: Ungerechtfertigte Bereicherung - unerlaubte Handlungen]

(Parlamentarisches.)

Aus der Kommission für das Bürgerliche Gesetzbuch. Die Lohnschwindelei, insbesondere auf dem Gebiet der Bau- und der Konfektionsindustrie, würde erheblich vermindert werden, wenn der Satz gesetzliche Anerkennung erlangt, daß jeder, der einen Nutzen von der Arbeitskraft eines anderen hat, für Zahlung des Arbeitslohnes hafte. Eine ähnliche Bestimmung enthält das Binnenschiffergesetz, das Fracht und Schiff für den Lohn des Schiffsknechts haften läßt[1]. Die Kommission hatte bei Gelegenheit der Beratung über den Dienstvertrag einen Antrag unserer Genossen Frohme und Stadthagen, der diesen Grundsatz allgemein aussprach[2], für recht beachtenswert erklärt, aber gemeint,

---

1) S.§ 1o2 Ziff. 2 des Gesetzes, betreffend die privatrechtlichen Verhältnisse der Binnenschiffahrt vom 15.Juni 1895 (RGBl. S.3o1 ff.).
2) S.Nr.25,Anm.9 (Drucksache Nr.44,Ziff.7).

er sei zu allgemein gehalten und dürfte besser bei der Materie über ungerechtfertigte Bereicherung erledigt werden. Stadthagen und Frohme nahmen den Antrag deshalb bei § 796 des Entwurfs wieder auf[3]. § 796 des Entwurfs lautet: "Wer durch die Leistung eines andern oder in sonstiger Weise auf dessen Kosten etwas ohne rechtlichen Grund erlangt, ist ihm zur Herausgabe verpflichtet. Die Verpflichtung besteht auch dann, wenn der rechtliche Grund später wegfällt oder der mit einer Leistung nach dem Inhalt des Rechtsgeschäfts bezweckte Erfolg nicht eintritt. Als Leistung gilt auch die durch Vertrag erfolgte Anerkennung des Bestehens oder Nichtbestehens eines Schuldverhältnisses." § 796 gibt somit lediglich einen Teil des altrömischen Rechts aus der Sklavenwirtschaftsperiode wieder. Daß das römische Recht, das den Verkauf der Arbeitskraft an Dritte als Massenvertrag nicht kannte, nur an Herausgabe von Sachen bei der Frage wegen ungerechtfertigter Bereicherung dachte, ist natürlich: die "Arbeitskraft" als Ware eines rechtlich Freien ist erst für unsere Wirtschaftsperiode von großer Bedeutung geworden. Die Rechtsprechung der Gewerbegerichte hat auch ohne besondere Bestimmung z.B. den Baugeldgeber für verpflichtet erachtet, den Lohn des Arbeiters, der mit einem vermögenslosen Bauschwindler kontrahiert hat, seine Arbeitskraft aber in dem Nutzen des Geldmannes verwertet hat, zu bezahlen. Anderer Ansicht blieben viele formalistisch urteilende "gelehrte" Gerichte. Man darf von einem neuen Bürgerlichen Gesetzbuch erwarten, daß es der Lohnschwindelei wenigstens soweit entgegentritt, daß es den Baugeldgeber, der durch die Arbeit des vom Bauschwindler begaunerten Maurers bereichert wird, für Zahlung des Lohnes haften läßt. Aber weit gefehlt - sowohl der allgemeine oben skizzierte Antrag unserer Genossen, wie der eventuelle: dem § 796 Satz 2 zuzusetzen: "sowie die aufgrund eines Vertrages mit einem andern erfolgte Arbeitskraft in dem Nutzen des Bereicherten" wurden von der Kommission am Montag abgelehnt[4]. Es ist wohl selbstverständlich, daß beide Anträge in der zweiten Lesung der Kommission und eventuell

3) BERICHT S.56.
4) Ibd.

im Plenum wiederholt werden.

"Unerlaubte Handlungen" ist die Überschrift des letzten Abschnitts im Obligationenrecht des Entwurfs für das Bürgerliche Gesetzbuch[4a]. Die drei ersten Paragraphen dieses Abschnitts (§§ 8o7-8o9) enthalten die wesentlichsten Bestimmungen darüber, was der Gesetzgeber für zu schützende Güter hält. Die drei Paragraphen lauten:

§ 8o7. "Wer vorsätzlich oder fahrlässig das Leben, den Körper, die Gesundheit, die Freiheit, das Eigentum oder ein sonstiges Recht eines anderen widerrechtlich verletzt, ist dem anderen zum Ersatze des daraus entstehenden Schadens verpflichtet. Die gleiche Verpflichtung trifft denjenigen, welcher gegen ein den Schutz eines anderen bezweckendes Gesetz verstößt. Ist nach dem Inhalte des Gesetzes ein Verstoß gegen dieses auch ohne Verschulden möglich, so tritt die Ersatzpflicht nur im Falle des Verschuldens ein."

§ 8o8. "Wer der Wahrheit zuwider eine Tatsache behauptet oder verbreitet, die geeignet ist, den Kredit eines anderen zu gefährden oder sonstige Nachteile für dessen Erwerb oder Fortkommen herbeizuführen, hat dem andern den daraus entstehenden Schaden auch dann zu ersetzen, wenn er die Unwahrheit zwar nicht kennt, aber kennen muß. Durch eine Mitteilung, deren Unwahrheit dem Mitteilenden unbekannt ist, wird dieser nicht zum Schadensersatze verpflichtet, wenn er oder der Empfänger der Mitteilung an ihr ein berechtigtes Interesse hat."

§ 8o9 "Wer eine Frauensperson durch Anwendung hinterlistiger Kunstgriffe zur Gestattung der außerehelichen Beiwohnung verleitet, ist ihr zum Ersatze des daraus entstehenden Schadens verpflichtet."

Demnach ist nur das Leben, der Körper, die Gesundheit, die Freiheit und das Eigentum als ein zu schützendes Gut vom Entwurf erachtet, die Ehre und Sittlichkeit nur in den sehr bescheidenen Grenzen der §§ 8o8 und 8o9. Auch schweigt der Entwurf von der "Arbeitskraft" als einem zu schützenden Gut. In der Kommission wurde am Dienstag von Frohme und Stadthagen begehrt, daß auch Arbeitskraft, Ehre und Sittlichkeit, vom Abg. Gröber, daß wenigstens Ehre und Sittlichkeit im § 8o7 als

---

4a) Zu den Kommissionsberatungen über die Grundsätze des Deliktrechtes s. WESTHOFF, Entstehung (s.Lit.Verz.); speziell zur Problematik des Verschuldens vgl. a.a.O. S.29 ff., 81 ff.

zu schützende Güter bezeichnet würden[5]. Unsere Genossen konnten ihr auf Einschaltung der "Arbeitskraft" bezügliches Verlangen zurückziehen, nachdem seitens der Regierung betont war, daß in einer Minderung der Arbeitskraft stets auch eine Minderung der Gesundheit zu erblicken sei[6]. Durch diese Erklärung, die im Bericht Aufnahme finden soll, ist dem Begriff "Gesundheit" eine sehr wesentliche, insbesondere für jugendliche Arbeiter erhebliche Ausdehnung gegenüber der bestehenden Praxis gegeben. Die Einschaltung der "Ehre und Sittlichkeit" wurde nach mehrstündiger Debatte leider abgelehnt. Es wurde nur erreicht, daß im § 8o9 hinter Kunstgriffe eingeschaltet wurde: "oder unter Mißbrauch seiner Stellung als Arbeitgeber u.dgl."[7]. Der fernere Versuch unserer Genossen, aus § 8o7 die Worte "vorsätzlich oder fahrlässig" zu streichen[8] und damit zu dem deutschrechtlichen Grundsatz zurückzukehren: "wer einen Schaden veranlaßt hat, hat ihn zu ersetzen", wurde abgelehnt[9]. Desgleichen fielen ihre Anträge, statt "verletzt" im § 8o7 zu setzen: "verletzt oder beschädigt" und "widerrechtlich" sowie den letzten Satz des § 8o7 zu streichen[1o].- § 81o des Entwurfs lautet:

§ 81o. "Wer durch eine Handlung, die er nicht in Ausübung des ihm zustehenden Rechtes vornimmt, in einer gegen die guten Sitten verstoßenden Weise einem anderen vorsätzlich Schaden zufügt, ist dem anderen zum Ersatze des Schadens verpflichtet."

Abg. Gröber beantragte, die unterstrichenen[1oa] Worte zu streichen und ein allgemeines Schikaneverbot dahin aufzunehmen, daß ein Recht nicht nur zur Belästigung eines Dritten ausgeübt werden dürfe[11]. Nach außerordentlich langer Debatte

---

5) DRUCKSACHE Nr.61(Abänderungs-Anträge STADTHAGEN v.23.März 1896),Ziff.I;DRUCKSACHE Nr.46 (Abänderungs-Anträge GRÖBER v.9.März 1896), Ziff. 6.
6) BERICHT S.57.
7) Ibd.
8) DRUCKSACHE Nr.61 (s.Anm.5)
9) BERICHT S.57.
1o) DRUCKSACHE Nr.61,Ziff.I und II;BERICHT S.57.
1oa) Im Original: "gesperrt gedruckten"; s.S.CIII der Einführung.
11) DRUCKSACHE Nr.46 (s.Anm.5),Ziff.7.

wurden beide Anträge gegen die Stimmen der Freisinnigen und einiger Konservativer angenommen[12]. Die §§ 811 und 812 werden ohne wesentliche Debatte angenommen, aber eine klarere Fassung für § 811 verlangt. Die beiden Paragraphen lauten:

" 811. "Wer im Zustande der Bewußtlosigkeit oder in einem die freie Willensbestimmung ausschließenden Zustande krankhafter Störung der Geistestätigkeit einem anderen Schaden zufügt, ist für den Schaden nicht verantwortlich. Hat er sich durch geistige Getränke oder ähnliche Mittel in einen vorübergehenden Zustand dieser Art versetzt, so ist er für einen Schaden, den er in diesem Zustande widerrechtlich verursacht, in gleicher Weise verantwortlich, wie wenn ihm Fahrlässigkeit zur Last fiele; die Verantwortlichkeit tritt nicht ein, wenn er ohne Verschulden in den Zustand geraten ist."

§ 812. "Wer nicht das siebente Lebensjahr vollendet hat,ist für einen Schaden, den er einem anderen zufügt, nicht verantwortlich. Wer das siebente, aber nicht das achtzehnte Lebensjahr vollendet hat, ist für einen Schaden, den er einem andern zufügt, nicht verantwortlich, wenn er bei der Begehung der schädigenden Handlung nicht die zu Erkenntnis der Verantwortlichkeit erforderliche Einsicht hat. Das gleiche gilt von einem Taubstummen."

Eine längere Debatte begann bei § 813[13]. Dieselbe wurde auf den 14.April vertagt. Die Kommission wird vor Zusammentritt des Plenums am 14. und 15.April Sitzungen abhalten.

In der ersten Sitzung wird voraussichtlich das Obligationenrecht zu Ende beraten werden. Sie wird insofern von größerer Erheblichkeit sein, als in ihr u.a. die Grundsätze über Wildschadensersatz und über den Ersatz der durch Beamte angerichteten Schäden zur Verhandlung kommen wird. -

---

12) BERICHT S.58 sowie S.32 (zu § 22oa).
13) BERICHT S.58 ff.

Nr.33

VORWÄRTS - Berliner Volksblatt
13. Jg (1896) - Nr.75 v. 28.März, S.1

[Leitartikel:] Die Haftung wegen Verletzung einer Amtspflicht nach dem Entwurfe eines bürgerlichen Gesetzbuches.

"Das natürliche Rechtsgefühl und die Würde des Staates erheischen, daß das durch die Organe des Staates begangene Unrecht durch den Staat selbst gesühnt werde." Dieser Satz welcher einer Resolution des neunten deutschen Juristentages entnommen ist[1], kennzeichnet eine Forderung, deren Berechtigung so unbestreitbar ist, und deren Erfüllung daher so selbstverständlich erscheint, daß man glauben sollte, jeder Staat, der darauf Anspruch erhebt, für einen Kultur- und Rechtsstaat zu gelten, müsse es als Ehrensache betrachten, sich zu dieser Pflicht zu bekennen. Und doch ist dies so wenig der Fall,daß es für fast jedes Landesrecht in Deutschland zweifelhaft ist, nicht nur ob und wie weit der Staat für seine Beamten hafte, sondern auch wie weit diese selbst für das Unrecht und den Schaden einzustehen haben, den sie in Ausübung oder in Mißbrauch ihrer Amtsgewalt einem Dritten zugefügt haben. Um so näher lag es für die Kommission zur Ausarbeitung des Entwurfes

1) Es handelt sich nicht um eine Resolution des Juristentages, sondern um eine Wendung aus einem Diskussionsbeitrag des Leipziger Professors GÖTZ während der Beratungen der 1.und 2.Abteilung des Juristentages; s.9.DJT Bd 3,S.51.

eines bürgerlichen Gesetzbuches, eine geeignete Lösung des Problems zu suchen; allein wer in dieser Richtung auf Erfüllung seiner berechtigten Wünsche hoffte, wird sich durch den dem Reichstag vorliegenden Entwurf arg enttäuscht sehen.

Ehe wir jedoch auf die im letzteren enthaltenen Bestimmungen über unser Thema eingehen, wird es sich empfehlen, den Kern dieser ganzen Frage selbst zunächst darzulegen und sodann den Standpunkt zu kennzeichnen, welchen das geltende Recht und im Anschluß hieran die maßgebende Judikatur einnehmen. Dann erst läßt sich beurteilen, welchen Wert das im Entwurfe Gebotene besitzt, und welche Verbesserungen und Ergänzungen man wird verlangen müssen. Noch hat die Kommission des Reichstags, deren Beschlüssen voraussichtlich das Plenum in allen wesentlichen Punkten beitreten wird, zu den einschlägigen Bestimmungen des Entwurfs nicht Stellung genommen, so daß berechtigte Wünsche noch immer auf eine entsprechende Berücksichtigung werden hoffen dürfen. Das Problem selbst besteht darin,daß der Staat verpflichtet sein soll, für allen rechtswidrigen Schaden, welchen seine Beamten im Dienste einem Dritten zugefügt haben, aufzukommen. Die innere Begründung dieses Verlangens ist in dem Umstande zu erblicken, daß der Staat dafür zu sorgen hat, daß die von ihm mit einer Amtsgewalt bekleideten Personen ihren dienstlichen Obliegenheiten sowohl im Hinblick auf ihre Fähigkeiten und Kenntnisse, als auch auf ihre sittlichen Eigenschaften gewachsen seien, um so mehr,als er ja durch seine Gesetze die Bürger zwingt, jenen Beamten unbedingt Folge zu leisten, ihren Verfügungen nachzukommen und ihre Entscheidungen über sich ergehen zu lassen. Ein unbilliges Verlangen freilich wäre es, wenn man den Staat zur Entschädigung heranziehen wollte wegen eines an sich erklärlichen und verzeihlichen Irrtums, denn einem solchen ist jeder Mensch unterworfen.Wohl aber muß verlangt werden, daß der Staat stets dann einzutreten habe, wenn seine Organe rechtswidrig gehandelt,wenn sie ungesetzliche Verfügungen erlassen, ungerechte (nicht nur unrichtige) Urteile gefällt oder sonst irgend eine Maßnahme getroffen haben, die sich dem Gesetze gegenüber als unzulässig erweist. Ob der schädigende Beamte der Verwaltung oder dem Richterstande angehört, muß dabei gleichgültig bleiben, denn wenn auch die letztere Kategorie gesetzlich unabhängig ist und keine Weisungen über die Art der Rechtsprechung erhalten soll, so ist es doch der Staat wiederum, der sie einsetzt und kontrolliert, der daher auch die Möglichkeit besitzt, bei ordnungsmäßiger Ausübung dieser Aufsicht geisteskranke oder sonst ungeeignete Richter zu ermitteln und für die Gesamtheit unschädlich zu machen. Wo er dies unterläßt, hat er für den dadurch verursachten Nachteil dem davon betroffenen Bürger aufzukommen, er kann ihn nicht an jenen Richter mit seinen Ansprüchen verweisen, denn das Publikum hat es nicht in seiner Wahl, vor diesem oder jenem Richter Recht zu geben und zu nehmen, sondern ist hierbei von Einrichtungen und Anordnungen abhängig, auf die es nie einen Einfluß haben kann. Ein solcher Anspruch gegen den verletzenden Beamten wird sehr häufig auch unrealisierbar sein, indem in den wenigsten Fällen das Vermögen desselben zur Befriedigung ausreichen wird. Auch eine subsidiäre Haftung des Staates, d.h.eine solche, die erst dann eintrete, wenn der betreffende Beamte den Schaden nicht zu ersetzen vermag, kann als genügend nicht erachtet werden,zumal dem Geschädigten nicht zugemutet werden kann, jahrelange Prozesse durch sämtliche Instanzen zu ziehen, bis er endlich, nachdem er wirtschaftlich vielleicht unheilbar ruiniert ist, an einen solventen Gegner kommt, der wiederum, da der Fiskus Gebührenfreiheit genießt, erst die Entscheidung des Reichsgerichts abwarten wird, bevor er auch nur einen Heller zahlt.

Sehr einsichtsvoll ist nach dieser Richtung hin das österreichische Gesetz vom 12.Juli 1872, dessen erster Paragraph lautet:

> "Wenn ein richterlicher Beamter in der Ausübung seiner richterlichen Wirksamkeit durch Übertretung seiner Amtspflicht einer Partei eine Rechtsverletzung und dadurch einen Schaden zugefügt hat, gegen welchen die in dem gerichtlichen Verfahren vorgezeichneten Rechtsmittel eine Abhilfe nicht gewähren, so ist die beschädigte Partei nach Maßgabe dieses Gesetzes berechtigt, den Ersatz des Schadens mittelst Klage gegen den schuldtragenden richterlichen Beamten allein,oder gegen den Staat allein,oder gegen beide zu beanspruchen."

Der österreichische Staat, der seine Verpflichtung zum Ersatze des von dem nicht-richterlichen Beamten durch rechtswidrige Amtshandlungen begangenen Schadens schon früher anerkannt hatte, dehnte diese mit der vorstehenden Vorschrift nun auch auf die von ihm angestellten Richter aus; es wird auch nicht verlangt, daß zunächst, bevor er selbst belangt werden kann, jede andere Möglichkeit, den Schaden zu beseitigen, erfolglos erschöpft sei, sondern er erklärt sich für haftbar, wenn die ordentlichen Rechtsmittel - also bei uns Berufung und Revision - versagen. Im Fall Brausewetter[2] wäre der zu Unrecht Verurteilte und Bestrafte in Oesterreich wenigstens noch imstande, den Vermögensschaden wieder einzuholen, den er erlitten, indem er eine entsprechende Klage gegen den Staat anstrengt, und oft sind ja die pekuniären Nachteile, welche sich an eine gerichtliche Strafe indirekt knüpfen (Versäumnisse in der Erwerbstätigkeit, Verlust der Stellung, Einbuße an geschäftlichem und gesellschaftlichem Ansehen, Benachteiligung der Gesundheit) viel größer und viel empfindlicher als die mit der Verbüßung einer Freiheitsstrafe selbst verknüpften Übel.

Wie liegt nun aber die Sache gegenwärtig bei uns? Bei der Antwort auf diese Frage werden wir uns füglich auf das preußische Recht im wesentlichen beschränken können, zumal seine Bestimmungen für eine Reihe von Kleinstaaten vorbildlich gewesen sind. Das Allgemeine Landrecht schreibt in Teil II, Titel lo, wo "von den Dienern des Staates" gehandelt wird, in §§ 88 ff.vor:

> "Wer ein Amt übernimmt, muß auf die pflichtmäßige Führung desselben die genaueste Aufmerksamkeit wenden. Jedes dabei begangene Versehen, welches bei gehöriger Aufmerksamkeit und nach den Kenntnissen, die bei der Verwaltung des Amtes erfordert werden, hätte vermieden werden können und sollen, muß er vertreten."

Der Beamte, der den Schaden zugefügt hat, soll also bis zu einem gewissen, von der Praxis zu seinen Gunsten ermäßigten Grade haften und auch dies erst, wie später bestimmt wird, wenn jeder andere Weg, zum Schadensersatze zu gelangen, er-

---

2) BRAUSEWETTER: Vorsitzender Richter einer Strafkammer des Berliner Landgerichtes, der sich durch besonders rabiate Urteile gegen Sozialdemokraten, vor allem in Majestätsbeleidungs-Prozessen, hervortat; s.z.B. den von MEHRING mitgeteilten und besprochenen Fall in: NZ XIV,S.161 ff.

folglos beschritten war. Wie aber, wenn er nichts besitzt oder aus sonst einem Grunde nicht vorgegangen werden kann? In Preußen fühlt der Staat alsdann prinzipiell nicht die Verpflichtung, seinerseits einzutreten, und nur ganz ausnahmsweise übernimmt er auf grund positiver Bestimmung und in engen Grenzen eine subsidiäre Haftung. Aber auch selbst die aus den angeführten Gesetzesstellen sich ergebende Verantwortlichkeit der Beamten für die aus ihren rechtswidrigen Amtshandlungen sich ergebenden Vermögensnachteile finden nach feststehender Praxis auf den erkennenden Richter keine Anwendung, er haftet nur im Falle einer vorsätzlichen Rechtsbeugung. Alle jene Beklagenswerten also, die zahllosen ruinierten Existenzen, deren Unglück auf die Geisteskrankheit des verstorbenen Brausewetter zurückzuführen ist, - ihnen bleibt nichts übrig, als um Gnade zu bitten, ob vielleicht aus Barmherzigkeit ein kleiner Teil des Elends beseitigt werde, welches ein Organ des Staates über sie zu Unrecht heraufbeschworen hat! Die Haftung des Beamten, die in einem solchen Falle ja auch völlig versagt wäre, kann selbst, wo sie vom Gesetze statuiert ist, nicht genügen, denn eine einzige ungesetzliche Polizeiverfügung,auch wenn sie nachträglich wieder aufgehoben wird, kann mehr Schaden anrichten, als sämtliche Polizeipräsidenten des preußischen Staates aus ihrer eigenen Tasche wieder gut machen können. Der Staat ist es, der jene Beamten auf ihren Platz berufen, mit ihrer Machtvollkommenheit ausgestattet und ihnen gegenüber die Bürger zum Gehorsam verpflichtet hat. Er ist diesen letzteren für die Auswahl der geeigneten Persönlichkeiten verantwortlich und auch für den Schaden, welchen sie zu unrecht verursachen! Er hat für diesen Schaden daher unmittelbar aufzukommen, und es kann ihm überlassen bleiben, auf jenen schädigenden Beamten Rückgriff zu nehmen.

Der Entwurf eines Bürgerlichen Gesetzbuches enthält nun in den §§ 823 und 824 ein paar wunderschöne Bestimmungen über die Haftung der Beamten wegen Verletzung einer Amtspflicht,wobei er sich im wesentlichen an das anschließt, was oben als geltendes Recht in Preußen dargelegt worden ist. Aber darüber, was unseres Erachtens die Hauptsache ist, nämlich über die Haftung des Staates aus solchen Amtsverletzungen schweigt er vollkommen, und das Einführungsgesetz verweist im Art.75 dieserhalb einfach auf die Landesgesetze, das heißt also, es bleibt alles beim alten! Die Materialien zu dem letztgenannten Gesetze meinen, über die Haftpflicht des Einzelstaates könne das Reich ohne Eingriff in die betreffenden Landesverfassungen nicht bestimmen. Aber erstens hat die Reichsgesetzgebung in zahlreichen anderen Fällen kein Bedenken getragen, auch das öffentliche Recht der Einzelstaaten zu berühren, sodann aber ist die hier vorliegende Frage ganz eminent eine zivilrechtliche und fast nur nebenher eine öffentlich-rechtliche Seite und endlich auch wäre das Bedenken der Kommission, selbst wenn es berechtigt wäre, sehr einfach zu beseitigen, indem im Wege der Gesetzgebung die Kompetenz des Reiches eine entsprechende Erweiterung erführe. Jetzt, wo auf lange Zeit hinaus die Rechtszustände festgelegt werden sollen, kann man in keinem Falle aus rein formalen Bedenken/[2]/ allgemein als unzulänglich Anerkanntes weiter fortbestehen lassen. Auch Erwägungen finanzieller Art, wie sie bei der Diskussion unseres Themas nicht selten geäußert werden, können hier einen Einfluß nicht ausüben, denn auch im bürgerlichen Leben kann niemand sich einer Rechtspflicht deshalb entziehen, weil die Erfüllung viel Geld kostet, am allerwenigsten darf dies aber der Staat, der ja dazu berufen ist, die Interessen seiner Bürger zu schützen und ihr Wohl zu fördern[3].

---

3) S.hierzu noch die Notiz im VORWÄRTS v. 31.März 1896,S.2 f.: "In bezug auf den Leitartikel in unserer Sonnabend-Nummer: 'Die Haftung wegen Verletzung einer Amtspflicht', der von einem gelegentlichen Mitarbeiter stammt, gehen uns vom Genossen Stadthagen folgende Zeilen zu:
Mit den Darlegungen des Artikels kann ich mich aus politischen und juristischen Gründen nach einigen Richtungen hin nicht voll einverstanden erklären. Die §§ 823 und 824 des Entwurfs enthalten nicht "ein paar wunderschöne Bestimmungen über die Haftung der Beamten wegen Verletzung einer Amtspflicht" - der Verfasser meint dies wohl ironisch - sondern wollen auch auf zivilrechtlichem Gebiete fast unbeschränkte Verantwortungslosigkeit der Beamten einführen. Dies Bestreben wird in den Motiven offen damit gerechtfertigt,daß die nötige Bewegungsfreiheit den Beamten fehlen würde, wenn man sie für amtliche Versehen haften ließe. Im Gegensatz zu dieser Auffassung steht nun die bestehende Reichs-Gesetzgebung und die Gesetzgebung der allermeisten Bundesstaaten.... [Es folgen zahlreiche Gesetzes-und Rechtsprechungsnachweise]... Werden die §§ 823 und 824 des Entwurfs Gesetz, so würde der Beamte fast nur dann haften, wenn er eine strafbare Handlung begangen hat. Es ist selbstredend, daß ein Sozialdemokrat,

Nr.34

VORWÄRTS - Berliner Volksblatt
13.Jg (1896) - Nr. 88 v.15.April, 1.Beilage S.1

[Beratungen der Reichstagskommission:Unerlaubte Handlungen (Fortsetzung),insb.Billigkeitshaftung,Tierhalterhaftung, Wildschadensersatz]

(Parlamentarisches.)

Die Kommission für das Bürgerliche Gesetzbuch nahm ihre Beratungen bereits am Dienstag[1] um 10 Uhr wieder auf. Sie begann mit dem leider vergeblich gebliebenen Versuch, eine an dem zweiten Entwurf der Gesetzkommission vom Bundesrat vorgenommene erhebliche Verschlechterung wieder aufzuheben. Bei der Schadensersatzpflichts - Regelung stehen zwei Systeme sich gegenüber. Das römischrechtliche System läßt nur für den Schaden haften, den jemand durch Vorsatz oder Fahrlässigkeit verschuldet hat, das deutschrechtliche läßt jeden haften, der - mit oder ohne Schuld - einen Schaden verursacht hat. Der Entwurf hat den römischrechtlichen Standpunkt eingenommen[2]. Die Kommission ist ihm hierin bereits vor den Ferien gefolgt und hatte den sozialdemokratischen Antrag, das deutschrechtliche Prinzip anzunehmen[3], abgelehnt[4]. Die zur Ausarbeitung des

---

ja auch nur ein Anhänger eines Rechtsstaats solcher Aufforderung an die Beamten, schneidig und wenn es auch ungesetzlich ist, vorzugehen, nicht zustimmen kann. Daneben wird zu versuchen sein, eine Haftung des Reichs, des Staats, der Gemeinden für von ihren Beamten herbeigeführte Schädigungen anzustreben."

1) 14.April 1896.
2) S.§ 807 E II i.d.F. der Reichstagsvorlage (ebenso § 823 BGB).
3) S.Nr.32, Anm.8.
4) S.Nr.32, Anm.9.

Gesetzbuchs ernannte Kommission hatte aber bereits in ihrer zweiten Lesung anerkennen müssen, daß das starre Festhalten an dem römischrechtlichen Verschuldungsprinzip zu großen Härten und Unbilligkeiten führe[5]. So würde nach dem römischrechtlichen Grundsatz, der allerdings zur Zeit fast unbeschränkt in Deutschland herrscht, ein Jäger, der ohne Fahrlässigkeit und ohne Vorsatz auf der Jagd einen Treiber, einen Passanten oder einen Mitjäger erschießt, für den von ihm verursachten Schaden nicht haften. Ebenso würde ein reicher Arzt, der ohne Verschulden eine arme Witwe überfährt, nach dem starren Verschuldungsprinzip für den von ihm verursachten Schaden nicht haften. Die Gesetzgebungskommission hatte erwogen, daß bereits das preußische Landrecht, das schweizerische Gesetz und der bayerische Entwurf einen Schadensersatz-Anspruch jemandem gegenüber, der handlungsunfähig ist, insbesondere also Kindern und Wahnsinnigen gegenüber zuläßt, also das Verschuldensprinzip durchbricht. Auch dürfe man aus anderen Gesetzgebungen wie dem Kranken-, den Berggesetzen u.s.w. erkennen, daß das moderne Rechtsbewußtsein dahin dränge, auch jeden, der ohne Vorsatz und Fahrlässigkeit das Recht eines anderen verletzt oder durch seine Handlungen gegen ein den Schutz seines Mitbürgers bezweckendes Gesetz verstoße, für den angerichteten Schaden verantwortlich zu machen. Freilich dürfe nur soweit eine Ersatzpflicht eintreten, wenn und soweit die Billigkeit nach den Umständen, insbesondere auch unter Berücksichtigung der Vermögensverhältnisse des Verletzenden und des Verletzten, eine Schadensersatzpflicht erheische[6]. Von diesen einstündigen Erörterungen ausgehend hatte die zweite Gesetzkommission als § 813 beschlossen: "Wer ..... für einen von ihm verursachten Schaden deshalb nicht verantwortlich ist, weil ihm Vorsatz oder Fahrlässigkeit nicht zur Last fällt, hat gleichwohl den Schaden insoweit zu ersetzen, als die Billigkeit nach den Umständen, insbesondere nach den Verhältnissen der Beteiligten, eine Schadloshaltung erfordert und ihm nicht die Mittel entzogen werden, deren er zum standesmäßigen Unterhalte sowie zur

5) PROT.BGB II Bd 2, S.591.
6) Ibd.

Erfüllung seiner gesetzlichen Unterhaltungspflicht bedarf. Das gleiche gilt, wenn ... ein Zurechungsunfähiger für einen von ihm verursachten Schaden nicht verantwortlich ist und der Ersatz des Schadens nicht von einem aufsichtspflichtigen Dritten erlangt werden kann."

Dieser Beschluß bedeutet einen sozialpolitischen Fortschritt. Er trägt in einem allerdings noch unvollkommenen Maße dem ökonomischen Ausgleichungsprinzip Rechnung. Kein Wunder, daß dieser Beschluß dem Bundesrat unannehmbar schien. Der Bundesrat strich den eben erwähnten Vorschlag der Kommission zweiter Lesung und will nur Zurechnungsunfähige unter den in § 813 ausgesprochenen Voraussetzungen haften lassen. Die Wiederherstellung des oben mitgeteilten § 813 beantragte in der Kommission der Abgeordnete Gröber[8].Die Debatte über diesen Antrag war vor den Ferien abgebrochen. In der Sitzung am Dienstag traten für den Antrag Gröber die Abgeordneten der Zentrumspartei mit Ausnahme des Abg. Marbe, unsere Genossen Frohme und Stadthagen und Abg. Enneccerus ein. Lebhaft bekämpft wurde der Antrag von den Regierungsvertretern und vom Abg. Dr.v.Buchka (k.). Letzterer wollte gar auch noch die Bestimmungen der Regierungsvorlage gestrichen wissen.

Eventuell wurde von Stadthagen beantragt, die Schadensersatzpflicht unter den in § 813 bestimmten Voraussetzungen wenigstens bei Schädigungen des Lebens, des Körpers, der Gesundheit oder der Freiheit eines Dritten eintreten zu lassen[9]. Abg. v. Cuny beantragte eine andere Abschwächung des § 813[10]. Die verständigen Anträge fanden indes keine Gnade vor den Augen der Kommission, wiewohl allseitig anerkannt wurde, daß die Billigkeit für Schadensersatz in den beregten Fällen spräche. Gegen acht, beziehentlich neun Stimmen wurden die auf Wiederherstellung des § 813 gerichteten Anträge abgelehnt[11].

---

7) entfällt
8) DRUCKSACHE Nr.46 (Abänderungs-Anträge GRÖBER v.9.März 1896), Ziff. 8a.
9) Dieser Antrag ist in den Drucksachen nicht enthalten.
10) DRUCKSACHE Nr. 65 (Abänderungs-Anträge v.CUNY v.1.April 1896), Ziff.1.
11) BERICHT S.58 f.

Die Ablehnung wurde dadurch ermöglicht, daß die beiden "Freisinnigen" Kauffmann und Schneider gegen die Anträge stimmten. Sie haben dadurch wieder einmal sich als ultrareaktionär erwiesen und gezeigt, daß bei der freisinnigen Partei ein Interesse an der Unverletzlichkeit des Lebens, des Körpers, der Gesundheit und der Freiheit eines Mitbürgers nur dann vorhanden ist, wenn es sich um die Rechte Wohlhabender handelt, und daß der Geldbeutel Wohlhabender ihrem Herzen näher steht, als das Leben und die Gesundheit Arbeitender. Dies Verhalten der Freisinnigen bei den bevorstehenden Nachwahlen in helles Licht zu setzen, dürfte sich empfehlen. Der § 813 wurde nur in der vom Bundesrat genehmigten Fassung von der Kommission angenommen. Eine ähnliche Fürsorge für die Unverletzlichkeit des Geldbeutels Wohlhabender bekundete die Kommission durch Ablehnung folgender Anträge[12], die Abg. Gröber als § 813a beantragte: "Wer außer den Fällen der §§ 807, 808 durch vorsätzliche oder fahrlässige Verletzung eines Gesetzes die Schädigung eines anderen verursacht, ist ihm zum Ersatz des Schadens insoweit verpflichtet, als die Billigkeit nach den Umständen, insbesondere nach den Verhältnissen der Beteiligten, eine Schadloshaltung erfordert und ihm nicht die Mittel entzogen werden, deren er zum standesmäßigen Unterhalte sowie zur Erfüllung seiner gesetzlichen Unterhaltspflichten bedarf"; eventuell: "Wer ein auf Verhütung von Schaden abzielendes Polizeigesetz verletzt, ist schadensersatzpflichtig".Die Ablehnung erfolgte gegen 7 Stimmen (Zentrum und Sozialdemokraten)[13]. Gleichfalls abgelehnt wurde der Antrag Gröber, die Bestimmungen der §§ 1 und 2 des Haftpflichtgesetzes vom 1.Juni 1871 in etwas ausgedehnterer Form, eventuell wörtlich als § 814a einzuschalten[14]. Das gleiche Schicksal einer Ablehnung erfuhren Anträge, die eine Haftung eines Inhabers eines Erwerbsgeschäftes für Versehen der Angestellten in Anlehnung an das französische Recht einführen wollten[15]. § 815 wird in der folgenden Fassung des Entwurfs angenommen:

"Wer einen anderen zu einer Verrichtung bestellt, ist zum Ersatze des Schadens verpflichtet, den der andere in Ausfüh-

---

12) DRUCKSACHE Nr.66 (Abänderungs-Anträge GRÖBER vom 11.April 1896), Ziff. 1.
13) BERICHT S.59.

rung der Verrichtung einem Dritten widerrechtlich zufügt.Die Ersatzpflicht tritt nicht ein, wenn der Geschäftsherr bei der Auswahl der bestellten Person und, sofern er Vorrichtungen oder Gerätschaften zu beschaffen oder die Ausführung der Verrichtung zu leiten hat, bei der Beschaffung oder der Leitung die im Verkehr erforderliche Sorgfalt beobachtet oder wenn der Schaden auch bei Anwendung dieser Sorgfalt entstanden sein würde.Die gleiche Verantwortlichkeit trifft denjenigen, welcher für den Geschäftsherrn die Besorgung eines der in Abs.1 Satz 2 bezeichneten Geschäfte übernimmt." § 816 setzt fest, daß wer kraft Gesetzes zur Führung der Aufsicht über eine Person verpflichtet ist, die wegen Minderjährigkeit oder wegen ihres geistigen oder körperlichen Zustandes der Beaufsichtigung bedarf, zum Ersatze des Schadens verpflichtet ist, den diese Person einem dritten widerrechtlich zufügt. Die Ersatzpflicht soll nicht eintreten, wenn er seiner Aufsichtspflicht genügt oder wenn der Schaden auch bei gehöriger Aufsichtsführung entstanden sein würde. Die gleiche Verantwortlichkeit soll denjenigen treffen, welcher die Führung der Aufsicht für den kraft Gesetzes Verpflichteten übernimmt. Die Kommission beschloß,einer Anregung des Abg. Gröber folgend[16], die unterstrichenen[16a] Worte zu streichen[17] und dadurch z.B. Vorsteher von Irrenanstalten auch bei Übernahme der Aufsichtspflicht durch Vertrag mit einem dritten haften zu lassen. Die Schadensersatzpflicht für durch Tiere angerichteten Schaden regeln § 817 und § 818 des Entwurfs in folgender Weise: § 817: "Wird durch ein Tier ein Mensch getötet oder der Körper oder die Gesundheit eines Menschen verletzt oder eine Sache beschädigt, so ist derjenige, welcher das Tier hält, verpflichtet, dem Verletzten den daraus entstehenden Schaden zu ersetzen. Die Ersatzpflicht tritt nicht ein, wenn der Schaden durch ein Haustier verursacht wird und derjenige, welcher das Tier hält, bei dessen Beaufsichtigung die im Verkehr erforderliche Sorgfalt beobachtet oder wenn der Schaden auch bei Anwendung dieser Sorgfalt

---

14)Ibd.-Antrag GRÖBER in:DRUCKSACHE Nr.66,Ziff.2a.
15)BERICHT S.59 f.
16)DRUCKSACHE Nr.66,Ziff.3.
16a) Im Original: "gesperrt gedruckten"; s.S.CIII der Einführung.
17)BERICHT S.6o.

entstanden sein würde." § 818: "Wer für denjenigen, welcher ein Tier hält, die Führung der Aufsicht über das Tier übernimmt, ist für den Schaden verantwortlich, den das Tier einem Dritten in der im § 817 bezeichneten Weise zufügt. Die Verantwortlichkeit tritt nicht ein, wenn er bei der Führung der Aufsicht die im Verkehr erforderliche Sorgfalt beobachtet oder wenn der Schaden auch bei Anwendung dieser Sorgfalt entstanden sein würde."

Nach längerer Debatte werden Anträgen des Abgeordneten Gröber entsprechend[18)] die unterstrichenen[18a)] Sätze gestrichen[19)] und so den Besitzern von Haustieren gegenüber der Satz ausnahmslos anerkannt, daß, wer Tiere hält, auch den durch Tiere angerichteten Schaden zu ersetzen hat.

§ 819 will die Wildschadensfrage regeln, weitergehende landesgesetzliche Bestimmungen sollen jedoch aufrecht erhalten bleiben. § 819 lautet:

"Wird durch Schwarz-,Rot-,Dam- oder Rehwild ein Grundstück beschädigt, an welchem dem Eigentümer das Jagdrecht nicht zusteht, so ist der Jagdberechtigte verpflichtet, dem Verletzten den Schaden zu ersetzen. Die Ersatzpflicht erstreckt sich auf den Schaden, den die Tiere an den getrennten, aber noch nicht eingeernteten Erzeugnissen des Grundstücks anrichten. Ist dem Eigentümer die Ausübung des ihm zustehenden Jagdrechts durch das Gesetz entzogen, so hat derjenige den Schaden zu ersetzen, welcher zur Ausübung des Jagdrechts nach dem Gesetze berechtigt ist. Hat der Eigentümer eines Grundstücks, auf dem das Jagdrecht wegen der Lage des Grundstücks nur gemeinschaftlich mit dem Jagdrecht auf einem anderen Grundstück ausgeübt werden darf, das Jagdrecht dem Eigentümer dieses Grundstücks verpachtet, so ist der letztere für den Schaden verantwortlich. Sind die Eigentümer der Grundstücke eines Bezirkes zum Zwecke der gemeinschaftlichen Ausübung des Jagdrechts durch das Gesetz zu einem Verbande vereinigt, der nicht als solcher haftet, so sind sie nach dem Verhältnisse der Größe ihrer Grundstücke ersatzpflichtig." Abgeordneter Gröber beantragt, auch

---

18) DRUCKSACHE Nr.66,Ziff.4.
18a)Im Original:"gesperrt gedruckten";s.S.CIII der Einführung.
19) BERICHT S.60.

Ersatz des Schadens, den Hasen oder Fasanen angerichtet haben, zu begehren[2o]. Die Konservativen beantragen durch Abg.Freiherrn von Maltzahn, die Wildschadens-Ersatzfrage aus dem bürgerlichen Gesetzbuch überhaupt zu streichen[21]. Ihn unterstützt der nationalliberale Abgeordnete Günther. Die Regierungen bekämpfen die Ausdehnung der Schadensersatzpflicht auf Hasen und Fasanen: hier genüge und sei zweckmäßiger landesgesetzliche Regelung. Was das bedeutet, weiß, wer die jagdfreundliche Stimmung des Herrenhauses kennt. Selbst in der Kommission sangen die konservativen Jagdliebhaber der Freßfreiheit des jagdbaren Tiers und der Verpflichtung des Kleinbesitzers,sein Grundstück von fremden Tieren verwüsten zu lassen, begeisterte Loblieder. Abg. Himburg (K.)[22]malt als Schrecken an die Wand, daß bei weitgehender Regelung des Wildschadensgesetzes - das Wild verschwinden würde. Trotz dieser Lamentationen beschließt die Kommission mit 12 beziehentlich 11 Stimmen, auch die Fasanen und Hasen der Aufzählung von Jagdvieh im § 819 zuzufügen[23]. Ferner wird mit lo Stimmen folgender Zusatzantrag Gröber angenommen[24]. "Ist der Schaden durch Schwarz- oder Rotwild entstanden, das seinen Stand auf einem Grundstück hat, an welchem dem Ersatzpflichtigen das Jagdrecht oder die Ausübung des Jagdrechtes nicht zusteht, so ist diesem der an seinem Grundstück zur Jagd oder zur Ausübung des Jagdrechts Berechtigte zur Erstattung des geleisteten Schadensersatzes verpflichtet." Der so gestaltete § 819 wird mit lo Stimmen angenommen. Dadurch ist eine reichsgesetzliche Regelung der Wildschadensersatz-Frage zu Ungunsten junkerlicher Liebhaberei, auf Kosten der kleinbürgerlichen Bevölkerung sich zu ergötzen, angebahnt.

Die §§ 82o, 821 und 822 des Entwurfs (Schadensersatzpflicht bei Einsturz eines Hauses u.s.w.) werden nach unerheblicher Debatte und Ablehnung einiger Abänderungsanträge angenommen.

2o) DRUCKSACHE Nr. 45 (Abänderungs-Anträge GRÖBER.LETOCHA. LIEBER.MARBE vom 9.März 1896), Ziff.1.
21) DRUCKSACHE Nr.64 (Abänderungs-Anträge v.MALTZAHN vom 24.März 1896), Ziff.1.
22) (K.)= Konservativer.
23) BERICHT S.6o.
24) DRUCKSACHE Nr.45 (s.Anm.2o), Ziff. 1b.

Bei § 822a, den Abg. Gröber einzuschalten beantragt - er betrifft die Haftung von Gemeinden bei Aufläufen u.s.w. - wird die Debatte um 4 1/4 Uhr abgebrochen und auf Mittwoch[25] um lo Uhr vormittags vertagt. Diese Sitzung wird vorwiegend mit der Frage der Haftung von Beamten sich beschäftigen, welche bei Gelegenheit der Ausübung ihres Amtes einen Schaden angerichtet haben.
(...)

---

25) 15.April 1896.

Nr.35

VORWÄRTS - Berliner Volksblatt
13.Jg (1896); - Nr.89 v.16.April, Beilage, S.1

[Beratungen der Reichstagskommission: Unerlaubte Handlungen (Fortsetzung), hier: Amtshaftung]

(Parlamentarisches.)

Soll der Beamte für alle in Ausübung seiner amtlichen Wirksamkeit begangenen Verletzungen seiner Amtspflicht oder einer Gesetzesvorschrift dem Beschädigten zivilrechtlich haften? Soll das Reich, der Staat, die Gemeinde, oder welche öffentlich-rechtliche Körperschaft sonst den Beamten angestellt hat, mithaftbar sein? Diese beiden Fragen bildeten nach Ablehnung des gestern mitgeteilten Antrages Gröber, betreffend die

Haftung von Gemeinden bei Aufläufen, den Hauptinhalt der am Mittwoch[1] abgehaltenen Sitzung der Kommission für den Entwurf des Bürgerlichen Gesetzbuchs. Der Entwurf schlägt bezüglich der Haftung der Beamten als § 823 folgende Bestimmung vor:

"Verletzt ein Beamter vorsätzlich oder fahrlässig die ihm einem Dritten gegenüber obliegende Amtspflicht, so hat er dem Dritten den daraus entstehenden Schaden zu ersetzen. Fällt dem Beamten nur Fahrlässigkeit zur Last, so kann er nur dann in Anspruch genommen werden, wenn der Beschädigte nicht auf andere Weise Ersatz zu erlangen vermag.

Verletzt ein Beamter bei der Leitung oder Entscheidung einer Rechtssache seine Amtspflicht, so ist er für den daraus entstehenden Schaden nur dann verantwortlich, wenn die Pflichtverletzung mit einer im Wege des gerichtlichen Strafverfahrens zu verhängenden öffentlichen Strafe bedroht ist. Auf eine pflichtwidrige Verweigerung oder Verzögerung der Ausübung des Amtes findet diese Vorschrift keine Anwendung.

Die Ersatzpflicht tritt nicht ein, wenn der Beschädigte unterlassen hat, den Schaden durch den Gebrauch eines Rechtsmittels abzuwenden."

Demgegenüber lagen nach drei Richtungen Anträge vor. Die Abgeordneten Frohme und Stadthagen stellten den weitgehendsten Antrag[2]. Er will § 823 des Entwurfes durch folgende Bestimmung ersetzen:

"Verletzt ein Beamter in Ausübung seiner amtlichen Wirksamkeit seine Amtspflicht, oder verletzt er in Ausübung seiner amtlichen Wirksamkeit eine Gesetzesvorschrift, so haftet er dem Verletzten für den daraus entstehenden Schaden. Dem Verletzten haftet für diesen Schaden gemeinsam mit dem Beamten der Staat, die Gemeinde oder die öffentlich-rechtliche Körperschaft, von der der Beamte angestellt ist."

Abg. Gröber[3] beantragt, den Abs. 2 des § 823 zu streichen, im Abs. 3 vor "unterlassen" zuzufügen: "durch Vorsatz oder grobe Fahrlässigkeit" und endlich die subsidiäre Haftpflicht

---

1) 15.April 1896.
2) DRUCKSACHE Nr.68 (Abänderungs-Anträge FROHME.STADTHAGEN vom 14.April 1896),Ziff.2.
3) DRUCKSACHE Nr.45 (Abänderungs-Anträge GRÖBER v.9.März 1896),Ziff.2.

des Staats, der Gemeinden u.s.w. durch folgenden Zusatz einzuführen:

"Ist in den Fällen des Absatzes 1 und 2 von dem Beamten der Ersatz des Schadens nicht zu erlangen, so ist zur Leistung des Ersatzes diejenige juristische Person des öffentlichen Rechts verpflichtet, welche dem Beamten das Amt anvertraut hat."

Abg. v. Cuny endlich nimmt den zweiten Satz des sozialdemokratischen Antrages - also prinzipielle Haftung des Staats - als Zusatzantrag zu § 823 des Entwurfs auf[4]. Stadthagen begründet den von Frohme und ihm gestellten Antrag. Die Motive ließen ebenso wie Äußerungen der Bundesregierungen klar erkennen, daß man bei Gestaltung der Haftpflicht sich von einer starken absolutistischen Neigung habe leiten lassen. Die Motive sprechen klar aus, daß man gefürchtet habe, bei zu starker Ausdehnung der Haftpflicht von Beamten deren Bewegungsfreiheit zu hemmen, sie zu ängstlich zu machen. Das heiße ins grobe Deutsch übersetzt nichts anders als: dem Beamten eine Freiheit zu Ungesetzlichkeiten, zur Beengung und Verletzung der Rechte der Staatsbürger einräumen oder vergrößern.An der Hand der für Deutschland geltenden Gesetzesbestimmungen legt Redner dar, daß die Vorschläge des Entwurfs hinter dem Durchschnitt der bestehenden Gesetze zurückbleiben.Man dürfe aber nicht verkennen, daß gerade auf dem Gebiete der Haftpflicht der Beamten die Rechtsprechung die Worte Vorsatz,Fahrlässigkeit, Versehen und dergl. sowie die Vorschriften über konkurrierendes Versehen zugunsten der Beamten gebeugt habe und andauernd beuge. Es sei das ja, solange sogenannten gelehrten, beamteten Richtern die Rechtsprechung anvertraut sei, natürlich. Desto notwendiger sei es, durch und im Gesetz klarzulegen, daß jede Verletzung einer Amtspflicht oder eines Gesetzes, die ein Beamter bei Ausübung seiner amtlichen Funktion begeht, den Beamten zivilrechtlich verantwortlich macht. Je schärfer die Schadensersatzpflicht der Beamten gestaltet werde, desto höher steige das Ansehen der Beamten. Der jetzige Zustand und noch mehr der vom Entwurf eingenommene Standpunkt widerspreche dem Rechtsbewußtsein des Volkes. Jeder

4) Der Antrag ist nicht in den Kommissionsdrucksachen enthalten.

Staatsbürger habe die Folgen zu tragen, wenn er auch nur aus Unkenntnis ein Gesetz verletzt - und ein Beamter, der zur Hochachtung der Gesetze, zur Aufrechterhaltung derselben bestellt ist, solle nicht für jede Gesetzesverletzung haften? Ein Schneider, ein Schuster, ein Kutscher hafte wie jeder andere für Güte des von ihm zu Leistenden - und ein Beamter solle nicht für pflichtmäßige Ausübung seines Amtes unbedingt haften? Stadthagen legt dann an einer Reihe von praktischen Beispielen dar, daß die Bestimmungen des Entwurfs in vielen Fällen die jetzt bestehende Schadensersatzpflicht,insbesondere Richtern gegenüber, beseitigen würde. Das Reichsbeamtengesetz vom 31.März 1873 bestimmt in § 13 klar: Jeder Reichsbeamte ist für die Gesetzmäßigkeit seiner Amtshandlungen verantwortlich. Dadurch ist, wie Professor Laband zutreffend ausführt[5] und die Entstehungsmaterialien deutlich beweisen, die zivilrechtliche Verantwortlichkeit aller Reichsbeamten für alle Verstöße im Amt - mögen diese aus Vorsatz, aus Fahrlässigkeit, aus Versehen oder aus Irrtum begangen sein - festgesetzt. Allerdings sind in unserer Zeit dem entgegenstehende Ansichten in juristischen Kreisen leider nicht ohne Erfolg laut geworden. Dem Zug der damaligen Zeit ensprach die straffere Festlegung einer Haftung von Beamten. Jedem"Rechtsstaat" entspricht dieser Zug und je mehr sich die Beleidigungsklagen wegen angeblicher Beamten-Ehrverletzung mehren, desto notwendiger sei er. - Den zweiten Satz des sozialdemokratischen Antrages empfehle er gleichfalls zur Annahme. Kein Bürger sei imstande, sich den Beamten, mit der er und der mit ihm zu tun habe, auszuwählen. Schon hieraus sei eine Schadensersatzpflicht des Staates für Mißgriffe der von ihm angestellten Beamten zu folgern. Überdies sollte ja der Staat der Repräsentant einer Rechtsordnung sein. Ihm liege auch in den Fällen, wo ein Beamter, mindestens dann wenn dieser nicht vermögend genug sei, den Schaden zu ersetzen, den er angerichtet habe, die Pflicht ob, seinerseits Schadensersatz zu leisten. Einzelne Kleinstaaten, wie Reuß ältere Linie und Coburg-Gotha setzen die

5)LABAND, Staatsrecht Bd 1,§ 48 - S. aber auch den im Bericht auf S.63 wiedergegebenen Hinweis anderer Kommissionsmitglieder, "LABAND stehe in seiner Auslegung des § 13 Reichsbeamtengesetz ganz vereinzelt".

subsidiäre Haftpflicht des Staates für Schäden, die durch Beamte angerichtet sind, fest. So lautet § 68 des Coburg-Gothaer Verfassungsgesetzes: "Bei Arglist und grober Verschuldung der Staatsbeamten haftet subsidiär der Staat." Noch weiter geht § 35 des Verfassungsgesetzes für Reuß ä.L. vom 28.März 1867. Derselbe lautet: "Jeder Staatsdiener ist für seine Dienstleistungen verantwortlich. Die vorgängige Genehmigung der vorgesetzten Dienstbehörde ist nicht notwendig, um öffentliche Beamte wegen ihrer amtlichen Handlungen gerichtlich zu verfolgen. Kann der Vermögensverlust, welcher durch gesetz- oder verfassungswidriges Verfahren eines Staatsdieners im Bereiche seiner amtlichen Tätigkeit den Beteiligten zugefügt worden ist, von dem betreffenden Staatsdiener nicht ausgeglichen werden, so tritt aushilflich der Staat ein." Daneben existieren für fast alle Teile Deutschlands Spezialgesetze über eine Haftpflicht des Staates bei Grundbuchsachen,Vormundschaftssachen u.s.w.Oesterreich besitzt seit 1872 ein Gesetz, das allerdings nur bei Schäden, die richterliche Beamte angerichtet haben, den Staat haften ließe, aber nicht nur subsidiär, sondern neben dem Beamten selbst. In der zweiten Lesung der Gesetzkommission sei ja auch allerdings nur die subsidiäre Haftung des Staates beantragt, aber mit 8 gegen 8 Stimmen abgelehnt[6]. Prinzipale Haftung des Staats folge aus der Anstellung der Beamten durch den Staat. Im weiteren Lauf der sehr angeregten Diskussion baten die Regierungsvertreter, die Frage einer Haftpflicht des Staates der Spezialgesetzgebung vorzubehalten. Eine allgemeine, wenn auch nur subsidiäre Haftpflicht aller Beamten sei höchst bedenklich. Die Verschiedenheit der einzelnen Beamtenkategorien sei zu berücksichtigen. Ebenso sei eine weitere Ausdehnung der Haftpflicht der Beamten zu bekämpfen. Gegen den Absatz 2 des § 823 wenden sich mehrere Mitglieder der Kommission, insbesondere Abg. Gröber. Bei der Abstimmung wird § 823 in der Fassung der Regierungsvorlage, jedoch mit folgenden Änderungen, angenommen: 1. es werden dem Antrag Gröber entsprechend in den dritten Absatz die Worte eingeschaltet: "durch Vorsatz oder grobe Fahrlässigkeit", 2.es wird

---

6) S.PROT. BGB IIB , Bd 1,S.611 (Stichentscheid des Vorsitzenden).

durch Annahme des eben mitgeteilten Antrages Gröber mit 11 Stimmen die subsidiäre Haftpflicht des Reiches,des Staates und der Gemeinden für durch ihre Beamte in Ausübung ihres Amtes angerichtete Schäden angenommen[7]. Dieser Beschluß bedeutet einen wesentlichen, wenn auch noch ungenügenden Fortschritt.

Die weiteren Paragraphen der Schadensersatzpflicht werden mit minder wesentlichen Änderungen angenommen und damit die erste Beratung über das Obligationenrecht beendet. Die Kommission tritt sodann in eine Beratung des Sachenrechts (§§ 833 bis 1279: Besitz, Eigentum, Erbbaurecht, Nießbrauch,Pfandrecht u.s.w.) ein. Die Bestimmungen über Besitz werden debattelos genehmigt. § 857 (Erwerb eines Grundstücks durch Eintragung) wird nach kurzer Debatte angenommen und die Beratung 4 1/4 Uhr auf Donnderstag[8] um lo Uhr vormittags vertagt.

(...)

---

7) BERICHT S.63-66.
8) 16.April 1896.

Nr.36

VORWÄRTS - Berliner Volksblatt
13.Jg (1896)- Nr.91 v. 18.April, 1.Beilage, S.1

[Bericht über den Stand der Arbeiten am BGB und über die Vorstellungen der Beteiligten bezüglich des weiteren Vorgehens]

(Parlamentarisches.)

Die Kommission für den Entwurf eines Bürgerlichen Gesetzbuchs nahm in ihren Sitzungen am Donnerstag und Freitag[1] die Bestimmungen des Entwurfs bis § 914 an. Die nächste (siebenundzwanzigste) Sitzung findet am Dienstag, den 21.d.M.statt. Es sollen allwöchentlich nach wie vor vier Sitzungen stattfinden. Ferner soll ein Tag in der Woche (Sonnabend oder Montag) zwecks Beschleunigung der Beratungen der Kommission von Plenarsitzungen frei bleiben. Voraussichtlich wird mit Ende nächster oder Anfang der demnächstigen Woche die Beratung über das Familienrecht (§§ 128o-1897) beginnen. Da das Familienrecht die Eheschließung, Ehescheidung, Verwandtschaft,das eheliche Güterrecht, die Stellung der unehelichen Kinder und die Vormundschaft mitumfaßt, so werden die Beratungen über dasselbe voraussichtlich bis Mitte Mai sich hinziehen. Es bleibt dann noch das Erbrecht (§§ 1898 bis 2339), das kaum eine volle Sitzung in Anspruch nehmen dürfte, und der Teil des Einführungsgesetzes übrig, der dann noch nicht zur Beratung gelangt sein wird. Es wird angenommen, daß es gelingen wird, diese sämtlichen Bestimmungen noch vor Pfingsten zu erledigen. Nach Pfingsten hofft man, die zweite Lesung beginnen und bis Mitte Juli zum Abschluß bringen zu können. Es würde dann aber eine Plenarberatung unmöglich, die gesamte Arbeit der Kommission also vergeblich sein, wenn der Reichstag nicht vertagt wird. Von /[2]/ einigen Seiten, so auch von unseren Genossen, wird befürwortet, zwischen der ersten und zweiten Lesung eine längere Pause eintreten zu lassen, damit die Kritik zu ihrem Recht gelange, um alsdann Ende September oder Anfang Oktober die zweite Beratung zu beginnen und diese sowie die Plenarberatungen etwa im Januar 1897 zum Abschluß zu bringen. Um dies zu ermöglichen, müßte gleichfalls entweder der Reichstag oder durch besonderes Gesetz zu Pfingsten die Kommission vertagt werden. Eine Beschlußfassung der Regierung über die Frage einer Vertagung hat noch nicht stattgefunden. Als spätester Zeitpunkt des Inkrafttretens des Gesetzbuchs wird der 1.Januar 19o5 gewünscht.

---

1) 16.und 17.April 1896.

Nr.37

VORWÄRTS - Berliner Volksblatt
13.Jg (1896) - Nr.95 v. 23.April, 1.Beilage, S.1

[Beratungen der Reichstagskommission: Anträge zum Eheschließungsrecht]

(Parlamentarisches.)

Die Kommission für das Bürgerliche Gesetzbuch beendete am Mittwoch[1] ihre Beratungen über das dritte Buch des Entwurfs (Sachenrecht) und damit die Paragraphen bis 1297. Am Freitag[2] beginnt die Beratung über das Familienrecht, und zwar zunächst über das Verlöbnis und die Eheschließung. Die Entscheidungen über die Anträge über die Art der Eheschließung werden erhebliche Zeit in Anspruch nehmen. Auf diesem Gebiet bewegen sich eine Reihe von Anträgen, deren hauptsächlichste wir nachstehend hervorheben. Das jetzt für ganz Deutschland gültige Zivilstandsgesetz[3] setzt die obligatorische Zivilehe fest, d.h. nur die vor einem Standesbeamten geschlossene Ehe ist gültig[4]. Der Entwurf gibt die Bestimmungen des Zivil-

1) 22.April 1896.
2) 24.April 1896.
3) Gesetz über die Beurkundung des Personenstandes und die Eheschließung vom 6.Februar 1875 (RGBl. 1875, S.23 ff.). - Dieses Reichsgesetz fußte auf dem preußischen "Gesetz über die Beurkundung des Personenstandes und die Form der Eheschließung" vom 9.März 1874 (PrGS 1874, S.95 ff.)
4) S.§ 1 des Reichs-Zivilstandsgesetzes: "Die Beurkundung der Geburten, Heiraten und Sterbefälle erfolgt ausschließlich durch die vom Staate bestellten Standesbeamten mittels Eintragung in die dazu bestimmten Register."

standsgesetzes wieder, hält insbesondere an der obligatorischen Zivilehe fest[5], enthält aber eine Reihe reaktionärer Neuerungen. So schraubt er das Ehemündigkeitsalter von 2o auf 21 Jahre für das männliche Geschlecht hinauf, läßt keine Befreiung von dem Verbot zu, daß junge Leute unter 21 Jahren heiraten dürfen, verlangt, daß auch das Mädchen bis zum vollendeten 25.(statt jetzt 24.) Lebensjahr elterlicher Genehmigung bedarf[6]. Die reaktionären Differenzen gegenüber dem bestehenden Zustand wollen freisinnige Anträge vermehren. So beantragt Abg. Kauffmann, daß entgegen dem bestehenden Gesetz und entgegen dem Entwurf Mädchen erst von Vollendung des 18.(statt jetzt des 16.) Lebensjahres ab sollen heiraten dürfen[7]. Ein Teil der Konservativen unter Führung der Abgeordneten Himburg und Freiher v. Maltzahn wollen statt der obligatorischen die fakultative Ehe einführen und deshalb sowohl eine "in Form der kirchlichen Trauung" wie vor einem Standesbeamten geschlossene Ehe für gültig erklärt wissen[8]. Für den Fall der Ablehnung dieses Antrages wollen die Konservativen folgenden Antrag angenommen wissen: "Die kirchlichen Verpflichtungen (!) in Beziehung auf die Trauung werden durch die Bestimmungen dieses Titels nicht berührt"[9].Das Zentrum hat durch die Abgeordneten Dr. Bachem, Dieden, Gröber, Letocha die obligatorische kirchliche Ehe für alle einer Religionsgesellschaft angehörenden beantragt, und will nur für solche, die die Ehe in den Formen einer Religionsgesellschaft nicht eingehen können, eine Ehe vor einem Standesbeamten zulassen[1o]. Eventuell für den Fall der Ablehnung auch des konservativen Antrages beantragt das Zentrum folgende wunderliche Fassung für die Schließung einer Ehe: "Die Ehe wird dadurch geschlossen,

5) § 13oo E II i.d.F.der Reichstagsvorlage.
6) S.§§ 1286,1288 E II i.d.F. der Reichstagsvorlage und §§ 28,29 Reichs-Zivilstandsgesetz.
7) DRUCKSACHE Nr.83 (Abänderungs-Anträge KAUFFMANN v.22. April 1896).
8) DRUCKSACHE Nr. 41 (Abänderungs-Anträge HIMBURG.v.MALTZAHN v.6.März 1896), Ziff.I und II.
9) DRUCKSACHE Nr.85 (Abänderungs-Anträge v.BUCHKA.v.MALTZAHN. HIMBURG v.22.April 1896), Ziff.1.
1o)DRUCKSACHE Nr.82 (Abänderungs-Anträge BACHEM.DIEDEN.GRÖBER. LETOCHA.MARBE v. 2o.April 1896).

daß die Verlobten vor einem Standesbeamten persönlich und bei gleichzeitiger Anwesenheit erklären, die Ehe mit einander eingehen zu wollen. Auf Antrag der Verlobten hat der Standesbeamte diese Erklärung dadurch entgegen zu nehmen, daß er anwesend ist, wenn die Verlobten bei der kirchlichen Trauung vor dem Geistlichen erklären, die Ehe mit einander eingehen zu wollen"[11]. Diesen reaktionären, von den verschiedensten Seiten gestellten Anträgen gegenüber haben unsere Genossen beantragt, entweder kurzer Hand die Bestimmungen des Zivilstands-Gesetzes so wie sie sind, aufrecht zu erhalten oder ihre Eventualanträge, die auf Streichung aller "Verbesserungen" des Entwurfs und auf einige Erleichterungen der Eheschließung abzielen, anzunehmen. Die Nationalliberalen und Freisinnigen sind durch die Anträge unserer Genossen gezwungen, klar zu erklären, ob sie den bestehenden Zustand aufrecht erhalten oder ob sie unter allerlei kulturpaukerischen Tiraden das bestehende Gesetz verbösern wollen.

11) DRUCKSACHE Nr.81 (Abänderungs-Antrag BACHEM.DIEDEN.GRÖBER. LETOCHA.MARBE vom 2o.April 1896).

Nr.38

VORWÄRTS - Berliner Volksblatt
13.Jg (1896) - Nr.97 v.25.April, 1.Beilage, S.1

[Beratungen der Reichstagskommission: Verlöbnis-Eheschließung, insb. Ehemündigkeit, Elterliche Einwilligung]

(Parlamentarisches.)

(.....)

Die Kommission für das Bürgerliche Gesetzbuch begann am

Freitag[1] die Beratung über das Familienrecht[1a]. Der Entwurf nimmt den Standpunkt ein, daß aus einem Verlöbnis nicht auf Eingehung einer Ehe geklagt werden und daß auch das Versprechen einer Ehe für den Fall, daß die Eingehung unterbleibt, nichtig sein soll[2]. Er will aber den Verlobten, der von dem Verlöbnis zurücktritt, verpflichten, dem anderen Verlobten und dessen Eltern den Schaden zu ersetzen, der daraus entstanden ist, daß diese in Erwartung der Ehe Aufwendungen gemacht haben[3]. Auch soll eine unbescholtene Verlobte, die ihrem Verlobten die Beiwohnung gestattet, "eine billige Entschädigung" verlangen können[4]. Jedoch soll nach dem Entwurf die Ersatzpflicht nicht eintreten, "wenn ein wichtiger Grund für den Rücktritt vorliegt"[5]. Die Ultramontanen wollen dem kanonischen Recht entsprechend aus dem Verlöbnis die Verpflichtung zur Eheschließung begründet wissen. Allerdings gehen auch sie nicht so weit, diese Verpflichtung zu einer durch Klage zu erzwingenden zu machen[6]. Stadthagen erklärt sich im Gegensatz zu diesem Antrag mit dem Prinzip des Entwurfs, das dem übergroßen Teil des geltenden Rechts entspricht, einverstanden. Aber die Anschauung der Motive und des Entwurfs, daß auch ein Mann für den Fall des Rücktritts Entschädigung für die gemachten Aufwendungen, ja selbst dafür, daß er in Erwartung der Heirat seinen Beruf aufgegeben habe, verlangen könne, sei unsittlich. Ihr könne er nicht beitreten. Völlig unrichtig sei es, auch an dieser Stelle dem richterlichen Ermessen den weitesten Spielraum zu geben. Der Richter kenne die meisten Lebensverhältnisse nicht, stehe im allgemeinen leider auf seiten des Mannes und könne doch nicht zum Ober-Sachverständigen in Verlöbnissachen gestempelt werden. Die Begriffe "wichtiger Grund" und "billige Entschädigung" müßten deshalb gestrichen beziehentlich durch weniger kautschukartige, der Willkür minder breiten Spielraum lassende Bestimmungen ersetzt werden. Bei der Entschädigung

---

1) 24.April 1896.
1a) Zur Kodifizierung des Familienrechts im BGB s. neuerdings MÜLLER-FREIENFELS, Kodifikation a.a.O.(s.Lit.Verz.)
2) § 128o E II i.d.F. der Reichstagsvorlage.
3) § 1281 Abs. 1 a.a.O.
4) § 1283 a.a.O.
5) § 1281 Abs. 3 a.a.O.
6) DRUCKSACHE Nr.89 (Abänderungs-Anträge GRÖBER v.22.April 1896), Ziff.I.

der geschwächten Braut müssen insbesondere die Vermögensumstände des Mannes und die Erschwerung der Heiratsmöglichkeit des Mädchens berücksichtigt werden. Wie einseitig, ja geradezu das weibliche Geschlecht kränkend, viele Richter verfahren, wenn ihrem freien Ermessen anheimgestellt wird zu beurteilen, was nach "billigem Ermessen" als eine Art Entschädigung zu leisten sei, zeige die württembergische und sächsische Praxis, die in der Regel etwa 2o - 6o M.Deflorations-Entschädigung zubillige, während allerdings in anderen Gegenden Mitteldeutschlands und in Hamburg nach dieser Richtung hin verständiger geurteilt und auf Entschädigung wegen Defloration in Höhe bis 10 000 Mark und mehr erkannt wurde. Notwendig insbesondere sei es, daß ausdrücklich die Vermögensverhältnisse des Mannes betont werden. Diesen Ausführungen entsprechende Anträge stellen die Abgeordneten Frohme und Stadthagen[7]. Der Abg.Vielhaben schließt sich den letzteren Ausführungen an und will eventuell als Minimalmaß den 5o-fachen ortsüblichen Tagelohn fixieren[8]. Die auf entsprechende Änderung des Entwurfs gerichteten Anträge werden jedoch sämtlich abgelehnt[9]. Nur wird beschlossen, auch den Personen, die anstelle der Eltern Aufwendungen infolge des Verlöbnisses gemacht haben, einen Schadensersatzanspruch zuzubilligen und die im Entwurf auf 1 Jahr normierte Verjährungsfrist auf 2 Jahre zu erhöhen[1o]. Die Kommission geht sodann zur Beratung der Bestimmungen über Schließung der Ehe über[11]. § 1286 des Entwurfs schlägt vor, die Ehemündigkeit des männlichen Geschlechts von 2o auf 21 Jahre zu erhöhen und Dispensationen für das männliche Geschlecht nicht zuzulassen. Der Abg. Kauffmann (frs.Vp.) beantragt: das Ehemündigkeitsalter für das weibliche Geschlecht von 16 auf 18 Jahre zu erhöhen[12]! Frohme und Stadthagen beantragen, diesen Antrag und die Änderungen des Entwurfs gegenüber dem bestehenden Gesetz

7) DRUCKSACHE Nr.87 (Abänderungs-Anträge FROHME.STADTHAGEN vom 22.April 1896).
8) Der Antrag ist in den Kommissions-Drucksachen nicht enthalten.
9) BERICHT S.79/8o.
1o) BERICHT S.8o; zugrunde lag der sozialdemokratische Antrag aus DRUCKSACHE Nr.87 (s.Anm.7), Ziff.5.
11) S.BERICHT S.8o ff.
12) S.Nr.37, Anm.7.

abzulehnen. Nicht das geringste liege vor, um die Eheschließungen noch mehr zu erschweren. Die Statistik zeige das Bedürfnis der Eingehung von Ehen insbesondere auch für Mädchen unter 18, aber auch für junge Männer von 2o Jahren. In Berlin standen im Jahre 189o von 277 429 verheirateten Frauen 1 im Alter unter 15, 3 im Alter unter 16, 11 im Alter unter 17, 1o6 unter 18 Jahren. 23 Ehemänner waren unter 2o, 84 2o-21 Jahre alt.Alljährlich werden ferner in Deutschland 2-3ooo Dispensationsgesuche an Mädchen, die noch nicht 16 Jahre alt sind, erteilt. Was liege da ein Bedürfnis zur Erhöhung der Heiratsmündigkeit vor? Vor 1875 war in Preußen das Ehemündigkeitsalter für Mädchen 14 Jahre. Die Fleischesvergehen gegen Mädchen unter 16 Jahren haben zugenommen. Und da solle das Heiratsalter nach dem freisinnigen Antrage noch erhöht werden? Unsere Genossen erklären sich gegen jede Erschwerung der Heirat. Es wird der Antrag Kauffmann zurückgezogen, der Antrag Frohme-Stadthagen gegen 4 Stimmen (Vielhaben (Reform-P.), Schädler (Z.) und die Antragsteller) abgelehnt, mithin das Ehemündigkeitsalter des männlichen Geschlechts auf 21 Jahre erhöht[13]. § 1288 des Entwurfs verlangt in Verböserung des bestehenden Gesetzes, daß die elterliche Einwilligung zur Eheschließung nicht wie jetzt bei Mädchen bis zum vollendeten 24., bei Männern bis zum vollendeten 25.Lebensjahre notwendig sein soll, sondern daß bei Mädchen und Männern bis Vollendung des 25.Lebensjahres die Zustimmung des Vaters erforderlich sei. Frohme und Stadthagen beantragen, statt dessen das 21.Jahr, mit dem die Volljährigkeit erlangt wird, zu setzen, eventuell wenigstens den bestehenden Zustand wieder herzustellen[14].Auch gegen diesen Antrag, den im Jahre 1875 selbst Windthorst für zutreffend erachtet hatte, stimmen die Ultramontanen,Freisinnigen, Nationalliberalen,Freikonservativen und Konservativen.Dafür stimmt außer den Antragstellern nur Abg. Vielhaben (Antisem.). Die die Eingehung von Ehen erschwerende Bestimmung des Entwurfs ist demnach angenommen[15].Die nächste Sitzung der Kommission findet am Sonnabend[16] um 1o Uhr vormittags statt.
(...)

---

13) BERICHT S.81.
14) DRUCKSACHE Nr.88 (Abänderungs-Anträge FROHME.STADTHAGEN vom 22.April 1896),Ziff.3.
15) BERICHT S.82.
16) 25.April 1896.

Nr.39

VORWÄRTS - Berliner Volksblatt
13.Jg (1896) - Nr.98 v.26.April, S.2

[Beratungen der Reichstagskommission: Eheschließung, insb. Eheverbote, Form der Eheschließung]

(Parlamentarisches.)

Die bestehenden Eheverbote und Erschwerungen des Abschlusses einer Ehe genügten der freisinnig-reaktionären Mehrheit der Kommission für den Entwurf eines Bürgerlichen Gesetzbuchs auch am Sonnabend[1] nicht. Das bestehende Gesetz verbietetdie Ehe zwischen Verwandten in auf- und absteigender Linie, zwischen voll- und halbbürtigen Geschwistern, zwischen Stiefeltern und Stiefkindern, Schwiegereltern und Schwiegerkindern, zwischen Adoptierten und zwischen einem wegen Ehebruchs Geschiedenen und dessen Mitschuldigen[2]. Der Entwurf schlägt, in Anlehnung an das kanonische Recht, als neues Eheverbot vor: "Eine Ehe darf nicht geschlossen werden zwischen Personen, von denen die eine mit Eltern, Voreltern oder Abkömmlingen der anderen Geschlechtsgemeinschaft gepflogen hat"[3]. Unsere Vertreter beantragen Streichung dieses neuen Eheverbotes[4] und weisen insbe-

1) 25.April 1896.
2) S. § 33 Reichs-Zivilstandsgesetz.
3) S. § 1293 Abs. 2 E II i.d.F. der Reichstagsvorlage.
4) DRUCKSACHE Nr.88 (s.Nr.38,Anm.14),Ziff.4a.

sondere auch auf die schwierige Stellung hin, in die durch solches Verbot Standesbeamte und Parteien gelangen können. Wie soll denn auf Anfordern erwiesen werden, daß keine Geschlechtsgemeinschaft (auch außereheliche) bestanden hat?Abg. v.Buchka (k.) schließt sich dem Antrag auf Streichung wegen der Schwierigkeiten für den Standesbeamten an[5]. Das neue Eheverbot gelangt aber durch die Stimmen der Freisinnigen, Ultramontanen und Nationalliberalen zur Annahme[6]. Desgleichen gelangt das weitere Eheverbot zur Annahme, daß auch die durch außerehelichen Beischlaf mit dem Erzeuger oder mit der Mutter Verwandten eine Ehe nicht eingehen dürfen[7]. Ein Antrag der Ultramontanen[8], auch den Eheabschluß zwischen Oheim und Nichte,Neffe und Tante, sowie zwischen Geschwisterkindern, zwischen einem Verlobten und dem Verwandten des anderen in gerader Linie zu verbieten, wird abgelehnt[9]. Desgleichen ein Antrag derselben Partei, der Dispensation Ehebrechern gegenüber überhaupt nicht zulassen will[10]. Der Entwurf hält das Erfordernis der Erlaubnis der Eingehung einer Ehe von Militärbeamten und Landesbeamten in § 1298 aufrecht. Ein Antrag, diese Bestimmung zu streichen, wird abgelehnt[11]. §§ 1299 und 13oo wollen die obligatorische Zivilehe aufrecht erhalten. Hierzu sind die neulich mitgeteilten Anträge[12] gestellt 1. auf Einführung einer kirchlichen Ehe und einer Notzivilehe, 2. auf Einführung einer fakultativen Zivilehe und 3. auf eventuelle Verpflichtung des Standesbeamten,der kirchlichen Zeremonie beizuwohnen und erst dann die Ehe für geschlossen zu erklären. Nach sehr lebhafter Debatte wird der erste Antrag mit 14 gegen die 7 St. des Zentrums und der Polen, der Antrag zu 2 mit 12 gegen die Zentrumsstimmen und die Stimmen

---

5) Der Antrag ist in den Kommissionsdrucksachen nicht enthalten.
6) BERICHT S.82.
7) Ibd.
8) DRUCKSACHE Nr.9o (Abänderungs-Anträge GRÖBER v. 23.April 1896), Ziff.3.
9) BERICHT S.82.
1o) DRUCKSACHE Nr. 9o (Ziff.4a.
11) DRUCKSACHE Nr.88 (s.Anm.4),Ziff.5.
12) S.Nr.36, Anm.7 ff.

von 2 Konservativen, also gegen 9 Stimmen, der letzte Antrag mit 14 gegen 7 St.der Ultramontanen und Polen abgelehnt[13]. Es bleibt also bei der obligatorischen Zivilehe. Die Redaktionskommission soll jedoch eine Fassung finden, die klarer als der Entwurf und das bestehende Gesetz zeigt, daß die vor dem Standesbeamten erklärte Einwilligung der Brautleute,nicht die Erklärung des Standesbeamten, die Ehe begründet. Um 4 Uhr vertagte die Kommission ihre Sitzung auf den 28.d.M.,vormittags lo Uhr.

13) S.die breite Darstellung der Generaldebatte in der 1.Kommissionslesung in: BERICHT S.84 ff.; die Abstimmung a.a. O. S.92

Nr.4o

VORWÄRTS- Berliner Volksblatt
13.Jg (1896) -Nr. 100 vom 29.April, S.4

[Beratungen der Reichstagskommission: Anfechtbarkeit der Ehe]

(Parlamentarisches.)

(...)

In der Kommission für das Bürgerliche Gesetzbuch wurden in der Sitzung am Dienstag[1] die Bestimmungen über Anfechtbarkeit einer Ehe (§§ 13oo-133o) im wesentlichen in der Fassung des

1) 28.April 1896.

Entwurfs angenommen. Die Ausdehnungen, die der Entwurf der Anfechtbarkeit wegen Irrtums und Betrugs über persönliche Verhältnisse und Eigenschaften sowie über die Vermögensverhältnisse des Unverheirateten geben will, wurden nur teilweise angenommen. Insbesondere wurde eine Anfechtung wegen Betrugs oder Irrtums über Vermögensverhältnisse abgelehnt[2]. Die nächste Sitzung findet am Mittwoch[3] statt... . Am Sonnabend,der sonst für die Beratungen der Kommission für das bürgerliche Gesetzbuch reserviert werden sollte, wird auch eine Plenarsitzung stattfinden, um die raschere Erledigung des Börsengesetzes zu ermöglichen.

---

2) BERICHT S.1o7.
3) 29.April 1896.

Nr.41

VORWÄRTS - Berliner Volksblatt
13. Jg (1896) - Nr. 101 v. 3o.April, 1.Beilage S.1

[Beratungen der Reichstagskommission: Ehescheidungsrecht]

(Parlamentarisches.)

In der Kommission zur Beratung des Entwurfs eines Bürgerlichen Gesetzbuches gelangten am Mittwoch[1] zunächst die Bestimmungen über Wiederverheiratung im Falle der Todeserklärung (§§ 1331-1335) zur Annahme. Es wurde dann beschlossen, den wichtigen fünften und sechsten Titel (der fünfte spricht

---

1) 29.April 1896.

von der Wirkung der Ehe im allgemeinen, der sechste behandelt das eheliche Güterrecht) bis nach Beratung des siebenten Titels, der die Ehescheidung betrifft, auszusetzen. Die Ehescheidungsfrage ist eine Frage sehr wichtigen Charakters. Die Ehescheidungsgründe sind zeitlich und räumlich sehr verschiedenartige. Ursprünglich konnte die Ehe durch einfache Willenserklärung des Mannes für aufgelöst erklärt werden. Der Mann konnte, brauchte aber nicht der Frau, von der er sich schied, einen Scheidebrief (zum Ausweis der erfolgten Scheidung) geben. Dieses Selbstscheidungsrecht des Mannes, das nach mosaischem und römischem Recht zulässig war und das sklavenartige Verhältnis der Ehefrau deutlich dokumentiert, gelangte allmählich außerordentlich selten zur Anwendung. Im neuen Testament (Ev.Matthäi 5, Vers 27-32, Ev. Marci 19, Vers 2-12, Ev. Luc.16, Vers 18, Ev. Matthäi 1o, V.3-6, 1.Kor.Kap.7, Vers 1o, 11) wird die Forderung vertreten, daß der Mann nicht um irgend einer Ursache willen sich scheide. Aus diesen Stellen leitet die katholische Kirche seit dem fünften Jahrhundert als Glaubenssatz die Notwendigkeit der Unauflösigkeit einer Ehe ab. Erst seit dem zwölften Jahrhundert gelang es der katholischen Kirche, die Sakramentsnatur der Ehe, zunächst der fleischlich vollzogenen, dann aller Ehen, zur praktischen Geltung zu bringen. Tatsächlich aber hat die katholische Kirche wiederholt bei Scheidung und Wiederverheiratung einer Anzahl katholischer Fürsten ihre Genehmigung erteilt. So verbot Kaiser Karl der Große unter dem Einfluß der Kirche die Scheidung, ließ sich selbst aber zweimal (in den Jahren 769 und 771) scheiden. Ebenso wurde im Jahre 18o9 die unlösliche Ehe des katholischen Napoleon I. mit Josephine durch die Kirche geschieden, mit Marie Luise von Oesterreich kirchlich eingesegnet. Die katholische Kirche anerkannte gleichzeitig mit der Durchführung des Prinzips der Unauflöslichkeit die Möglichkeit, die Ehegatten von Tisch und Bett entweder auf Zeit oder auf Lebenszeit zu trennen. Dadurch wurde dem praktischen Bedürfnis entgegengekommen, unter bestimmten Umständen das tatsächliche Zusammenleben der Eheleute zeitweise oder dauernd aufzuheben. Solche Scheidung wurde vom geistlichen, nicht vom weltlichen Gericht ausgesprochen. Eine Trennung auf Lebenszeit wurde bei Ehebruch, Sodomie oder Päderastie zugelassen. Als Gründe für eine zeitliche Trennung bildeten im katholischen Recht sich allmählich heraus: bösliche Verlassung, schwere Mißhandlung, Lebensnachstellung, hartnäckige Verweigerung der Ehepflicht (sog.Herzenshartnäckigkeit), Abfall von der Kirche sowie Verurteilung zu schimpflicher Freiheitsstrafe und falscher Anschuldigung, wenn durch das Verschulden des Verurteilten oder des denunzierenden Ehegatten die Möglichkeit einer gedeihlichen Fortsetzung der Ehe einseitig zerstört wurde. Seit dem 1.Januar 1876 gibt es in Deutschland nur noch eine durch weltliche Gerichte ausgesprochene Ehescheidung, eine Trennung von Tisch und Bett gibt es nicht mehr. Die eben angeführten Gründe für eine Trennung von Tisch und Bett gelten seit dem 1.Januar 1876 in den Rechtsgebieten Deutschlands, in denen das katholische Eherecht gilt, als Scheidungsgründe[2]. Die protestantische Kirche erkannte im Gegensatz zur katholischen Kirche die Zulässigkeit einer Scheidung an. Von den angeführten Gründen schließt sie den Abfall von der Kirche aus. Eine allerdings nicht konstante Rechtsprechung fügte als Ehescheidungsgründe hinzu: Wahnsinn, körperliche Gebrechen, unüberwindliche Abneigung. Mehrere deutsche Länder (Kurhessen, Schleswig-Holstein, Hannover, Neuvorpommern, Nassau, Frankfurt a.M.,Mecklenburg, Oldenburg, Altenburg, Meiningen, Schwarzburg-Sondershausen, Braunschweig, Weimar, Coburg-Gotha, beide Reuß und Anhalt) anerkannten überdies ein landesherrliches Ehescheidungsrecht, das aber als durch das Zivilstandsgesetz beseitigt gelten dürfte. Das katholische Eherecht gilt noch heute in dem katholischen, das protestantische Eherecht in dem protestantischen Teile Deutschlands, soweit nicht besondere Gesetze die Ehescheidungsgründe geregelt haben. Solche Regelung hat vielfach (z.B. im preußischen Landrecht, in der Nürnberger Ehescheidungs-Ordnung, im Kurbayerischen Landrecht, im Gothaischen Ehegesetz, in Braunschweig, in Mecklenburg, in Schwarzburg-Sondershausener Ehescheidungs-Gesetz, in der Altenburger Ehe-Ordnung, im Bürgerlichen Gesetzbuch für Sachsen, im code civil, im Badischen Landrecht) stattgefunden. Diesem bunten

2) S.§ 77 Abs. 1 des Reichs-Zivilstandsgesetzes: "Wenn nach dem bisherigen Rechte auf beständige Trennung von Tisch und Bett zu erkennen sein würde, ist fortan die Auflösung des Bandes der Ehe auszusprechen."

Bilde der verschiedenen Ehescheidungsgründe soll der Entwurf ein Ende machen. Leider steht er auf sehr reaktionärem Standpunkte. Er will unter Ausschluß des Scheidungsgrundes aufgrund gegenseitiger Einwilligung nur folgende Gründe als Scheidungsgründe zulassen: Ehebruch, diesem gleichgestellte Fleischesverbrechen, Lebensnachstellung, bösliche Verlassung,mindestens drei Jahre alte Geisteskrankheit, falls durch sie die geistige Gemeinschaft zwischen den Ehegatten aufgehoben, auch jede Aussicht auf Wiederherstellung derselben ausgeschlossen ist.Endlich soll ein Ehe -/[2]/gatte aus dem allgemeinen Grund auf Ehescheidung klagen können, daß der andere Ehegatte durch schwere Verletzung der durch die Ehe begründeten Pflichten oder durch ehrloses oder unsittliches Verhalten eine so tiefe Zerrüttung des ehelichen Verhältnisses verschuldet hat, daß dem Ehegatten die Fortsetzung der Ehe nicht zugemutet werden kann. Als schwere Verletzung der Pflichten gilt insbesondere grobe Mißhandlung. Zentrum und Konservative versuchen die Gründe noch mehr zu beschränken, die Freisinnigen stehen ebenso wie unser Genosse auf entgegengesetztem Boden[3].Überdies versuchen die Ultramontanen noch dadurch dem kirchlichen Eherecht zur Macht zu verhelfen, daß sie beantragen, als neuen Scheidungsgrund zuzufügen: die Weigerung der Vollziehung einer kirchlichen Trauung und für die kirchlich getrauten Ehen nur die kirchlichen Scheidungsgründe gelten zu lassen[4]. Bei der Wichtigkeit des Gegenstandes trat die Kommission in eine Art Generaldebatte über die Scheidungsgründe ein. Frohme legte im Gegensatz zu den reaktionären Gelüsten klar, daß es sittlich sei, Ehescheidungen zu erleichtern, die Ehescheidungsgründe nicht dem Belieben des Richters preiszugeben und eine tatsächliche Gleichstellung beider Geschlechter auch auf diesem Gebiete zu erzielen. Besondere Anträge behielten er und Stadthagen sich für die zweite Lesung vor. Die Anführung jenes Urteils, in dem eine Ar-

3) DRUCKSACHE Nr.92 (Abänderungs-Anträge BACHEM.GRÖBER.LETOCHA. LIEBER.SCHÄDLER v.26.April 1896);DRUCKSACHE Nr.96 (Abänderungs-Antrag v. BUCHKA v.29.April 1896);DRUCKSACHE Nr.91 (Abänderungs-Anträge KAUFFMANN.SCHNEIDER v.24.April 1896); von den Sozialdemokraten wurde in der 1.Lesung der Kommision ein ausdrücklicher schriftlicher Antrag zum Ehescheidungsrecht nicht gestellt.

4) DRUCKSACHE Nr.92,Abs.5.

beiterfrau Scheidung von ihrem wegen gemeiner Verbrechen mit Zuchthaus bestraften Ehegatten vergeblich begehrte, weil der Richter annahm: bei Personen des Arbeiterstandes werde die Zuchthausstrafe nicht als etwas Entehrendes angesehen,wirkte derartig auf die Kommissionsmitglieder, daß selbst König von Stumm das Urteil für so ungeheuerlich erachtete, daß er glaubte, Frohme habe sich geirrt. In der Spezialdebatte wird in Übereinstimmung mit § 1548 des Entwurfs als Scheidungsgrund: Ehebruch, Doppelehe und widernatürliche Unzucht festgesetzt. Auch die Verbrechen der §§ 174,176 (Vornahme unzüchtiger Handlungen mit Kindern, fleischlicher Mißbrauch der Gewalt als Beamter, Lehrer u.s.w.) will ein Antrag des Abg.Kauffmann als Ehescheidungsgründe gelten lassen. Der Antrag wird jedoch gegen die Stimmen der Freisinnigen und Ultramontanen abgelehnt[5]. Die Mehrheit will demnach dem Ermessen des Richters in jedem Fall die Entscheidung überlassen, ob solche Verbrechen als Ehescheidungsgrund zu gelten haben. Der Antrag des Abg. Dziembowski, für kirchlich getraute Ehen nur die kirchlich zugelassenen Ehescheidungsgründe gelten zu lassen, wird abgelehnt[6] und die Sitzung auf Donnerstag[7] um 1o Uhr vertagt.

5) DRUCKSACHE Nr.91 (s.Anm.3), Ziff.1. BERICHT S.116.
6) DRUCKSACHE Nr.94 (Abänderungs-Antrag v.DZIEMBOWSKI-POMIAN v.28.April 1896), Ziff.1; BERICHT S.118.
7) 3o.April 1896.

Nr.42

VORWÄRTS - Berliner Volksblatt
13.Jg (1896) - Nr. 102 vom 1.Mai, 1.Beilage S.1

[Beratungen der Reichstagskommission: Ehescheidungsrecht (Fortsetzung)]

(Parlamentarisches.)

Die Ehescheidungsgründe beschäftigten auch in der 33.Sitzung am Donnerstag[1] die Kommission zur Vorberatung des Entwurfs eines Bürgerlichen Gesetzbuchs. Auch in dieser Sitzung trat bei der Mehrheit der Kommission das Bestreben hervor, die Scheidungsgründe möglichst einzuengen. § 1549 will eine Ehescheidung nur zulassen, wenn der eine Teil dem anderen "nach dem Leben getrachtet" hat. Die Anhänger des Entwurfs lehnen, entgegen einem Antrag des Abgeordneten Kauffmann[2], eine weitere, mit der bestehenden Gesetzgebung fast aller Teile Deutschlands übereinstimmende Ausdehnung der absoluten Ehescheidungsgründe auf die Fälle ab, in denen ein Ehegatte sich einer das Leben des anderen Ehegatten gefährdenden Behandlung oder einer groben Mißhandlung schuldig gemacht hat[3]. Für den Antrag stimmten nur die Freisinnigen, Sozialdemokraten und Ab-/[2]/geordneter Schröder (frs.Vg.). Die Mehrheit

---

1) 30.April 1896.
2) DRUCKSACHE Nr.91 (s.Nr.41,Anm.3), Ziff.2.
3) BERICHT S.115.

verwies auf den Ausweg, den § 1551 darbiete, da dieser Paragraph dem richterlichen Ermessen gestattet, in allen Fällen zu scheiden, "in der durch schwere Verletzung der durch die Ehe begründeten Pflichten oder durch ehrloses oder unsittliches Verhalten eine so tiefe Zerrüttung des ehelichen Verhältnisses verschuldet ist, daß dem Ehegatten die Fortsetzung der Ehe nicht zugemutet werden kann." Die Abg. Kauffmann und Stadthagen wenden sich lebhaft gegen dies Sicherheitsventil. Gerade auf dem Gebiete des Eherechts sei die Weite des richterlichen Ermessens durchaus ungerechtfertigt. Es lasse sich doch nicht leugnen, daß, da wir weibliche Richter noch nicht haben, das richterliche Ermessen sich zumeist der Seite des Mannes zuneige. Ferner: wie verschieden wird ein Hagestolzer und ein Verheirateter, ein "glücklicher" und ein "unglücklicher" Ehemann, ein Katholik oder ein Protestant entscheiden! Schon jetzt sei das Belieben des Richters leider ein sehr großes, es so zu erweitern, wie § 1551 wolle, liege absolut kein Anlaß vor. Da es sich um Würdigung rein tatsächlicher Verhältnisse handle, so würde eine konstante Rechtsprechung sich nicht bilden können; die Rechtsprechung des Reichsgerichts würde in seltenen Fällen hier Normen aufstellen können. Welcher Umstand berechtige denn, den Richter als Obergutachter in Ehesachen anzustellen? Woher solle er die Legitimation hierzu nehmen? Sollen etwa die Richter eine Reihe Probe-Ehen führen? Oder ist die Annahme berechtigt, gerade Richter führen Muster-Ehen? Hier liege die Neigung des absoluten Staatsgedankens vor, den Beamten als allwissenden Vormund für die übrigen Mitbürger hinzustellen. Mit der Billigung des § 1551 übertrage der Gesetzgeber seine Aufgaben in durchaus unzulässiger und unerträglicher Weise dem Richter. Die Abstimmung über § 1551 wurde bis zum Schluß der Durchberatung über die paar im Entwurf enthaltenen absoluten Scheidungsgründe ausgesetzt[4]. Als neuen Scheidungsgrund beantragen die Ultramontanen die

---

4) S. u.Nr.44, Anm.6.

Unterlassung kirchlicher Trauung, wiewohl diese vor der Ehe zugesagt oder nach Abschluß der Ehe von einem Teil verlangt ist[5]. Der Antrag wurde nach längerer Debatte abgelehnt[6]. Die nächste Sitzung findet am Dienstag, den 5.Mai statt.

---

5) DRUCKSACHE Nr.92 (s.Nr.41,Anm.3),Ziff.6.
6) BERICHT S.115.

Nr.43

VORWÄRTS - Berliner Volksblatt
13.Jg (1896) - Nr. 1o3 v.3.Mai, 1.Beilage S.2

[Notiz über eine Beratung des Ältestenrates des Reichstages betr.die weitere Gesetzgebungsprozedur]

(Parlamentarisches.)

Nach dem am Freitag im Seniorenkonvent getroffenen Vereinbarungen wird der Reichstag bis zum Donnerstag vor Pfingsten tagen ... An die Beratung der Justiznovelle im Plenum ist vor Pfingsten nicht zu denken, ebenso wenig ist es möglich, die Beratung über das Bürgerliche Gesetzbuch weiter als bis zum Abschluß der ersten Lesung in der Kommission zu bringen. Aller Wahrscheinlichkeit nach wird der Reichstag ... vor oder kurz nach Pfingsten bis zum Herbst vertagt werden, damit die Kommissionsarbeiten für die Justiznovelle und das bürgerliche Gesetzbuch nicht infolge der Schließung der Reichstagssession noch einmal vorgenommen werden müssen[1]. Über die Ansicht der Regierung bezüglich einer etwaigen bis zum Herbst dauernden Vertagung konnten noch keine Mitteilungen gemacht werden.-

1) Zu den Überlegungen hinsichtlich der geschäftsordnungsmäßigen Behandlung des BGB im Reichstag s.bereits S.XXXV ff. der Einführung.

Nr.44

VORWÄRTS - Berliner Volksblatt
13.Jg (1896) - Nr. 105 v. 6.Mai, 1.Beilage, S.1

[Beratungen der Reichstagskommission: Ehescheidungsrecht (Fortsetzung)]

(Parlamentarisches.)

Erschwerung der Ehescheidung war in der Sitzung, welche die Kommission zur Vorberatung des Bürgerlichen Gesetzbuchs am Dienstag[1] abhielt, die siegreiche Parole der vereinigten Reaktionäre. Sämtliche Anträge, die von freisinniger Seite (Abg. Kauffmann) zu dem Zweck einer Erleichterung der Ehescheidung gestellt waren[2], wurden nur von sozialdemokratischer Seite unterstützt. Was dem vereinigten Ansturm der Ultrareaktionäre

1)5.Mai 1896.
2)DRUCKSACHE Nr.91 (s.Nr.41,Anm.3).

in der preußischen Landratskammer nicht gelungen war: den landrechtlichen Ehescheidungsgrund der gegenseitigen Einwilligung bei kinderlosen Ehen und den in fast ganz Deutschland gültigen Ehescheidungsgrund wegen unheilbarer Geisteskrankheit aufzuheben[3], gelang den Reaktionären unter der Führung der Herren von Bennigsen und v. Stumm. Ist es verständlich,wenn die Ultramontanen versuchten, allein die von der katholischen Religion anerkannten Scheidungsgründe zu allgemein gültigen zu machen, so wird das Vorgehen der Konservativen, Nationalliberalen und Freikonservativen fast nur durch die naturgemäße Heuchelei gegenüber tatsächlichen Verhältnissen und durch eine gewisse Vorliebe erklärbar, die Sittlichkeit um so häufiger in den Mund zu nehmen, je ferner man ihr steht. Die Beschlüsse der Kommission engen noch über den Entwurf hinausgehend[4] die Scheidungsgründe ein. Nach den am Dienstag gefaßten Beschlüssen sollen Ehescheidungsgründe nur sein: Ehebruch, Trachtung nach dem Leben und bösliche Verlassung, wenn der böslich Verlassende zur Herstellung der häuslichen Gemeinschaft rechtskräftig verurteilt ist und trotzdem mindestens ein Jahr lang die eheliche Gemeinschaft nicht hergestellt hat. Als Sicherheitsventil dafür, daß wohlhabende und wohlgesinnte Eheleute - richtiger Ehemänner - eine ihnen überdrüssig gewordene Frau los werden können, kann folgende von der Kommission angenommene[5], dem § 1551 des Entwurfs entsprechende Bestimmung gelten, deren gegen die Arbeiter und gegen die Frauenwelt wirkende Folgen wir neulich bereits skizzierten[6]:"Ein Ehegatte kann auf Scheidung klagen, wenn der andere Ehegatte

3) S.§§ 698 und 716 ALR II 1:
"Raserey und Wahnsinn, in welche ein Ehegatte verfällt, können die Scheidung nur alsdann begründen, wenn sie über Ein Jahr ohne wahrscheinliche Hoffnung zur Besserung fortdauern."
"Ganz kinderlose Ehen können auf den Grund gegenseitiger Einwilligung getrennt werden, sobald weder Leichtsinn oder Übereilung, noch heimlicher Zwang an einer oder der anderen Seite zu besorgen ist."

4) § 1552 E II i.d.F. der Reichstagsvorlage lautete:"Ein Ehegatte kann auf Scheidung klagen, wenn der andere Ehegatte in Geisteskrankheit verfallen ist,die Krankheit während der Ehe mindestens drei Jahre gedauert und einen solchen Grad erreicht hat, daß die geistige Gemeinschaft zwischen den Ehegatten aufgehoben, auch jede Aussicht auf Wiederherstellung dieser Gemeinschaft ausgeschlossen ist."

5) BERICHT S.116.

durch schwere Verletzung der durch die Ehe begründeten Pflichten oder durch ehrloses oder unsittliches Verhalten eine so tiefe Zerrüttung des ehelichen Verhältnisses verschuldet hat, daß dem Ehegatten die Fortsetzung der Ehe" (nach Ansicht des männlichen Richters) "nicht zugemutet werden kann. Als schwere Verletzung der Pflichten gilt auch grobe Mißhandlung".Daß solche, für ganz Deutschland rückschrittliche, verballhornisierte Ehescheidungs-Gesetzvorschläge für jeden Nicht-Heuchler unannehmbar sind, bedarf keiner eingehenden Darlegung. Die nächste Sitzung der Kommission findet am Mittwoch[7] um lo Uhr statt.

---

6) S.Nr.42, Anm.4.
7) 6.Mai 1896.

Nr.45

VORWÄRTS - Berliner Volksblatt
13.Jg (1896) - Nr. lo6 v.7.Mai, 1.Beilage, S.1

[Beratungen der Reichstagskommission: Ehescheidungsrecht (Abschluß) - Wirkungen der Ehe im Allgemeinen]

(Parlamentarisches.)

In der Kommission für das Bürgerliche Gesetzbuch wurde in der Sitzung am Mittwoch[1] zunächst der Versuch des Zentrums,

---

1) 6.Mai 1896.

das in Deutschland seit dem 1.Januar 1876 abgeschaffte Institut einer Scheidung von Tisch und Bett (statt dem Bande nach) wiedereinzuführen, von Erfolg gekrönt. Konservative, Freikonservative, von Bennigsen und freisinnige Vereinigung (Schröder) stimmten folgendem neuen § 1557a gegen die Stimmen der freisinnigen Volkspartei (Kauffmann und Munckel) und der Sozialdemokraten (Frohme und Stadthagen) zu[2]: "Der Ehegatte, der auf Scheidung zu klagen berechtigt ist, kann statt auf Scheidung auf Aufhebung der ehelichen Gemeinschaft klagen. Verlangt der andere Ehegatte, daß die Ehe, wenn die Klage begründet ist, geschieden werde, so ist auf Scheidung zu erkennen." Dieselbe Mehrheit stimmte einer Reihe von Anträgen zu, die diesen in § 1557a zum Ausdruck gebrachten Gedanken näher präzisieren[3]. Frohme und Stadthagen begründeten dann ihren Antrag, die die Eheschließung und die Ehescheidung regelnden Teile des Entwurfs zu streichen und es also bei den bestehenden Gesetzen zu belassen[4]. Sie wiesen zur Motivierung ihres Antrages auf die erheblichen Erschwerungen, welche der Entwurf, so wie er gestaltet ist, der Eheschließung und Ehescheidung im Gegensatz zum geltenden Recht schaffen will. Das Zentrum, dem der Entwurf noch nicht weit genug geht, erklärte, seine definitive Stellung sich bis zur zweiten Lesung vorbehalten zu müssen[5]. Der Antrag unserer Genossen wurde darauf abgelehnt[6]. Die Kommission ging dann zur Gestaltung des 5.Titels des Familienrechts (§§ 1336-134): "Wirkungen der Ehe im allgemeinen" über[7]. Die §§ 1336 und 1337 des Entwurfs schlagen vor: "§ 1336: Die Ehegatten sind einander zur ehelichen Lebensgemeinschaft verpflichtet. Stellt sich das Verlangen eines Ehegatten nach Herstellung der Gemeinschaft als Mißbrauch seines Rechtes dar, so ist der andere Ehegatte nicht verpflichtet, dem Verlangen Folge zu leisten."§ 1337: "Dem Manne steht

2) DRUCKSACHE Nr.92 (Abänderungs-Anträge BACHEM.GRÖBER.LETOCHA. LIEBER.SCHÄDLER v.26.April 1896), Ziff.8.
3) Ibd.
4) DRUCKSACHE Nr.88 (Antrag auf Streichung des Eheschließungsrechts); der Antrag auf Streichung des Ehescheidungsrechts befindet sich nicht bei den Kommissionsdrucksachen.
5) BERICHT S.122.
6) Ibd.
7) A.a.O. S.122 ff.

die Entscheidung in allen das gemeinschaftliche eheliche Leben betreffende Angelegenheiten zu; er bestimmt insbesondere Wohnort und Wohnung. Die Frau ist nicht verpflichtet, der Entscheidung des Mannes Folge zu leisten, wenn sich die Entscheidung als Mißbrauch seines Rechtes darstellt."

Frohme und Stadthagen beantragen Streichung beider Paragraphen[8]. Eventuell schlagen sie anstelle des § 1337 folgende Fassung vor: "In allen das gemeinschaftliche eheliche Leben betreffenden Angelegenheiten sind beide Ehegatten gleichberechtigt. Bei Meinungsverschiedenheit über den ehelichen Aufwand entscheidet derjenige Teil, aus dessen Vermögen die Ehelasten zum größten Teil bestritten werden. Jedoch darf die Entscheidung den anderen Gatten in seiner Erwerbstätigkeit nicht schädigen. Für die Wahl des Wohnortes gibt die Entscheidung desjenigen Ehegatten den Ausschlag, dessen Beruf für die Lebensführung der Familie maßgebend ist. Ein Gatte ist nicht verpflichtet, der Entscheidung des anderen Teils Folge zu leisten, wenn diese Entscheidung sich als Mißbrauch des die Entscheidung treffenden Teils darstellt"[9].

Das Zentrum beantragt unter Hinweis darauf, daß Fälle vorkommen, in denen das Versprechen kirchlicher Trauung gegeben, aber nicht gehalten werde, und daß das Gesetz ausdrücklich das Verlangen häuslicher Gemeinschaft für solchen Fall als Mißbrauch hinstellen müsse, dem § 1336 zuzusetzen: "Ist der eine Ehegatte wegen des Verschuldens des anderen Ehegatten berechtigt, auf Scheidung oder auf Aufhebung der ehelichen Gemeinschaft zu klagen, so kann er die Herstellung der häuslichen Gemeinschaft verweigern"[10]. Unsere Genossen begründen ihren Antrag wie folgt: Es ist unmöglich, die gegenseitigen Pflichten und Rechte der Eheleute gesetzlich festzulgen. Man gelange durch einen solchen Versuch nur zu Vorschriften, die sich nicht erzwingen lassen. Solche Vorschriften würden selbstverständlich durch die Änderung der wirtschaftlichen Stellung der Frau, durch das größere Maß von Selbständigkeit, das die Frau erringe, und die mit der ökonomischen Stellung der Frau in Verbindung stehende

8) DRUCKSACHE Nr.39 (Abänderungs-Antrag FROHME.STADTHAGEN vom 28.April 1896).
9) Ibd.
10)DRUCKSACHE Nr.92 (s.Anm.2),Abs.4.

Sitte überholt. Es könne dem Entwurf das Lob erteilt werden, daß er nicht wie das kurbayerische Landrecht oder das preußische Landrecht einen kasuistischen Katechismus für das Verhalten der Eheleute aufgestellt habe[11]. Er sei aber auf halbem Wege stehen geblieben. Er hätte den Versuch, in das Eheverhältnis durch Normen einzugreifen, überhaupt unterlassen sollen. Zu bekämpfen sei insbesondere der erste Satz des § 1337:"Er soll Dein Herr sein." Dies ist der Leitfaden, der dem Gesetzgeber vorgeschwebt habe. Allerdings habe der Entwurf nicht wie der code civil, das badische Landrecht, das preußische Landrecht "Gehorsam" ausdrücklich als Pflicht der Ehefrau hingestellt[12], habe sich auch von einer Bestimmung ferngehalten, wie sie im kurbayerischen Landrecht dahin enthalten sei:daß die Frau ihrem Manne zu "Diensten" verpflichtet sei und hierzu "von ihrem Manne der Gebühr nach angehalten und benötigtenfalls gezüchtigt werden kann"[13]. Aber wenn - wie § 1337 des Entwurfs es wolle - dem Manne in allen streitigen Angelegenheiten gesetzlich das Recht der Entscheidung beigelegt werde, so sei damit in etwas liebenswürdigerer Form der Ehefrau die Pflicht des Gehorsams auferlegt. Wolle man überhaupt derartige Sachen durch Gesetz regeln, so müsse man nach objektiven Maßstäben für Fälle des Streits suchen. Der Entwurf selbst habe ja gefühlt, daß seine Bestimmung zu einer Unterdrückung der Frau führen könne und deshalb Schutz gegen "Mißbrauch" versucht. Aber könne denn ein Richter (soll das ein Hagestolz,

---

11) S.Teil 1, Cap.6, § 12 des Codex Maximilianeus Bavaricus Civilis; §§ 173-2o4 ALR II 1.

12) S.Art.213 Code civil: "Le mari doit protection à sa femme, la femme obéissance à son mari";entsprechend die Vorschrift des Badischen Landrechts, welches im wesentlichen eine Übersetzung des Code Napoléon darstellt:"Der Mann ist seiner Frau zum Schutz, und die Frau ihrem Mann zu Gehorsam verbunden" (LRS 213).
Im ALR sind die Rechte und Pflichten der Ehefrau in §§ 192 ff II 1 geregelt;eine ausdrückliche Verpflichtung zum "Gehorsam" - wie im Text angenommen - findet sich jedoch nicht.

13) Cod.Max.a.a.O.(s.Anm.11)Ziff.3.- Für das Gebiet des ALR wurde bereits am 26.Januar 1812 durch ein Circular-Rescript des Justizministers an die Oberlandesgerichte klargestellt,daß dem Ehemann "nicht das Recht der mäßigen Züchtigung gegen die Ehefrau zu(stehe), ... da in den Gesetzen dieses Recht nicht gegründet ist".(PrJb 1(1814)/ S.3o), s.RÖNNE, Erläuterungen Bd 2,S.28.

ein "glücklicher" oder ein "unglücklicher" Ehemann sein?) objektiv einer Frau gegenüber urteilen, besser als der Ehemann entscheiden? Nach einer längeren Debatte werden die Anträge unserer Genossen gegen die Stimmen der Sozialdemokraten, Freisinnigen und des Polen abgelehnt, der Antrag des Zentrums wird angenommen[14]. Die nächste Sitzung der Kommission findet am Donnerstag[15] statt.

14) BERICHT S.124.
15) 7.Mai 1896.

Nr.46

VORWÄRTS - Berliner Volksblatt
13.Jg (1896) - Nr. 107 vom 8.Mai, 1.Beilage S.1

[1.) Notiz über eine erneute Sitzung des Ältestenrates des Reichstages, betr. die weitere Gesetzgebungsprozedur;
2.) Beratungen der Reichstagskommission: Eherecht, insb. Namensrecht, Stand der Ehefrau, Berufstätigkeit der Ehefrau]

(Parlamentarisches.)

Der Seniorenkonvent hat gestern noch einmal über die in Aussicht stehende Vertagung des Reichstages beraten[1]. Es wurde davon Mitteilung gemacht, daß die Regierung den Wunsch habe,

1) Zur geschäftsordnungsmäßigen Behandlung des BGB s.bereits S.XXXV ff. der Einführung sowie Nr. 43.

das Bürgerliche Gesetzbuch noch in dieser Session zur Verabschiedung zu bringen und zu diesem Zweck den Reichstag bis zur Erledigung des Gesetzes zusammenzuhalten. Von den Vertretern aller Parteien, mit Ausnahme des Abg. Rickert, wurde energisch darauf hingewiesen, daß die Absicht der Regierung unausführbar und es unmöglich sei, den Reichstag nach Pfingsten beschlußfähig zu erhalten. Es wurde allseitig der Wunsch ausgesprochen, daß der Präsident diese Auffassung in nachdrücklicher Weise zur Kenntnis bringen möge. Ohne bestimmte Verabredungen zu treffen, einigte man sich dahin, das vorliegende Material,bis auf die Justiznovelle, möglichst zur Erledigung zu bringen. Man wird zu diesem Zweck noch einige Zeit nach Pfingsten tagen müssen. Dadurch gewinnt auch die Kommission für das Bürgerliche Gesetzbuch Zeit, ihre Arbeiten zum Abschluß zu bringen. ... Nach einstimmiger Ansicht des Seniorenkonvents würde dann eine Vertagung des Reichstages bis zum Herbst einzutreten haben, und man glaubt, daß die Regierung sich umso mehr mit dieser Ansicht abfinden wird, als sonst die Gefahr einer permanenten Beschlußunfähigkeit des Reichstages auf der Hand liegt, und bei einem etwaigen Schluß der Session die Arbeiten der Kommissionen für das Bürgerliche Gesetzbuch und die Justiznovelle ganz nutzlos gewesen wären. Sonnabend[2] findet keine Plenarsitzung statt, um der Kommission für das Bürgerliche Gesetzbuch einen vollen Arbeitstag zu lassen. Die Plenarsitzungen sollen ebenfalls mit Rücksicht auf diese Kommission bis Pfingsten um 2 Uhr nachmittags beginnen. ... -

Das Recht der Frau bildete auch am Donnerstag[3] das Thema für die Kommission zur Beratung des Entwurfs eines Bürgerlichen Gesetzbuchs. Über den Namen, den die Ehefrau erhält, bestimmt § 1339 des Entwurfs: "Die Frau erhält den Familiennamen des Mannes."Verschiedene Frauenpetitionen treten dafür ein,daß der Frau das Recht zustehen soll, in /[2]/ Analogie der in der Schweiz und in Rußland herrschenden Sitte, ihren Mädchennamen mit dem Familiennamen verbinden zu können. Der Antrag wurde

2) 9.Mai 1896.
3) 7.Mai 1896.

vom Abg.Kauffmann (freis.) aufgenommen[4], gegen die Stimmen des Antragstellers, des Abg. Frohme, der freikonservativen Abgeordneten v. Stumm und Pauly und eines Teils des Zentrums aber abgelehnt[5]. Die Mehrheit der Kommission war durchweg der Ansicht, daß der Ehefrau das Recht, ihren Mädchennamen neben dem Familiennamen zu führen, durch den Entwurf nicht untersagt sei, daß aber zu einer ausdrücklichen Aufnahme dieses Rechts kein Bedürfnis vorliege und daß die Führung von Doppelnamen nicht erwünscht sei. Abg. Gröber beantragte, die Bestimmung aufzunehmen, daß auch der Stand des Ehemannes von der Ehefrau geteilt werde[6]. Die Vertreter der Regierung meinten, die Aufnahme solcher Bestimmung sei entbehrlich und könnte bezüglich des hohen Adels, dessen Vorrechte das Einführungsgesetz aufrecht hält, zu Mißverständnissen Anlaß geben[7]. Abg. Stadthagen unterstützt den Antrag. Wesentlich sei er nach der Richtung der Alimentationspflicht und beim Ehescheidungsrecht. Daß standesgemäße Alimentation darzureichen ist, sagt der Entwurf selbst. Bei den Ehescheidungsgründen stehe es dem Richter nach der jetzigen Gestaltung des Entwurfs leider frei, in Übereinstimmung mit der seltsamen Judikatur des Reichsgerichts bei Abwägung der Verfehlungen auf den Stand Rücksicht zu nehmen. Endlich sei die Einrichtung der morganatischen Ehe durch solche Vorschrift zu treffen, dies Institut überhaupt zu beseitigen. Die morganatische Ehe sei ursprünglich nichts weiter als das gesetzlich anerkannte Recht des hohen Adels, neben seiner standesgemäßen Ehefrau eine andere "zur linken Hand" sich antrauen zu lassen. Dies Institut verdanke wesentlich der Bestrebung seine Entstehung, die außerordentlich ausgedehnte Maitressenwirtschaft des hohen Adels im Interesse des Adels selbst einzuschränken. Sei in Preußen auch die morganatische Ehe nicht mehr als Doppelehe zugelassen, so lasse das Landrecht doch noch mit Genehmigung des Landesherrn die Eingehung einer "Ehe zur linken Hand" seitens eines Hochadligen mit

4) DRUCKSACHE Nr.83 (Abänderungs-Anträge KAUFFMANN v.22. April 1896), Abs. 4.
5) BERICHT S.125.
6) DRUCKSACHE Nr.95 (Abänderungs-Anträge GRÖBER v.29.April 1896), Ziff.3.
7) BERICHT S.124 f.

einem Mädchen aus "niederen Ständen" zu. Bei solcher Ehe werde ausdrücklich durch gültigen Vertrag dem Mädchen verwehrt, in die Familie und den Stand des Mannes zu treten. Im Grunde sei also solch' Verhältnis denkbar weit von einer Ehe entfernt, es sei ein Vertrag der Bettgemeinschaft, nicht der Lebensgemeinschaft und könne eher als Konkubinat denn als Ehe taxiert werden. Abg. v. Buchka und Vertreter der Regierung wendeten sich dagegen, daß die morganatische Ehe Konkubinatscharakter trage und bekämpften auch lebhaft den Antrag Gröber. Derselbe fiel gegen die Stimmen der Freisinnigen, Sozialdemokraten und einigen Ultramontanen[8]. Die Frage, ob die morganatische Ehe überhaupt beizubehalten sei, kommt erst bei Art.56 des Einführungsgesetzes zur Entscheidung. §§ 1339 und 1340 des Entwurfs lauten:

§ 1339: "Die Frau ist, unbeschadet der Vorschriften des § 1337, berechtigt und verpflichtet, das gemeinschaftliche Hauswesen zu leiten. Zu Arbeiten im Hauswesen und im Geschäfte des Mannes ist die Frau verpflichtet, soweit eine solche Tätigkeit nach den Verhältnissen, in denen die Ehegatten leben, üblich ist."

§ 1340: "Die Frau ist berechtigt, innerhalb ihres häuslichen Wirkungskreises die Geschäfte des Mannes für ihn zu besorgen und ihn zu vertreten. Rechtsgeschäfte, die sie innerhalb dieses Wirkungskreises vornimmt, gelten als im Namen des Mannes vorgenommen, wenn nicht aus den Umständen sich ein anderes ergibt. Der Mann kann das Recht der Frau beschränken und ausschließen. Stellt sich die Beschränkung oder die Ausschließung als Mißbrauch des Rechtes des Mannes dar, so kann sie auf Antrag der Frau durch das Vormundschaftsgericht aufgehoben werden. Dritten gegenüber ist die Beschränkung oder die Ausschließung nur nach Maßgabe des § 1418 wirksam."

Beiden Bestimmungen stimmt die Kommission zu[9]. Insbesondere § 1339 ist lediglich dekoratives Beiwerk, da nach dem Entwurf bei Streitigkeiten der Mann entscheidet. § 1341 regelt die für die Rechtsstellung der Ehefrau und für ihre Erwerbsmöglichkeit

8) A.a.O. S.125.
9) Ibd.

hochbedeutende Frage, ob der Ehemann das Recht haben soll, seiner Frau zu untersagen, Dienst- und Arbeitsverhältnisse ohne seine Genehmigung einzugehen. Das preußische Landrecht bestimmt in § 196 II 1: "Ohne Einwilligung des Mannes kann die Frau keine Verbindung eingehen, wodurch die Rechte auf ihre Person gekränkt werden." In ähnlicher Weise beschränkt das Bürgerliche Gesetzbuch für Sachsen (§ 1638) das Verfügungsrecht der Ehefrau. Er bestimmt: "Eine Ehefrau bedarf zu allen Rechtsgebieten, durch welche sie nicht lediglich erwirbt, der Einwilligung ihres Ehemannes." In ähnlicher Weise wird die Erwerbsmöglichkeit der Ehefrau nach der Rechtsprechung in fast allen Gebieten Deutschlands gehemmt. Die ökonomische Entwicklund und die Notwendigkeit ökonomischer Selbständigkeit für unendlich viel Frauen hat im Verkehr diese papiernen Schranken der Erwerbsmöglichkeit zum großen Teil beseitigt; aber der bestehende Rechtszustand hat dennoch zu einer außerordentlichen Schikanierung der Frau durch die angeführten Hemmparagraphen geführt; der Entwurf für das Bürgerliche Gesetzbuch will diese mit der Freiheit der Frau unverträglichen Hemmnisse zugunsten des Ehemannes verlängern und enthält nur ein praktisch völlig wertloses Recht der Ehefrau, die Hilfe des Richters in Anspruch zu nehmen. Er schlägt als § 1341 vor:

"Hat sich die Frau einem Dritten gegenüber zu einer von ihr in Person zu bewirkenden Leistung verpflichtet, so kann der Mann das Rechtsverhältnis ohne Einhaltung einer Kündigungsfrist kündigen, es sei denn, daß er der Verpflichtung zugestimmt hat oder seine Zustimmung auf Antrag der Frau durch das Vormundschaftsgericht ersetzt worden ist. Das Vormundschaftsgericht kann die Zustimmung ersetzen, wenn der Mann durch Krankheit oder durch Abwesenheit an der Abgabe einer Erklärung verhindert und mit dem Aufschube Gefahr verbunden ist, oder wenn die Verweigerung der Zustimmung sich als Mißbrauch seines Rechts darstellt. Die Zustimmung sowie die Kündigung kann nicht durch einen Vertreter erfolgen; ist der Mann in der Geschäftsfähigkeit beschränkt, so bedarf er nicht der Zustimmung seines gesetzlichen Vertreters. Das Kündigungsrecht des Mannes ist ausgeschlossen, solange die häusliche Gemeinschaft aufgehoben ist."

Dadurch würde einer Frau von einem unverständigen, verkommenen, eigensinnigen oder herrschaftlüsternen Ehemann die Möglichkeit, durch Dienst- oder Arbeitsverhältnisse irgend einer Art für sich und die Kinder das Notwendige zu beschaffen, ungeheuer erschwert, ja fast genommen werden können. Die Frauen sind mit Recht über diese Bevormundung im höchsten Grade aufgebracht. Mehrere Petitionen - darunter eine mit 21000 (nicht aus Arbeiterkreisen herrührenden) Unterschriften bedeckte (es befinden sich die Namen von Männern und Frauen aus konservativem, nationalliberalem, freisinnigem Lager und Namen hervorragender Gelehrter, Künstler und Schriftsteller darunter) - haben sich deshalb auch gegen diese Bestimmung gewendet. Freiherr von Stumm hat auf diesem Gebiete so viel sozialpolitische Einsicht bekundet, daß er entsprechend dem in den Petitionen zum Ausdruck gebrachten Begehr folgende Bestimmung anstelle des § 1341 vorschlug:

"Die Ehefrau ist berechtigt, ohne Einwilligung ihres Mannes einen selbständigen Beruf oder Gewerbe zu betreiben und sich Dritten gegenüber zu einer von ihr in Person zu bewirkenden Leistung zu verpflichten. Erweist sich solche Tätigkeit der Ehefrau als eine Schädigung der ehelichen oder Familieninteresse, so kann ihr die Fortsetzung derselben auf Antrag des Mannes vom Vormundschaftsgericht untersagt werden. Auf grund einer diesbezüglichen Verfügung des Vormundschaftsgerichts ist der Mann berechtigt, das Rechtsverhältnis, durch welches seine Frau sich zu einer in Person zu bewirkenden Leistung verpflichtet hat, unter Einhaltung einer vom Vormundschaftsgericht zu bestimmenden Frist zu kündigen"[10].

In der sehr lebhaften Debatte begründet der Antragsteller diesen Antrag unter Aufrechterhaltung des von ihm verteidigten, von der Kommission gebilligten Grundsatzes, daß der Mann das Haupt der ehelichen Gemeinschaft sei, aus sittlichen und ökonomischen Gründen. Die Regierungsvertreter halten die Bestimmung des Entwurfs aufrecht, anerkennen aber teilweise die Nützlichkeit einer Ausnahmebestimmung für die Frau, die in der Regel erwerbstätig ist. Die Konservativen und Nationalliberalen treten dem Antrag entgegen. Die Herren von Cuny und von Bennigsen malen als Schreckgespenst an die Wand, daß eine

10) DRUCKSACHE Nr.99 (Abänderungs-Antrag v. STUMM-HALBERG v.7.Mai 1896).

Frau ohne Einwilligung ihres Mannes dann ja als Schauspielerin auftreten könne und daß erst nach dem Auftreten der Mann richterliche Hilfe anrufen könne. Abg. Stadthagen hält dem entgegen: Zunächst könne er in dem Schreckensphantom so etwas Ungeheuerliches nicht erblicken. Die Eheleute hätten einander doch vorher kennen gelernt, und wie stehe es denn umgekehrt,wenn der Ehemann gegen den Willen der Ehefrau als Schauspieler auftreten, als Lakai sich in den Dienst einer schönen Witwe begeben, langjährige Schiffsdienste nehmen wolle; da bedürfe er doch auch nicht der Genehmigung seiner Frau. Die Herren hätten überdies immer nur die Fälle vor Augen, wo es sich um ganz vereinzelt dastehende Marotten in wohlhabenden Familien handle. Sollen die oder soll der große Kreis der erwerbstätigen Frauen bei der Fixierung der Rechte maßgebend sein? Der Antrag v.Stumm lasse ja leider in Anlehnung an den zu § 1337 des Entwurfs gefaßten Entschluß zu, daß der Ehefrau die Tätigkeit untersagt werden könne, wenn sie zu einer Schädigung der ehelichen oder Familieninteressen führe, während der Frau solch'Untersagungsrecht dem Manne gegenüber nicht zusteht. Der Antrag bedeute aber sowohl durch die Umkehr der Beweislast, wie durch das Erfordernis der Notwendigkeit der Einhaltung einer Kündigungsfrist und durch die praktischere Fassung einen ganz erheblichen Fortschritt gegenüber dem Entwurf.Aus der Praxis führt Stadthagen eine Reihe von Fällen an, in denen die Verfügungsbeschränkung der Ehefrau zu sittlichen und sozialen Schäden geführt hat. Abg. Kauffmann (freis.) tritt gleichfalls lebhaft für den Antrag v. Stumm ein. Abg. Bachem will aus der sittlichen Natur der Ehe einen Vorzug des Entwurfs vor dem Antrag v. Stumm ableiten, mit anderen Worten: das Untertänigkeitsverhältnis der Frau kommt in der Vorschrift des Entwurfs krasser zum Ausdruck. Abg. Gröber hat beantragt, ganz allgemein zu bestimmen: "Die Frau darf, solange sie in häuslicher Gemeinschaft mit dem Manne lebt, nicht ohne Einwilligung des Mannes ein Erwerbsgeschäft selbständig betreiben"[11] Eine folgerichtige Paraphrasierung von Moses Buch 1 Kap.3 Vers 16: "Und er soll Dein Herr sein." Die Abstimmung wurde auf Freitag[12] um lo Uhr vertagt.

11) DRUCKSACHE Nr.97 (Abänderungs-Anträge GRÖBER v.5.Mai 1896), Ziff.2 ff.
12) 8.Mai 1896.

VORWÄRTS - Berliner Volksblatt
13. Jg (1896) - Nr. 108 v.9.Mai, 1.Beilage, S.2

[Beratungen der Reichstagskommission: Eherecht, insb. Unterhaltsrecht]

(Parlamentarisches.)

Wenn der Bock zum Gärtner gemacht ist, so geht es dem Garten böse. In der Kommission für das Bürgerliche Gesetzbuch sollten die Herren der Schöpfung die Rechte der Frau hüten. Indessen auch in der Freitagssitzung[1] schien die Mehrheit der Kommission den besten Schutz der Frau in der Preisgebung ihrer Menschenrechte gegenüber dem "schwachen" Manne zu erblicken. Wir haben den § 1341 des Entwurfs, der die Verfügungsfähigkeit der erwerbstätigen Ehefrau in unerträglicher Weise einschränkte und den, einen erheblichen Fortschritt gegenüber diesem Vorschlag des Entwurfs enthaltenden, Antrag v. Stumm bereits wörtlich mitgeteilt und die in der Beratung hervorgehobenen Gesichtspunkte wiedergegeben[2]. Freiherr von Stumm stellt in der Sitzung am Freitag folgenden Eventualantrag:

"Hat sich die Frau einem Dritten gegenüber zu einer von ihr

1) 8.Mai 1896.
2) S.Nr.46, Anm.lo.

in Person zu bewirkenden Leistung verpflichtet, so kann der Mann das Rechtsverhältnis ohne Einhaltung einer Kündigungsfrist kündigen, wenn auf Antrag des Mannes das Vormundschaftsgericht den Mann zu der Kündigung ermächtigt hat. Das Vormundschaftsgericht kann die Ermächtigung nur erteilen, wenn die Fortsetzung der Tätigkeit der Frau sich als eine Schädigung der ehelichen und Familieninteressen erweist. Das Kündigungsrecht des Mannes ist ausgeschlossen, wenn der Mann der Verpflichtung der Frau zugestimmt hat, oder seine Zustimmung auf Antrag der Frau durch das Vormundschaftsgericht ersetzt worden ist"[3].

Unsere Genossen beantragten,die unterstrichenen[3a] Worte zu streichen. Ihr Antrag wurde gegen ihre und die Stimmen der Freisinnigen (Abg.Kauffmann und Munckel), sodann aber auch der Hauptantrag und der Eventualantrag v. Stumm mit allen gegen die Stimmen der Freikonservativen (Pauli und v. Stumm), der Freisinnigen und der Sozialdemokraten abgelehnt![4] Desgleichen wurde der gestern mitgeteilte Antrag Gröber, der die Erwerbsfähigkeit der Frau völlig beseitigen würde, abgelehnt[5].§ 1341 wurde in der gestern mitgeteilten Fassung des Entwurfs angenommen und dadurch die Erwerbsfähigkeit der Ehefrau zu gunsten der Oberhoheit des "schwachen" Mannes erheblich beschränkt. § 1342 des Entwurfes enthält die mit den meisten Rechtssystemen in Einklang stehende Bestimmung, daß die Ehegatten bei der Erfüllung der aus dem ehelichen Verhältnis sich ergebenden Verpflichtungen einander nur für diejenige Sorgfalt einstehen sollen, welche sie in eigenen Angelegenheiten anzuwenden pflegen. Er wird angenommen[6]. Die Unterhaltspflicht regelt § 1343 wie folgt:

"Der Mann hat der Frau nach Maßgabe seiner Lebensstellung, seines Vermögens und seiner Erwerbsfähigkeit Unterhalt zu gewähren. Die Frau hat dem Manne, wenn er außerstande ist sich selbst zu unterhalten, den seiner Lebensstellung entsprechenden

---

3) BERICHT S.127.
3a) Im Original: "gesperrt gedruckten"; s.S. CIII der Einführung.
4) Ibd.
5) A.a.O.S.128.
6) A.a.O.S.129.

Unterhalt nach Maßgabe ihres Vermögens und ihrer Erwerbsfähigkeit zu gewähren. Der Unterhalt ist in der durch eheliche Lebensgemeinschaft gebotenen Weise zu gewähren. Die für die Unterhaltspflicht der Verwandten geltenden Vorschriften der §§ 1585, 1593 bis 1595 finden entsprechende Anwendung."

§ 1343 findet widerspruchslos Annahme[7]. Für den Fall, daß das Eheleben mit recht tatsächlich getrennt ist, legt § 1344 die Verpflichtung fest, den Unterhalt durch eine Geldrente zu gewähren. Ferner soll nach diesem Paragraphen "der Mann der Ehefrau die zur Führung eines abgesonderten Haushalts erforderlichen Sachen aus dem gemeinschaftlichen Haushalt zum Gebrauche herausgeben, es sei denn, daß die Sachen für ihn unentbehrlich sind oder daß sich solche Sachen in dem der Verfügung der Frau unterliegenden Vermögen befinden." Die unterstrichenen[7a] Worte enthalten gegenüber dem bestehenden Recht eine Neuerung zu ungunsten der Frau, insbesonderer der Frau, der wegen Verfehlungen des Ehemanns gestattet ist, getrennt vom Ehemann zu leben. Ein Antrag der Abg. Frohme und Stadthagen, diese Worte zu streichen[8], wird aber gegen die Stimmen der Freisinnigen und Sozialdemokraten abgelehnt[9].§ 1345 enthält folgende, dem altrömischen Recht entstammende, dem deutschen Recht fremde, das Eigentumsrecht der Frau erheblich benachteiligende Bestimmung: "Es wird vermutet, daß die im Besitz eines der Ehegatten oder beider Ehegatten befindlichen beweglichen Sachen dem Manne gehören. Dies gilt insbesondere auch für Inhaberpapiere und für Orderpapiere, die mit Blankoindossament versehen sind. Die Vermutung gilt nicht für die ausschließlich zum persönlichen Gebrauche der Frau bestimmten Sachen, insbesondere nicht für Kleider und Schmucksachen." Für diese Bestimmung tritt Abg. von Buchka und Abg. Bachem, für Streichung derselben Freiherr v. Stumm, Kauffmann, Stadthagen und Enneccerus ein[10]. Nachdem die Regierungsvertreter dem Abg. Stadthagen zugegeben hatten, daß keiner der Gründe, die im römischen Recht zur Einführung dieser Rechtsvermutung

---

7) Ibd.
7a)S.Anm.3a.
8) Der Antrag ist in den Kommissionsdrucksachen nicht enthalten.
9) BERICHT S.129.
1o)Die Anträge sind in den Drucksachen nicht enthalten.

geführt hatten, heute zutreffe, wird vom Abgeordneten v.Stumm als Eventualantrag beantragt, den Eingang des § 1345 statt "Es wird vermutet" zu setzen: "Es wird zugunsten der Gläubiger des Ehemanns". Dem Eventualantrag stimmt auch ein Teil des Zentrums zu. Er gelangt zur Annahme[11]. Der Prinzipalantrag auf völlige Streichung des § 1345 wird aber gegen die Stimmen der Freisinnigen, der Sozialdemokraten und einiger Nationalliberaler abgelehnt[12] (die Antragsteller v. Stumm und Pauli stimmten nach Annahme des Eventualantrages gegen ihren eigenen Antrag!). Es wird vom Abg. Gröber beantragt, dem Ehemann die Verpflichtung aufzuerlegen, die Kosten für eine Verteidigung oder eine Vertretung der Ehefrau in Strafsachen der Ehefrau gegenüber tragen zu müssen[13]. Der Antrag, für den die Abg. Kauffmann und Stadthagen eintreten, wird indes gegen die Stimmen einiger Ultramontaner und der Freisinniger abgelehnt[14]. Damit ist die Beratung über den fünften Titel des Familienrechts mit der Überschrift "Wirkungen der Ehe im Allgemeinen" (§§ 1336-1345) beendet. Der Redaktionskommission möchten wir anheimgeben, statt der langen §§ 1336-1345 folgende kürzere Fassung anzunehmen: "Er soll Dein Herr sein."

Die Kommission geht dann zu der Gestaltung des Güterrechts der Ehegatten über. Die Beratung wird begonnen, aber wegen Beginns der Plenarsitzung auf Sonnabend[15] um 1o Uhr vertagt, an dem eine Plenarsitzung nicht stattfindet.

---

11) BERICHT S.13o.
12) Ibd.
13) DRUCKSACHE Nr.97 (s.Nr.96, Anm.11), Ziff.4.
14) BERICHT S.129.
15) 9.Mai 1896.

Nr.48

VORWÄRTS - Berliner Volksblatt
13. Jg (1896) - Nr. 109 v. 10.Mai, S.3

[Beratungen der Reichstagskommission: Eherecht, insb. Güterrecht]

(Parlamentarisches.)

Welches Gütersystem soll für Eheleute im Bürgerlichen Gesetzbuch gelten? Diese für die weitesten Kreise, insbesondere für die Ehefrauen hochwichtige Frage beschäftigte am Sonnabend[1] die Kommission für das Bürgerliche Gesetzbuch. Innerhalb Deutschlands und innerhalb der einzelnen Rechtsgebiete in Deutschland ist heute der Rechtszustand auf diesem Gebiete ein außerordentlich bunter. Klassifiziert man genau die einzelnen Systeme, so kann man in Deutschland etwa 100 verschiedene Systeme, daneben noch viele Modifikationen der einzelnen Systeme häufig in ein und derselben Provinz zählen. Hier und da, zum Beispiel in einigen Städten Hannovers, herrscht selbst innerhalb ein und derselben Stadt verschiedenes Güterrecht, je nachdem die Eheleute dem Bürgerstand angehören oder geadelt oder Juden sind: für die beiden letzteren gilt dasselbe Gütersystem. Soll dieser Vielgestaltigkeit gegenüber eine einheitliche Regelung stattfinden? Liegt dies im Interesse des

---

1) 9.Mai 1896.

Verkehrs und im Interesse der gleichmäßigen güterrechtlichen Stellung der Ehe? Welches System soll eventuell als das maßgebende erachtet, in wie weit der Vertragsfreiheit freier Raum gelassen werden? Die vielerlei Güterrechte lassen sich in vier große Gruppen zusammenfassen: Die allgemeine Gütergemeinschaft, die Errungenschafts-Gütergemeinschaft, die Verwaltungs-Gemeinschaft und die Gütertrennung (Dotalrecht).Die ersten drei Systeme lassen durch die Eingehung der Ehe eine Änderung des Eigentumsrechts der Ehefrau eintreten. Die allgemeine Gütergemeinschaft macht das beiderseitige Vermögen zu einem gemeinsamen, dessen Verwaltung dem Ehemann zusteht. Es gilt für das Gebiet von etwa 11 Millionen Einwohnern.Die Errungenschaftsgemeinschaft - in der das während der Ehe Erworbene, teilweise auch die von der Frau eingebrachte Habe, der Verwaltung des Mannes unterstelltes gemeinsames Eigentum wird - besteht in Deutschland für Gebiete mit etwa 14 Millionen Einwohnern. Die Verwaltungsgemeinschaft - d.h. die Systeme, welche das Eigentumsrecht der Ehefrau insofern ändern, als sie während bestehender Ehe die Verwaltung und Nutzung des fraulichen Vermögens dem Manne übergeben - herrscht auf einem Gebiet, das etwa 14 000 000 Einwohner umfaßt. Dem Gütertrennungsprinzip (Dotalrechtssystem) endlich liegt der Gedanke zugrunde, daß die Ehe an und für sich keinen Einfluß auf die vermögensrechtlichen Verhältnisse der Ehegatten ausübt. Es herrscht nur auf einem Gebiet von etwas über 3 Millionen Einwohnern in Deutschland, hat aber in Oesterreich, Italien und England tiefe Wurzeln geschlagen und wird in Frauen-Petitionen dringend begehrt. Der Entwurf des Bürgerlichen Gesetzbuchs stellt als Regel die Verwaltungsgemeinschaft auf, läßt jedoch eine vertragliche andere Vereinbarung zu, und stellt Rechtsnormen auf, was gelten soll, wenn ein anderes System von den Ehegatten gewählt ist[1a]. Abg. Freiherr v.Stumm tritt für das von den Frauen erbetene Gütertrennungssystem ein, desgleichen die Abgeordneten Kauffmann und Stadthagen[2]. Zugunsten dieses Systems wird im wesentlichen geltend gemacht: Die sittlichen Forderungen, welche sich bei der das ganze Leben umfassenden Bedeutung der Ehe aus derselben ergeben,

1a) S.§§ 1346-1546 E II i.d.F.der Reichstagsvorlage.
2) Der zugrundeliegende Antrag STUMM befindet sich nicht in den Kommissionsdrucksachen.

dürfen nicht in Rechtssätze umgewandelt werden. Ein solcher Versuch täte dem sittlichen Charakter der Ehe Eintrag.Die anderen Systeme beruhen im wesentlichen auf dem Gedanken, daß der Ehemann Oberherr sei und seien geeignet, das Hörigkeitsverhältnis der Frau durch die Brotkorbmacht zu erhöhen. Die wirtschaftliche Entwicklung und damit das Erfordernis einer Selbständigkeit der Ehefrau fordern gebieterisch dies System. Es werde doch in der Tat sonst das Eigentumsrecht eines weiblichen Wesens durch Ehe-Abschluß völlig, und zwar zu ihrem Nachteil, geändert. Die Ultramontanen sind gegen den Vorschlag der Einführung der Gütertrennung, da sie gegen die Frauenbewegung sind und das gütergemeinschaftliche System für ein dem Wesen der Ehe entsprechendes halten. Von den Nationalliberalen tritt v. Bennigsen dem Vorschlag des Frhrn. von Stumm entgegen: ihn scheint wesentlich die Furcht zu leiten, daß eine Frau, deren Brotkorb vom Mann höher gehängt werden könnte, dem Mann gefügiger sein wird. Eine Berechtigung der Frauenbewegung will er nur soweit anerkennen, als sie darauf abzielt, dem weiblichen Geschlecht mehr Berufskreise zu öffnen. Gegen die Stimmen der Freikonservativen (Pauli, v.Stumm), Freisinnigen (Kauffmann und Munckel) und Soziademokraten (Frohme und Stadthagen) wird der Antrag v. Stumm <u>abgelehnt</u> und § 1346 des Entwurfs <u>angenommen</u>.[3] - § 1346 lautet wörtlich:

"Das Vermögen der Frau wird durch die Eheschließung der Verwaltung und Nutznießung des Mannes unterworfen(<u>eingebrachtes Gut</u>). Zum eingebrachten Gut gehört auch das Vermögen, das die Frau während der Ehe erwirbt."

Durch Annahme dieses Paragraphen haben die Beschützer der schwachen Herren der Schöpfung vorläufig einen Sieg errungen. Er wird ihnen, wie aus einer Mitteilung Freihr.v.Stumms zu ersehen war, im Plenum nicht nur von sozialdemokratischer Seite streitig gemacht werden. Die folgenden Bestimmungen bilden einen Ausbau des in § 1346 niedergelegten Grundgedankens. Das Vermögen, auf welches /[2]/ die ehemännliche Verwaltung und Nutznießung des ehefraulichen Vermögens sich <u>nicht</u> erstreckt, nennt der Entwurf in Übereinstimmung mit dem geltenden Recht "<u>Vorbehaltsgut</u>". Sehr wesentlich ist, insbesondere nach Ab-

3) <u>BERICHT</u> S.134.

lehnung der Gütertrennung als Regel und nach Einführung der Verwaltungsgemeinschaft, was zum Vorbehaltsgut gehören soll. Der Entwurf rechnet dahin gehörig[4]:

1. das, was durch Ehevertrag für Vorbehaltsgut erklärt ist,
2. das, was die Frau durch Erbfolge, durch Vermächtnis oder als Pflichtteil erwirbt oder was ihr unter Lebenden von einem Dritten unentgeltlich zugewendet wird, wenn der Erblasser durch letztwillige Verfügung, der dritte bei der Zuwendung bestimmt hat, daß der Erwerb Vorbehaltsgut sein soll,
3. das, was an Stelle eines Teils des Vorbehaltsguts tritt oder was aus demselben erworben ist.

Von dem in Preußen fast durchweg bestehenden und in § 1346 leider wieder angenommenen Grundsatz, daß, was die Frau in der Ehe erwirbt, dem Mann erworben wird, macht der Entwurf eine sehr bemerkenswerte Ausnahme, die insbesondere für die Frau in der erwerbstätigen Bevölkerung von großer Bedeutung ist.Es bestimmt nämlich § 1349 des Entwurfs: "Vorbehaltsgut ist" (d.h. der Nutznießung und Verwaltung des Ehemanns unterliegt nicht), "was die Frau durch ihre Arbeit oder durch den selbständigen Betrieb eines Erwerbsgeschäfts erwirbt". § 1354 bestimmt indes recht kleinlich im Gegensatz zu der diesem Paragraphen zugrunde liegenden Anschauung: "Die ausschließlich zum persönlichen Gebrauche der Frau bestimmten Sachen, insbesondere Kleider und Schmucksachen, unterliegen nicht der Nutznießung." Wohl aber sollen sie der Verwaltung des Ehemanns unterliegen. Ein Antrag des Abg. Kauffmann, die hier benannten Gegenstände sowie die der Berufs- und Erwerbstätigkeit der Frau dienenden Gegenstände von dem Verwaltungs- und dem Nießbrauchsrecht des Ehemanns zu befreien, diese Gegenstände also gleichfalls zum Vorbehaltsgut zu machen[5], wird nach lebhafter Befürwortung durch die Antragsteller, die Abg. Frohme,Stadthagen und Stumm,angenommen[6]. Das ist die einzige Verbesserung, die auf diesem Gebiet erzielt wird Alle anderen Bestimmungen des Entwurfs von §§ 1346-1366 werden nach Ablehnung einer An-

4) S.§ 1348 E II i.d.F. der Reichstagsvorlage.
5) Der Antrag befindet sich nicht in den Kommissionsdrucksachen.
6) BERICHT S.136.

zahl Gegenanträge unverändert angenommen[7]. Zur Annahme gelangte nach längerer Debatte noch ein Antrag des Abg.Gröber, in dem Einführungsgesetz für die innerhalb 2o Jahren nach Inkrafttreten des Gesetzbuchs abzuschließenden oder zu ändernden Eheverträge Gebührenfreiheit festzusetzen. Schluß um 4 1/4 Uhr nachmittags. Die nächste Sitzung findet Dienstag[8] lo Uhr statt.

---

7) A.a.O. S.139
8) 12.Mai 1896.

Nr.49

VORWÄRTS - Berliner Volksblatt
13. Jg (1896) - Nr. 111 v.13.Mai, 1.Beilage, S.1

[Beratungen der Reichstagskommission: Kindschaftsrecht]

(Parlamentarisches.)

Die Kommission für das Bürgerliche Gesetzbuch beriet in ihrer Sitzung am Dienstag[1] die §§ 1465-16o9 des Entwurfs.Die Paragraphen bis 1516 betreffen das Güterrecht, die bis § 1566 die vermögensrechtlichen Folgen der Ehescheidung, §§ 1567 und folgende regeln die Vormundschaft, die Alimentationspflicht der Verwandten (§§ 159o-1593) und die rechtliche Stellung der ehelichen Kinder (§§ 1594-168o). Es stellte Abg.Gröber eine

---

1) 12.Mai 1896.

Reihe Anträge, die auf eine noch größere Abhängigkeit der Kinder von den Eltern abzielten[2]. Die Anträge wurden abgelehnt[3]. Eine Reihe Anträge, die die Genossen Stadthagen und Frohme stellten, um die elterliche Gewalt der Mutter der des Vaters gleichzustellen[4], wurden gleichfalls (gegen ihre Stimmen und die der Freikonservativen) abgelehnt[5]. Auch der Antrag, folgenden ungeheuerlichen Absatz des § 1567 zu streichen[6]:

"zwischen einem unehelichen Kinde und dessen Vater besteht keine Verwandtschaft"

wurde von der Kommission abgelehnt[7].

Die Kommission vertagte um 2 Uhr ihre Beratungen auf Mittwoch[8]. Wahrscheinlich werden in dieser Sitzung bereits die Bestimmungen über die rechtliche Stellung der unehelichen Kinder zur Beratung gelangen. Unsere Vertreter haben eine Reihe Abänderungsanträge auch zu diesem Abschnitt gestellt.

(...)

---

2) DRUCKSACHE Nr. 1o2 (Abänderungs-Anträge GRÖBER v.12.Mai 1896), Ziff. 1.
3) BERICHT S.145 ff.
4) DRUCKSACHE Nr. 100 (Abänderungs-Anträge FROHME.STADTHAGEN vom 11.Mai 1896), Ziff.4,6,14.
5) BERICHT S.144,145,156.
6) DRUCKSACHE Nr.1oo, Ziff.1.
7) BERICHT S.141.
8) 13.Mai 1896.

Nr.50

Vorwärts - Berliner Volksblatt
13.Jg (1896) - Nr. 112 v.14.Mai, 1.Beilage, S.1

[Beratungen der Reichstagskommission: Kindschaftsrecht (Fortsetzung)]

(Parlamentarisches.)

Die Kommission zur Beratung über das Bürgerliche Gesetzbuch beschäftigte sich auch in ihrer Sitzung am Mittwoch[1] mit der Beratung der Bestimmungen über die elterliche Gewalt. In Abweichung vom Entwurf gelang es, die Bestimmung in § 1612,daß die Mutter zur Vertretung des Kindes nicht berechtigt sein soll, zur Streichung zu bringen[2]. Ferner wurde auf Anregung des Abg. Gröber[3], im Gegensatz zum Entwurf, dem Vater auch für den Fall, daß er sich nicht wieder verheiratet, die Pflicht auferlegt, ein Inventar über den Nachlaß seiner Frau aufzustellen[4]. Ein Antrag unserer Genossen, der für nichtschuldig erklärten geschiedenen Mutter, der die Sorge für die Person ihres Kindes überlassen wird, auch das Recht zur Vertretung ihres Kindes zuzubilligen[5], wurde mit 11 gegen lo Stimmen

1) 13.Mai 1896.
2) DRUCKSACHE Nr. loo (s.Nr.49, Anm.4), Ziff.6.
3) DRUCKSACHE Nr. lo3 (Abänderungs-Anträge GRÖBER v.12.Mai 1896), Ziff.3.
4) BERICHT S.147.
5) DRUCKSACHE Nr.loo (s.Nr.49,Anm.4),Ziff.7 (zu § 1613 E II i.d.F. der Reichstagsvorlage).

abgelehnt[6]. Gleichfalls fiel ein Antrag des Abg. Stumm, die Nutznießung des Vaters an dem Vermögen seines Kindes einzuschränken[7]. Zur Annahme gelangte ein Antrag Frohme-Stadthagen, der Nutznießung der Eltern die zum persönlichen Gebrauche des Kindes und die zur Ausübung eines Erwerbs oder Berufes erforderlichen Gegenstände zu entziehen[8]. Die Nutznießung an dem Vermögen soll nach dem Entwurf endigen, wenn sich das Kind verheiratet. Jedoch soll dem Vater die Nutznießung verbleiben, wenn die Ehe ohne die erforderliche Einwilligung geschlossen wird. Ein Antrag Frohme-Stadthagen, den unsterstrichenen[9a] Satz zu streichen[9], fiel mit 13 gegen 8 Stimmen[10]. Eine längere Debatte riefen die Bestimmungen des § 1643 hervor. Dieser Paragraph soll gegen einen Mißbrauch des Erziehungsrechts Vorkehrungen treffen. Er lautet:

"Wird das geistige oder leibliche Wohl des Kindes dadurch gefährdet, daß der Vater das Recht der Sorge für die Person des Kindes mißbraucht, das Kind vernachlässigt oder sich eines ehrlosen oder unsittlichen Verhaltens schuldig macht, so hat das Vormundschaftsgericht die zur Abwendung der Gefahr erforderlichen Maßregeln zu treffen. Das Vormundschaftsgericht kann insbesondere anordnen, daß das Kind zum Zwecke der Erziehung in einer geeigneten Familie oder in einer Erziehungsanstalt oder einer Besserungs-Anstalt untergebracht wird.

Das gleiche gilt, wenn das Kind sittlich verwahrlost und nach der Persönlichkeit und den Lebensverhältnissen des Vaters anzunehmen ist, daß die elterliche Erziehungsgewalt zur Besserung des Kindes nicht ausreicht.

Hat der Vater das Recht des Kindes auf Gewährung des Unterhalts verletzt und ist für die Zukunft eine erhebliche Gefährdung des Unterhalts zu besorgen, so kann dem Vater auch die Vermögensverwaltung sowie die Nutznießung entzogen werden."

---

6) BERICHT S.146.
7) Der Antrag befindet sich nicht in den Kommissionsdrucksachen. - BERICHT S.149.
8) S.§ 1627 E II i.d.F. der Reichstagsvorlage; DRUCKSACHE Nr. 100 (s.Nr.49, Anm.7), Ziff.8; BERICHT S.149.
9) S.§ 1638 E II i.d.F. der Reichstagsvorlage; DRUCKSACHE Nr. 100, Ziff. 9.
10) BERICHT S.149.

Abg. Gröber beantragt, Abs.2 als zu weitgehend zu streichen[11]. Frohme und Stadthagen beantragen, den auf die Besserungsanstalten bezüglichen Passus zu streichen[12]. Die bestehenden Besserungsanstalten seien in Wahrheit Verschlechterungsanstalten. Es müsse durch ein besonderes Gesetz der gesamte Unterricht und die gesamte Erziehung geregelt werden; bei der Gelegenheit seien auch die Institute der sogenannten Besserungsanstalten zu regeln. Ferner aber sei ein Zusatz zu Satz 1 erforderlich. Es könne der erste Satz des § 1643 seitens religiöser und politischer Fanatiker und Streber mißbraucht werden, sobald solche als Richter fungieren. Die Rechtsprechung in Preußen habe im Gegensatz zu einer konstanten, dem Gesetz konformen früheren Rechtsprechung die Gewissensfreiheit der Eltern aufs ärgste mißhandelt und freireligiös denkende Eltern gezwungen, gegen bessere Überzeugung ihrer Kinder an dem Unterricht in einer Religion, der die Eltern fernstehen, teilnehmen zu lassen. Vielleicht zwänge ein fanatischer protestantischer Richter auch Eltern, ihre Kinder nicht am katholischen Unterricht teilnehmen zu lassen u.dgl. Es sei diesen rechtswidrigen Zuständen gegenüber die Gefahr naheliegend, daß ein Richter sich auf grund des § 1643 anmaßen werde, einem Vater das Erziehungsrecht abzusprechen, weil der Vater das Kind in einer anderen Religion erziehe, als der Richter aus Heuchelei, Liebedienerei, Streberei oder Fanatismus wünsche. Noch gefährlicher liege die Sache auf politischem Gebiet. In der Gegend von Frankfurt am Main habe ein Amtsrichter sich unterstanden, Eltern das Erziehungsrecht zu nehmen, weil sie ihre 16 bis 18 Jahre alten Kinder nicht von der Mitgliedschaft an einem sozialdemokratischen Turnverein abhielten. Diesen dem Recht der Billigkeit und der Sittlichkeit ins Gesicht schlagenden und die Familie schwer schädigenden Beschluß habe gar das Landgericht bestätigt. Sie beantragten deshalb folgenden Zusatz: "Jedoch ist das Vormundschaftsgericht nicht berechtigt,daß Verhalten des Vaters in religiöser oder politischer Hinsicht oder die Einwirkung des Vaters auf das Kind nach diesen Rich-

---

11) DRUCKSACHE Nr. lo3 (s.Anm.3), Ziff.4.
12) DRUCKSACHE Nr.loo, Ziff. loa.

tungen hin als einen Mißbrauch, eine Vernachlässigung oder als ein ehrloses /[2]/ oder unsittliches Verhalten zu erachten"[13]. Weder die Regierung noch ein Mitglied der Kommission leugneten, daß in den angeführten Fällen zu unrecht den Vätern das Erziehungsrecht genommen sei. Indes sei gegen mißbräuchliche Rechtsprechung kein Kraut gewachsen. Sämtliche Kommissions-Mitglieder einschließlich der "toleranten" Freisinnigen lehnten jedoch den Antrag ab[14], dokumentierten also, daß sie die Anwendung des § 1643 als eines Kampfmittels gegen die Sozialdemokratie nicht ausschließen wollten. Selbstverständlich wird der Antrag wiederholt werden. Zur Annahme gelangte hingegen der Antrag auf Streichung des zweiten Absatzes des § 1643[15].

Die Kommission vertagte sich sodann um 2 Uhr auf Freitag um 10 Uhr[16]. Es wurde beschlossen, nach Pfingsten bereits am 2.Juni wieder zusammenzutreten, während das Plenum erst am 5.Juni eine Sitzung nach den Pfingstferien abhalten soll.

---

13) DRUCKSACHE Nr. 100, Ziff. 1 Ob.
14) BERICHT S.150.
15) Ibd.
16) 15.Mai 1896.

Nr.51

VORWÄRTS - Berliner Volksblatt
13.Jg (1896) - Nr. 113 v. 16.Mai, S.3

[Beratungen der Reichstagskommission: Kindschaftsrecht (Fortsetzung), insb. Recht der unehelichen Kinder]

(Parlamentarisches.)

In der Kommission für das Bürgerliche Gesetzbuch wurden in der Freitagssitzung[1], die von 10 bis 2 Uhr dauerte, zunächst die Bestimmungen über die elterliche Gewalt zu Ende beraten. In Abweichung von der Vorlage wurden folgende Anträge angenommen[2]: 1. der vom Freiherrn von Stumm zu § 1646 gestellte Antrag (für den auch unsere Genossen eintraten): "Mit dem Tage der Wiederverheiratung verliert der Vater die Nutznießung am Vermögen seiner Kinder"[3]; 2. ein Antrag Frohme-Stadthagen, die Bestimmung in § 1661 des Entwurfs zu streichen, daß eine uneheliche Mutter die elterliche Gewalt nicht erhalten solle, wenn der Vater oder Vormund wegen Verschwendung oder Trunksucht entmündigt ist(für den Antrag stimmte auch die freikonservative Partei)[4]; 3. ein Antrag Gröber, der die Anhörung der Eltern und Verwandten verlangt, wenn die elterliche Gewalt aufgehoben oder eingeschränkt werden soll[5]. Weitergehende Anträge - u.a. auch der von unseren Genossen Frohme und Stadthagen gestellte, die Bestimmung zu streichen, daß die Mutter durch Wiederverheiratung ihre elterliche Gewalt verliert[6] - werden abgelehnt[7]. Alsdann ging die Kommission zur Beratung der Bestimmungen über die rechtliche Stellung unehelicher Kinder über. Die Beratung wurde wegen Beginns der Plenarsitzung auf Sonnabend[8] vertagt. Wir werden in dem Bericht über die Sonnabendsitzung eingehend auf die Stellung des Entwurfs und auf die Beratungen der Kommission eingehen.
(...)

---

1) 15.Mai 1896.
2) BERICHT S.152,155,153.
3) Der Antrag befindet sich nicht bei den Kommissionsdrucksachen.
4) DRUCKSACHE Nr. 100 (s.Nr.49, Anm.7), Ziff.12.
5) DRUCKSACHE Nr. 105 (Abänderungs-Anträge GRÖBER v.15.Mai 1896), Ziff.1.
6) S.§ 1673 E II i.d.F. der Reichstagsvorlage; DRUCKSACHE Nr. 100, Ziff. 13.
7) BERICHT S.156.
8) 16.Mai 1896.

Nr.52

VORWÄRTS - Berliner Volksblatt
13.Jg (1896) - Nr. 114 v. 17.Mai, S.3

[Beratungen der Reichstagskommission: Kindschaftsrecht, insb. rechtl.Stellung der unehel.Kinder (Fortsetzung) - Vormundschaftsrecht - Erbrecht: Eigenhändiges Testament]

(Parlamentarisches.)

Die rechtliche Stellung der unehelichen Kinder wird in §§ 1681-1694 des Entwurfs eines bürgerlichen Gesetzbuches festgelegt. Diese Bestimmungen gelangten am Freitag und Sonnabend[1], am letzten Tage in einer von 10 Uhr bis gegen 5 Uhr ausgedehnten Sitzung zur Beratung und führten in leider nur einem Punkte zu einer Besserstellung des unehelichen Kindes. Die Stellung des unehelichen Kindes ist in Deutschland außerordentlich verschiedenartig gestaltet. Der code civil und die Gesetzgebung des Großherzogtums Hessen stellen den Grundsatz auf, "die Erforschung der Vaterschaft ist verboten" und lassen einen Anspruch gegen den Vater nur zu, wenn der Vater seine Vaterschaft anerkennt oder wenn die Schwächung im Fall einer Entführung stattgefunden hat[2]. Die übrigen in Deutschland geltenden Rechte erkennen einen Anspruch gegen den außerehelichen Erzeuger an, gehen aber sehr weit in der Zulässigkeit von Einwendungen auseinander. Der Entwurf hält eine Mittel-

1) 16.Mai 1896.
2) Art. 340, Abs. 1 Code civil: "La recherche de la paternité est interdite. Dans le cas d'enlèvement, lorsque L'époque de cet enlèvement se rapportera à celle de la conception, le

linie zwischen diesen verschiedenen Rechtssystemen ein, die zu ungunsten des außerehelichen Kindes sich von der gerechteren Auffassung der Gesetzbücher zu Ende des vorigen Jahrhunderts fernhält. Während jene (das französische Gesetz vom 2.November 1793[3]), das oesterreichische Gesetz[4]) die außerehelichen Kinder in rechtlicher Beziehung dem ehelichen gleichstellten, ihnen dem Stand des Vaters entsprechenden Unterhalt und ein gleiches Erbrecht wie ehelichen Kindern zubilligte, während auch noch das allgemeine Landrecht die außerehelichen Kinder günstig behandelte[4a]), nähert das preußische Gesetz von 1854[5]) sich dem Standpunkt des altdeutschen Rechts, das das uneheliche Kind für rechtlos erklärte und dessen Anschauung in dem Satz des Sachsenspiegels gipfelt: "Man behauptet, daß das Kebskind wenigstens das Kind Einer Mutter sei, allein dem ist nicht so."[6]) Die Folgen der preußischen Gesetzgebung sind eine Begünstigung des außerehelichen, insbesondere des wohlhabenden Schwängerers, dem alle möglichen Einreden zur Seite gestellt sind, zu ungunsten der Mutter,des Kindes und der Gemeinde, eine Vermehrung des sozialen Elends und der Sterblichkeit der unehelichen Kinder, auch eine Vermehrung der Anstiftung zu Meineiden seitens solcher, die zwecks Beseitigung des Rechts des Kindes gegen sie andere veranlassen, eine Beiwohnung der Mutter der Wahrheit zuwider zu beschwören und endlich auch eine Vermehrung der Verführung,da dem angreifenden Teil in gewissem Sinne eine Prämie für Ausnutzung geschlechtlicher Schwäche zugewiesen wird. Wiewohl das Elend der unehelichen Kinder allseitig anerkannt ist und wiewohl die durchschnittliche Zahl unehelicher Geburten in Deutschland jährlich 9,1 - 10% aller Geburten beträgt, nimmt der Entwurf eine allerdings etwas, aber eben nur etwas günstigere Stellung gegenüber dem unehelichen Kinde ein, begünstigt dadurch in eminenter Weise die Interessen der besitzenden

---

ravisseur pourra être,sur la demande des parties intéressées, déclaré père de l'enfant."

3) Art.1 des Gesetzes (s.Q.Verz.)"Les enfants actuellement existants,nés hors du mariage,seront admis aux successions de leurs père et mère ouvertes depuis le 14 juillet 1789.- Ils le seront également à celles qui s'ouvriront à l'avenir..." Art.2:"Leurs droits de successiblité sont les mêmes que ceux des autres enfants."

4)Entsprechend wurde jedenfalls von der überwiegenden Theorie

gegenüber der besitzlosen Klasse und hält sich der Erkenntnis der volkswirtschaftlichen und sozialpolitischen Forderungen auch auf diesem Gebiete zugunsten wohlhabender Wüstlinge fern. Der Entwurf leugnet, daß "eine Verwandtschaft zwischen dem außerehelichen Vater und dem von ihm erzeugten Kinde bestehe", versagt deshalb dem Kinde jegliches Erbrecht. Im Verhältnis zu der Mutter und zu den Verwandten der Mutter räumt allerdings der Entwurf in § 1681 die rechtliche Stellung eines ehelichen Kindes ein - das schädigt den Vater nicht. Als Familiennamen soll das Kind den Mädchennamen seiner Mutter erhalten[7]. Einen Antrag der Abgeordneten Frohme und Stadthagen, wenigstens für den Fall einer Änderung des Namens der Mutter durch Verheiratung mit einem Dritten auch den Namen des Kinder zur Änderung zu bringen[8], wurde abgelehnt[9]. Nach dem Entwurf soll der Mutter die elterliche Gewalt über ihr uneheliches Kind nicht zustehen[10]. Ein entgegenstehender Antrag unserer Genossen[11] wurde abgelehnt[12]. Dem Kind gegenüber soll der außereheliche Vater nach dem Entwurf verpflichtet sein, bis zur Vollendung des 16.Lebensjahres den der Lebensstellung der Mutter entsprechenden Unterhalt, der den gesamten Lebensbedarf sowie die Kosten der Erziehung und der Vorbildung zu einem Beruf umfaßt, zu gewähren[13]. Frohme und Stadthagen beantragen, statt "Lebensstellung der Mutter" "Lebensstellung des Vaters" zu setzen und auch über das 16.Lebensjahr hinaus den Vater für alimentationspflichtig zu erachten, wenn das Kind sich selbst nicht unterhalten kann[14]. Vornehmlich der erste Antrag

---

und Praxis § 163 ABGB ausgelegt (s.die Nachweise in:TE FamR Anl.IX (Bd 1o [s.Q.Verz.] S.165).
4a) S.§§ 592 ff., insb. §§ 612 ff. ALR II 2.
5) (Preuß.) Gesetz, betreffend die Abänderungen des Absch.11, Titel 1, Theil II und des Abschnitts 9, Titel 2,Theil II des Allgemeinen Landrechts. Vom 24.April 1854 (PrGS 1854, S.193).
6) SSp.LR I 51,2:"Man saget, daz kein kint siner muter kebizkind en si, des en iz doch nicht".
7) S.§ 1682 E II i.d.F. der Reichstagsvorlage.
8) DRUCKSACHE Nr.1oo (s.Nr.49,Anm.7), Ziff.15.
9) BERICHT S.156.
1o) S.§ 1683 II i.d.F. der Reichstagsvorlage.
11) DRUCKSACHE Nr. 1oo, Ziff.16.
12) BERICHT S.157.
13) S.§ 1684 E II i.d.F. der Reichstagsvorlage.
14) DRUCKSACHE Nr. 1oo, Ziff.17.

rief das Entsetzen der konservativen, nationalliberalen und freikonservativen Kommissionsmitglieder hervor. Freiherr von Stumm wollte in einer solchen Bestimmung gar die Aussetzung einer Prämie für liederliche Mädchen sehen. Ganz empört fragte er, ob denn die Antragsteller, falls dies dem Stand des Vaters entspreche, auch wünschten, daß dem unehelichen Kinde dem Stand des Erzeugers entsprechend ein Reitpferd zu stellen sei. Die Antragsteller hielten dem Freiherrn entgegen, daß es nach ihrer Ansicht überhaupt nicht zu den Unterhaltungskosten eines Kindes gehören kann, ihm ein Reitpferd zu stellen. Im übrigen sei diese eventuelle Folge doch schließlich nichts, was dem Kinde schade.Sie hielten im Gegensatz zu der Anschauung die den Entwurf durchwehe,an der Anschauung fest,daß nicht der geringste Grund vorliege,den reichen Erzeuger besser zu stellen,ihm eine Prämie für Verführung und außerehelichen Geschlechtsgenuß auszusetzen,das uneheliche Kind aus Rücksichten lediglich auf Wohlhabende in seinem Recht auf Unterhalt zu beeinträchtigen. Die Statistik, auf die Antragsteller eingehen,zeigt unwiderleglich, daß die Behauptung,eine dem unehelichen Kind ungünstige Gesetzgebung..,[14a] unwahr ist.Das Gegenteil ist richtig.Der Einwand, daß eine dem Kinde,das doch an seiner Erzeugung völlig unschuldig sei,günstige Gesetzgebung eine Prämiierung liederlicher Mädchen sei,sei bereits von dem Gründer der konservativen Partei, Stahl, bei Gelegenheit der Einführung der preußischen Gesetzgebung von 1854 mit vollem Recht als Ausfluß elender Heuchelei gegeißelt[14b].Damals habe Stahl gewarnt,den Wolf zum Hüter von Schafen zu machen. Je mehr Pflichten man dem Beischläfer abnehme, desto mehr erhöhe man die Angriffslust des "starken" Geschlechts. Und für welche andere Klasse als allein für die besitzende würde denn die Annahme des Antrags, die Lebensstellung des Vaters bei der Berechnung der Höhe der Alimente zur Richtschnur zu nehmen, von pekuniär nachteiligen Folgen sein? Soll denn auch auf diesem Gebiete Absicht des Gesetzgebers sein,die besitzlose Klasse zu gunsten der Besitzenden zu benachteiligen, das Proletariat und das Elend des Proletariats aus Rücksichtnahme auf die Geschlechtslust Wohlhabender zu

14a) Hier fehlt im Original ein Satzteil.
14b) S.die Rede von F.J.STAHL in der Sitzung der Preußischen Ersten Kammer vom 17.Januar 1854 (STEN.BER.pr.HDA,1.Kammer,Bd 1,S.47 f.).- STAHL hatte sich allerdings nur gegen die Übernahme des Art. 34o Code civil (s.Anm.1)gewandt.

vermehren? Der fernere Antrag, auch über das 16.Lebensjahr den Vater für die Unterhaltskosten eintreten zu lassen, wenn das Kind sich nicht selbst ernähren kann, entspricht der bestehenden Gesetzgebung z.B. in Preußen, Württemberg und Rudolstadt. Zur Zeit hört die Alimentationsverbindlichkeit des unehelichen Erzeugers in Reuß j.L. mit dem vollendeten 13., in Preußen, Württemberg und Rudolstadt mit dem vollendeten 14. Lebensjahre, jedoch mit der erwähnten Ausnahme, in Hannover, Sachsen, Baden, Reuß ä.L., Meiningen, Koburg-Gotha, Altenburg mit dem vollendeten 14.Lebensjahre ohne Ausnahme, in Sachsen-Weimar mit dem vollendeten 15., in Nassau mit dem 15., bei Knaben jedoch mit dem 18.Lebensjahre, in Schleswig-Holstein mit dem 18.Lebensjahre, auf. Der Entwurf habe das 16.Lebensjahr mit Recht in Anlehnung an die Gewerbe-Ordnung und die reichsgesetzlichen Pensionsgesetze normiert, müsse doch aber die erbetene, in großen Rechtsgebieten Deutschlands bestehende Ausnahme zulassen. Nach langer Debatte werden beide Anträge (gegen 2 beziehentlich gegen 8 St.) abgelehnt und § 1684 des Entwurfs unverändert angenommen[15]. Die Kommission stimmte auch dem Vorschlag des Entwurfs zu, dem Erben des Vaters das Recht zu geben, das Kind mit dem Betrag abzufinden, der dem Kinde als Pflichtteil gebühren würde, wenn es ehelich wäre und eine Verpflichtung des Vaters, für die Beerdigung des Kindes Sorge zu tragen, nur soweit zuzulassen, als eine Bezahlung von den Erben des unehelichen Kindes nicht zu erlangen ist[16]. Der unehelich gebärenden Mutter gegenüber soll der Vater nach dem Entwurf nur verpflichtet sein, "die Kosten der Entbindung und die Kosten des Unterhalts für die ersten sechs Wochen nach der Entbindung innerhalb der Grenzen der Notdurft zu ersetzen"[17]. Auf Antrag Frohme-Stadthagen[18] werden die unterstrichenen[18a] Worte gestrichen[19], weitergehende Anträge derselben Antragsteller[20] jedoch abgelehnt[21]. § 1692 enthält in Anlehnung an eine ähnliche Bestimmung des alten Land-

15) BERICHT S.158.
16) S.§ 1688 E II i.d.F. der Reichstagsvorlage; BERICHT S.158.
17) S.§ 1691 E II i.d.F. der Reichstagsvorlage.
18) DRUCKSACHE Nr. 100, Ziff.20,2.
18a) Im Original: "gesperrt gedruckten"; s.S.CIII der Einführung.
19) BERICHT S.159
20) DRUCKSACHE Nr. 100, Ziff.20,2.
21) BERICHT S.159.

rechts die für das Kind und die Mutter wesentliche Neuerung, daß bereits vor der Geburt auf Hinterlegung der Alimente für die ersten drei Monate geklagt werden könne. Die §§ 1693 und 1694 stellen fest, wer als Vater des unehelichen Kindes erachtet werden soll. Als Vater soll nach dem Entwurf erachtet werden, wer in der Zeit vom 181. bis 3o2. Tage vor dem Tage der Geburt des Kindes der Mutter beigewohnt hat, es sei denn, daß auch ein anderer ihr innerhalb dieser Zeit beigewohnt hat, oder wer seine Vaterschaft nach der Geburt des Kindes in einer öffentlichen Urkunde anerkannt hat." Frohme und Stadthagen sowie der ultramontane Abgeordnete Lerno beantragen, in Anlehnung an die im größten Teil des gemeinen Rechts, in Mecklenburg, den anhaltischen Ländern, Sachsen-Altenburg, Sachsen-Weimar, den beiden Schwarzburg, Reuß ä.L., Meiningen, Koburg-Gotha, im Gebiet des bayerischen Landrechts, in Baden, im Königreich Sachsen, in England und in Amerika geltenden gesetzlichen Bestimmungen, die unterstrichenen[21a] Worte zu streichen[22]. Nach sehr langer Debatte siegen jedoch die Anhänger einer Beeinträchtigung der Rechte des Kindes[23].

Die folgenden Bestimmungen (Legitimation unehelicher Kinder, Annahme an Kindesstatt, Vormundschaft)werden mit einer erheblichen Ausnahme angenommen[24]. Diese Ausnahme besteht darin, daß der Vorschlag des Entwurfs: "Zum Vormund soll eine Frau nicht bestellt werden", gestrichen wird[25]. Desgleichen soll sie als Mitglied eines Familienrates fungieren können[26].

Damit sind die Bestimmungen des Entwurfs bis § 1897 erledigt. Es steht noch das letzte Buch des Entwurfs (§§ 1898-2339: Erbrecht) und eine Reihe von Bestimmungen im Einführungsgesetz für die erste Lesung der Kommission aus. In Abänderung des Entwurfs wurde auf Antrag der rheinischen und badischen Abgeordneten beschlossen, das eigenhändig ge- und

---

21a) Im Original "gesperrten"; s.S.CIII der Einführung.
22) DRUCKSACHE Nr. 1oo, Ziff. 21; DRUCKSACHE Nr.1o7 (Abänderungs-Antrag LERNO v.15.Mai 1896).
23) BERICHT S.159.
24) S.§§ 1695 ff., 1717 ff., 1749 ff. E II i.d.F. der Reichstagsvorlage.
25) S.§ 1759 Abs. 1 E II i.d.F. der Reichstagsvorlage;BERICHT S.161.
26) S.§ 1842 E II i.d.F. der Reichstagsvorlage;BERICHT S.164.

unterschriebene sowie datierte Testament als hinreichend auch dann zu erachten, wenn es nicht gerichtlich hinterlegt ist[27].

Frohme und Stadthagen kündigten für die zweite Lesung einen Antrag an, als Vormundschafts-Behörde ein Kollegium von aus der Gemeinde gewählten, nicht rechtsgelehrten Personen fungieren zu lassen.

---

27) § 22o5 E II i.d.F. der Reichstagsvorlage: "Ein Testament kann in ordentlicher Form nur vor einem Richter oder vor einem Notar errichtet werden.
Der Richter muß einen Gerichtsschreiber oder zwei Zeugen, der Notar muß zwei Zeugen zuziehen."

§ 22o5 E II in der von der Reichstagskommission beschlossenen Fassung: "Ein Testament kann in ordentlicher Form errichtet werden:
1. vor einem Richter oder einem Notar;
2. durch eine von dem Erblasser unter Angabe des Ortes und Tages eigenhändig geschriebene und unterschriebene Erklärung."
(§§ 22o5 a ff. enthielten die Verfahrensvorschriften für das gerichtliche oder notarielle Testament). Zu den Gründen für den Änderungsbeschluß s. BERICHT S.175 ff.

Nr.53

VORWÄRTS - Berliner Volksblatt
13.Jg (1896) - Nr. 116 v. 2o.Mai, 1.Beilage, S.1

[Beratungen der Reichstagskommission: Gesetzliche Erbfolge]

(Parlamentarisches.)

Als gesetzliche (in Ermangelung des Vorliegens eines Testaments eintretende) Erbfolge-Ordnung setzt der Entwurf für ein Bürgerliches Gesetzbuch folgende fünf Grade ein: Es erben (als erste Ordnung) die Kinder des Erblassers und die

Kinder des Erblassers und die Abkömmlinge eines etwa verstorbenen Kindes. Gesetzliche Erben zweiter Ordnung sollen sein: die Eltern und deren Abkömmlinge. Sind auch solche nicht vorhanden, so erben (in dritter Ordnung) die Großeltern und deren Abkömmlinge (also Onkel, Tanten u.s.w.). Lebt keiner dieser Verwandten, so sollen - in vierter Ordnung - die Urgroßeltern und deren Abkömmlinge Erben sein. Als in letzter fünfter Ordnung will der Entwurf auch die entfernteren Voreltern des Erblassers und deren Abkömmlinge erben lassen. Dann soll der Fiskus eintreten[1]. In der Kommission beantragte am Dienstag[2] Abg. v. Cuny[3] die Streichung der fünften Ordnung, Abg. Gröber die Ausdehnung der Verwandtschafts-Erbschaft durch folgenden Antrag: "Gesetzliche Erben der fünften Ordnung und der folgenden Ordnungen sind die entfernteren Voreltern und deren Abkömmlinge"[4]. Die Kommission nahm mit 11 gegen 8 Stimmen diesen Antrag Gröber an[5]. Unsere Genossen Frohme und Stadthagen stimmten gegen den Antrag und führten aus: Die Erbfolge ist im Entwurf nach mehrfachen Richtungen hin antisozial und inkonsequent geregelt. Wolle man überhaupt eine gesetzliche Erbfolge - also den Erwerb ohne Arbeit und ohne Willen des Verstorbenen - zulassen, so sei der Standpunkt, daß die Blutsverwandtschaft erbe, doch nur so weit sozial verständlich und berechtigt, als der Kreis der Blutsverwandten gegeneinander alimentationsverpflichtet sei. Von demselben Gesichtspunkt aus würde dann nicht der Fiskus, sondern die eventuell alimentationsverpflichtete Gemeinde als erbberechtigt zu bezeichnen sein. Eine der Gerechtigkeit entsprechende Ordnung hätte also, auch wenn sie im Rahmen der bestehenden Gesellschaftsordnung ein gesetzliches Erbrecht anerkennen wollte, die Alimentationspflicht in Verbindung mit der Unterstützungspflicht der Gemeinden oder anderer Verbände das Erbrecht regeln müssen.

---

1) S.§§ 19oo ff., insb. § 19o5 E II i.d.F. der Reichstagsvorlage.
2) 19.Mai 1896.
3) DRUCKSACHE Nr. 1o6 (Abänderungs-Anträge v. CUNY v.15.Mai 1896), Ziff. 1.
4) DRUCKSACHE Nr. 11o (Abänderungs-Anträge GRÖBER v.18.Mai 1896), Ziff. 1.
5) BERICHT S.169.

Der Entwurf hält sich leider hiervon fern. Bei der kursorischen Durchpeitschung des Entwurfs in der ersten Beratung der Kommission seien Anträge nach dieser Richtung hin aussichts- und zwecklos. Aber auch wenn man dem Entwurf darin folge, daß lediglich die Blutsverwandtschaft zu einer gesetzlichen Erbfolge berechtige, sei der Entwurf zu ungunsten der sozial schlechter Situierten inkonsequent. So wolle er im Interesse der Aufrechterhaltung einer Adelsschicht eine Beschränkung selbst des Pflichtteils Hochadliger zulassen, das Anerbenrecht begünstigen, das in seiner Konsequenz dazu führen müsse, die jüngeren Geschwister erb- und eigentumslos zugunsten des Erstgeborenen zu machen und dem Proletariat zu nähern. Insbesondere sei doch aber im höchsten Grade die Inkonsquenz hervorzuheben, daß uneheliche Kinder nicht als blutsverwandt und deshalb nicht als erbberechtigt gelten sollen. Der Entwurf und in Übereinstimmung mit ihm die Kommission lehnen im Gegensatz zu vielen Gesetzgebungen ein gesetzliches Erbrecht eines unehelichen Kindes seinem Vater gegenüber ab, anerkennen aber da, wo es dem unehelichen Kinde zum Nachteil gereiche, eine Art Verwandtschaft (bei dem Eheverbot [§ 1293] zwischen Personen, von denen die eine mit Eltern, Voreltern oder Abkömmlingen der anderen Geschlechtsgemeinschaft gepflogen hat, und bei dem in § 1688 dem Erben des außerehelichen Vaters beigelegten Recht, den Alimentationsanspruch des außerehelichen Kindes durch Hingabe eines Betrages zu beseitigen, der dem Kinde als Pflichtteil gebühren würde, wenn es ehelich wäre.)Für die zweite Lesung behielten sie sich einen Antrag auf Bewilligung eines gesetzlichen Erbrechts des unehelichen Kindes vor. Im weiteren Verlauf der Sitzung wurde folgender Antrag Gröber-Cuny[6]/ als § 1944a angenommen[7]: "Familienangehörige des Erblassers, die bis zu seinem Tode in häuslicher Gemeinschaft mit ihm gelebt haben und von ihm unterhalten worden sind, sind befugt, bis zum dreißigsten Tage nach seinem Tode in dem Gebrauche der Wohnung und des für sie notwendigen Hausrats zu bleiben und den erforderlichen Unter-

6) DRUCKSACHE Nr. 11o, Ziff. 3;DRUCKSACHE Nr. 112 (Abänderungs-Antrag v.CUNY v.19.Mai 1896).

7) Im Original unrichtig "§ 1939 a"; s. zu dem betreffenden Beschluß BERICHT S.169/7o.

halt in bisheriger Weise aus dem Nachlasse zu beziehen."
Die weiteren Bestimmungen des Entwurfs bis einschließlich § 22o4 wurden nach Ablehnung einiger Abänderungsanträge angenommen[8]. In der nächsten Sitzung (am Mittwoch[9]) soll der Rest des Entwurfs (bis § 2339) und eine Reihe noch unberaten gebliebener Bestimmungen des Einführungsgesetzes durchberaten werden.

---

8) S.BERICHT S.172-175.
9) 2o.Mai 1896.

Nr.54

VORWÄRTS - Berliner Volksblatt
13.Jg (1896) - Nr. 117 v.21.Mai, S.4

[Beratungen der Reichstagskommission: Abschluß der 1.Lesung des BGB und des EG]

(Parlamentarisches.)

Die Kommission zur Beratung des Entwurfs eines Bürgerlichen Gesetzbuchs beendete am Mittwoch[1] in ihrer 44. von lo bis 3 Uhr dauernden Sitzung die erste Lesung des Entwurfs. Der Rest des Erbrechts (bis § 2339) wurde mit unerheblichen Änderungen dem Entwurf entsprechend angenommen[2]. Das Einführungsgesetz besteht aus 217 Artikeln. Die meisten derselben waren bereits im Zusammenhang mit den einzelnen Materien des Entwurfs beraten. Aus der Beratung ist folgendes hervorzu-

---

1) 2o.Mai 1896.
2) BERICHT S.175-18o.

heben: Die Kommission lehnte es ab, den Art. 72 zu streichen, der im Absterben begriffene, aber landesgesetzlich noch konservierte Zwangsrechte, Bannrechte und Realgewerbeberechtigungen aufrecht erhalten will[3]. Mit einer Stimme Mehrheit stimmte hingegen die Kommission dem von Bundesrat beschlossenen Art. 215 zu, der die landesgesetzlichen Vorschriften in Kraft läßt, nach welchen die Mitglieder gewisser ritterlicher Familien bei der Ordnung der Erbfolge in ihrem Nachlaß durch das Pflichtteilsrecht nicht beschränkt sind[4]. Abgelehnt wurde eine von Frohme und Stadthagen eingebrachte Resolution[5], den Reichskanzler zu ersuchen, bei Änderung der Zivilprozeß-Ordnung in Erwägung zu ziehen, ob nicht entsprechend dem früheren Recht dem Richter die Befugnis erteilt werden soll, mäßige Zahlungsfristen und Ratenzahlungen zu gestatten[6]. Für die Resolution stimmte nur der Abg. Vielhaben (Antis.). Der freisinnige Abg. Kauffmann meinte im Gegensatz zu den Anschauungen der Antragsteller, die bestehende Exekutionsmöglichkeit sei eine sehr milde. Der anderweiten Anregung unserer Genossen, bei Revision der Zivilprozeß-Ordnung den Umfang der nichtpfändbaren Gegenstände zu erweitern, stehe er hingegen sympathisch gegenüber. Von allen übrigen Abänderungsanträgen wurde nur ein Abänderungsantrag des Abg. Gröber angenommen. § 67 des Zivilstandsgesetzes droht dem Geistlichen Strafe an, der ohne Nachweis der vollzogenen Ziviltrauung religiöse Ehefeierlichkeiten vornimmt. Diese Bestimmung hatte einen Sinn, als es sich um Einführung der Zivilehe handelte, denn ohne eine solche hätten damals vielleicht orthodoxe Bevölkerungsschichten geglaubt, solche religiösen Feierlichkeiten ersetzen die Zivilehe. Nachdem seit dem 1.Januar 1876 nur noch von Zivilstandsbeamten gültige Ehen geschlossen werden können, ist dies jetzt allgemein bekannt und keinem Geistlichen fällt mehr ein, eine nur kirchliche Ehe unter der Benutzung eines etwaigen Irrtums zu schließen, eine solche Ehe

---

3) BERICHT S.184. - Der Streichungsantrag stammte von den sozialdemokratischen Vertretern; s.DRUCKSACHE Nr. 114 (Abänderungs-Anträge FROHME.STADTHAGEN v.19.Mai 1896), Ziff. 5.
4) BERICHT S.189.
5) DRUCKSACHE Nr. 114, Ziff. 1.
6) BERICHT S.19o.

habe bürgerliche Wirkungen oder werde vom Staat als Ehe anerkannt. Abg. Gröber beantragte deshalb mit recht, die Strafbestimmung des § 67 zu streichen, eventuell zu bestimmen: "Straflosigkeit tritt ein, wenn der Geistliche oder Religionsdiener im Falle einer lebensgefährlichen, einen Aufschub der Eheschließung nicht gestattenden Krankheit zu den religiösen Feierlichkeiten einer Eheschließung schreitet"[7]. Für beide Anträge stimmten Frohme und Stadthagen. Der Prinzipalantrag fiel jedoch mit Stimmengleichheit; der Eventualantrag wurde angenommen[8]. Von den abgelehnten Anträgen mag noch ein Antrag Frohme-Stadthagen angeführt werden "diejenigen privatrechtlichen Bestimmungen der Landesgesetzgebung ausdrücklich aufzuführen, die nach dem Inkrafttreten des Bürgerlichen Gesetzbuchs noch in Geltung bleiben sollen."

Art. I des Einführungsgesetzes bestimmt über die Zeit des Inkrafttretens des Bürgerlichen Gesetzbuchs wie folgt: "Das Bürgerliche Gesetzbuch tritt an einem durch kaiserliche Verordnung mit Zustimmung des Bundesrats festzusetzenden Tage, spätestens am ..... gleichzeitig mit einem Gesetz, betreffend Änderungen des Gerichtsverfassungsgesetzes, der Zivilprozeßordnung und der Konkursordnung, einem Gesetze über die Zwangsversteigerung und die Zwangsverwaltung, einer Grundbuchordnung und einem Gesetz über die Angelegenheiten der freiwilligen Gerichtsbarkeit in Kraft." Man nimmt an, daß das Gesetz danach frühestens am 1.Januar 19oo, spätestens am 1. Januar 19o5 in Kraft treten wird. Die zweite Lesung des Entwurfs wird in der Kommission am 2.Juni um 1o Uhr beginnen. Ein Antrag des Abg. Vielhaben (Antis.), die zweite Kommissionslesung bis zum Herbst aufzuschieben, wurde von allen anderen Kommissionsmitgliedern bekämpft. Auch unsere Genossen betonten: so richtig es gewesen wäre, vorher ausgiebigere Zeit zum Studium der 2576 Paragraphen zu geben und vor allem Arbeiter zu der Vorkommission zuzuziehen, so liege doch der Kommission die allerdings mühevolle Aufgabe ob, die Kommissionsarbeit ohne Verzug zu Ende zu führen. Auch dem Plane,

---

7) DRUCKSACHE Nr. 116 (Abänderungs-Anträge GRÖBER v.2o.Mai 1897).
8) BERICHT S.182 f.

die zweite Lesung im Juli im Plenum stattfinden zu lassen, wollen sie sich nicht widersetzen, glauben aber, daß die nicht unter deutsch-obrigkeitlicher Botmäßigkeit stehende Julisonne eine Plenar-Beratung im Hochsommer zur Unmöglichkeit machen werde. Selbstverständlich präjudiziere diese Bereitwilligkeit in keiner Weise ihre Stellung zu den Einzelheiten des zweifellos außerordentlich verbesserungsbedürftigen Entwurfes.
(...)

Nr.55

VORWÄRTS - Berliner Volksblatt
13.Jg (1896) - Nr. 126 v. 2.Juni 1896, S.3

[Beratungen der Reichstagskommission (2.Lesung):Selbsthilfe]

(Parlamentarisches.)

Die Kommission für den Entwurf eines Bürgerlichen Gesetzbuchs beginnt heute ihre zweite Beratung. Mit Rücksicht auf persönliche Behinderungen des Freiherrn v.Stumm, der auch gern dabei sein möchte, ist das Vereinsrecht vorerst aus dem Allgemeinen Teil zurückgestellt. In der heutigen Sitzung wird voraussichtlich der Allgemeine Teil (§§ 1-235) erledigt werden. Zu demselben liegen eine Reihe Abänderungsanträge vor. Der wichtigste Abänderungsantrag[1] ist die gegen die Ein-

1) DRUCKSACHE Nr. 124 (Abänderungsanträge [zur 2.Lesung] FROHME.STADTHAGEN vom 1.Juni 1896), Ziff. 11.

führung der Abschaffung des Koalitionsrechts gerichtete, von der Kommission mit 9 gegen 8 Stimmen in erster Lesung bestätigte Bestimmung des § 223 des Entwurfs[2]. § 223 besagt nämlich: "Wer zum Zwecke der Selbsthilfe eine Sache wegnimmt, zerstört oder beschädigt oder wer zum Zwecke der Selbsthilfe den Verpflichteten (also z.B. den Arbeiter, der die Arbeit niederlegen will) festnimmt oder den Widerstand des Verpflichteten gegen eine Handlung, die dieser zu dulden verpflichtet ist, beseitigt, handelt nicht widerrechtlich, wenn obrigkeitliche Hilfe nicht rechtzeitig zu erlangen ist und ohne sofortiges Eingreifen die Gefahr besteht, daß die Verwirklichung des Anspruchs vereitelt oder wesentlich erschwert würde." Die unterstrichenen[3] Worte würden die Ausübung einer Arbeitsniederlegung illusorisch machen. Der Fabrikherr und der Gutsbesitzer wären nach dem neuen § 223 berechtigt, die Arbeiter einzusperren. Die Regierungsvertreter hatten zugegeben, daß diese Folge eintreten könnte, sie sei aber nicht beabsichtigt gewesen. Dem auf Streichung der gesperrten Worte gerichteten Antrag unserer Genossen setzten sie wenig Widerstand entgegen. Desto energischer trat der Nationalliberale von Bennigsen gegen den sozialdemokratischen Antrag ein; das Gesetz gebe dem festgenommenen Arbeiter hinreichend Schutz dadurch, - meinte er - daß der Fabrikherr, Gutsbesitzer u.s.w. ihn zum Richter führen müsse. Diese Oberpräsidial-Töne finden verständnisvollen Boden beim "Freisinn". Dadurch kam der Antrag auf Streichung in erster Lesung mit 9 gegen 8 Stimmen zu Fall. Warten wir ab, wie die Majorität sich in der zweiten Lesung gestaltet. Auffällig ist, daß die "Freisinnige Zeitung" und die übrigen liberalen Blätter gegen diesen ultrareaktonären Versuch der Beseitigung voller Ausübung des Koalitionsrechts noch nicht ein Wort des Tadels gefunden hat.

---

2) S.Nr.18, insb. Anm.12 ff.
3) Im Original "gesperrt gedruckten"; s.S.CIII der Einführung.

Nr.56

VORWÄRTS - Berliner Volksblatt
13.Jg (1896) - Nr.127 v. 3.Juni, 1.Beilage, S.1

[Beratungen der Reichstagskommission (2.Lesung): Entmündigung wegen Trunksucht - Genehmigung von Verträgen Minderjähriger durch den gesetzlichen Vertreter]

(Parlamentarisches.)

Die Kommission für den Entwurf eines Bürgerlichen Gesetzbuches begann am Dienstag[1] die zweite Lesung des Entwurfs. Zu derselben lagen auch von Frohme und Stadthagen bereits eine Reihe Abänderungsanträge vor. Zurückgestellt wurden zunächst die Bestimmungen über die privatrechtliche Stellung der Vereine (§§ 21-85). Von den zu §§ 1-2o vorliegenden Anträgen ist ein auch in dieser Lesung von unseren Genossen gestellter Antrag auf Streichung des § 6 Nr. 3 hervorzuheben[2]. § 6 Nr.3 will im Gegensatz zum bestehenden Recht den entmündigen lassen, "der infolge von Trunksucht seine Angelegenheiten nicht zu besorgen vermag oder sich oder seine Familie der Gefahr des Notstandes aussetzt oder die Sicherheit anderer gefährdet." Das Streichungsverlangen wurde damit begründet, daß der Begriff der "Trunkenheit" ein völlig vager, unbestimmter,dehn-

---

1) 2.Juni 1896.
2) DRUCKSACHE Nr.124 (s.Nr.55, Anm.1), Ziff. 11.

barer und unklarer sei. Der Bericht versuche den Begriff "Trunksucht" durch folgenden nichtssagenden Satz zu umschreiben: "Trunksüchtig" solle "derjenige sein, der einer in der Regel oder doch häufig unwiderstehlichen 'Sucht' zum Trinken verfallen sei!"[3] Was der Bericht hier beschreibe, sei das menschliche und tierische Bedürfnis, das man Durst zu nennen beliebe, mag Durst nach Wasser, nach Milch, nach Bier oder nach Schnaps vorliegen. Offenbar habe man den Schnapssüchtigen gemeint. Die Ursache der Schnapssucht sei aber eine soziale:verschaffe man bessere Erwerbsmöglichkeit, so trete man der in 1ooo Fällen 9oo mal vorhandenen Ursache des Schnapselendes entgegen. Der Entwurf zäume aber an einer falschen Stelle auf. Um den Trunksüchtigen zu bessern, wolle man ihn entmündigen und würde ihm dadurch noch schlechtere Erwerbsmöglichkeit geben, das Unglück also vermehren. Die Dehnbarkeit des Begriffs ließe auch befürchten, daß ein politischer Mißbrauch mit der Entmündigung getrieben würde. Der Reiche könne allerdings nie so trunksüchtig sein, daß er "seine Familie dem Notstand aussetze", auch beim Hagestolz sei dies ja nicht möglich. Es würde also zweierlei Recht durch diese neue, völlig unzweckmäßige Bestimmung getroffen. Da, wo Trunksucht die Energie so gelähmt habe, daß Geisteskrankheit oder auch nur Geistesschwäche eingetreten sei, sei ja durch die Zulassung einer Entmündigung aus diesen Gründen hinreichend gesorgt. Warum übrigens bekämpfe man, wenn man einmal den vorgeschlagenen Weg für den richtigen halte, nicht die Morphiumsuch und die Opiumsucht,die sich allerdings fast nur bei Wohlhabenderen finde, auf demselben Wege?
Abg. Gröber hält die vorgebrachten Bedenken nicht für unbeachtlich. Er meint aber, daß der Befürchtung der Sozialdemokratie, die ja schon in erster Lesung dazu geführt hatte, eine Resolution anzunehmen, die für eine Besserung des Entmündigungsverfahrens sich ausspricht, soweit sie politischer Natur sei, der Hauptboden entzogen werde, wenn man einer von ihm eingebrachten Resolution zustimme, nach der die Kommission voraussetzt,

---

3) S.BERICHT S.8.

daß die Novelle zur Zivilprozeß-Ordnung nicht den Staatsanwalt, sondern lediglich Verwandte des Trunksüchtigen für berechtigt erklärt, einen Antrag auf Entmündigung wegen Trunksucht zu stellen. Die Nationalliberalen stimmen sachlich dieser Resolution zu, die Abg. Enneccerus und v. Bennigsen setzen es aber durch, daß die Resolution in milderer Weise nicht die erwähnte Voraussetzung, sondern nur das Erwarten ausspricht, daß der Staatsanwalt einen Antrag auf Entmündigung wegen Trunksucht zu stellen nicht berechtigt sein soll. Diese Resolution findet mit großer Mehrheit Annahme, § 6 Nr. 3 selbst wird aber aufrecht erhalten[4]. - § 1o4 bestimmt: "Schließt der Minderjährige einen Vertrag ohne die erforderliche Einwilligung des gesetzlichen Vertreters, so hängt die Wirksamkeit von der Genehmigung des Vertreters ab." Unsere Genossen verlangen, vor Genehmigung "ausdrücklichen" einzuschalten[5], und führen zur Begründung folgenden, für die obrigkeitliche Fürsorge für jugendliche Arbeiter äußerst charakteristischen Fall an. In Teltow trat ein 16jähriger Dienstjunge ohne Gesindebuch im Mai 1894 bei dem Gärtner Henschel in Dienst. Damals hatte er keinen Vormund. Ein solcher wurde ihm erst am 17.Juli in Person eines sehr verständigen Glasschleifers gestellt. Die Genehmigung zum Dienst oder zur Fortsetzung desselben erteilte dieser nicht. Anfangs Dezember 1895 lief der junge Mann aus dem Dienst, weil er es vor unaufhörlichen Mißhandlungen nicht aushalten konnte. Der Vormund billigte dies und versagte seinem Mündel den Wiedereintritt in den ihm erst jetzt näher bekannt gewordenen Dienst. Die Polizeiverwaltung lehnte aber den Antrag des Dienstjungen, das Dienstverhältnis als aufgelöst zu erachten, ab. Denn es sei, "nur festgestellt, daß die Kinder Franz und Marie Henschel Ihnen einige Male weil Sie ungeschickt und schlecht arbeiteten, und, wie häufig vorgekommen, morgens die Zeit verschlafen hatten, Ohrfeigen und Katzenköpfe versetzt haben. Diese Züchtigungen waren verdiente und können als unbarmherzige Behandlung, wie Sie angeben, nicht aufgefaßt werden"(!). Die Polizeiverwaltung drohte dem

4) Ibd.
5) DRUCKSACHE Nr. 124, Ziff. 3.

jungen Mann nun wiederholt an, in den Dienst bei 15 M.Strafe zurückzukehren. Vergebens habe der Vormund sich an den Landrat Stubenrauch gewendet. Ein diesen vertretender Assessor habe trotz des Fehlens eines Dienstbuchs das Vorliegen eines Gesindeverhältnisses für vorhanden erklärt, denn der Vormund habe "bei seiner Bestellung als Vormund" keinen Einwand gegen das Dienstverhältnis erhoben, sich "also stillschweigend mit demselben einverstanden erklärt."Der Regierungspräsident habe gleichfalls dem Vormund, der mit Fug und Recht Beschwerde führte, erwidert: "Bei Übernahme der Vormundschaft am 17. Juli haben Sie die Fortsetzung des Dienstverhältnisses zugelassen und damit(!) die erforderliche Genehmigung erteilt". Es seien nun weitere Schritte eingeschlagen. Ob dieselben etwas nützen werden, lasse /[2]/ sich aber nicht sagen,wiewohl zweifellos - das haben die Kommission und die Regierungsvertreter ja schon in erster Lesung anerkannt - von einer auch nur stillschweigenden Genehmigung keine Rede sein könne.Solcher Interpretation von Behörden in nächster Nähe von Berlin gegenüber, sei es im Interesse des Minderjähigen, vorsichtigerweise ausdrückliche Genehmigung zu fordern. Der Regierungsvertreter betont, daß auch die klarsten Gesetze falsch angewendet werden können. Das bloße Nichtauflösen eines Vertrages sei allerdings keine Genehmigung. Würde nun auch die vorgeschlagene Fassung in solchem Falle, wie vorgetragen sei, Abhilfe schaffen können, so schädige er doch andererseits Minderjährige in vielen anderen Fällen, zum Beispiel wenn in Gegenwart des Vormundes ein dem Mündel günstiges Geschäft geschlossen und vom Vormund durch konkludente Handlungen genehmigt wird. Der Antrag wird darauf abgelehnt[6].Von den bis § 123 gestellten Anträgen gelangte nur noch ein Zusatz zu § 1o9 zur Annahme, der einem Antrag von Buchka und einem Antrage unserer Genossen teilweise Rechnung trägt, eine Bestimmung zu schaffen, durch welche die nicht zu erhaltende Genehmigung des Vaters oder Vormundes zum Eintritt in Dienst oder in Arbeit ergänzt werden soll[7]. Die Kommission lehnt solchen Antrag

---

6) BERICHT S.24.
7) S.DRUCKSACHE Nr. 124, Ziff.4 und 5, DRUCKSACHE Nr. 117 (Abänderungs-Anträge [zur 2.Lesung] v.BUCHKA v.27.Mai 1896), Ziff. 6.

bezüglich des Vaters ab, beschließt aber: "Ist die Ermächtigung(zum Dienst-oder Arbeitsantritt)des Vormundes nicht zu beschaffen,oder verweigert der Vormund die Ermächtigung ohne genügenden Grund und zum Nachteil des Arbeiters,so kann das Vormundschaftsgericht die Zustimmung des Vormundes ergänzen[8]".
Die nächste Sitzung findet am Mittwoch[9] um 1o Uhr statt.

8) BERICHT S.25.
9) 3.Juni 1896.

Nr.57

VORWÄRTS - Berliner Volksblatt
13.Jg (1896) - Nr. 128 vom 4.Juni, 1.Beilage, S.2

[Beratungen der Reichstagskommission (2.Lesung): Selbsthilfe - Zinshöhe]

(Parlamentarisches.)

Zwei erhebliche Beschlüsse faßte in ihrer Sitzung am Mittwoch[1] die Kommission für das Bürgerliche Gesetzbuch. Wir haben wiederholt darauf hingewiesen, daß § 223 eine außerordentlich schwere Beeinträchtigung des Koalitionsrechts enthält. Er besagt nämlich: "Wer zum Zwecke der Selbsthilfe eine Sache wegnimmt, zerstört oder beschädigt oder wer zum Zwecke der Selbsthilfe den Verpflichteten (also z.B. den Arbeiter, der die Arbeit niederlegen will) festnimmt oder den Widerstand des

1) 3.Juni 1896.

Verpflichteten gegen eine Handlung, die zu dulden dieser verpflichtet ist, beseitigt, handelt nicht widerrechtlich, wenn obrigkeitliche Hilfe nicht rechtzeitig zu erlangen ist und ohne sofortiges Eingreifen die Gefahr besteht, daß die Verwirklichung des Anspruchs vereitelt oder wesentlich erschwert würde." Die unterstrichenen[1a] Worte würden die Ausübung einer Arbeitsniederlegung unter Umständen illusorisch machen. Der Fabrikherr und der Gutsbesitzer wären nach dem neuen § 223 berechtigt, die Arbeiter einzusperren. Die Regierungsvertreter hatten bereits in erster Lesung zugegeben, daß diese Folge eintreten könnte, sie sei aber nicht beabsichtigt gewesen. Dem auf Streichung der gesperrten Worte gerichteten Antrag unserer Genossen setzten sie wenig Widerstand entgegen. Desto energischer trat der Nationaliberale von Bennigsen gegen den sozialdemokratischen Antrag ein; das Gesetz gebe dem festgenommenen Arbeiter hinreichenden Schutz dadurch - meinte er - daß der Fabrikherr, Gutsbesitzer u.s.w. ihn zum Richter führen müsse. Diese Oberpräsidial-Töne finden recht verständnisvollen Boden beim "Freisinn". Dadurch kam der Antrag auf Streichung in erster Lesung mit 9 gegen 8 Stimmen zu Fall[2]. In der Mittwochs-Sitzung gelangte der Antrag auf Streichung in zweiter Lesung zur Debatte und Abstimmung. Die Vertreter des Freisinns fehlten bis nach der Abstimmung. Stadthagen legte nochmals eingehend die für die Arbeiterklasse unheilvollen Folgen dieser Neuerung dar, die fast auf Beseitigung des Koalitionsrechts hinauslaufen. Die Regierungsvertreter erklärten ausdrücklich, daß sie die befürchteten Folgen nicht beabsichtigt haben, daß solche aber entstehen könnten. Mit einer Änderung des § 223 in dem Sinne, daß eine Festnahme nur einem flüchtigen Schuldner gegenüber gestattet sein solle, seien sie einverstanden. Die Kommission beschloß hierauf einstimmig in diesem Sinne[3] so daß § 223 nur in dem Fall, wo es sich um einen flüchtigen Schuldner handelt, die Selbsthilfe durch Festnahme zu läßt, demnach also lediglich den schon jetzt in § 18o des sächsischen Gesetzbuchs behandelten Fall wiederholt[4]. Da-

---

1a) Im Original "gesperrt gedruckten"; s.S.CIII der Einführung.
2) S.Nr. 18 und Nr. 55.
3) BERICHT S.33.
4) § 18o des sächs.BGB v.1863: "Ein Gläubiger kann den Schuld-

durch ist eine Anwendung der Selbsthilfe durch persönliche Festnahme der Arbeiter bei Streiks u.s.w., also eine der reaktionärsten Bestimmungen des Entwurfs beseitigt und die Annahme des Entwurfs erheblich erleichtert. - Der zweite erhebliche Beschluß, den die Kommission faßte, bezieht sich auf die Zinshöhe. Nachdem die Kommission in erster Lesung die gesetzliche Zinshöhe auf 4% herabgesetzt hatte[5], setzte sie auf Antrag des Abg. Gröber[6] nun auch die Zinshöhe für Zinsen aus Rechtsgeschäften, bei denen die Zinshöhe nicht vereinbart ist, auf 4% herab[7]. Alle anderen bis § 604 gestellten Anträge wurden abgelehnt[8]. Die nächste Sitzung findet am Freitag[9] um 10 Uhr statt.

ner, welcher sich seiner Verbindlichkeit durch die Flucht entziehen sucht, wenn die Hülfe der Obrigkeit nicht zeitlich zu erlangen ist, festhalten, oder ihm die nötigen Deckungsmittel abnehmen. Er hat aber ohne Verzögerung die abgenommenen Sachen bei Gericht abzuliefern und, wenn er die Person festnahm, diese bei demselben vorzuführen."
5) S.Nr. 17, Anm. 2.
6) DRUCKSACHE Nr. 125 (Abänderungs-Anträge [zur 2.Lesung] GRÖBER v. 1.Juni 1896), Ziff. 9.
7) BERICHT S.35.
8) BERICHT S.36-44.
9) 5.Juni 1896.

Nr.58

VORWÄRTS - Berliner Volksblatt
13.Jg (1896) - Nr. 129 v. 6.Juni, 1.Beilage, S.2

[Beratungen der Reichstagskommission (2.Lesung): Dienstvertrag - Unerlaubte Handlungen, insb.Wildschaden, Amtspflichtverletzung]

(Parlamentarisches.)

Aus der Beratung, die die Kommission für den Entwurf eines Bürgerlichen Gesetzbuches am Freitag[1] vornahm, ist folgendes hervorzuheben. Zum Titel "Dienstvertrag" wiederholten unsere Genossen einen Teil der von ihnen bereits in erster Lesung gestellten Anträge, soweit dieselben abgelehnt waren[2]. Dasselbe Schicksal teilten ihre Anträge in zweiter Lesung[3].

Jedoch sollen einige Darlegungen der Regierung im Bericht Aufnahme finden, denen sich die Kommission anschloß und die einem Teil des Verlangens unserer Genossen durch autentische Auslegung einiger angenommener Paragraphen Rechnung tragen. So wurde anerkannt, daß, entgegen einigen gerichtlichen Entscheidungen, bei Akkordarbeiten, auch wenn der Ausschluß jeglicher Kündigungsfristen vereinbart ist, im Zweifel (also, wenn keine entgegenstehende ausdrückliche Vereinbarung oder Branchengewohnheit besteht) anzunehmen ist, daß das Arbeitsverhältnis erst mit Fertigstellung des Stücks oder der Stücke, deren Herstellung im Akkord übernommen sind, aufgehoben werden solle[4]. Weiter ist aus diesen Darlegungen anzuführen, daß der Antrag Frohme-Stadthagen: "Von der Kündigung eines Dienstverhältnisses ab ist der Dienstberechtigte verpflichtet, dem Dienstverpflichteten auf Verlangen eine angemessene Zeit zum Aufsuchen von Arbeitsgelegenheit zu gewähren[5]," als überflüssig bezeichnet wurde. Denn es folge diese Verpflichtung entgegen hier und da, zum Beispiel in Berlin, bestehender Übung zweifellos aus dem in das Gesetzbuch aufgenommenen Prinzip von Treu und Glauben. Die ausdrückliche Betonung dieser Pflicht, wie sie der Antrag verlangt, könne aber zu Mißverständnissen über andere Verpflichtungen auf diesem Gebiet und auf dem Gebiet des Mietrechts führen. Nach dieser Erklärung der Regierung und nachdem konstatiert war, daß die Kommission allseitig derselben Ansicht ist, und das dies im Bericht zum Ausdruck gelangen soll, begnügten sich die Antragsteller mit der Überweisung des Antrags an die Redaktionskommission[6].

---

1) 5.Juni 1896.
2) S, Nr.25 ff.
3) DRUCKSACHE Nr.136 (Abänderungs-Anträge (zur 2.Lesung) FROHME.STADTHAGEN v.4.Juni 1896);BERICHT S.45-50.

Gegen Bauschwindler und Lohnschwindler jeder Art, sowie gegen die Begünstigung dieser Sorte von Leuten, die die Früchte der Arbeit anderer durch Schwindel umsonst an sich reißen, durch die "gelehrte" Rechtsprechung im Gegensatz zu der Rechtsprechung durch Laiengerichte, wendete sich folgender Antrag der Genossen Frohme und Stadthagen:

"Ist eine Arbeitsleistung für ein wirtschaftliches oder gewerbliches Unternehmen geleistet, so haftet für die Entrichtung des Lohnesaußer dem unmittelbar Vertragsschließenden derjenige, in dessen Nutzen die Arbeitskraft vom Arbeitnehmer verwendet ist, falls er wußte oder hätte wissen müssen, daß die Arbeitsleistung von dem Vertragschließenden nicht bezahlt werden kann oder soll."

Die Regierungsvertreter erklärten, daß durch den im Gegensatz zur ersten Lesung gemachten Zusatz "falls ..." allerdings ein großer Teil der früheren Bedenken beseitigt sei, indes lasse die Tragweite des Antrages sich nicht übersehen. Unbedenklich hafteten aber Baugeldgeber, die wissen, daß der Arbeiter von dem Bauschwindler nicht bezahlt werden soll oder kann, aber Nutzen von der Arbeit haben, Eigentümer oder Baugeldgeber, die zwischen sich um dem Arbeiter in der Absicht, die Früchte der Arbeit anderer mühelos und entgeltlos zu genießen, Kolonnenführer stellen, Ziegeleibesitzer, die die bekannten Verträge mit sogenannten Ziegelmeistern schließen, Konfektionäre, die Schwitzmeister zwischen sich und den Arbeiter schieben, durchaus entsprechend der Praxis des Berliner Gewerbegerichts zumindest bereits aufgrund der Bestimmung des § 810: "Wer durch eine Handlung, die er nicht in Ausübung eines ihm zustehenden Rechtes vornimmt, in einer gegen die guten Sitten verstoßenden Weise einem anderen vorsätzlich Schaden zufügt, ist dem anderen zum Ersatz des Schadens verpflichtet." Dieser Erklärung der Regierung traten sämtliche Kommissionsmitglieder bei. Dadurch erübrigte sich der gestellte Antrag[8]. Nur wurde noch die Notwendigkeit betont, die Zustän-

---

4) BERICHT S.49.
5) DRUCKSACHE Nr. 136, Ziff. 10b.
6) BERICHT S.50.
7) DRUCKSACHE Nr. 136, Ziff.13.
8) BERICHT S.58.

digkeit der Gewerbegerichte auf Streitigkeiten gegen solche Schwindler auszudehnen. Die Anträge auf Aufhebung der Gesinde-Ordnungen und Einführung einer reichsgesetzlichen Zwangs-Kranken- und Unfallversicherung des Gesindes wurden bis zur Beratung des Einführungsgesetzes zurückgestellt. - Aus der weiteren Beratung ist folgendes hervorzuheben. § 8o9 bestimmt: "Wer eine Frauensperson durch Hinterlist oder unter Mißbrauch eines Abhängigkeitsverhältnisses zur Gestattung der außerehelichen Beiwohnung verleitet, ist ihr zum Ersatz des darauf entstehenden Schadens verpflichtet." Dieser Paragraph wurde auf Antrag des Abg. Gröber[9)] durch Einschaltung des Wortes "Drohung" verbessert[1o)]. Lebhafte Angriffe erhoben die Jagdliebhaber auf die Bestimmungen über Ersatz des Wildschadens, soweit derselbe durch Hasen oder Fasanen herbeigeführt ist[11)]. Diese kühnen, von der Regierung unterstützten Angriffe wurden mit knapper Majorität zurückgeschlagen[12)]. Ein Antrag unserer Genossen auf Einführung einer unbedingten Haftpflicht der Beamten[13)], sowie ein Verbesserungsantrag des Abg. Gröber zu § 823 Absatz 2, der dieselbe Materie betrifft[14)], wurden leider abgelehnt[15)] Die Debatte brach bei § 823 Absatz 4 ab. Dieser Absatz 4 führt im Gegensatz zur Regierungsvorlage die subsidiäre Haftpflicht des Staats, der Gemeinden u.s.w. für durch ihre Beamten angerichteten Schaden ein. Unsere Genossen beantragen die prinzipale Haftpflicht des Staats u.s.w. neben der Haftpflicht der Beamten selbst. (Prinzipale Haftpflicht des Staates heißt: der Staat haftet, ohne daß man zuvor den

---

9) DRUCKSACHE Nr. 129 (Abänderungs-Anträge [zur 2.Lesung] GRÖBER v. 2.Juni 1896), Ziff. 5.
1o) BERICHT S.58.
11) DRUCKSACHE Nr. 118 (Abänderungs-Anträge [zur 2.Lesung] v.BUCHKA v. 27.Mai 1896), Ziff. II2.
12) BERICHT S.62 ("Majorität von 1 Stimme").
13) DRUCKSACHE Nr. 136, Ziff. 14; BERICHT S.63.
14) DRUCKSACHE Nr. 129 (Abänderungs-Anträge [zur 2.Lesung] GRÖBER v. 2.Juni 1896), Ziff.6.
15) BERICHT S.63.

Beamten zu verklagen hat; subsidiäre Haftpflicht des Staats: der Staat haftet erst, nachdem die Exekution gegen den Beamten fruchtlos ausgefallen ist.). Abg. v. Buchka schlägt Streichung des § 823 Absatz 4 vor[16], und wird von der Regierung, die schon die subsidiäre Haftpflicht des Staats, der Gemeinden u.s.w. für unannehmbar hält, lebhaft unterstützt. Die Debatte wurde bis zur nächsten Sitzung(Sonnabend[17] um 10 Uhr) vertagt.

---

16) DRUCKSACHE Nr. 119 (Abänderungs-Anträge [zur 2.Lesung] v.BUCHKA v.30.Mai 1896), Ziff. 1.
17) 6.Juni 1896.

Nr.59

VORWÄRTS - Berliner Volksblatt
13.Jg. (1896) - Nr. 131 vom 7.Juni, 1.Beilage S.1

[Beratungen der Reichstagskommission (2.Lesung): Unerlaubte Handlungen, insb.Amtspflichtverletzung (Fortsetzung) - Eherecht: Berufstätigkeit der Ehefrau]

(Parlamentarisches.)

Soll das Reich, der Staat, die Gemeinde, oder welche öffentlich-rechtliche Körperschaft sonst den Beamten angestellt hat, mithaftbar für Beschädigungen sein, die ein Beamter in Überschreitung seiner amtlichen Wirksamkeit angerichtet hat? Der Privatmann ist nicht imstande, sich den Beamten, mit dem er und der mit ihm zu tun hat, auszuwählen, der Staat müßte als sogenannter Repräsentant der Rechtsordnung es für eine Ehrenpflicht halten, für die Mißgriffe seiner Beamten einzustehen. Die Bejahung der oben aufgestellten Frage entspricht so klar dem Gerechtigkeitsgefühl - die Frage ist auch von einigen Kleinstaaten gesetzlich bejaht - daß die Kommission für das Bürgerliche Gesetzbuch in ihrer ersten Lesung wenigstens die subsidiäre Haftpflicht durch folgenden § 823 Absatz 4 einführte: "Ist in den Fällen des Absatzes 1,2 der Ersatz des Schadens von dem Beamten nicht zu erlangen,so ist zur Leistung des Ersatzes diejenige juristische Person des öffentlichen Rechtes verpflichtet, welche den Beamten angestellt hat."[1] Allerdings war dieser einen wesentlichen Fortschritt bedeutende Beschluß nur mit 11 gegen 10 Stimmen zur Annahme gelangt. Dieser Beschluß wurde in der zweiten Lesung in der Sitzung der Kommission leider wieder beseitigt[2].Selbst der Antrag, die Haftpflicht wenigstens auf Mißgriffe von Reichsbeamten und auf Mißgriffe von Beamten durch Verletzung der persönlichen Freiheit zu erstrecken, fiel[3]. Für den Antrag wurden neun (Zentrum, Polen.Freisinn, Sozialdemokraten),dagegen 10 Stimmen abgegeben. Die Abgeordneten Munckel (freis.) und Lieber (Z.) waren leider am Erscheinen verhindert. Abg. Iskraut (Antis.), der anstelle des Abg. Vielhaben eingetreten war, stimmte natürlich gegen die Haftpflicht des Staats! Vielhaben ist aus der Kommission ausgetreten, weil, wie er schrieb, ihm der Entwurf nicht gefalle, er aber nicht wisse, wie er denselben bessern könne. Weitere Kreise des Volks wüßten das auch nicht, hätten aber "das dunkle Gefühl", was eigentlich zu geschehen hätte. Seine Fraktion billigte seinen Standpunkt und delegierte an seiner Stelle denjenigen ihrer Parteigenossen, den sie als mit dem dunkelsten Gefühl behaftet erachtete. Abg. Iskraut ist sich in seinem dunklen Drange nicht des rechten Weges bewußt, wohl aber des Weges zur Rechten wohl bewußt. Die Kommission nahm, um scheinbar wenigstens etwas getan zu haben, eine lendenlahme Resolution an,

1) S.o.Nr.35, Anm.7.
2) S.BERICHT S.66.
3) Der Antrag befindet sich nicht in den Kommissionsdrucksachen; zur Ablehnung des Antrages s.BERICHT S.66.

die eine Haftpflicht des Reichs für Verschuldungen der Reichsbeamten geregelt zu sehen wünscht[4]. Das Plenum wird hoffentlich den bezüglich der Haftpflicht von Beamten gefaßten Beschlüssen gegenüber einen dicken Strich machen. Die weiteren Bestimmungen des Obligationenrechts (Recht aus Schuldverhältnissen) wurden den Beschlüssen erster Lesung entsprechend angenommen. Desgleichen wurden zum dritten[4a] Buch (Sachenrecht: Besitz, Eigentum, Pfandrecht u.s.w. §§ 838 bis 1279) wesentliche Beschlüsse nicht angenommen. Zur Annahme gelangte noch ein Antrag v.Stumm[5], der im Gegensatz zum Beschluß erster Lesung das reaktionäre Recht des Ehemannes, Arbeitsverträge, die seine Ehefrau geschlossen hat, sofort ohne deren Zustimmung zu lösen, durch folgende Bestimmung zu § 1341 verbessert: "Hat sich die Frau einem Dritten gegenüber zu einer von ihr in Person zu bewirkenden Leistung verpflichtet, so kann der Mann das Rechtsverhältnis ohne Einhaltung einer Kündigungsfrist kündigen, wenn auf Antrag des Mannes das Vormundschaftsgericht den Mann zu der Kündigung ermächtigt hat. Das Vormundschaftsgericht muß die Ermächtigung erteilen, wenn die Fortsetzung der Tätigkeit der Frau sich als eine Schädigung der ehelichen und Familieninteressen erweist. Das Kündigungsrecht des Mannes ist ausgeschlossen, wenn der Mann der Verpflichtung der Frau zugestimmt hat, oder seine Zustimmung auf Antrag der Frau durch das Vormundschaftsgericht ersetzt worden ist"[6]. Ferner wurde das Recht des Ehemannes, ohne Zustimmung der Ehefrau deren Forderungen, falls sie nicht aus Zinsen bestehen, einzuziehen (§ 1359 Nr.2), gestrichen[7]. Weitergehende Anträge wurden abgelehnt. Die Debatte mußte bei § 189o, der eine neue Handhabe zur Einkassierung von öffentlichen Sammlungen darbieten soll, abgebrochen werden. Zur Beratung stehen noch außer dem Einführungsgesetz aus: die Ab-

---

4) BERICHT S.65/66. Die Resolution ging zurück auf einen Antrag des Abg. v. DZIEMBOWSKI-POMIAN (s.DRUCKSACHE Nr.144).
4a) Im Original unrichtig "zweiten".
5) DRUCKSACHE Nr. 146 (Abänderungs-Anträge [zur 2.Lesung] v.STUMM-HALBERG.PAULI v.6.Juni 1896), Ziff. 1.
6) BERICHT S.127/128.
7) BERICHT S.137.

schnitte über Eheschließung, über Ehescheidung, uneheliche Kinder, Vereinsrecht und Erbrecht. Die nächste Sitzung findet am Montag[8] statt, am Sonnabend gedenkt man zum Schluß der Kommissionsberatung zu gelangen.

---

8) 8.Juni 1896.

Nr.60

VORWÄRTS - Berliner Volksblatt
13.Jg (1896) - Nr. 132 v. 9.Juni, 1.Beilage, S.1

[Beratungen der Reichstagskommission (2.Lesung): Bestellung eines Pflegers für in öffentlicher Sammlung zusammengebrachtes Vermögen - Vereinsrecht - Eherecht, hier: Form der Eheschließung]

(Parlamentarisches.)

Wichtige Beschlüsse wurden in der Montags-Sitzung[1] der Bürgerlichen Gesetzbuchs-Kommission nach verschiedenen Richtungen hin gefaßt. § 189o des Entwurfes schlägt folgendes vor:

"Ist durch öffentliche Sammlung Vermögen für einen vorübergehenden Zweck zusammengebracht worden, so kann zum Zwecke der Verwaltung und Verwendung des Vermögens ein Pfleger bestellt werden, wenn die zu der Verwaltung und Verwendung berufenen Personen weggefallen sind, oder wenn diesen Personen gegenüber ein wichtiger Grund für die Entziehung der Verwaltung und Ver-

---

1) 8.Juni 1896.

wendung vorliegt; ein solcher Grund ist insbesondere grobe Pflichtverletzung oder Unfähigkeit zur ordnungsmäßigen Geschäftsführung. "Insbesondere die unterstrichenen[1a] Worte würden es ermöglichen, z.B. die durch öffentliche Sammlungen - und welche Sammlungen lassen sich von Richtern aus guter Familie nicht zu öffentlichen stempeln? - zusammengebrachten Gelder einer Partei in "Pflege" zu nehmen. Nach lebhafter Debatte wurden die unterstrichenen[1a] Worte sodann gestrichen[2]. - Die Kommission ging sodann zur privatrechtlichen Gestaltung des Vereinsrechts über. Die Kommission ließ infolge einer Verständigung zwischen Nationalliberalen und Zentrum die in erster Lesung mit 12 gegen 9 Stimmen gefaßten, von der Regierung aber für unannehmbar erklärten Beschlüsse[3] im Stich und stimmte in ihrer Mehrheit einem der Regierungsvorlage nahe stehenden Antrag der Nationalliberalen bei[4]. Den bestehenden Zustand und die Beschlüsse erster Lesung haben wir im Leitartikel vom 29.Februar d.J.[5] und im Bericht vom 21.Februar[6] und 4.März[7] ausführlich dargelegt. Heute fiel mit Rücksicht auf das Entgegenkommen der Nationalliberalen auf dem Ehegebiet und

---

1a)Im Original "gesperrt gedruckten";s.S.CIII der Einführung.
2) Wie der BERICHT (s.S.164) mitteilt, wurde von "einer [offensichtlich der sozialdemokratischen] Seite" die Auffassung geäußert,"die ganze Bestimmung habe offensichtlich einen politischen Zweck. Sie richte ihre Spitze gegen Vermögen,welche für sozialdemokratische Zwecke gesammelt worden seien, was sich daraus ergebe, daß dieser Paragraph durch den Bundesrat in den Entwurf hineingekommen sei." Von anderen Kommissionsmitgliedern wurde die politische Zielsetzung der Bestimmung bestritten; es wurde behauptet,"der Paragraph (sei) nicht durch den Bundesrat in den Entwurf hineingebracht worden, sondern von der zweiten Gesetzgebungskommission bei der zweiten Beratung des Entwurfs beschlossen worden."Dieser Einwand traf indessen nicht zu: § 189o war in der Tat erst durch den Bundesrat in den Entwurf eingefügt worden. Nach der vorsichtigen, aber kaum mißzuverstehenden Formulierung der DENKSCHRIFT des Reichsjustizamtes sollte die Vorschrift "einem neuerdings mehrfach hervorgetretenen Bedürfnisse ... Rechnung (tragen)".
3) S. dazu VORMBAUM, Rechtsfähigkeit S.188 ff.;BERICHT S.16/17.
4) BERICHT S.17.
5) S.Nr. 2o.
6) S.Nr.18.
7) S.Nr.21.

mit Rücksicht auf die wiederholten Erklärungen der Regierung, die über die privatrechtliche Gestaltung in erster Lesung gefaßten Beschlüsse seien unannehmbar, das Zentrum um und nahm die nationalliberalen Anträge an. Dieselben dokumentieren den Tiefgrad der Moral und der Erkenntnis unserer bürgerlichen Gesellschaft, wie ihre ohnmächtige Furcht vor der Sozialdemokratie insbesondere durch die Bestimmung, daß einem Verein, der nach der Satzung einen politischen, sozialpolitischen oder religiösen Zweck nicht hat, die Rechtsfähigkeit entzogen werden kann, wenn er einen solchen Zweck zu verfolgen sich erkühnen sollte. Für ernsten Zielen nachgehende Vereine hat das Bürgerliche Gesetzbuch keinen Platz. Nur für privatrechtliche Gestaltung von Sauf- und Rauf-, Kaffeeklatsch- und Skatvereinen ist daselbst nach Ansicht der herrschenden Parteien Raum. Die Abg. Himburg (kons.) und v. Stumm ließen in längeren Ausführungen klar erkennen, daß vor vernünftiger Regelung der privatrechtlichen Gestaltung des Vereinsrechts sie die Furcht und die ohnmächtige Wut über die erfolglosen Tiraden, Köllereien und Bütteleien gegen die Sozialdemokratie und Arbeiterschaft und nicht minder ihre absolute Verständnislosigkeit der wirtschaftlich und politisch treibenden Kräfte zurückhalten. Frohme, Stadthagen und Kauffmann geißelten das abgeschlossene Schachergeschäft. Dasselbe wurde aber mit 16 gegen 5 Stimmen angenommen. - Der Antrag auf Einführung fakultativer statt obligatorischer Zivilehe wurde von den Konservativen durch den Mund des Grafen Roon verteidigt. Seine Darlegungen boten eine solche Fülle historischer Unkenntnisse, solche Höhe der Verständnislosigkeit gegenüber wirklich religiösem Gefühl und solche selbst bei einem Konservativen überraschende politische Haltlosigkeit, daß es dem ultramontanen Abg. Lieber ein leichtes war, den Herrn vollständig in den Sand zu setzen. Dr. Lieber gabe im übrigen folgende Erklärung seiner politischen Freunde zur Stellung der fakultativen Zivilehe ab:[8]

"Die Mitglieder der Kommission, welche dem Zentrum angehören, haben in der ersten Lesung für das Prinzip der fakultativen Zivilehe gegenüber demjenigen der obligatorischen Zivilehe

8) S.BERICHT S.99 ff.

gestimmt. Sie haben dies unter der ausdrücklichen Erklärung getan, daß ihnen die eine so wenig wie die andere an und für sich annehmbar sei, sie aber vor die Wahl zwischen beiden gestellt die fakultative Zivilehe für das im Verhältnis zur obligatorischen kleinere Übel halten. Über die von den konservativen Mitgliedern Herrn Himburg und Freiherrn von Maltzahn auf Nr. 41 der Drucksachen vorgeschlagene Formulierung[9)] wurde damals nicht abgestimmt. Nichtsdestoweniger wurde zentrumsseitig nicht unterlassen, hinsichtlich dieser Formulierung die bestimmte Erklärung abzugeben, daß diese Fassung für sie und ihre politischen Freunde unannehmbar sei, weil sie an verschiedenen Stellen mit den Rechten jeder selbständigen Religionsgesellschaft nach der stets gleich gebliebenen Auffassung des Zentrums, insbesondere mit Recht und Glaubenslehre der katholischen Kirche, in unversöhnlichem Widerspruch stehe. In gegenwärtiger zweiter Lesung handelt es sich nicht mehr um eine bloß grundsätzliche Stellungnahme, sondern um Annahme oder Ablehnung des Wortlauts, in welchem der Grundsatz Aufnahme in das Bürgerliche Gesetzbuch finden solle. Ungeachtet unserer Ablehnung der in erster Lesung dafür vorgeschlagenen Fassung kehrt diese Fassung vorliegend in zweiter Lesung im Antrag des Herrn Grafen v. Roon auf Nr. 122 der Drucksachen mit dem für unsere Entscheidung wesentlichen Hauptanstand von damals wieder[1o)]. Demgegenüber können die dem Zentrum angehörigen Mitglieder nur wiederholen, daß nicht nur Glaubenslehre und Recht der katholischen Kirche, sondern auch das Recht jeder selbständigen Religionsgesellschaft überhaupt, wie es das Zentrum jederzeit verstanden hat, ihnen durchaus unmöglich machen, den vorgeschlagenen Bestimmungen beizutreten. Zu ihrem Bedauern in diese Zwangslage versetzt, gegen die Vorschläge von konservativer Seite stimmen zu müssen, haben sie nach einem anderen gangbaren Wege gesucht, um die Gewissen des kirchlich treuen katholischen nicht nur, sondern auch des evange-

---

9) DRUCKSACHE Nr. 41 (Abänderungs-Anträge HIMBURG v.MALTZAHN v. 6.März 1896) enthielt in Ziff. 1 als § 1299a den Vorschlag:"Die Ehe wird vor einem Geistlichen in Form der kirchlichen Trauung oder vor einem Standesbeamten geschlossen,im letzteren Falle nach den in den §§ 13oo bis 13o5 gegebenen Bestimmungen".

1o)DRUCKSACHE Nr. 122 (Abänderungs-Anträge [zur 2.Lesung]

lischen Bevölkerungsteils gegenüber dem Entwurf in Sachen der Eheschließung zu salvieren. Diesen Weg glauben sie in den drei Anträgen auf Nr. 151 der Drucksachen gefunden zu haben, welche sie nunmehr unterbreiten und die außer Zweifel stellen, daß die Ehe dieses Gesetzbuchs die kirchliche Ehe weder ist noch sein will." Die in dieser Erklärung in bezug genommenen drei Anträge lauten: "1. Als Überschrift des ersten Abschnitts statt "Ehe" zu setzen "Bürgerliche Ehe"; 2.die Erklärung des Standesbeamten statt "daß sie kraft Gesetzes nunmehr rechtmäßig verbundene Eheleute seien" lauten zu lassen: "daß sie kraft dieses Gesetzes nunmehr rechtmäßig verbundene Eheleute seien"; 3. einzuschalten (dem bestehenden Zivilstandsgesetz entsprechend): "Die kirchlichen Verpflichtungen in Ansehung der Ehe werden durch die Vorschriften dieses Abschnittes nicht berührt." Es unterliegt keinem Zweifel, daß die Anträge der konservativen Dunkelmänner in der am Dienstag stattfindenden nächsten Kommissionsitzung mit großer Mehrheit abgelehnt, die eben mitgeteilten des Zentrums, die nichts Neues enthalten, angenommen werden. Das Eheschließungs-, Ehescheidungsrecht, die Bestimmungen über die Rechte der unehelichen Kinder, das Erbrecht und das Einführungsgesetz werden voraussichtlich in den Sitzungen am Dienstag und Mittwoch, spätestens am Donnerstag[11] beendet werden.
(...)

---

v.ROON v. 30.Mai 1896) wiederholte in Ziff. 1 den Antrag aus Ziff. 1 der Drucksache Nr. 41.
11) 9.,10.,11.Juni 1896.

Nr.61

VORWÄRTS - Berliner Volksblatt
13.Jg (1896) - Nr. 133 v. 10.Juni, 1.Beilage, S.1

[Beratungen der Reichstagskommission (2.Lesung): Eherecht, insb. Form der Eheschließung, Ehemündigkeit, Ehescheidung]

(Parlamentarisches.)

"Weshalb habt Ihr mit "uns" keinen Pferdehandel abgeschlossen? Wir hätten ja bessere Preise geboten. Wir sind noch immer gern bereit, schlagen Sie noch jetzt ein, es ist noch Zeit". Das war der langen Reden kurzer Sinn, mit denen in der [Dienstags-]Sitzung[1] die konservativen Mitglieder der Kommission für das Bürgerliche Gesetzbuch drei Stunden lang das Zentrum apostrophierten. Graf v. Roon, Herr v. Salisch und Herr Himburg machten die lebhaftesten Versuche, das Zentrum zur Einführung der von konservativer Seite vorgeschlagenen fakultativen Zivilehe umzustimmen. Ihre Versuche schlugen fehl. "Was könnt ihr arme Teufel von der konservativen Partei ohne Unterstützung der Regierungen bieten", "wie weit entfernt seid ihr Konservative von der Erkenntnis dessen, was man religiöse Gewissensfreiheit [nennt][1a] und was selbständige religiöse Gemeinschaft ist", so klang es aus der Antwort des Zentrums zurück. Damit der für die Sozialdemokraten und freisinnigen Partei[en][1)]

---

1)9.Juni 1896; im Original unrichtig:"Donnerstag-Sitzung".
1a)Fehlt im Original.
1b)Der eingeklammerte Wortteil fehlt im Original.

recht köstliche Handel auch des humoristischen Beigeschmacks nicht entbehre, schmetterte Herr Iskraut (Antisemit) noch einige durch ihre Hohlheit sich über Gebühr auszeichnende Wortzusammenstellungen heraus, deren Sinn (sein Fraktionsgenosse Förster hatte im Plenum für die obligatorische Zivilehe sich ausgesprochen und sein Fraktionsgenosse Vielhaben in der Kommission für die Zivilehe gestimmt) dahin gehen sollte, daß er das christliche Deutschland vertrete, der Zivilehe den Kehraus zu machen, mindestens die Fakultation durchzusetzen sich kräftig und mächtig fühle. Er würde, falls die Kommission sich nicht noch besinne, mit seinen Freunden gegen das Bürgerliche Gesetzbuch stimmen, wenn seine parlamentarische Befähigung, Auszählung zu beantragen, nicht schon vordem den Reichstag müde gemacht hätte[2]. Frohme erklärte, daß er für die ultramontanen Anträge, die wir gestern mitgeteilt haben, stimmen wird; nach diesen Anträgen wird die obligatorische Zivilehe unter dem Namen "Bürgerliche Ehe" aufrecht erhalten; dem Prinzip der Gewissensfreiheit entspreche es, im übrigen jedem zu überlassen, welche Förmlichkeiten er sonst noch vornehmen wolle[3]. Die Anträge des Zentrums wurden dann mit allen gegen die 4 Stimmen der Konservativen und des Antisemiten angenommen[4]. Herr Iskraut verließ dann die Kommission. Der Rest der Sitzung wurde mit der Debatte über Anträge, betreffend Änderungen des Eheschließungs- und des Ehescheidungsrechts ausgefüllt. Leider wurden sämtliche Anträge abgelehnt. Hervorzuheben sind folgende Anträge: Frohme und Stadthagen beantragten, die Einwilligung der Eltern zur Eheschließung nicht wie nach dem Entwurf bis zum zurückgelegten 25., sondern nur bis zum zurückgelegten 21. Lebensjahr stattfinden zu lassen[5]. Der Antrag fiel mit 7 (Sozialdemokraten, Freisinn und einigen Ultramontanen)gegen 8 Stimmen[6]. Der Antrag unserer Genossen, folgenden Ehescheidungsgrund einzuschalten, wurde gegen die Stimmen der Freisinnigen und zwei Sozialdemokraten abgelehnt: "Ein Ehegatte kann

---

2) Die Rede ist inhaltlich wiedergegeben in:BERICHT S.1o1.
3) S.BERICHT S.1o2.
4) Ibd.
5) DRUCKSACHE Nr. 152 (Abänderungs-Anträge [zur zweiten Lesung] FROHME.STADTHAGEN vom 6.Juni 1896), Ziff. 3.
6) BERICHT S.82.

auf Ehescheidung klagen, wenn nach seiner Überzeugung (eventuell nach Überzeugung beider Ehegatten) eine so tiefe Zerrüttung des ehelichen Verhältnisses vorliegt, daß dem Ehegatten die Fortsetzung der Ehe nicht zugemutet werden kann"[7]. Mit gleichviel Stimmen wurden auch von freisinniger Seite auf Erleichterung der Ehescheidung gerichtete Anträge abgelehnt[8]. Der Antrag, die Bestimmung der Regierungsvorlage wiederherzustellen, wenigstens für die Fälle absolut unheilbaren und offenbaren Wahnsinns die Scheidung zuzulassen, wurde mit 12 gegen 8 Stimmen (Freisinnige, Nationalliberale, Soziald.) abgelehnt[9]. Am Mittwoch[10] gelangen zunächst die Anträge unserer Genossen betr. die Rechte der unehelichen Kinder zur Debatte, sodann das Einführungsgesetz. Am Donnerstag wird die Kommission ihre Arbeiten voraussichtlich schließen. Es soll dann Ende nächster Woche die Plenarberatung beginnen.

---

7)DRUCKSACHE Nr. 152, Ziff. 7;BERICHT S.119.
8)DRUCKSACHE Nr. 149 (Abänderungs-Anträge [zur 2.Lesung] KAUFFMANN v. 6.Juni 1896).
9)BERICHT S.118.
10)10.Juni 1896.

Nr.62

VORWÄRTS - Berliner Volksblatt
13.Jg (1896) - Nr. 134 vom 11.Juni, 1.Beilage S.1

[Beratungen der Reichstagskommission (2.Lesung): Kindschaftsrecht, insb. Recht der unehelichen Kinder]

(Parlamentarisches.)

(.../[2]/...)

Bei der Beratung der Gestaltung der Rechte der unehelichen Kinder nahm die Kommission für das Bürgerliche Gesetzbuch in ihrer Sitzung am Mittwoch[1] den Antrag Frohme - Stadthagen an, die Alimentationspflicht des außerehelichen Erzeugers auch über das 16.Lebensjahr hinaus zu statuieren, wenn das Kind (infolge Krankheit, Gebrechen u.s.w.) sich selbst nicht unterhalten kann[2]. Abgelehnt wurden die Anträge derselben Antragsteller[3]: dem unehelichen Kinde, falls seine Mutter sich verheiratet, den neuen Familiennamen der Mutter auf Antrag der Mutter beizulegen, der außerehelichen Mutter die elterliche Gewalt über ihr Kind zu geben, die Höhe der Alimente nach dem Stande des Vaters und nicht nach dem der Mutter zu bemessen und die Einrede nicht zuzulassen, daß auch andere der Mutter innerhalb der kritischen Zeit beigewohnt haben[4]. Für den letzten Antrag stimmten auch die Freisinnigen, 1 Nationalliberaler (v.Bennigsen) und 2 Ultramontane (Lerno und Bachem). Es fiel ferner der Antrag unserer Genossen, den unehelichen Abkömmlingen dasselbe Erbrecht wie ehelichen Abkömmlingen zu gewähren[5]. Der Entwurf lehnt jedes Erbrecht der unehelichen Nachkommenschaft ab. Am Donnerstag[6] soll der Rest des Erbrechts und das Einführungsgesetz zur Beratung gelangen.

---

1) 1o.Juni 1896.
2) DRUCKSACHE Nr. 152 (s.Nr. 61, Anm.5), Ziff. 12 b. - BERICHT S.158.
3) DRUCKSACHE Nr. 152, Ziff. 1o, 11, 12a, 13.
4) BERICHT S.156, 157, 158, 16o.
5) DRUCKSACHE Nr. 152, Ziff. 14.
6) 11.Juni 1896.

Nr.63

VORWÄRTS - Berliner Volksblatt
13.Jg (1896) - Nr. 135 vom 12.Juni, 1.Beilage S.1

[Beratungen der Reichstagskommission (2.Lesung): Einführungsgesetz- Resolutionen]

(Parlamentarisches.)

Mit ihrer 52.Sitzung beendete am Donnerstag[1] die Kommission für das Bürgerliche Gesetzbuch ihre Arbeit. Als Termin für das Inkrafttreten des Gesetzbuchs wurde der 1.Januar 1900 bestimmt. Hervorzuheben aus der Sitzung ist folgendes: Abgelehnt wurden die Anträge auf Aufhebung der Gesinde-Ordnungen, Einführung einer reichsgesetzlichen Regelung der Krankenversicherung des Gesindes; desgleichen eine Resolution auf baldige Einführung reichsgesetzlicher Krankenversicherung[2]. Ebenso wurde abgelehnt, lediglich die mit /[2]/ häuslichen, nicht auch die mit wirtschaftlichen Arbeiten Beschäftigten als Gesinde zu bezeichnen oder eine reichsgesetzliche Fixierung des Begriffs Gesinde vorzunehmen[3]. Die Kommission beschloß aber, eine von Stadthagen gefertigte Ausarbeitung über die geschichtliche Entwicklung des Gesindes, über den bestehenden Rechtszustand auf dem Gesinderecht, insbesondere eine Aufzählung der bestehenden

1) 11.Juni 1896.
2) S.BERICHT S.51 und 48.
3) S.BERICHT S.51.

Gesinde-Ordnungen in Deutschland und eine Übersicht über die Kranken- und Unfallversicherung des Gesindes in den Einzelstaaten, um die Diskussion abzukürzen und gleichzeitig den Darlegungen unserer Genossen zur Begründung gerecht zu werden, drucken zu lassen, und zwar nicht als Anlage zum Bericht, aber im Sonderdruck den Abgeordneten zugehen zu lassen[4]. Abgelehnt wurden ferner die Anträge unserer Genossen, § 95 des Unfallversicherungs-Gesetzes aufzuheben[5], das Bergarbeiterrecht durch volle Unterstellung des Bergarbeitervertrages unter die Bestimmungen der Gewerbe-Ordnung einheitlich reichsgesetzlich zu gestalten[6], den partikularrechtlichen Zinsfuß der Leihanstalten auf höchstens 8% festzusetzen[7] und folgendem Notvereinsgesetz im Einführungsgesetz Aufnahme zu schaffen: "Die landesgesetzlichen Vorschriften, welche das Inverbindungtreten von Vereinen, welche politische Zwecke verfolgen, verbieten, werden aufgehoben. Vereinigungen von Arbeitgebern und Arbeitnehmern, welche zum Behuf der Erlangung günstigerer Lohn- und Arbeitsbedingungen sich gebildet haben, unterliegen keiner landesgesetzlichen Vorschrift."[8] Für das Notvereinsgesetz stimmten die Freisinnigen, die übrigen Kommissionsmitglieder stimmten dagegen, weil diese Materie nicht in das Bürgerliche Gesetzbuch passe. v.Bennigsen erklärte ausdrücklich, daß er einem baldigen Notvereinsgesetz, das die Verbindungsverbote aufhebt, durchaus zustimmen werde und sich nicht denken könne, daß die Regierungen einem solchen Notgesetz ihre Zustimmung versagen würden. Die Freisinnigen und Sozialdemokraten hielten es für unrecht, in dieser Materie der preußischen Regierung insbesondere gegenüber das Auge des Mißtrauens zu schließen. Abgelehnt wurden auch die Anträge auf Aufhebung[8a] der Sonderrechte der Fürsten, des hohen Adels u.s.w., auf Aufhebung der Fideikommisse und anderer veralteter Rechtsinstitute[9]. Für Aufhebung stimmten auch hier nur die Sozialdemokraten

---

4) Ibd. - STADTHAGEN wurde im Herbst desselben Jahres vom sozialdemokratischen Parteitag beauftragt, für die Partei eine zusammenfassende Darstellung der deutschen Gesinderechte anzufertigen (s.PROTOKOLL PT S.75).
5) BERICHT S.182.
6) DRUCKSACHE Nr.156 (Abänderungsanträge FROHME.STADTHAGEN v. 8.Juni 1896),Ziff.6;BERICHT S.184.- Die vorher genannten sozialdemokratischen Anträge finden sich nicht in den Kommissionsdrucksachen.Es dürfte sich um Initiativanträge gehan-

und Freisinnigen. Angenommen wurden von der Kommission[10] folgende Anträge und Resolutionen, welche von Frohme und Stadthagen eingebracht waren[11]: 1.§ 108 der Gewerbe-Ordnung enthält die Bestimmung, daß die Zustimmung zur Ausstellung des Arbeitsbuchs von der Gemeindebehörde zu ergänzen ist, wenn der Vater die Genehmigung ohne Grund oder zum Nachteil des Minderjährigen versagt oder wenn sonst die Erklärung nicht zu beschaffen ist. Eine gleiche Bestimmung bezüglich des Vormundes fehlt. Da ist gerichtliche Ergänzung möglich. Aber das hat, insbesondere gegenüber der irrigen, häufig aufgetretenen Ansicht, solche Ergänzung sei unzulässig, zu anderen Richtschnuren geführt. Die Kommission stimmte dem bei, daß auch für die Fälle der fehlenden Zustimmung des Vormundes der Gemeindebehörde die Ergänzung obliegen solle. Zweitens wurde folgende Resolution Frohme-Stadthagen[12] angenommen: "Die Kommission spricht die Erwartung aus, daß in dem Gesetz, betreffens Änderungen der Zivil-Prozeßordnung der Kreis der unentbehrlichen Gegenstände erweitert, mindestens auf alle zum Erwerb oder Beruf des Schuldners unentbehrlichen Gegenstände ausgedehnt und klarer gestaltet werde"[13]. Endlich wurde der folgenden Resolution Frohme-Stadthagen[14] zugestimmt: "Der Reichstag spricht die Erwartung aus, daß 1. die Arbeitsverhältnisse, durch welche jemand sich verpflichtet, einen Teil seiner geistigen oder körperlichen Arbeitskraft für die häusliche Gemeinschaft, ein wirtschaftliches oder ein gewerbliches Unternehmen gegen einen vereinbarten Lohn zu verwenden, 2. das Bergrecht, 3. das Jagd- und Fischereirecht, 4. das Versicherungsrecht, 5. das Verlagsrecht, 6. das gesamte Wasserrecht

---

delt haben.
7) DRUCKSACHE Nr. 156, Ziff. 7; BERICHT S.185.
8) DRUCKSACHE Nr. 156, Ziff. 9; BERICHT S.191. - Zur Vorgeschichte dieses "Notvereinsgesetz"-Entwurfes s. noch unten Nr. 76, Anm.5.
8a) Im Original unrichtig, "Aufrechterhaltung".
9) DRUCKSACHE Nr. 156, Ziff. 5; BERICHT S.183.
10) BERICHT S.183.
11) DRUCKSACHE Nr. 156, Ziff.4.
12) In den Drucksachen nicht enthalten.
13) BERICHT S.191.
14) DRUCKSACHE Nr. 156, Ziff. 10.

baldtunlichst für ganz Deutschland einheitlich geregelt werden"[15]. In der Resolution liegt ein erheblicher Anstoß zur Vereinheitlichung des "eigentlichen Arbeitsvertrages", gegen dessen einheitliche Regelung, wie früher bereits erwähnt,die Regierungen nach ihren Erklärungen ein prinzipielles Bedenken nicht haben. - Die Beratung im Plenum soll am nächsten Donnerstag[16]beginnen.

15) BERICHT S.191.
16) 18.Juni 1896.

Nr.64

VORWÄRTS - Berliner Volksblatt
13.Jg (1896) - Nr. 14o v. 18.Juni, S.1

[Zur weiteren Gesetzgebungsprozedur]

(Politische Übersicht.)

Berlin, 17.Juni

(.../[2]/...)

... Morgen steht an dritter Stelle das Bürgerliche Gesetzbuch und dürfte wohl da schon die Entscheidung fallen, ob dasselbe durchgepeitscht werden kann oder ob der Reichstag vertagt oder geschlossen wird. -

Im Reichstag verlautete heute, die Reichsregierung beabsichtige, in den nächsten Tagen den Reichstag zu schließen, falls die Mehrheit sich weigere, das bürgerliche Gesetzbuch jetzt noch rasch zur Erledigung zu bringen[1]. Die Parteien der Rechten und ein Teil der Linken sind gegen die Beratung in der jetzigen Session überhaupt, wohingegen Nationalliberale und Zentrum sich bereit erklärt haben, das Bürgerliche Gesetzbuch, wenn irgend möglich und in möglichst kurzer Zeit zum Abschluß zu bringen. Wir wissen nicht, ob die der Regierung unterstellte Absicht des Reichstagsschlusses besteht, falls das Bürgerliche Gesetzbuch nicht noch in dieser Session erledigt wird. Profitiert würde damit nichts, denn wenn irgendwo die Neigung zur Obstruktion vorhanden ist, lassen sich im nächsten Herbst die von der Geschäftsordnung gebotenen Mittel genau so anwenden wie jetzt.Die Stellung unserer Partei zur Frage der Beratung des Entwurfes ist sehr klar. Wollen die Mehrheitsparteien den Entwurf schon jetzt in zweiter und dritter Lesung erledigen, dann mögen sie auch dafür Sorge tragen, daß ihre Leute am Platze sind. Können sie das nicht erreichen, dann müssen sie darauf gefaßt sein, daß die bekannten Mittel, welche die Geschäftsordnung bietet, zur Anwendung kommen[2].

Unsererseits wird dem Zustandekommen des Gesetzes nichts in den Weg gelegt werden; aber das Schauspiel wollen wir der Welt ersparen, daß eines der wichtigsten Gesetzeswerke, auf das eine fünfundzwanzigjährige Vorarbeit verwendet worden ist, im deutschen Reichstage von dieser beschlußunfähigen Minderheit votiert wird[3]. Von einer Linie werden sich unsere Genossen weder durch Drohungen noch Versprechungen abbringen lassen. - (...)

---

1) Zu den Geschäftsordnungsfragen bei der Behandlung des BGB s. S. XXXVI ff. der Einführung.

2) Dazu, daß die Sozialdemokraten notfalls auch die Geschäftsordnungsregeln geschickt einzusetzen wußten, s. MATTHIAS/PICKART, Reichstagsfraktion Bd 1, S.CXXV ff.("Parlamentarische Taktik und parlamentarische Mittel").Prinzipiell waren die Sozialdemokraten allerdings nicht gewillt, die Beratungen über das BGB zu obstruieren. Gegen entsprechende Absichten der (antisemitischen) deutschsozialen Reformpartei hatten sich FROHME und STADTHAGEN während der Kommissionsberatungen ausdrücklich ausgesprochen (s.o.Nr.61).

3) So wie heute noch der Bundestag, war der Reichstag beschlußfähig, wenn die Mehrzahl der gesetzlichen Mitglieder (d.h. über 199 der 397 Mitglieder) anwesend war (Art.28 der Reichsverfassung).Beschlußfähigkeit wurde solange vermutet,wie sie nicht angezweifelt wurde(§ 54 der Geschäftsordnung des Reichstages).Die Drohung mit dem Antrag auf Feststellung der Beschlußfähigkeit war somit ein wirksames Mittel zur Erhöhung der Anwesenden-Zahl.

Nr.65

VORWÄRTS - Berliner Volksblatt
13.Jg (1896) - Nr. 142 v. 20.Juni, S.1

[2.Lesung des BGB im Reichstag: Geschäftsordnungsdebatte - Beginn der Beratungen]

(Politische Übersicht.)

Berlin, 19. Juni

Im Reichstage kam es heute zunächst zu einer sehr ausgedehnten Geschäftsordnungs-Debatte[1], in der die Meinungen darüber, ob die zweite und dritte Lesung des Bürgerlichen Gesetzbuches jetzt schon stattfinden soll oder bis zum Herbst verschoben werden soll, hart aufeinander platzten. Nachdem die Vertreter aller Parteien, auch der kleineren Gruppen, zu Worte gekommen waren[2], wurde mit erheblicher Mehrheit Eintritt in die Beratung beschlossen[3]. Da die Rechte sich an

1) STEN.BER.RT. IX.Leg.Pers., IV.Session 1895/97, 109.Sitzung v.19.Juni 1896= Bd 4, S.2717 ff., hier S.2717 -2729; s.zu dieser Debatte und zu den dort vorgetragenen Argumenten bereits S.XXXVIII ff. der Einführung.

2) An der Geschäftsordnungsdebatte beteiligten sich die Abgeordneten RINTELEN (Zentrum, a.a.O. S.2717), RICHTER (Freisinnige Volkspartei, a.a.O.S.2718), LIEBER (Deutsch-soziale Reformpartei, a.a.O.S.2719), Freiherr von MANTEUFFEL (Konservative Partei, a.a.O.S.2770), v.BENNIGSEN (Nationalliberale Partei, a.a.O. S.2721), SINGER (Sozialdemokratische Partei, a.a.O.S.2721), Freiherr von STUMM-HALBERG (Reichspartei, a.a.O.S.2724), RICKERT (Freisinnige Vereinigung, a.a.O.S. 2724), v.DZIEMBOWSKI-POMIAN (Pole, a.a.O.S. 2725), Freiherr von HODENBERG (fraktionslos, a.a.O.S.2725), SPAHN (Zentrum,

der Diskussion gar nicht beteiligte und die Vertreter des Zentrums und der Nationalliberalen sich nur auf kurze Bemerkungen beschränkten, so war es möglich, in kürzester Zeit fünf Abschnitte mit über 2oo Paragraphen zu erledigen[4]. Von unserer Seite beteiligten sich die Genossen Stadthagen,[5] Frohme[6] und Bebel[7] an den Debatten[8]. Ein Versuch des Antisemiten Iskraut, durch Bezweiflung der Beschlußfähigkeit des Hauses

---

a.a.O.S.2726 u.2729),VIELHABEN (Deutsch - soziale Reformpartei, a.a.O.S.2726),HAUSSMANN (Deutsche Volkspartei, a.a.O.S.2727 u. 2728), v.CUNY (Nationalliberale Partei,a.a.O.S.2728).

3)STEN.BER.RT. a.a.O.S.2729. - Die Abstimmung erfolgte zwar nicht namentlich; der sozialdemokratische Abgeordnete SINGER hatte jedoch in der vorangegangenen Geschäftsordnungsdebatte erklärt, seine Fraktion werde für den (von dem freisinnigen Abgeordneten RICHTER eingebrachten) Antrag auf Absetzung der Beratung des BGB von der Tagesordnung stimmen. Er erklärte erneut, daß seine Fraktion nicht die Absicht habe, dem Zustandekommen des BGB gegenüber eine Obstruktionspolitik zu betreiben, auch nicht beabsichtige, durch häufige Anträge auf Feststellung der Beschlußfähigkeit des Hauses die Arbeit des Reichstages zu verzögern. Sie werde jedoch dann, wenn sich herausstelle, daß die Beratung des Gesetzbuches nicht mit der erforderlichen Sorgfalt erfolge,"alle parlamentarischen Mittel anwenden"(a.a.O.S.2721). Die Regierung habe den Wunsch nach sofortiger Durchberatung nicht hinreichend motiviert. Nach Auffassung seiner Fraktion entspreche es der Bedeutung des Gesetzeswerkes, dieses erst im Herbst in Ruhe zu Ende zu beraten (a.a.O.S.2723).

4)STEN.BER.RT.a.a.O.S.2729-2753.

5)STEN.BER.RT.a.a.O. S.2731,2743,2749.

6)STEN.BER.RT.a.a.O.S.273o,2751,2753.

7)STEN.BER.RT.a.a.O.S.2733.

8)Die sozialdemokratischen Redner beteiligten sich an den Diskussionen über folgende Problemkreise:
- Entmündigung wegen Trunksucht (STADTHAGEN,BEBEL);
- Rechtsfähigkeit von Vereinen (STADTHAGEN);
- Berechtigung von Minderjährigen, in Dienst und Arbeit zu treten (STADTHAGEN);
- Kurze Verjährungsfrist für Ansprüche aus dem Arbeitsverhältnis (FROHME).

Zu den betreffenden Vorschriften des Entwurfs hatten die Sozialdemokraten Änderungs- bzw. Streichungsanträge eingebracht; s.STEN.BER.RT. IX Leg.Per., IV.Session 1895/97,Aktenstück Nr.465(Abänderungs-Anträge AUER und Genossen v.17.Juni 1896) =Anl. Bd 3, S.225o ff., Ziff. 1,2,4,8,9. Die Anträge wurden ausnahmslos abgelehnt;a.a.O.(Anm.1)S.2734,2748,275o,2752.Der Antrag auf Streichung der Möglichkeit der Entmündigung wegen Trunksucht war von den Sozialdemokraten bereits in der Reichstagskommission gestellt und begründet worden(s.Nr.18 und Nr.56.) - Zu den Verhandlungen über das Vereinsrecht s.KÖGLER,Vereinsrecht S.111 ff.und VORMBAUM,Rechtsfähigkeit S.186 ff.

die Verhandlungen zum Stocken zu bringen, mißlang,da das Büro einstimmig der Ansicht war, daß das Haus beschlußfähig sei[9]. Zu dieser Ansicht konnte das Büro freilich nur dadurch kommen, daß es auch die im Restaurant und den Lesesälen befindlichen Abgeordneten mitzählte, denn im Saale waren wirklich kaum 5o Mann, als Herr Iskraut seinen Obstruktionsversuch machte.

Während der Verhandlungen erschien auch der chinesische Vizekönig Li-Hung-Tschang in der Bundesratsloge des Reichstages und später begab er sich mit seinem "Gefolge" in die Restaurationslokalitäten, wo er sich im Kneipzimmer der konservativen Partei ein Glas Wein reichen ließ. Spaßvögel behaupteten, Li-Hung-Tschang sei als Zugmittel nach dem Reichstage gebracht worden, um auf diese Weise die Präsenz der Abgeordneten zu heben und die permanente Beschlußunfähigkeit zu überwinden.

Morgen Fortsetzung der heutigen Tagesordnung um 11 Uhr vormittags.

---

9)STEN.BER.RT. a.a.O.(Anm.1) S.2734.

Nr.66

VORWÄRTS - Berliner Volksblatt
13.Jg (1896) - Nr. 142 v. 2o.Juni, S.1

[Leitartikel]: Eine Niederlage des Parlaments. [Kritik an der Entscheidung des Reichstages, die 2.und 3.Lesung des BGB noch vor der Sommerpause vorzunehmen]

Der deutsche Reichstag ist bekanntlich kein Parlament, wie die Parlamente der parlamentarisch regierten Staaten:Englands, Frankreichs und bis zu einem gewissen Grade sogar Italiens und

Oesterreichs. In diesen Staaten, denen wir die Schweiz und die Vereinigten Staaten von Nordamerika nur deshalb nicht zuzählen, weil die Bedeutung des Parlamentarismus in ihnen sehr zurücktritt, liegt der Schwerpunkt des Staates in dem Parlament als der Volksvertretung. Die Regierung steht nicht im Gegensatz zum Parlament, ist nicht einmal etwas von ihm Verschiedenes, sondern die Regierung ist der Ausfluß des Parlaments und der Ausdruck der parlamentarischen Majorität. Die Regierungsmitglieder sind Mitglieder des Parlaments und sie hören auf, Regierung zu sein, sobald die Majorität aufhört, für die Regierung, d.h. für diese bestimmte Regierung zu sein.

In den parlamentarisch regierten Ländern ist die Regierung allerdings nicht verpflichtet oder gezwungen, jedesmal gleich abzudanken, wenn sie in die Minorität gekommen ist, - sie hat das Recht, das Parlament aufzulösen und an die Wählerschaft - an das Volk zu appellieren. Ist die Majorität auch nach der Neuwahl gegen die Regierung, so hat diese zurückzutreten, und aus der Majorität des Parlaments wird eine neue Regierung gebildet.

In Deutschland ist es anders, wie den Lesern sattsam bekannt. Die Regierung wird weder von, noch aus dem Reichstag gebildet, der Reichstag wird bei der Regierungsbildung gar nicht gefragt. Der Schwerpunkt des Staats liegt außerhalb des Reichstags; - der Kaiser ernennt - direkt und indirekt - die Regierung, und die Regierung muß sehen, wie sie mit dem Reichstag fertig wird[1]. Hat sie die Majorität, dann gut; hat sie die Majorität nicht, dann auch gut. Im Deutschen Reiche hat noch keine Regierung abgedankt, weil der Reichstag in seiner Majorität gegen sie war.

Im ersten Jahrzehnt seines Bestehens hat der norddeutsche und deutsche Reichstag sich in seiner Majorität freiwillig unter Bismarck's Diktatur gestellt; es konnte also zu Konflikten nicht kommen.

Der erste Konflikt war 1878, wo Bismarck, seinem eigenen Geständnis nach, in eine Sackgasse geraten war, und die "Attentate" dazu benutzte, den "Roten Schrecken" heraufzubeschwören und sich durch Auflösung des Reichstags eine künstliche Majo-

---

1) S. Art. 15 der Reichsverfassung vom 16. April 1871.

rität zu schaffen[2].

Im Jahre 1887 mußte das Experiment wiederholt werden. Der Reichstag fing allmählich an, sich zu fühlen und, freilich sehr zaghaft, nach einer gewissen Selbständigkeit zu streben[3].

Eine dritte Auflösung erfolgte 1893[4], und ihre Frucht ist der gegenwärtige Reichstag, der bei mehreren Anlässen eine gewisse Selbständigkeit bewiesen und sich dadurch den Zorn der Reaktionäre zugezogen hat. Von Selbständigkeitsgelüsten zu stolzem Selbstgefühl und zu bewußtem, entschlossenem Streben nach

---

2) BISMARCK hatte 1878 zwei Attentate auf Kaiser Wilhelm I. zum Vorwand genommen, den Reichstag aufzulösen und hatte mit der aus den folgenden Reichstagswahlen hervorgegangenen, ihm gefügigen Reichstagsmehrheit das Sozialistengesetz durchgebracht; s. zu diesem VORMBAUM, Rechtsfähigkeit S.127 f.; KÖGLER, Vereinsrecht S.28 ff.

3) Zur Reichstagsauflösung des Jahres 1887 hatte der Streit um das sog. Septennat geführt. Dieses war 1874 aufgrund einer Vereinbarung zwischen BISMARCK und den liberalen Parteien zustandegekommen; es besagte, daß die Zustimmung des Reichstages zu den Militärvorlagen der Regierung für einen Zeitraum von 7 Jahren galt. Diese Beschneidung des Budgetrechtes wollten das Zentrum und die Freisinnigen nach Auslaufen des zweiten Septennats dadurch einschränken, daß der Bewilligungszeitraum für den Militäretat (der immerhin ca.4/5 des Reichshaushalts-Volumens ausmachte!) auf drei Jahre reduziert werden sollte. BISMARCK ließ sich jedoch auf keinen Kompromiß ein und löste den Reichstag auf. Im neuen Reichstag erhielten die sog. Kartellparteien (Konservative, Freikonservative, Nationalliberale), welche BISMARCK unterstützten und sich zu einem Wahlbündnis zusammengeschlossen hatten, die Mehrheit der Sitze, so daß das dritte Septennat gesichert war. - s. zum Ganzen BORN, HDG Bd 3, S.263, 315 f.; HUBER, Verfassungsgeschichte Bd 4, S.156 f.

4) Auch der Reichstagsauflösung von 1893 waren Auseinandersetzungen um eine Heeresvorlage vorausgegangen. Als die Reichstagsmehrheit die von Reichskanzler CAPRIVI geforderte Zustimmung zur Erhöhung der Friedenspräsenzstärke des Heeres um 77.000 Mann nicht erteilte und auch der Kompromißforderung des Kanzlers (Erhöhung um 66.000 Mann bei gleichzeitiger Verringerung der Dienstzeit von 3 auf 2 Jahre) seine Zustimmung versagte, wurde der Reichstag im Mai 1893 aufgelöst. Wieder brachten die Wahlen eine Stärkung für die die Heeresvorlage unterstützenden Parteien, gleichzeitig aber auch ein Anwachsen der sozialdemokratischen Sitze von 35 auf 44. - s. zum Ganzen BORN, HDG Bd 3, S.327; HUBER, Verfassungsgeschichte Bd 4, S.254 f.

selbständiger Macht ist aber noch ein weiter Schritt.Das hat sich am gestrigen Tage gezeigt.

Der Reichstag hatte eine treffliche Gelegenheit, der Regierung eine Lektion zu geben, der Regierung gegenüber seine Selbständigkeit zu betätigen und dadurch seine Machtstellung zu verstärken, ihr die Anerkennung zu erzwingen.

Und der Reichstag hat diese Gelegenheit versäumt. Er hat es nicht gewagt, den Stier bei den Hörnern zu packen und ist der ihm angebotenen Kraftprobe ausgewichen.

Es handelte sich um das Verlangen der Regierung, daß das Bürgerliche Gesetzbuch in diesen glühenden Sommermonaten "durchgepeitscht" werde. Für dieses Verlangen ist kein vernünftiger Grund vorgebracht worden und läßt sich keiner vorbringen. Der deutsche Reichstag, der noch niemals die Sommermonate hindurch auf längere Zeit getagt hat, kann das Bürgerliche Gesetzbuch im Herbst bequem erledigen, während es jetzt nur mit Hilfe der gewaltsamsten Mittel und ungründlich erledigt werden kann, falls die Erledigung jetzt überhaupt möglich ist. Für den Zeitpunkt der Einführung des neuen Bürgerlichen Gesetzbuchs ist es ganz gleichgültig, ob die Erledigung im Sommer oder im Herbst stattfindet. Und zweifellos ist, daß die Beratung im Herbst unter für die bürgerlichen Parteien weit günstigeren und würdigeren Bedingungen stattfinden würde, als gegenwärtig im Hochsommer. Tatsache ist ferner, daß die Regierung anfänglich gar nicht daran dachte, daß die Beratung des Bürgerlichen Gesetzbuchs große Eile habe - sonst würde sie den Reichstag nicht ungewöhnlich spät einberufen haben.

Kurz - alle Gründe sprechen für die Beratung im Herbst und gegen die Beratung im Sommer. Trotzdem steift die Regierung sich auf sofortige Erledigung, und sie droht sogar, den Reichstag zu schließen, wenn ihr nicht nachgegeben wird! Diese Drohung verrät, daß es nicht Zärtlichkeit für das Bürgerliche Gesetzbuch ist, was die Regierung treibt, denn wird der Reichstag geschlossen, statt vertagt zu werden, so sind die bisherigen Kommissionsarbeiten des Reichstags sämtlich verloren und das Bürgerliche Gesetzbuch könnte dann frühestens gegen Ende der nächsten Session zustande kommen.

Was die Regierung bestimmt, können demnach nicht Gründe sein, die in der Sache selbst, wir meinen dem Bürgerlichen Gesetzbuch, liegen. Es können nur politische Gründe sein. Die Frage: ob Schluß, oder Vertagung? ist für die Regierung zur Machtfrage geworden. Sic volo, sic jubeo, stat pro ratione voluntas. So will ich - was brauchts's da der Gründe? Hic Rhodus, hic salta - hier ist der Stock, hier springe!

Und der Reichstag ist über den Stock gesprungen. Statt ihn beiseite zu schlagen, statt die Regierung vor die Wahl zu stellen: Achtung des Reichstages oder Zerstörung des eigenen Werks - hat die Mehrheit der bürgerlichen Parteien des Reichstags sich demütig dem Willen der Regierung gefügt, und - die treffliche Gelegenheit ist versäumt worden.

Der Weg zu Ansehen und Macht geht nicht durch ein kaudinisches Joch.

Nr.67

VORWÄRTS - Berliner Volksblatt
13.Jg (1896) - Nr. 143 v. 21.Juni, S.1

[Leitartikel:] Zum Bürgerlichen Gesetzbuch
[Übersicht über die Beschlüsse der Reichstagskommission]

Die Abänderungen, welche die Kommission für das Bürgerliche Gesetzbuch dem Entwurf gegenüber vorgenommen hat, bestehen im wesentlichen in folgendem:

Im privatrechtlichen Vereinsrecht ist das Auflösungsrecht, das der Entwurf einschmuggeln wollte, gestrichen; im übrigen sind ja unsern Lesern die für die Arbeiterklasse trotz ihres rückschrittlichen Inhalts gleichgültigen Beschlüsse der Kommission aus den Verhandlungen bekannt[1].

Das Prinzip der Vertragsfreiheit hat zunächst im Allgemeinen Teil eine erhebliche Einschränkung erlitten. Es ist zu § 134 folgender zweiter Absatz beschlossen:

Nichtig ist insbesondere ein Rechtsgeschäft, durch das jemand unter Ausbeutung der Notlage, des Leichtsinns oder der Unerfahrenheit eines anderen sich oder einem Dritten für eine Leistung Vermögensvorteile versprechen oder gewähren läßt, welche den Wert der Leistung dergestalt übersteigen, daß den Umständen nach die Vermögensvorteile in auffälligem Mißverhältnisse zu der Leistung stehen."

Diese Bestimmung läßt sich anwenden, um statt eines jammervollen Arbeitslohnes wenigstens den ortsüblichen Lohn zuzusprechen. Selbstverständlich sind die Freisinnigen lebhafte Gegner dieser Bestimmungen; ihnen sekundiert der mecklenburgische Großgrundbesitz.

Die Vertragsfreiheit ist auf dem Gebiete des Mietrechts insoweit eingeschränkt, daß Verträge nichtig sein sollen,durch welche sich jemand verpflichtet, auch dann einen Mietsvertrag nicht aufheben zu dürfen, wenn die Wohnung, der Laden, die Werkstätte u.s.w. die Gesundheit gefährden. Unsere Genossen haben weitergehende Anträge auf diesem Gebiet vergeblich gestellt[2].

Nun hat die Kommission beschlossen, daß Mäklerlöhne, z.B. für Beschaffung von Arbeitsgelegenheit für Kellnerinnen,Gesinde u.s.w. durch Urteil auf einen angemessenen Betrag herabgesetzt werden können[3]. Demselben Gebiete gehört das von der Kommission beschlossene Verbot der Klagbarkeit eines Versprechens an, das für die Ausbietung ehelichen oder außerehelichen Menschenfleischgenusses abgegeben ist[4].

Der gesetzliche Zinsfuß ist von der Kommission auf 4% (bisher 5-6%) herabgesetzt worden[5]. Die beiden gegen die persönliche Freiheit der Arbeiterklasse gerichteten Bestimmungen

1) S.Nr. 6o;ferner KÖGLER, Vereinsrecht S.114 ff., VORMBAUM, Rechtsfähigkeit S.188 ff.
2) S.Nr. 23, Anm. 8 ff.
3) S. Nr.3o, Anm.1o.
4) S.Nr.3o,Anm.8.
5) S.Nr.17,Anm.2 und Nr. 57,Anm.7.

- Möglichkeit der Einsperrung bei Streiks und Lebenslänglichkeit eines Arbeitsverhältnisses - sind von der Kommission gestrichen[6].

Aus dem Gebiete des Arbeitsvertrages heben wir ferner folgende Bestimmungen hervor:

Der Arbeitnehmer, und zwar auch der Akkordarbeiter, soll seines Anspruchs auf Vergütung nicht verlustig gehen, wenn er für eine verhältnismäßig nicht erhebliche Zeit ohne sein Verschulden, z.B. durch Kontrollversammlung, Krankheit verhindert ist[7].

Neu ist auch die Bestimmung, daß dem Arbeitnehmer nach Kündigung eine angemessene Zeit zum Aufsuchen von Arbeitsgelegenheit gegeben werden muß[8]. Zugunsten des Gesindes ist folgendes beschlossen:

Zunächst soll das Züchtigungsrecht aufgehoben werden[9].Ferner soll durch den nachfolgenden § 6o9a, der an sich mangelhaft ist, eine reichsgesetzliche Krankenversicherungs des Gesindes angebahnt werden:

"Ist bei einem dauernden Dienstverhältnisse, welches die Erwerbstätigkeit des Verpflichteten vollständig oder hauptsächlich in Anspruch nimmt, der Verpflichtete in die häusliche Gemeinschaft aufgenommen, so hat der Dienstberechtigte ihm im Falle der Erkrankung die erforderliche Verpflegung und ärztliche Behandlung bis zur Dauer von sechs Wochen, jedoch nicht über die Beendigung des Dienstverhältnisses hinaus zu gewähren, sofern nicht die Erkrankung von dem Verpflichteten vorsätzlich oder durch grobe Fahrlässigkeit herbeigeführt worden ist. Die Verpflegung und ärztliche Behandlung kann durch Aufnahme des Verpflichteten in eine Krankenanstalt gewährt werden. Die Kosten können auf die für die Zeit der Erkrankung geschuldete Vergütung angerechnet werden. Wird das Dienstverhältnis wegen der Erkrankung von dem Dienstberechtigten nach § 617 gekündigt, so bleibt die dadurch herbeigeführte Beendigung des Dienstverhältnisses außer Betracht.

Die Verpflichtung des Dienstberechtigten tritt nicht ein, wenn für die Verpflegung und ärztliche Behandlung durch eine Versicherung oder durch eine Einrichtung der öffentlichen Krankenpflege Vorsorge getroffen ist."

---

6) S.Nr. 57, Anm. 3 und Nr. 28, Anm.7.
7) S.Nr. 27, Anm. 15.
8) S.Nr.58, Anm. 5.
9) S.Nr.27, Anm.2o und Nr. 29, Anm.5.

Auch folgende Bestimmung ist ein Fortschritt auf dem Gebiete des Gesinderechts[10]:

"Der Dienstberechtigte hat Räume, Vorrichtungen oder Gerätschaften, die er zur Verrichtung der Dienste zu beschaffen hat, so einzurichten und zu unterhalten, und Dienstleistungen, die unter seiner Anordnung oder seiner Leitung vorzunehmen sind, so zu regeln, daß der Verpflichtete gegen Gefahr für Leben und Gesundheit so weit geschützt ist, als die Natur der Dienstleistung es gestattet.

Ist der Verpflichtete in die häusliche Gemeinschaft aufgenommen, so hat der Dienstberechtigte in Ansehung des Wohn- und Schlafraumes, der Verpflegung sowie der Arbeits- und Erholungszeit diejenigen Einrichtungen und Anordnungen zu treffen, welche mit Rücksicht auf die Gesundheit und die Religion des Verpflichteten erforderlich sind.

Erfüllt der Dienstberechtigte die ihm in Ansehung des Lebens und der Gesundheit des Verpflichteten obliegenden Verpflichtungen nicht, so finden auf seine Verpflichtung zum Schadensersatze die für unerlaubte Handlungen geltenden Vorschriften der §§ 826-830 entsprechende Anwendung."

Auf dem Gebiete des Wildschadens hat die Kommission die von uns schon besprochenen Verbesserungen dem Entwurf gegenüber angenommen[11]. Die Konservativen, Jagdliebhaber von Geburt und Stellung, laufen gegen diese Bestimmungen Sturm.

Zugunsten der Frau hat die Kommission das Recht des Ehemannes nicht bestätigt, nach welchem der Ehemann jedes Arbeits- und Dienstverhältnis sollte auflösen können, das seine Frau eingegangen ist[12].

Auf dem Gebiete des Ehegüterrechts hat sich die Kommission zur Einführung des getrennten Ehegüterrechts nicht aufgeschwungen; aber sie hat in Besserung des bestehenden Rechts als Alleineigentum der Frau, das der Mann nicht zu verwalten hat, festgesetzt: das, was die Frau durch ihre Arbeit oder durch den Betrieb eines Erwerbsgeschäftes erwirbt und die zum persönlichen Gebrauche der Frau bestimmten Sachen und Arbeitsgeräte[13].

Die elterliche Gewalt hat die Kommission leider nur in sehr beschränkter Weise auch der Mutter zugestanden[14].

Dem unehelichen Kinde soll nach den Beschlüssen der Kommission

---

10) S.Nr.27, Anm.21-23.
11) S.Nr.34, Anm.24 und Nr. 58, Anm.11.
12) S.Nr.59, Anm.5 und Nr.47, Anm.4 (Ablehnung in der ersten Lesung).
13) S.Nr.48, Anm.6.
14) S.Nr.49, Anm.6.

der Vater Alimente bis zum 16.Lebensjahre zahlen[15]. Auch soll die Mutter bereits vor der Entbindung auf Hinterlegung von Alimenten für drei Monate klagen können[16].

Sämtliche Einwendungen, welche im junkerlichen Preußen der Verführer dem von ihm erzeugten außerehelichen Kinde gegenüber erheben kann, sind bis auf eine beseitigt. Diese eine Einwendung besteht darin, daß, wenn mehrere Männer in der kritischen Zeit der Mutter beigeschlafen haben, auch das Kind seine Rechte verlieren soll[17]. Natürlich haben unsere Vertreter gegen diese Ungerechtigkeit Stellung genommen, doch bisher vergeblich.

Über die Eheschließung und Ehescheidung läßt sich kurz sagen, daß das katholische Eherecht mit geringen Ausnahmen durchgedrungen ist und dadurch die Ehescheidung erschwert ist[18].

Schließlich mögen die Resolutionen wörtlich angeführt werden, welche die Kommission beschlossen hat:[19]

"Der Reichstag wolle beschließen:

I. es werde die Erwartung ausgesprochen, daß in der gleichzeitig mit dem Bürgerlichen Gesetzbuch in Kraft tretenden Novelle zur Zivilprozeß-Ordnung folgende Vorschriften aufgenommen werden:

1. im § 621: Die von dem zu Entmündigenden angebotenen Gegenbeweise sind zu erheben; zu dem Antrag auf Entmündigung wegen Trunksucht ist die Staatsanwaltschaft nicht befugt;

II. den Herrn Reichskanzler zu ersuchen, bei dieser Novelle zur Zivilprozeß-Ordnung Vorschriften in Erwägung zu nehmen, nach welchen

1. eine schleunigere Beitreibung des verdienten Arbeitslohnes ermöglicht wird;
2. in einem auf Räumung einer Wohnung lautenden Urteil eine angemessene Frist zur Räumung gewährt werden muß;
3. der Kreis der unpfändbaren Sachen erweitert, mindestens auf alle für den Erwerb oder Beruf des Schuldners un-/[2]/entbehrlichen Gegenstände ausgedehnt wird;

III. es werde die Erwartung ausgesprochen, daß

1. die Rechtsverhältnisse der Berufsvereine,
2. die Verträge, durch welche jemand sich verpflichtet, einen Teil seiner geistigen oder körperlichen Arbeitskraft für die häusliche Gemeinschaft, ein wirtschaftliches oder ein gewerbliches Unternehmen eines anderen gegen einen vereinbarten Lohn zu verwenden,
3. die Haftung des Reiches für den durch Reichsbeamte in Ausübung der Amtsbefugnisse verursachten Schaden für

15) S.Nr. 52, Anm. 13.
16) S.Nr. 52, Anm.17-19.
17) S.Nr.52, Anm.23.
18) S.Nr. 41,42,61.
19) BERICHT S.191.

den Fall, daß der Ersatz des Schadens von den Beamten nicht zu erlangen ist,
4. das Bergrecht,
5. das Jagd- und Fischereirecht,
6. das Versicherungsrecht,
7. das Verlagsrecht,
8. das gesamte Wasserrecht mit Einschluß der Vorschriften über Bewässerung und Entwässerung für das Deutsche Reich baldtunlichst einheitlich geregelt werden."

Es läßt sich nicht leugnen, daß die Kommission fast ausschließlich Verbesserungen beschlossen hat. Wäre die Arbeiterklasse in der Vorkommission[20)] vertreten gewesen, so würde zweifellos das gesamte Gesetz, wiewohl es wesentlich ein Durchschnitt des bestehenden Rechts sein soll, erheblich anders, für die Arbeiterklasse vorteilhafter gestaltet worden sein. Die Anträge unserer Fraktion zu den Plenarberatungen werden wir demnächst erörtern. Aus den Verhandlungen geht klar hervor, daß allein die Sozialdemokratie von vornherein eine bestimmte, feste, klare Stellung in allen Fragen einnimmt, die das Gesetzbuch berühren. Sie allein hat sich imstande gezeigt, das den wirtschaftlichen und politischen Bedürfnissen Erforderliche bei jedem einzelnen der vielen im Gesetz behandelten Punkte klar, bestimmt und folgerichtig zu bezeichnen.

---

20) Gemeint sind offensichtlich die Erste und mehr noch die Zweite Kommission zur Ausarbeitung des Entwurfs des BGB (s.S.XXIV ff. und XXXII ff.der Einführung), nicht jedoch die offiziellen "Vorkommissionen"(s.S.XXIX und S. XXXIII der Einführung).

Nr.68

VORWÄRTS - Berliner Volksblatt
13.Jg (1896) - Nr. 143 v. 21.Juni, S.2

[2.Lesung des BGB im Reichstag (Fortsetzung)]

(Politische Übersicht.)

Berlin, 2o.Juni

Der Reichstag nahm heute ohne erhebliche Debatte einige hundert Paragraphen des Bürgerlichen Gesetzbuches entsprechend den Kommissionsbeschlüssen an[1]. Die einzige Änderung, die durchgesetzt wurde, geschah auf Antrag des Genossen Stadthagen, der mit Frohme den Standpunkt der Fraktion gewahrt hatte[2]. Bei Festsetzung der Tagesordnung für die Montagssitzung

1) STEN.BER.RT. IX.Leg.Per.,IV.Session 1895/97, 11o.Sitzung v. 2o.Juni 1896= Bd 4, S.2755 ff.
2) Der Reichstag behandelte in dieser Sitzung u.a. den von STADTHAGEN bereits in die Beratungen der Reichstagskommission eingebrachten Antrag, Rechtsgeschäfte, welche gegen die"öffentliche Ordnung" verstießen, für nichtig zu erklären (s.Nr.18,S.146 ff.). Der Antrag, jetzt von den Sozialdemokraten erneut gestellt (s.STEN.BER.RT.IX.Leg.Per.,IV. Session 1895/97,Aktenstück Nr. 465[s.Nr.65,Anm.8],Ziff.6) und von STADTHAGEN eingehend begründet (s.STEN.BER.RT. a.a.O.[Anm.1] S.2757-2762), wurde jedoch abgelehnt;s.STEN. BER.RT.a.a.O.(Anm.1) S.2772. Ebenfalls abgelehnt wurden Anträge der Sozialdemokraten auf Beseitigung des Vermieterpfandrechts (STEN.BER.RT. a.a.O., Aktenstück Nr.465, Ziff.18; STEN.BER.RT.a.a.O.[Anm.1] S.2782; Diskussionsbeitrag von FROHME a.a.O. S.278o) sowie auf Unzulässigkeitserklärung von Mietvertragsvereinbarungen, welche zum Nachteil des Mieters von den gesetzlichen Vorschriften abwichen (STEN.BER.RT.a.a.O.,Aktenstück Nr.465,Ziff.2o;

drohten die Antisemiten wieder mit Obstruktion, falls die Abstimmung über die Gewerbe-Novelle nicht auf die Tagesordnung gesetzt würde[3]. Lustig war es, wie im Interesse ihres Präsidenten die Zentrumsmitglieder gegen die sofortige Erledigung der Gewerbe-Novelle, die doch in erster Linie ihr Werk ist, eintraten. Gegen die Stimmen der Antisemiten wurde der Antrag auf Abänderung der Tagesordnung abgelehnt[4]. In 5 - 6 Sitzungen dürfte die zweite Lesung des Bürgerlichen Gesetzbuches erledigt sein.

STEN.BER.RT.a.a.O.[Anm.1] S.2783; Diskussionsbeitrag von STADTHAGEN a.a.O. S.2782). Erfolg hatten die Sozialdemokraten dagegen mit ihrem Antrag, das Kündigungsrecht des Vermieters wegen vertragswidrigen Gebrauchs der Sache auf die Fälle "erheblichen" vertragswidrigen Gebrauchs einzuengen (STEN.BER.RT. a.a.O., Aktenstück Nr. 465, Ziff. 16a; STEN.BER.RT.a.a.O. [Anm.1] S.278o; Diskussionsbeitrag von STADTHAGEN a.a.O.S. 2779).

3) STEN.BER.RT.a.a.O. S.2789. Abg.VIELHABEN:"(Ich) erkläre hiermit, daß wir so lange bei jeder Abstimmung (sc.über Paragraphen des BGB) die Beschlußfähigkeit des Hauses bezweifeln werden, bis endlich die Gewerbenovelle Annahme gefunden hat." - Die Abstimmung über die Gewerbenovelle,welche von den Antisemiten (Deutsch-soziale Reformpartei) besonders nachdrücklich gefordert wurde, war in den vorangegangenen Sitzungen wiederholt auf die Tagesordnung gesetzt, wegen eingetretener Beschlußunfähigkeit des Reichstages aber jedesmal vertagt worden. Da sie während der 2.Beratung des BGB stets erst auf Punkt 2 der Tagesordnung gesetzt wurde, war zu erwarten, daß sie erst nach vollständiger Durchberatung des BGB zur Abstimmung gelangen würde. Dann jedoch, am voraussichtlichen Schluß der Sitzungsperiode, mußte erneut mit der Beschlußunfähigkeit des Reichstages gerechnet werden; daher die Versuche der Antisemiten, diese Abstimmung zwischen die Beratungen über das BGB zu schieben.

4) STEN.BER.RT. a.a.O. [Anm.1] S.279o.

Nr.69

VORWÄRTS - Berliner Volksblatt
13.Jg (1896) - Nr. 144 v. 23.Juni, S.2

[2.Lesung des BGB im Reichstag (Fortsetzung)]

(Politische Übersicht.)

Berlin 22.Juni

Der Reichstag erledigte heute wieder in raschem Tempo ein tüchtiges Stück des Bürgerlichen Gesetzbuches[1]. Die Debatte lag ausschließlich zwischen der geschlossenen Majorität einer- und den Sozialdemokraten andererseits, welche letzteren eine bessere Definition des Arbeitsvertrages erstreben, und, unter Aufhebung der Dienstboten-Ordnungen, das Dienstverhältnis in ein freies Arbeitsverhältnis umwandeln und die Dienstboten den gewerblichen Arbeitern gleichstellen, und der Vorteile der Kranken- und Unfallversicherung teilhaftig machen wollen[2]. Unsere Genossen Stadthagen und Frohme verteidigten mit zähem Nachdruck und unermüdlichem Eifer unsere in dieser Richtung gestellten Anträge, allein auf Gründe wird nicht mehr gehört, und der Berichterstatter der Kommission, Professor Enneccerus, hatte sich die bequeme Schablone zurechtgemacht: "im Interesse

1) STEN.BER.RT.IX.Leg.Per.,IV.Session 1895/97,111.Sitzung v. 22.Juni 1896= Bd 4, S.2791 ff.
2) STEN.BER.RT.a.a.O.,Aktenstück Nr.465 (s.Nr.65,Anm.8), Ziff.24-27.

der Arbeiter und Dienstboten rate ich die Anträge der Herren Sozialdemokraten abzulehnen[3]." Witzig war's nicht, auch nicht neu, - denn diese Art des sinnlosen Auf den Kopf stellen der Wahrheit ist ein altes Korpsstudentenspäßchen, das im Stadium des höchsten Bierdusels besonders floriert - es genügte aber, und unsere Anträge wurden sämtlich verworfen. Für die meisten stimmten nur die Sozialdemokraten - für den Antrag, daß die Dienstboten der Vorteile des Krankenversicherungs-Gesetzes teilhaftig werden sollen, stimmten in namentlicher Abstimmung nur die Abgeordneten Rickert und Rösicke[4] mit uns[5]. Die namentliche Abstimmung über diesen Antrag ergab die Beschlußfähigkeit des Hauses (218 Anwesende)[6]. Das ermutigte die Freunde der Gewerbeordnung, und obgleich es ein, freilich nicht formelles Übereinkommen gewesen war, daß die endgültige Abstimmung über das Gewerbeordnungs-Gesetz erst nach der zweiten Lesung des Bürgerlichen Gesetzbuches stattfinden solle, wurde die Vornahme der Abstimmung beantragt[7] und trotz des von Singer formulierten Protestes auch durchgesetzt[8], obgleich oder richtiger weil viele Abgeordnete der Linken, namentlich auch mehrere der unsrigen, im Vertrauen auf jene Abmachung heute nicht erschienen waren. Dieser Treubruch und parlamentarische Handstreich, der den Reaktionären eine größere Mehrheit verschaffte, als sie sonst gehabt hätten - 163 Stimmen für und 57 gegen, bei 2 Enthaltungen - dürfte sich übrigens hintennach als ein nicht sonderlich kluger Streich erweisen. Viele Mitglieder des Kartells zwischen Zentrum und Nationalliberalen, welches die Durchpeitschung des Bürgerlichen Gesetzbuchs zum Zweck hat, sind nur durch die schwebende Abstimmung über die Gewerbe-Ordnung zusammen - und in Berlin gehalten worden. Die "Einpeitscher" für die Durchpeitschung werden nun einen sehr erschwerten Stand haben.
Nächste Sitzung morgen 12 Uhr: Bürgerliches Gesetzbuch.

---

3) STADTHAGEN: STEN.BER.RT. a.a.O. (Anm.1) S.2792, 2800, 2805, 2809, 2811; FROHME: a.a.O.S.2805, 2811, 2812, 2813, 2814, 2815, 2816.
4) RICKERT gehörte der freisinnigen Partei an, RÖSICKE war parteilos.
5) STEN.BER.RT. a.a.O.S.2809 ff.-Insgesamt wurden in dieser Sitzung 15 Änderungs-und Streichungsanträge der Sozialdemokraten abgelehnt.
6) S.STEN.BER.RT. a.a.O.S.2811.
7) Durch den Abg. MANTEUFFEL (a.a.O.S.2818).
8) A.a.O.S.2818 ff.

Nr.70

VORWÄRTS - Berliner Volksblatt
13.Jg (1896) - Nr. 145 v. 24.Juni, S.2

[2. Lesung des BGB im Reichstag (Fortsetzung), insb.Wildschadensersatz]

(Politische Übersicht.)

Berlin, 23.Juni

Im Reichstage ging es heute mit der Fortsetzung der Beratung des Bürgerlichen Gesetzbuches nicht so rasch von statten wie bisher. Stundenlang beschäftigten das Haus allein die Hasen, d.h. die Frage, ob der Jagdberechtigte verpflichtet sein soll, den durch Hasen verursachten Grundstücksschaden zu ersetzen[1]. Die Regierungsvorlage hatte (im § 819) nur Ersatz des durch Schwarz-,Rot-, Elch-, Damm- und Rehwild verursachten Schadens vorgeschrieben[2],die Kommission fügte Hasen und Fasanen hinzu[3]. Das rief die Agrarier auf den Plan, die zur Frage der Gesinde-

1)STEN.BER.RT.IX.Leg.Per.,IV.Session 1895/97,112.Sitzung v. 23.Juni 1896=Bd 4, S.2821 ff.; die Debatte über das Wildschadensrecht nahm - von einer kurzen Geschäftsordnungsdebatte am Schluß der Sitzung abgesehen - die gesamte Dauer der Sitzung (mehr als fünf Stunden und über 3o Seiten im Sitzungsprotokoll!) in Anspruch.

2) = § 82o des zweiten Entwurfs i.d.F. der Bundesratsvorlage. Der erste Entwurf hatte keine Regelung der Materie enthalten, vielmehr im Einführungsgesetz (Art.43 E I EG) die Regelung der Materie der Landesgesetzgebung überlassen.

3)S.o.Nr.34, bei Anm.24.

ordnung kein Wörtlein zu bemerken gehabt hatten. Die Linke schickte mit die besten unter ihren Rednern vor[4] und die Rechte gönnte dem Hause das Vergnügen, ihre allerseltensten Exemplare, wie z.B. den trefflichen, aber immer abwesenden Vorsitzenden der Kommission für das Reichs-Vereinsgesetz, Herrn von Stein, mit dem leiblichen Auge zu schauen[5]. Ein Eiertänzlein des Zentrumsabgeordneten Lieber[6] zeigte, daß das in der Kommission noch mit der Linken gegangene Zentrum das Hasenpanier ergriffen hatte. Was das Zentrum dafür als Gegenleistung empfängt, wo also der Hase im Pfeffer liegt, erfuhr man heute noch nicht, wird aber wohl bald ans Tageslicht kommen. Ergötzlich war auch, daß Herr Lieber sich auf die heute vom Regierungstisch gehaltenen Reden berief, während man den Umfall des Zentrums schon gestern kannte. Wir möchten endlich doch einmal die Aufmerksamkeit der Lustspieldichter auf Herrn Lieber hinlenken, sie lernen hier eine bestens verwertbare Figur kennen, aber es ist nötig, daß sie Herrn Lieber sehen und hören. Herr von Bennigsen suchte es dem Vorwärts- und Zurückhauen des Zentrums nachzumachen, machte es jedoch viel weniger fein[7]. Über die Hasen war die namentliche Abstimmung beantragt, die nach fünfstündiger Debatte - von unserer Seite sprachen Frohme und Stolle - zustande kam und folgendes Ergebnis hatte: Für den Schutz der Menschen gegen die Hasen stimmten 69, für den Schutz der Hasen gegen die Menschen 178 bei 5 Enthaltungen[8]. Die Hasen haben also in diesem Reichstag fast dreimal so viel Freunde als die Menschen. So zahlreich wie zu dieser Abstimmung - welche seit Beginn der Debatte über das Bürgerliche Gesetzbuch die weitaus höchste Präsenzziffer ergab - hatten sich die Herrn

---

4) Sprecher der Sozialdemokraten in dieser Frage war FROHME (a.a.O.S.2835 f.).
5) STEN.BER.RT. a.a.O.S.2838.
6) LIEBER (a.a.O.S.2839 f.) motivierte den Entschluß seiner Fraktion, der Streichung der Hasen aus der Wildschadensersatz-Regelung zuzustimmen, damit, daß man angesichts des hartnäckigen Widerstandes der Konservativen nicht wegen der verhältnismäßig unbedeutenden Hasen-Regelung das Zustandekommen des Gesetzbuches gefährden wolle.
7) A.a.O.S.2841 ff.
8) A.a.O. S.2851.

Junker seit der letzten Abstimmung über eine Liebesgabe nicht eingefunden.

Um drei Viertel auf 6 vertagte sich das Haus. Als der Präsident die nächste Sitzung für morgen 12 Uhr vorschlug, kam ein Gegenvorschlag, schon um lo Uhr zu beginnen, dem unter großer Heiterkeit Vorschläge für 6 und 7 Uhr morgens folgten. Es herrschte Ulkstimmung - das Haus ist mit seinen Gedanken schon in den Ferien. Schließlich einigte man sich auf 11 Uhr.

Nr.71

VORWÄRTS - Berliner Volksblatt
13.Jg (1896) - Nr.146 v.25.Juni 1896, S.2

[2.Lesung des BGB im Reichstag (Fortsetzung): Amtshaftung - Eherecht]

(Politische Übersicht.)

Berlin 24.Juni

Der Reichstag beschäftigte sich heute[1] zuerst mit der Frage der Beamten-Verantwortlichkeit. Frohme[2] begründete den sozialdemokratischen Antrag[3], welcher die Haftpflicht der Beamten für durch gesetzwidrige und unzulässige Maßnahmen und

1) STEN.BER.RT.IX.Leg.Per.,IV.Session 1895/97,113.Sitzung v. 24.Juni 1896 = Bd 4, S.2855 ff.
2) A.a.O.S.2855 f.; für den sozialdemokratischen Antrag sprach ferner STADTHAGEN (a.a.O.S.2863).
3) STEN.BER.RT.IX.Leg.Per.,IV.Session 1895/97,Aktenstück Nr.471 (Abänderungs-Anträge AUER und Genossen v.18.Juni 1896) = Anlagenbd 3, S.2256 ff., hier Ziff. 44.

Handlungen hervorgebrachte Schäden festgesetzt haben will, und seine vortrefflichen Ausführungen machten einen sichtlichen Eindruck auf das Haus, bewirkten jedoch, obgleich deren Berechtigung von mehreren Rednern zugegeben ward[4], keine Änderung des durch den Kompromiß[5] festgestellten Wortlauts[6].

Die Diskussion über die "Bürgerliche Ehe" eröffnete der konservative Graf Roon[7], der mit nahezu sämtlichen seiner politischen Freunde die fakultative Zivilehe statt der gegenwärtigen obligatorischen forderte. Der Redner hatte gegenüber dem Zentrum, das in einem Kompromiß mit den - Nationalliberalen etliche Erschwerungen der Ehescheidung durchgesetzt und dafür auf die Bekämpfung der obligatorischen Zivilehe verzichtet hat, eine vortreffliche Gelegenheit zum Angriff und zur Betonung der eigenen Grundsatztreue. Aber ach, die christlich-konservative Partei hat gar keine Grundsätze, denen sie untreu werden könnte. Die Rede des Grafen Roon war ein logischer Wirrwarr, der in der Aufforderung an die Linken endete, aus religiöser Duldsamkeit die Alleingeltung der kirchlichen Ehe gutzuheißen, und eine Flut von geschichtlichen Unrichtigkeiten. Nachdem der Sekretär des Reichsjustizamts mit interkonfessionellen und

---

4) Der Abgeordnete HAUSSMANN (Deutsche Volkspartei) forderte die Haftung der Beamten für vorsätzliche und für grob fahrlässige Amtspflichtverletzungen (STEN.BER.RT. a.a.O.Anm.3 S.2259,Aktenstück Nr.477 [Abänderungs-Anträge HAUSSMANN v. 18.Juni 1896], Ziff.5). Staatssekretär NIEBERDING, der die Ablehnung sowohl der sozialdemokratischen Anträge wie des Antrages HAUSSMANN empfahl, erkannte an,"daß es gewisse Beziehungen gibt, in welchen es angezeigt ist, daß der Staat mit seiner Haftung eintritt, wenn eine Schädigung durch ein Versehen der Beamten vorliegt"(a.a.O.S.2859); der freisinnige Abgeordnete LENZMANN lehnte die Haftung des Staates sowohl aus sachlichen Gründen wie auch im Hinblick auf den zu erwartenden Widerstand des Bundesrates ab (a.a.O.S.286o); GRÖBER (Zentrum) bedauerte, daß nicht wenigstens die subsidiäre Staatshaftung geregelt worden sei,wollte aber ebenfalls an diesem Punkt die Vorlage nicht scheitern lassen (a.a.O. S.2867).

5) Gemeint ist die in der 2.Lesung der Reichstagskommission angenommene Fassung (s.o.Nr.59, Anm.2).

6) STEN.BER.RT.a.a.O.(Anm.1) S.2869 ff.

7) STEN.BER.RT.a.a.O.(Anm.1) S.287o ff.

verwaltungstechnischen, keineswegs aber prinzipiellen Gründen die obligatorische Zivilehe dem Vorredner gegenüber verteidigt hatte[8)], bekam Bebel das Wort[9)]. Er hielt es nicht für überflüssig, die Ansicht des Grafen Roon, daß die bürgerliche Ehe deutschem Recht, deutscher Sitte und Anschauung widerspreche, durch Luther zu widerlegen[1o)]. Er wies weiter geschichtlich nach, wie das Ehesystem und seine offizielle gesellschaftliche Ordnung immer nach jeweiligen materiellen Interessen und den Interessen des gesellschaftlichen Fortschritts gestaltet worden ist. Dabei erfuhren Luther, Philipp von Hessen, Friedrich Wilhelm II. und Hofprediger Wöllner eine scharfe Beurteilung. Für die Gegenwart müsse natürlich die bürgerliche Eheschließung akzeptiert werden, denn die bürgerliche Gesellschaft käme nicht aus ihrer Haut hinaus. Mit der bürgerlichen Gesellschaft aber falle auch die bürgerliche Form der Ehe. Dem Zentrum gefiel die von dem Redner an Luther geübte Kritik, erstaunt aber waren die Herren, als Bebel ihnen erklärte, daß die - zwar vom Zentrum in die Überschrift gebrachte - Bezeichnung "Bürgerliche Ehe" nicht bloß die Eheschließungsform angibt, sondern auch auf die ökonomische Grundlage des Ehesystems hinweist, die durch ihre religiöse und juristische Umhüllung verdeckt wird[11)].

---

8) STEN.BER.RT.a.a.O.S.2875 ff.
9) STEN.BER.RT.a.a.O.S.2877 ff.
1o) BEBEL hielt dem Redner der (überwiegend protestantisch orientierten) Konservativen Partei den Ausspruch LUTHERs entgegen: "Wie aber jetzt bei uns die Ehesachen oder ein Scheiden zu halten sei, hab'ich gesagt, daß man's den Juristen soll befehlen und unter das weltliche Regiment werfen,weil der Ehestand gar ein weltlich äußerlich Ding ist"(a.a.O. S.2879). Mit der Einstellung der Reformatoren, insbesondere LUTHERs und MELANCHTONs zu Fragen der Eheschließung und Ehescheidung, wie überhaupt mit der Geschichte der Stellung der Frau in Familie und Gesellschaft, hatte sich BEBEL bereits eingehend in seinem Werk "Die Frau und der Sozialismus" befaßt (s.d.S.1o4 ff.).
11) STEN.BER.RT.a.a.O.S.288o.

Eine Erwiderung des Duellpastors Schall, der den Landgrafen Philipp entschuldigte, hatte allgemeine und stürmische Heiterkeitsausbrüche zur Folge[12]. Bebel fertigte den Herrn nachher nochmals ab[13].

Dr.Lieber suchte das Kompromiß zu verteidigen[14],das Zentrum verriet aber deutlich, daß ihm die von anderen Parteien verlangte namentliche Abstimmung über den Antrag Roon sehr unbequem ist, obwohl es ihm schließlich süßsauer zustimmte. Dr.Kropatschek und v.Buchka (k.)[15] legten ihren von der Fraktion abweichenden Standpunkt dar, v. Buchka provozierte auch die tröstliche Versicherung des mecklenburgischen Bevollmächtigten beim Bundesrat, daß das mecklenburgisch-schwerinische Gouvernement gegen den Ersatz der obligatorischen durch die fakultative Zivilehe schwere Bedenken hege. Die deutschhannoverschen Freunde des Zentrums gehen, wie Frhr. v.Hodenberg erklärte[16], mit den Konservativen. Der namentlichen Abstimmung ging eine lebhafte Geschäftsordnungsdebatte vorher über die Frage, ob nur eigenhändige Antragsunterschriften zulässig sind und ob die Unterzeichner eines Antrages auf namentliche Abstimmung bei der letzteren anwesend sein müssen. Die Redner der meisten Parteien, insbesondere Bebel namens der Sozialdemokratie, verneinten beides. Die Abstimmung ergab die Ablehnung des Antrages Roon mit 196 gegen 33Stimmen

---

12)A.a.O. S.288o ff. - Die im Text erwähnte stürmische Heiterkeit ist auch im Sitzungsprotokoll wiedergegeben.Hervorgerufen wurde sie durch einige mißglückte Formulierungen in der Rede des Abgeordneten, mit denen er die von BEBEL in die Debatte eingebrachte Zustimmung LUTHERS und MELANCHTONs zur Doppelehe des Landgrafen PHILIPP von HESSEN verständlich zu machen versucht hatte.

Der konservative Abgeordnete SCHALL, Pfarrer und langjähriger Militärgeistlicher, war des öfteren sozialdemokratischen Angriffen ausgesetzt, weil er sich bei den häufigen Reichstagsdebatten über das Duell-Unwesen nur halbherzig von diesem distanziert hatte (s.z.B.STEN.BER.RT. IX.Leg.Per.,II.Session 1893/94, 63.Sitzung v.5.März 1894 = Bd 2, S.1593 ff.;STEN.BER.RT. IX.Leg.Per.IV.Session 1895/97, 4o.Sitzung v.14.Februar 1896=Bd 2, S.951 ff. und 72. Sitzung v.2o.April 1896= Bd 3, S.1785 ff.,insb.S.18o5 ff.).

13)A.a.O.(Anm.1) S.2892.

14)A.a.O. S.2887.

15)A.a.O.S.289o bzw.2891.

16)A.a.O.S.2892.

bei 4 Enthaltungen, so daß im ganzen 233 Abgeordnete anwesend waren[17]. Schluß der mehr als siebenstündigen Debatte um 3/4 7 Uhr. Wenn es so fortgeht, werden wir bald den Achtstundentag wenigstens im, wenn auch nicht durch den Reichstag haben.

Nächste Sitzung morgen Vormittag 11 Uhr.

---

17) A.a.O. S.29oo.

Nr.72

Die Neue Zeit
XIV.Jg (1895-96); Bd II S.417

[Franz MEHRING:] Hasenrechtliches

Berlin, 24.Juni 1896

Die Vorgänge, die sich gegenwärtig im Reichstag abspielen, zeigen den bürgerlichen Parlamentarismus einmal wieder in seiner traurigsten Verfassung.

Es handelt sich bekanntlich um die Beratung des Bürgerlichen Gesetzbuchs, das nach dem Willen der Regierung und der Reichstagsmehrheit unter allen Umständen noch in diesem Sommer durchgepeitscht werden soll. Nachdem der Bundesrat ein Vierteljahrhundert gebraucht hat, um es bis an die Schwelle des Reichstags zu bringen, und nachdem die Kommission des Reichstags fünf Monate darangesetzt hat, um es zu beraten, soll der Reichstag selbst es in fünf Tagen und, wenn möglich, in fünf Minuten expedieren. Die Regierung stellt der Gesamtvertretung des Volkes das Gegenteil eines schmeichelhaften Kompliments aus, doch die Mehrheit des Reichstags findet, daß ihr damit nur ihr Recht werde.

Sachliche Gründe hat die Regierung für ihr Verlangen nicht geltend zu machen. Da das Bürgerliche Gesetzbuch erst mit dem 1.Januar 1900 in gesetzliche Kraft treten soll, so ist es offenbar ganz gleichgültig, ob seine Redaktion in der Mitte oder am Ende des Jahres 1896 abgeschlossen wird. Um so gleichgültiger, als inzwischen keine neuen Wahlen zum Reichstag stattfinden und dieselbe Versammlung im Winter entscheiden würde, die unter allen Umständen im Sommer entscheiden soll. Die Gründe, welche die Regierung veranlassen, so hartnäckig auf ihrem Anspruch zu bestehen, liegen auf dem Gebiete der hohen Politik. Fürst Hohenlohe will die Bürde des Reichskanzlers, die allzu schwer auf seinen gebrechlichen Schultern lastet, möglichst bald abwerfen, und teils um die fadenscheinige Dürftigkeit seines zweijährigen Regiments zu vergolden, teils um seinem Nachfolger möglichst freie Bahn für alle möglichen schneidigen Taten zu schaffen, soll das "große Werk" schon in dieser Hochsommerzeit unter Dach und Fach gebracht werden[1].

Die Mehrheit des Reichstags, die der Forderung der Regierung nachgibt, besteht in ihrem Kerne aus den nationalliberalen "Reichsfreunden" und den ultramontanen "Reichsfeinden". Diese Biedermänner, welche die entgegengesetzten Pole derselben bürgerlichen Borniertheit vertreten, haben sich zu einem Kompromiß geeinigt, bei dem die Nationalliberalen eine Verhunzung des Vereinsrechts durch /[418]/ eine Verhunzung des Eherechts und die Ultramontanen eine Verhunzung des Eherechts durch eine Verhunzung des Vereinsrechts erkaufen[2].Die Leidtragenden des Kompromisses sind übrigens die Ultramontanen, die großenteils mehr scheinbare Zugeständnisse an die Pfaffenwirtschaft gegen sehr reelle Zugeständnisse an die Polizei-

1) Reichskanzler Fürst zu HOHENLOHE-SCHILLINGSFÜRST war bei seinem Amtsantritt (Ende 1894) nur als vorübergehender Verwalter der Kanzlerschaft vom Kaiser vorgesehen gewesen (s.BORN, HDG Bd 3,S.346); er blieb allerdings bis 1900 im Amt. Seine Regierungszeit war innenpolitisch geprägt von verschärftem Vorgehen gegen die Sozialdemokratie und Abschwächung der unter der Kanzlerschaft CAPRIVIs propagierten Sozialpolitik.

2) Zu diesem Kernpunkt des Kompromisses zwischen Zentrum und Nationalliberalen s.o.Nr.60; ferner VORMBAUM, Rechtsfähigkeit S.188.

wirtschaft erschachern wollen. Der alte Windthorst[3] würde sich im Grabe umdrehen, wenn er sehen könnte, wie die um ihn von denen um Bennigsen[4] übers Ohr gehauen werden. Er lebte ja auch nur vom Kuhhandel, aber er brachte die Kuh doch wenigstens in seinen Stall, und er konnte sich rühmen, daß wer ihm ein X für ein U machen wolle, sehr früh aufstehen müsse. Die traurigen Epigonen aber, die ihm höchstens abgeguckt haben, wie er sich räusperte und spuckte, lassen sich sogar noch von den längst abgetakelten Nationalliberalen hineinlegen! Hört man Herrn Lieber, den leersten Schwätzer vielleicht, der sich je in deutschen Parlamenten hat hören lassen - und das will etwas sagen -

3)Ludwig W.WINDTHORST (17.Januar 1812-14.März 1891),"im 19. Jahrhundert der eifrigste, gewandteste und erfolgreichste Vorkämpfer des politischen Katholizismus" (RACHPFAHL), bedeutendster Gegner BISMARCKs während des Kulturkampfes,seit 1874 Führer der Zentrumspartei. Neben der ultramontanen Zielrichtung enthielt WINDTHORSTs politische Einstellung starke partikularistische Elemente und antipreußische Züge. - Über WINDTHORST s.u.a. RACHPFAHL,ADB 55/97 ff. m.w.N.sowie HUBER, Verfassungsgeschichte Bd 4, S.53.

4)Rudolf von BENNIGSEN (1824-19o2), einer der bedeutendsten nationalliberalen Politiker des Kaiserreichs, gehörte zusammen mit MIQUEL zu den führenden Persönlichkeiten des Deutschen Nationalvereins. Ebenso wie MIQUEL zählte er zu denjenigen Liberalen, welche bereit waren, um der nationalen Einigung willen die ursprünglich nicht weniger vehement erhobenen demokratischen Forderungen der Revolution von 1848 zurückzustellen. Nach der Annexion Hannovers, seines Heimatstaates, durch Preußen (1866) wurde er Abgeordneter des Reichstags des Norddeutschen Bundes und des preußischen Abgeordnetenhauses sowie Führer der nationalliberalen Fraktion, 1871 Mitglied des Deutschen Reichstags und auch dort Fraktionsvorsitzender. Hier erwarb er sich besondere Verdienste um das Zustandekommen der Reichsjustizgesetze von 1877.Nach der Schrumpfung seiner Partei aufgrund der Abspaltung der (rechten) schutzzöllnerischen Gruppe und der (linken,sog.) Sezession (188o) und ihrem damit verbundenen Bedeutungsverlust legte er 1883 seine Mandate im Reichstag und im preußischen Abgeordnetenhaus nieder, kehrte jedoch 1887 in den Reichstag zurück. Neben seiner Abgeordnetentätigkeit war v. BENNIGSEN seit 1868 Landesdirektor der provinzialen Selbstverwaltung von Hannover und 1888 - 1897 Oberpräsident der Provinz Hannover. - Über v. BENNIGSEN s.u.a.HERZFELD,NDB 2/S.5o ff., ONCKEN, BJ 7/267 ff.;DERS., HZ 1o4/S.53 ff.; DERS., R.v.Bennigsen.

seine nationalen Phrasen herdreschen, so ist man versucht, zu Bennigsen zu gehen, der in der patriotischen Komödianterei wenigstens alt und grau geworden ist.

Gegen die Durchpeitscherei des Bürgerlichen Gesetzbuchs hat sich aber auch eine "patriotische" und "reichstreue" Opposition erhoben, bestehend aus dem Ehrengreise in Friedrichsruh, einem Teile der Konservativen und den Antisemiten. Man braucht die Bestandteile dieser Koalition nur aufzuzählen, um zu ahnen, von wie erhebenden Beweggründen sie geleitet werden. Der brave Bismarck, der im Durchpeitschen und Überskniebrechen von wichtigen Gesetzen stets ebenso seinen Mann gestellt, wie er sich nach Bebels treffendem Worte in dem Urteil über große geistige Bewegungen stets als ein jämmerlicher Stümper erwiesen hat, gönnt seinem Nachfolger nicht die "Ehrung", die diesem mit dem Gelingen eines "großen nationalen Werkes" unter seinem Regiment erwiesen werden soll. Derselbe erquickende Beweggrund und der Widerwille überhaupt gegen eine Kodifikation des bürgerlichen Rechts, das nun einmal kein feudales Recht ist,macht einen Teil der Junker bockbeinig. Und was die Antisemiten anbetrifft, so hat diese stupide Fraktion überhaupt keinen grundsätzlichen Standpunkt zu dem Bürgerlichen Gesetzbuch finden können. Sie ist unfähig, an der Gestaltung des Rechts, dessen die moderne bürgerliche Gesellschaft bedarf, praktisch mitzuarbeiten, weil sich die untergehenden Schichten des Kleinbürgertums, die hinter ihr stehen, in dieser Gesellschaft höchst unbehaglich fühlen, aber gleichwohl an ihren Grundlagen nicht rütteln wollen und somit aufs Räsonnieren ins Blauehinein angewiesen sind. Da mit dieser brotlosen Kunst sonst nichts auszurichten ist, so ergreifen die Antisemiten die Durchpeitscherei des Bürgerlichen Gesetzbuchs als willkommene Gelegenheit, um sich als die empörten Volksfreunde aufzuspielen und ihre sittliche Entrüstung über die Form der Beratung zu entladen, an deren Inhalt sie mit keinem vernünftigen oder selbst nur unvernünftigen Worte teilnehmen können. Dabei verstehen sie aber nicht einmal die bescheidene Aufgabe zu lösen,welche sie sich gesetzt haben, und ihre Obstruktionsversuche stellen sie in so tölpelhafter Weise an,daß der ultramontane Präsident[6] sie spielend zu übertölpeln weiß.

Es versteht sich, daß die sozialdemokratische Fraktion sich weder für die nationalliberal-ultramontanen Kompromißler, noch für ihre antisemitisch-junkerlichen Gegner begeistern kann. Sie hat gegen die Durchpeitschung des Bürgerlichen Gesetzbuchs gesprochen und gestimmt, aber nachdem die Mehrheit dennoch in diesem Sinne beschlossen hat, treibt sie keine Obstruktion, so lange ihr nicht das Maß von Beteiligung an der Beratung, welches sie für notwendig hält, von der Mehrheit verkürzt wird. Sie hat so wenig einen Anlaß, Herrn Bismrack und den Konservativen die Kastanien aus dem Feuer zu holen, wie die National-/[419]/liberalen und Ultramontanen. Für sie ist nur die Frage entscheidend, ob das Bürgerliche Gesetzbuch so viele Fortschritte für die arbeitende Klasse gegenüber dem bisherigen Recht enthält, daß es sich lohnt, es als gesetzgeberische Frucht einzuheimsen, und da diese Frage bejaht werden muß, so nimmt sie mit, was sie kriegen kann, indem sie den bürgerlichen Parteien die Verantwortung dafür überläßt, wie sie ihre "großen nationalen Werke" fertig bringen wollen. Es ist anzuerkennen, daß die freisinnige und die süddeutsche Volkspartei die gleiche Politik befolgen, während die um Barth und Rickert[7] hinter den Nationalliberalen einhertrollen.

Somit geht die Durchpeitscherei des Bürgerlichen Gesetzbuchs seit einigen Tagen vor sich, und man muß anerkennen, daß sich der bürgerliche Parlamentarismus dabei nach allen Seiten ausgezeichnet bloßzustellen weiß. Der einzige Lichtblick ist die Unermüdlichkeit, womit Frohme und Stadthagen, die bereits in der Kommission nicht unwesentliche Verbesserungen des Entwurfs durchgesetzt haben, auf dem Posten sind, auch vor versammeltem Kriegsvolke die Ansprüche des Proletariats zu vertreten. Freilich ist es ihnen nicht gelungen, mehr als sie durch ihre fleißige und umsichtige Tätigkeit in der Kommission erreicht haben, im Plenum durchzusetzen, und mehr werden sie auch nicht durchsetzen.

---

6) Der Zentrumsabgeordnete SPAHN war zweiter Vizepräsident des Reichstags (s.VERZEICHNIS S.45).
7) Angehörige der Freisinnigen Vereinigung. Zu den beiden freisinnigen Parteien und zu ihrer Spaltung im Jahre 1892 s. Nr. 4, Anm.6.

Das ist durch das Klassenbewußtsein der bürgerlichen Mehrheitsparteien gegeben und würde auch nicht anders sein, wenn das Bürgerliche Gesetzbuch ebenso eingehend und sorgsam beraten würde, wie es jetzt mit atemloser Hast durch die Beratung gejagt wird. Es ist der stumpfsinnige Eigennutz der herrschenden Klassen, der die bürgerlichen Reichstagsparteien sich nicht regen und rühren läßt, wenn die sozialdemokratischen Redner die menschenunwürdige Schmach der feudalen Gesindeordnungen durch das Bürgerliche Gesetzbuch nicht bloß gemildert, sondern gründlich beseitigt wissen wollen.

Was aber den Leiden der Menschen nicht gegeben ist, das ist den Leiden der Hasen gegeben, nämlich die bürgerlichen Mehrheitsparteien des deutschen Reichstages in patriotische Begeisterung und in patriotische Entsagung zu jagen. Die Zumutung, daß die Hasen sich nicht mehr unentgeltlich auf Kosten armer Menschen sollen sattfressen dürfen, trieb gestern die Sturmkolonnen der Junker zu Hauf, und Herr Lieber, der siegreiche Degen des Zentrums, kapitulierte demütig, indem er sich als sterbender Fechter in das nationale Banner hüllte. Er machte ganz dieselben faulen Redensarten, womit seine nunmehrigen nationalliberalen Kumpane ehedem ihre faulen Kompromisse zu beschönigen suchten; über die Schmach seines Umfalls half ihm das "Bewußtsein" hinweg, "auch dadurch das nationale Werk gefördert zu haben"[8]. Immer mit dem Unterschiede, daß Leute wie Bennigsen, denen solche Redensarten zur zweiten Natur geworden sind, sie doch mit mehr Aplomb und scheinbarer Würde vorzutragen wissen, als Herr Lieber, in dessen Munde sie fast noch grotesker klingen, als sie sind.

Es wäre unbillig zu verkennen, daß die Sieger ebenso die Ritter von der traurigen Gestalt spielten, wie der Besiegten. Die "Kämpfer für Ordnung, Sitte und Recht", die auf der Rechten sitzen und mit schnöder Seelenruhe gähnten, als über die reichsgesetzliche Regelung des Gesindeverhältnisses verhandelt wurde, entzündeten eine "große Debatte", als ihre noble Jagdpassion durch die Ersatzpflicht für den von Hasen ange-

---

8) Anspielung auf die abschließenden Worte der Rede des Zentrums-Abgeordneten LIEBER, mit welchen dieser die Zustimmung seiner Fraktion zum Antrag der Konservativen auf Streichung der Hasen aus der Wildschadensersatz-Regelung gerechtfertigt hatte.

richteten Schaden ein wenig gefährdet zu werden drohte. Sie schämten sich selbst nicht, damit zu drohen, daß sie den Reichstag beschlußunfähig machen würden, wenn das Bürgerliche Gesetzbuch nicht den Hasen das Recht gewährte, sich auf Kosten der Bauern und Taglöhner satt zu fressen./[42o]/ Es war ein parlamentarischer Erpressungsversuch in bester Form, und schon aus diesem Grund hätte er bei einiger politischer Ehrliebe und einigem nationalen Selbstbewußtsein der nationalliberal-ultramontanen Kompromißler zurückgewiesen werden müssen. Die Junker wußten aber allerdings sehr gut, für wen sie das kaudinische Joch aufrichteten; die Unverschämtheit, womit sie am Ende des 19. Jahrhunderts noch die letzten Reste des feudalen Jagdrechts verteidigen, wird zwar weder gerechtfertigt, noch auch nur beschönigt, aber allerdings erklärt durch den Mangel an Rückgrat, den ihnen gegenüber die bürgerliche Klasse beweist, gleichviel ob sie vertreten wird durch Herrn v.Bennigsen und Herrn Lieber.

Dieselben bürgerlichen Parteien des Reichstags, die es am Tage vorher nicht einmal für nötig fanden, auch nur mit halbem Ohr hinzuhören, als sozialdemokratische Redner für das Gesinde die einfachsten Menschenrechte verlangten, haben die unveräußerlichen Hasenrechte siegreich verfochten. Der Hase darf den Bauern kahl fressen, damit die noble Passion des Junkers keinen Schaden erleide. Um dieses schöne Ziel zu erreichen, vergossen die konservativen, nationalliberalen und ultramontanen Patrioten Ströme des edelsten Schweißes. Trotzdem ist nicht zu leugnen, daß sie tatsächlich für den Bauer und für den kleinen Mann überhaupt gearbeitet haben, der irgendwo noch ein Fleckchen Land besitzt, auf dem sich Hasen mästen können. Die Partei der "kleinen Leute", die Herr Göhre gründen will, weiß jetzt wenigstens, wo sie ihre wohlwollenden Gönner zu suchen hat. Und wenn sie auf die von der Reichstagsmehrheit gesicherten Hasenrechte den richtigen Vers zu machen versteht, so wird sie daraus ungleich größeren Nutzen ziehen, als sämtliche Hasen der Welt ihr irgend Schaden zufügen können. Die bürgerlichen Wähler sollten sich doch einmal gründlich überlegen und werden es hoffentlich auch tun, ob sie schließlich nicht selber lächerlich gemacht werden durch die zynische Frechheit, womit ihre Erwählten gestern das nationale

Banner über den heiligen Hasenrechten schwenkten.

Es wäre fast mehr an grotesker Blamage, als selbst der breite Rücken des deutschen Volkes ertragen könnte, wenn der nationalliberalen Ära noch eine in jedem Betracht sowohl schädlichere, als auch verächtlichere nationalklerikale Ära folgen sollte. In ihrem inneren Kerne war die ultramontane Partei von jeher reaktionär und mußte es sein; das ideale Deutschland,das Herr Windthorst im Kopfe trug, war noch um ein paar Jahrhunderte rückschrittlicher, als das wirkliche Deutschland des Herrn Bismarck. Was der ultramontanen Partei gleichwohl ein gewisses Maß von Achtung und Ansehen selbst in denjenigen Volksschichten verschaffte, die ebenso weit vorwärts zu gehen gewillt sind, wie sie rückwärts, das war die an bürgerlichen Parteien sonst ungewohnte Festigkeit, womit sie der allmächtigen Korruption des bismärckischen Regiments entgegenzutreten und ihre gleichviel wie verschrumpften Ideale zu verfechten wußte.Gibt sie diese Festigkeit auf und taucht sie in den allgemeinen bürgerlichen Ordnungs- und Kompromißbrei zurück, wo er am tiefsten ist, so unterscheidet sie sich von den Nationalliberalen nur noch zu ihrem Nachteil, und es hat schon seine guten Gründe, daß Herr Lieber als patriotischer Reichs- und Vaterlandsretter eine noch viel komischere Person ist, als Herr von Bennigsen. Die nächsten Reichstagswahlen werden der ultramontanen Partei für ihre Heldentaten auf dem Gebiete der Umsturzvorlage[9] und des bürgerlichen Gesetzbuchs voraussichtlich die gebührende Quittung erteilen. Es wird nachgerade die höchste Zeit.

Was die sozialdemokratische Partei anbetrifft, so hat sie eine prinzipiell ebenso feste wie klare Stellung zu dem Bürgerlichen Gesetzbuch eingenommen. Sie hat gezeigt, daß sie große gesetzgeberische Aufgaben auch auf dem Boden der/[421]/ bürgerlichen Gesellschaft besser zu behandeln weiß als jede bürgerliche Partei. Sie hat nicht entfernt alles, was sie wünschte, aber doch manches durchgebracht, was den Emanzipationskampf des Proletariats zu fördern vermag. Sie hat es somit wohl verdient, daß die bürgerlichen Parteien mit ein paar kleinen Ausnahmen sich bei Beratung dieses Gesetzbuchs

---

9) Zur Umsturzvorlage s.o. Nr. 18, Anm.8.

bis auf die Knochen blamieren und den endgültigen Bankerott des bürgerlichen Parlamentarismus abermals konstatieren.

Nr.73

VORWÄRTS - Berliner Volksblatt
13.Jg (1896) - Nr. 147 v.26.Juni, S.2

[2.Lesung des BGB im Reichstag (Fortsetzung): Eherecht]

(Politische Übersicht.)

Berlin,25.Juni

Im Reichstag drehte sich heute die Debatte[1] um die wichtigen Fragen: Erfordernisse der Eheschließung, rechtliche Stellung der beiden Ehegatten zu einander in der Ehe, Art der Ordnung der güterrechtlichen Beziehungen und Gründe für die Ehescheidung. Der Gesamteindruck der Debatte wurde von einer,der Sozialdemokratie fern, ja feindlich gegenüberstehenden Zuhörerin einem Bekannten gegenüber dahin zusammengefaßt:"Die einzig konsequenten und unerbittlichen Kämpfer für Hebung der Stellung unseres Geschlechts sind doch die Sozialdemokraten, das kann ihnen der Neid nicht bestreiten; ihre Unermüdlichkeit und ihr Geschick bewundere ich um so mehr, als zu gunsten der Arbeiterfrau bereits viel durch sie errungen ist. Ihr anderen seid doch alle einseitige Stümper." Wir haben dieser Kritik nichts hinzuzufügen und verweisen unsere Genossen auf unseren ausführlichen Parlamentsbericht. Neben dem nicht

---

1) STEN.BER.RT.IX.Leg.Per.,IV.Session, 114.Sitzung v.25.Juni 1896 = Bd 4, S.29ol ff.

unwesentlichen Sieg zu § 1288[2] sind auch einige Erklärungen der Regierungsvertreter gegenüber den Ausführungen unserer Genossen von Wert. Am Freitag, spätestens am Sonnabend[3] hofft man die zweite Lesung zu Ende zu führen.

In den gestrigen Entrefilet ist leider ein Passus weggeblieben. Derselbe betraf die, übrigens vom Leser des parlamentarischen Berichts dort ersehene, Annahme des sozialdemokratischen Eventualantrages zur Beamten-Verantwortlichkeit[4]. Voran ging diesem Beschlusse eine treffliche Rede unseres Genossen Stadthagen [5].

Nächste Sitzung morgen 11 Uhr: Bürgerliches Gesetzbuch.

---

2) Die zeitliche Grenze für das Erfordernis elterlicher Zustimmung zur Eheschließung wurde entsprechend einem sozialdemokratischen Antrag (STEN.BER.RT. a.a.O., Aktenstück Nr. 471, Ziff. 47= Anlagenbd 3, S.2256) vom fünfundzwanzigsten auf das einundzwanzigste Lebensjahr herabgesetzt (STEN.BER.RT. a.a.O. Bd 1, S.2906).

3) 26./27.Juni 1896.

4) In der Reichstagssitzung vom 24.Juni 1896 (a.a.O. 113.Sitzung = STEN.BER.RT. Bd 4, S.2855 ff.) wurde der Eventualantrag der Sozialdemokraten (a.a.O.[Anm.2] Ziff.44,2a) angenommen, wonach die Einschränkung der Haftung von Richtern nur für die Entscheidung, nicht jedoch auch für die Leitung von Rechtsangelegenheiten galt (s.STEN.BER.RT. a.a.O. S.2870).

5) A.a.O. S.2863.

Nr.74

VORWÄRTS - Berliner Volksblatt
13.Jg (1896) - Nr. 148 v. 27.Juni, S.2

[2.Lesung des BGB im Reichstag (Fortsetzung): Ehescheidungsrecht]

(Politische Übersicht.)

Berlin, 26.Juni

Im Reichstage[1] handelte es sich heute um die gesetzlichen Gründe [für][1a] die Ehescheidung. Während in Preußen die gegenwärtige Gesetzgebung auf diesem Gebiete einigermaßen den Ansprüchen genügt, die im Interesse der Persönlichkeit und der Humanität gestellt werden müssen[2], erschwert der Regierungsentwurf, noch mehr aber der Kommissionsbeschluß wesentlich die Ehescheidung: nicht einmal unheilbaren Wahnsinn will der letztere als Ehescheidungsgrund anerkennen[3]. Dem Kommissionsentwurf stand heute ein Antrag Lenzmann gegenüber[4].Von der Linken beteiligten sich Bebel[5], Stadthagen[6], Munckel[7] sowie der nationalliberale Osann[8] an der Debatte. Dem Abge-

1) STEN.BER.RT.IX.Leg.Pers.,IV.Session, 115.Sitzung v.26.Juni 1896 = Bd 4,S.2945 ff.
1a)Fehlt im Original.
2) Der Hinweis bezieht sich auf die Ehescheidungsvorschriften des ALR; s. dazu Nr. 44, Anm.3.
3) S. dazu den Bericht über die Kommissionsberatungen a.a.O.
4) STEN.BER.RT.a.a.O.,Aktenstück Nr. 472 (Abänderungsanträge LENZMANN und Genossen v.19.Juni 1896),Ziff.3 =Anlagenbd 3, S.2258. Einen gleichlautenden Antrag (nämlich:§ 1552 i.d.F. der Reichstagsvorlage wiederherzustellen)hatten die Sozialdemokraten eingebracht (s.a.a.O.Aktenstück Nr.471,Ziff.57).

ordneten Stadthagen stellte der Zentrumsmann Gröber das Zeugnis aus, daß er mehr vom kanonischen Recht verstehe als der, beiläufig bemerkt katholische, preußische Justizminister Schönstedt[9]. Allzu viel Lob für Stadthagen enthält dieser Vergleich aber nicht einmal. Den Anlaß dazu gab die Behauptung des Justizministers, daß der von ihm verteidigte Antrag Lenzmann mit dem kanonischen Recht in Einklang stehe[10]. Das ist freilich nicht richtig, es kommt darauf garnicht an. Die katholische Kirche kann nicht verlangen, daß der weltliche Staat ihre Satzungen zur Grundlage seiner Rechtsordnung macht. Es ist ja kein Katholik genötigt, von den Bestimmungen über die Ehescheidung Gebrauch zu machen; wo wäre also das religiöse Recht der Katholiken gekränkt? Un doch hatte das Zentrum mit seinen konservativen Bundesgenossen bei der namentlichen Abstimmung die Mehrheit. Für den Antrag Lenzmann stimmten die beiden freisinnigen Gruppen, die Sozialdemokraten, die wenigen anwesenden Mitglieder der deutschen Volkspartei und der deutschsozialen Reformpartei, die meisten Nationalliberalen und ein Teil der Reichspartei, zusammen 115; gegen den Antrag stimmten 125 Mitglieder[11]. Die weitere Diskussion, die sich hauptsächlich um Gegenanträge unserer Partei drehte, kann hier nicht rekapituliert werden; der Leser muß sie an der Hand des Berichtes verfolgen. Einzelne der sozialdemokratischen Anträge wurden angenommen. Das Haus ist noch fortwährend beschlußfähig. Die zuerst überfüllten Tribünen leerten sich während der siebenstündigen Sitzung allmählich. Der Herr v. Stein freilich, der mit Streiken drohte, wenn die Hasen ins Gesetz kämen[12], fehlt auch nach der Streichung der Hasen: die Drohung sollte

---

5) BEBEL griff während dieser Reichstagssitzung zwar des öfteren in die Debatte ein, an den Diskussionen über die Scheidung der Ehe wegen Geisteskrankheit beteiligte er sich jedoch nicht.
6) STEN.BER.RT.a.a.O. (Anm.1) S.2952.
7) A.a.O. S.2962 ff.
8) A.a.O. S.2958 ff.
9) A.a.O. S.2955 ff.
10) A.a.O. S.2950 ff.
11) A.a.O. S.2967; Gem. Sitzungsprotokoll stimmten sogar 116 Abgeordnete für den Antrag.
12) S.Nr. 70, Anm.5.

also wohl die geringe Arbeitslust verdecken.

Morgen Fortsetzung.

Hasenhandel. Heute ist im Reichstage in namentlicher Abstimmung mit 123 gegen 116 Stimmen der Antrag, wonach unheilbare Geisteskrankheit einen Ehescheidungsgrund bildet, abgelehnt worden[13]. Die Konservativen haben, trotzdem die protestantische Generalsynode sich bei solchen Fällen für die Scheidung ausgesprochen hat, gegen den Antrag gestimmt. Der Grund hierfür liegt in dem Entgegenkommen des Zentrum beim Wildschaden-Paragraphen. Das Zentrum hat gegen die Schadensersatzpflicht bei Hasenfraß votiert, aus Dankbarkeit haben die Konservativen dem Zentrum eine Forderung des kanonischen Rechts gerettet. Also der Hasenhandel hat seine Früchte getragen. So wird das Bürgerliche Gesetzbuch gemacht.

---

13) S.Anm.11.

Nr.75

VORWÄRTS - Berliner Volksblatt
13.Jg (1896) - Nr. 148 v. 27.Juni, S.2

[Wiederabdruck eines Gedichtes von Georg HERWEGH unter der Überschrift:]

An die bürgerlichen Rechtsfabrizierer im Reichstage.

Einheit des Rechtes ist kein Schild,
Das uns bewahrt vor Unterdrückung.
Nur wo als Recht das Rechte gilt,

Wird sie zum Segen, zur Beglückung.
Nur diese war's, die wir erstrebt,
Die Einheit, die man auf den Namen
Der Freiheit aus der Taufe hebt,
Doch Eure ist vom Teufel - Amen!

Georg Herwegh[1)]

1)Georg HERWEGH (1817-1875), zunächst radikaldemokratischer Dichter, welcher sich später der politischen Arbeiterbewegung anschloß. Neben Georg WEERTH bedeutendster Dichter der deutschen Arbeiterbewegung im 19.Jahrhundert. Am populärsten wurden sein "Bundeslied für den Allgemeinen Deutschen Arbeiterverein" ("Mann der Arbeit aufgewacht/ und erkenne deine Macht,/ alle Räder stehen still,/ wenn dein starker Arm es will" - vertont von Hans von BÜLOW) (1863) sowie sein von der Winkelried-Legende inspiriertes Gedicht - HERWEGH war seit 1842 schweizerischer Staatsbürger - "Der Freiheit eine Gasse" (1841). Dem neugegründeten deutschen Kaiserreich stand er mit scharfer Ablehnung gegenüber ("Die Wacht am Rhein wird nicht genügen,/ der schlimmste Feind steht an der Spree").
Über HERWEGH s. LdS Bd 2, S.361 ff. m.w.N.

Das anläßlich des Inkrafttretens des BGB entstandene Gedicht von Ernst von WILDENBRUCH: "Das deutsche Recht" - weniger als Kunstwerk denn als historische Kuriosität von Interesse - ist abgedruckt in DJZ 19oo/S.1 sowie bei HATTENHAUER/BUSCHMANN, Textbuch S.288 ff.

Nr.76

VORWÄRTS - Berliner Volksblatt
13.Jg (1896) - Nr. 149 v. 28.Juni, S.2

[2.Lesung des BGB im Reichstag (Abschluß)]

(Politische Übersicht.)

Berlin, 27.Juni

Der Reichstag beendete heute die zweite Lesung des Bürgerlichen Gesetzbuches[1]. Für die Zulassung des Einwandes gegen die Alimentierung, daß in der kritischen Zeit auch ein anderer als der in Anspruch Genommene der Mutter beigewohnt habe, entschied sich eine Mehrheit, deren Wortführer Stumm und Haußmann waren[2]. Die Gleichstellung der außerehelichen mit den ehelichen Kindern im Erbrecht wurde abgelehnt, die unehelichen Kinder haben nach diesem Beschlusse gar kein Erbrecht[3]. Dagegen erklärte sich eine große Mehrheit für die Zulässigkeit des eigenhändigen Testaments, das nicht bei Gericht niedergelegt zu werden braucht[4]. An den wesentlichen Bestimmungen des

1) STEN.BER.RT. IX.Leg.Per., IV.Session, 116.Sitzung v.27.Juni 1896 = Bd 4, S.2991 ff.
2) S.§ 1693 der Reichstagsvorlage; von der Reichstagskommission unverändert angenommen (s.Nr.52, Anm.23 und Nr.62,Anm.3 u. 4); im Reichstag ebenfalls beibehalten; s.STEN.BER.RT.a.a. O. S.2999; die Reden von STUMM und HAUSSMANN s.a.a.O.S. 2997.
3) S.§ 19oo der Reichstagsvorlage. Der Antrag auf Einführung des Erbrechts der unehelichen Kinder, eingebracht von den Sozialdemokraten (s.STEN.BER.RT. IX.Leg.Per.,IV.Session, Aktenstück Nr. 471 [Abänderungs-Anträge AUER und Genossen v. 18.Juni 1896],Ziff.76) wurde - wohl wegen der nach den vorangegangenen Beschlüssen zutage getretenen Aussichtslosigkeit - zurückgezogen (s.STEN.BER.RT. a.a.O.[Anm.1] S.3oo5).
4) A.a.O. S.3o14.
5) Die Sozialdemokraten hatten zu Beginn der Reichstagssession einen Gesetzentwurf über das Vereins-, Versammlungs- und Koalitionsrecht eingebracht, welcher in 5 Paragraphen eine umfassende freiheitliche Gestaltung dieses Rechtsgebietes vorsah (STEN.BER.RT. IX.Leg.Per.,IV.Session, Aktenstück Nr.48 [Antrag AUER und Genossen: Gesetz betreffend das Recht der Versammlung und Vereinigung und das Recht der Koalition] = Anlagenbd 1, S.126 ff.). Der Reichstag setzte nach der 1.Lesung eine Kommission unter dem Vorsitz des konservativen Abgeordneten von STEIN zur Beratung dieses Entwurfes sowie eines von der Freisinnigen Volkspartei eingebrachten, in dieselbe Richtung zielenden Antrages ein (STEN.BER.RT.Leg.Per.,IV.Session, 43.Sitzung v.8.Februar 1896 = Bd 2, S.1o41 ff., 1o69; STEN.BER.RT.a.a.O.Aktenstück Nr.26 [Antrag ANCKER und Genossen: Gesetzentwurf betreffend das Vereins- und Versammlungswesen]= Anlagenbd 1, S.83). Der Vorsitzende sowie die konservativen Mitglieder der Kommission betrieben zwar gegenüber der Kommission

eine Obstruktionspolitik und unterschrieben nicht einmal den Kommissionsbericht (STEN.BER.RT. a.a.O. Aktenstück Nr. 321 [Bericht der XIII.Kommission zur Vorberatung des Antrages der Abgeordneten AUER und Genossen ... und des Antrages der Abgeordneten ANCKER und Genossen]= Anlagenbd 3, S.1695 ff.), der Entwurf wurde jedoch in der Fassung der Kommissionsbeschlüsse, welche gegenüber dem sozialdemokratischen Antrag einige Abschwächungen enthielt(STEN. BER.RT.a.a.O. S.17o1 ff.), vom Reichstag mit großer Mehrheit angenommen. Liberale und Zentrum erklärten allerdings während der zweiten Lesung, für einzelne Bestimmungen des Entwurfes nur deshalb zu stimmen, weil sie eine dritte Lesung ermöglichen wollten, in welcher dann ein noch zu vereinbarendes "Notvereinsgesetz" verabschiedet werden sollte (s.z.B. Erklärungen der Abgeordneten RICKERT [Freis.Vereinigung], LIEBER [Zentrum], und von BENNIGSEN [Nationalliberale Partei] in: STEN.BER.RT. IX.Leg.Per.,IV.Session, 96.Sitzung v.3.Juni 1896= Bd 4, S.2387 ff., hier S.2398, 24o3, 24o4). Hierzu sahen sie sich veranlaßt, weil der Bundesrat zu verstehen gegeben hatte, er werde dem vom Reichstag beschlossenen Gesetzentwurf nicht zustimmen. In dritter Lesung wurde dann ein solches "Notvereinsgesetz" gegen die Stimmen der konservativen Parteien verabschiedet (Sten.Ber. RT. a.a.O. 1o7. Sitzung v. 17.Juni 1896 =Bd 4, S.2655 ff., 2667 ff.,2675). Es bestand aus einem einzigen Artikel und beschränkte sich darauf, die allgemein als am schwerwiegendsten empfundene Beschränkung der Vereinsfreiheit, das sog. "Verbindungsverbot", aufzuheben:

"Inländische Vereine jeder Art dürfen mit einander in Verbindung treten. Entgegenstehende landesgesetzliche Bestimmungen sind aufgehoben."

Der Bundesrat versagte jedoch - nach Behauptung der Sozialdemokraten aufgrund einer Intervention von STUMM-HALBERG - dem Gesetzentwurf die nach der Reichsverfassung erforderliche Zustimmung (STUMM hatte bereits in der 3.Beratung im Reichstag erklärt:"... habe ich zum Bundesrat das Vertrauen, daß der Bundesrat diesem Beschluß nicht ohne weiteres ... zustimmen wird .."[a.a.O.S.2675]). Die Bedenken der Konservativen sowie des Bundesrates richteten sich nich in erster Linie gegen die Aufhebung des Verbindungsverbotes als solche, sondern gründeten sich auf die nach ihrer Auffassung noch unzureichende Landesgesetzgebung zum öffentlichen Vereinsrecht. Erst wenn dort anderweitige Möglichkeiten zum Einschreiten gegen mißliebige Vereine geschaffen wären, wollten sie dem Notvereinsgesetz-Entwurf zustimmen.

Nach dem Scheitern dieses Entwurfs beantragten die Sozialdemokraten in der Kommission für das BGB bei den Beratungen über das EGBGB und später auch im Plenum des Reichstags die Einführung eines Artikels mit folgendem Inhalt in das Einführungsgesetz:

"Die landesgesetzlichen Vorschriften, welche das Inverbindungstreten von Vereinen, welche politische Zwecke verfolgen, verbieten, werden aufgehoben.
Vereinigungen von Arbeitgebern oder Arbeitnehmern, welche zum Behufe der Erlangung günstiger Lohn- und Arbeitsbedingungen sich gebildet haben, unterliegen keiner landesgesetzlichen Vorschrift."

Einführungsgesetzes wurde nichts geändert. Den sozialdemokratischen Antrag, die landesgesetzlichen Verbote des Inverbindungtretens politischer Vereine aufzuheben, ersuchte der Reichskanzler als überflüssig abzulehnen, da die betr. 12 Landesregierungen auf die landesgesetzliche Aufhebung des Verbotes "hinwirken" wollen[5]. Die reaktionären Landtags-Mehrheiten werden eine solche Anregung zur Revision der Vereinsgesetze schon in ihrem Sinne auszunützen wissen[6]. Der Freihr. v. Stumm erklärte sogar, im Falle der Annahme des sozialdemokratischen Antrages gegen das Bürgerliche Gesetzbuch stimmen zu wollen[7]. So wenig liegt dem Freiherrn an dem Zustandekommen des "nationalen" Werkes. Da ebenso wie Herr von Stumm auch Lieber und v.Bennigsen widersprachen[8], so fand der sozialdemokratische Antrag keine Mehrheit[9]. Der Reichstag verzichtet also trotz Verfassung auf sein Recht, das Vereinswesen zu ordnen. Das sind wahrlich Orgien des Partikularismus, in erster Linie des preußischen, hinter dem sich das junkerliche und kapitalistische Interesse verbirgt. Gegen den Ausschluß der Bergarbeiter von den kleineren Vorteilen des Gesetzes[10], sprach noch Abg. Möller, dem sehr unaufmerksam zugehört wurde[11]. Für viele deutsche Reichstags- Abgeordnete haben die deutschen Hasen mehr Wert und Wichtigkeit, als die deutschen Bergarbeiter.

(STEN.BER.RT. IX.Leg.Per.,IV.Session,Aktenstück Nr. 471[s. Anm.3], Ziff.92). Dieser Antrag, dessen zweiter Absatz die dort genannten Vereine jeglicher landesgesetzlicher Regelung entzogen hätte, war für die Konservativen so gravierend, daß ihre Vertreter v. STUMM-HALBERG und v.MANTEUFFEL für den Fall der Annahme mit der Ablehnung des gesamten Bürgerlichen Gesetzbuches drohten. Daraufhin wurde der sozialdemokratische Antrag abgelehnt.

6)1899 wurde ein Reichsgesetz erlassen, welches die Verbindungsverbote aufhob (s.RGBl.S.699). Zu den Hintergründen dieser "Lex Hohenlohe" s.BORN HDG 3/349.

7) STEN.BER.RT. a.a.O.[Anm.1] S.3o2o.

8) STEN.BER.RT. a.a.O. S.3o18 bzw. S.3o2o.

9) A.a.O. S.3o23.

1o)S.Art.65 EGBGB i.d.F. der Reichstagsvorlage; sozialdemokratischer Antrag auf Abänderung: STEN.BER.RT.a.a.O. [Anm.3], Ziff.86.

11)A.a.O. S.3o28.

Um 1/2 7 Uhr wurde die zweite Beratung des Bürgerlichen Gesetzbuches beendigt - ein kräftiges Uff! entrang sich jeder Brust. Eine so angestrengte Arbeitswoche hat der deutsche Reichstag noch nicht gehabt. Und wäre es noch gute Arbeit, die geliefert ward. Aber bei dieser Überhastung mußte die Qualität der Arbeit notwendig leiden. Es wird das jetzt sogar von nationlliberaler Seite - zum Beispiel im "Leipziger Tageblatt" zugegeben.

Nächste Sitzung: Dienstag 1 Uhr[12]. Dritte Beratung des Bürgerlichen Gesetzbuchs und des Margarinegesetzes. Ein Antrag der Konservativen, das Margarinegesetz vor das Bürgerliche Gesetzbuch zu stellen, wurde mit allen gegen die Stimmen der Konservativen abgelehnt.

---

12) 3o.Juni 1896

Nr.77

VORWÄRTS - Berliner Volksblatt
13.Jg (1896) - Nr. 15o v. 3o.Juni 1896, S.1

[Leitartikel:] Das Ergebnis der Beratungen über das Bürgerliche Gesetzbuch.

Mit volltönenden patriotisch klingenden Phrasen wurde das Bürgerliche Gesetzbuch von den Vertretern der bürgerlichen Parteien bei seiner ersten Beratung im Februar begrüßt. Stark war die Strömung, das gesamte Gesetz möglichst ohne Kommissionsberatung en bloc anzunehmen. Fast schien es, als ob unsere Genossen mit ihrem berechtigten dringenden Verlangen, das gesamte Gesetzbuch nebst dem dazu gehörigen Einführungsgesetz einer Kommission zu überweisen, unterliegen würden. Sie siegten jedoch bei der Abstimmung.

Im Gegensatz zu allen Vertretern der bürgerlichen Parteien betrachteten unsere Genossen, ohne sich von dem patriotischen Tamtam rühren zu lassen, die Sachlage sehr nüchtern und kühl. In den 26 deutschen Vaterländern herrscht eine ungeheure Zerrissenheit und Unklarheit auf zivilrechtlichem Gebiet[1]. Die Satzungen des Code civil vom Jahre 18o4 gelten für etwa 6 7oo ooo Einwohner (Rheinprovinz, Rheinpfalz, Rheinhessen, Birkenfeld, Elsaß-Lothringen). Die von diesem schon etwas abweichenden Bestimmungen des Badischen Landrechts haben für 1 7oo ooo Einwohner Gültigkeit. Für etwa 21 2oo ooo Einwohner (in dem größten Teil Preußens, in Ansbach, Bayreuth und einem Teil Sachsen-Weimars) gilt das von beiden obengenannten Gesetzbüchern abweichende preußische Landrecht von 1794. Aber innerhalb dieses Gebietes gelten neben dem Landrecht noch gegen 2o kleinere und größere Provinzial- und Stadtrechte.Einheitlicher sieht das Herrschaftsgebiet des Sächsischen Gesetzbuchs aus dem Jahre 1863 aus, das für das Königreich Sachsen, also etwa für 3 5oo ooo Einwohner Geltung hat: dort bestehen keine Sonder-, Stadt- und Provinzialrechte von Bedeutung.Desto bunter steht es mit dem großen gemeinrechtlichen Gebiet Deutschlands. So nennt man das Gebiet, in dem kein neueres Gesetzbuch, sondern das alte römische Recht gilt, soweit es nicht ausdrücklich außer Kraft gesetzt ist. Das römische Recht ist ein ungeschriebenes, seit Ende des 15.Jahrhunderts durch gelehrte Richter nach Deutschland importiertes. Fast jeder Gerichtsbezirk im gemeinrechtlichen Gebiet hat eine andere Praxis. Überdies aber hat fast jedes gemeinrechtliche Gebiet neben dem allgemeinen Recht noch in buntem Wirrwarr Bruchstücke von etwa 3o verschiedenen alten Landesrechten, Stadtrechten und Privilegien aus dem 13.bis 18.Jahrhundert aufzuweisen. "Gemeines Recht" gilt in Teilen Preußens (Regierungsbezirk Stralsund, einem Teil von Schleswig-Holstein, von Hannover, des Regierungsbezirks Koblenz, Hessen-Nassau, Sigmaringen, in einem Teil Bayerns, in

---

1) Die nun folgenden Zahlenangaben stützen sich ersichtlich auf Anlage I der Denkschrift des Bundesrates zum 2.Entwurf des BGB (s.DENKSCHRIFT S.31o ff.).

Württemberg, in einem Teil von Hessen, in den beiden Mecklenburg, in einem Teil von Sachsen-Weimar, in einem Teil Oldenburgs, in Braunschweig, in Sachsen-Meiningen, Sachsen-Altenburg, Sachsen-Coburg-Gotha, in Anhalt, in beiden Schwarzburg, in Waldeck, in beiden Reuß, in Schaumburg-Lippe, in Lippe und in den drei Hansastädten. Der Trümmerhaufen alter Stadtrechte u.dgl.sowie eine Unzahl neuerer Gesetze hat es aber bewirkt, daß wiederum auch nicht in einem der oben aufgeführten Rechtsgebiete dasselbe Recht wie für die anderen Rechtsgebiete gilt. Bezüglich der unehelichen Kinder beispielsweise gibt es für die Gebiete des gemein Rechts etwa 15 verschiedenartige Rechtsanwendungen. Neben diesen großen Rechtsgebieten des Code civil, des badischen, sächsischen und preußischen Landrechts und des gemeinen Rechts gilt noch das Gesetzbuch Christians V. von Dänemark aus dem Jahre 1863 für etwa 15 ooo ehemals zu Jütland gehörige Schleswig-Holsteiner und das österreichische allgemeine Gesetzbuch von 1811 für etwa 2 5oo Einwohner von Markt Redwitz und einige Orte des Amtsgerichtsbezirks Waldsassen in Bayern. Daneben für Deutschland etwa loo Sorten Gesindeordnungen und oft in derselben Provinz, ja in derselben Stadt verschiedenartige Regelung des ehelichen Güterrechts!

Dieser kunterbunte Zustand befördert die Rechtsunsicherheit und die Rechtsunkenntnis ungemein. Der Arbeiter, den der Kampf ums Dasein bald hier- bald dorthin wirft, leidet darunter am meisten. Dem krausen Wirrwarr gegenüber ist eine Einheit des Rechts ein unleugbarer politischer Fortschritt[2]. Die reichsgesetzliche Regelung des gesamten Zivilrechts beseitigt vielerleit Schutt und hindert überdies die reaktionären Unken der Einzellandtage, die bestehende Gesetzgebung auf diesem Gebiet noch mehr nach rückwärts zu gestalten und einem Fortschritt gegenüber sich feindlich zu verhalten. Wir erinnern z.B. an die Hamburger Hausagrarier, die das Recht des Vermieters, wegen rückständiger Miete den Mieter kahl bis aufs Hemd zu pfänden, nicht fahren lassen wollen.

2) S. auch S. L XXXII ff. der Einführung.

So notwendig aber auch die Einheit des Rechts auf dem zivilrechtlichen Gebiet gerade für den Arbeiter ist, so wenig kann sich die Arbeiterklasse den Versuch gefallen lassen, unter dem Schein der Notwendigkeit einheitlichen Rechts sich neue Ketten schmieden zu lassen, wie es der Entwurf des Bürgerlichen Gesetzbuches versuchte.

Bei der ersten Beratung des Bürgerlichen Gesetzbuches charakterisierte deshalb Stadthagen unter dem Beifall aller Genossen unsere Aufgabe zum Bürgerlichen Gesetzbuch mit folgenden Worten:[3]

"Wird das Bürgerliche Gesetzbuch, so wie es vorliegt, Gesetz, so würde es mit die schärfste Waffe sein, die uns gegeben werden kann. Ich darf aber auch vor allen Dingen nicht verschweigen, daß diejenigen, die begeistert ein einheitliches Recht wünschen, nicht die Verfechter der bestehenden Gesellschaftsordnung, sondern fast ausschließlich die Sozialdemokraten sind. Ich kann natürlich nur von mir persönlich aus die Einzelheiten, die ich sagen werde, vertreten; denn über die Einzelheiten haben meine politischen Freunde naturgemäß noch nicht beraten können. Ich glaube aber, behaupten zu dürfen, die Ansicht aller meiner Fraktionsgenossen geht dahin: es gibt in Deutschland nur eine Klasse, und zwar nur die Arbeiterklasse, die mal hier mal da ihr Brot zu suchen hat, die ein einheitliches Recht zu haben wünscht und die es sich erkämpfen wird. Allerdings einheitliches Recht nenne ich nicht den Schein einer Einheit; einheitliches Recht nenne ich nicht das kodifizierte Unrecht der Ausbeutung. Sowenig ich verlangen kann als Sozialdemokrat, daß hier in diesem Reichstage die Möglichkeit vorhanden sei, die soziale Rechtsordnung im Sinne des sozialdemokratischen Endzieles jetzt durch Gesetzesparagraphen festzusetzen, - so kindisch ein derartiges Vorgehen wäre - so bin ich bereit, die Arbeit fördern zu helfen, ein wirklich einheitliches Recht zu schaffen, zu diesem Zweck die besonderen ausnahmerechtlichen Bestimmungen mit denen der Gesetzentwurf sich gegen die Arbeiter wendet, zu bekämpfen, zu versuchen, aus dem Gesetzbuch das zu machen, was ein Gesetzbuch sein soll und heute bereits sein kann. Ein Gesetz ist und soll sein der ideologische Niederschlag der ökonomischen Verhältnisse, der ideologische Niederschlag der in der wirtschaftlichen Entwicklung erkämpften Rechtssätze. Es soll das Spiegelbild sein der wirtschaftlichen Entwicklung. Und wenn ich zugeben muß, daß die unterdrückte Klasse nicht sofort ihr Recht umsetzen kann in Gesetzesparagraphen, wenn es naturgemäß ist, daß das Gesetz, das den wirtschaftlichen und politischen Kämpfen sein Siegel erst aufdrückt, stets reaktionär ist, so würde ich doch mit aller Entschiedenheit gegen ein Gesetz kämpfen müssen, das einmal nur eine Scheineinheit gibt und ferner lediglich ausschließlich von vornherein die Tendenz hat, die Sonderrechte der Unternehmer, die Sonderrechte der Großgrundbesitzer, die Sonderrechte der Kapitalisten

3) Nr. 6 a.A. (S.34 ff.).

gegenüber dem wirtschaftlich Schwachen zu verstärken und festzulegen. Ich werde darauf im einzelnen eingehen, inwieweit dieser Vorwurf dem Entwurf gegenüber zutrifft... Ich werde nicht zu viel verlangen im Plenum, weil bei dieser Gelegenheit nicht mehr verlangt werden kann, als nach Lage der wirtschaftlichen Verhältnisse notwendig und möglich ist durchzuführen. Ich werde verlangen müssen - und gehe da allerdings über den Rahmen der meisten Redner in dieser Debatte hinaus, daß eingeführt wird in das Gesetzbuch eine Regelung dessen, was als Recht der arbeitenden Klasse innerhalb der heutigen ökonomischen Entwicklung unbedingt verlangt werden muß. ...
Mit aller Entschiedenheit aber würde ich mich in der zweiten Beratung - und ich glaube, auch meine politischen Freunde - dagegen verwahren, daß wir eine Scheineinheit schaffen und unter dem Deckmantel der Einheit neue Rechte gegen die arbeitenden Klassen einführen lassen.

Also, meine Herren, wir werden zusammen arbeiten wollen. Wie Sie gesehen haben, versuche ich gar nicht, irgendetwas besonderes Sozialdemokratisches zu verlangen. Ich verlange nur das, was möglich ist innerhalb des Rahmens der heutigen Wirtschaftsordnung zugunsten der wirtschaftlich Schwachen, der Hilflosen. Aber davon werde ich mir auch nichts nehmen lassen, und ich bitte Sie entsprechend, uns in der Kommission und nachher im Plenum bei den Anträgen mehr Wohlwollen zu bezeugen, als aus den Ausführungen des Herrn Staatssekretärs klang, der gestern behauptete, alle Interessenkreise seien vertreten gewesen, also damit ausdrücklich ausgeschlossen hat, daß die 98 % der werktätigen Bevölkerung, die nicht vertreten waren in der Kommission, einen Anspruch haben auf Vertretung, auf Berücksichtigung bei der Gestaltung der Gesetzgebung."

Das Bestreben unserer Partei ging demnach dahin: 1. alles auszuscheiden, was die Arbeiterklasse in neue Fesseln schlagen sollte, und 2. zu beseitigen, was der Einheit des Rechts entgegensteht. Als neue Fesseln bezeichnete Stadthagen mit Recht den Versuch, einen "lebenslänglichen Arbeitsvertrag"[4), den sogenannten lebenslänglichen Hausknecht, zu schaffen und den im Entwurf enthaltenen Angriff auf das Koalitionsrecht: nach dem Entwurf sollte bekanntlich dem Fabrikherrn die "Selbsthilfe" gewährt werden, Streiklustige gewaltsam in der Fabrik zurückzubehalten[5)]. Es ist unseren Genossen gelungen, diese beiden Bestimmungen bereits in der Kommission aus dem Entwurf zu bringen. Das gleiche gelang mit einer Bestimmung, die unser Parteivermögen dem großen Magen des Fiskus hätte preisgeben können[6)].

4) A.a.O. S.51.
5) A.a.O. S.48.
6) S.Nr. 6o, Anm.2

Direkt gegen die Arbeiterklasse gerichtete neue Bestimmungen enthält also das Gesetz nicht mehr. Im Gegenteil ist es der zähen Arbeit unserer Genossen gelungen, eine Reihe Verbesserungen auf mannigfaltigen Gebieten in das Gesetzbuch hineinzubringen. Wir haben dieselben bei Gelegenheit des Berichts über die Verhandlungen in der Kommission und im Plenum angeführt und werden gelegentlich bei Besprechung der einzelnen Partien des Entwurfs eingehend auf dieselben zurückkommen. Daß auch der in der zweiten Beratung erreichte Zustand bei weitem nicht erreicht, was heute bereits Gesetz sein sollte und könnte, zeigen die Anträge und Ausführungen unserer Fraktion zur zweiten Beratung. Obwohl zugegeben werden kann, daß das Bürgerliche Gesetzbuch in den übermeisten der von ihm geregelten Teile bessere Bestimmungen aufweist, als der Durchschnitt der zur Zeit bestehenden Gesetze, doch das jetzt durchberatene Gesetzbuch also einen Fortschritt enthält.

Und doch ist das Bürgerliche Gesetzbuch auch in seiner jetzigen Gestalt ein Klassengesetz, gerichtet gegen die arbeitende Klasse. Diese Klassengesetznatur offenbart sich besonders in den Partien, die das Gesetzbuch nicht regelt, vielmehr aufrecht erhält oder den Landesgesetzen überläßt. Dieser Teil findet sich in den etwa 85 Artikeln des Einführungsgesetzes. Dort werden z.B. aufrecht erhalten: die Hausverfassungen und Hausgesetze der Landesherren und des hohen Adels. Ferner sollen unberührt bleiben: die landesgesetzlichen Vorschriften über Fideikommisse, Lehen, Stammgüter, Rentengüter, Erbpachtrecht, Büdner- und Häuslerrecht, Anerbenrecht, über Regalien, Zwangs- und Bannrechte, vor allem aber über das Bergrecht, einschließlich der Verhältnisse der Bergarbeiter, sowie über das Gesinderecht. Bezüglich des Gesindes ist allerdings der Fortfall des Züchtigungsrechts und die Verpflichtung der "Herrschaft" festgesetzt, für ausreichende Schlaf- und Wohnräume zu sorgen, sowie in gewissem Maß für die Fälle von Krankheit Fürsorge zu treffen. Das genügt aber durchaus nicht. Im wesentlichen sollen nach dem Entwurf die Bergarbeiter, ein Teil der ländlichen Arbeiter und das häusliche Gesinde dem partikularen Ausnahmerecht unterstellt bleiben. Es hat allerdings die Kommission eine Resolution vorgeschlagen, die ein einheitliches Arbeitsvertragsrecht für gewerbliche Arbeiter, Bergarbeiter, ländliche Arbeiter, das häusliche Gesinde etc. anregt[7]. Aber Resolutionen sind keine Gesetze. Man vergegenwärtige sich, daß die freisinnige Partei im Jahre 1893 auf dem Papier Gleichstellung der ländlichen Arbeiter mit den gewerblichen Arbeitern forderte[8], daß aber die Vertreter des Freisinns gegen die dahin gerichteten Anträge unserer Genossen in der Bürgerlichen Gesetzbuch-Kommission und auch teilweise im Plenum sich wendeten. Man erwäge, daß Dutzende von Gesetzesvorschlägen,die der Reichstag machte, vom Bundesrat abgelehnt sind, und man wird sich sofort über die Geringwertigkeit der Resolution klar.

Kurz: Das Bürgerliche Gesetzbuch mit dem Einführungsgesetz zusammen als Ganzes gedacht, enthält Teile, die man als politischen Fortschritt bezeichnen kann, enthält aber gleichzeitig Teile, die überlebte Sondervorrechte der besitzenden Klasse und partikularrechtliche Ausnahmerechte gegen breite Schichten der Arbeiterklasse konservieren. Es ist dieser Zug klar bei den Beratungen hervorgetreten. Es wird notwendig sein, diese Doppelnatur des Gesetzes in dritter Lesung scharf zu beleuchten. Die bürgerlichen Parteien haben der wirtschaftlichen Entwicklung entsprechend die Einheit eines großen Teils des Zivilrechts in eigenstem Interesse schaffen müssen. Diese Vereinheitlichung ist ein politischer Fortschritt, der auch der Arbeiterklasse, wenn auch sehr wider Willen der bürgerlichen Klasse, zugute kommt. Halt ist da gemacht, wo ausschließlich oder im wesentlichen die Einheit des Rechts der Arbeiterklasse zugute gekommen wäre und wo Sonderrechte von hasenfreundlichen Großjunkern in Frage standen. Diese Art der Gesetzgebung wird auch die noch indifferente Masse darüber aufzuklären vermögen,

---

7) S.BERICHT S.191.
8) Die Freisinnigen hatten in der Session 1893/94 den Antrag eingebracht, die verbündeten Regierungen aufzufordern,"dem Reichstage in der nächsten Session einen Gesetzentwurf,betreffend die Rechtsverhältnisse der in der Haus- und Landwirtschaft beschäftigten Personen, welche nicht unter die Bestimmungen der Gewerbeordnung oder des Handelsgesetzbuches fallen, vorzulegen." (STEN.BER.RT. IX.Leg.Per.,II.Session 1893/94,Aktenstück Nr. 112 [Antrag Dr.Müller (Sagan) und Genossen vom 14.Dezember 1893] = 1.Anlagenbd S.721).Der Antrag fand im Reichstag keine Erledigung.

daß das Geschrei der bürgerlichen Parteien nach "Nationaler Einheit" eitel Humbug und Schwindel ist un daß ihr "Patriotismus" lediglich und ausschließlich Geldsackpatriotismus ist.

Nr.78

VORWÄRTS - Berliner Volksblatt
13.Jg (1896) - Nr. 151 v. 1.Juli, S.2

[3.Lesung des BGB im Reichstag: Generaldiskussion-Beginn der Spezialberatung]

(Politische Übersicht.)

Berlin, 3o.Juni

Im Reichstage wurde heute schon vor Beginn der dritten Lesung des Bürgerlichen Gesetzbuches der Antrag der Regierung verbreitet, nach Erledigung der laufenden Geschäfte das Haus bis zum 1o.November zu vertagen.

Die Generaldiskussion über das Bürgerliche Gesetzbuch[1] eröffnete der Abg. Kauffmann (Freisinn) mit einer längeren Erklärung[2], die er namens seiner Fraktion abgab und in der trotz mancherlei Bedenken die Zustimmung zum Entwurf ausgesprochen wird. Für die konservativen Parteien gaben dann Kardorff und Manteuffel Zustimmungserklärungen ab[3]. Der freikonservative

1)STEN.BER.RT. IX.Leg.Per.,IV.Session,117.Sitzung vom 3o.Juni 1896 = Bd 4, S.3o39 ff.
2)A.a.O. S.3o4o.
3)A.a.O. S.3o41 u.3o43.

Führer ließ sich besonders darüber aus, warum seine Partei für die sofortige Erledigung des Entwurfs stimmte, obwohl die alte Raketenkiste in Friedrichsruh doch das Gegenteil verlangte. Herr von Manteuffel hielt eine recht laue Rede, in der man nichts von Begeisterung für das "große nationale Werk" merkte. Es war der Ärger über den Triumph, den das Zentrum bei dieser Gelegenheit feiert, was Herrn v.Manteuffel den Humor verdorben hat. Die Herren von der äußersten Rechten merken, daß es unter Umständen auch ohne und gegen sie geht und das ist ihnen erklärlicherweise unbequem. Daß Herr von Manteuffel die Stirne hatte, zu behaupten, seine Partei habe sich bei der zweiten Lesung in loyaler Weise an den Verhandlungen beteiligt, war selbst den Nationalliberalen zu arg aufgeschnitten und aus ihren Reihen kam deshalb auch der Zwischenruf: "Jawohl,bei der Hasenfrage!" Wie nüchtern der Reichstag übrigens zur Zeit gestimmt ist, beweist, daß selbst die Abgeordneten Rickert[4] und Enneccerus[5] sich jedes nationale Tamtam sparten.

Von unserer Seite legten die Abgeordneten Stadthagen[6] und Frohme[7] den Standpunkt der Fraktion dar. Beide Redner anerkannten, daß der Entwurf manchen Fortschritt gegenüber dem bestehenden Rechtswirrwarr bringe, aber die Neuordnung habe überall da Halt gemacht, wo es sich um spezielle Arbeiterinteressen handele, und deshalb stimmen wir <u>gegen</u> das Gesetz. Wir tun dies in dem Bewußtsein, alles getan zu haben, um die Arbeiterinteressen zu wahren, aber auch nichts verlangt zu haben, was bei etwas gutem Willen nicht auch von den Vertretern der bürgerlichen Parteien hätte bewilligt werden können. Dort aber sei bis hinein in die Reihen des Freisinns das Interesse für die Hasen größer gewesen als z.B. für das Gesinde.

Eine lange und wenig erquickliche Katzbalgerei spielte sich zwischen den Antisemiten und den Rednern des Zentrums ab[8]. Die Antisemiten haben sowohl in der Kommission wie im Plenum eine recht traurige Rolle während der ganzen Verhandlung ge-

---

4) A.a.O. S.3o44.
5) A.a.O. S.3o52.
6) A.a.O. S.3o45,3o54.
7) A.a.O. S.3o49.
8) A.a.O. S.3o54-3o59.

spielt und sie haben heute ihren Lohn dafür eingeheimst.

In der Spezialberatung wurde das erste Tausend Paragraphen in ca. 1 Stunde erledigt, wobei noch zwei kleine Abänderungsanträge von Gröber und Gamp Annahme fanden.

Über den Hasenparagraphen wurde auch heute namentlich abgestimmt und derselbe mit 163 gegen 85 Stimmen angenommen[9]. Es wird allseitig darauf gerechnet, daß morgen die dritte Lesung zu Ende kommt.

---

9) A.a.O. S.3o67.

Nr.79

VORWÄRTS - Berliner Volksblatt
13.Jg (1896) - Nr. 152 vom 2.Juli, S.2

[Notiz über die Schlußabstimmung]

(Politische Übersicht.)

Berlin, 1.Juli

Der Reichstag erledigte heute das Bürgerliche Gesetzbuch in dritter Lesung[1]. Es wurde, wie das von vornherein feststand, mit großer Stimmenmehrheit bei einigen Enthaltungen angenommen[2]. Da die Sitzung keine Debatten mehr brachte, sondern wesentlich nur Abstimmungen mit kurzen Begründungen, so

---

1) STEN.BER.RT.,IX.Leg.Per.,IV.Session,118.Sitzung vom 1.Juli 1896 = Bd 4, S.3o71 ff.
2) A.a.O. S.31o6. - Von den anwesenden 288 Abgeordneten stimmten mit Ja 222, mit Nein 48; 18 enthielten sich der Abstimmung.

verweisen wir die Leser auf unseren Parlamentsbericht.Hervorzuheben ist bloß, daß der Beschluß zweiter Lesung gegen die Scheidung der Ehe durch Wahnsinn wieder aufgehoben wurde[3). ...

3) A.a.O. S.3o89. - Die erneute namentliche Abstimmung ergab 161 Ja-Stimmen gegenüber 13o Nein-Stimmen bei 6 Enthaltungen.

Nr.80

REICHSTAG, IX.Leg.Per.,IV.Session; 117.Sitzung v.3o.Juni 1896
Sten.Ber. Bd 4, S.3o39

[Aus der Rede des SPD-Abgeordneten STADTHAGEN in der Generaldiskussion zu Beginn der 3.Lesung]

[3o45]
Präsident: Das Wort hat der Herr Abgeordnete Stadthagen.

Abgeordneter Stadthagen: Meine Herren, ich kann nicht leugnen, daß die Behauptung, eine nationale Einheit müsse notwendig auch Einheit des Rechts nach sich ziehen, durchaus richtig ist; ich kann auch nicht verhehlen, daß dieser Drang nach Vereinheitlichung des Rechts als ein solcher zu bezeichnen ist, den man wohl patriotisch nennen dürfte. Eine Vereinheitlichung des Rechts liegt im Interesse der Arbeiterklasse. Meine Herren, Sie werden uns gegenüber nach dem langen Lauf der Verhandlungen nicht bestreiten können, daß vom Anbeginn an wir mit Begeisterung eingetreten sind für die Schaffung eines einheitlichen Rechtszustands. Meine Herren, ich darf ohne Übertreibung behaupten, daß keine einzige Partei in so intensiver Arbeit an den Verhandlungen teilgenommen hat, und daß keine einzige Partei doch so viel Ursache gehabt hat, sich über den Gang der

Verhandlungen zu beschweren wie die sozialdemokratische Partei. All die anderen Parteien, insbesondere recht stark diejenige Partei, die vorher durch den Herrn Abgeordneten Freiherrn von Manteuffel ihr Votum hat erklären lassen[1], waren ja schon jahrelang in der Vorkommission[2] vertreten. Unsere Partei und die gesamte Arbeiterklasse waren dort nicht vertreten. Daher ist es ja ganz begreiflich, daß, wenn ein so beschleunigtes Tempo mit den Beratungen genommen wurde, wir insofern ins Hintertreffen, in Nachteil kamen, als die Herren, die in gewissem Sinne ihr Gesetzbuch schon fertig hatten, schon seit Jahren an demselben mitgearbeitet hatten, es doch im großen und ganzen für richtiger hielten, uns Monologe halten zu lassen oder sich unseren Anträgen gegenüber, soweit sie sie für richtig hielten, doch häufig mit dem Trost abzufinden: nun, es mag ja später eine Änderung stattfinden - und uns Wechsel auf die Zukunft präsentieren.

Mich kann der Umstand nun aber, daß wir so naturgemäß persönlich Unbill erlebt haben - Unbill in dem Sinne, daß wir doch eine etwas andere Art der Verhandlung wünschten, aber nicht erlangten - nicht bewegen, die materielle Prüfung der Vorlage selbst zu unterlassen. Im Gegenteil ist gerade unter diesen Umständen eine ruhige, kühle Prüfung des Gesetzbuchs vonnöten.

Ich muß anerkennen, daß es insbesondere für den Arbeiter von der allergrößten Notwendigkeit ist, diesen kunterbunten Zustand, den wir in Deutschland auf dem Rechtsgebiet haben, zu beseitigen. Für den Arbeiter, wie für keinen anderen so stark, ist es notwendig, ein einheitliches Recht zu haben. Wenn der Arbeiter in seinem Kampf ums Dasein einmal hierin, einmal dorthin geworfen wird - hier trifft er dieses Mietrecht, dort jenes, für dieses Arbeitsgebiet wieder ein anderes Vertragsrecht als dort u.s.w. -, ja, meine Herren, so befördert dieser Mangel an Einheit die Rechtsunsicherheit, die Rechtsunkenntnis auf allen Gebieten für niemand anders so stark als wie gerade für die Arbeiterklasse. In ihrem Interesse liegt es also,daß man für eine Einheitlichkeit des Rechts eintritt.

---

1) STEN.BER.RT. IX.Leg.Per.,IV.Session 1895/97,117.Sitzung v.3o.Juni 1896=Bd 4, S.3o39 ff.,3o43 ff.
2) S.Nr.67, Anm.2o.MANTEUFFEL war Mitglied der 2.Kommission zur Ausarbeitung des BGB.

Wir haben uns ja nun von Beginn des Erscheinens der Vorlage an bemüht, nach allen Richtungen vorzugehen, um das bürgerliche Recht den vorhandenen wirtschaftlichen Verhältnissen entsprechend und einheitlich zu gestalten. Ich kann nicht behaupten, daß uns das gerade gelungen sei; im Gegenteil,wenn wir die Anzahl der Bestimmungen in Betracht ziehen, wenn wir die Reihe der Gründe, die man gegen unsere Anträge angeführt hat, beleuchten, so läßt sich nicht leugnen, daß, wenn wir dies alles in Münze und Maß umsetzen würden, auf jedes Kilo unserer Anträge kaum ein Quentchen angenommener Anträge kommt - so wird es ungefähr stimmen. Und doch waren es mitunter recht wichtige, leicht annehmbare Anträge, die wir gestellt haben. Aber, meine Herren, ich darf trotzdem nicht verkennen, daß die Einheit des Rechts etwas ist, was für die Arbeiter dringend wünschenswert und unbedingt notwendig ist.

Die Stellung, die ich persönlich dem Gesetzbuch gegenüber glaubte einnehmen zu müssen, habe ich ja bei der ersten Lesung in der Weise charakterisiert, daß ich ausführte: es darf durch das Gesetz auf keinen Fall eine neue Fessel gegenüber der Arbeiterklasse als solcher eingeführt werden, und es muß eine wirkliche Einheit des Rechts geschaffen werden[3]. Wie weit ist das erreicht? Neue Fesseln, die ausdrücklich in das Gesetzbuch neu hineingesetzt waren, - der lebenlängliche Hausknecht und die Möglichkeit, bei Streiks den Arbeiter an seiner persönlichen Freiheit zu hindern - sind ja allerdings entfernt[4], ja, sie wären ganz sicher gar nicht erst in den Entwurf hineingekommen, wenn ein einziger Arbeiter in der Vorkommission gesessen hätte. Ja, ich will offen sagen: hätte auch nur ein einziger Arbeiter in der Vorkommission auch nur ein halbes Jahr gesessen, ich bin fest überzeugt, wir wären in der Hälfte der Zeit mit dem Gesetzbuch hier fertig geworden und hätten ein besseres Gesetzbuch, als es jetzt dasteht. Die Überzeugung ist mir zweifellos: ein Arbeiter wäre imstande gewesen, Ihnen den inneren Zusammenhang zwischen Recht und Gesetz auseinanderzusetzen, Ihnen auseinanderzusetzen, daß Gesetz nichts anderes sein kann als der

---

3) S.Nr. lo a.E.
4) S.Nr.28, Anm.7 und Nr. 57, Anm.3.

Niederschlag der wirtschaftlichen Verhältnisse, nichts anderes sein kann als der Niederschlag der Art und Weise der Produktion, nichts anderes sein kann als der Niederschlag der wirtschaftlichen Machtverhältnisse, der Bedürfnisse des wirtschaftlichen Lebens, die Erfüllung heischen. Meine Herren, es wäre dann eher ein dem Zuge und Ziele der Zeit entsprechendes Gesetz zu Stande gekommen. Es war aber in der Vorkommission die Arbeiterklasse unvertreten.

Also, meine Herren, wenn die Art der Verhandlungen niemanden so wenig gefallen konnte als uns, wenn gerade unsere Partei alle Ursache gehabt hätte, mit Rücksicht auf das der Arbeiterklasse gegenüber früher Unterlassene nicht ganz einverstanden damit zu sein, daß die Arbeiterklasse erst /[3046]/ zur Gesetzgebung hinzugezogen wurde, nachdem alle anderen Parteien sich gewissermaßen schon geeinigt hatten, so kann uns das doch nicht hindern, immer wieder als politisch notwendig die Einheit des Rechts anzuerkennen. Ich habe schon erklärt: es ist ja dasjenige, was neu geschaffen war an Ketten im Gesetz, jetzt beseitigt. Es fragt sich weiter: ist denn nun auch das Übrige, was da ist, ohne den sozialen Gedanken, ohne das ganze Rechtssystem neu aufgebaut zu haben - ich will gern den mal gegebenen Verhältnissen entsprechend daran festhalten, daß nur ein Querdurchschnitt des Rechts geschaffen werden soll - entspricht das jetzt Geschaffene dem Querdurchschnitt oder nicht und schafft es Rechtseinheit? Ich will nicht auf die einzelnen Rechtsgebiete überall eingehen. Ich kann allerdings nicht damit zurückhalten, daß auf sehr vielen Gebieten, die das Gesetzbuch behandelt, doch für große Rechtsgebiete nicht das wiedergegeben ist, was sie an besserem Recht bis jetzt gehabt hatten. Aber das trifft nur auf einige Materien zu.Würde man mit der Elle messen, so gebe ich gern zu, es würde im großen und ganzen das jetzige Gesetzbuch vielleicht als ein besseres anzusprechen sein auf vielen Materien als der jetzt, als der bisher bestehende Rechtszustand. Ich meine damit diejenigen Teile, die in dem sogenannten eigentlichen bürgerlichen Gesetzbuch geregelt sind. Ich kann zwar nicht anerkennen, daß alles so geregelt ist, wie es hätte geregelt werden müssen und können; denn wir haben ja eine Fülle von Anträgen gehabt, die wir noch heute für durchaus gerechtfertigt halten müssen, die wir für durchsetzbar anerkennen müssen, die sofort hätten umgesetzt werden können in Gesetzeskraft,wenn man nicht den sozialen Charakter beiseite gesetzt hätte. Aber die Materien, die im eigentlichen bürgerlichen Gesetzbuch geregelt sind - ich sehe also vom Einführungsgesetz ab -, sind durchschnittlich vielleicht immerhin besser als der Querdurchschnitt des bestehenden Rechts.

Nun aber: enthält es eine Einheit des Rechts? Die Einheit des Rechts ist für den Arbeiter etwas sehr Wesentliches. Ich werde zu prüfen haben, ob dieser wesentliche Faktor so weit im Gesetz gewahrt ist, daß ich als Vertreter der Arbeiter namens der Sozialdemokratie imstande sein werde, für dies bürgerliche Gesetzbuch und das Einführungsgesetz zu stimmen.

Nun, meine Herren, ich sage: es enthält eine Einheit des Rechts, aber nur so weit, als die Interessen der Besitzenden in Betracht kommen - und wider Willen geben Sie die Einheit des Rechts in den Materien, wo Sie sie selbst gebrauchen,wo die bürgerliche Klasse sie selbst gebraucht, und wo Sie nicht ohne weiteres den Arbeiter ausschließen können, auch dem Arbeiter. Aber da, wo es für die Arbeiter gerade am meisten darauf ankommt, einheitliches Recht zu haben, da, wo die Arbeiterinteressen vorzugsweise in Betracht kommen, ist die Einheit ausgeschlossen. Es gilt heut noch das, was ich in der ersten Beratung leider sagen mußte: die Arbeitsverträge, die Verträge, auf denen unsere ganze Kultur beruht, die Verträge, welche das Leben von 96 bis 98 Prozent der Bevölkerung beherrschen, sind nicht nur nicht einheitlich geregelt; nein - noch weit darüber hinausgehend, sind jetzt auch im Einführungsgesetz aufrecht erhalten die Ausnahmegesetze, die gelten gegen die Bergarbeiter, gegen die ländlichen Arbeiter, gegen das Gesinde und auch gegen die gewerblichen Arbeiter. In letzterer Beziehung führe ich an, daß Sie es ausdrücklich abgelehnt haben, bezüglich des Schadensersatzrechts den gewerblichen Arbeiter gleichzustellen den bürgerlichen Klassen. Ich führe ferner bezüglich der ländlichen Arbeiter und des Gesindes an: trotz des geradezu schmachvollen Zustandes und trotzdem zweifellos die Rechtsunsicherheit, der Schutt aus dem Trümmerhaufen alt überkommener Zustände auf dem Gebiet des Gesinderechts, auf dem Gebiet des Rechts der ländlichen Arbeiter, am allergrößten ist und leicht beseitigt werden konnte, haben Sie es nicht vermocht, dieselbe zu beseitigen. Warum, meine Herren, haben Sie in demselben Einführungsgesetz aufrecht erhalten alte, längst überlebte Institutionen, wie die Fideikommisse u.s.w., kurz, jene sämtlichen Vorrechte des Großgrundbesitzes oder der Großindustrie? Ein Vorrecht der Großindustrie liegt beispielsweise in dem § 95 des Unfallversicherungsgesetzes, der das Schadenersatzrecht zuungunsten des Arbeiters aufrecht erhält - dies Sondervorrecht zuungunsten des Arbeiters ist ja aufrecht erhalten. Vorrechte der Großgrundbesitzer sind alle jene Fideikommisse, Realberechtigungen und dergleichen, all jenes, das sich auf Konservierung mittelalterlicher Gewaltverhältnisse bezieht und dessen Streichung wir vergeblich beantragten. Selbst das Anerbenrecht, bezüglich dessen die Motive anerkennen müssen, daß die jüngeren Geschwister sehr bald in Armut verfallen dürften, wenn das ganz und gar zur Geltung gelangte, ist aufrecht erhalten, seine Ausgestaltung den Landesgesetzen vorbehalten. Zugunsten des Großgrundbesitzes ist außer den Fideikommissen, Lehen und dergleichen wesentlich aufrecht erhalten worden das Sonderrecht gegenüber den ländlichen Arbeitern und dem Gesinde ... Und doch gibt es nirgend in Deutschland ein Rechtsgebiet, so verworren, so unsicher, welches so Rudimente aus alten Stücken in sich birgt, wie die Gesindeordnungen. Wenn selbst weiter nichts wäre als dieser Punkt, so müßte das für jeden bestimmend sein, zu sagen:die durch das Gesetzbuch geschaffene Einheit ist lediglich Scheineinheit. Deutlich kommt der Interessen- und Klassenstandpunkt des Gesetzes hier zum Ausdruck: Einheit so weit, als im Interesse der Bourgeoisie notwendig erscheint

(sehr richtig! bei den Sozialdemokraten),

nicht aber Einheit in dem Augenblick, wo die Arbeiterinteressen der Millionen und Abermillionen, der 96 bis 98 Prozent des wirklich werktätigen Volks in Betracht kommen.

(Sehr richtig! bei den Sozialdemokraten.)

Da ist die Einheit ausdrücklich ausgeschlossen...

In der Kommission konnte man nicht mehr machen, als in einigen Teilen erreicht ist. Aber gerade die freisinnigen Herren, die das früher von ihnen aufrecht gehaltene Panier bei der Gestaltung der Rechte des ländlichen Arbeiters, des Gesinderechts, weggeworfen haben[5],

(hört! hört! bei den Sozialdemokraten),

haben damit gezeigt, daß sie den nackten,krassen Klassenstandpunkt zugunsten der Besitzenden und zuungunsten der Besitzlosen wahrnehmen ... In der Kommission haben die Vertreter des Freisinns .. gegen die Aufhebung der Gesindeordnung gestimmt, gegen die Gleichstellung der ländlichen Arbeiter mit dem Gesinde[6].

(Hört! hört! bei den Sozialdemokraten.)

.../[3047]/ Alle Herren aus dem Zentrum waren in der Kommission für Beseitigung der Gesindeordnung. Es ist also zweifellos, daß wir in der Kommission die Mehrheit erlangt hätten, wenn die Herren vom Freisinn nicht fahnenflüchtig geworden wären. Und ich will einmal den sehen, der es fertig gebracht hätte, die Gesindeordnung, dieses alte Gerümpel, diese Gesetzgebung, die die Röte der Scham allen denen auf die Wange treiben sollte, die davon Gebrauch machen, hier wieder hereinzubringen. Nein, die beiden Herren vom Freisinn haben in der Kommission dagegen gestimmt und es so unmöglich gemacht, die Hauptbestimmung, das Notwendigste, was der Arbeiter verlangen muß, in das Gesetz hineinzubringen. Ich danke den Herren vom Freisinn, daß sie bei dieser Gelegenheit deutlich gezeigt haben, daß auch ihre Phrase von der nationalen Einheit da Halt macht, wo es die wirklichen Arbeiterinteressen gilt.

(Sehr wahr! bei den Sozialdemokraten.)

Meine Herren, Sie haben ja hier auf der rechten Seite dieselbe nationale Scheineinheit. Vorhin teilte uns Herr von Kardorff mit: wir erfreuen uns an der Tierwelt... Allerdings scheint es fast, als ob die Herren rechts das Tier mehr lieben als den Menschen. Weil sie es so sehr lieben, oder vielmehr,weil sie ihre bevorzugte, ungerecht sie bevorzugende Stellung als Jagdberechtigte nicht aufgeben wollten, haben sie dies Reservatrecht des Hasen, seine Freßfreiheit, diesen Bruch mit den

---

5) S.Nr. 77, Anm.8.
6) S.Nr.29, Anm.5.

allgemeinen Schadensersatzprinzipien, hineingebracht aus nationalen Hasenrücksichten. Ja, deutlicher hätten Sie ihren Interessenstandpunkt, die Hohlheit der Einheitsphrase,der Nationalitätsphrase nicht zeigen können. Wieviel alter Schutt zugunsten der Großgrundbesitzer steckte im Gesetz selbst nach den Beschlüssen der Kommission! Hier mit der Hasenbewegung haben sie ein neues Vorrecht der Großgrundbesitzer erreicht. Dadurch haben Sie klargestellt: wenn Sie die Wahl haben, die Arbeit des Werktätigen zu schützen, oder den, der selbst mühsam gearbeitet hat, um die Früchte seiner Arbeit durch Hasen zu bringen und dem Jäger eventuell sein Vergnügen zu lassen, Hasen, die auf fremden Eigentum sich genährt haben, zu jagen,

(sehr gut!)

- da haben Sie Ihre Stimme zugunsten Ihres lieben Freundes, des Tieres, mit dem Sie gern zusammen sind, zugunsten der Freßfreiheit des Hasen, der Freiheit, fremdes Eigentum zu beschädigen, gegeben.

(Sehr gut! bei den Sozialdemokraten.)

... Meine Herren, dieser Klassengesetznatur des Gesetzes gegenüber fällt gar wenig ins Gewicht, daß ein kleiner politischer Vorteil durch die Vereinheitlichung der Rechtsmaterien allerdings vorhanden ist, die jetzt einheitlich geregelt sind. In der Tat ist durch dieses sogenannte einheitliche bürgerliche Gesetzbuch wiederum ein neues Klassengesetz geschaffen, es ist geschieden worden zwischen dem Arbeiter und der bürgerlichen Klasse. Sie haben ein bürgerliches Gesetzbuch schaffen wollen im Gegensatz zu einem proletarischen Gesetzbuch. Das Gesetzbuch soll nur so weit, wie Sie es nicht anders machen konnten, auch Anwendung haben auf die Arbeiter. Die Arbeiter sollen im großen und ganzen außerhalb dieses bürgerlichen Gesetzbuchs stehen, für sie soll es kein einheitliches deutsches Recht geben.

Meine Herren, ist das die Folge Ihrer Gesetzmacherei von rechts und wesentlich auch von links seitens der Herren vom Freisinn, dann kann ich mich gar nicht darauf einlassen, noch die Einzelheiten des Gesetzes zu prüfen. Es ist dann klar: das Hauptgesetz und das Einführungsgesetz, als Ganzes gedacht, ist reaktionär, verbreitet lediglich Scheineinheit, gibt keine wirkliche Einheit und wirft zurück die Arbeiterklasse von der Pforte der Einheit des Rechts und will dies tun.../[3048]/

Meine Herren, ich sehe trotzdem nicht traurig in die Zukunft. Ich schöpfe aus den Beratungen die Überzeugung: die Unterdrückten, die die Arbeiterklasse kennen und ihr angehören, werden aus diesen Beratungen kennen gelernt haben, soweit sie bis jetzt nicht aufgeklärt waren: der Klassengegensatz herrscht, der Sie immer wieder und wieder dazu zwingt, Gesetze zu machen, die nur Ihrem eigenen Interesse, dem bürgerlichen Interesse, nicht dem Arbeiterinteresse dienen; die Arbeiterklasse muß geeint, fest zusammenstehen, die politische Macht Ihnen entgegen anstreben; dann wird sie mehr erreichen.

Meine Herren, die kleinen Vorteile, wenn im Mietvertragsrecht gesagt ist: die Wohnung muß unter allen Umständen gesund sein, oder wenn im Gesetz diese oder jene kleinen Vorteile gegeben sind - nebenbei: daneben bleibt ja beim Mietvertrag die Vertragsfreiheit mit beschränkten Ausnahmen entgegen unserem Antrag bestehen -, wenn ferner z.B. im Arbeitsvertrage diese oder jene Streitfrage gegenüber der bestehenden Gesetzgebung, wie ich ja zugeben will, zugunsten des Arbeiters entschieden ist, so kann das ja vielleicht für den einen oder anderen Arbeiter, wenn er einen vernünftigen Richter trifft, günstig wirken; aber selbst diese Folgen des Gesetzes sind zweifelhaft. Denn wir leben in Preußen, was doch ein gut Stück von Deutschland ist; und für Preußen ist ja das Spottwort: "wenn zwei dasselbe tun, ist es nicht dasselbe", was der preußische Justizminister als Grundsatz der preußischen Rechtsprechung hinstellte[7] - die Ungerechtigkeit ist also das Prinzip der Rechtsprechung in Preußen. Ähnliches sagen Sie in dem Augenblick mit dem bürgerlichen Gesetzbuch, wo sie es ausschließen gegenüber der arbeitenden Klasse. So ist es und bleibt es kodifiziertes Unrecht der ausgebeuteten Klasse gegenüber.

(Beifall bei den Sozialdemokraten)

Nun, meine Herren, die wirtschaftliche Entwicklung wird diese papierenen Fetzen zerreißen; sie wird die Arbeiterklasse

---

7) S. bereits S.44 f.

und die andere geknechtete Klasse, die Frauen, hinwegschreiten lassen über solche Fetzen, die uns hemmen sollen, und die Sie als Rechtseinheit für das Deutsche Reich betrachten, während doch klar sein muß, daß das Gegenteil herausgekommen ist,daß es nur Scheineinheit ist! Die Tatsache, daß den Arbeitern gegenüber kein einheitliches Recht besteht auf dem Gebiet des Arbeitsvertrags, beweist doch klar, daß diese Einheit nur vorhanden sein soll für Sie! Für diese Scheineinheit danken wir; wir werden mit Nein stimmen!

(Bravo! bei den Sozialdemokraten.)

Nr.81

Die Neue Zeit
XIV.Jg (1895-96); Bd II S.449

[Franz MEHRING:] Bürgerlich-Proletarisches.

Berlin,1.Juli 1896

Der Reichstag ist heute mit der dritten Lesung des Bürgerlichen Gesetzbuchs fertig geworden. Die Durchpeitscher haben also den Willen der Regierung erfüllt, und das "große Werk" wird die Ära Hohenlohe[1] verherrlichen. Ob die bürgerlichen Parteien mit besonderer Befriedigung auf die Hetzjagd der letzten Wochen zurückblicken, wissen wir nicht; täten sie es, so könnte ihnen wenigstens in diesem Punkt die Tugend der Bescheidenheit nicht abgesprochen werden.

1) S.Nr.72, Anm.1.

Mit Recht durfte Stadthagen in der dritten Lesung sagen,daß keine Partei an dem Bürgerlichen Gesetzbuch mit solchem Eifer gearbeitet habe, wie die sozialdemokratische, aber daß auch keine so vielen Grund habe wie sie, sich über den Gang der Verhandlung zu beschweren. Nicht alle ihre Arbeit ist umsonst aufgewandt worden; sie hat manchen Fortschritt im Interesse der arbeitenden Klassen zu erringen gewußt, und selbst - wider unser vor acht Tagen ausgesprochenes Erwarten - in der zweiten Lesung dies oder jenes durchsetzen können, so die Herabsetzung der Ehemündigkeit von 25 auf 21 Jahre[2], eine Verbesserung die sie in der dritten Lesung dann noch mit Erfolg gegen den Angriff des mächtigen Herrn Stumm verteidigt hat[3]. Was ihr aber bei allem Eifer und Geschick nicht gelungen ist, das ist diejenige Berücksichtigung der proletarischen Interessen im bürgerlichen Rechte, die auch unter den Verhältnissen der kapitalistischen Gesellschaft schon möglich und deshalb notwendig wäre. Trotz aller prunkenden Redereien über die endlich errungene Rechtseinheit läßt das Bürgerliche Gesetzbuch überlebte Sondervorrechte der besitzenden Klassen und partikularrechtliche Ausnahmerechte gegen breite Schichten der arbeitenden Klassen, gegen die Bergarbeiter, gegen einen Teil der ländlichen Arbeiter und gegen das häusliche Gesinde bestehen. Diese Tatsache allein zwang schon die sozialdemokratische Fraktion, in der entscheidenden Schlußabstimmung gegen die neue Kodifikation des bürgerlichen Rechtes zu stimmen.

Deshalb hat sie nie verkannt und verkennt auch jetzt nicht, daß in dem Bürgerlichen Gesetzbuch neue, direkt gegen die Arbeiterklasse gerichtete Bestimmungen nicht enthalten sind, wohl aber viele Bestimmungen, die einen Fortschritt auch für die Arbeiterklasse bedeuten. Es liegt im Wesen der modernen bürgerlichen Gesellschaft, daß, je höher sie sich entwickelt, um so breiterer Raum für /[45o]/ den Emanzipationskampf des Proletariats gewonnen wird. Sie erzeugt selbst die Waffen, welche sie vernichten werden, und die Kämpfer, welche diese

---

2) S.Nr.73, Anm.2.
3) STEN.BER.RT. IX.Leg.Per.,IV.Session 1895/97,118.Sitzung v.1.Juli 1896= Bd 4, S.3o71 ff., 3o83.

Waffen zu gebrauchen wissen. Dieser Antagonismus macht ihr inneres Wesen aus und kann nur mit ihr selbst untergehen. Je höher sich der Klassenkampf zwischen Bourgeoisie und Proletariat schon entwickelt hat, um so ängstlicher schielt die bürgerliche Gesellschaft bei allen Reformen, welche in ihrem eigenen Interesse liegen, darauf hin, wie diese Reformen für die Bourgeoisie verwirklicht und für das Proletariat illusorisch gemacht werden können. Dies ist auch der Grund, weshalb England und Frankreich auf dem Gebiete des bürgerlichen Rechtes so viel weiter gekommen sind wie Deutschland. Die englische und französische Bourgeoisie hat einen Zeitraum der Blüte gehabt, wo sie sich über die Konsequenzen der kapitalistischen Wirtschaft täuschen, die Ansprüche des Proletariats, die erst in unbeholfen stammelnden Lauten kundgegeben wurden, in gutem Glauben als gleichgültige Zwischenfälle übersehen konnte. Der deutschen Bourgeoisie ist es so gut nicht geworden; sobald sie ihre historischen Ansprüche anmeldete, meldete auch ihr Erbe seine historischen Ansprüche an. Mögen ihre Soldschreiber sich die Finger lahm schreiben über die proletarischen "Utopien", sie selbst weiß es viel besser, und bei all ihren Fortschritten ängstigt sie sich vor dem gesunden Jungen, der mit seinen derben Schuhen in ihre trippelnden Fußstapfen tritt. Es geht ihr mit den bürgerlichen Reformen, wie der Echternacher Springprozession: auf zwei Schritte vorwärts macht sie immer einen Schritt zurück.

So ist es auch mit dem Bürgerlichen Gesetzbuch gegangen. Die Bourgeoisie braucht die Rechtseinheit wie das liebe Brot, und sie weiß, daß die Rechtseinheit dem kämpfenden Proletariat das Terrain ebnet. Ihr Bestreben ging also dahin, die Rechtseinheit für sich zu einem Wesen und für die Arbeiterklasse zu einem Scheine zu machen. Das heißt aber, bis zu einem gewissen Grade die Quadratur des Kreises suchen. Die Bourgeoisie konnte kein Bürgerliches Gesetzbuch, das auch nur einigermaßen ihren eigenen Interessen entsprach, fertigstellen, ohne daß dabei mancherlei für die Interessen des Proletariats abfiel. Jedoch soweit sie die Rechtseinheit ganz oder vorwiegend auf Kosten der Arbeiterklasse verkümmern konnte, hat sie es getan. Im Einzelnen war die Grenzscheide nicht immer leicht und sicher zu ziehen, und auf dieser Grenzscheide hat die umsichtige

Politik der sozialdemokratischen Reichstagsfraktion die Vertreter der Bourgeoisie an verschiedenen Stellen weiter zu drängen gewußt, als in der Absicht dieser Herren lag; in einer Reihe von Fällen hat sie die Echternacher Springer zu hindern gewußt, auf zwei Schritte vorwärts gleich wieder einen Schritt rückwärts zu tun. Aber wo die Borugeoisie unzweideutig erkannte, daß die Rechtseinheit ganz oder überwiegend dem Proletariat zugute kommen würde, da war sie, fest eingerammt in ihren Klasseninteressen und Klassenvorurteilen wie sie ist, natürlich nicht zu werfen.

Hieraus ergab sich die sozialdemokratische Taktik von selbst. Es lohnte sich, mit allem Eifer mitzuarbeiten an einem Gesetzbuch, das einen historischen Fortschritt im Allgemeinen darstellt, und es lohnte sich, seine Bestimmungn nach Kräften zu einem historischen Fortschritt für die arbeitende Klasse im Besonderen umzugestalten. Aber die sozialdemokratische Fraktion konnte nicht ihr Siegel unter eine Urkunde drücken, die in wichtigen Punkten dem Proletariat noch diejenigen Rechte vorenthält, welche ihm schon nach den Bedingungen der modernen bürgerlichen Gesellschaft zustehen. Diese Politik ist ebenso klar wie selbstverständlich, und von allen Fraktionen des Reichstages ist die sozialdemokratische die einzige, die mit voller Befriedigung auf die Verhandlungen über das Bürgerliche Gesetz/[451]/buch zurückblicken darf. Sie allein wußte immer und unter allen Umständen genau, was sie wollte, und das Mißverhältnis, in dem ihre Erfolge zu ihren Anstrengungen zu stehen scheinen, ist eben ein Schein, der diejenigen trügen wird, die sich auf ihn verlassen. Parlamentsmajoritäten können nicht Vernunft in Unsinn verwandeln, und eine herrschende Klasse, die in dumpfen Eigennutz die Konsequenzen ihrer eigenen Weltanschauung verleugnet, nur weil diese Konsequenzen von der beherrschten Klasse gezogen werden, soll sich doch nicht einbilden, überhaupt noch festen Boden unter den Füßen zu haben.

Freilich sucht sie es sich um so krampfhafter einzubilden, je mehr sie fühlt, daß ihre Herrschaft sehr wackelig geworden ist. Ein eigentümlicher Zufall fügt, daß gleichzeitig mit der Verabschiedung des Bürgerlichen Gesetzbuchs der Minister von Berlepsch aus dem Amte scheidet, in das er vor sechs

Jahren als "Minister der Sozialreform" eintrat[4]. Er wackelte auch schon seit langem und sein Sturz ist nichts weniger als tragisch. Hätte er gehen wollen, als die letzten Hoffnungen auf jenes "soziale Königtum" schwanden, das er zu vertreten berufen war, so würde er schon seit langen Jahren im verdienten Ruhestand leben. Wer denkt heute noch an die Februar-Erlasse[5], die im Sturm des proletarischen Klassenkampfs längst verweht sind wie ein paar dürre Herbstblätter? Herr von Berlepsch selbst gestand vor Jahr und Tag im Reichstage, die Regierung wage nicht, auf dem Wege vorzugehen, den diese Erlasse hätten einschlagen wollen, aus Angst, durch soziale Reformen die Sozialdemokratie zu stärken[6]. Er kennzeichnete die Erlasse da-

---

4)Hans Hermann Freiherr von BERLEPSCH (1843-1926) durchlief zunächst eine preußische Beamtenkarriere, die ihn bis zum Amt des Oberpräsidenten der Rheinprovinz (1889) führte. Während seiner fünfjährigen Amtszeit als Regierungspräsident in Düsseldorf, welche der nur kurzen Amtszeit als Oberpräsident vorausging, hatte er Gelegenheit,in die sozialen Verhältnisse des Industriereviers Einblick zu nehmen.Im Mai 1889 führte er beim Streik der Ruhr-Bergarbeiter die Verhandlungen mit den Arbeiterführern und brachte sie zu einem befriedigenden Abschluß. 189o als Minister ins Handels- und Gewerbeministerium berufen, legte er den Schwerpunkt seiner Tätigkeit auf die Arbeiterschutzgesetzgebung. Das abnehmende Interesse der Reichsführung an der Sozialpolitik seit der Mitte der neunziger Jahre, insbesondere der zunehmende Einfluß der Kreise um STUMM-HALBERG auf die Reichsführung, entzog ihm die Grundlage seiner Tätigkeit, so daß er 1896 seinen Abschied nahm. Als Privatmann widmete sich B. bis zu seinem Tode der Sozialpolitik.
Über v.BERLEPSCH s.BUSSMANN,NDB Bd 2/96. - Zu den innenpolitischen Veränderungen, die zum Rücktritt BERLEPSCHs führten, s.BORN, HDG Bd 3, S.347,HUBER, Verfassungsgeschichte Bd 4, S.265 ff.,KÖGLER, Vereinsrecht S.41.

5)Zwei kaiserliche Erlasse vom Februar 189o, in welchen eine Reihe von sozialpolitischen Maßnahmen (Verbesserung der Fabrikgesetzgebung, Arbeitervertretungen) angekündigt wurden.

6)Während einer Reichstagsdebatte, welche sich mit der nur schleppenden und halbherzigen Durchführung des in den Februarerlassen angekündigten Sozialreform-Programms, insb. in der Frage der Schaffung von Arbeitervertretungen, befaßten., (STEN.BER.RT.,IX.Leg.Per.,III.Session 1894/95, 3o. Sitzung v. 6.Februar 1895=Bd 1, S.689 ff.) hatte v.BERLEPSCH erklärt, die Regierung fürchte, durch die Errichtung von Arbeitervertretungen die sozialdemokratische Agitation zu fördern (a.a.O. S.7o7 ff.):"... Daß es den sozialdemokratischen Agitatoren und Führern der Partei gelungen ist, daß die Arbeiterschaft in sehr vielen Fällen unbedingt ihrem Ruf zur Einstellung der Arbeit Folge leistet,... muß auch der Regierung das Bedenken geben, ob sie nicht genötigt ist, in der

durch richtig als eine politische Spekulation auf die Kurzsichtigkeit des Proletariats, als eine Spekulation, die obendrein noch unendlich viel kurzsichtiger war, als das Proletariat hätte sein müssen, wenn es auf sie eingehen sollte. Trotzdem blieb Herr v.Berlepsch ruhig in seinem Amte, und wenn er jetzt fällt, so fällt kein Held, der bis zum eigenen Untergang um eine große, sei es auch verlorene Sache gekämpft hat.

Herr v. Berlepsch war einer jener einsichtigen und wohlwollenden Verwaltungsbeamten, an denen es der preußischen Bürokratie seit den Tagen Altensteins[7] und Schöns[8] und auch schon früher,

---

sozialpolitischen Gesetzgebung, die sie eingeschlagen hat, immer das Moment mit in Frage zu stellen: inwieweit wird eine gesetzliche Bestimmung zur Stärkung der Stellung der sozialdemokratischen Agitatoren beitragen? Und so erklärt es sich auch, daß in den Bestrebungen zugunsten der Arbeiter und in der Ausführung des kaiserlichen Erlasses vom Februar 1890 gegenüber dem Jahre 1890 allerdings eine Verzögerung eingetreten ist. ... Also nochmals kurz: nicht der Umstand, daß die Staatsregierung sich in den Dienst der Unternehmer stellt ... ist es, der sie abhält, in der Frage der Regelung der Arbeitervertretung schneller weiter zu gehen, als es bisher geschehen ist, sondern lediglich das Gebot der Vorsicht, nicht ein Gesetz zu machen, ehe es dahin geprüft ist, ob nicht die sozialdemokratische Agitation durch dasselbe gestärkt wird, ob nicht die sozialdemokratischen Agitatoren durch ein solches Gesetz in die Lage gesetzt werden, das Gift, welches sie in unsere Arbeiterklassen tragen, in stärkeren Dosen anzuwenden."

7)Karl Sigmund Franz Freiherr vom Stein zum ALTENSTEIN (1770-1840), preußischer Staatsmann; 1793 Referendar bei der Kriegs-und Domänenkammer in Ansbach, wo HARDENBERG auf ihn aufmerksam wurde. 1803 Mitglied des Generaldirektoriums. Nach 1806 an der Reformgesetzgebung beteiligt. 1808 preußischer Finanzminister; seit 1817 Leiter des neu gebildeten Ministeriums für Kultus, Unterricht und Medizinalwesen. Dort u.a. Ausbau des Elementarschulwesens und Ausdehnung der Schulpflicht auf das gesamte Staatsgebiet.
Über ALTENSTEIN s. GOLLWITZER, NDB Bd 1/216 f.m.w.N.

8)Heinrich Theodor von SCHÖN (1773-1856), preußischer Staatsmann, seit 1800 Mitglied des Generaldirektoriums, nach der Katastrophe von 1806 als maßgeblicher Gehilfe STEINs und HARDENBERGs beteiligt an der Vorbereitung und Durchführung der Reformgesetzgebung (Aufhebung der Erbuntertänigkeit, Einführung der Städteordnung). Nach den Befreiungskriegen 1816 bis 1842 Oberpräsident der Provinz Ostpreußen, um deren, vor allem wirtschaftliche Entwicklung er sich große Verdienste erwarb. 1848 Mitglied und Alterspräsident der preußischen Nationalversammlung.
Über v. SCHÖN s. W.MAURENBRECHER ADB Bd 32/781 ff. m.zahlr. w.N.

nie völlig gefehlt hat. Die Bürokratie ist eine Klasse mit eigenen Interessen, die als solche nicht immer nach der Pfeife des Junkertums oder der Bourgeoisie tanzt. Gerade ihre begabteren und kräftigeren Mitglieder wollen etwas für sich sein und spielen das Staatsinteresse je nachdem gegen die herrschenden Klassen aus, die sich um die staatlichen Machtmittel raufen. Als es sich um die sogenannte Bauernbefreiung in Preußen handelte, trat der Kriegsrat Scharnweber[9)] mit großem Nachdruck gegen die Prellereien auf, womit die Junker von vornherein die Bauern über den Löffel zu barbieren suchten. Mit großem Nachdruck, aber ohne daß er die furchtbare Begaunerung der Bauern durch die Junker im Wesentlichen hindern konnte. Solche weiße Raben hat es in der preußischen Bürokratie immer gegeben; sie bildeten sich ein, unparteiisch über den Klassenkämpfen stehen und die Interessen der Unterdrückten mit den Interessen der Unterdrücker versöhnen zu können. Dabei blieben sie aber immer Bürokraten, und die Geschichte meldet von keinem dieser trefflichen Männer, daß er an gebrochenem Herzen über das unausbleibliche Scheitern seiner Illusionen gestorben sei.

Auch Herr von Berlepsch zieht fröhlich und wohlgemut von dannen, und er selbst wird nicht erwarten, daß in der Arbeiterklasse irgendwo eine Träne um sein Scheiden rinnt. Aber wenn er nicht für seine Ideale gestorben ist, so kann man doch mit dem schwedischen Hauptmann im Wallenstein von ihm sagen: Man sagt, er wollte sterben. Die ungewöhnliche Festigkeit, womit er hinter dem /[452]/ bischen Bäckerschutz stand[1o)], läßt

---

9)Christian Friedrich SCHARNWEBER (177o-1822), preußischer Staatsmann. Enger Mitarbeiter HARDENBERGs vor allem auf agrarpolitischem Gebiet. Auf seine Initiative ging das Regulierungsedikt von 1811 zurück,welches der durch die Reformgesetzgebung von 18o7 eingeführten persönlichen Freiheit der Bauern die Freiheit des bäuerlichen Eigentums hinzufügte(allerdings gegen Entschädigung in Form von Landabtretung oder Rentenzahlung).1817 Mitglied des preußischen Staatsrates. - Über SCHARNWEBER s.MEUSEL, ADB Bd 55/595 ff.m.w.N.

1o)Der Reichstag hatte 1891 einstimmig einen neuen § 12oe in die Gewerbeordnung eingefügt, durch welchen der Bundesrat ermächtigt wurde, "für solche Gewerbe, in welchen durch übermäßige Dauer der täglichen Arbeitszeit die Gesundheit der Arbeiter gefährdet wird, Dauer, Beginn und Ende der zulässigen Arbeitszeit und der zu gewährenden Pausen (vorzuschreiben) und die zur Durchführung dieser Vorschriften erforderlichen Anordnungen (zu) erlassen ...". Von dieser Ermächtigung

die wohlwollende Annahme zu, daß er, da er als "Minister der Sozialreform" nicht leben konnte, so doch als "Minister der Sozialreform" sterben wollte. Und dieser gute Abgang mag ihm auch gegönnt werden, sintemalen an dem Bäckerschutz sich so herrlich offenbart hat, daß hinter der "Sozialreform von Oben" wirklich auch rein gar nichts steckt. Das einzige, was sie auszeichnet, ist eine wahrhaft rührende Großmut; sie beeifert sich, die unheimlichsten Prophezeiungen von ihrer Nichtigkeit noch immer als rosenrote Illusionen aufzudecken. Hätte zur Zeit der Februar-Erlasse irgendjemand vorhergesagt, der eben berufene "Minister der Sozialreform" würde purzeln, weil er nach sechsjähriger Untätigkeit die ärgsten und schmutzigsten Menschenschinderein im Bäckereigewerbe ein wenig einzuschränken versucht habe: der verhärtetste Sozialdemokrat hätte in dieser Prophezeiung eine ruchlose Verleumdung des "sozialen Königtums" erblickt. So niedrig, wie sie sich selbst einschätzt, haben ihre abgesagtesten Gegner die "Sozialreform von Oben" nie einzuschätzen gewagt.

---

machte der Bundesrat (auf Initiative Preußens, wo v. BERLEPSCH für diese Frage zuständig war) durch eine Verordnung vom 4. März 1896 Gebrauch, welche die allergröbsten Mißstände in den Arbeitszeitbedingungen der Bäckerlehrlinge und - gehilfen eindämmen sollte. Die Konservative Partei brachte daraufhin durch ihren Abgeordneten v.BUCHKA eine Interpellation im Reichstag ein, worin sie ihre Bedenken gegen die Verordnung anmeldete, die ihrer Meinung nach das Bäcker-Handwerk in Bedrängnis brachte. In die Debatte über diese Interpellation, welche fast zwei volle Sitzungstage des Reichstages in Anspruch nahm (22.und 23.April 1896), griff auch Minister v. BERLEPSCH ein und verteidigte sehr engagiert die Verordnung, welche im Reichstag nur von den Sozialdemokraten (denen sie allerdings nicht weit genug ging) und der Mehrzahl der Zentrumsabgeordneten unterstützt wurde. Bemerkenswert ist die Schärfe, mit der BERLEPSCH die Konservativen, die ursprünglich selber solche Maßnahmen gefordert hatten, wegen ihres Kurswechsels angriff (s.STEN.BER.RT. IX.Leg.Per.,IV.Session 1895/97, 74. und 75.Sitzung v.22.und 23.April 1896= Bd 3, S.1843 ff. und 1869 ff.; die Reden von BERLEPSCH s.a.a.O. S.1859 und 1879). Diese Haltung BERLEPSCHs dürfte nicht unwesentlich zu seinem kurz darauf erzwungenen Amtsverzicht beigetragen haben. BEBEL widmete dieser Reichstagsdebatte seine Schrift über die "Arbeiterschutzheuchelei" (s.Lit.Verz.).

Der Sturz des Herrn von Berlepsch reiht sich als ein Erfolg mehr an die wachsenden Erfolge des Königs Stumm. Sollte wirklich ein Kurs Stumm über das neue Deutsche Reich heraufziehen[11]? Es wäre verwegen, bestreiten zu wollen, daß in einem Reiche, in dem sich jede mögliche Sozialreform als unmöglich erwiesen hat, eine soziale Reaktion, die unmöglich sein sollte, sich dennoch als möglich erweisen könnte. König Stumm hat ein viel zu starkes Selbstgefühl, als daß er besonders ermuntert zu werden brauchte, auf ein Glatteis zu gehen, von dem er nicht mit heilen Gliedmaßen zurückkehren würde. Mit Furcht und Zittern würden wir den strengen Mann aber nicht auf sein Abenteuer ausziehen sehen, sondern mit dem Troste des wohlwollenden Menschenfreundes: Nur Mut, es wird schon schief gehen.

---

11) Zu dem (hier zutreffend prognostizierten) "Kurs STUMM" s.o.Nr.3, Anm.2.

Nr.82

VORWÄRTS - Berliner Volksblatt
13.Jg (1896) - Nr. 153 v. 3.Juli, S.1

[Leitartikel:] Der Reichstag,

dessen erster Sessionsteil gestern durch die Vertagung bis zum 10.November d.J. zum Abschluß gelangte, ist zwar von oben herab sehr belobigt worden und hat sogar das Zeugnis erhalten, daß er sich um das Vaterland wohl verdient gemacht habe, allein dieses Urteil wird weder von der öffentlichen Meinung noch von der geschichtlichen, nicht einmal der zeitgeschichtlichen Kritik bestätigt werden. Ebenso wenig wie die meisten Urteile von oben.

Das Lob gründet sich auf die Fertigstellung des Bürgerlichen Gesetzbuchs.

Diese Fertigstellung, am Ende einer arbeitsreichen ermüdenden Tagung, wo eine genaue ruhige Durchberatung unmöglich war, gereicht aber dem Reichstag keineswegs zur Ehre, denn sie mußte mit Notwendigkeit hastig sein. Und gerade die letzten Sitzungen haben gezeigt, daß Fragen von weittragender Bedeutung binnen weniger Tage im entgegengesetzten Sinne entschieden wurden. Was in diesem Falle offenbar ward - nämlich daß der Reichstag wider Vernunft und Recht entschied -, das wäre in Dutzenden von Fällen offenbar geworden, wenn die Beratung erschöpfend gewesen wäre, und wenn man nicht, ohne jeglichen zureichenden Grund, sich auf diese unwürdige - der Sache unwürdige und des Reichstags unwürdige - Durchpeitschung des Bürgerlichen Gesetzbuches gesteift hätte.

Und Lob verdient auch nicht das Bürgerliche Gesetzbuch. Gewiß enthält es einige Fortschritte, gewiß bringt seine Einführung mancherlei Vorteile und gewiß ist die Einheitlichkeit des Rechts an sich schon ein großer Vorteil - aber diesen Vorteilen stehen schwere Mängel gegenüber.

Der Geist der Reaktion, welcher die Staatswesen der kapitalistischen Dekadenzperiode durchweht, erfüllt auch das Bürgerliche Gesetzbuch. In den wichtigsten Bestimmungen huldigt es den rückständigsten, engherzigsten Anschauungen, so daß die sozialdemokratische Fraktion, so wenig sie die Wichtigkeit des einheitlichen Rechts verkennt, es mit Pflicht und Gewissen nicht vereinigen konnte, bei der Gesamtabstimmung für das Bürgerliche Gesetzbuch zu stimmen.

Auch sonst hat der Reichstag sich in der bisherigen Tagung nichts weniger als um das Vaterland verdient gemacht. Das Beste, ja man kann sagen, das einzig Gute an ihm ist das, was er _nicht_ gemacht hat. Er hat kein neues Ausnahmegesetz verfertigt und keinen neuen _großen_ Aderlaß für Militär und Flotte gebracht.

(.............)

Der Reichstag hat also keineswegs das überschwängliche Lob verdient, welches ihm gestern gespendet ward. Und an die Wählerschaft können wir nur die Mahnung richten, die Zeit der Vertagung gut zu benutzen, und den Abgeordneten so kräftig ihren Willen kundzutun, daß die uferlosen Flottenpläne, die im nächsten Spätherbst vor den Reichstag gelangen werden,ohne viel Federlesens dahin befördert werden, wohin sie gehören: ins Wasser.

Nr.83

VORWÄRTS - Berliner Volksbaltt
13.Jg (1896) - Nr. 154 v. 4.Juli, S.1

[Leitartikel:] Das Recht der Frau

hat im Bürgerlichen Gesetzbuch nur wenig Berücksichtigung gefunden. "Er soll Dein Herr sein" ist als der geltende Grundsatz auch für die Zukunft proklamiert worden. Der brutale Egoismus des Mannes tritt hier zutage, wenn er sich auch Mühe gibt, sich mit schönklingenden Phrasen zu verbrämen. Die "Vossische Zeitung" trifft am genauesten den Ton des spießbürgerlichen, philiströsen Gedankenganges, aus welchem sie überhaupt nicht hinaus kann. So schreibt sie in einem besonderen Leitartikel:

"Wir können uns denken, daß ein vornehm empfindender Mann Anstand nimmt, ein Mädchen zu heiraten, das zu ihm nicht so viel Vertrauen hat, daß es ihm die Sorge überläßt, sein Vermögen zu verwalten. Ein anständiger Mann heiratet nicht um der Mitgift willen, noch weniger vergreift er sich an der Mitgift.

Der "vornehm empfindende" Mann nimmt aber keinen Anstand, gesetzlich zu bestimmen, daß das Vermögen der Frau ihm sowie auch dem nichts weniger als vornehm empfindenden Manne überantwortet wird. Die "Vossische Zeitung" kann sich "auch nicht recht in die Seele eines jungen Mächens versetzen, daß den Entschluß faßt, sich mit Leib und Seele einem geliebten Manne für Lebenszeit hinzugeben, aber ehe sie ihre Nistel in die Brautkammer tragen läßt, sich darum bemüht, daß ihr Vorrat an koupontragenden Papieren, die nicht zur Nistel gehören, sichergestellt wird."

Weil aber ein unerfahrenes liebendes Weib seine Rechte dem Geliebten gegenüber nicht wahren wird, soll das Gesetz es rechtlos machen und es der Willkür des nicht "vornehm empfindenden" Mannes preisgeben. Die "Vossische Zeitung" nimmt den "vornehm empfindenden" Mann als die Regel an. Ein "anständiger" Mann heiratet nicht um der Mitgift willen - nun, ein anständiger Mann verheiratet sich auch nicht im Annonceteil, auch nicht in dem der "Vossischen Zeitung", deren Heirats-Annoncen das Jahr nach tausenden zählen.

Dem "vornehm empfindenden Mann" der "Vossischen Zeitung" verdanken wir auch das Fortbestehen der Gesinde-Ordnungen. Der "vornehm empfindende" Mann schimpft und schlägt auch nicht sein Dienstmädchen, deshalb gibt er das ehrbarste und tugendhafteste Mädchen der Willkür des gemeinsten Weibes preis, dem es sein Geldbeutel erlaubt, sich ein Dienstmädchen zu halten.

Mit der Logik der "Vossischen Zeitung"läßt sich jeder Absolutismus, jedes Unterdrücksungssystem verteidigen und ist auch schon verteidigt worden. Der "vornehm empfindende", der "anständige" Unterdrücker und Despot wird die Greuel eines Nero und Tiberius nicht verüben, er wird sich von den Schandtaten eines Caligula und Heliogabal fernhalten; ein "vornehme empfindender" Richter läßt sich die Rechtsbeugungen eines Jeffreys von der englischen Sternkammer nicht zuschulden kommen. Das Gesetz soll es aber dem Belieben des Machthabers entziehen, ob er "vornehm empfinden" will oder nicht; daher das Streben des Unterdrückten nach besseren und sichereren Garantien als das Belieben des Unterdrückers. Die Anschauungsweise und Logik der freisinnigen "Voss.Ztg." zeugt von dem tiefen Verfall unserer bürgerlichen Gesellschaft, die heute selbst die Grundgedanken des Liberalismus vollständig vergessen hat und in der Frauenfrage gegen die Protestbewegung der Frauen an die große Zahl der in spießbürgerliche und philiströse Gleichgültigkeit versunkenen Frauen appelliert.

Nr.84

Die Neue Zeit
XIV. Jg (1895-96); Bd II, S.554 (22.Juli 1896)

August BEBEL: Das Bürgerliche Gesetzbuch und die Sozialdemokratie (I).

Am 1.Juli dieses Jahres wurde in der 118. Sitzung der laufenden Reichstagssession das Bürgerliche Gesetzbuch bei 288 anwesenden Reichstagsmitgliedern mit 222 gegen 48 Stimmen angenommen; 18 Abgeordnete enthielten sich der Abstimmung.

Die große Mehrzahl der verneinenden Stimmen stellte die sozialdemokratische Fraktion, die geschlossen gegen das Gesetz stimmte; ferner stimmten einige Bauernbündler und Agrarier (Herr v.Ploetz) gegen dasselbe. Ein Teil der konservativen Agrarier sowie die anwesenden Antisemiten und Welfen enthielten sich der Abstimmung, sei es aus Unentschlossenheit, sei es, weil sie nicht den Mut zum Neinsagen besaßen.

Damit hat, nach mehr als zwanzigjähriger Vorbereitung in zwei sich folgenden Fachkommissionen und nach mehrmonatlicher Beratung im Plenum und in der für diesen Zweck besonders niedergesetzten Kommission des Reichstages, das Bürgerliche Gesetzbuch die Fassung erlangt, in der es am 1.Januar 19oo in Kraft treten soll./[555]/

Deutschland erhält also endlich ein Gesetz, das die bürgerliche Gesellschaft längst als ein dringendes Bedürfnis empfand, das aber ihr bis jetzt versagt blieb, obgleich die Sehnsucht nach ihm mit der Sehnsucht nach einer nationalen Einheit sich bereits im ersten Vierteljahrhundert, unmittelbar nach dem Abschluß der sogenannten Befreiungskriege, geltend machte.

Zwar schien die Schaffung einer Reichsverfassung im "tollen Jahre" durch das Frankfurter Parlament dieses Sehnen nach einem deutschen Privatrecht schon früh erfüllen zu wollen, aber auch diese Hoffnung wurde damals wie so viele andere zu Wasser, wesentlich durch die Feigheit der deutschen Bourgeoisie, die nicht den Mut hatte, die Gunst der Augenblicke auszunützen, bis die Erfolge der Blut- und Eisenpolitik des Fürsten Bismarck in den Jahren 1864, 1866 und 187o ihr endlich brachte, was selbst zu erkämpfen sie nicht vermochte. Die Konsequenz jener durch die bismarckische Politik geschaffenen Einheit ist gewissermaßen als Krönung derselben das Bürgerliche Gesetzbuch. Deutschland erlangt damit am Ende des Jahrhunderts, was sein "Erbfeind" jenseits des Rheins als eine der Früchte der großen Revolution bereits am Anfang dieses Jahrhunderts eingeheimst hat.

Und der Geist, der diese beiden Gesetze für die beiden Länder schuf, das eine für die Bourgeoisie Frankreichs, das andere für die Bourgeoisie des neuen Deutschland, hat denselben auch seinen Stempel aufgedrückt. Der französische Code civil ist ein Gesetz aus einem Guß, geschaffen in einer Sprache,die dem geringsten Laien verständlich ist. Es bricht mit allen Voruteilen und Grundsätzen, mit denen das revolutionäre bürgerliche Frankreich gegenüber dem feudalen und absolutistischen Frankreich gebrochen hatte und schuf für die ganze Nation wirklich ein Recht. Dagegen ist das neue Bürgerliche Gesetzbuch Deutschlands eine vielfach mangelhafte und unvollständige Kompilation der bisher vorzugsweise geltenden Rechte, namentlich des Landrechts, des Code civil und des sächsischen Rechts. Es ist schwerfällig und schwer verständlich in seiner Sprache - was seine eigenen Väter zugestehen - und ist beeinflußt von allen möglichen Rücksichtnahmen auf veraltete, dem modernen Geiste widersprechende soziale und politische Einrichtungen. Daneben negiert es Dutzende der für das Bürgerliche Recht wichtigsten und einschneidendsten Materien, indem es die Ordnung derselben nach wie vor der Landesgesetzgebung der Einzelstaaten überläßt und dadurch ihre reaktionäre Gestaltung und Vielfalt sichert.

Das künftige Bürgerliche Gesetzbuch Deutschlands ist also, mit einem Satz gesagt, ein Werk, an dem keiner seiner Väter eine wahre und aufrichtige Freude hat, weil es ein echtes

Kind deutscher Zustände, ein Werk der widernatürlichen Kompromisse ist, das bereits in sehr wesentlichen Bestimmungen von den Bedürfnissen der Zeit überholt worden, noch ehe es in Kraft getreten ist.

Und woher dieser Unterschied zwischen den beiden wichtigsten Gesetzbüchern der beiden ersten Nationen des europäischen Kontinents? Die Erklärung ist einfach.

Dort in Frankreich gab es am Beginn dieses Jahrhunderts eine jugendfröhliche, kampfesmutige, nach der Höhe ihrer Entwicklung strebende Bourgeoisie, die in Allem auf das Ganze ging und in ihrem Staat ein Ganzes vor sich hatte. Aber hier in Deutschland sehen wir am Ende des Jahrhunderts eine, noch ehe sie richtig jung war, alt gewordene, kampfesunlustige, durch die aus den Klassengegensätzen entbrannten Klassenkämpfe eingeschüchterte Bourgeoisie, die, bereits von Todesahnungen beunruhigt, in dem Überlebten noch eine Stütze sucht und die Selbstgenügsamkeit als höchste Klassen- und Staatsmoral predigt.

"Ach, es will Abend werden und der Tag hat sich geneiget", so rief kürzlich eins der führenden Zentrumsblätter, die "Kölnische Volkszeitung", in anerkennenswerter Selbsterkenntnis aus. Die Götterdämmerung für die bürgerliche Welt ist im Anzug, da ist nicht mehr Zeit zum Kämpfen und Ringen,sondern nur noch zum Schlafenlegen.

So erklärt sich auch die Resignation der vorgeschrittensten bürgerlichen Parteien gegenüber dem sie so wenig befriedigenden "großen nationalen Werk", der sie Ausdruck gaben, als es sich in dritter Lesung um die Schlußabstimmung über das Ganze handelte. Da war keine dieser Parteien, die nicht vor dem Ja und "Amen" ihr Resignationssprüchlein hersagte, das stets damit endete, daß man trotz aller "Wenn" und "Aber" seine Zustimmung geben wolle. Man glaubte beim Anhören dieser Erklärungen weit mehr bei einem Begräbnis als bei einer Taufe zu sein. Daher kam auch das gepreßt und halb erzwungen klingende "lebhafte Bravo", als der Präsident das Resultat der Endabstimmung verkündete, über das auf keiner Seite der geringste Zweifel bestand.

Das Zentrum, das der Hauptgeburtshelfer bei diesem "großen nationalen Werke" war, und hierbei Hand in Hand ging mit seinen ehemaligen Todfeinden, den kulturkämpferischen Nationalliberalen - ein Schauspiel für Götter und Sozialdemokraten -, tat freilich einige Male während der Spezialberatung, als sei die Endabstimmung über das Ganze zweifelhaft. Es motivierte deshalb z.B. seinen Umfall in der berühmt und berüchtigt gewordenen Hasenfrage damit, daß es seine schmollenden Freunde, die Konservativen, nicht zu sehr vor den Kopf stoßen dürfe, um deren Zustimmung "zum Ganzen" zu erhalten. Herr Lieber, der diesen Umfall motivierte, nachdem kurz zuvor sein Parteigenosse Gröber eine Rede gehalten, die alle Welt als eine scharfe Absage an die Wünsche der Rechten in der Hasenfrage aufgefaßt hatte, erntete deshalb auch von der linken Seite für seine Erklärung ein lebhaftes,spöttisches Lachen, das besagte, daß man die Diplomatie des Zentrums durchschaue, das danach strebte, die Rechte und Linke - mit Ausnahme der Sozialdemokratie, die dafür nicht zu haben war - vor seinen Siegeswagen zu spannen, und sie schließlich auch davor gespannt hat.

Daß nun zwei in ihrem ganzen Wesen so heterogene Parteien, wie Zentrum und Nationalliberale, das Bürgerliche Gesetzbuch in seiner endgültigen Gestalt schufen, beleuchtet scharf die vorhandene Lage. Auf der einen Seite standen die Repräsentanten der großen Bourgeoisie, das herrschende Element in der Gesellschaft, auf der anderen Seite stand <u>die</u> Partei, die ihrem innersten Wesen nach streng kirchlich und konservativ ist und für alle gesellschaftlichen Beziehungen in die Vergangenheit schaut. Diesem Bündnis entsprechend mußte der Stempel sein, den das Bürgerliche Gesetzbuch trägt. Daß es dabei auf allen Gebieten, welche die Interessen der besitzenden Klassen betreffen, nach Möglichkeit den Anforderungen der Gegenwart gerecht zu werden suchte und vielfach gerecht geworden ist, versteht sich von selbst. Denn so wenig wie jemand aus seiner Haut kann, kann er bei gesundem Verstande die maßgebenden Bedürfnisse seiner Zeit verkennen, die vorzugsweise jene der herrschenden Klassen sind.

Auch die rückständigste Partei muß sich den materiellen Interessen beugen, die die Zeit beherrschen. Ein Reich,das unter einer gemeinsamen Handels-, Gewerbe- und Sozialgesetzgebung steht, braucht für die aus solchen Verhältnissen sich ergebenden hunderttausendfachen privaten Beziehungen aller Stände und Klassen auch mit Notwendigkeit ein gemeinsames bürgerliches Recht. Ist die nationale Einheit ein Lebensinteresse der modernen bürgerlichen Gesellschaft, in erster Linie /[557]/ ein Lebensinteresse der Bourgeoisie, dann ist die Einheit des bürgerlichen Rechts die notwendige und selbstverständliche Konsequenz.

Welche Deutung und Bedeutung der Staatssekretär Nieberding dem Bürgerlichen Gesetzbuch gab[1],d.h. derjenig Mann, der als der offizielle Interpret desselben angesehen werden muß, und große Verdienste um das Zustandekommen desselben hat[2], geht aus einer Stelle seiner Rede hervor, die er am 3.Februar dieses Jahres hielt und mit der er die erste Lesung des Entwurfs im Reichstag einleitete. Dort sagte er unter anderem:

"Indem der Entwurf jetzt an der Neige des Jahrhunderts vor die Öffentlichkeit tritt, an der Neige eines Jahrhunderts, welches den modernen Staat geboren hat, darf man sagen, daß er gewissermaßen den Niederschlag bildet derjenigen rechtlichen, sittlichen und politischen Anschauungen, die unter den Strömungen und Gegenströmungen der vergangenen Jahrzehnte seit den Freiheitskriegen (richtiger wohl seit Stein und Hardenberg. D.V.) allmählich in den festen Besitz des Gewissens des deutschen Volkes übergegangen sind"[3].

Der Entwurf erscheint nach dieser Rede seines berufensten Interpreten selbst als ein Erzeugnis durchaus konservativer Natur, was allerdings in hohem Maße fast alle Gesetzgebung ist. Ein Gesetz kann seiner Natur nach immer erst das in Rechtsformen formulieren, was als Bedürfnis aus den Interessenkämpfen und den Interessenbeziehungen der Gesellschaft sich als poli-

---

1) S. zur Reichstags-Rede NIEBERDINGSs oben Nr. 4, Anm.2 ff.
2) NIEBERDINGS war Vorsitzender des Justizausschusses des Bundesrates, welcher den 2.Entwurf im Herbst 1895 durchgearbeitet hatte (s.SCHUBERT,Entstehung S.52);ferner war NIEBERDINGS einer der Kommissare der Bundesregierungen für die Beratung des BGB im Reichstag (SCHUBERT,Entstehung S.53).
3) STEN.BER.RT.IX.Leg.Per.,IV.Session 1895/97, 3o.Sitzung v. 3.Februar 1896= Bd 1, S.7o5 ff., 7o6.

tische und gesellschaftliche Notwendigkeiten ergeben hat. Zukünftige Gestaltungen und Bedürfnisse kann kein Gesetz berücksichtigen, denn der Gesetzgeber ist kein Prophet, der sich mit dem zu befassen hat, was kommen kann oder kommen soll. Überdies schließt die Natur und das Wesen der Gesetzgebung dergleichen Phantasiegesetze aus. Aber es ist nichtsdestoweniger ein großer Unterschied, ob der Gesetzgeber mehr bestrebt ist, da zu konservieren, was bereits den Todeskeim in sich trägt, soweit dergleichen durch Gesetze noch konserviert werden kann, als dem gesetzliche Norm zu gewähren und damit staatliche und öffentliche Anerkennung zu verschaffen, das als neues Bedürfnis aus der Gesellschaft emporwuchs und für jeden Denkenden zweifellos durch den Gesetzgeber berücksichtigt werden müßte. Wird im letzteren Sinne zu handeln verweigert, so ist der Gesetzgeber hinter seiner Zeit zurück; und bemüht er sich sogar, gutes bestehendes Recht zu beseitigen, um schlechteres an seine Stelle zu setzen, so dient er damit zweifellos den herrschenden Klasseninteressen, er hat aber alsdann auch die entschiedenste Bekämfpung seines Handelns zur Notwendigkeit gemacht.

Daß dieser Stillstands- und Rückwärtsbildungsprozeß sich auch bei dem Bürgerlichen Gesetzbuch vollzog, soll nachgewiesen werden.

Die Sozialdemokratie hatte keinen Grund, sich von vornherein dem Entwurf eines Bürgerlichen Gesetzbuchs feindlich gegenüberzustellen. Jeder wirkliche Fortschritt, den die bürgerliche Gesellschaft in ihrer Entwicklung macht, ist auch ein Fortschritt für die Sozialdemokratie. Eine andere Frage ist, ob sie einen Schritt nach vorwärts zu tun den bürgerlichen Parteien überläßt, in deren Interesse er hauptsächlich erfolgt, oder ob sie selbst tätig Hand anlegen und ihm schließlich durch ihre Zustimmung zum Leben verhelfen soll.

Das letztere kann sie nur, wenn ein Gesetz folgende Bedingungen erfüllt:

1) Daß das Gesetz für die verschiedenen Staaten und Landesteile Deutschlands, für die es bestimmt ist, einen Fortschritt und für keins einen Rückschritt bedeutet;

2) daß das Gesetz kein Interesse des Proletariats oder einzelner Schichten desselben verletzt, oder ein solches durch dasselbe hintangesetzt wird; /[558]/
3) daß das Gesetz seinem Inhalte nach sich in der Richtung des Programms der Partei bewegt und nicht gegen bestimmte Programmpunkte verstößt.

Von diesen drei Gesichtspunkten aus erwächst für die sozialdemokratische Vertretung im Reichstag wie in den Landestagen die Verpflichtung, jede gesetzgeberische Maßregel, die vorgeschlagen wird, zu prüfen und, wenn die Möglichkeit dazu besteht, auf ihre Umgestaltung und Verbesserung in den angedeuteten Richtungen zu wirken. Eine solche Stellung schließt von vornherein jede rein negierende Tätigkeit aus, die, wenn sie überhaupt geübt werden sollte, viel richtiger in dem Nichtmitwirken, im Draußenbleiben außerhalb der Parlamente geübt würde[3a]. Die Partei hat aber niemals diesen negierenden Standpunkt eingenommen, was nicht ausschloß, daß sie in der weitaus größten Mehrzahl der Fälle schließlich gesetzgeberischen Maßnahmen gegenüber ein glattes Nein aussprechen mußte, sei es aus dem einen oder anderen der angeführten Gesichtspunkte oder aus dem Zusammentreffen mehrerer oder aller.

Die Partei hat sich bei diesem glatten Nein bisher sehr gut gestanden; sie hat die Verantwortung abgelehnt für Bestimmungen, denen sie nimmer ihre Zustimmung geben durfte, und sie war andererseits in der Lage, unbehindert scharfe Kritik an dem Geschaffenen üben und jederzeit mit Änderungsvorschlägen - weil ungebunden durch ein früher zustimmendes Votum - hervortreten zu können. Die geachtete Stellung, die sich die Sozialdemokratie notorisch im Reichstag erwarb, hat sie in erster Linie durch diese ihre Geradheit und Unentwegtheit erworben; sie ließ sich nie zu kleinlichen diplomatischen und zweideutigen Manövern und ebenso wenig zu gemeiner Kompromißmacherei herbei; ihr waren nie ihre Grundsätze kleiner Vorteil halber feil und so errang sie die Stellung, die sie tatsächlich besitzt.

3a) S. dazu bereits S.LXXXI und XC f. der Einführung.

Zu einem Gesetz, zu dem ich trotz meiner Bedenken meine Zustimmung gegeben, stehe ich in Bezug auf die Kritik dieses Gesetzes und seine Umgestaltung zum Besseren ganz anders, als zu einem solchen, zu dem ich mein Ja und Amen versagte. Ich muß im ersteren Falle Rücksichten nehmen, die ich im letzteren niemals zu nehmen brauche, und unwillkürlich wird durch ein Ja für ein mangelhaftes Gesetz meine Kritik diesem Gesetz gegenüber beeinflußt. Wie kann ich verurteilen, was ich selbst guthieß, wenn auch nur teilweise guthieß. Außerdem muß eine Partei, die auf dem Boden des Klassenkampfs steht, auch Klassenkampfpolitik treiben. Will sie die Zustände in der bürgerlichen Gesellschaft verbessern helfen, weil dieses der von ihr in erster Linie vertretenen Klasse nützt und ihre, der Sozialdemokratie, Kampfstellung stärkt, so darf sie aber nur gutheißen, was nützt und unter keinen Umständen schadet; sie darf nie Verantwortung für Fehler und Mängel mit übernehmen, die ihre Gegner aus Feigheit, Borniertheit oder Klasseninteresse machen. Würde sie anders handeln, sie verlöre den festen Boden grundsätzlicher Politik unter ihren Füßen, sie verlöre weiter jeden Maßstab für ihre künftigen Handlungen und verlöre damit die freie, sie auszeichnende Stellung, die sie bisher gegenüber allen ihr nicht zusagenden Maßregeln der Regierungen und der Parlamente hatte. Durch Schlagworte, welche die bürgerlichen Parteien berauschen und alle Verstöße gegen ihre Grundsätze verdecken sollen, kann sich die Sozialdemokratie in ihrem Handeln nicht bestimmen lassen.

Es war daher eine starke Täuschung, daß ein großer Teil der Gegner erwartete, die Sozialdemokratie im Reichstag werde, im Widerspruch mit ihrer bisherigen Taktik, die sich so ausgezeichnet bewährt, in der Schlußberatung für das Bürgerliche Gesetzbuch stimmen, weil sie mit dem lebhaftesten Eifer bei der /[559]/ Kommissionsberatung wie bei den Spezialberatungen im Plenum sich beteiligte und sogar eine Anzahl kleiner Erfolge errang. Denn es ist von allen Seiten, auch von den Vertretern der Regierungen, zugestanden worden, daß die Vertreter der sozialdemokratischen Fraktion in der Kommission für die Vorberatung des Bürgerlichen Gesetzbuchs, unsere Genossen Stadthagen und Frohme, nicht nur mit außergewöhnlichem Fleiße, sondern auch mit dem anerkennenswertesten Geschick in die Verhandlungen eingriffen und einen erheblichen Einfluß auf dieselbe ausübten. Ebenso wird niemand, der den Verhandlungen im Plenum folgte, bestreiten können, daß seltsam genug die sozialdemokratische Fraktion die einzige Partei war, die gegenüber den Durchpeitschungsgelüsten einer vorhandenen Majorität eine Spezialberatung erzwang, um daß ohne ihr Eingreifen die Beratung im Plenum in weniger als der Hälfte der wirklich gebrauchten Zeit erledigt worden wäre. Um aber nunmehr auch für das Bürgerliche Gesetzbuch stimmen zu können, hätte dasselbe eine Anzahl erheblicher Mängel und Fehler nicht haben dürfen, die es hat. Denn es stellt sich in sehr wesentlichen Bestimmungen sowohl als Verschlechterung gegenüber bestehendem Recht wie als Ausfluß der Klassenpolitik dar, und verstößt gegen wichtige Forderungen der Zeit, die bewilligt werden konnten, hätten nicht Herrschaftssucht gepaart mit Beschränktheit die Oberhand behalten.

Als Verschlechterungen oder Mängel in den hier bezeichneten Richtungen müssen hauptsächlich folgende Materien angesehen werden, die wir in der Reihenfolge besprechen, daß wir mit dem minder wichtigen beginnen. Hierher gehört zunächst die ungenügende Schadensersatzpflicht für Wildschaden, insbesondere soweit solcher durch Hasen angerichtet wird.In diesem Punkt statuiert das Bürgerliche Gesetzbuch eine Verschlechterung gegenüber den bestehenden Zuständen in der Provinz Hannover, in Hessen, Baden etc. Die Gefahr besteht nunmehr, daß die weitergehenden provinzial- bzw. landesgesetzlichen Bestimmungen in den betreffenden Landesteilen und Ländern ebenfalls aufgehoben werden - der hannoversche Provinziallandtag hat in dieser Richtung bereits früher Beschlüsse gefaßt -, und für andere Gegenden eine Forderung unerfüllt bleibt,die viele Tausende kleiner Grund- und Parzellenbesitzer erhoben haben und deren Erfüllung ein Gebot der einfachsten Gerechtigkeit war. Die bloße Tatsache, daß die gesamte Rechte aus ihrer bis dahin beobachteten Passivität gegenüber der Beratung des Bürgerlichen Gesetzbuchs aufgeschreckt wurde,als die Wildschadenersatzfrage zur Erörterung kam, und sich nunmehr mit einem Eifer an der Beratung beteiligte, wie er in gleicher Weise auch später bei keiner anderen Bestimmung des

Bürgerlichen Gesetzbuchs sich zeigte, spricht für die wichtigen Interessen, die dabei für Junker und Junkergenossen auf dem Spiele standen. Auch die Drohung, daß, wenn die Verpflichtung zum Ersatz des Schadens, verursacht durch Hasen, ins Gesetz aufgenommen werde, dies genüge, um die gesamte Rechte zu veranlassen, gegen das "große nationale Werk" zu stimmen, beweist, welche Bedeutung sie dieser Frage beilegte, sie beweist aber auch das geringe Interesse, das Junker und Junkergenossen für das Bürgerliche Gesetzbuch besitzen.

Es kann nicht unsere Aufgabe sein, jene Hasendebatte in ihrer Tragik - sit venia verbo - wie in ihrer Komik zu beleuchten, das haben ein großer Teil der bürgerlichen Presse und die Witzblätter ausreichend besorgt. Es genügt, zu konstatieren, daß keine Majorität im Reichstag sich fand für eine so selbstverständliche, seit Jahrzehnten gestellte Forderung, was wieder dafür spricht, daß das Interesse des kleinen Mannes stets dem Interesse des Großen nachstehen muß, sobald für den Letzteren Fragen des Geldbeutels und der noblen Passion in den /[580]/ Vordergrund treten. Die Vorgänge bei diesen Debatten und ihr schließlicher Ausgang sind eine Blamage für große bürgerliche Parteien, speziell für das Zentrum, das plötzlich sein wahres Herz entdeckte und sich nicht nur der Junker auf der Rechten, sondern auch der Junker in seinen eigenen Reihen annahm. Daß auch die weitergehende Forderung fiel, wie sie der Antrag Lenzmann verwirklichen wollte, Einführung der Regreßpflicht für diejenigen Jagdbesitzer, deren Wild als sogenanntes Standwild (Wechselwild) an außerhalb des Reviers liegenden Grundstücken Schaden verursacht, ist selbstverständlich. Zentrum und Nationalliberale halfen hier der Rechten zum Siege, obgleich es sich hierbei um Forderungen handelte, die zum Teil seit Jahrhunderten sowohl in den Stände- und Volksvertretungen, wie in den Revolutionen und Revolten der verschiedensten Staaten eine Hauptrolle spielten und gerade von den bürgerlichen Parteien vertreten wurden.

Daß heute Bourgeoisie und Junkertum gemeinsame Sache gegen diese alten vollberechtigten Volksforderungen machen, liegt auch mit daran, daß gegenwärtig unsere Bourgeoisie dieselben Passionen pflegt, die einst als Merk- und Kennzeichen des echten Junkertums angesehen wurden: die Passion für alle Arten Jagd, für Pferde und käufliche Weiber. Vielfach übertrumpft hierin die Bourgeoisie die Aristokratie[4]. Daher die zarte Rücksicht, die sie auf die Wünsche der Herren vom "blauen Blute" nimmt, die heute ihre eigenen Wünsche sind. Ist es doch eine unbestreitbare Tatsache, daß die Klagen über Wildschaden seit fünfzig Jahren nicht so laut geworden sind wie jetzt, und zwar aus allen Gegenden Deutschlands. Bourgeoisie und Aristokratie wetteifern miteinander in der Pachtung großer Jagdreviere und in der Züchtung und Hegung eines starken Wildstandes, der zum großen Teil auf Kosten der Bauern und namentlich auf Kosten der kleinen Leute auf dem Lande unterhalten wird. Die Jagdpachten steigen ins Ungemessene, da es sich bei der Jagd nicht um ein Geschäft, sondern um die Befriedigung einer für vornehm geltenden Passion und namentlich um die Befriedigung des Ehrgeizes handelt, die größten materiellen Opfer für die Befriedigung einer solchen Passion bringen zu können. Zeiten und Zustände, die an das ancien régime erinnern,kehren zurück. Um so selbstverständlicher ist es dann, daß hier wie auf hundert anderen Gebieten die Sozialdemokratie die Fahnen aufhebt, welche die maßgebenden bürgerlichen Parteien einst selbst getragen und im Verrat an ihren Grundsätzen preisgegeben haben[5].

---

4) Zu dem hier angesprochenen Problem, welches in der Sozialgeschichtsschreibung als "Feudalisierung des Großbürgertums" umschrieben worden ist, s.bereits S.LIV, Fußn.32 der Einführung.

5) Zur "Doppelfunktion" der Sozialdemokratie als Klassenpartei und Volkspartei s. bereits S.LI der Einführung.

Nr.85

Die Neue Zeit
XIV.Jg (1895-96); Bd II, S.577 (27.Juli 1896)

Agust BEBEL: Das Bürgerliche Gesetzbuch und die Sozialdemokratie (Schluß).

Erhebliche Verschlechterungen gegen bestehende Rechtszustände weisen ferner die Bestimmungen auf über die Eheschließung und die Ehescheidung, Hand in Hand gehend mit der durchaus ungenügend vorgesehenen Stellung der Frau als Ehefrau und Mutter und als Verwalterin ihres in die Ehe gebrachten Vermögens, sowie der Stellung, die den unehelichen Kindern in Zukunft angewiesen ist.

Die bürgerliche Ehe ist, wie schon Luther vor bald vierhundert Jahren anerkannte, ein "bürgerlich Geschäft", d.h. sie hängt mit dem Sozialzustand und speziell dem Eigentumszustand in der bürgerlichen Gesellschaft auf das Innigste zusammen; sie ist die folgerechte Einrichtung der Produktions- und Eigentumsverhältnisse dieser Gesellschaft. Daher auch das Bestreben des bürgerlichen Liberalismus seit Jahrhunderten,die Ehe zu einem rein bürgerlichen Akte zu gestalten und sie der Einwirkung und Mitwirkung der Religionsgemeinschaften (Kirchen) zu entziehen. Die Gründung des Deutschen Reiches brachte endlich die Verwirklichung dieses Zieles in dem sogenannten Zivilstandsgesetz vom Jahre 1874. Aber auch dieses Gesetz schaffte keinen zweifelsfreien Zustand, sondern es schuf einen Zwitterzustand durch die Aufnahme der Bestimmung:"Die kirchlichen

Verpflichtungen in Beziehung auf Taufe und Trauung werden durch dieses Gesetz nicht berührt."

Es ist bekannt, daß nur unter der Bedingung, daß eine solche Bestimmung in das Zivilstandsgesetz im Jahre 1874 aufgenommen wurde, der verstorbene Kaiser Wilhelm I. demselben seine Zustimmung gab. Das Gesetz war eine Frucht des Bismarckschen Kulturkampfes, die aber dem frommen Kaiser in innerster Seele zuwider war. Die zitierte Bestimmung hat aber seither für die Vertreter der verschiedenen Kirchen eine sehr wirksame Handhabe geboten, auf ihre männlichen und weiblichen Schafe, und namentlich auf die letzteren, einen sehr erfolgreichen Druck und Gewissenszwang auszuüben, mit dem man es fertig brachte, daß bis heute die Zahl der nur bürgerlich geschlossenen Ehen eine verhältnismäßig kleine ist. Derselbe Erfolg hat sich für die Taufe ergeben. Die sozialdemokratische Presse war schon oft in der Lage, die moralischen Zwangsmittel zu denunzieren und zu charakterisieren, welche für die Erreichung kirchlicher Erfolge auf diesen Gebieten angewandt werden. /[578]/

Die Beratung des Kapitels über die Ehe im Bürgerlichen Gesetzbuch hat nun die Handhabe geboten, daß das Zentrum seine Macht benutzte, um die Nationalliberalen zu bestimmen, daß eine ähnliche Bestimmung wie im Zivilstandsgesetz in das Bürgerliche Gesetzbuch in Bezug auf die Eheschließung aufgenommen wurde, die alsdann unter einem besonderen Abschnitt mit der Überschrift: "Kirchliche Verpflichtungen" Aufnahme fand und im Widerspruch mit dem Inhalt des Bürgerlichen Gesetzbuchs als § 1588 dekretierte:

"Die kirchlichen Verpflichtungen in Ansehung der Ehe werden durch die Vorschriften dieses Abschnitts (über die Ehe) nicht berührt."

Daß die Nationalliberalen, und durch ihre Zustimmung zu dem ganzen Gesetz auch die Linksliberalen, wieder eine ihrer alten Grundforderungen preisgaben, braucht nach der bisherigen Praxis dieser Parteien nicht Wunder zu nehmen. Auf keinen Fall durfte aber die Sozialdemokratie diesen Sprung in die bürgerlich-liberale Grundsatzlosigkeit mitmachen und durch ihre Zustimmung zu dem Gesetz auch die Verantwortung für eine solche Bestimmung und ihre Folgen übernehmen.

Von noch schlimmerem Charakter sind die Verschlechterungen, welche die Bestimmungen über die Ehescheidung erhielten. Daß das Zentrum als katholische Partei hier an dem starren Standpunkt der katholischen Kirche festhielt und, wenn es diesen nicht zur Geltung bringen konnte, zu retten suchte, was zu retten war, lag auf der Hand. Aber anders stand auch hier die Frage für die übrigen Parteien, die sich teils zu Konzessionen herbeiließen an den kirchlichen Standpunkt des Zentrums, teils an die konservativen Vorurteile, die die Eheschließung nach Möglichkeit zu erschweren gebieten. Dazwischen spielte eine wichtige Rolle das Gefühl, daß der Zusammenbruch, dem die bürgerliche Gesellschaft zueilt, auch in den Eheverhältnissen und namentlich bei den immer häufiger werdenden Ehescheidungen in die Erscheinung tritt und es daher gilt, mit Gewalt zu verhindern, was die Natur der Dinge zu tun gebietet. Die Ehescheidung nach allen Richtungen zu erschweren, wurde so als eine Art Arcanum für kranke Gesellschaft angesehen, "denn nur dadurch könne man der fortschreitenden Auflösung der Familie entgegenarbeiten und die Familie neu festigen". Das Letztere wurde namentlich auch gegen das Verlangen geltend gemacht,die eheliche Gütertrennung als Prinzip des Gesetzes anzuerkennen, weil man davon ebenfalls eine erleichterte Ehescheidung befürchtete.

Es ist ein alter Erfahrungssatz, daß die Vertreter einer gealterten, in der Auflösung begriffenen Gesellschaftsordnung immer nach künstlichen Mitteln und selbst nach Gewaltmitteln greifen, um das dem Untergang Verfallene zu konservieren. So auch die Majorität des Reichstags in Bezug auf die Ehe, jener wichtigsten Grundlage der heutigen Gesellschaftsordnung, als welche sie die Vertreter der letzteren bezeichnen.

Zunächst war es eine große Konzession an die katholische Kirche, repräsentiert durch das Zentrum, daß man in das Gesetz die Scheidung von Tisch und Bett aufnahm, wodurch abermals die Kirchen ein Hauptmachtmittel erhalten, um sich in ein rein bürgerliches Geschäft, das selbst nach Luther die Kirche nichts angeht, zu mengen und Gewissenszwang auszuüben. Des Weiteren ging man namentlich den Bestimmungen der preußischen Landrechts in Bezug auf die Ehescheidung zu Leibe, die jetzt volle hundert Jahre in Gültigkeit sind und sich voll bewährt haben. Dadurch ist künftig die Ehescheidung auf gegenseitige Einwilligung der Ehegatten nach dem Bürgerlichen Gesetzbuch unmöglich. Was diese Einschränkung allein für eine Summe von Demoralisation und Elend bedeutet, mag daraus entnommen /[579]/ werden, daß auf 5623 Scheidungsfälle, die von 1886 bis 1892 in Berlin vorkamen, allein auf gegenseitige Einwilligung 14oo, auf je 1ooo also 248,9, rund 25 Prozent, entfielen. Weiter sind als Ehescheidungsgründe fortgefallen: unüberwindliche Abneigung, Trunksucht oder unordentliche Wirtschaft, ekelhafte Krankheit, Versagung des Unterhalts oder Verarmung etc. Die Repräsentanten der bürgerlichen Gesellschaft mögen wähnen, durch Ehescheidungserschwerungen ihre Gesellschaft zu moralisieren, und sei es auch nur dem äußeren Scheine nach - denn um etwas anderes kann es sich günstigsten Falles nicht handeln -, aber die Vertreter der Sozialdemokratie konnten nie und nimmer durch Zustimmung zu einem solchen Gesetz sich der Tugendheuchelei schuldig machen und jährlich Tausende zwingen, einen Ehebund vor der Welt zum Scheine aufrecht zu erhalten, der innerlich durch und durch faul und verdorben ist und nur den Nährboden für tiefere moralische Verkommenheit abgibt, die nicht selten zum Verbrechen führt. Dazu kommt weiter, daß die Ehescheidung in zahlreichen Fällen auch dadurch sehr erheblich erschwert wurde, daß die Anfechtung der Ehe nur binnen sechs Monaten erfolgen kann (§ 1339) und die Scheidungsklage in den Fällen der §§ 1565-1568 ebenfalls binnen sechs Monaten von dem Zeitpunkt an erhoben werden muß, in dem der eine der Ehegatten von dem Scheidungsgrund Kenntnis erlangt. Nach dem preußischen Landrecht umfaßt dieser Termin ein Jahr und selbst dieser genügt in vielen Fällen nicht, um dem benachteiligten Teile den moralischen Mut zu geben, eine Scheidung zu betreiben, die er später als eine absolute Notwendigkeit erkennt und die eine Notwendigkeit ist. Man nehme z.B. den Fall, daß eine junge Frau kurz nach der Eheschließung entdeckt, daß sie einen Mann geheiratet hat, der - kein Ehemann ist und nicht sein kann. Bis sich eine junge, verschämte und eingeschüchterte Frau entschließt, diese Entdeckung zum Gegenstand einer Ehescheidung zu machen, dürften in der Regel mehr als sechs Monate, oft mehr als ein Jahr vergehen. Nach sechs

Monaten ist es aber künftig schon zu spät, um noch eine Trennung der Ehe durchzusetzen. Dieser und ähnlicher Fälle gibt es eine erhebliche Zahl, auch solcher, in denen der männliche Teil der Benachteiligte ist. Ebenso ist es künftig kein Ehescheidungsgrund, wenn die Ehe durch Verschulden des einen Teils kinderlos bleibt. Ferner wurde in das Bürgerliche Gesetzbuch die Bestimmung aufgenommen, daß Militärpersonen und solche Landesbeamte, die nach den Landesgesetzen zur Eingehung einer Ehe eine besondere Erlaubnis bedürfen, nicht ohne diese Erlaubnis - die in vielen Fällen gar nicht, in anderen nur unter Bedingungen gewährt wird, die mit dem eigentlichen Ehezweck nichts zu schaffen haben - eine Ehe eingehen dürfen[1]. Diese Bestimmung bedeutet aber für viele Tausend Beamte ein unfreiwilliges Zölibat oder den Zwang zur Schließung einer Geld- oder Standesehe, sie zwingt also zu Verbindungen, die selbst vom Standpunkt der bürgerlichen Gesellschaft und der angeblich der Ehe zu Grunde liegenden idealen Anschauungen verwerflich sind. Zu solchen Bestimmungen und ähnlichen konnte ebenfalls die Sozialdemokratie ihre Zustimmung nicht geben.

Mangelhaft und ungenügend sind ferner die Bestimmungen des Gesetzes über die eheliche Güterverwaltung, welche ausschließlich die Frau benachteiligen, denn die rechtlichen Wirkungen der Ehe sind für die Frau anders normiert als für den Mann, und nur durch besonderen Vertrag kann die Frau vermögensrechtliche Gleichstellung erwerben. Ferner ist nach den Vorschriften über das Verhältnis zwischen Mann und Frau in der Ehe, über die Kindererziehung etc. die Frau der dem Manne untergeordnete Teil. Überall statuiert hier das neue Gesetz das alte Herrenrecht des Mannes, ein Verhältnis, das nicht nur im Wider-/[58o]/spruch steht mit dem natürlichen Rechte der Frau, sondern auch mit dem Rechte anderer Kulturstaaten, insbesondere Englands. Es steht endlich im Widerspruch mit den tatsächlichen Verhältnissen, wie sie sich für Millionen Frauen in Deutschland aus der sozialen Entwicklung der letzten Jahrzehnte gestaltet haben und mit jedem Jahre für immer weitere Frauenkreise ähnlich gestalten. Diesen neuen Zuständen mußte das für das zwanzigste Jahrhundert bestimmte deutsche Bürgerliche Gesetzbuch ebenso gut Rechnung tragen wie es das bürgerliche Recht Englands bereits vor zwanzig Jahren getan hat. So steht aber das deutsche bürgerliche Recht nicht bloß hinter dem Rechtszustand in England, sondern auch vielfach selbst hinter dem in Skandinavien, Oesterreich und - Rußland zurück. Was bleibt denn da übrig von der schönen, auch in den Reichstagsverhandlungen mehrfach angewandten Phrase: Der Kulturgrad einer Nation bemißt sich nach der Stellung, die die Frau einnimmt[2]! An der Spitze der Kulturnationen marschiert also, an solchen Zuständen gemessen, Deutschland nicht. Aber es ist nicht die Schuld der Sozialdemokratie, daß es so ist.

"Das Volk will im wesentlichen behalten, was es hat, es will nur eine Ende machen dem unleidlichen Zustande der Zerrissenheit", rief der Staatssekretär Dr. Nieberding in der Sitzung vom 3.Februar den "Idealisten" zu[3] die verlangten, daß man nicht nur an das Alte, sondern auch an das Neugewordene denken solle. Der zitierte Ausspruch des Staatssekretärs stigmatisiert das Gesetz besser, als lange Ausführungen es vermöchten.

Mangelhaft geordnet, wenn auch für große Distrikte verbessert, ist ferner die Stellung der unehelichen Kinder, von denen in Deutschland jährlich ca. 172 000 zur Welt kommen: fast 10 Prozent der ehelichen. Die Mutter hat das Recht und die Pflicht, für die Person des unehelichen Kindes zu sorgen, dekretiert § 1708 des Gesetzes; aber derselben Mutter, die diese Pflicht hat, steht nicht die elterliche Gewalt über das uneheliche Kind zu. Das uneheliche Kind hat also vor dem Gesetz nur eine unterwertige Mutter und keinen wirklichen Vater: denn ein uneheliches Kind und dessen Vater gelten nicht als verwandt, auch dann nicht, wenn sein Vater ein Prinz oder ein Prälat ist, oder vielmehr gerade deshalb nicht. Und da wundert sich diese so religiös-moralisch denkende und so religiösmoralisch fühlende Gesellschaft, daß so viele uneheliche Kinder zu Verbrechern werden. Da war selbst Kaiser Josef II.vor mehr als hundert Jahren weiter wie das für das zwanzigste Jahrhundert bestimmte deutsche bürgerliche Recht, denn er

---

1) S.§ 1315 BGB a.F.
2) S.z.B. Frhr.v.STUMM-HALBERG in seiner Rede während der 1.Lesung im Plenum (s.o.Nr.7, Anm.6).
3) STEN.BER.RT. a.a.O. (s.o.Nr.4, Anm.3) S.708.

setzte die Gleichstellung der unehelichen Kinder mit den ehelichen des Vaters durch. Daß später nach seinem Tode diese Errungenschaft wieder fiel, war begreiflich, war aber nicht seine Schuld. Gar keinen Vater, auch nicht im beschränkten Sinne des kommenden Rechtes, hat das uneheliche Kind, für dessen Mutter die exceptio plurium in Frage kommt, der geschlechtliche Umgang mit mehreren Männern in der Zeit der Empfängnis. Das unschuldige Kind wird für den Leichtsinn oder die Schwachheit oder die Armut seiner Mutter gestraft. Leichtsinnige und schwache Väter kennt das Gesetz nicht. Die Sozialdemokratie mußte es auch hier natürlich ablehnen, gemeinsame Sache mit den bürgerlichen Parteien zu machen, denn sie hätte durch ein Ja zu dem Gesetz solche und ähnliche verwerfliche Anschauungen sanktioniert.

Es war ein sehr wohlbegründeter Protest, den die Leiterinnen der bürgerlichen Frauenbewegung in einer großen Versammlung in Berlin zwischen der zweiten und dritten Lesung des Bürgerlichen Gesetzbuchs formulierten und in dem sie sich scharf gegen die Bestimmungen wendeten, welche die Stellung der Frau und der unehelichen Kinder betreffen. Genützt hat er bei der Reichstagsmehrheit nicht, aber genützt hat er draußen, wo endlich vielen klar geworden sein wird die Stellung, die sie künftig einzunehmen haben. Daß es in allen diesen Fragen die Sozialdemokratie war, die unentwegt und unentmutigt die Fahne für die volle Gleichberechtigung Aller entfaltete und vorantrug, ohne sie durch ein schwächliches Kompromiß zu beflecken, wird ihr die Anerkennung von Hunderttausenden und Millionen bringen.

Erhebliche Anstände hatte ferner die Sozialdemokratie zu erheben an den Bestimmungen, die den Dienst- (Arbeits-) Vertrag und den Mietvertrag, sowie die Verantwortlichkeit der Beamten für im Amt begangene schädigende Handlungen betreffen. Uns hier ausführlicher auszulassen, würde zu weit führen. Die Verhandlungen des Reichstags haben die weite Kluft gezeigt, die auch hierin zwischen den sozialdemokratischen Vertretern und den Vertretern der Mehrzahl der bürgerlichen Parteien besteht. Insbesondere ist die Verantwortlichkeit der Beamten für ihre Amtshandlungen höchst ungenügend geregelt, obgleich hier ebenfalls sehr weitgehende bürgerliche Forderungen vorliegen, die bis in die vormärzliche Zeit zurückreichen und heute noch genau so brennend sind, wie zu jener Zeit. Aber je mehr die Söhne der besitzenden Klassen sich auf den kurulischen Stühlen niederlassen, von denen aus das Volk regiert und verwaltet wird und Recht gesprochen bekommt, um so weniger geneigt ist man dort, einschneidende Bestimmungen über die Verantwortlichkeit der Beamten zu treffen. Das Wort: "Eine Krähe hackt keiner anderen die Augen aus", hat einen tiefen Sinn.

Ein wichtiges Stück politischen Klassenrechts wurde durch die Vorschriften über die Vereine geschaffen. Nach § 61 kann die Verwaltungsbehörde gegen die Erlangung der Korporationsrechte Einspruch erheben, wenn der Verein nach öffentlichem Recht unerlaubt ist oder verboten werden kann - was z.B.nach den Bestimmungen in den Vereinsgesetzen Sachsens, Hamburgs etc. jedem der Staatsgewalt unbequemen Verein passieren kann - oder wenn er einen politischen, sozialpolitischen oder religiösen Zweck verfolgt. Der Abschnitt über die Vereine hatte schon in der ersten Lesung des Entwurfs starke Anfechtungen erlitten, die Geheimrat Planck in der Sitzung am 4.Februar unter anderem mit den Worten zurückzuweisen versuchte, daß er sagte:

"Das öffentliche Interesse durfte und mußte berücksichtigt werden, und dazu dienen die Bestimmungen über das Einspruchsrecht der Verwaltungsbehörden gegen Vereine, die politische, religiöse und sozialpolitische Zwecke verfolgen. Es wäre vielleicht nicht notwendig gewesen, diese Bestimmungen aufzunehmen, wenn wir ein allgemeines Reichsgesetz über das Vereinsrecht hätten, ein Gesetz, das zugleich die nötige Garantie gegen Mißbrauch des Vereinsrechts, gegen gemeinschädliche und -gefährliche Vereine gibt. Ein solches Vereinsrecht gibt es aber in Deutschland nicht ... Nun meine ich: wenn das Bürgerliche Gesetzbuch auf dem Boden des bürgerlichen Rechts diese Gestaltung zuläßt, dann ist es keine Einmischung der Polizeiwillkür, sondern eine notwendige Konsequenz dieser bürgerlichen Rechtsordnung, daß sie auch zu gleicher Zeit die Garantien hinzufügt, welche gegen die Gefährdung des öffentlichen Wohls durch diese Vereine notwendig sind[4)]".

4) STEN.BER.RT. a.a.O. (s.o.Nr.5,Anm.2) S.737.

Das ist sehr deutlich und offen gesprochen und läßt keinen Irrtum über den politischen Klassencharakter dieser Bestimmungen zu. Die Verwaltungsbehörde kann gegen die Eintragung von Vereinen Einsprache erheben, wenn ein solcher verboten werden kann oder einen politischen, sozialpolitischen oder religiösen Zweck verfolgt, aber sie muß nicht diese Einsprache erheben,und so ist es also klar, daß hier in der Form des gemeinen Rechts durch die Art der Handhabung desselben/[582]/ ein Ausnahmerecht für alle unbequemen, politische, sozialpolitische und religiöse Zwecke verfolgenden Vereine geschaffen worden ist. Die Kommission hatte in der ersten Lesung Beschlüsse gefaßt, die die Polizeiwillkür ausschlossen, darauf erklärte aber die Regierung bei Beginn der zweiten Lesung, daß die Aufrechterhaltung dieser Beschlüsse der ersten Lesung das ganze Gesetzbuch in Frage stelle, und darauf verständigte sich die Majorität über die Fassung, der auch das Plenum zustimmte und die wir in ihrem entscheidenden Punkte klarstellten[5]. Die Haltung der Regierungen zeigt, welche Bedeutung sie diesem Abschnitt des Gesetzes beilegten. Wir meinen, die Sozialdemokratie hatte hiernach schon allen Grund, diesen Bestimmungen die gleiche Bedeutung wie die Regierungen beizumessen; sie genügten allein, um die Abstimmung gegen das Gesetz zu rechtfertigen, ja sie machten ein Nein zur Pflicht.

Es bewahrheitete sich also hier wieder das Wort Caprivis: Die verbündeten Regierungen prüfen jede Vorlage, die sie dem Reichstag machen, mit Rücksicht auf die Wirkung, die sie auf die Sozialdemokratie übt. Auch das Bürgerliche Gesetzbuch ist so ein Mittel zur Klassenherrschaft geworden, das sich noch in vielen anderen Bestimmungen im Laufe seiner Geltung als ein solches herausstellen wird.

Sehr drastisch und sozusagen dramatisch trat diese Tendenz zu Tage, als die sozialdemokratische Fraktion den Antrag stellte, in das Einführungsgesetz zum Bürgerlichen Gesetzbuch folgende Bestimmungen aufzunehmen:

---

5)Zur Behandlung dieser Problematik im Reichstag s.VORMBAUM, Rechtsfähigkeit S.183 ff.

"Die landesgesetzlichen Vorschriften, welche das Inverbindungtreten von Vereinen, welche politische Zwecke verfolgen, verbieten, werden aufgehoben.

Vereinigungen von Arbeitgebern oder Arbeitnehmern, welche zum Behufe der Erlangung günstiger Lohn- und Arbeitsbedingungen sich gebildet haben, unterliegen keiner landesgesetzlichen Vorschrift."

Dieser Vorschlag entsprach seinem Sinne nach dem sogenannten Notvereinsgesetzentwurf, den kurz zuvor der Reichstag mit großer Mehrheit angenommen hatte und von dem im Reichstag unter der Hand behauptet worden war, daß er die Zustimmung der Regierungen finden werde[6]. Es war also ein durchaus gerechtfertigtes Verlangen, eine solche Bestimmung auch in das Einführungsgesetz zum Bürgerlichen Gesetzbuch aufzunehmen, wodurch erreicht wurde, daß bei einer vereinsgesetzlichen Regelung durch die Einzelstaaten diese die Bestimmungen des Reichsgesetzes respektieren mußten. Denn Reichsrecht bricht Landesrecht. Dieselbe Majorität, die kurz zuvor dem sogenannten Notvereinsgesetzentwurf ihre Zustimmung gegeben hatte, mußte demnach auch, wenn es ihr aufrichtig um die Sicherung ihres eigenen früher gefaßten Beschlusses zutun war, dem sozialdemokratischen Antrag zustimmen. Und sie konnte hier um so leichter ihre Absicht durchsetzen, da sie die Regierungen in Bezug auf das Bürgerliche Gesetzbuch sozusagen in der Gewalt hatte, sie brauchte nunmehr nur ihrerseits ernsthaft zu drohen, dem Gesetz ihre Zustimmung zu versagen, falls die Regierungen sich dem Beschluß in Bezug auf das Vereins- und Koalitionsrecht widersetzten. Aber wozu sind bürgerliche Parteien da, als um einer ernsten Entscheidung aus dem Wege zu gehen?Damit man das dem sozialdemokratischen Antrag gegenüber mit einem gewissen Anstand konnte - dessen Berechtigung man nicht zu bestreiten vermochte, denn er gehörte mindestens ebenso gut in das Bürgerliche Gesetzbuch wie die Forderungen der Regierungen in Bezug auf die Vereine, die um Korporationsrechte nachsuchen -, schritt man zu einer Haupt- und Staatsaktion. Der Reichs-

6) S.zu dieser Problematik Nr. 76, Anm.5.

kanzler, der bis dahin nicht ein einziges Mal das Wort für das Bürger-/[583]/liche Gesetzbuch ergriffen hatte, erschien jetzt und las eine Erklärung vor, nach der die verbündeten Regierungen übereingekommen waren, den Beschluß des Reichstags, betreffend den Notvereinsgesetzentwurf, in Erwägung zu ziehen und ihn auf landesgesetzlichem Wege durchzuführen[7]. Wäre noch ein Zweifel über den Sinn und die Tragweite dieser Erklärung des Reichskanzlers vorhanden gewesen, so beseitigten ihn die Herren v. Stumm und v. Manteuffel, die jetzt beide nachdrücklich aussprachen, daß sie im Falle der Annahme des sozialdemokratischen Antrags mitsamt ihren Parteien gegen das Bürgerliche Gesetzbuch stimmen würden[8]. Herr v. Stumm erklärte zum Überfluß weiter, daß er im Prinzip dem Antrag,daß politische Vereine miteinander in Verbindung treten könnten, zustimme, aber dafür auch die Einführung von Schutzbestimmungen gegen staatsgefährliche Verbindungen erwarte und zwar durch die Landesgesetzgebungen. Die Herren Lieber und v. Bennigsen schwiegen sich über die Bedeutung der Stumm-Manteuffelschen Erklärungen aus, erklärten aber im Namen ihrer Fraktionen,daß sie unter solchen Umständen gegen den sozialdemokratischen Antrag stimmen würden[9], eine Erklärung, die ihnen um so leichter wurde, da sie wohl die reichskanzlerische Auslassung mit veranlaßt hatten.

So spielte sich ein Stückchen parlamentarischer Komödie ab, dessen Verlauf wiederum allein genügt hätte, die Sozialdemokratie zu veranlassen, gegen das Bürgerliche Gesetzbuch zu stimmen. Andere Gründe, und zwar mehr allgemeiner Natur, die sie ebenfalls veranlassen mußten, gegen das Gesetz sich zu erklären, liegen in der vielfachen Unbestimmtheit und Unklarheit der Ausdrucksweise des Gesetzes, das dem subjektiven richterlichen Ermessen einen übergroßen Spielraum gibt und zu den widersprechendsten Urteilen führen wird, unter denen in erster Linie die arbeitenden Klassen zu leiden haben werden.

---

7) S.Nr.76, bei Anm.5.
8) STEN.BER.RT. a.a.O. (s.o.Nr.76, Anm.1) S.3020.
9) A.a.O. S.3018 bzw. S.3020.

Hatte doch sogar ein so konservativer Herr, wie der Abgeordnete Rintelen, sich lebhaft über die vielen, unbestimmten und dehnbaren Formulierungen beklagt, die das Gesetz enthält[10]. Es wird eine wahre Fundgrube für juristische Spitzfindigkeiten und Deuteleien, und bietet einen immer vollen Futterkorb für unsere Juristen, die eine reiche, wohlbezahlte Prozeßernte aus ihm zu erwarten haben. Wenn etwas zeigt, daß wir uns in einer gährenden Zeit und auf einem durchaus unsicheren Rechtsboden befinden, so ist es die Unsicherheit und Unklarheit der Ausdrucksweise und die Dehnbarkeit der Bestimmungen, die das Bürgerliche Gesetzbuch enthält. Mehr als je zuvor fehlt den Vertretern der gegenwärtigen Gesellschaftsordnung die Fähigkeit zum Gesetzegeben. Dafür spricht nicht nur das Bürgerliche Gesetzbuch, dafür spricht die ganze gesetzgeberische Tätigkeit des Reichstages. In keiner Periode sind so viel Gesetze fertiggestellt worden,die bereits den Todeskeim in sich trugen, noch ehe sie in Kraft traten, als gegenwärtig. Daß der Reichstag z.B. bei der letzten Gewerbeordnungsnovelle nicht einmal mehr den Mut fand, selbst den Inhalt des Gesetzes zu bestimmen, sondern beschloß, die Ausfüllung desselben dem Bundesrat zu überlassen, ist ein testimonium paupertatis, wie es ähnlich kaum noch eine andere Gesetze beratende Körperschaft sich ausgestellt hat.

Ja, "es will Abend werden und der Tag hat sich geneiget." Das entschuldigt ein wenig die schlaftrunkenen kapitolinischen Wächter, die solche Gesetze machen. /[584]/

Aber nicht bloß ist Form und Inhalt des Bürgerlichen Gesetzbuches höchst fehler- und mangelhaft, es repräsentiert nicht einmal die soviel gerühmte Einheit des bürgerlichen Rechts. Stadthagen hatte Recht, als er in der Generaldebatte ausrief: "Es ist nur eine Einheit, soweit sie im Interesse der Bourgeoisie notwendig erscheint."

Alle Materien, die schwere Gegensätze hervorzurufen drohten oder wichtige Interessen bisher privilegierter Kreis in Frage stellen konnten, hat man ängstlich beiseite gesetzt und für ein Kräutlein-rühr-mich-nicht-an erklärt. Daher kam es, daß der

---

10)Während der 1.Lesung am 3.Februar 1896; s.STEN.BER.RT. a.a.O. (Nr.4, Anm.3) S.712.

liberale Abgeordnete Kauffmann im Hinblick auf die lange Reihe von fast hundert Paragraphen im Einführungsgesetz, welche die Materien aufführen, die auch künftig der Ordnung durch die Landesgesetzgebung vorbehalten bleiben sollen, elegisch ausrufen konnte: es sei ein Verlustliste des deutschen Einheitsgedankens[11]. Und diese Verlustliste enthält eine ganze Anzahl der wichtigsten Materien, die die Lebensinteressen von Millionen deutscher Reichsbürger männlichen und weiblichen Geschlechts betreffen, die nach wie vor der Gnade der in der Mehrzahl reaktionär zusammengesetzten Landtage überantwortet bleiben. Dahin gehören unter anderem die landesgesetzlichen Vorschriften über das Gesinderecht, das Bergrecht, das Wasserrecht einschließlich des Mühlenrechts, des Floßrechts und des Flößereirechts, das Versicherungsrecht,das Verlagsrecht,das Erbpachtrecht mit Einschluß des Büdnerrechts und des Häuslerrechts, die Jagd und Fischerei unbeschadet der Vorschriften, die das Bürgerliche Gesetzbuch darüber enthält u.s.w.,u.s.w. Weiter werden die Vorrechte der reichsständischen Familien und des vormaligen Reichsadels konserviert, es bleibt die Landesgesetzgebung über Familienfideikommisse und Lehen, über die Rentengüter, das Anerbenrecht u.s.w., u.s.w. unberührt. Gegenüber dieser "langen Verlustliste des deutschen Einheitsgedankens" sind die bürgerlichen Parteien so wenig ihrer Stellung bewußt gewesen, daß sie nicht einmal ernsthafte Versuche machten, wenigstens die wichtigsten dieser Materien für die Reichsgesetzgebung zu retten. Insbesondere ist fast das ganze Gebiet der Agrargesetzgebung nach wie vor der landesgesetzlichen Regelung überlassen, d.h. die meist nach reaktionären Wahlsystemen gewählten Landtage entscheiden.

Wie schließlich noch durch eine Anfrage Frohmes in dritter Lesung festgestellt wurde[12], bleibt in Konsequenz der Versailler Verträge auch das bayerische Heimatrecht, jene vorsintflutliche Blüte einer Heimatgesetzgebung, wie sie nicht

11)Während der 1.Lesung am 4.Februar 1896; s.STEN.BER.RT. a.a.O. (Nr.5,Anm.1).
12)In der Sitzung vom 30.Juni 1896; s.STEN.BER.RT. a.a.O. Nr.78, Anm.1)S.3049 f.;die Antwort des bayerischen Bundesratsbevollmächtigten v.HELLER s.a.a.O. S.3051 f.

sein soll, mit all seinen horrenden Unzuträglichkeiten durch das Bürgerliche Gesetzbuch unangetastet[13]. So stellt sich also auch nach Schaffung des Bürgerlichen Gesetzbuchs für das Reich die Reichseinheit als widerspruchsvolle Vielheit im Recht und in der Gesetzgebung dar. Ein Zustand, der nach dem ganzen Stande der innerpolitischen Verhältnisse Deutschlands währen wird, bis die Sozialdemokratie das Heft in den Händen hat - jene Partei, die nach der Ammenweisheit unserer bürgerlichen Parteien die Verneinung aller nationalen Einheit bedeutet - und Ein Reich, Ein Recht, Ein Volk gründet und bildet, in dem die Freiheit, Gleichheit und Gerechtigkeit der gemeinsame Boden für Alle ist. -

In einem Artikel in der "Neuen Deutschen Rundschau", Juniheft, über das Bürgerliche Gesetzbuch äußerte Rechtsanwalt Harmening in Jena:

"Es war ein Fehler der sozialdemokratischen Vertreter des Arbeiterstandes, sich zur Mitarbeit an dem Zustandekommen dieses uniformen Rechtes bereit zu erklären. Ihnen hätte müssen am ehesten klar sein, daß Abwarten, nicht aber Fertigmachen ein Gebot der sozialen Erkenntnis war."

Das ist eine grundfalsche Auffassung von Harmening. Die So-

---

13) Nach dem bayerischen "Gesetz über Heimat, Verehelichung und Aufenthalt" vom 25.April 1868 (GBl.f.d.Kgr.Bayern Sp.357 ff.) hatte jeder Angehörige des bayerischen Staates in einer bestimmten Gemeinde seine Heimat, und zwar grundsätzlich dort, wo seine Eltern heimatberechtigt waren(Art.1). Dieses Heimatrecht gewährte die Befugnis zum Aufenthalt in dem betreffenden Gemeindebezirk und im Falle von Hilfsbedürftigkeit Anspruch auf Unterstützung nach den Grundsätzen der Armenpflege (Art.9).Konnte die Heimat einer Person nicht ermittelt werden, so wurde ihr eine Gemeinde als Heimat zugewiesen (Art.15). Die mit diesem Gesetz verbundenen Beschränkungen der Freizügigkeit standen im Widerspruch zu § 7 des Entwurfes (= § 7 BGB), wonach derjenige, der sich an einem Ort ständig niederläßt, dort seinen Wohnsitz begründet. Die Heimatgesetzgebung gehörte jedoch zu den bayerischen Reservatrechten, welche durch Nr. III § 1 des Versailler Bündnisvertrages vom 23.November 187o und durch Nr. 1 des Schlußprotokolls vom selben Tage von der Gesetzgebungszuständigkeit des Reiches ausgeschlossen worden waren (BGBl [!] 1871, S.9 ff. und S.23 ff.). Eine dahingehende Auskunft enthielt die Auskunft des Bevollmächtigten v. HELLER (s.Anm.12). Auf die sachliche Problematik selbst ging v.HELLER nicht ein.

zialdemokratie wußte, was sie wollte, für sie war das Abwarten unnötig, das haben ihre Vertreter bei den Verhandlungen in der Kommission und im Plenum bewiesen. Ist das Gesetzbuch nicht besser geworden als es ist, so ist das nicht ihre Schuld, sondern die Schuld der bürgerlichen Parteien, denen es sowohl am Willen wie an der Energie fehlte, das aus dem Entwurf zu machen, was das Gesetz/[585]/ nach ihren seit Jahrzehnten immer wiederholten Behauptungen sein sollte: ein Gesetzbuch, das auf der Höhe der Zeit stehe und nach allen Richtungen hin den Ansprüchen entspreche, die ein Kulturvolk ersten Ranges an sein Bürgerliches Gesetzbuch für das kommende Jahrhundert stellen könne.

Die Sozialdemokratie hat mit mehr Eifer als bei jedem früheren Gesetz sich bemüht, dasselbe so zu gestalten, wie es nach den Anschauungen der vorgeschritteneren Vertreter des Bürgertums gestaltet werden sollte. Und mehr zu fordern war unmöglich, denn noch leben wir in der bürgerlichen Gesellschaft und haben mit ihr zu rechnen. Gelang ihr nicht, das durchzusetzen, was unser Zeitalter fordert, so nur, weil sie von denen im Stich gelassen wurde, die an erster Stelle verpflichtet waren, für ein gutes Bürgerliches Gesetzbuch zu kämpfen. Dann aber, nachdem ihr dies nicht gelang, kleinliche Obstruktionspolitik zu treiben, dafür hält sich die Sozialdemokratie zu groß. Mögen jene die Verantwortung tragen, die schließlich das Gesetz schufen; seine Fehler und Mängel bedeuten nur neue Fortschritte und neue Siege für uns.

Nr.86

Parteitag der SPD; Gotha 11. bis 16.Oktober 1896
Protokoll S.43 ff.

[Aus dem Bericht über die parlamentarische Tätigkeit der Reichstagsfraktion]

[57] An der Beratung des Bürgerlichen Gesetzbuches hat sich unsere Partei in der fleißigsten Weise beteiligt. Sie hat auch kein Hehl daraus gemacht, daß gegenüber dem bisherigen krausen Wirrwarr auf zivilrechtlichem Gebiet die Einheit des Rechtes einen großen politischen Fortschritt darstelle - auch für die Arbeiter, die bald hier, bald da ihr Brot zu suchen haben und am allerwenigsten sich mit den von Land zu Land, von Ort zu Ort wechseln/[58]/den Rechtsverhältnissen vertraut machen können. Die Fraktion hatte daher gar keine Ursache, durch eine rücksichtslose Obstruktion das Zustandekommen des Gesetzes zu hintertreiben; dagegen bestand sie selbstverständlich darauf, den Entwurf einer wirklichen und gründlichen Beratung zu unterziehen - um so mehr, als er verschiedene Bestimmungen enthielt, die, selbst innerhalb der bestehenden Klassengliederung, der Arbeit ganz unnötige Fesseln anlegten. Als solche Fesseln bezeichneten unsere Vertreter mit Recht den Versuch, einen "lebenslänglichen Arbeitsvertrag" zu schaffen[1] und den im Entwurf enthaltenen Angriff auf das Koalitionsrecht: nach dem Entwurf sollte dem Fabrikherren die "Selbsthilfe" gewährt werden, Streiklustige gewaltsam in der Fabrik zurückzubehalten[2]. Es ist unseren Genossen gelungen,

1) S.u.a.Nr.28, Anm.7.

diese beiden Bestimmungen bereits in der Kommission aus dem Entwurf zu bringen[3]. Dasgleiche gelang mit einer Bestimmung, die unser Parteivermögen dem großen Magen des Fiskus hätte preisgeben können[4]. Direkt gegen die Arbeiterklasse gerichtete neue Bestimmungen enthält also das Gesetz nicht mehr. Im Gegenteil ist es der zähen Arbeit unserer Genossen gelungen, eine Reihe Verbesserungen auf mannigfaltigen Gebieten in das Gesetzbuch hineinzubringen. Daß jedoch auch der in der Kommission erreichte Zustand bei weitem nicht das ist, was heute bereits Gesetz sein sollte und könnte, zeigen die Anträge und Ausführungen unserer Fraktion zur zweiten Beratung. Trotzdem kann zugegeben werden, daß das Bürgerliche Gesetzbuch in den übermeisten der von ihm geregelten Teile bessere Bestimmungen aufweist, als der Durchschnitt der zur Zeit bestehenden Gesetze. Wenn trotzdem die Fraktion schließlich gegen das Ganze stimmte, so geschah das hauptsächlich, weil ganz wesentliche Bestimmungen wieder durchbrochen und aufgehoben sind durch die vielen Artikel des Einführungsgesetzes. Dort werden z.B. aufrecht erhalten: die Hausverfassungen und Hausgesetze der Landesherren und des hohen Adels. Ferner sollen unberührt bleiben: die landesgesetzlichen Vorschriften über Fideikommisse, Lehen, Stammgüter, Rentengüter, Erbpachtrecht, Büdner- und Häuslerrecht, Anerbenrecht, über Regalien, Zwangs- und Bannrechte, vor allem aber die über das Bergrecht, einschließlich der Verhältnisse der Bergarbeiter, sowie über das Gesinderecht. Bezüglich des Gesindes ist allerdings der Fortfall des Züchtigungsrechts und die Verpflichtung der "Herrschaft" festgesetzt, für ausreichende Schlaf- und Wohnräume zu sorgen, sowie in gewissem Maß für die Fälle von Krankheit Fürsorge zu treffen. Das gnügt aber durchaus nicht. Im wesentlichen sollen nach dem Entwurf die Bergarbeiter, ein Teil der ländlichen Arbeiter und das häusliche Gesinde dem partikularen Ausnahmerecht unterstellt bleiben.

---

2) S.u.a.Nr. 6, Anm.29.
3) S.Nr. 18, Anm.11 ff. und Nr. 57, Anm.3.
4) S.Nr. 6o, Anm.2.

Die Sozialdemokratie hat während der ganzen Beratung niemals einen so beschränkt kleinlichen Cliquenegoismus gezeigt, wie die berufenen Vorkämpfer der nationalen Einheit, die, wie die Konservativen, das ganze Werk an den Hasen oder, wie der König von Neunkirchen[5], an ein paar Zusicherungen betreffs des Vereins- und Koalitionsrechtes scheitern lassen wollten[6]. Aus den angeführten Gründen jedoch, zu denen sich noch weitere Bedenken, wie die über die Stellung der Frau im künftigen Zivilrecht gesellten, stimmte die Fraktion schließlich gegen das ganze Gesetz.

---

5) Gemeint ist Freiherr v. STUMM-HALBERG (s.Nr.18,Anm.2).
6) S.Nr.76, bei Anm.5 und VORMBAUM, Rechtsfähigkeit S.194.

Q U E L L E N V E R Z E I C H N I S

A UNGEDRUCKTE QUELLEN*)

I AMSTERDAM, Internationaal Instituut voor sociale Geschiedenis.

Briefwechsel August BEBEL
Briefwechsel Karl KAUTSKY

II CELLE, Bibliothek des Oberlandesgerichts

Signatur: Eb 53 - Commission zur Ausarbeitung des Entwurfs eines bürgerlichen Gesetzbuches. Protokolle 1877-1880 und Vorlagen der Redaktoren von 1875-1880. Metallographiert.

III GÖTTINGEN, Universitätsbibliothek

Signatur: Jus Germ. V 1301 - Protokolle der 1.Kommission zur Ausarbeitung des Entwurfs eines Bürgerlichen Gesetzbuches für das Deutsche Reich. Metallographiert.

IV HAMBURG, Staats- und Universitätsbibliothek

1 Signatur: B/905 - Protokolle der 1.Kommission zur Ausarbeitung des Entwurfs eines Bürgerlichen Gesetzbuches für das Deutsche Reich. Metallographiert.
2 Signatur: B/15 - Protokolle der 2.Kommission zur Ausarbeitung des Entwurfs eines Bürgerlichen Gesetzbuches für das Deutsche Reich. Metallographiert.

V HEIDELBERG, Juristisches Seminar der Universität (Magazin); Juristischer Nachlaß Albert GEBHARD (Vorläufige Signaturen)

1 Signatur: Nr.1 und 2 - Kommission zur Ausarbeitung des Entwurfs eines Bürgerlichen Gesetzbuchs. Protokolle der Sitzungen von 1875-1880 und Vorlagen der Redaktoren von 1875-1880. Metallographiert.
2 Signatur: Nr.8 - Protokolle der 1.Kommission zur Ausarbeitung des Entwurfs eines Bürgerlichen Gesetzbuches für das Deutsche Reich. Metallographiert.

*) Soweit in der "Einführung" und in den Anmerkungen zur Quellensammlung auf die ungedruckten Materialien zum BGB zurückgegriffen werden mußte, ist das Expl. des Jur.Seminars der Universität Heidelberg benutzt worden. Die Aufnahme der Exemplare aus Celle, Göttingen, Hamburg und München in das Quellenverzeichnis soll der Bestandsaufnahme der bislang

3 Signatur: Nr.25 - Vorkommission des Reichs-Justizamts für die zweite Lesung des Entwurfs eines bürgerlichen Gesetzbuchs für das Deutsche Reich. Metallographiert.

4 Signatur: Nr.26 - Protokolle der 2.Kommission zur Ausarbeitung des Entwurfs eines Bürgerlichen Gesetzbuches für das Deutsche Reich. Metallographiert.

5 Signatur: Nr.39 - Drucksachen der Reichstagskommission für die Beratung des Bürgerlichen Gesetzbuchs (s. B III 4f.).

VI MÜNCHEN, Bayrisches Hauptstaatsarchiv, Abtlg I (Allgemeines Staatsarchiv)

Signatur: MK 19089-19099 - Protokolle der 2.Kommission zur Ausarbeitung eines Entwurfs eines Bürgerlichen Gesetzbuches für das Deutsche Reich. Metallographiert.

VII STUTTGART, Hauptstaatsarchiv

Signatur: E 14 Bü 585 - Acten des Königlichen Justiz - Ministerium betreffend das Disziplinarverfahren gegen den Landgerichtsrath Pfizer in Ulm.

B GEDRUCKTE QUELLEN

I Allgemeine Quellen

1 Bismarck und Lassalle. Ihr Briefwechsel und ihre Gespräche. [Eingeleitet und herausgegeben] von Gustav MAYER. Berlin 1928.

2 Schreiben BISMARCKs an das Handelsministerium zur Aufhebung der Koalitionsverbote. Vom 26.Januar 1865. in: Koll.ArbR. Bd 1,S.55.

3 Programm der Sozialistischen Arbeiterpartei Deutschlands, beschlossen auf dem Einigungsparteitag in Gotha 1875.
in: Programme S. 73-75.

4 Programm der Sozialdemokratischen Partei Deutschlands, beschlossen auf dem Erfurter Parteitag 1891.
in: Programme S.77-82.

5 Verzeichniß der Bevollmächtigten zum Bundesrath sowie Alphabetisches Verzeichniß aller Mitglieder des Reichstages mit angehängter Fraktionsliste. 3.Aufl., abgeschlossen mit der Vertagung des Reichstages am 2.Juli 1896.
in: STEN.BER.RT., IX.Leg.Per., IV.Session 1895/97, Anlagenbd 1, Anlage Nr.1.

6 Protokoll über die Verhandlungen des Parteitages der Sozialdemokratischen Partei Deutschlands. Abgehalten zu Gotha vom 11. bis 16.Oktober 1896. Berlin 1896.

---

bekannt gewordenen Quellenexemplare dienen.

7 Sozialdemokratische Abgeordnete in den deutschen Landtagen.
in: Zeitschrift für Sozialwissenschaft 3(1900),S.277 ff.

II Rechtsquellen bis 1900 (ohne Materialien zum BGB)

1 Baden
Das Badische Landrecht vom 3.Februar 1809. Mit den Einführungsedicten,Gesetzen,welche das Landrecht abändern und ergänzen,sowie Verweisungen auf Parallelstellen. Nach dem Stand vom 1.Januar 1891. 2.Aufl. Tauberbischofsheim 1891.

2 Bayern
a Codex Maximilianeus Bavaricus Civilis. Oder Neu Verbessert= und Ergänzt=Chur=Bayrisches Land=Recht... München 1756.

b Gesetz über Heimat,Verehelichung und Aufenthalt. Vom 25.April 1868.
in: GBl. f.d. Kgr.Bayern 1868. Sp.317.

3 Deutschland (Norddeutscher Bund und Deutsches Reich)
a Gewerbeordnung für den Norddeutschen Bund. Vom 21. Juni 1869.
in: BGBl.NDB 1869. S.245.

b Gesetz,betreffend die Verfassung des Deutschen Reiches. Vom 16.April 1871.
in: BGBl. 1871. S.63.

c Vertrag,betreffend den Beitritt Bayerns zur Verfassung des Deutschen Bundes. Vom 23.November 1870.
in: BGBl. 1871. S.9.

d Schlußprotokoll zu c.
in: BGBl. 1871. S.23.

e Geschäftsordnung für den Reichstag des Norddeutschen Bundes. (Nach den Beschlüssen des Reichstages)
in: STEN.BER.RTNDB . I.Leg.Per.,Session 1868, Bd 2, S.433.

f Gesetz,betreffend die Einrichtung der Verwaltung. Vom 30.Dezember 1871.
in: Gesetzblatt für Elsaß-Lothringen. 1872. S.49.

g Gesetz über die Beurkundung des Personenstandes und die Eheschließung. Vom 6.Februar 1875.
in: RGBl. 1875.S.23.

h Gesetz gegen die gemeingefährlichen Bestrebungen der Sozialdemokratie. Vom 21. Oktober 1878.
in: RGBl. 1878. S.35.

i Gesetz,betreffend den Wucher. Vom 24.Mai 1880.
in: RGBl. 1880. S.109.

j Gesetz,betreffend Abänderungen der Gewerbeordnung. Vom 1.Juni 1891.
in: RGBl. 1891. S.261.

k Gesetz, betreffend Ergänzung der Bestimmungen über den Wucher. Vom 19.Juni 1893.
in: RGBl. 1893. S.197.

l Gesetz, betreffend die privatrechtlichen Verhältnisse der Binnenschiffahrt. Vom 15.Juni 1895.
in: RGBl. 1895. S.301.

m Bekanntmachung, betreffend den Betrieb von Bäckereien und Konditoreien. Vom 4.März 1896.
in: RGBl. 1896. S.55.

n Gesetz, betreffend das Vereinswesen. Vom 11.Dezember 1899.
in: RGBl. 1899. S.699.

4 Französisches Recht

a Der Code civil französisch und deutsch (Verbesserte CRAMER'sche Übersetzung) nebst den ihn abändernden und ergänzenden preußischen und Reichsgesetzen. Leipzig 1889.

b Décret relatif aux droits des enfants nés hors du mariage. (12 Brumaire an 2 = 2 Nov.1793.)
in: Recueil général des lois et des arrêts, avec notes et commentaires, revu et complété par L.-M. DEVILLENEUVE et A.A. CARETTE (1re série, Lois annotées. 1789-1830.). Paris 1851.

5 Preußen

a Allgemeines Landrecht für die Preußischen Staaten von 1794. Textausgabe mit einer Einführung von Hans HATTENHAUER und einer Bibliographie von Gunther BERNERT. Frankfurt/M. 1970.

b Allerhöchste Kabinettsordre vom 19ten April 1813, betreffend die zwischen den verschiedenen Kontrahenten bestehenden Verträge, welche die gesetzlich gegebene Gewerbefreiheit beschränken.
in: Pr.GS. 1813. S.69.

c Gesetz, betreffend Abänderungen des Abschnitts 11, Titel 1, Theil II und des Abschnitts 9, Titel 2, Theil II des Allgemeinen Landrechts. Vom 24. April 1854.
in: Pr.GS. 1854. S.193.

d Gesetz über die Beurkundung des Personenstandes und die Form der Eheschließung. Vom 9.März 1874.
in: Pr.GS. 1874. S.95.

6 Sachsen

Das bürgerliche Gesetzbuch für das Königreich Sachsen nebst der Publikationsverordnung vom 2.Januar 1863. Mit einem von Eduard SIEBENHAAR gefertigten, ausführlichen alphabetischen Wort- und Sachregister. Leipzig 1863.

7 Sachsenspiegel

Sachsenspiegel (Landrecht). Herausgegeben von Cl. Frhr. von SCHWERIN. Eingeleitet von Hans THIEME. Stuttgart 1964.

III Materialien zur Entstehung des BGB

1 Materialiensammlung
Die gesamten Materialien zum Bürgerlichen Gesetzbuch für das Deutsche Reich. Hrsg. von B. MUGDAN. Bd I-V. Berlin 1899.

2 Bundesrat

a Protokolle über die Verhandlungen des Bundesraths des Deutschen Reiches. Sessionen 1872-1874,1888-1896. Berlin 1872-1896.

b Drucksache des Bundesraths Nr.53 der Session 1874. Vom 16.April 1874.
Abgedruckt bei RASSOW,Gruchot 21,S.175-195.

c Drucksache des Bundesraths Nr. 74 der Session 1874. Vom 9.Juni 1874. Bericht des Ausschusses für Justizwesen,betreffend 1) das Gutachten der zur Ausarbeitung eines Planes und der Methode für die Aufstellung des Entwurfes eines deutschen bürgerlichen Gesetzbuches gewählten Kommission (Nr.53 der Drucksachen). Abgedruckt bei RASSOW,Gruchot 21,S.195-214.

3 Kommissionsarbeiten

a Kommission zur Ausarbeitung des Entwurfs eines bürgerlichen Gesetzbuches für das Deutsche Reich.
... Buch. Recht der Schuldverhältnisse. II. Besonderer Theil mit Begründung. Vorlage des Redaktors Dr. F.Ph.F. v.KÜBEL, ergänzt durch Bestimmungen des Dresdener Entwurfs. 1.Abtheilung (Ungerechtfertigte Bereicherung. Geschäftsführung ohne Auftrag. Darlehn. Anweisung. Schuldanerkenntnisvertrag. Schenkung.Kauf. Tausch. Miete. Pacht. Viehvorstellung. Gebrauchsleihe. Dienstverdingung. Werkverdingung. Mäklervertrag.)
Berlin o.J. (3.Bd der Vorlagen).

b Kommission zur Ausarbeitung des Entwurfs eines bürgerlichen Gesetzbuchs. Begründung des Entwurfs eines Familienrechts für das Deutsche Reich. Vorlage des Redaktors Dr. PLANCK. Berlin 1880. 2 Teile.
(8. und 9.Bd der Vorlagen).

c Kommission zur Ausarbeitung des Entwurfs eines bürgerlichen Gesetzbuchs. Anlagen zu den Motiven des Entwurfs eines Familienrechts für das Deutsche Reich. Berlin 1888. (10. Bd der Vorlagen).

d Kommission zur Ausarbeitung des Entwurfs eines bürgerlichen Gesetzbuches. Vorschläge zu dem Entwurfe eines Einführungsgesetzes zum Bürgerlichen Gesetzbuche, das Recht der Schuldverhältnisse betreffend. Mit Begründung. Berlin 1882-1888.
(13.Bd der Vorlagen).

e Entwurf eines bürgerlichen Gesetzbuches für das Deutsche Reich. Erste Lesung. Ausgearbeitet durch die von dem Bundesrathe berufene Kommission. Amtliche Ausgabe. 5 Bde Berlin und Leipzig 1888.

f Motive zu dem Entwurfe eines bürgerlichen Gesetzbuches für das Deutsche Reich. Amtliche Ausgabe. 5 Bde,Berlin und Leipzig 1888.

g Protokolle der Kommission für die zweite Lesung des Entwurfs des Bürgerlichen Gesetzbuches. Im Auftrage des Reichs-Justizamtes bearbeitet von Dr.ACHILLES, Dr. GEBHARD, Dr.SPAHN. 7 Bde, Berlin 1897-1899.

h Entwurf eines Bürgerlichen Gesetzbuchs für das Deutsche Reich. Zweite Lesung. Nach den Beschlüssen der Redaktionskommission. Auf amtliche Veranlassung. Berlin 1895.

i Entwurf eines Bürgerlichen Gesetzbuches und eines zugehörigen Einführungsgesetzes sowie eines Gesetzes, betreffend Änderungen des GVG, der CPO, der KO und des Einführungsgesetzes zur CPO und zur KO. In der Fassung der Bundesrathsvorlagen. Auf amtliche Veranlassung. Berlin 1898.

4 Reichstag

a Entwurf eines Bürgerlichen Gesetzbuches nebst einer zugehörigen Denkschrift.
in: STEN.BER.RT.,IX.Leg.Per.,4.Session 1895/97. Drucksache Nr. 87.

b Sonderdruck der DENKSCHRIFT:
Denkschrift zum Entwurf eines Bürgerlichen Gesetzbuchs nebst drei Anlagen. Berlin 1896. (Separatdruck mit eigener Paginierung).

c Entwurf eines Bürgerlichen Gesetzbuchs. In der Fassung der dem Reichstag gemachten Vorlage.Berlin 1896.

d Entwurf eines Einführungsgesetzes zum Bürgerlichen Gesetzbuch.
in: STEN.BER.RT., IX.Leg.Per.,4.Session 1895/97. Drucksache Nr. 87a.

e Bericht über den Entwurf eines Bürgerlichen Gesetzbuches in Verbindung mit dem Entwurfe eines Einführungsgesetzes zum Bürgerlichen Gesetzbuche.
in: STEN.BER.RT.,IX.Leg.Per.,4.Session 1895/97. Drucksache Nr. 44o.

f Sonderdruck des BERICHTS:
Bericht der Reichstagskommission über den Entwurf eines Bürgerlichen Gesetzbuchs und Einführungsgesetzes nebst einer Zusammenstellung der Kommissionsbeschlüsse. Berichterstatter: Abgeordnete Dr.ENNECCERUS, Dr.v.BUCHKA, Dr.BACHEM, SCHRÖDER. Berlin 1896. (Separatdruck mit eigener Paginierung).

5 Zusammenstellungen von Kritiken

a Zusammenstellung der gutachtlichen Äußerungen zum Entwurf eines bürgerlichen Gesetzbuches. Gefertigt im Reichs-Justizamte. Als Manuskript gedruckt. 6 Bde, Berlin 189o-1891.

b Zusammenstellung der Äußerungen der Bundesregierungen zu dem Entwurfe eines Bürgerlichen Gesetzbuches. Gefertigt im Reichs-Justizamte. Als Manuskript gedruckt. 2 Bde, Berlin 1891.

c Zusammenstellung der Äußerungen der Bundesregierungen zu dem Entwurf eines Bürgerlichen Gesetzbuchs zweiter Lesung. Gefertigt im Reichs-Justizamt. 5 Hefte. Als Manuskript gedruckt. Berlin 1895.

6 Kritische Schriften zu den Entwürfen des BGB*)

[ANONYM] - Zum Entwurfe eines Bürgerlichen Gesetzbuchs. Von einem Mitglied der Kommission.
in: Neue Preußische Zeitung Jg.1896. Nr.49 v.30.Januar.

BEMERKUNGEN der Großherzoglich Mecklenburg-Schwerin'schen Regierung zu den Entwürfen eines Bürgerlichen Gesetzbuchs für das Deutsche Reich und eines Einführungsgesetzes zu diesem Gesetzbuch. 2 Bde, Schwerin 1891/92. (Zit.: BEMERKUNGEN MECKLENBURG).

DERNBURG,Heinrich - Persönliche Rechtsstellung nach dem Bürgerlichen Gesetzbuch. Berlin 1896.

GIERKE,Otto - Der Entwurf eines bürgerlichen Gesetzbuchs und das deutsche Recht. II.veränderte und vermehrte Ausgabe. Leipzig 1889. (I.Auflage in SCHMOLLER's Jahrbuch für Gesetzgebung, Verwaltung und Volkswirtschaft.)

GIERKE,Otto - Das Bürgerliche Gesetzbuch und der deutsche Reichstag. (Sonderabdruck aus der Täglichen Rundschau). Berlin 1896.

LOENHOLM,L. - Allgemeiner Theil des Entwurfs eines bürgerlichen Gesetzbuchs für das Deutsche Reich. Sprachliche und stilistische Abänderungsvorschläge in Gestalt eines Gegenentwurfs.
2.Aufl. Leipzig 1896 (1.Aufl. 1893).

LOENHOLM,L. - Bürgerliches Gesetzbuch für das Deutsche Reich. Vorschläge zur Änderung nach Sprache und Fassung in Gestalt eines Gegenentwurfs. II.Bd: Allgemeiner Theil des Forderungsrechts. Leipzig 1895.

MENGER,Anton - Das bürgerliche Recht und die besitzlosen Volksklassen. Unveränderter Nachdruck der 4. Auflage (Tübingen 1908). Darmstadt 1968.

PFIZER,Gustav - Was erwartet Deutschland von dem Bürgerlichen Gesetzbuch? (Deutsche Zeit- und Streitfragen. Heft 55). Hamburg 1889.

PFIZER,Gustav - Wort und That. Ein Nothruf für deutsches Recht. Leipzig 1892.

PLANCK,Gottlieb - Zur Kritik des Entwurfes eines bürgerlichen Gesetzbuchs für das Deutsche Reich.
in: AcP 75(1889),S.327-329.

+)Zitierweise: Soweit nichts anderes angegeben, ist der Verfassername und der unterstrichene Teil des Titels zitiert.

SOHM, Rudolf - Über den Entwurf eines bürgerlichen Gesetzbuches für das Deutsche Reich in zweiter Lesung. Ein Vortrag, gehalten in der Juristischen Gesellschaft zu Berlin am 15.6.1895.
in: Gruchot 39 (1895), S.737-766.

IV Rechtsquellen nach 1900 (Deutsches Reich und Bundesrepublik Deutschland)

1 Gesetz über die Haftung des Reichs für seine Beamten. Vom 22.Mai 1910.
in: RGBl. 1910. S.798.

2 Aufruf des Rates der Volksbeauftragten an das Deutsche Volk. Vom 12.November 1918.
in: RGBl. 1918. S.1303.

3 Übergangsgesetz. Vom 4.März 1919.
in: RGBl. 1919. S.285.

4 Die Verfassung des Deutschen Reiches (Weimarer Reichsverfassung). Vom 11.August 1919.
in: RGBl. 1919 I. S.1383.

5 Grundgesetz für die Bundesrepublik Deutschland. Vom 23.Mai 1949.
in: BGBl. 1949. S.1.

6 Gesetz zur Wiederherstellung der Gesetzeseinheit auf dem Gebiete des bürgerlichen Rechts. Vom 5.März 1953.
in: BGBl.1953 I. S. 33.

7 Gesetz über die Gleichberechtigung von Mann und Frau auf dem Gebiete des Bürgerlichen Rechts. Vom 18.Juni 1957.
in: BGBl. 1957 I. S.609.

8 Gesetz über die rechtliche Stellung der unehelichen Kinder. Vom 19.August 1969.
in: BGBl. 1969 I. S.1243.

9 Gesetz über die Mitbestimmung der Arbeitnehmer (Mitbestimmungsgesetz - MitbestG). Vom 4.Mai 1976.
in: BGBl. 1976 I. S.1153.

10 Erstes Gesetz zur Reform des Ehe- und Familienrechts (1.EheRG). Vom 14.Juni 1976.
in: BGBl. 1976 I. S.1421.

LITERATURVERZEICHNIS*)

ABENDROTH, Wolfgang — Das Grundgesetz. 3.Aufl. Pfullingen 1972. (Politik in unserer Zeit. Bd 3)

ALBRECHT, Günther; BÖTTCHER, Kurt; GREINER-MAI, Herbert; KROHN, Paul Günter — Lexikon deutschsprachiger Schriftsteller. Von den Anfängen bis zur Gegenwart. Bd 2. Kronberg i.Ts. 1974.

ANGERMANN, Erich — Robert Blum. in: NDB Bd 2, S.322-324 (1955)

BARK, Thomas — Die Entstehung des BGB im Spiegel der bürgerlichen Rechtsgeschichte. in: KJ 6(1973), S.158-171.

BEBEL, August — Die Arbeiterschutz-Heuchelei der bürgerlichen Parteien im Reichstage. Nach dem stenographischen Bericht der Verhandlungen des Deutschen Reichstages vom 22. und 23. April 1896. Mit einem Nachwort. Berlin 1896.

DERS. — Die Frau und der Sozialismus. 63.Aufl. Berlin (DDR) 1974.

DERS. — Aus meinem Leben. Bd 1. Berlin 1946.

BERGSTRÄSSER, L. und W.MOMMSEN — Geschichte der politischen Parteien in Deutschland. 11.Auflage. München 1965.

BERNSTEIN, Eduard — Die Voraussetzungen des Sozialismus und die Aufgaben der Sozialdemokratie. Stuttgart 1899.

BESELER, Georg — Volksrecht und Juristenrecht. Leipzig 1843.

BOCK, Hans Manfred — Die "Literaten- und Studentenrevolte" der Jungen in der SPD um 1890. in: Arg. 13.Jg. (1971), Heft 63, S.22-41.

BÖCKENFÖRDE, Ernst Wolfgang (Hrsg.) — Moderne deutsche Verfassungsgeschichte (1815-1918). Köln 1972.

BÖHME, Helmut — Prolegomena zu einer Sozial- und Wirtschaftsgeschichte Deutschlands im 19. und 20. Jahrhundert. 4.Aufl. Frankfurt/M. 1972.

*)Zur Zitierweise s. Anm. auf S.421.

BÖHME,Helmut (Hrsg.) Probleme der Reichsgründungszeit 1848 - 1879. Köln,Berlin 1968.

BORN,Karl Erich Von der Reichsgründung bis zum I.Weltkrieg. in: HDG Bd 3. Stuttgart 1970. S.224-375.

DERS. Der soziale und wirtschaftliche Strukturwandel Deutschlands am Ende des 19. Jahrhunderts. in: WEHLER,Sozialgeschichte, S.271-285.

DERS. (Hrsg.) Moderne deutsche Wirtschaftsgeschichte. Köln,Berlin 1966.

BRANDIS,Kurt Die deutsche Sozialdemokratie bis zum Fall des Sozialistengesetzes. Leipzig 1931.

BRAUN,Rudolf, FISCHER,Wolfram, GROSSKREUTZ,Helmut, VOLKMANN,Heinrich (Hrsg.) - Industrielle Revolution. Wirtschaftliche Aspekte. Köln 1972.

BUCHER,Lothar Der Parlamentarismus wie er ist. 2.Auflage. Stuttgart 1881.

BUSSMANN,Walter Hans Hermann Freiherr von Berlepsch. in: NDB Bd 2,S.96 (1955).

CERRONI,Umberto Marx und das moderne Recht (Italienisch: "Marx e il diritto moderno",Rom 1962). deutsch Frankfurt/M. 1974.

CONRAD,Hermann Preußen und das französische Recht in den Rheinlanden. in: Fschr. OLG Köln, S.78-106.

CONZE,Werner Vom "Pöbel" zum "Proletariat". Sozialgeschichtliche Voraussetzungen für den Sozialismus in Deutschland. in: WEHLER,Sozialgeschichte ,S.111-136.

DÄUBLER,Wolfgang Das Arbeitsrecht. Von der Kinderarbeit zur Betriebsverfassung. Ein Leitfaden für Arbeitnehmer. Reinbek b.Hamburg 1976.

DERNBURG,Heinrich Lehrbuch des Preußischen Privatrechts und der Privatrechtsnormen des Reichs. 2.Bd: Das Obligationenrecht Preußens und des Reichs und das Urheberrecht. 3.Aufl. Halle a.S. 1892.

DILCHER,Gerhard Das Gesellschaftsbild der Rechtswissenschaft und die soziale Frage. in: VONDUNG,Bildungsbürgertum S.53-66.

EBERLEIN,Alfred (Hrsg.) - Die Presse der Arbeiterklasse und der sozialen Bewegungen von den dreißiger Jahren des 19.Jahrhunderts bis zum Jahre 1967. Bibliographie und Standortverzeichnis der Presse der deutschen, österreichischen und schweizerischen Arbeiter-,Gewerkschafts- und Berufsorganisationen. 5 Bde Frankfurt/M. 1968-1970. (Archivalische Forschungen zur Geschichte der deutschen Arbeiterbewegung. Bd 6,1-5).

ECCIUS,M.E. — Preußisches Privatrecht. Auf der Grundlage des Werkes von Franz FÖRSTER bearbeitet. II.Bd (Das Recht der Schuldverhältnisse). 7.Auflage (4.Auflage der neuen Bearbeitung). Berlin 1896. Zit.: FÖRSTER-ECCIUS,PrPrR.

ECKERT,Georg — Die Konsolidierung der sozialdemokratischen Arbeiterbewegung zwischen Reichsgründung und Sozialistengesetz. in: MOMMSEN,Sozialdemokratie S.35-51.

v. EELKING — Robert Blum. in: ADB Bd 2,S.739-741 (1875).

ENGELS,Friedrich — s. auch bei KAUTSKY,Karl.

DERS. — s. auch bei MARX,Karl.

DERS. — Einleitung zu Karl Marx' "Klassenkämpfe in Frankreich 1848 bis 1850". (1895) in: MEW 22 (2.Aufl.1970),S.509-527.

DERS. — Revolution und Konterrevolution in Deutschland.(1851/52). in: MEW 8 (1969), S.3-108.

ENGELSING,Rolf — Sozial- und Wirtschaftsgeschichte Deutschlands. Göttingen 1973.

ENNECCERUS,L. — Allgemeiner Teil des Bürgerlichen Rechts. 15.Auflage von H.C.NIPPERDEY. 1.Halbband: Allgemeine Lehren,Personen,Rechtsobjekte. Tübingen 1959. Zit.: ENNECCERUS-NIPPERDEY,Allg.Teil.

FENSKE,Hans — Strukturprobleme der deutschen Parteiengeschichte. Wahlrecht und Parteiengeschichte vom Vormärz bis heute. Frankfurt/M. 1974.

FERRI,Enrico — Kriminelle Anthropologie und Sozialismus. in: NZ XIV,2 (1896),S.452.

FEUERBACH [Paul Johann] Anselm - Einige Worte über historische Rechtsgelehrsamkeit und einheimische teutsche Gesezgebung (Vorrede zu Nepomuk BORSTs Schrift: Über die Beweislast im Civilproceß. Leipzig 1816). in: DERS.,Kleine Schriften vermischten Inhalts. Nürnberg 1833. S.133-151.

FISCHER,Wolfram — Das Verhältnis von Staat und Wirtschaft in Deutschland am Beginn der Industrialisierung. in: BRAUN u.a.,Industrielle Revolution. S.287-304.

FÖRSTER,Franz — s.bei ECCIUS,M.E.

FRENDSORFF,Ferdinand — Gottlieb Planck. Berlin 1914.

v. FREYBERG,Jutta u.a. — (Hrsg.) - Geschichte der deutschen Sozialdemokratie 1863-1975. Köln 1975.

FREYER,Hans — Friedrich Albert Lange. in: HdSW Bd 6,S.524-526 (1956).

FRICKE,Dieter — Zur Organisation und Tätigkeit der deutschen Arbeiterbewegung (1890-1914). Dokumente und Materialien. Leipzig 1962.

FÜLBERTH,Georg — Die Entwicklung der deutschen Sozialdemokratie von ihrer Gründung bis zum Ende des Sozialistengesetzes. in: FREYBERG u.a.,Sozialdemokratie, S. 11-36.

DERS. — Zur Genese des Revisionismus in der deutschen Sozialdemokratie vor 1914. in: Arg. 13.Jg (1971),Heft 63,S.1-21.

DERS. — Die Wandlung der deutschen Sozialdemokratie vom Erfurter Parteitag 1891 bis zum Ersten Weltkrieg. Köln 1974.

GETZ,Heinrich — Die deutsche Rechtseinheit im 19.Jahrhundert als rechtspolitisches Problem. Bonn 1966. (Bonner rechtswissenschaftliche Abhandlungen. Bd 70).

GIERKE,Otto — Das deutsche Genossenschaftsrecht. 4 Bde, Berlin 1868-1913.

GMÜR,Rudolf — Das Schweizerische Zivilgesetzbuch verglichen mit dem deutschen Bürgerlichen Gesetzbuch. Bern 1965. (Abhandlungen zum schweizerischen Recht. N.F. Bd 366). Zit.: GMÜR,ZGB und BGB.

GOLLWITZER,Heinz — Karl Sigmund Freiherr vom Stein zu Altenstein. in: NDB Bd 1,S.216-217 (1953).

GREBING,Helga — Geschichte der deutschen Arbeiterbewegung. Ein Überblick. München 1966.

GREBING,Helga
KRAMME,Monika — Franz Mehring. in: WEHLER,H.U. (Hrsg.),Deutsche Historiker Bd 5,S.73-94. Göttingen 1972.

GROH,Dieter — Die Sozialdemokratie im Verfassungssystem des 2.Reiches. in: MOMMSEN,Sozialdemokratie S.62-83.

HATSCHEK,Julius — Das Parlamentsrecht des Deutschen Reiches. Im Auftrage des Deutschen Reichstages dargestellt. Erster Teil. Berlin und Leipzig 1915. Neudruck Berlin,New York 1973.

HATTENHAUER,Hans — Zwischen Hierarchie und Demokratie.Eine Einführung in die geistesgeschichtlichen

Grundlagen des geltenden deutschen Rechts. Karlsruhe 1971.

HATTENHAUER,Hans BUSCHMANN,Arno — Textbuch zur Privatrechtsgeschichte der Neuzeit. München 1967.

HEDEMANN,Justus Wilhelm - Der Dresdener Entwurf von 1866.Ein Schritt auf dem Wege zur deutschen Rechtseinheit. Berlin 1935.

HEGEL,Georg Wilhelm Friedrich - Grundlinien der Philosophie des Rechts oder Naturrecht und Staatswissenschaft im Grundrisse. Mit einem Vorwort von Edurad GANS. in: DERS.,Sämtliche Werke.Jubiläumsausgabe in zwanzig Bänden. Neu herausgegeben von Hermann GLOCKNER. 4.Aufl. Stuttgart-Bad Cannstadt 1964. Zit.: HEGEL,Rechtsphilosophie.

HENNIG,Eike, HIRSCH,Joachim, REICHELT,Helmut, SCHÄFER,Gert — (Hrsg.) - Karl Marx und Friedrich Engels, Staatstheorie. Materialien zur Rekonstruktion der marxistischen Staatstheorie. Frankfurt/M.,Berlin,Wien 1974.

HERZFELD,Hans — Rudolf von Bennigsen. in: NDB Bd 2,S.50-52 (1955).

HEUSSNER,Horst — Carl Friedrich Wilhelm von Gerber. in: NDB Bd 6,S.251-253 (1964).

HOFFMANN-BURCHARDI,Hanfried - Die geschichtlichen Grundlagen der Vorschriften des BGB über Leistungsstörungen bei gegenseitigen Verträgen (§§ 323-327). Diss.iur.Münster.1974.

HOFMANN,Wolfgang — Wilhelm Joachim August Karl Alexander Emil Freiherr von Hammerstein-Gesmold. in: NDB Bd 7, S.597 (1966).

HOHORST,Gerd;Jürgen KOCKA;Gerhard A.RITTER - Sozialgeschichtliches Arbeitsbuch.Materialien zur Statistik des Kaiserreichs 1870-1914. München 1975.

HUBER,Ernst Rudolf — Deutsche Verfassungsgeschichte seit 1789. Stuttgart,Berlin,Köln,Mainz.
Bd 3 (Bismarck und das Reich),2.Aufl.1970.
Bd 4 (Struktur und Krisen des Kaiserreichs). 1969.

JENACZEK,Friedrich (Hrsg.) - s.LASSALLE,Reden und Schriften.

JESSEN,Hans (Hrsg.) — Die deutsche Revolution von 1848/49 in Augenzeugenberichten. München 1973.

IHERING,Rudolf — Der Kampf ums Recht. Wien 1872.

DERS. — Scherz und Ernst in der Jurisprudenz. Eine Weihnachtsgabe für das juristische Publikum. Leipzig 1884.

DERS. — Der Zweck im Recht. Erster Bd,3.Aufl., Leipzig 1893.Zweiter Bd,Leipzig 1883.

IHERING's Erbe — Göttinger Symposion zur 150.Wiederkehr des Geburtstags von Rudolph von Ihering; hrsg. von Franz WIEACKER und Christian WOLLSCHLÄGER.(Abh. der Akademie der Wissenschaften in Göttingen.Philologisch-historische Klasse. Dritte Folge Nr.75). Göttingen 1970.

KAISER,Andreas — Industrielle Revolution und Privatautonomie. Zur Rolle der Vertragsfreiheit bei der Durchsetzung der bürgerlichen Gesellschafts- und Rechtsordnung in Deutschland. in: KJ 9 (1976),S.60-74.

KÄSTNER,Karl Hermann — Anton Menger (1841-1906).Leben und Werk. (Tübinger rechtswissenschaftliche Abhandlungen. Bd 36). Tübingen 1974.

KAUTSKY,Karl und Friedrich ENGELS - Juristen-Sozialismus. in: MEW 21 (2.Aufl.1969), S.491-5o9.

KAUTSKY,Karl jr. — August Bebels Briefwechsel mit Karl Kautsky. Assen (NL) 1971. (Quellen und Untersuchungen zur Geschichte der deutschen und österreichischen Arbeiterbewegung,hrsg. vom Internationaal Instituut voor sociale geschiedenis. N.F. Bd II).

KOCKA,Jürgen — s. auch bei HOHORST

DERS. — Unternehmer in der deutschen Industrialisierung. Göttingen 1975.

KÖGLER,Peter — Arbeiterbewegung und Vereinsrecht. Ein Beitrag zur Entstehungsgeschichte des BGB.(Schriften zum Bürgerlichen Recht Bd 16). Berlin 1974.

KÖLLMANN,Wolfgang — Politik und soziale Entwicklung der deutschen Arbeiterschaft 1850-1914. in: RITTER,Parteien,S.316-330.

DERS. — Die Anfänge der staatlichen Sozialpolitik in Preußen bis 1869. in: BÖCKENFÖRDE,Verfassungsgeschichte, S.410-429.

KOSELLEK,Reinhardt — Preußen zwischen Reform und Revolution. Allgemeines Landrecht,Verwaltung und soziale Bewegung von 1791 bis 1848. Stuttgart 1967.

LABAND,Paul — Das Staatsrecht des Deutschen Reiches in 4 Bänden. 5.Auflage Tübingen 1911 (Neudruck Aalen 1964).

LANDAU,Peter — Karl Marx und die Rechtsgeschichte. in: TRG 41 (1973),S.361-371.

LANDSBERG,Ernst — Geschichte der deutschen Rechtswissenschaft. Dritte Abteilung. 2.Halbband. (Fortsetzung zu der Geschichte der Deut-

schen Rechtswissenschaft, erste und zweite Abteilung, von R.STINTZING). München und Berlin 1910.
Zit.: STINTZING/LANDSBERG,Rechtswissenschaft Bd III 2.

LANGE,Friedrich Albert - Die Arbeiterfrage. Ihre Bedeutung für Gegenwart und Zukunft. Neu bearbeitet und herausgegeben von A.GRABOWSKI. Leipzig 1910.

LARENZ,Karl Methodenlehre der Rechtswissenschaft. 2.Auflage. Berlin,Heidelberg,New York 1969.

LASSALLE,Ferdinand Offnes Antwortschreiben an das Zentralkomitee zur Berufung eines allgemeinen deutschen Arbeiterkongresses zu Leipzig [Arbeitermanifest].
in: DERS.,Reden und Schriften S.170-201.

DERS. Arbeiterprogramm. Über den besonderen Zusammenhang der gegenwärtigen Geschichtsperiode mit der Idee des Arbeiterstandes.(1862/63).
in: DERS.,Reden und Schriften S.22-60.

DERS. Herr Bastiat-Schulze von Delitzsch,der ökonomische Julian. Oder: Capital und Arbeit. Berlin 1864.

DERS. Reden und Schriften. Mit einer Lassalle-Chronik herausgegeben von Friedrich JENACZEK. München 1970.

DERS. Das System der erworbenen Rechte. Eine Versöhnung des positiven Rechts mit der Rechtsphilosophie. In zwei Teilen (Zuerst erschienen 1861).
in: LASSALLE ,ed.BERNSTEIN Bd IX-XII (1920); sowie in: LASSALLE,ed.BLUM Bd 4 und 5 (1901/1902).

LISZT,Franz von Der Zweckgedanke im Strafrecht.
in: ZStW 3(1883),S.1-47.

LÜTGE,Friedrich Deutsche Sozial- und Wirtschaftsgeschichte. Ein Überblick. Berlin,Göttingen,Heidelberg 1952.

MANN,Golo Deutsche Geschichte des 19. und 20. Jahrhunderts. Sonderausgabe Stuttgart, Hamburg 1966.

MARX,Karl Zur Kritik der Politischen Ökonomie (1859).
in: MEW 13 (3.Aufl. 1969),S.1-160.

DERS. Kritik des Gothaer Programms.
in: MEW 19(2.Aufl. 1969) ,S.11-32.

DERS. Zur Kritik der Hegel'schen Rechtsphilosophie. Einleitung. (1844).
in: MEW 1 (7.Aufl. 1970),S.378-391.

DERS. Das philosophische Manifest der historischen Rechtsschule (1842). in: MEW 1(7.Aufl.1970), S.78-85.

DERS.und Friedrich ENGELS - Manifest der Kommunistischen Partei (Erstveröffentlichung 1848). in: MEW 4 (5.Aufl.1971),S.457-493.

DERS.und Friedrich ENGELS - Staatstheorie. s. HENNIG u.a. (Hrsg.).

MARXISTISCHE Staats- und Rechtstheorie. 4 Bde (russisch Moskau 1970 ff.). Deutsch Köln 1974 ff.

MATHIAS,Peter Die Unternehmer. in: BRAUN u.a.,Industrielle Revolution, S.83-93.

MATTHIAS,Erich, PIKART,Eberhard (Bearb.) - Die Reichstagsfraktion der deutschen Sozialdemokratie 1898 bis 1918. 2 Bde Düsseldorf 1966. (Quellen zur Geschichte des Parlamentarismus und der politischen Parteien Bd 3).

MAURENBRECHER,W. Heinrich Theodor von Schön. in: ADB Bd 55,S.781-792 (1891).

MAYER,Gustav Radikalismus,Sozialismus und bürgerliche Demokratie. Hrsg. und mit einem Nachwort versehen von Hans-Ulrich WEHLER. 2.Auflage Frankfurt/M. 1969.

DERS. Die Trennung der proletarischen von der bürgerlichen Demokratie in Deutschland, 1863-1870. in: DERS.,Radikalismus S.108-178.

MEHRING,Franz Gesammelte Schriften (= G.S.). Herausgegeben von Thomas HÖHLE,Hans KOCH,Josef SCHLEIFSTEIN. 15 Bde, Berlin (DDR) 1960 ff.

DERS. Geschichte der deutschen Sozialdemokratie. 2 Bde. =G.S. Bd 1 und 2,1960.

DERS. Die Lessing-Legende. =G.S. Bd 9 (1963), S.1-365.

DERS. Der Septemberkurs. in: NZ XIV 1 (1895/96),S.161-165.

MEISNER,Heinrich Otto Adolf Lothar Bucher. in: NDB BD 2,S.698-699 (1955).

MENGER,Anton Das Recht auf den vollen Arbeitsertrag. Stuttgart 1886 (3.Aufl. Stuttgart und Berlin 1904).

DERS. Neue Staatslehre. Jena 1903.

MERTENS,Hans Georg Die Entstehung der Vorschriften des BGB über die gesetzliche Erbfolge und das Pflichtteilsrecht (Münsterische Beiträge zur Rechts- und Staatswissenschaft Heft 16). Berlin 1970.

MEUSEL,Friedrich — Christian Friedrich Scharnweber. in: ADB Bd 55, S.595-598 (1910).

MITSCHERLICH, Alexander und Margarethe - Die Unfähigkeit zu trauern. Grundlagen kollektiven Verhaltens. München 1967.

MOMMSEN,Hans (Hrsg.) — Sozialdemokratie zwischen Klassenbewegung und Volkspartei (Verhandlungen der Sektion "Geschichte der Arbeiterbewegung" des Deutschen Historikertages in Regensburg,Oktober 1972). Frankfurt/M. 1974.

MOMMSEN,W. — s.bei BERGSTRÄSSER.

MORSEY,Rudolph — Die deutschen Katholiken und der Nationalstaat zwischen Kulturkampf und Erstem Weltkrieg. in: G.A. RITTER,Parteien, S.270-298.

MOTTEK,Hans — Wirtschaftsgeschichte Deutschlands.Ein Grundriß. Bd II: Von der Zeit der Französischen Revolution bis zur Zeit der Bismarck'schen Reichsgründung. 2.Auflage. Berlin 1971.

MÜLLER,Eckhart — Anton Mengers Rechts- und Gesellschaftssystem. Ein Beitrag zur Geschichte des sozialen Gedankens im Recht.(Münchner Universitätsschriften.Jur.Fak.,Abhandlungen zur rechtswissenschaftlichen Grundlagenforschung. Bd 19). Berlin 1975.

MÜLLER-FREIENFELS,Wolfram - Zur Kodifikation des Familienrechts. in: SIMITIS/ZENZ,Familienrecht Bd 1, S.126-131.

NEGT,Oskar — 10 Thesen zur marxistischen Rechtstheorie. in: ROTTLEUTHNER,Rechtstheorie,S.10-71.

OEHLER,Dietrich — Wurzel,Wandel und Wert der strafrechtlichen Legalordnung. (Münsterische Beiträge zur Rechts- und Staatswissenschaft. Heft 1). Berlin 1950.

ONCKEN,Hermann — Rudolf von Bennigsen. Ein deutscher liberaler Politiker. Nach seinen Briefen und Papieren. 2 Bde Stuttgart und Leipzig 1910.

DERS. — Karl Wilhelm Rudolph von Bennigsen. in: Biographisches Jahrbuch und Deutscher Nekrolog. Bd 7 (für 1902),S.267-290. Berlin 1905.

DERS. — Bennigsen und die Epochen des parlamentarischen Liberalismus in Deutschland und Preußen. in: HZ 104 (1910),S.53-79.

OSTERROTH, Franz — Biographisches Lexikon des Sozialismus. Bd 1: Verstorbene Persönlichkeiten. Hannover 1960.

PFIZER, Gustav — Der Achtung unwürdig! Ein Fall württembergischen Disziplinarverfahrens. 2. Auflage. Stuttgart 1894.

DERS. — Willibald Ilg. Ein Nachtstück aus der modernen deutschen Strafrechtspflege. Leipzig 1894.

PIKART, Eberhard — Die Rolle der Parteien im deutschen konstitutionellen System vor 1914. in: BÖCKENFÖRDE, Verfassungsgeschichte, S.258-281.

DERS. — s. auch bei MATTHIAS.

PLESSNER, Helmuth — Die verspätete Nation. Über die politische Verführbarkeit bürgerlichen Geistes. (Suhrkamp Taschenbücher Wissenschaft Bd 66). Frankfurt 1974.

PUFENDORF, Samuel — Severini de Monzambano Veronensis de statu Imperii Germanici ad Laelium fratrem Dominum Trezolani liber unus. Genevae (tatsächl. Druckort: den Haag) 1667.

PUHLE, Hans-Jürgen — Radikalisierung und Wandel des deutschen Konservatismus vor dem ersten Weltkrieg. in: RITTER, Parteien S.165-186.

RADBRUCH, Gustav — Paul Johann Anselm Feuerbach. Ein Juristenleben. 3. Auflage. Hrsg. von Erik WOLF. Göttingen o.J. (1956).

DERS. — Der Mensch im Recht. Ausgewählte Vorträge und Aufsätze über Grundfragen des Rechts. 2. Aufl. Göttingen 1961.

DERS. — Klassenrecht und Rechtsidee. in: DERS., Mensch im Recht. S.23-34.

DERS. — Vorschule der Rechtsphilosophie. 3. Auflage, besorgt von Arthur KAUFMANN. Göttingen 1965.

DERS. — Der Zweck des Rechts. in: DERS., Mensch im Recht. S.88-104.

RACHPFAHL, F. — Ludwig W. Windthorst. in: ADB Bd 55, S.97-104 (1909).

RASSOW, Henning — Die Verhandlungen der Kommission zur Ausarbeitung eines bürgerlichen Gesetzbuches für Deutschland. in: Gruchot 21(1877), S.167-235.

REICH, Norbert — Oktoberrevolution und Recht. in: KJ 4(1971), S.133-165.

DERS. — Marxistische und sozialistische Rechtstheorie (Quellensammlung). Frankfurt 1972.

DERS. Sozialismus und Zivilrecht. Eine rechtstheoretisch-rechtshistorische Studie zur Zivilrechtstheorie und Kodifikationspraxis im sowjetischen Gesellschafts- und Rechtssystem. Frankfurt o.J. (Cop. 1972).

RINKEN, Alfred, KRÖNING, Volker, LAUTMANN, Rüdiger u.a. Der neue Jurist. Materialien zur reformierten Juristenausbildung in Bremen. Darmstadt und Neuwied 1963.

RITTER, Gerhard A. s.auch bei HOHORST.

DERS. Die Arbeiterbewegung im Wilhelminischen Reich. Die Sozialdemokratische Partei und die freien Gewerkschaften 1890-1900. 2.Auflage. Berlin-Dahlem 1963.

DERS. Die deutschen Parteien vor 1918. Köln 1973.

DERS. Bernstein's Revisionismus und die Flügelbildung in der sozialdemokratischen Partei. in: DERS., Parteien, S.342-375.

v.RÖNNE, Ludwig Ergänzungen und Erläuterungen der preußischen Rechtsbücher durch Gesetzgebung und Wissenschaft. 5.Ausgabe. 4 Bde. Berlin 1864-1868.

ROSENBERG, Arthur Entstehung der Weimarer Republik. 15.Auflage. Hrsg. und eingeleitet von Kurt KERSTEN. Frankfurt/M. 1973.

ROSENBERG, Hans Zur sozialen Funktion der Agrarpolitik im Zweiten Reich. in: DERS., Sozialgeschichte, S.51-80.

DERS. Große Depression und Bismarckzeit. Wirtschaftsablauf, Gesellschaft und Politik in Mitteleuropa. 2.Auflage. Berlin 1976.

DERS. Die Pseudodemokratisierung der Rittergutsbesitzerklasse. in: DERS., Sozialgeschichte S.7-49.

DERS. Probleme der deutschen Sozialgeschichte. Frankfurt/M. 1969.

DERS. Die Weltwirtschaftskrise 1857-1859. 2.Auflage. Göttingen 1974.

ROTTLEUTHNER, Hubert (Hrsg.) - Probleme der marxistischen Rechtstheorie. Frankfurt/M. 1975.

SCHÄFER, Gert Einige Probleme des Verhältnisses von "ökonomischer" und "politischer" Herrschaft. in: HENNIG u.a., Marx/Engels-Staatstheorie, S. XCIII-CXXXVIII.

SCHELSKY,Helmut — Nutzen und Gefahren der sozialwissenschaftlichen Ausbildung von Juristen. in: JZ 1974,S.410-416.

SCHIEDER,Theodor — Von Deutschen Bund zum Deutschen Reich. in: HDG Bd 3,S.99-220.

SCHIEDER,Wolfgang — Das Scheitern des bürgerlichen Radikalismus und die sozialistische Parteibildung in Deutschland. in: H.MOMMSEN,Sozialdemokratie,S.17-34.

SCHIPPEL,Max — Sozialdemokratisches Reichstagshandbuch. Ein Führer durch die Zeit- und Streitfragen der Reichsgesetzgebung. Berlin 1902.

SCHMIDT,Eberhard — Einführung in die Geschichte der deutschen Strafrechtspflege. 3.Auflage. Göttingen 1965.

SCHNEIDER,Hans Joachim - Kriminologie,Jugendstrafrecht,Strafvollzug (Prüfe Dein Wissen.Heft 20). München 1976.

SCHUBERT,Werner — Die Entstehung der Vorschriften des BGB über Besitz- und Eigentumsübertragung. Ein Beitrag zur Entstehungsgeschichte des BGB. (Münsterische Beiträge zur Rechts- und Staatswissenschaft. Heft 10). Berlin 1965.

SCHÜNEMANN,Hans Wilhelm - Sozialwissenschaften und Jurisprudenz. Eine Einführung für Praktiker (JuS-Didaktik. Heft 2). München 1976.

SIMITIS,Spiros, ZENZ,Gisela — (Hrsg.) - Seminar: Familie und Familienrecht. 2 Bde . Frankfurt/M. 1975.

SOHM,Rudolph — Die Entstehung des deutschen Bürgerlichen Gesetzbuchs. in: DJZ 5(1900),S.6-9.

STADTHAGEN,Artur — Das Arbeiterrecht. Rechte und Pflichten des Arbeiters in Deutschland aus dem gewerblichen Arbeitsvertrag, der Unfall-, Kranken-, Invaliden- und Altersversicherung unter besonderer Berücksichtigung des Bürgerlichen Gesetzbuchs. 3.Auflage. Stuttgart 1900.

DERS. — Führer durch das Bürgerliche Gesetzbuch. Gemeinverständliche Darstellung der für die erwerbsthätige Bevölkerung wesentlichen Rechtsverhältnisse. Mit Beispielen und Formularen. Stuttgart 1900.

STAHL,Friedrich Julius - Die Philosophie des Rechts. 2 Bde . 5.Auflage. Tübingen 1878. (Neudruck Darmstadt 1963).

STEINBERG, Hans Josef — Die deutsche Sozialdemokratie nach dem Fall des Sozialistengesetzes. Ideologie und Taktik der sozialistischen Massenpartei im Wilhelminischen Reich. in: H.MOMMSEN, Sozialdemokratie, S.52-61.

STERN, Jacques (Hrsg. und Einl.) - Thibaut und Savigny. Ein programmatischer Rechtsstreit auf Grund Ihrer Schriften "Über die Notwendigkeit eines allgemeinen Bürgerlichen Rechts für Deutschland" und "Vom Beruf unserer Zeit für Gesetzgebung und Rechtswissenschaft". Mit den Nachträgen der Verfasser und den Urteilen der Zeitgenossen. (1914). Mit einer Einführung neu herausgegeben von Hans HATTENHAUER. München 1973.

STINTZING, Roderich — s. bei LANDSBERG.

STOBBE, Otto — Handbuch des Deutschen Privatrechts. Dritter Band. Berlin 1878.

THISSEN, Marita — Das Verhaftungsrecht unter dem Einfluß von Inquisitions- und Anklageprinzip in der Geschichte der deutschen Strafrechtspflege. (Diss.iur.Köln) 1968.

TREUE, Wilhelm — Gesellschaft, Wirtschaft und Technik Deutschlands im 19. Jahrhundert. in: HDG Bd 3, S.377-541.

VALENTIN, Veit — Geschichte der deutschen Revolution 1848/49. 2 Bde . (1.Auflage 1930/31). Neuauflage Köln 1970.

VONDUNG, Klaus — Das wilhelminische Bildungsbürgertum. Zur Sozialgeschichte seiner Ideen. Göttingen 1976.

DERS. — Zur Lage der Gebildeten in der Wilhelminischen Zeit. in: DERS., Bildungsbürgertum, S.20-33.

DERS. — Probleme einer Sozialgeschichte der Ideen. in: DERS., Bildungsbürgertum, S.5-19.

VORMBAUM, Thomas — Autonomie, Zentralismus und Selbstverwaltung. Die westfälische Kommunalverfassung und ihre Anwendung in Hamm vom Ausgang der altpreußischen Zeit bis zur Einführung der revidierten Städteordnung. in: 750 Jahre Stadt Hamm (Fschr.Hamm). Hamm 1976, S.255-295.

DERS. — Die Rechtsfähigkeit der Vereine im 19. Jahrhundert. Ein Beitrag zur Entstehungsgeschichte des BGB. Berlin 1976.

DERS. — Rezension: KÖGLER, Vereinsrecht, in: Der Staat 16 (1977).

WEHLER, Hans Ulrich — Bismarck und der Imperialismus. 4.Aufl. München 1976.

DERS. — Das deutsche Kaiserreich 1871-1918. (Deutsche Geschichte. Hrsg.von Joachim LEUSCHNER. Bd 9).Göttingen 1973.

DERS. — Moderne deutsche Sozialgeschichte. 3.Auflage. Köln, Berlin 197o.

WELZEL, Hans — Naturrecht und materiale Gerechtigkeit. 4.Auflage.Göttingen 1962.

WESENBERG, Gerhard — Heinrich Dernburg. in: NDB Bd 3, S.6o8-6o9 (1957).

WESTHOFF, Reinhard — Die Entstehung grundlegender Vorschriften des BGB über Voraussetzungen und Inhalt deliktischer Haftung.(Diss.jur.Bielefeld) 1974.

WIEACKER, Franz — Gründer und Bewahrer. Rechtslehrer der neueren deutschen Geistesgeschichte. Göttingen 1959.

DERS. — Rudolph von Ihering. in: DGD Bd 5, S.331-34o.

DERS. — Industriegesellschaft und Privatrechtsordnung.Frankfurt 1974.

DERS. — Privatrechtsgeschichte der Neuzeit unter besonderer Berücksichtigung der deutschen Entwicklung. 2.Auflage. Göttingen 1967.

DERS. — Das Sozialmodell der klassischen Privatrechtsgesetzbücher und die Entwicklung der modernen Gesellschaft (Erstveröffentlichung 1953). in: DERS., Industriegesellschaft, S.9-35.

WIEACKER, Franz
WOLLSCHLÄGER, Christian — (Hrsg.) - s.IHERINGs Erbe.

WIETHÖLTER, Rudolf — Recht und Politik. in: ZRP 2 (1969), S.155-158.

WOLF, Erik — Rudolf von Ihering. in: DERS., Rechtsdenker, S.622-668.

DERS. — Samuel Pufendorf. in: DERS., Rechtsdenker, S.311-37o.

DERS. — Große Rechtsdenker der deutschen Geistesgeschichte. 4.Auflage.Tübingen 1963.

ZORN, Wolfgang — Typen und Entwicklungskräfte des deutschen Unternehmertums. in: BORN,Wirtschaftsgeschichte,S.25-41.

DERS. — Wirtschafts- und sozialgeschichtliche Zusammenhänge der deutschen Reichsgründungszeit (185o-1879). in: BÖHME, Reichsgründungszeit, S.296-316.

P E R S O N E N R E G I S T E R

Die angegebenen Zahlen verweisen auf die Seiten der Einführung und der Quellensammlung.

Die unterstrichenen Zahlen verweisen auf Fundstellen, welche biographische Angaben über die genannte Person enthalten.

Bei Reichstagsabgeordneten ist die Fraktionszugehörigkeit in Klammern hinzugefügt.

FSC
www.fsc.org
MIX
Papier | Fördert
gute Waldnutzung
FSC® C083411

Kolibri 360 GmbH
Ferdinand-Jühlke-Straße 7
99095 Erfurt, Deutschland
produktsicherheit@kolibri360.de